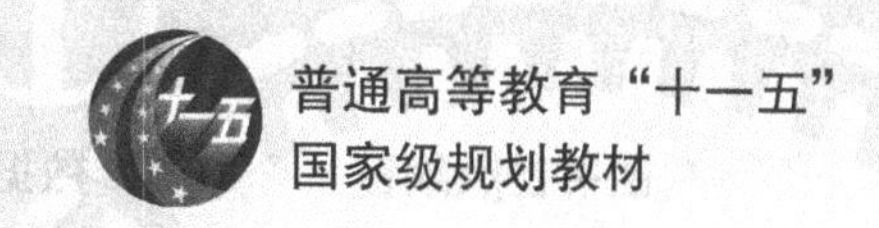


# 冲压工艺与模具设计（第2版）

◆ 贾俐俐 主编
◆ 柯旭贵 副主编
◆ 高锦张 沈丽琴 康志军 编著

人民邮电出版社
北京

图书在版编目（CIP）数据

冲压工艺与模具设计 / 贾俐俐主编 ; 高锦张, 沈丽琴, 康志军编著. -- 2版. -- 北京 : 人民邮电出版社, 2016.8（2022.12重印）
21世纪高等学校机电类规划教材
ISBN 978-7-115-42363-4

Ⅰ. ①冲… Ⅱ. ①贾… ②高… ③沈… ④康… Ⅲ. ①冲压－生产工艺－高等学校－教材②冲模－设计－高等学校－教材 Ⅳ. ①TG38

中国版本图书馆CIP数据核字(2016)第142138号

## 内 容 提 要

本书共 8 章，系统地介绍了冲压工艺与模具设计，分别叙述了各类冲压工艺理论、工艺分析及计算、模具设计及设备的选用等内容。重点讲述了冲裁工艺与模具设计、弯曲工艺与模具设计、拉深工艺与模具设计、多工位级进冲压工艺与级进模设计、其他成形工艺与模具设计、冷挤压工艺与模具设计及冲压模具设计方法与设计实例。书中对主要冲压方法，均附有设计实例，详细地介绍了各类模具的设计流程与设计方法，并附有较为完整的模具总装图和模具零件图，每章后还附有思考与练习题。

本书可作为高等学校材料成形及控制工程、模具设计与制造、机械设计制造及其自动化等专业的本科及高职高专、成人教育和助学自考的教材使用，亦可作为从事冲压生产和科研工作的工程技术人员的参考用书。

◆ 主　　编　贾俐俐
副 主 编　柯旭贵
编　　著　高锦张　沈丽琴　康志军
责任编辑　张孟玮
责任印制　沈　蓉　彭志环
◆ 人民邮电出版社出版发行　　北京市丰台区成寿寺路 11 号
邮编　100164　　电子邮件　315@ptpress.com.cn
网址　http://www.ptpress.com.cn
北京天宇星印刷厂印刷
◆ 开本：787×1092　1/16
印张：20.5　　2016 年 8 月第 2 版
字数：504 千字　　2022 年 12 月北京第 7 次印刷

定价：52.00 元

读者服务热线：(010)81055256　印装质量热线：(010)81055316
反盗版热线：(010)81055315

# 第 2 版前言

本书为普通高等教育“十一五”国家级规划教材，是根据普通本科和高职高专教育模具设计与制造专业、材料成形及控制工程专业的教学要求而编写的，可作为机械设计制造及其自动化专业的教学用书，并可供相关领域工程技术人员参考。

冲压技术在工业生产中应用很广泛，冲压模具是完成冲压工作不可缺少的工艺装备。本书在论述冲压成形理论基础及冲压工艺基础上，详细叙述了冲压工艺设计和冲压模具设计的基本方法。主要讲述了冲裁工艺与模具设计、弯曲工艺与模具设计、拉深工艺与模具设计、多工位级进冲压工艺与级进模设计、冷挤压工艺与模具设计及其他成形工艺与模具设计。

本书重点突出、内容精练，保证对重点内容讲精讲透，对一般内容则进行概述。在第 1 版的基础上补充了模具材料、冲压新技术的内容，并采用了最新的冲压模具标准。同时还增加了多工位级进冲压工艺与级进模设计、汽车覆盖件成形与模具设计的内容，以适应模具技术的新发展。通过学习本书，学习者既能熟练掌握冲压基本成形工艺与模具设计，又可对板料成形技术有全局的了解。

本书注重“即学即用”与学习方法的传授，以满足应用型人才培养需求。对主要冲压方法，在每章后面均附有一个设计实例，较为详细地介绍了各类模具的设计流程与设计方法，同时附有较为完整的模具总装图和模具零件图。每章的最后均附有思考与练习题，便于学生练习。

本书图例丰富、典型，配有大量典型结构的模具图形，对学习者有很好的借鉴作用。

全书由贾俐俐任主编，柯旭贵任副主编。第 1 章、第 3 章的第 5 节和第 6 节、第 4 章、第 6 章的第 1～4 节由南京交通职业技术学院贾俐俐编写；第 5 章、第 6 章的第 5 节、第 8 章由南京工程学院柯旭贵编写；第 7 章由东南大学高锦张编写；第 2 章由南京交通职业技术学院沈丽琴编写；第 3 章第 1～4 节由淮阴工学院康志军编写。

本书由福建工程学院翁其金教授担任主审，南京交通职业技术学院唐妍、武艳军老师在第 2 版修订时提供了帮助，在此一并表示衷心的感谢。

由于编者水平所限，书中难免存在疏漏及不足之处，敬请读者批评指正。

编　者

2016 年 5 月

# 目　录

# 第 1 章 冲压工艺概述

冲压是金属塑性成形的基本方法之一，它是利用冲模在压力机上对金属（或非金属）板材、带材等施加压力使之产生塑性变形或使其分离，从而得到一定形状，并且满足一定使用要求的零件的加工方法。冲压应用很广，图 1.1 所示为冲压应用举例。

图 1.1　冲压应用举例

冲压是金属塑性变形的基本形式之一，与锻造合称为锻压。由于通常是在常温（冷态）下进行的，所以冲压又称冷冲压，又由于它主要用于加工板料零件，所以有时也叫板料冲压。冲压加工的三要素是设备（压力机）、模具、原材料，如图 1.2 所示。

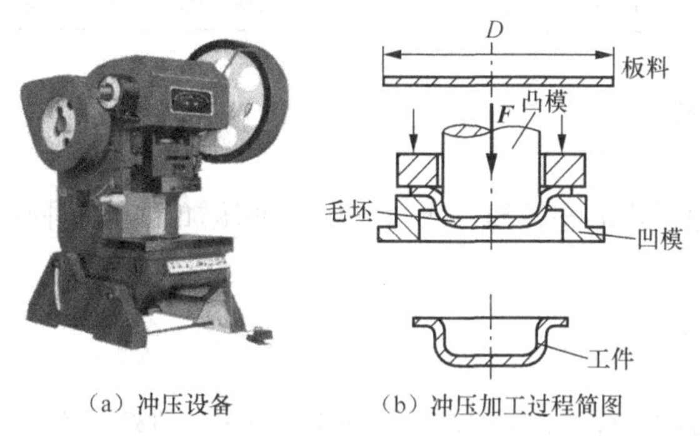


（a）冲压设备　（b）冲压加工过程简图

图 1.2　冲压加工三要素

## 1.1　冲压工艺的特点

冲压是一种先进的金属加工方法，与其他加工方法（切削）比较，在技术上、经济上有许多优点。

（1）生产率高。冲床冲一次一般可得一个零件，而冲床一分钟的行程少则几十次，多则几百次、上千次。同时，毛坯和零件形状规则。

（2）操作简单。在压力机简单冲压下，能得到形状复杂的零件，便于实现机械化和自动化，操作简单，对工人的技术等级要求不高。

（3）产品精度高。冲压件的质量主要靠冲模保证，制得的零件一般不进一步加工，可直接用来装配，具有互换性。

（4）材料利用率高。普通冲压材料利用率可达70%～85%，有的高达95%。

（5）冲压属于塑性变形，变形中金属产生加工硬化，可得到质量轻、刚性好、强度高的零件。

（6）批量越大，产品的成本越低。

因此，冲压是一种制件质量较好、生产效率高、成本低，其他加工方法无法替代的加工工艺，在机械、车辆、电机、电器、仪器仪表、农机、轻工、日用品、航空航天、电子、通信、船舶、铁道、兵器等制造业中得到广泛的应用。

冲压存在的不足之处有：对于批量较小的制件，模具费用使得成本明显增高，所以一般要有经济批量；同时，模具需要一个生产准备周期；冲压工艺尤其是冲裁存在很大的噪声和振动，劳动保护措施不到位时，还存在安全隐患。

随着材料技术和加工制造技术的发展，使板料加工几乎不受模具制造成本和周期的影响，如由快速成形技术发展而来的快速模具技术（Rapid Tooling）、低熔点合金制模技术等具有周期短、成本低等特点，适用于新产品开发、试制及多品种小批量生产。数控增量成形可实现板料的无模成形。

钢带和钢板约占钢材的67%，其中大部分都是经过冲压来进行加工的。各类产品中冲压加工零件所占比例见表1.1。

**表1.1 各类产品中冲压加工零件所占比例**

| 产品 | 汽车 | 仪器仪表 | 电子 | 电机电器 | 家用电器 | 自行车、手表 |
|---|---|---|---|---|---|---|
| 比例/% | 60～70 | 60～70 | >85 | 70～80 | ≤90 | >80 |

## 1.2 冲压工艺的分类

由于各种冲压零件形状形态各异，所以采用的冲压加工方法种类很多。通常可按下述方法分类。

### 1. 按变形性质分类

（1）分离工序。坯料的一部分与另一部分沿一定的轮廓线发生断裂而分离，从而形成一定形状和尺寸的零件。分离工序主要包括落料、冲孔、切边、切断、剖切等，见表1.2。

**表 1.2 分离工序**

| 工序名称 | 简　图 | 特　点 |
|---|---|---|
| 落料 | 废料<br>工件 | 沿封闭轮廓线冲切，冲下部分是零件 |
| 冲孔 | 工件<br>废料 | 沿封闭轮廓线冲切，冲下部分是废料 |
| 切边 | 废料 | 切去成形零件多余的边缘材料，使边缘呈一定形状 |
| 切断 | | 沿不封闭轮廓切断，使板料分离 |
| 剖切 | | 将半成品切开成为两个或多个零件，多用于不对称零件成组冲压之后的分离 |
| 切舌 | | 沿三边冲切，保持一边和板料相连 |

（2）成形工序。坯料在外力作用下产生塑性变形，获得一定形状和尺寸的零件。成形工序主要包括弯曲、拉深、翻边、胀形等，见表 1.3。

**表 1.3 成形工序**

| 工序名称 | 简　图 | 特　点 |
|---|---|---|
| 弯曲 | | 沿直线弯成一定的角度和形状 |
| 拉深 | | 将板材毛坯拉成各种空心零件 |
| 变薄拉深 | | 将空心毛坯加工成底部厚度大于侧壁厚度的零件 |

续表

| 工序名称 | 简　图 | 特　点 |
|---|---|---|
| 翻边 | 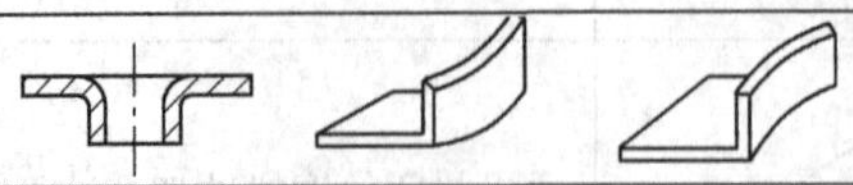 | 沿曲线将孔边缘或外边缘翻出竖立或一定角度的直边 |
| 卷边 | 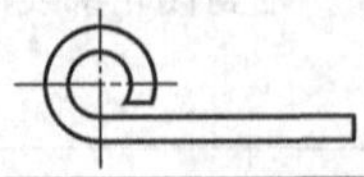 | 将板材端部卷成接近封闭的圆头 |
| 胀形 | 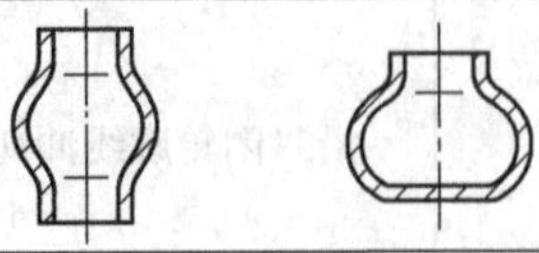 | 空心毛坯在双向拉应力作用下的变形 |
| 压筋<br>压凸包 | 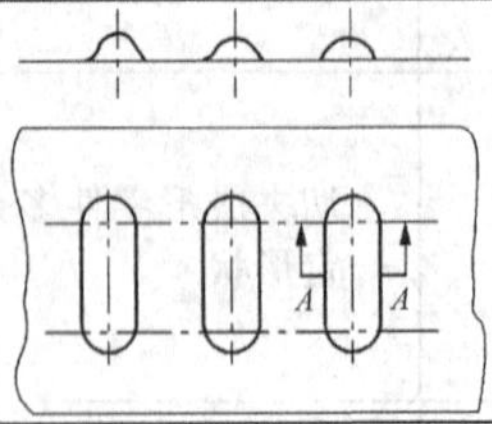 A A | 在板材毛坯或零件的表面上压制各种筋或凸包 |
| 扩口 | | 使空心毛坯局部径向尺寸扩大 |
| 缩口 | 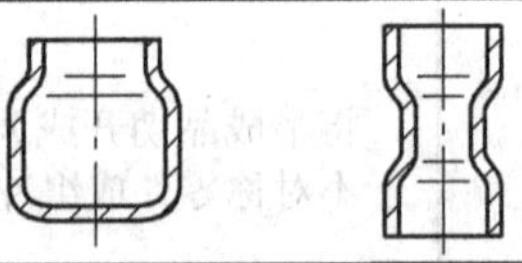 | 使空心毛坯的局部径向尺寸缩小 |
| 旋压 | 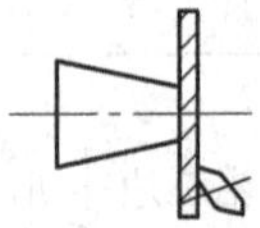 | 毛坯在旋转状态下逐步成形的方法 |
| 挤压 | 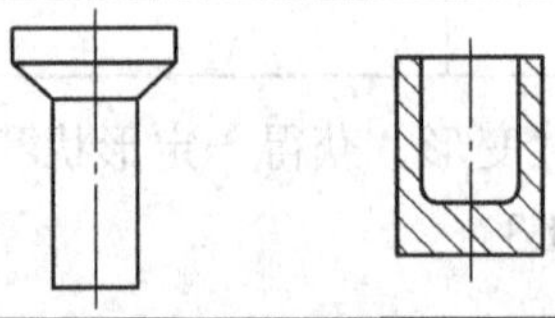 | 毛坯在强力作用下，从模具间隙中挤出，使断面减小的成形方法 |
| 拉弯 | 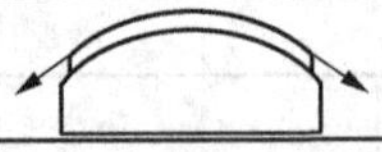 | 在拉力与弯矩共同作用下实现弯曲变形 |

**2．按基本变形方式分类**

（1）冲裁。使材料沿封闭或不封闭的轮廓剪裂而分离的冲压工序，如冲孔、落料等。

（2）弯曲。将材料弯成一定角度或形状的冲压工序，如压弯、卷边等。

（3）拉深。将平板毛坯拉成空心件，或将空心件的尺寸做进一步改变的冲压工序。

（4）成形。使材料产生局部变形，以改变零件或毛坯形状的冲压工序，如翻边、缩口等。

**3．按工序组合形式分类**

（1）单工序冲压：在压力机的一次行程中，只能完成一道冲压工序。如图 1.3（a）所示的工件，需要采用落料和冲孔两道基本工序来完成。若采用单工序冲压，需要在落料、冲孔两副模具上分别完成，如图 1.3（b）所示，完成图示的工件冲压需要两副模具。

（2）复合冲压：在压力机的一次行程中，在一副模具的同一位置上同时完成两种或两种以上的冲压工序的单工位冲压方法，如图 1.3（c）所示。此时只需一副模具，只有一个工位。

（3）级进冲压：在压力机的一次行程中，在一副模具上，沿送料方向上连续排列的多个工位上同时完成多道冲压工序的冲压方法。如图 1.3（d）所示，此时只需一副模具，有两个工位，在第 1 工位上完成冲孔，在第 2 工位上完成落料。多个工位中心之间的距离叫步距，压力机每一行程条料送进一个步距，除最初几次冲程外，以后每次冲程都可以完成一个零件。

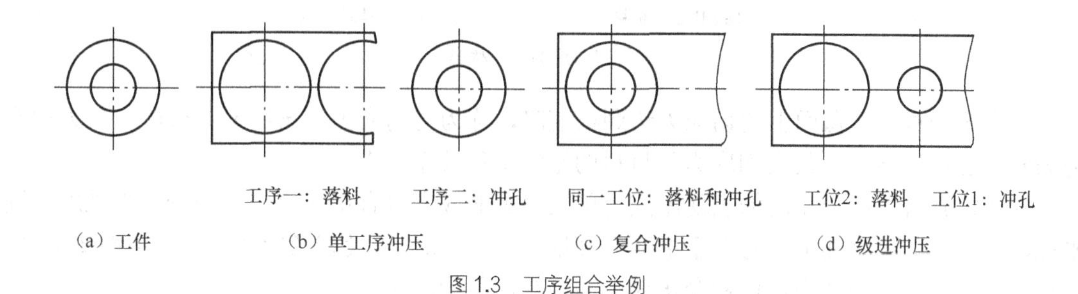


（a）工件　（b）单工序冲压　（c）复合冲压　（d）级进冲压

图 1.3　工序组合举例

零件批量不大、形状简单、精度要求不高、尺寸较大时，常采用单工序。零件批量较大、尺寸较小、精度要求高时，多采用组合工序，即复合冲压或级进冲压。在同一副模具内包括级进冲压和复合冲压的组合工序时称级进-复合冲压工序。在生产中也常用冲压方法使零件产生局部的塑性变形来进行装配，此工序称为冲压装配工序，如铆接、弯接、塑压焊接等。

## 1.3　塑性变形的力学基础

金属塑性成形时，外力通过模具或其他工具作用在坯料上，使其内部产生应力，并且发生塑性变形。由于外力的作用状况、坯料的尺寸与模具的形状千差万别，从而引起材料内各点的应力与应变也各不相同。因此需要研究变形体内各点的应力状态、应变状态及产生塑性变形时各应力之间的关系与应力应变之间的关系。

### 1.3.1　点的应力与应变状态

在变形物体上任意点取一个微量六面单元体，该单元体上的应力状态可取其相互垂直表面上的应力来表示，沿坐标方向可将这些应力分解为 9 个应力分量，其中包括 3 个正应力和 6 个切应力，如图 1.4（a）所示。相互垂直平面上的切应力互等，$\tau_{xy}=\tau_{yx}$，$\tau_{yz}=\tau_{zy}$，$\tau_{zx}=\tau_{xz}$。改变坐标方位，这 6 个应力分量的大小也跟着改变。对任何一种应力状态，总是存在这样一组坐标系，使得单元体各表面上只有正应力而无切应力，如图 1.4（b）所示。这 3 个坐标轴就称为应力主轴，3 个坐标轴的方向称主方向，作用面称为主平面，其上的正应力即主应力。

3 个主方向上都有应力存在称为三向应力状态，如宽板弯曲变形。但大多数板料成形工艺，沿料厚方向的应力$\sigma_t$与其他两个互相垂直方向的主应力（如径向应力$\sigma_r$与切向应力$\sigma_\theta$）相比较，往往很小，可以忽略不计，如拉深、翻孔和胀形变形等，这种应力状态称为平面应力状态。3 个主应力中只有一个有值时，称为单向应力状态，如板料的内孔边缘和外形边缘处常常是自由表面，$\sigma_r$、$\sigma_t$为零。

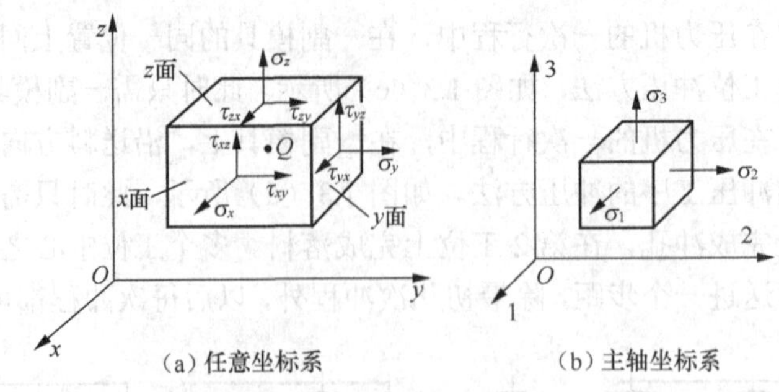

（a）任意坐标系　　（b）主轴坐标系

图1.4　点的应力状态

与主平面成45°截面上的切应力达到极值时，称为主切应力。$\sigma_1 \geqslant \sigma_2 \geqslant \sigma_3$ 时，最大切应力为 $\tau_{max}=\pm(\sigma_1-\sigma_3)/2$，最大切应力与材料的塑性变形关系很大。

应变也具有与应力相同的表现形式。单元体上的应变也有正应变与切应变，当采用主轴坐标时，单元体6个面上只有3个主应变分量 $\varepsilon_1$、$\varepsilon_2$ 和 $\varepsilon_3$，而没有切应变分量。塑性变形时，物体主要发生形状的改变，体积变化很小，可忽略不计，即

$$\varepsilon_1+\varepsilon_2+\varepsilon_3=0 \tag{1.1}$$

此即为塑性变形体积不变定律。它反映了3个主应变值之间的相互关系。根据体积不变定律可知：塑性变形时只可能有三向应变状态和平面应变状态，而不可能有单向应变状态。在平面应变状态时（若 $\varepsilon_2=0$），另外两个应变的绝对值必然相等，而符号相反。

### 1.3.2　屈服准则（塑性条件）

当物体受单向应力作用时，只要其主应力达到材料的屈服极限，该点就进入塑性状态。而对于复杂的三向应力状态，就不能仅根据某一个应力分量来判断该点是否达到塑性状态，而要同时考虑其他应力分量的作用。只有当各个应力分量之间符合一定的关系时，该点才开始屈服，这种关系就称为塑性条件，或称屈服准则。

工程上经常采用屈服准则通式来判别变形状态：

$$\sigma_1-\sigma_3=\beta\sigma_s \tag{1.2}$$

式中，$\sigma_1$、$\sigma_3$、$\sigma_s$ 分别为最大、最小主应力、坯料的屈服应力。$\beta$ 为应力状态系数，其值在1.0～1.155范围内。单向应力状态及轴对称应力状态（双向等拉、双向等压）时，取 $\beta=1.0$；平面变形状态时，取 $\beta=1.155$。在应力分量未知情况下，$\beta$ 可取近似平均值1.1。

### 1.3.3　塑性变形应力与应变的关系

物体在弹性变形阶段，应力与应变之间的关系是线性的，与加载历史无关。而塑性变形时应力应变关系则是非线性的、不可逆的，应力应变不能简单叠加，图1.5所示为材料单向拉伸时应力应变曲线。塑性应力与应变增量之间的关系式，即增量理论，其表达式如下：

$$\mathrm{d}\varepsilon_{ij}=\sigma'_{ij}\,\mathrm{d}\lambda \tag{1.3}$$

其中，$\mathrm{d}\lambda=\dfrac{3}{2}\dfrac{\mathrm{d}\bar{\varepsilon}}{\sigma_s}$，上式可以表达为

$$\frac{d\varepsilon_1}{\sigma_1'}=\frac{d\varepsilon_2}{\sigma_2'}=\frac{d\varepsilon_3}{\sigma_3'}=\frac{d\varepsilon_1-d\varepsilon_2}{\sigma_1-\sigma_2}=\frac{d\varepsilon_2-d\varepsilon_3}{\sigma_2-\sigma_3}=\frac{d\varepsilon_3-d\varepsilon_1}{\sigma_3-\sigma_1}=d\lambda \quad (1.4a)$$

如果在加载过程中，所有的应力分量均按同一比例增加，这种状况称为简单加载，在简单加载情况下，应力应变关系得到简化，得出全量理论公式，其表达式为

$$\frac{\varepsilon_1}{\sigma_1'}=\frac{\varepsilon_2}{\sigma_2'}=\frac{\varepsilon_3}{\sigma_3'}=\frac{\varepsilon_1-\varepsilon_2}{\sigma_1-\sigma_2}=\frac{\varepsilon_2-\varepsilon_3}{\sigma_2-\sigma_3}=\frac{\varepsilon_3-\varepsilon_1}{\sigma_3-\sigma_1}=\lambda \quad (1.4b)$$

其中，$\lambda=\frac{3}{2}\frac{\bar{\varepsilon}}{\sigma_s}$

下面举两个简单的利用全量理论分析应力应变关系的例子。

（1）$\varepsilon_2=0$ 时，称平面应变，由式（1.4b）可得出 $\sigma_2=\frac{\sigma_1+\sigma_3}{2}$。宽板弯曲属于这种情况。

（2）$\sigma_1>0$，且 $\sigma_2=\sigma_3=0$ 时，材料受单向拉应力，由式（1.4b）可得 $\varepsilon_1>0, \varepsilon_2=\varepsilon_3=\frac{1}{2}\varepsilon_1$，即单向拉伸时拉应力作用方向为伸长变形，其余两方向上的应变为压缩变形，且变形量为拉伸变形的 $\frac{1}{2}$，翻孔变形材料边缘属此类变形。

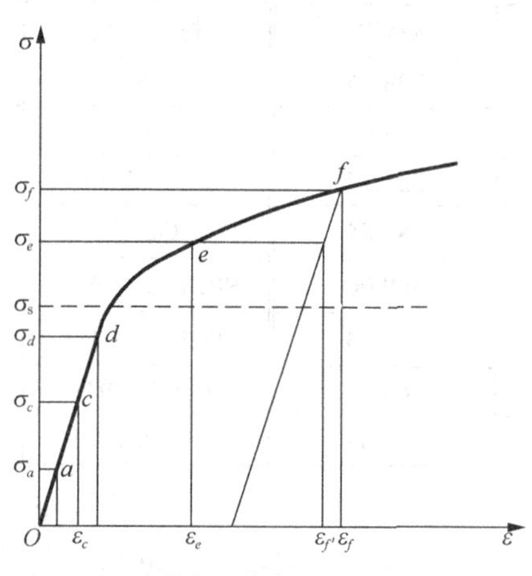


图 1.5 单向拉伸时的应力应变曲线

### 1.3.4 硬化现象和硬化曲线

金属材料在常温下塑性变形的重要特点之一是加工硬化，其结果是引起材料力学性能的变化，表现为材料的强度指标（屈服强度 $\sigma_s$ 与抗拉强度 $\sigma_b$）随变形程度的增加而增加；塑性指标（伸长率 $\delta$ 与断面收缩率 $\psi$）随变形程度的增加而降低。加工硬化既有不利的方面——使进一步变形变得困难；又有有利的方面——板料硬化能够减小过大的局部变形，使变形趋于均匀，增大成形极限，同时也提高了材料的强度。因此，在进行变形应力分析和确定各种工艺参数时，应考虑加工硬化的影响。

冷变形时材料的变形抗力随变形程度的变化情况可用硬化曲线表示。一般可用单向拉伸或压缩试验方法得到材料的硬化曲线。图 1.6 所示为几种常用冲压板材的硬化曲线。

为了使用方便，可将硬化曲线用数学函数式来表示。常用的数学函数的幂次式如下：

$$\sigma = K\varepsilon^n \tag{1.5}$$

式中，$K$、$n$ 均为材料常数，$n$ 称为材料的硬化指数，是表明材料冷变形硬化性能的重要参数，部分冲压板材的 $K$、$n$ 值列入表 1.4 中。

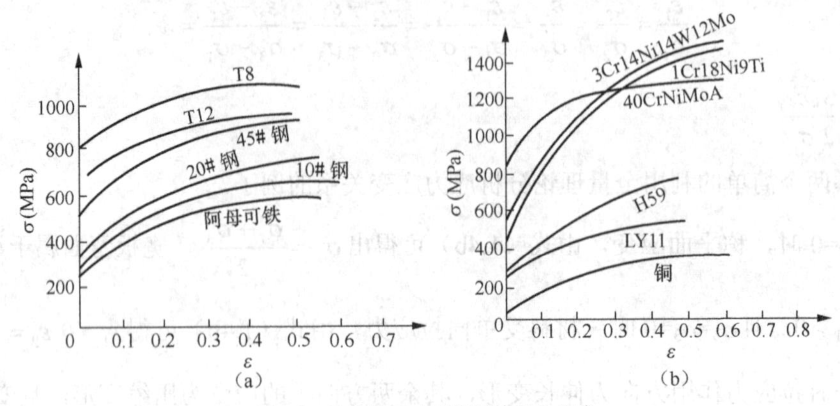


图 1.6　几种常用冲压板材的硬化曲线

**表 1.4　部分板材的 $n$ 值和 $K$ 值**

| 材　　料 | $n$ | $K$/MPa | 材　　料 | $n$ | $K$/MPa |
|---|---|---|---|---|---|
| 08F | 0.185 | 708.76 | H62 | 0.513 | 773.38 |
| 08Al(ZF) | 0.252 | 553.47 | H68 | 0.435 | 759.12 |
| 08Al(HF) | 0.247 | 521.27 | QSn6.5-0.1 | 0.492 | 864.49 |
| 10#钢 | 0.215 | 583.84 | Q235 | 0.236 | 630.27 |
| 20#钢 | 0.166 | 709.06 | SPCC（日本） | 0.212 | 569.76 |
| LF2 | 0.164 | 165.64 | SPCD（日本） | 0.249 | 497.63 |
| LY12M | 0.192 | 366.29 | 1Cr18Ni9Ti | 0.347 | 1093.61 |
| T2 | 0.455 | 538.37 | L4M | 0.286 | 112.43 |

冲压变形的趋向性：冲压毛坯的多个部位都有变形的可能时，变形在阻力最小的部位进行，即“弱区必先变形”。

下面以缩口为例加以分析（见图 1.7）。缩口时坯料可分为 3 个区域。在外力作用下，$A$、$B$ 两区都有可能发生变形，$A$ 区可能会发生缩口塑性变形；$B$ 区可能会发生镦粗变形，这两个区域总有一个需要比较小的塑性变形力，并首先进入塑性状态，产生塑性变形。因此，可以认为这个区域是个相对的弱区。为了保证冲压过程的顺利进行，必须保证应该变形的部分——变形区成为弱区，以便在把塑性变形局限于

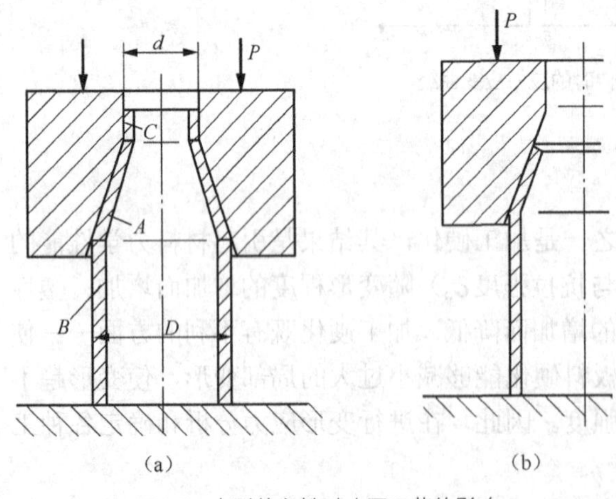


图 1.7　变形趋向性对冲压工艺的影响

$A$—变形区　$B$—传力区　$C$—已变形区

变形区的同时，排除传力区产生任何不必要的塑性变形的可能。

“弱区必先变形，变形区应为弱区”的结论，在冲压生产中具有很重要的实用意义，例如，有些冲压工艺的极限变形参数（拉深系数、缩口系数等）的确定，复杂形状零件的冲压工艺过程设计等，都是以这个道理作为分析和计算的依据。

下面仍以缩口为例来说明这个道理。在图 1.7 所示的缩口过程中，变形区 $A$ 和传力区 $B$ 的交界面上作用有数值相等的压应力$\sigma$，传力区 $B$ 产生塑性变形的方式是镦粗，其变形所需要的压应力为$\sigma_s$，所以传力区不致产生镦粗变形的条件是

$$\sigma < \sigma_s \tag{1.6}$$

变形区 $A$ 产生的塑性变形方式为切向收缩的缩口，所需要的轴向压应力为$\sigma_k$，所以变形区产生缩口变形的条件是

$$\sigma \geqslant \sigma_k \tag{1.7}$$

由式（1.6）与式（1.7）可以得出在保证传力区不致产生塑性变形的条件下能够进行缩口的条件是

$$\sigma_k < \sigma_s \tag{1.8}$$

因为$\sigma_k$的数值决定于缩口系数 $d/D$，所以式（1.8）就成为确定极限缩口系数的依据。极限拉深系数的确定方法，也与此相类似。

此外，在设计工艺过程、选定工艺方案、确定工序和工序间尺寸时，也必须遵循“弱区必先变形，变形区应为弱区”的道理。

## 1.4　冲压件材料

冲压材料是冲压加工三要素之一，材料选择合理与否，直接影响到冲压产品的性能、质量、成本，还会影响到冲压工艺过程及后续加工，因此合理选材十分重要。

冲压所用材料，需要满足两方面要求，即产品的性能要求和冲压工艺及冲压后的加工要求，如切削加工、电镀、焊接等。对冲压材料的基本要求如下。

（1）满足使用性能要求。冲压件应具有一定的强度、刚度、冲击韧性等力学性能要求。此外，有的冲压件还有一些物理、化学等方面的特殊要求，如电磁性、耐蚀性、传热性和耐热性等。

（2）满足冲压工艺要求。冲压加工属于塑性变形，要求材料具有良好的塑性，较低的变形抗力等。

### 1.4.1　冲压材料的工艺要求

冲压材料的工艺要求主要体现在材料的冲压成形性能、化学成分及组织、厚度及公差、表面质量等方面。

#### 1．冲压成形性能

材料对冲压成形工艺的适应能力称为板料的冲压成形性能。材料的冲压成形性能好，是指其便于冲压加工，能用较少的工序、较简单的模具、较长的模具寿命得到高质量的冲压件。

影响冲压成形性能的因素很多。主要体现为抗破裂性、贴模性和定形性等方面。

（1）抗破裂性，是指金属板料在冲压成形过程中抵抗破裂的能力，反映的是各种冲压成形工艺可达到的最大变形程度，即成形极限。

各种成形工艺都有其成形极限指标。GB15825.1—2008 规定了薄板冲压的胀形性能、拉深性能、扩孔（内孔翻边）性能、弯曲性能和复合成形性能指标。

（2）贴模性，是指板料在冲压过程中取得与模具形状保持一致的能力。成形过程中发生的起皱、塌陷等缺陷，均会降低零件的贴模性。影响贴膜性的因素很多，如板料屈服极限、厚向异性指数、工件形状、模具结构等。

（3）定形性，是指零件脱模后保持其在模内既得形状的能力。影响定形性的主要因素是回弹，它主要受材料的屈服极限、硬化指数、弹性模量、工件形状、模具结构等的影响。

板料的贴模性和定形性是决定零件形状和尺寸精度的重要因素。但由于材料抗破裂性差，会导致零件破裂，因此，生产中主要用抗破裂性作为评定板料冲压成形性能的指标。

**2．对力学性能的要求**

板料力学性能指标与板料冲压性能有密切关系。一般来说，板料的强度指标越高，产生相同变形量所需的力就越大；塑性指标越高，成形时所能承受的极限变形量就越大；刚性指标越高，成形时抗失稳起皱的能力就越大。对冲压成形性能影响较大的力学性能指标有以下几项。

（1）屈服极限$\sigma_s$。$\sigma_s$小，材料容易屈服，则变形抗力小，易于变形而不易出现受压起皱现象，且弯曲变形时回弹小，即贴模性与定形性均好。

（2）屈强比$\sigma_s/\sigma_b$。它是屈服极限$\sigma_s$与强度极限$\sigma_b$的比值，其值小，即$\sigma_s$小而$\sigma_b$大，则材料容易产生塑性变形而不易产生拉裂。如对拉深变形，$\sigma_s/\sigma_b$小时，凸缘区的材料易于变形，而传力区的材料又因较高强度而不易被拉裂，有助于提高拉深变形程度。

（3）伸长率$\delta$和均匀伸长率$\delta_u$。这是塑性变形能力的主要指标。$\delta$是拉伸实验中试样拉断时的伸长率。$\delta_u$是开始产生缩颈时的伸长率，表示板料产生均匀的或稳定的塑性变形的能力。翻孔变形程度与$\delta_u$成正比。

（4）弹性模量$E$。它是材料的刚度指标。其值大，抗压失稳能力强，卸载后弹性恢复小，材料的定形性好，有利于提高零件尺寸精度。

（5）硬化指数$n$。它表示在塑性变形中材料的硬化程度。$n$值大，说明在变形中材料加工硬化严重。板料拉伸时，先是产生均匀变形，然后出现局部变形，形成缩颈，最后被拉断。拉伸过程中，一方面材料因断面尺寸减小使变形抗力减小，另一方面因加工硬化使变形抗力提高。变形总是遵循阻力最小定律，既弱区先变形，变形区不断转移，在宏观上就表现为均匀变形。开始时硬化作用是主要的，变形到一定时刻，断面减小的影响相对变大，于是局部变形开始，发展为缩颈、断裂。因此，对伸长类变形如胀形，$n$值大时变形均匀，不易变薄，零件不易产生裂纹。

（6）塑性应变比$r$。板料单向拉伸时，宽向真实应变$\varepsilon_b$与厚向真实应变$\varepsilon_t$之比$r=\varepsilon_b/\varepsilon_t$。它反映板料抵抗变薄或变厚的能力。$r$值越大，表示板料越不易在厚度方向上产生变形，即不易出现变薄或增厚，有助于提高拉深变形程度。

（7）各向异性系数$\Delta r$。板料在不同方位上塑性应变比不同，造成板平面内各向异性。各

向异性系数可用沿 0°、45° 和 90° 方向的塑性应变比的平均差来表示，即

$$\Delta r = \frac{r_{0^\circ} + r_{90^\circ} - 2r_{45^\circ}}{2} \tag{1.9}$$

$\Delta r$ 越大，表示板平面内各向异性越严重。拉深时在零件端部出现不平整的凸耳现象，就是材料的各向异性造成的，它既浪费材料又会增加一道修边工序。

#### 3. 对化学成分的要求

板料的化学成分对冲压成形性能影响很大，如在钢中的碳、硅、锰、磷、硫等元素的含量增加，会使材料的塑性降低、脆性增加。铝镇静钢 08Al 按其拉深质量分为 3 级：ZF（最复杂）用于拉深最复杂零件，HF（很复杂）用于拉深很复杂零件，F（复杂）用于拉深复杂零件。其他深拉深薄钢板按冲压性能分：Z（最深拉深）、S（深拉深）、P（普通拉深）3 级。

#### 4. 对金相组织的要求

冲压用板料供应状态分为退火状态（或软态）（M）、淬火状态（C）或硬态（Y）。使用时可根据产品对强度要求及对材料成形性能的要求进行选择。有些钢板对其晶粒大小也有一定的规定，晶粒大小合适、均匀的金相组织拉深性能好；晶粒大小不均易引起裂纹。深拉深用冷轧薄钢板的晶粒为 6 至 8 级，过大的晶粒在拉深时产生粗糙的表面。此外，在钢板中的带状组织与游离碳化物和非金属夹杂物，也会降低材料的冲压成形性能。

#### 5. 对表面质量的要求

材料表面应光滑，无氧化皮、裂纹、划伤等缺陷。表面质量高的材料，成形时不易破裂不易擦伤模具，零件表面质量好。优质钢板表面质量分三组：Ⅰ组（高质量表面），Ⅱ组（较高质量表面）、Ⅲ组（一般质量表面）。

#### 6. 对材料厚度公差的要求

在一些成形工序中，凸、凹模之间的间隙是根据材料厚度来确定的，尤其在校正弯曲和整形工序中，板料厚度公差对零件的精度与模具寿命会有很大影响。厚度公差分：A（高级）、B（较高级）和 C（普通级）三种。

### 1.4.2 常用冲压材料

冲压最常用的材料是金属板料，有时也用非金属板料、金属板料分黑色金属和有色金属两种。表 1.5 列出了部分常用金属板料的力学性能。

黑色金属板料按性质可分为以下几种。

（1）普通碳素结构钢，如 Q195、Q235 等（表示屈服强度为 195 MPa、235 MPa）。

（2）优质碳素结构钢，如 08、08F、10#钢、20#钢、15Mn、20Mn 等，冲压性能和焊接性能均较好。

（3）低合金高强度钢，如 Q345 等。

（4）电工硅钢，如热轧电工硅钢板 DR510、DR490 等。

（5）不锈钢，如 1Crl8Ni9Ti，1Cr13 等，用以制造有防腐蚀防锈要求的零件。

常用的有色金属有铜及铜合金如黄铜等，牌号有 T1、T2、H62、H68 等，其塑性、导电性与导热性均很好。还有铝及铝合金，常用的牌号有 L2、L3、LF21 等，有较好塑性，变形抗力小且轻。

非金属材料有胶木板、橡胶、塑料板等。

**表 1.5　　部分常用冲压材料的力学性能**

| 材料名称 | 牌号 | 材料状态 | 抗剪强度 $\tau$/MPa | 抗拉强度 $\sigma_b$/MPa | 伸长率 $\delta_{10}$/% | 屈服强度 $\sigma_s$/MPa |
|---|---|---|---|---|---|---|
| 电工用纯铁 C<0.025 | DT1、DT2、DT3 | 退火 | 180 | 230 | 26 | — |
| 普通碳素钢 | Q195 | 未退火 | 260～320 | 320～400 | 28～33 | 200 |
| | Q235 | | 310～380 | 380～470 | 21～25 | 240 |
| | Q275 | | 400～500 | 500～620 | 15～19 | 280 |
| 优质碳素结构钢 | 08F | 退火 | 220～310 | 280～390 | 32 | 180 |
| | 08#钢 | | 260～360 | 330～450 | 32 | 200 |
| | 10#钢 | | 260～340 | 300～440 | 29 | 210 |
| | 20#钢 | | 280～400 | 360～510 | 25 | 250 |
| | 45#钢 | | 440～560 | 550～700 | 16 | 360 |
| | 65Mn | 退火 | 600 | 750 | 12 | 400 |
| 不锈钢 | 1Cr13 | 退火 | 320～380 | 400～470 | 21 | 415 |
| | 1Cr18Ni9Ti | 退火 | 430～550 | 540～700 | 40 | 200 |
| 铝 | L2、L3、L5 | 退火 | 80 | 75～110 | 25 | 50～80 |
| | | 冷作硬化 | 100 | 120～150 | 4 | — |
| 铝锰合金 | LF21 | 已退火 | 70～110 | 110～145 | 19 | 50 |
| 硬铝 | LY12 | 已退火 | 105～150 | 150～215 | 12 | — |
| | | 淬硬后冷作硬化 | 280～320 | 400～600 | 10 | 340 |
| 纯铜 | T1、T2、T3 | 软态 | 160 | 200 | 30 | 7 |
| | | 硬态 | 240 | 300 | 3 | — |
| 黄铜 | H62 | 软态 | 260 | 300 | 35 | — |
| | | 半硬态 | 300 | 380 | 20 | 200 |
| | H68 | 软态 | 240 | 300 | 40 | 100 |
| | | 半硬态 | 280 | 350 | 25 | — |

冲压用材料的形状，最常用的是板料，常见规格如 710 mm × 1 420 mm 和 1 000 mm × 2 000 mm 等，板料有冷轧和热轧两种轧制状态。对大量生产可采用专门规格的带料（卷料），有各种规格的宽度，展开长度可达几十米，以成卷状供应，适应于大批量生产的自动送料。材料厚度很小时都是做成带料供应。特殊情况可采用块料，它适用于单件小批生产和价值昂贵的有色金属的冲压。关于材料的牌号、规格、性能，可查阅国家标准和有关设计资料。

钢板、钢带按厚度分为特厚板、厚板、中板、薄板和极薄板五大类。我国国标规定厚度大于 60 mm 的称为特厚板，厚度在 20～60 mm 的称为厚板，厚度在 4.5～20 mm 的称为中板，厚度在 0.2～4 mm 的称为薄板，厚度小于 0.2 mm 的称为极薄带或箔材。习惯上，把特厚板、厚板、中板统称为中厚板。

在冲压工艺资料和图样上，对材料的表示方法有特殊的规定。如材料为 08#钢、厚度为 1.0 mm、平面尺寸为 1 000 mm × 1 500 mm、较高级精度、较高级的精整表面、深拉深级的优质碳素结构钢冷轧钢板表示为

$$\text{钢板}\ \frac{\mathrm{B-1.0\times1000\times1500-GB/T\ 708—2006}}{\mathrm{08-II-S-GB/T\ 710—2008}}$$

## 1.5 冲压设备

冲压设备选用是冲压工艺设计的重要内容。冲压设备的选择需要考虑到冲压工序性质、冲压力的大小、模具结构与尺寸及生产批量、生产效率、成本、产品质量、现有设备等诸多因素。

### 1.5.1 冲压设备类型

冲压设备种类很多，包括机械压力机、液压机、摩擦压力机等，如图 1.8 所示。应用最广泛的是机械压力机，因其按床身不同分为开式、闭式压力机，按滑块数量不同分为单动、双动压力机，按照连杆数量不同分为单点、双点、四点压力机。机械压力机一般采用曲柄连杆机构，习惯称为曲柄压力机。

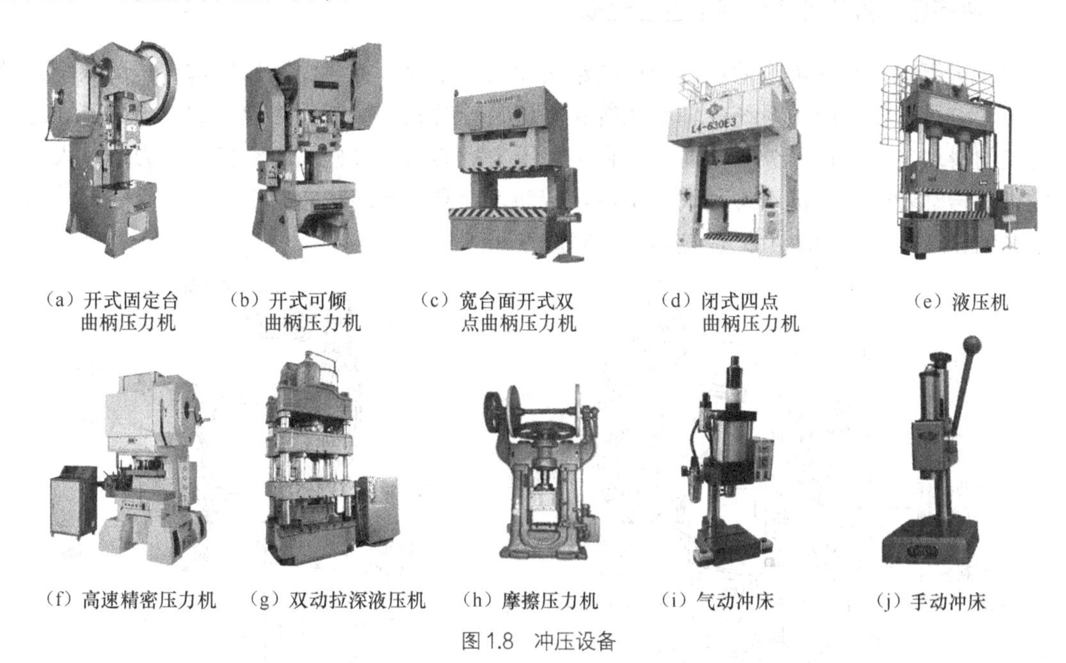

（a）开式固定台曲柄压力机　（b）开式可倾曲柄压力机　（c）宽台面开式双点曲柄压力机　（d）闭式四点曲柄压力机　（e）液压机

（f）高速精密压力机　（g）双动拉深液压机　（h）摩擦压力机　（i）气动冲床　（j）手动冲床

图 1.8　冲压设备

冲压设备类型主要根据所要完成的冲压工艺性质、生产批量、冲压件的尺寸大小和精度要求等来选择。

开式曲柄压力机的床身是 C 型结构，冲压时床身的变形较大，压力机精度会受到影响，主要应用于中小型冲裁件冲压，但其操作空间开阔，可三面送料。常见的典型结构有开式固

定台曲柄压力机［见图 1.8（a）］和开式可倾曲柄压力机［见图 1.8（b）］，图 1.8（c）所示为适应较大薄板冲裁及级进模生产的宽台面开式双点曲柄压力机。闭式曲柄压力机［见图 1.8（d）］具有封闭的框架床身结构，能承受较大的力，因此大吨位的压力机均采用闭式床身结构，主要适用于大中型冲压件的冲压。

液压机工作平稳［见图 1.8（e）］，能在较长的行程内提供较大的工作压力，尤其适用于较厚板拉深和成形，但液压机的速度低，生产效率不高。在大型复杂拉深件生产中，尽量选用双动或三动拉深液压机［见图 1.8（g）］，可使模具结构简单。摩擦压力机［见图 1.8（h）］结构简单，造价低廉，不易发生超载破坏，因此在小批量生产中常用来弯曲大而厚的弯曲件，尤其适用校平、整形、压印等成形工序。但摩擦压力机的行程次数小，生产效率低，而且操作也不太方便。

随着电子工业的发展，小型电子零件的大量需求促进了高精度、高效率的高速压力机的发展，涌现出许多的高速精密压力机［见图 1.8（f）］，冲压速度从每分钟几百次到上千次，以及超高速精密压力机，每分钟冲压速度可超过 1 000 次到数千次。

各种气动、液压、手动微型压力机［见图 1.8（i）和图 1.8（j）］是广泛应用于产品组装、维修、五金加工等行业中的机械设备。具有用途广泛、生产效率较高、价格低廉、结构简单、不占用空间等特点，可广泛应用于切断、冲孔、落料、弯曲、铆合和成形等工艺。

本节主要介绍曲柄压力机。

### 1.5.2 曲柄压力机

#### 1. 曲柄压力机的工作原理及主要组成

图 1.9 所示为开式可倾曲柄压力机的结构和工作原理，主要由工作机构、传动系统、操作系统、支承部件、能源系统、辅助系统和附属装置组成。冲压前将模具的上模部分固定在压力机的滑块上，下模部分固定在工作台上。压力机的工作过程：电动机的动力通过大、小带轮带动传动轴转动，进而带动大、小齿轮转动，当离合器的状态为合时，齿轮的旋转运动通过曲轴和连杆带动滑块上下往复运动，完成冲压工作。

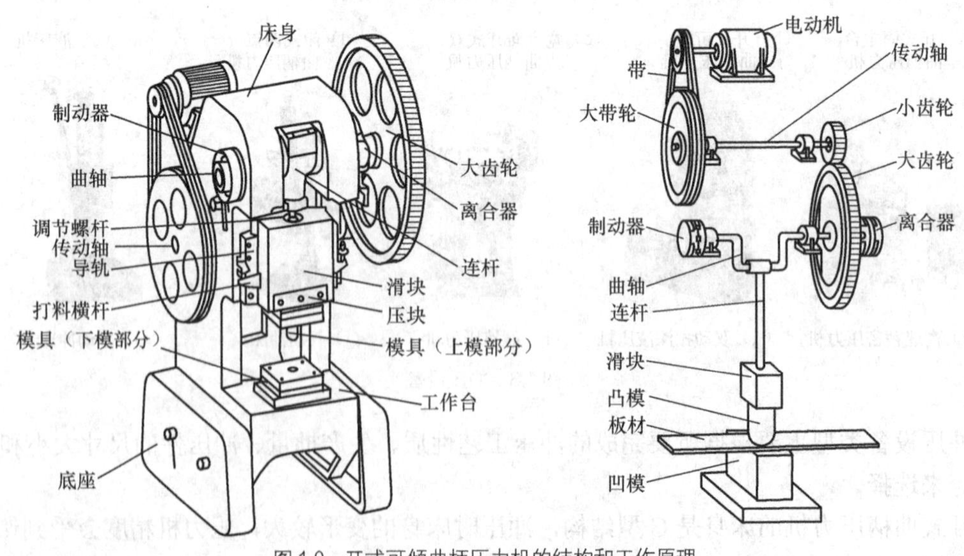


图 1.9 开式可倾曲柄压力机的结构和工作原理

（1）工作机构。由曲轴（柄）、连杆、滑块组成曲柄连杆滑块机构。其作用是将旋转运动转化为滑块的上下往复运动，以此带动安装于滑块上的上模完成冲压工作。其中连杆由调节螺杆和连杆体通过螺纹连接，长度可调，可以适用于不同高度的模具。

（2）传动系统。主要有带传动、齿轮传动等机构。其作用是将电动机的运动和能量按照一定要求传给曲柄滑块机构。

（3）操作系统。主要由空气分配系统、离合器、制动器、电气控制箱等组成。

（4）支承部件。主要为床身，开式曲柄压力机则由床身和底座组成。

（5）能源系统。包括电动机、飞轮等。

此外，压力机还有多种辅助系统，如气路系统、润滑系统、安全保护装置及气垫等。

### 2. 曲柄压力机的型号及公称力范围

曲柄压力机的型号用汉语拼音字母、英文字母和数字表示。JB23—63 型号的意义如下。

第一个字母为类的代号，“J”表示机械压力机。

第二个字母代表同一型号产品的变型顺序号，凡主参数与基本型号相同，但其他某些次要参数与基本型号不同的称为变型。“B”表示第二种变型产品。

第三、四个数字为列、组代号，“2”代表开式双柱压力机，“3”代表可倾机身。

横线后的数字代表主参数，一般用压力机的公称压力作为主参数，代号中的公称压力用工程单位“吨”表示，故转换为法定单位制的“千牛”时，应将此数字乘以 10。例中 63 代表 63tf，乘以 10 即 630 kN。

有的压力机在数字后面还有一个字母，它代表重大改进顺序号。凡型号已经确定的锻压机械，若结构和性能与原产品有显著的不同时，称为改进，如“A”表示第一次改进。

表 1.6 所示为开式曲柄压力机的形式及公称压力范围。表 1.7 所示为闭式曲柄压力机的形式及公称压力范围。

**表 1.6　开式曲柄压力机的形式及公称压力范围（GB/T 13747—2009）**

| 形　式 | 类　别 | 公称压力范围/kN |
|---|---|---|
| 开式可倾式曲柄压力机 | 标准型（Ⅰ） | 40～1 600 |
| | 短行程型（Ⅱ） | 250～1 600 |
| | 长行程型（Ⅲ） | 250～1 600 |
| 开式固定台曲柄压力机 | 标准型（Ⅰ） | 250～3 000 |
| | 短行程型（Ⅱ） | 250～3 000 |
| | 长行程型（Ⅲ） | 250～3 000 |

**表 1.7　闭式曲柄压力机的型式及公称压力范围（JB/T 1647—2012）**

| 形　式 | 公称压力范围/kN | |
|---|---|---|
| 闭式单点压力机 | Ⅰ型 | 1 600～20 000 |
| | Ⅱ型 | 1 600～4 000 |
| 闭式双点压力机 | 1 600～25 000 | |

注：公称压力大于 25 000 kN 的闭式双点压力机可以根据需要订货。

### 3. 曲柄压力机的技术参数

曲柄压力机的技术参数表示压力机的工艺性能和应用范围，是选用压力机和设计模具的主要依据。开式曲柄压力机的主要技术参数有如下几个。

（1）公称压力 $F$，是指滑块距下死点前某一特定距离 $S_p$（称为公称压力行程）或曲柄旋转到距下死点前某一特定角度 $\alpha_p$（称为公称压力角）时，滑块所允许承受的最大作用力。曲柄滑块机构运动简图与压力机许用压力曲线如图 1.10 所示。例如，J31-315 压力机的公称压力为 3 150 kN，它是指滑块离下死点 10.5 mm（相当于公称压力角为 20°）时滑块上所允许的最大作用力。公称压力已经系列化。

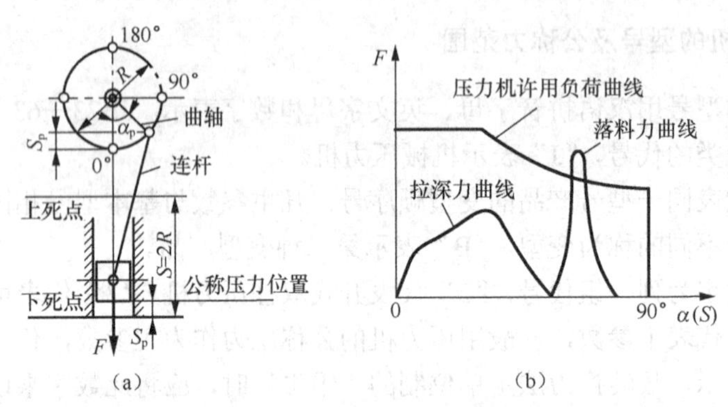


图 1.10 曲柄滑块机构运动简图与压力机许用负荷曲线

由图 1.10 可以看出，公称压力并不是发生在整个滑块行程中，而是随着滑块行程在变化，冲压力在整个冲压过程中也是变化的，但两者不同步，选择设备时必须保证冲压工艺力曲线位于压力机许用压力曲线之下。尽管图 1.10 中的拉深力小于压力机提供的压力，但由于落料力曲线部分超出压力机的许用负荷曲线，因此需要选择更大吨位的压力机才能满足要求。

（2）滑块行程 $S$，是指滑块从上死点到下死点所经过的距离，它的大小随工艺用途和公称压力的不同而不同。例如，J31-315 压力机的滑块行程为 315 mm，JB23-63 压力机为 100 mm。

（3）滑块每分钟行程次数 $n$，是指滑块每分钟从上死点到下死点，然后再回到上死点所往复的次数。例如，J31-315 压力机滑块的行程次数为 20 次/分。行程次数的大小反映了生产效率的高低。

（4）压力机最大闭合高度 $H_{max}$，如图 1.11 所示，指压力机闭合高度调节机构处于上极限位置（即连杆长度调到最短），即滑块处于下点时，滑块下表面至工作台上表面之间的距离。压力机闭合高度调节机构允许的调节距离（即连杆长度调节量）称为压力机闭合高度调节量 $\Delta H$（GB/T 8845—2006）。如 J23-63 压力机的最大闭合高度是 300 mm，封闭高度调节量是 70 mm。模具闭合高度（模具在工作位置下极点时，下模座的下平面与上模座的上平面之间的距离 $h$）必须小于压力机的最大闭合高度。

（5）工作台面尺寸($a_1 \times b_1$)、滑块底面尺寸($a \times b$)及喉深 $R$，这些参数与模具外形尺寸及模具安装方法有关，通常要求留有足够的安装位置。

（6）模柄孔尺寸 $D$，滑块上模柄孔的直径应与模具模柄直径一致，模柄孔的深度应大于模柄夹持部分长度。在滑块中还设有退料（或退件）装置，当冲压完毕的工件或废料卡在模具上时，需要在滑决回程时将其从模具上退下。为此，在滑块上设置了打料横杆。打料横杆的中部直接与通过模柄中心的顶料杆接触，如图 1.12 所示；当滑决回程时，打料杆将在预定位置碰撞装于床身的顶块而完成打料动作。打料横杆在滑块中的上下活动范围较小，因此在安装和调整模具时应注意使打料横杆不发生碰撞。

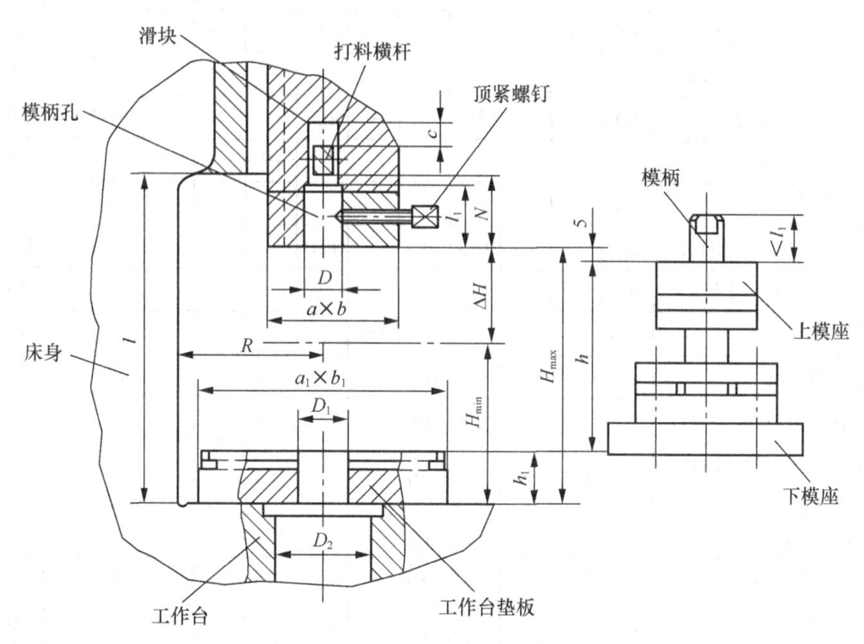


图 1.11　压力机技术参数

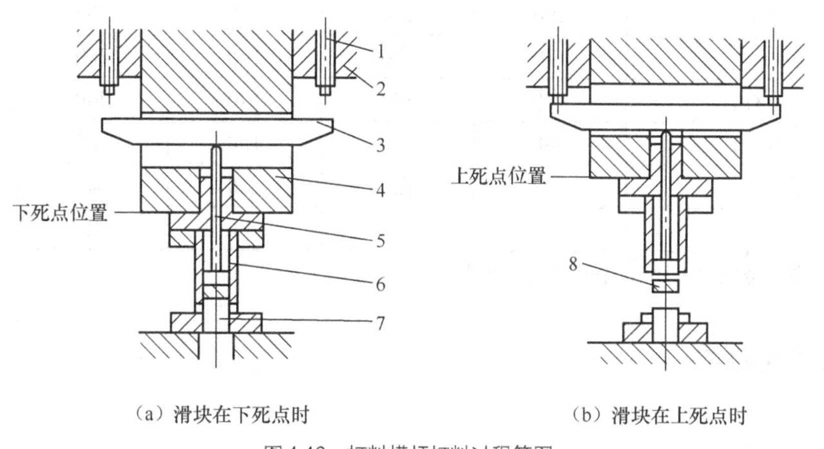


（a）滑块在下死点时　　（b）滑块在上死点时

图 1.12　打料横杆打料过程简图

1—打料螺钉；2—螺钉座；3—打料横杆；4—滑块；5—顶料杆；6—上模；7—下模；8—工件

表 1.8 所示为部分开式可倾曲柄压力机的主要结构参数，其余压力机的技术参数查阅 GB/T 14347—2009。

**表 1.8　开式可倾曲柄压力机的主要结构参数（GB/T 14347—2009 中部分数据）**

| 基本参数名称 | | | 基本参数值 | | | | | | | | | | | | | | |
|---|---|---|---|---|---|---|---|---|---|---|---|---|---|---|---|---|---|
| | | | I | II | III | I | II | III | I | II | III | I | II | III | I | II | III |
| 公称压力 $F$/ kN | | | 40 | | | 63 | | | 100 | | | 160 | | | 250 | | |
| 公称压力行程 $S_P$/ mm | 直接传动 | | 1.5 | — | — | 2 | — | — | 2 | — | — | 2 | — | — | 2 | — | — |
| | 齿轮传动 | | — | — | — | — | — | — | — | — | — | — | — | — | 3 | 1.6 | 3 |
| 滑块行程 $S$/mm | 可调 | 最大 | 50 | — | — | 56 | — | — | 63 | — | — | — | — | | 80 | — | — |
| | | 最小 | 6 | — | — | 8 | — | — | 10 | — | — | — | — | | 12 | — | — |
| | 固定 | | 50 | | — | — | | — | — | | — | — | — | — | 80 | 40 | 100 |
| 滑块行程次数 $n$/（次/min） | 可调 | 最大 | 250 | — | — | 180 | — | — | 150 | — | — | — | — | | 130 | 180 | 100 |
| | | 最小 | 100 | — | — | 80 | — | — | 70 | — | — | — | — | | 70 | 95 | 55 |
| | 固定 | | 200 | | — | — | | — | — | | — | — | — | — | 100 | — | 100 |
| 最大装模高度 $H$/mm | | | 125 | | | 140 | | | 160 | | | 180 | | | 230 | | |
| 装模高度调节量 $\Delta H$/mm | | | 32 | | | 35 | | | 40 | | | 45 | | | 50 | | |
| 滑块中心线至机身中心线距离（喉深）$R$/mm | | | 135 | | | 150 | | | 165 | | | 190 | | | 210 | | |
| 工作台板尺寸/mm | 左右 $a_1$ | | 350 | | | 400 | | | 450 | | | 500 | | | 700 | | |
| | 前后 $b_1$ | | 250 | | | 280 | | | 315 | | | 335 | | | 400 | | |
| 工作台板厚度 $h$/mm | | | 50 | | | 60 | | | 65 | | | 70 | | | 80 | 90 | 80 |
| 工作台孔尺寸/mm | 左右 $L_1$ | | 130 | | | 150 | | | 180 | | | 220 | | | 250 | | |
| | 前后 $B_1$ | | 90 | | | 100 | | | 115 | | | 140 | | | 170 | | |
| | 直径 $D$ | | 100 | | | 120 | | | 150 | | | 180 | | | 210 | | |
| 立柱间距离 $A$/mm | | | 110 | | | 130 | | | 160 | | | 200 | | | 250 | | |
| 滑块底面尺寸/mm | 左右 $E$ | | 100 | | | 140 | | | 170 | | | 200 | | | 250 | | |
| | 前后 $F$ | | 90 | | | 120 | | | 150 | | | 180 | | | 220 | | |
| 滑块模柄孔直径/mm | | | $\phi$30 | | | $\phi$30 | | | $\phi$30 | | | $\phi$40 | | | $\phi$40 | | |
| 最大倾斜角 $\alpha$/（°） | | | 30 | | | 30 | | | 30 | | | 30 | | | 30 | | |

注：装模高度是压力机闭合高度减去垫板厚度。

## 1.6 冲模常用标准

### 1.6.1 冲模标准化意义

冲模标准是指在冲模设计与制造中应该遵循和执行的技术规范。冲模标准化是模具设计与制造的基础，也是现代冲压模具生产技术的基础。冲模标准化的意义有以下几个方面。

（1）可以缩短模具设计与制造周期，提高模具制造质量和使用性能，降低模具成本。因为模具结构及制造精度与冲压件的形状、尺寸精度以及生产批量有关，所以冲模的种类繁多而且结构十分复杂。比如精密级进模的模具零件有时有上百个，使得模具的设计与制造周期很长。而实现模具标准化后，所有的标准件都可以外购，从而减少了模具零件设计与制造的工作量，缩短了模具的制造周期。

模具零件实现标准化后，模具标准件由专业厂的大批量生产代替各模具厂家的单件和小规模生产，保证了模具设计质量和制造中必须达到的质量规范，提高了材料利用率，因此模具标准化程度的提高可以有效地提高模具质量和使用性能，降低模具成本。

（2）模具标准化有利于模具工作者摆脱大量重复的一般性设计，将主要精力用来改进模具结构，解决模具关键技术问题，进行创造性劳动。

（3）模具标准化有利于模具的计算机辅助设计与制造，是实现现代化模具生产技术的基础，可以这样说，没有模具标准化就没有模具的计算机辅助设计与制造。

（4）模具标准化有利于国内、国际的商业贸易和技术交流，可增强企业的技术经济实力。

### 1.6.2 常用冲模标准

我国在模具行业中推广使用的模具标准是经国家技术监督局批准的国家标准（GB）和机械行业标准（JB）。另外还有国际模具标准化组织ISO/TC29/SC8制定的冲模和成形模标准。

除此之外，由于一些企业从国外引进了大量级进模与汽车覆盖件模具，随着模具的引进，国外冲模标准也在我国一些企业中引用，如日本三住商事株式会社的MISUMI标准，德国HASCO标准，美国DME标准等。表1.9列出了部分冲模常用标准。

**表1.9** **部分冲模常用标准**

| 标准名称 | 标准代号 | 标准名称 | 标准代号 |
|---|---|---|---|
| 冲模术语 | GB/T 8845—2006 | 冲模模架技术条件 | JB/T 8050—2008 |
| 冲压件尺寸公差 | GB/T 13914—2013 | 冲模滑动导向模座 第1部分：上模座 | GB/T 2855.1—2008 |
| 冲压件角度公差 | GB/T 13915—2013 | 冲模滑动导向模座 第2部分：下模座 | GB/T 2855.2—2008 |
| 冲压件形状和位置未注公差 | GB/T 13916—2013 | 冲模滚动导向模座 第1部分：上模座 | GB/T 2856.1—2008 |
| 冲压件未注公差尺寸极限偏差 | GB/T 15055—2007 | 冲模滚动导向模座 第2部分：下模座 | GB/T 2856.2—2008 |
| 冲裁间隙 | GB/T 16743—2010 | 冲模模板 | JB/T 7643.1～7643.6—2008 |
| 金属冷冲压件结构要素 | JB/T 4378.1—1999 | 冲模导向装置 | JB/T 7645.1～7645.8—2008 |
| 金属冷冲压件通用技术条件 | JB/T 4378. 2—1999 | 冲模模柄 | JB/T 7646.1～7646.6—2008 |
| 精密冲裁件质量 | JB/T 9175.2—2013 | 冲模导正销 | JB/T 7647.1～7647.4—2008 |
| 精密冲裁件结构工艺性 | JB/T 9175.1—2013 | 冲模侧刃和导料装置 | JB/T 7648.1～7648.8—2008 |
| 精密冲裁件工艺编制原则 | JB/T 6957—2007 | 冲模挡料和弹顶装置 | JB/T 7649.1～7649.10—2008 |

续表

| 标 准 名 称 | 标 准 代 号 | 标 准 名 称 | 标 准 代 号 |
|---|---|---|---|
| 金属板料压弯工艺设计规范 | JB/T 5109—2001 | 冲模卸料装置 | JB/T 7650.1～7650.8—2008 |
| 金属板料拉深工艺设计规范 | JB/T 6959—2008 | 冲模废料切断刀 | JB/T 7651.1～7651.2—2008 |
| 冲模技术条件 | GB/T 14662—2006 | 冲模限位支承装置 | JB/T 7652.1～7652.2—2008 |
| 冲模零件技术条件 | JB/T 7653—2008 | 冲模圆柱头直杆圆凸模 | JB/T 5825—2008 |
| 冲模滑动导向模架 | GB/T 2851—2008 | 冲模圆柱头缩杆圆凸模 | JB/T 5826—2008 |
| 冲模滚动导向模架 | GB/T 2852—2008 | 冲模60°锥头直杆圆凸模 | JB/T 5827—2008 |
| 冲模滑动导向钢板模架 | GB/T 23565.1～23565.4—2009 | 冲模60°锥头缩杆圆凸模 | JB/T 5828—2008 |
| 冲模滚动导向钢板模架 | GB/T 23563.1～23563.4—2009 | 冲模球锁紧圆凸模 | JB/T 5829—2008 |
| 冲模模架零件技术条件 | JB/T 8070—2008 | 冲模圆凹模 | JB/T 5830—2008 |
| 冲模模架精度检查 | JB/T 8071—2008 | 冲模零件技术条件 | JB/T 7653—2008 |

## 1.7 冲压技术发展

### 1.7.1 冲压技术的现状

随着科学技术的不断进步，现代工业产品生产日益复杂与多样化，产品性能和质量也在不断提高，因而对冲压技术提出了更高的要求。为了使冲压加工能适应工业各部门的需要，冲压技术自身也应不断革新和发展。下面简要概述冲压技术的现状。

**1．冲压模具市场情况**

目前，我国冲压模具在数量、质量、技术和能力等方面都有了很大的发展，但与国民经济需求和世界先进水平相比，差距仍很大，一些大型、精密、复杂、长寿命的高档模具每年仍需要大量进口，特别是中高档轿车的覆盖件模具、超大规模集成电路及精密电子产品的模具。

**2．冲压成形工艺与理论研究**

近年来，冲压成形工艺有很多新的进展，特别是精密冲裁、精密成形、精密剪切、复合材料成形、超塑性成形、软模成形以及电磁成形、无模多点成形和渐进成形等新工艺新技术日新月异，冲压件的成形精度日趋精确，生产率也有极大的提高。它们的共同特点是精密、柔性、快速、复合、信息化。前几年的精密冲压主要指对平板零件进行精密冲裁，而现在，除了精密冲裁外还可兼有精密弯曲、精密拉深、压印等，可以进行复杂零件的立体精密成形。目前精密冲裁加工零件的厚度可达25 mm，精度可达IT6～IT7级，并可对$\sigma_b$＞900 MPa的高强度合金材料进行精冲。

由于引入了计算机辅助工程（CAE），冲压成形已从原来对应力应变进行有限元等分析而逐步发展到采用计算机进行工艺过程的模拟与分析，以实现冲压过程的优化设计。在冲压毛坯设计方面也开展了计算机辅助设计，可以对排样或拉深毛坯进行优化设计。

此外，对冲压成形性能和成形极限的研究，冲压件成形难度的判定以及成形预报等技术的发展，均标志着冲压成形已从原来的经验、实验分析阶段开始走上由冲压理论指导的科学阶段，使冲压成形走向计算机辅助工程化和智能化的发展道路。

### 3. 冲模设计与制造

冲模是实现冲压生产的基本条件。冲模的设计和制造，目前正朝着以下两方面发展：一方面，为了适应高速、自动、精密、安全等大批量现代生产的需要，冲模正向高效率、高精度、高寿命及多工位、多功能方向发展，与此相适应的新型模具材料及其热表处理技术，各种高效、精密、数控、自动化的模具加工机床和检测设备以及模具CAD/CAM/CAE技术也正在迅速发展；另一方面，为了适应产品更新换代和试制或小批量生产的需要，锌基合金冲模、聚氨酯橡胶冲模、薄板冲模、钢带冲模、组合冲模等各种简易冲模及其制造技术也得到了迅速发展。

精密、高效的多工位及多功能级进模和大型复杂的汽车覆盖件冲模代表了现代冲模的技术水平。目前，50个工位以上的级进模进距精度可达2 μm，多功能级进模不仅可以完成冲压全过程，还可完成焊接、装配等工序。我国已能自行设计制造出达到国际水平的精密多工位级进冲模，如某机电一体化的铁心精密自动化多功能级进模，其主要零件的制造精度达2～5 μm，进距精度2～3 μm，总使用次数达1亿次。我国主要汽车模具企业，已能生产成套轿车覆盖件模具，在设计制造方法、手段方面已基本达到了国际水平。如由济南二机床集团研制的42 000 kN大型快速高效数控全自动冲压生产线，由1台闭式四点多连杆压力机、3台闭式四点压力机以及双臂快速送料系统组成。可每分钟生产15件汽车大型覆盖件，采用同步控制连续运行生产模式、整线换模时间仅为3 min，整机主要性能指标优于国外企业同类产品，是目前世界最高水平的高速自动化冲压生产线，也是目前国内汽车行业应用的功能最全，效率、性能和标准最高的冲压生产线。

模具材料及热处理与表面处理工艺对模具加工质量和寿命的影响很大，世界各主要工业国在此方面的研究取得了较大进展，开发了许多的新钢种，其硬度可达58～70 HRC，而变形只为普通工具钢的1/5～1/2。如火焰淬火钢可局部硬化，且无脱碳；我国研制的65Nb、LD和CD等新钢种，具有热加工性能好、热处理变形小、抗冲击性能佳等特点。与此同时，还发展了一些新的热处理和表面处理工艺，主要有气体软氮化、离子氮化、渗硼、表面涂镀、化学气相沉积（CVD）、物理气相沉积（PVD）、激光表面处理等。这些方法能提高模具工作表面的耐磨性、硬度和耐蚀性，使模具寿命大大延长。

模具制造技术现代化是模具工业发展的基础。计算机技术、信息技术、自动化技术等先进技术正在不断向传统制造技术渗透、交叉、融合形成了现代模具制造技术。其中高速铣削加工、电火花铣削加工、慢走丝线切割加工、精密磨削及抛光技术、数控测量等代表了现代冲模制造的技术水平。高速铣削加工不但具有加工速度高及良好的加工精度和表面质量（主轴转速一般为15 000～40 000 r/min，加工精度一般可达10μm，最好的表面粗糙度$Ra\leqslant 1\mu m$），而且与传统切削加工相比具有温升低（工件只升高3℃）、切削力小，因而可加工热敏材料和刚性差的零件，合理选择刀具和切削用量还可实现硬材料（60 HRC）加工；电火花铣削加工（又称电火花创成加工）是以高速旋转的简单管状电极作三维或二维轮廓加工（像数控铣一样），因此不再需要制造昂贵的成形电极，如日本三菱公司生产的 EDSCAN8E 电火花铣削加工机床，配置有电极损耗自动补偿系统、CAD/CAM 集成系统、在线自动测量系统和动态仿真系统，体现了当今电火花加工机床的技术水平；慢走丝线切割技术的发展水平已相当高，功能也相当完善，自动化程度高，目前切割速度已达 300 mm/min，加工精度可达±1.5 μm，表面粗糙度达 *Ra*0.1～0.2 μm；精密磨削及抛光已开始使用数控成形磨床、数控光学曲线磨床、数控连续轨迹坐标磨床及自动抛光机等先进设备和技术；模具加工过程中的检测技术也取得了很大发展，现代三坐标测量机除了能高精度地测量复杂曲面的数据外，其良好的温度补偿装置、可靠的抗振保护能力、严密的除尘措施及简便的操作步骤，使得现场自动化检测成为可能。此外，激光快速成形技术（RPM）与树脂浇注技术在快速经济制模技术中得到了成功的应用。利用 RPM 技术快速成形三维原型后，通过陶瓷精铸、电弧涂喷、消失模、熔模等技术可快速制造各种成形模。如清华大学开发研制的“M-RPMS-Ⅱ型多功能快速原型制造系统”是我国自主知识产权的世界唯一拥有两种快速成形工艺（分层实体制造 SSM 和熔融挤压成形 MEM）的系统，它基于“模块化技术集成”的概念而设计和制造，具有较好的价格性能比。

#### 4. 冲压设备和冲压生产自动化方面

性能良好的冲压设备是提高冲压生产技术水平的基本条件，高精度、高寿命、高效率的冲模需要高精度、高自动化的冲压设备相匹配。为了满足大批量高速生产的需要，目前冲压设备也由单工位、单功能、低速压力机朝着多工位、多功能、高速和数控方向发展，加之机械手乃至机器人的大量使用，使冲压生产效率得到大幅度提高，各式各样的冲压自动线和高速自动压力机纷纷投入使用。如在数控四边折弯机中送入板料毛坯后，在计算机程序控制下便可依次完成四边弯曲，从而大幅度提高精度和生产率；在高速自动压力机上冲压电动机定转子冲片时，一分钟可冲几百片，并能自动叠成定、转子铁心，生产效率比普通压力机提高几十倍，材料利用率高达 97%；高速压力机的滑块行程次数已达 2 500 次/min 以上。在多功能压力机方面，日本会田公司生产的 2 000 kN“冲压中心”采用 CNC 控制，只需 5 min 就可完成自动换模、换料和调整工艺参数等工作；美国惠特尼（Whitney）公司生产的 CNC 金属板材加工中心，在相同的时间内，加工冲压件的数量为普通压力机的 4～10 倍，并能进行冲孔、分段冲裁、弯曲和拉深等多种作业。

近年来，为了适应市场的激烈竞争，对产品质量的要求越来越高，且其更新换代的周期大为缩短。冲压生产为适应这一新的要求，开发了多种适合不同批量生产的工艺、设备和模具。其中，无需设计的专用模具、性能先进的转塔数控多工位压力机、激光切割和成形机、CNC 万能折弯机等新设备已投入使用。特别是近几年来在国外已经发展起来、国内亦开始使用的冲压柔性制造单元（FMC）和冲压柔性制造系统（FMS）代表了冲压生产新的发展趋势。FMS 系统以数控冲压设备为主体，包括板料、模具、冲压件分类存放系统、自动上料与下料系统，生产过程完全由计算机控制，车间实现 24 小时无人控制生产。同时，根据不同使用要求，可以完成各种冲压工序，甚至焊接、装配等工序，更换新产品方便迅速，冲压件精度也高。

#### 5. 冲模标准化及专业化生产方面

模具的标准化及专业化生产，已得到模具行业的广泛重视。因为冲模属单件小批量生产，冲模零件既具有一定的复杂性和精密性，又具有一定的结构典型性。因此，只有实现了冲模的标准化，才能使冲模和冲模零件的生产实现专业化、商品化，从而降低模具成本，提高模具质量并缩短制造周期。目前，国外先进工业国家模具标准化生产程度已达 70%～80%，模具厂只需要设计制造工作零件，大部分模具零件均从标准件厂购买，使生产效率大幅度提高。模具制造厂专业化程度越来越高，分工越来越细，如目前有模架厂、顶杆厂、热处理厂等，甚至某些模具厂仅专业化制造某类产品的冲裁模或弯曲模，这样更有利于制造水平的提高和制造周期的缩短。我国冲模标准化与专业化生产近年来也有较大进展，除反映在标准件专业化生产厂家有较多增加外，标准件品种也有扩展，精度亦有提高。但总体情况还满足不了模具工业发展的要求，主要体现在标准化程度还不高（一般在 40%以下），标准件的品种和规格较少，大多数标准件厂家未形成规模化生产，标准件质量也还存在较多问题。另外，标准件生产的销售、供货、服务等都还有待于进一步提高。

#### 6. 冲压技术的数字化与信息化

先进冲压技术是指信息技术、新材料、新工艺与传统冲压成形技术的结合。当前，冲压行业的技术水平和先进性，主要表现在以 CAD/CAE/CAPP/CAM 技术为代表的数字化与信息化程度，以及企业中信息集成和管理网络化程度。目前，国内汽车覆盖件模具生产企业普遍采用了 CAD/CAM/CAE 技术。

模具技术的发展为模具产品“交货期短”“精度高”“质量好”“价格低”的要求服务。达到这一要求急需发展如下几项：

模具 CAD/CAE/CAM 技术是改造传统模具生产方式的关键技术，它以计算机软件的形式为用户提供一种有效的辅助工具，使工程技术人员能借助计算机对产品、模具结构、成形工艺、数控加工及成本等进行设计和优化，从而显著缩短模具设计与制造周期，降低生产成本，提高产品质量。随着功能强大的专业软件和高效集成制造设备的出现，以三维造型为基础、基于并行工程（CE）的模具 CAD/CAE/CAM 技术正成为发展方向，它能实现制造和装配的设计、成形过程的模拟和数控加工过程的仿真，还可对模具可制造性进行评价，使模具设计与制造一体化、智能化。高速扫描机和模具扫描系统提供了从模型或实物扫描到加工出期望的模型所需的诸多功能，实现模具制造业的“逆向工程”，可缩短模具的制造周期。

### 1.7.2　冲压技术的发展趋势

在信息化社会和经济全球化不断发展的进程中，模具行业的主要发展趋势是：模具产品向以大型、精密、复杂、长寿命模具为代表的，与高效、高精工艺生产装备配套的高新技术产品方向发展；模具生产向管理信息化，技术集成化，设备精良化，制造数字化、精细化，加工高速化、自动化和智能控制及绿色制造方向发展；企业经营向品牌化和国际化方向发展；行业向信息化、绿色制造和可持续方向发展。

### 1. 产品发展重点

（1）为C级及以上等级中高档轿车配套的汽车覆盖件模具，以及为汽车配套的模夹一体产品。

（2）为电子、信息、光学等产业及精密仪器仪表、医疗器械配套的精密冲压模具。

（3）大型及精密多工位级进模具，包括汽车零部件和OA设备等大型多工位级进模及高速运行的长寿命精密多工位级进模等。

（4）大尺寸零件和厚板精冲模及复杂零件连续复合精冲模等。

（5）高强度板和不等厚板（拼焊板）冲压模具，包括热成形模具和内压成形模具等。

（6）新型快速经济模具。

（7）高档模具标准件，重点发展高性能长寿命氮气缸和可控氮气弹簧系统，机械斜楔、液压斜楔等高精度高性能斜楔与机构。

（8）高性能模具材料，如抗拉强度大于800MPa的高强度钢板冲压模具钢等。

### 2. 技术发展重点

（1）大力推广CAD/CAE/CAPP/CAM技术的应用，特别是板材成形过程的计算机模拟分析技术。模具CAD/CAM技术应向宜人化、集成化、智能化和网络化方向发展，并提高模具CAD/CAM系统专用化程度；大力推广ERP、MES、PLM等企业信息化管理技术。

（2）发展模具加工新技术，如高速高精加工、复合加工、精细电加工、表面光整加工及处理新技术、快速成形与快速制模技术、新材料成形技术、智能化成形技术、热压成形技术、网络虚拟技术等。发展重点是高速加工和高精度加工。高速加工目前主要是发展高速铣削、高速研抛和高速电加工及快速制模技术；高精度加工目前主要是发展模具零件精度1μm以下和表面粗糙度*Ra*值小于0.1μm的各种精密加工。

（3）具有自主知识产权的模具生产和管理的专用软件的开发及升级。

（4）模具精细化制造和精益生产。精细化制造与精益生产不是单纯的技术问题，而是设计、加工、管理技术和科学化、信息化的有机结合的综合反映，对提高模具质量和企业效益至关重要，应作为发展重点予以特别关注。

（5）与模具直接关联的模具制品成形过程在线智能化控制技术。它利用信息化和现代控制技术，对模具制品成形过程中的相关工艺参数进行实时检测和在线智能化控制，以进一步提高模具制品的性能质量和成形效率，甚至使原来无法成形的模具制品成为可能，实现模具及模具成形的重大创新。

（6）对于模具数字化制造、系统集成、逆向工程、快速原型模具制造及计算机辅助应用技术等方面形成全方位解决方案，提供模具开发与工程服务，全面提高企业水平和模具质量。

### 3. 其他发展重点

（1）积极推动企业向“大而强”和“小而专”的方向发展。大力支持重点骨干企业，特别是大型重点骨干企业，提升它们的水平和行业引领能力；引导和培育一大批中小企业向“专、精、特”方向发展；鼓励企业进行资本运作、专业化整合、优化重组，发展各种形式的产业联盟，促进行业发展；鼓励有条件的企业发展以模具为核心的产业链，扩大服务范围。

（2）大力推进产品结构调整，发展技术附加值高的中高档模具产品，不断提高它们在模具总量中的比例，鼓励发展高品质模具标准件和高性能模具材料，以提高为国民经济支柱产业、国家重点工程、重点项目及战略性新兴产业配套服务的能力。

（3）努力开拓市场，积极提高模具产品出口比例，进一步提高出口产品的档次和附加值，通过增加出口来带动产业水平的提升，鼓励替代进口产品的发展，适当注意发展技术服务出口。

（4）尽快转变发展方式，从过去主要依靠规模扩张和数量增加的粗放型发展模式，逐步向主要依靠科技进步与提高产品质量及水平为重点的精益型发展模式转变；从以引进消化吸收国际先进技术为主的发展模式，向引进消化吸收和提高自主创新能力并重的发展模式转变；从以技能型为主的行业特征向以技术型和现代企业管理型为主的行业特征转变。

## 思考与练习题

1．什么是冲压三要素？

2．冲压加工有哪些特点？

3．板料的拉伸试验所测得的力学性能指标有哪些？这些指标对冲压成形性能有什么影响？

4．什么是伸长类变形？什么是压缩类变形？板料成形中哪些是伸长类变形？哪些是压缩类变形？如何划分？

5．材料的哪些力学性能对伸长类变形有重大影响？哪些对压缩类变形有重大影响？为什么？

6．当$\sigma_1>\sigma_2>\sigma_3$时，利用全量理论和体积不变定律进行分析：

（1）当$\sigma_1$是拉应力时，$\varepsilon_1$否是拉应变？

（2）当$\sigma_1$是压应力时，$\varepsilon_1$是否是压应变？

每个主应力方向与所对应的主应变方向是否一定一致？

7．用“弱区必先变形，变形区应为弱区”的规律说明圆形坯料拉深成形的条件。

8．冲压对材料有哪些基本要求？如何合理选用冲压材料？

9．试分析比较08#钢、1Cr13、H62（软）3种材料的冲压成形性能。

# 第2章 冲裁工艺与模具设计

冲裁是利用模具使板料产生分离的冲压工序。它包括：落料、冲孔、切口、切边、剖切、整修等。通常所说冲裁主要是指落料和冲孔。从板料上沿封闭轮廓冲下所需形状的冲件或工序件叫落料；从工序件上冲出所需形状的孔（冲去部分为废料）叫冲孔。例如冲制一平面垫片，冲其外形的工序是落料，冲其内孔的工序是冲孔，如图 2.1 所示。

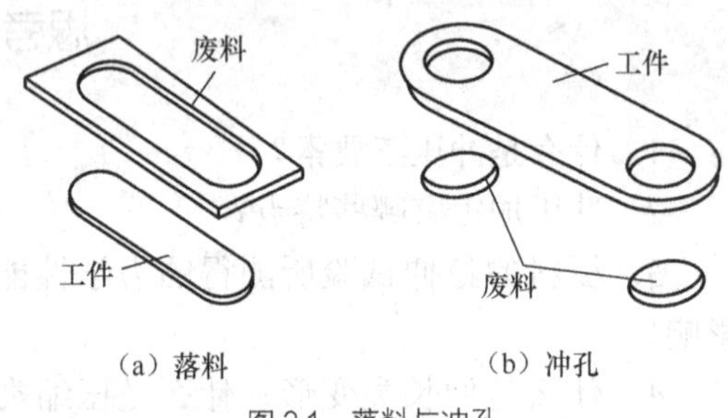


(a) 落料　　(b) 冲孔

图 2.1　落料与冲孔

冲裁是冲压工艺中最基本的工序之一，它既可直接冲出成品零件，又可为弯曲、拉深和成形等其他工序制备坯料。根据变形机理不同，冲裁可以分为普通冲裁和精密冲裁两大类。普通冲裁是以凸、凹模之间产生剪切裂纹的形式实现板料的分离；精密冲裁是以塑性变形的形式实现板料的分离。本章主要讨论普通冲裁，图 2.2 所示模具是冲压板料零件的典型冲裁模。

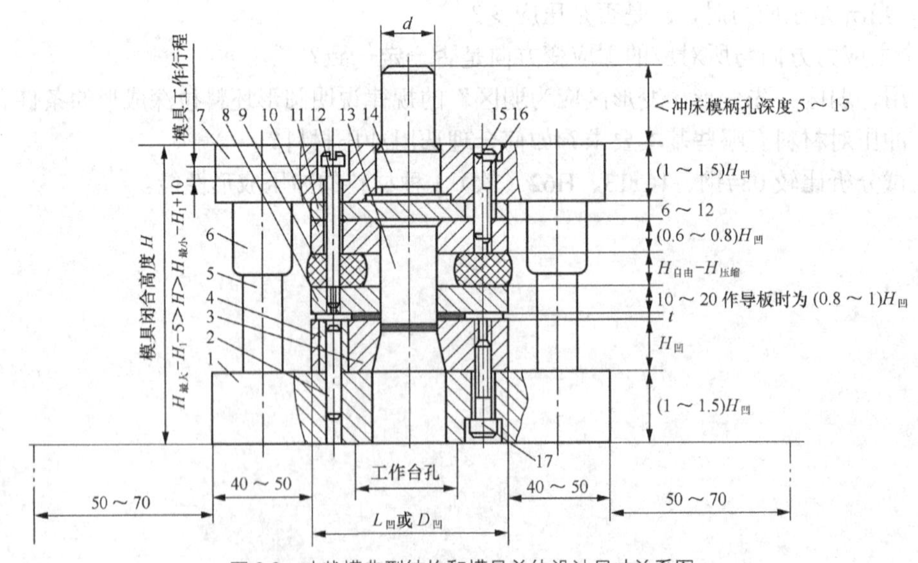


图 2.2　冲裁模典型结构和模具总体设计尺寸关系图

1—下模座；2—销钉；3—凹模；4—套；5—导柱；6—导套；7—上模座；8—卸料板；9—橡胶；10—凸模固定板；11—垫板；12—卸料螺钉；13—凸模；14—模柄；15—圆柱销；16、17—螺钉

## 2.1 冲裁变形过程分析

冲裁变形分析对了解冲裁变形机理和变形过程，掌握冲裁时板料的受力状态，应用冲裁工艺正确设计模具结构，控制冲裁件质量具有重要意义。

### 2.1.1 冲裁变形过程

从凸模接触材料到材料被一分为二的过程即板料冲裁过程，是在瞬间完成的。这个过程可分为3个阶段，如图2.3所示。

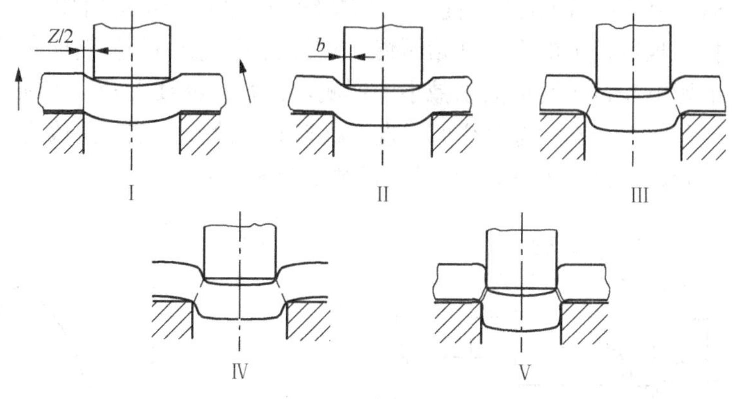


图2.3 冲裁变形过程

I—弹性变形阶段图；II—塑性变形阶段图；III、IV和V—断裂分离阶段

（1）弹性变形阶段 凸模下行与板料接触时，便开始冲裁，由于凸模、凹模之间有间隙，使板料在承受凸模较小压力的同时，又受到弯矩的作用，板料不仅产生弹性压缩变形，同时产生弯曲和拉伸变形。结果凸模下的材料略挤入凹模孔口内，凹模上面的材料略向上翘，在凸、凹模刃口处形成很小的圆角，间隙越大这种现象越严重。这一阶段板料内部应力没有超过弹性极限，若凸模卸载，板料立即恢复原状。

（2）塑性变形阶段 凸模继续压入，板料内应力达到屈服极限，板料产生塑性剪切变形。凸模挤入板料并将下部板料挤入凹模孔内，形成光亮的剪切断面。在剪切断面的边缘，由于凸、凹模间隙存在而引起弯曲和拉伸作用，间隙越大弯曲拉伸力越大。随着凸模的不断压入，材料变形增大，硬化加剧，当达到极限应力应变值时，材料产生微小裂纹，塑性变形阶段结束。

（3）断裂分离阶段 材料裂纹产生后，凸模继续下压，已形成的微裂纹沿最大切应变速度方向向材料内部延伸，若间隙合理，上、下裂纹相遇重合，板料被剪断分离。材料分离后，凸模再下行，将冲落部分材料挤入凹模口，冲裁过程结束。

### 2.1.2 材料受力分析

图2.4所示是无压紧装置冲裁时板料的受力图。凸模下行与板面接触，材料受到凸、凹模端面的压力 $\boldsymbol{F}_1$ 和 $\boldsymbol{F}_2$ 的作用，作用力点间的材料产生剪切变形。由于凸模、凹模间有间隙，$\boldsymbol{F}_1$ 和 $\boldsymbol{F}_2$ 不在同一垂直线上，故材料受到弯矩 $\boldsymbol{M}$ 作用，使材料翘曲（穹弯）。材料向凸模侧面靠近，凸模端面下的材料被强迫压进凹模，故材料受模具的横向侧压力 $\boldsymbol{F}_3$、$\boldsymbol{F}_4$ 作用，产生横

向挤压变形。此外，材料在模具端面和侧面还受到摩擦力$\mu F_3$、$\mu F_4$作用。由于材料翘曲，凸、凹模与材料仅在刃口附近的狭小区域内接触，且 $F_1$ 和 $F_2$ 在接触面上呈不均匀分布，随着向刃尖靠近而急剧增大，侧压力 $F_3$、$F_4$ 也呈不均匀分布。摩擦力$\mu F_1$和$\mu F_2$的方向与间隙大小有关，一般间隙较小时，与模具接触的材料均向远离刃尖的方向移动，摩擦力的方向均指向刃尖。摩擦力$\mu F_3$和$\mu F_4$也指向刃尖。

由以上分析可知，冲裁时由于存在间隙，材料受到垂直方向压力、剪切力、横向挤压力、弯矩和拉力的作用。变形不是纯剪切过程，除剪切变形外，还产生弯曲、拉伸、挤压等附加变形。

冲裁变形过程中冲裁力与凸模行程关系如图 2.5 所示。图中 *OA* 段为弹性变形阶段，凸模开始接触板料时，由于板料翘曲等因素，力增加缓慢，之后便迅速增加。*AB* 段为塑性变形阶段。切刃一旦挤入板料，力的上升开始缓慢，这是由于承受力的板料面积虽然减少了，但是材料冷作硬化的影响超过了受剪面积减小的影响，冲裁力继续上升。当硬化与受剪面积相等时，冲裁力达到最大值。*BC* 为裂纹扩展直至板料断裂阶段，这一阶段中，受剪面积的减少超过了硬化的影响，冲裁力下降。*CD* 则是凸模的推料过程。

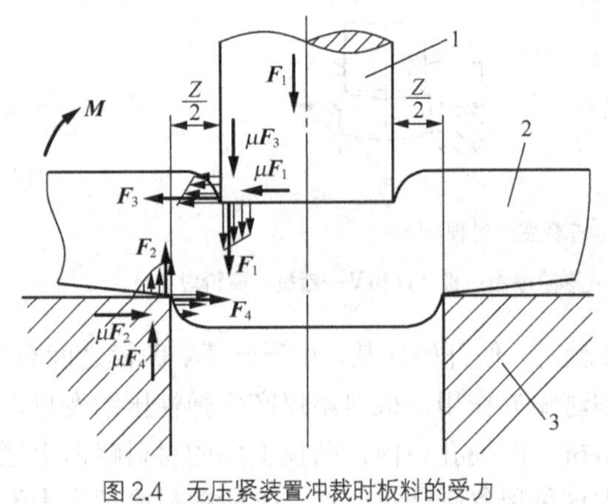


图 2.4 无压紧装置冲裁时板料的受力

1—凸模；2—板材；3—凹模

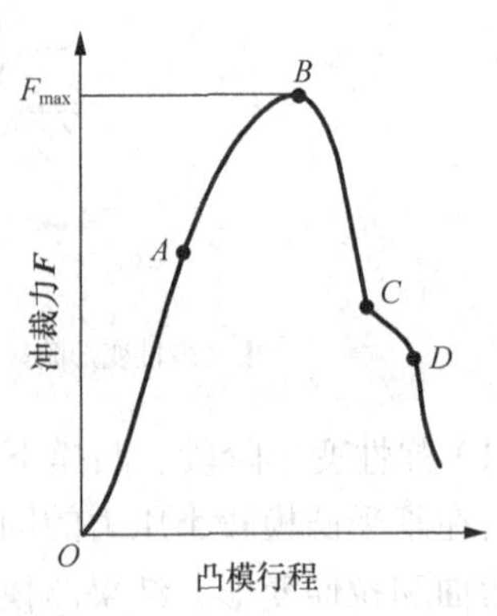


图 2.5 冲裁力–凸模行程曲线图

## 2.2 冲裁件质量分析及控制

冲裁件质量是指断面状况、尺寸精度和形状误差。断面尽可能垂直、光洁、毛刺小。尺寸精度控制在图纸规定的公差范围之内。零件外形满足图纸要求，表面尽可能平直，即拱弯小。影响零件质量的因素有：材料性能、间隙大小及均匀性、刃口锋利程度、模具精度以及模具结构形式等。

### 2.2.1 冲裁件断面特征与影响因素

#### 1. 冲裁件断面特征

如凸、凹模间隙正常，冲裁件的断面分成 4 个特征区：圆角带 *a*、光亮带 *b*、断裂带 *c*

与毛刺 *d*，如图 2.6 所示。

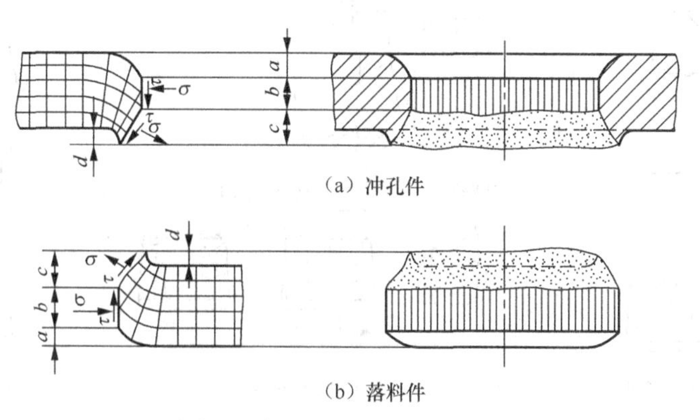

（a）冲孔件

（b）落料件

图 2.6 冲裁区应力、变形和冲裁件正常的断面状况图

（1）圆角带。它是当凸模刃口刚压入材料时，刃口附近的材料产生弯曲和伸长变形，材料被拉入间隙的结果。

（2）光亮带。它是发生在塑形变形阶段，当刃口切入材料后，材料与凸、凹模切刃的侧表面挤压而形成的光亮垂直的断面。

（3）断裂带。在断裂阶段形成，是由刃口附近的微裂纹在拉应力作用下不断扩展而形成的撕裂面，其断面粗糙，具有金属本色，且略带有斜度。

（4）毛刺。在塑性变形阶段后期，凸模和凹模的刃口切入被加工板料一定深度时，刃口正面材料被压缩，刃尖部分处于高静水压应力状态，使裂纹的起点不会在刃尖处产生，而是在模具侧面距刃尖不远的地方产生，在拉应力的作用下，裂纹加长，材料断裂而产生毛刺，裂纹的产生点和刃口尖的距离成为毛刺的高度。

四个特征区域所占比例与坯料性能、模具间隙、刃口状态等多种因素有关。通常，光亮带越宽，毛刺、圆角、断裂带越小，断面质量越好。

### 2. 影响冲裁件断面质量的因素

（1）材料力学性能。材料塑性好，冲裁时裂纹出现得较迟，材料被剪切的深度较大，所得断面光亮带所占的比例就大，断裂带较小，但圆角、毛刺也较大；材料塑性差，容易拉断，材料被剪切不久就出现裂纹，使断面光亮带所占的比例小，圆角、毛刺较小，大部分是粗糙的断裂面。

（2）模具间隙。模具间隙是影响断面质量最重要的因素。图 2.7 所示为模具间隙对断面质量影响示意图。

当间隙合适时，凸、凹模刃口处产生的裂纹重合，光亮带占板厚的 1/2～1/3，断面质量满足普通使用要求，如图 2.7（a）所示。

当模具间隙偏小时，材料所受弯矩减小，由弯矩引起的拉应力成分减小，压应力成分增加，将推迟裂纹的产生，使光亮带所占比例增加，踢角减小，断面质量较好。但如果模具间隙继续减小时，凸、凹模刃口处产生的裂纹将不会重合，位于两条裂纹之间的材料将被第二次剪切，形成第二光亮带或断续的光亮块，同时部分材料被挤出，在表面形成薄而高的毛刺，如图 2.7（b）所示，此时断面质量不理想。

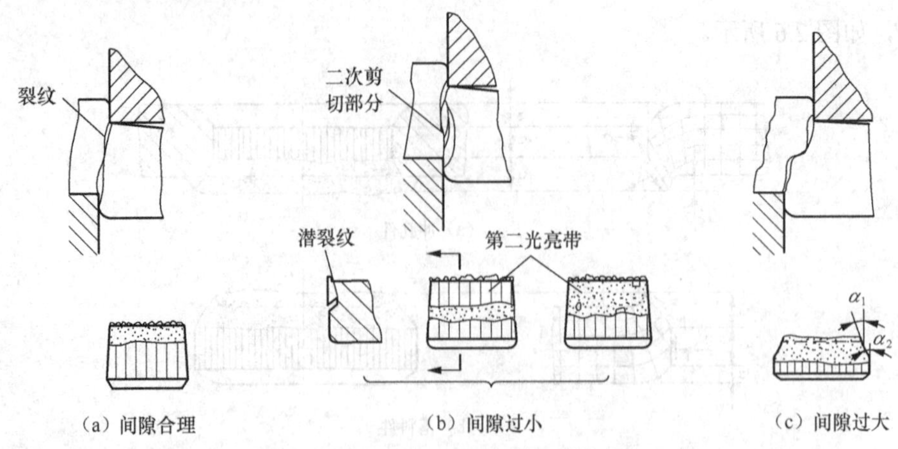


图 2.7 间隙对剪切裂纹与断面质量的影响

当模具间隙偏大时，材料所受弯矩增加，由弯矩引起的拉应力成分增加，压应力成分减小，裂纹提前产生，光亮带所占比例减小，断裂带所占比例增加，蹋角增大，断面质量差。

模具间隙继续增大时，凸、凹模刃口处产生的裂纹不会重合，位于两条裂纹之间的材料将被强行拉断，制件的断面上形成两个斜度的断裂带，且圆角带增大，断面质量最差，如图 2.7（c）所示。

模具间隙应保持在一个合理的范围之内。另外，当模具装配间隙调整得不均匀时，冲裁件会出现断面状态不一致而导致变形。因此，模具设计、制造与安装时必须保证间隙均匀。

（3）模具刃口状态 模具刃口状态对冲裁断面质量有较大影响。当刃口磨损成圆角时，挤压作用增大，则制件圆角和光亮带增大。钝的刃口，即使凸、凹模间隙合理，也会在冲裁件上产生较大毛刺。凸模钝，落料件产生毛刺；凹模钝，冲孔件产生毛刺；当凸、凹模刃口同时磨钝时，冲裁件上、下端都会产生毛刺。图 2.8 为凸、凹模刃口磨钝时毛刺的形成情况图。

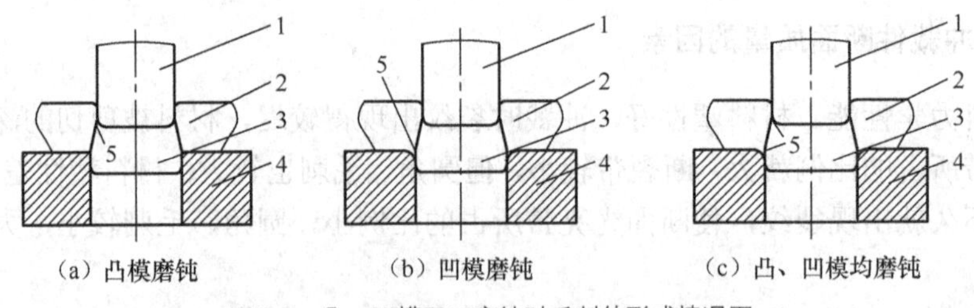


图 2.8 凸、凹模刃口磨钝时毛刺的形成情况图

1—凸模；2—冲孔件；3—落料件；4—凹模；5—粗大的毛刺

## 2.2.2 冲裁件精度与影响因素

### 1. 冲裁件尺寸精度

冲裁件的尺寸精度指冲裁件的实际尺寸与图纸标注尺寸之差。差值越小，精度越高。冲裁件的尺寸精度与冲裁模的制造精度、冲裁间隙、材料性能等因素有关。

**2. 冲裁件形状误差**

冲裁件的形状误差是指翘曲、扭曲、变形等缺陷。冲裁件呈曲面不平现象称之为翘曲。它是由于间隙过大、弯矩增大、变形拉伸和弯曲成分增多而造成的，另外材料的各向异性和卷料未矫正也会产生翘曲。冲裁件呈扭歪现象称之为扭曲，它是由于材料的不平、间隙不均匀、凹模后角对材料摩擦不均匀等造成的。冲裁件的变形是由于在坯料的边缘冲孔或孔距太小等原因，导致侧向挤压而产生，如图 2.9 所示。

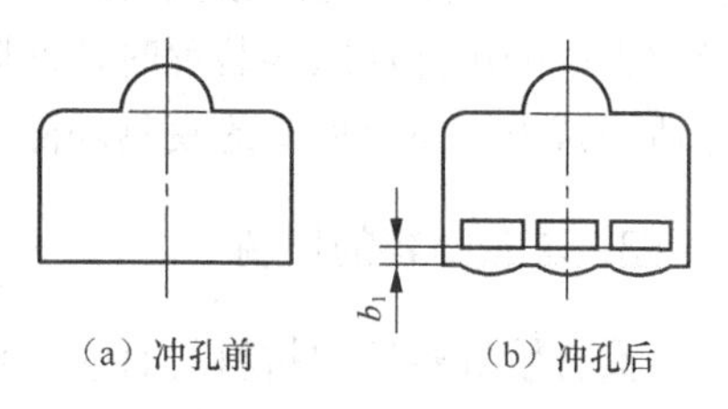


图 2.9 孔间距或孔边距过小引起变形

**3. 冲裁件尺寸精度的影响因素**

（1）冲裁模的制造精度　冲裁模的制造精度越高，冲裁件的精度也越高。冲裁模的精度与模具结构、加工方法、装配精度等多方面因素有关。

（2）冲裁件材料性质　材料性质对冲裁过程中的弹性变形量有很大影响。对于比较软的材料，弹性变形量较小，冲裁后的回弹值亦少，因而零件精度高。而硬材料情况正好与此相反。

（3）冲裁间隙　当间隙过大，板料在冲裁过程中除受剪切力外还产生较大的拉伸与弯曲变形，冲裁后因材料弹性恢复，使冲裁件尺寸向实际方向收缩。对于落料件，其尺寸将会小于凹模尺寸；对于冲孔件，其尺寸将会大于凸模尺寸。但因拱弯的弹性恢复方向与以上相反，故偏差值是二者综合的结果。当间隙过小，板料的冲裁过程中除剪切外还会受到较大的挤压作用，冲裁后材料的弹性恢复使冲裁件尺寸向实体的反方向胀大。对于落料件，其尺寸将会大于凹模尺寸；对于冲孔件，其尺寸将会小于凸模尺寸。

### 2.2.3 冲裁件质量控制

从上述影响冲裁件质量的因素可知，要想控制冲裁件的质量，就要控制影响冲裁件质量的各关键要素。

**1. 模具工作部分尺寸偏差的控制**

模具工作部分尺寸偏差的大小直接影响到冲裁件的尺寸和形状，可以通过适当提高模具制造精度；适当增减模具间隙；及时修理刃磨刃口，保持刃口锋利；改善冲裁时刃口的受力状态；选用优质凸、凹模材料；保证刃口具有足够的硬度和耐磨性等措施来控制。

需要注意的是，不能完全依靠提高模具制造精度来保证冲裁件的精度要求，当冲裁件有足够的精度要求时，应考虑采用精密冲裁。

**2. 模具间隙的控制**

冲裁模间隙值的合理性直接影响冲裁件的形状、尺寸和端面质量等。合理间隙值的选取应在保证冲裁件尺寸精度和断面质量的前提下，综合考虑模具寿命、模具结构、冲裁件尺寸和形状及生产条件等因素后确定。具体间隙值见 GB/T 16743—2010《冲裁间隙》，但对下列情况应做适当调整。

同样条件下，冲孔间隙大于落料间隙；冲小于料厚的孔时间隙适当放大，以避免细小凸模的折断；硬质合金冲裁模的间隙应比钢模的间隙大 30%；冲含硅量大的硅钢片模，间隙适当放大；采用弹性压料装置时，间隙适当放大；高速冲压时，间隙适当放大；热冲压时，间隙适当减小；斜壁刃口的模具间隙小于直壁刃口的模具间隙。

#### 3．冲裁材料的控制

具有较好塑性的材料将有利于保证冲裁件的质量。但除了选用高塑性的材料外，也应该关注材料的品质，如材料性能的均匀性等。而材料的表面质量、力学性能、厚度偏差等可以通过加强检测以进行控制。

#### 4．其他方面因素的控制

其他方面如压力机、模具结构等，应尽量选用具有较高导向精度和较好刚性床身的压力机，并对其进行及时维护和检查，选用有较高导向精度的精密导向模架等。

## 2.3 冲裁工艺计算

### 2.3.1 排样设计

#### 1．材料的利用

冲压零件的成本中，材料费用占 60%以上，因此材料的经济利用具有非常重要的意义。冲压件在条料或板料上的布置方法称作排样。排样设计同时要考虑方便生产操作、冲模结构简单、寿命长以及车间生产条件和原材料状况等因素。

冲裁件的实际面积与所用板料面积的百分比叫材料利用率，它是衡量合理利用材料的经济性指标，一个步距内的材料利用率 $\eta_1$ 可用式（2.1）表示。

$$\eta_1 = \frac{A_1}{B \times S} \times 100\% \tag{2.1}$$

式中，$A_1$ 为一个步距内冲裁件的实际面积（$mm^2$）；$B$ 为条料宽度（mm）；$S$ 为步距（mm）。

若考虑到料头、料尾和边余料的材料消耗，则一张板料（或带料、条料）上总的材料利用率为

$$\eta_{总} = \frac{nA_1}{B \times L} \times 100\% \tag{2.2}$$

式中，$n$ 为一张板料（或带料、条料）上冲裁件的总数目；$L$ 为板料长度（mm）。

冲裁废料分为两类：一类是结构废料，是由冲件的形状决定的；另一类是工艺废料，搭边及料头料尾属于工艺废料，与排样形式及冲压方式有关。图 2.10 所示为废料分类图。

要提高材料利用率，主要应从减少工艺废料着手。减少工艺废料的有力措施是：设计合理的排样方案，选择合适的板料规格和合理的裁板法（减少料头、料尾和边余料），或利用废料作小零件。

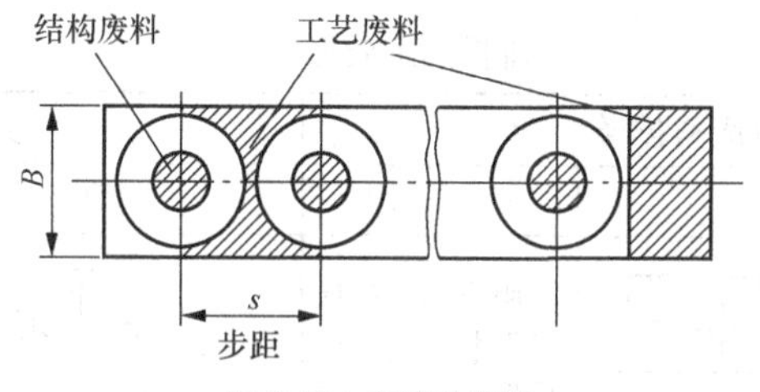

图 2.10 废料分类图

对一定形状的冲件，结构废料是不可避免的，但充分利用结构废料是可能的。当两个不同冲件的材料和厚度相同时，在尺寸允许的情况下，较小尺寸的冲件可在较大尺寸冲件的废料中冲制出来。如电动机转子硅钢片，就是在定子硅钢片的废料中取出的，这样就使结构废料得到了充分利用。

### 2. 排样形式

根据材料的经济利用程度，排样形式可分为三种：有废料排样、少废料排样和无废料排样。图 2.11 所示为排样的形式图。

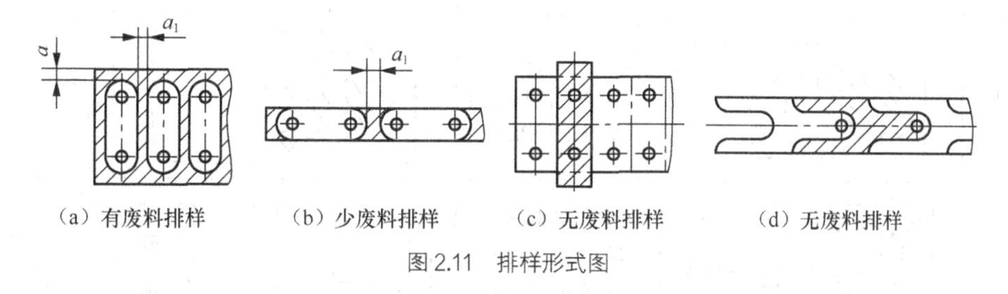

图 2.11 排样形式图

（1）有废料排样。图 2.11（a）所示为有废料排样图。沿冲件全部外形冲裁，冲件与冲件之间、冲件与条料之间都存在有搭边废料。冲件尺寸完全由冲模来保证，因此精度高，模具寿命也高，但材料利用率低。

（2）少废料排样。图 2.11（b）所示为少废料排样图。沿冲件部分外形切断或冲裁，只在冲件之间或冲件与条料侧边之间留有搭边。因受剪裁条料质量和定位误差的影响，其冲件质量稍差，同时边缘毛刺被凸模带入间隙也影响模具寿命，但材料利用率稍高，冲模结构简单。

（3）无废料排样。图 2.11（c）、图 2.11（d）所示为无废料排样图。冲件与冲件之间或冲件与条料侧边之间均无搭边，沿直线或曲线切断条料而获得冲件。冲件的质量和模具寿命更差一些，但材料利用率最高。另外，如图 2.11（c）所示，当送进步距为两倍零件宽度时，一次切断便能获得两个冲件，有利于提高劳动生产率。

采用少、无废料的排样可以提高材料利用率，简化冲裁模结构，有利于一次冲程获得多个冲压件。但是，因条料本身的公差以及条料导向与定位所产生的误差直接影响冲压件，冲裁件尺寸精度较低。同时，由于模具单边受力（单边切断时），会加剧模具磨损，降低模具寿命，也直接影响冲裁件的断面质量。为此，排样时必须统筹兼顾、全面考虑。

按工件外形特征的排样情况，排样的形式可分为直排、斜排、直对排、斜对排、混合排、多行排及搭边等形式，见表 2.1。

表 2.1　　排样的主要形式表

| 排样形式 | 有废料排样 | | 少、无废料排样 | |
|---|---|---|---|---|
| | 简　图 | 应　用 | 简　图 | 应　用 |
| 直排 | 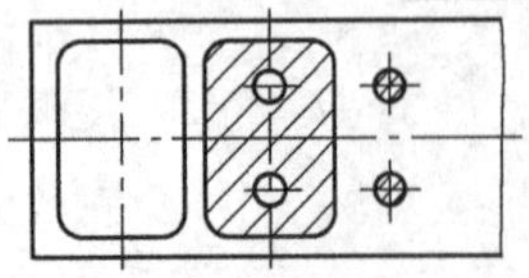 | 用于简单几何形状（方形、圆形、矩形）的冲件 | 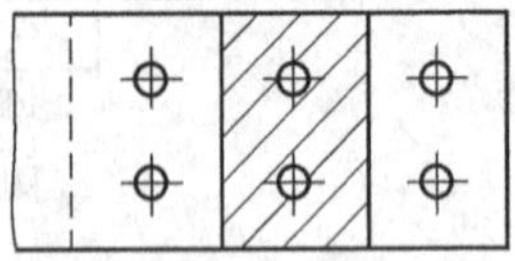 | 用于矩形或方形冲件 |
| 斜排 | 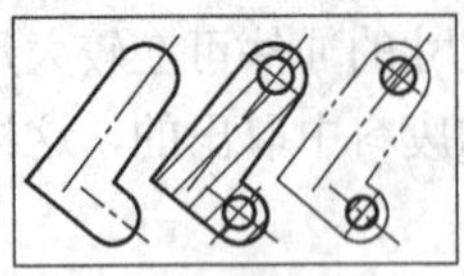 | 用于T形、L形、S形、十字形、椭圆形冲件 | 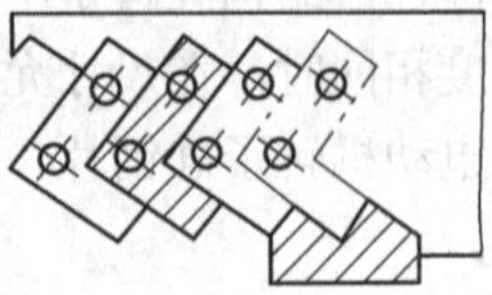 | 用于L形或其他形状的冲件，在外形上允许有不大的缺陷 |
| 直对排 | 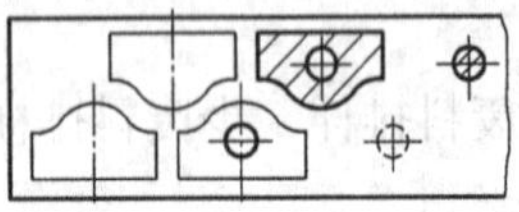 | 用于T形、∩形、山形、梯形、三角形、半圆形的冲件 | 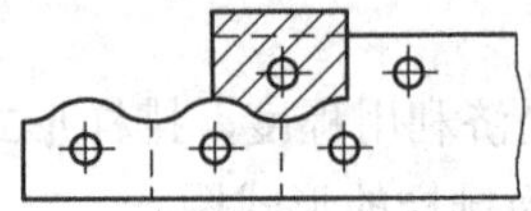 | 用于T形、∩形、山形、梯形、三角形冲件，在外形上允许有少量的缺陷 |
| 斜对排 | 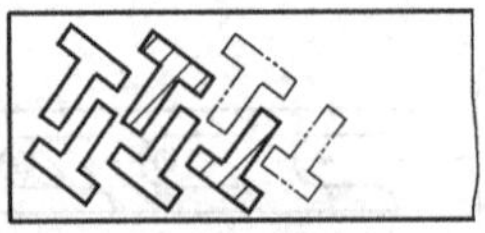 | 用于材料利用率比直对排高时的情况 | 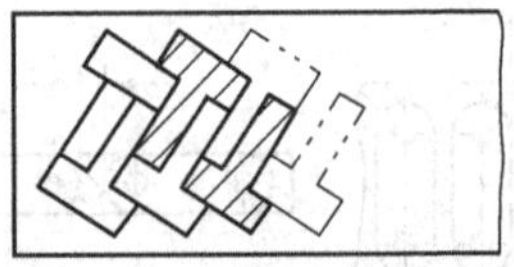 | 多用于T形冲件 |
| 混合排 | 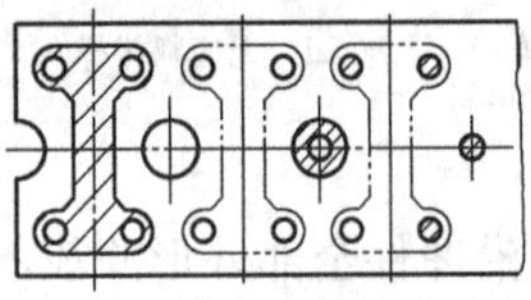 | 用于材料和厚度都相同的两种以上的冲件 | 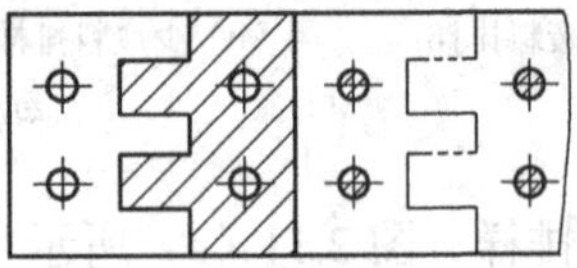 | 用于两个外形互相嵌入的不同冲件（铰链等） |
| 多排 | 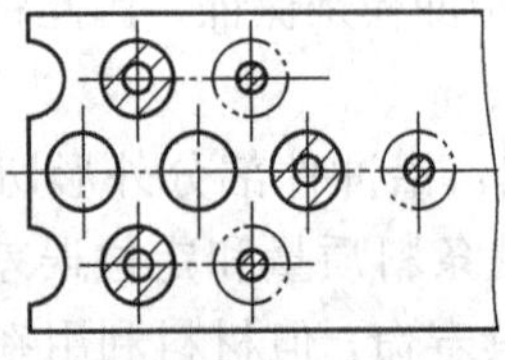 | 用于大批生产中尺寸不大的圆形、六角形、方形、矩形冲件 | 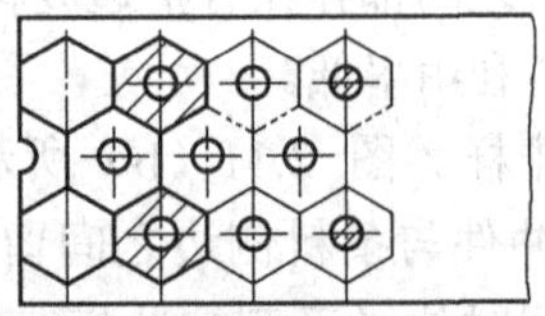 | 用于大批量生产中尺寸不大的方形、矩形及六角形冲件 |
| 冲裁搭边 |  | 在大批生产中用于小的窄冲件（表针及类似的冲件）或带料的连续拉深 | 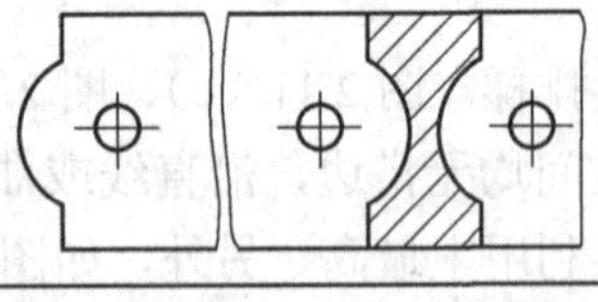 | 用于以宽度均匀的条料或带料冲裁的长形件 |

对于形状复杂的冲件，通常用纸片剪成3～5个样件，然后摆出各种不同的排样方法，经过分析和计算，决定出合理的排样方案。

在实际冲压生产中，由于零件的形状尺寸、精度要求、批量大小和原材料供应等方面的差异，不可能提供固定不变的排样方案。设计排样方案应遵循的原则：保证在最低材料消耗和最高劳动生产率的条件下得到符合技术条件的零件，同时要考虑方便生产操作、冲模结构简单、寿命长及车间生产条件和原材料供应情况等因素。

### 3. 影响排样形式的因素

（1）零件的形状。零件的合理排样与形状有密切关系。例如圆形零件不可能实现无废料排样。使用条件许可时，可以改变零件形状，设计最佳排样形式。图 2.12 所示为零件形状改变前后的材料排样形式对比图。

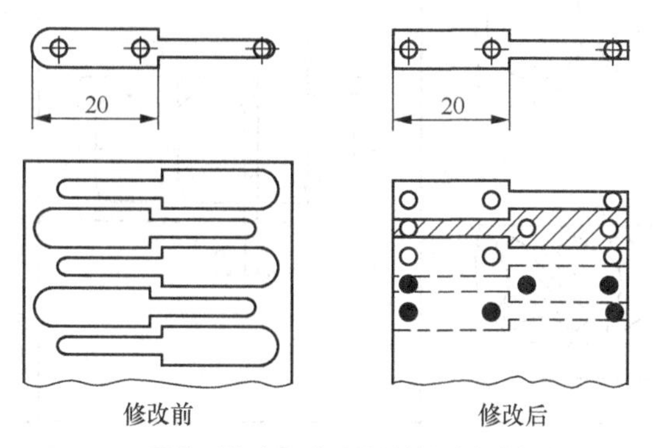


图 2.12 零件形状改变前后的材料排样形式对比图

（2）零件的断面质量、精度要求。当零件的断面质量和尺寸精度要求较高且形状复杂时，应采用有废料排样形式。

（3）冲模结构。有废料排样的冲模结构比较复杂。少、无废料排样冲裁多用连续模、导板模，当零件孔与外形相对位置公差较小时，可用复合模。在无废料冲裁中，多数凸模单面切割，受到很大的侧向力，为此，凸模侧面要有支撑结构零件，如挡块。

（4）模具寿命。有废料排样模具全部刃口参与冲裁，受力均匀，模具寿命长；少、无废料排样凸模单面切割，有时毛刺会被凸模带入间隙，致使模具寿命较短。

（5）操作的方便与安全。有废料排样模具的零部件全，操作方便安全；少、无废料排样的模具结构简单，操作时往往较不方便与安全。

（6）生产率。少、无废料排样模具一次冲压可获得两个以上的零件，有利于提高生产率。

### 4. 搭边和条料宽度的确定

（1）搭边的确定。排样时冲裁件之间以及冲裁件与条料侧边之间留下的工艺废料称为搭边。搭边的作用可以补偿定位误差，保持条料具有一定的刚度，以保证零件质量并使送料方便。搭边过大，材料利用率低；搭边过小时，搭边的强度和刚度不够，冲裁时容易翘曲或被拉断，甚至还会拉入模具间隙，造成冲裁力不均损坏模具刃口，同时影响送料工作。搭边值是由经验确定的，表 2.2 所列出了普通低碳钢冲裁时的搭边值。对于其他材料，应将表中数值乘以表 2.3 中的系数 $c$。

（2）条料宽度的确定。排样方式和搭边值确定后，可以设计条料宽度和步距。步距是每次将条料送入模具进行冲裁的距离。步距与排样方式有关，是设计挡料销位置的依据。条料宽度与模具结构有关，确定条料宽度的原则是：最小条料宽度保证零件周边有足够搭边值，最大条料宽度保证冲裁时顺利的在导料板间送料，并留有一定的间隙。

表 2.2　　普通低碳钢搭边值的经验数表　　（mm）

| 材料厚度 $t$ | 圆形或圆角 $r>2t$ 的工件 | | 矩形件边长 $L<50$ mm | | 矩形件边长 $L\geqslant 50$ mm 或圆角 $r\leqslant 2t$ | |
|---|---|---|---|---|---|---|
| | 工件间 $a_1$ | 侧面 $a$ | 工件间 $a_1$ | 侧面 $a$ | 工件间 $a_1$ | 侧面 $a$ |
| <0.25 | 1.8 | 2.0 | 2.2 | 2.5 | 2.8 | 3.0 |
| 0.25～0.5 | 1.2 | 1.5 | 1.8 | 2.0 | 2.2 | 2.5 |
| 0.5～0.8 | 1.0 | 1.2 | 1.5 | 1.8 | 1.8 | 2.0 |
| 0.8～1.2 | 0.8 | 1.0 | 1.2 | 1.5 | 1.5 | 1.8 |
| 1.2～1.6 | 1.0 | 1.2 | 1.5 | 1.8 | 1.8 | 2.0 |
| 1.6～2.0 | 1.2 | 1.5 | 1.8 | 2.5 | 2.0 | 2.2 |
| 2.0～2.5 | 1.5 | 1.8 | 2.0 | 2.2 | 2.2 | 2.5 |
| 2.5～3.0 | 1.8 | 2.2 | 2.2 | 2.5 | 2.5 | 2.8 |
| 3.0～3.5 | 2.2 | 2.5 | 2.5 | 2.8 | 2.8 | 3.2 |
| 3.5～4.0 | 2.5 | 2.8 | 2.5 | 3.2 | 3.2 | 3.5 |
| 4.5～5.0 | 3.0 | 3.5 | 3.5 | 4.0 | 4.0 | 4.5 |
| 5.0～12 | $0.6t$ | $0.7t$ | $0.7t$ | $0.8t$ | $0.8t$ | $0.9t$ |

表 2.3　　系数 $c$

| 材料 | 中碳钢 | 高碳钢 | 硬黄铜 | 硬铝 | 软黄铜、纯铜 | 铝 | 非金属 |
|---|---|---|---|---|---|---|---|
| $c$ 值 | 0.9 | 0.8 | 1～1.1 | 1～1.2 | 1.2 | 1.3～1.4 | 1.5～2 |

1）有侧压装置时，条料的宽度与导料板间距离确定（见图 2.13）

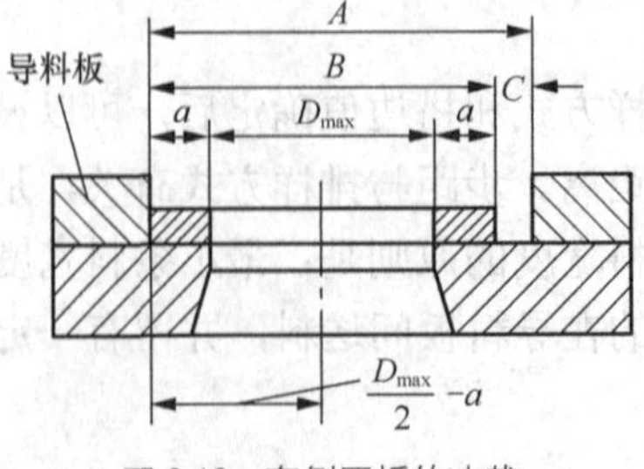


图 2.13　有侧压板的冲裁

有侧压装置的冲裁模，能使条料始终沿基准导料板送料，条料宽度

$$B_{-\Delta}^{\ 0}=(D_{max}+2a)_{-\Delta} \tag{2.3}$$

$$A=B+C=D_{max}+2a+C \tag{2.4}$$

式中，$B$——条料宽度；

$D_{max}$——条料宽度方向冲裁件的最大尺寸；

$a$——侧搭边值；

$\Delta$——条料宽度的单向偏差，其值见表2.4、表2.5；

$A$——导料板间距离；

$C$——导料板与最宽条料之间的间隙，其最小值见表2.6。

**表2.4　　条料宽度偏差Δ（一）**　　（mm）

| 条料宽度 $B$ / mm | 材料厚度 $t$ /mm | | |
|---|---|---|---|
| | ～0.5 | >0.5～1 | >1～2 |
| ～20 | 0.05 | 0.08 | 0.10 |
| >20～30 | 0.08 | 0.10 | 0.15 |
| >30～50 | 0.10 | 0.15 | 0.20 |

**表2.5　　条料宽度偏差Δ（二）**　　（mm）

| 条料宽度 $B$ / mm | 材料厚度 $t$ /mm | | | |
|---|---|---|---|---|
| | ～1 | 1～2 | 2～3 | 3～5 |
| ～50 | 0.4 | 0.5 | 0.7 | 0.9 |
| >50～100 | 0.5 | 0.6 | 0.8 | 1.0 |
| >100～150 | 0.6 | 0.7 | 0.9 | 1.1 |
| >150～220 | 0.7 | 0.8 | 1.0 | 1.2 |
| >220～300 | 0.8 | 0.9 | 1.1 | 1.3 |

**表2.6　　导料板与条料之间的单边间隙 $C$**　　（mm）

| 材料厚度 $t$ / mm | 无侧压装置 | | | 有侧压装置 | |
|---|---|---|---|---|---|
| | 条料宽度 $B$ / mm | | | 条料宽度 $B$ / mm | |
| | 100以下 | 100～200 | 200～300 | 100以下 | 100以上 |
| ≤1 | 0.5 | 0.6 | 1 | 5 | 8 |
| 1～5 | 0.8 | 1.0 | 1 | 5 | 8 |

2）无侧压装置时条料的宽度与导料板间距离确定（见图2.14）

无侧压装置的模具，其条料宽度应考虑在送料过程中因条料的摆动而使侧面搭边值减小，因此，条料宽度应补偿条料的摆动量。可按下式计算：

$$B_{-\Delta}^{\ 0}=(D_{max}+2a+C)_{-\Delta} \tag{2.5}$$

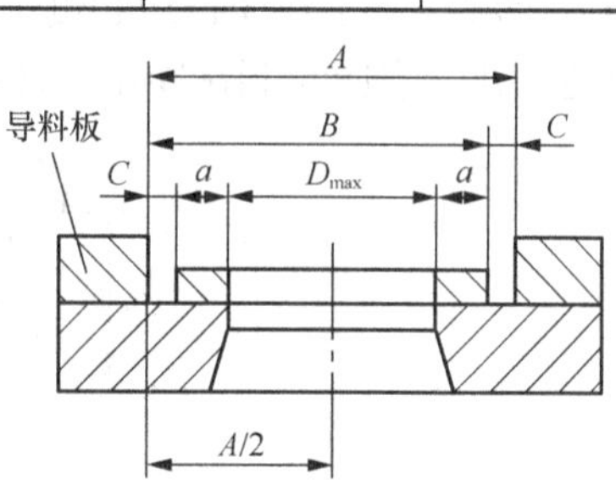


图2.14　无侧压板的冲裁图

$$A = B + C = D_{max} + 2a + 2C \tag{2.6}$$

3）有定距侧刃时条料的宽度与导料板间距离确定（见图 2.15）

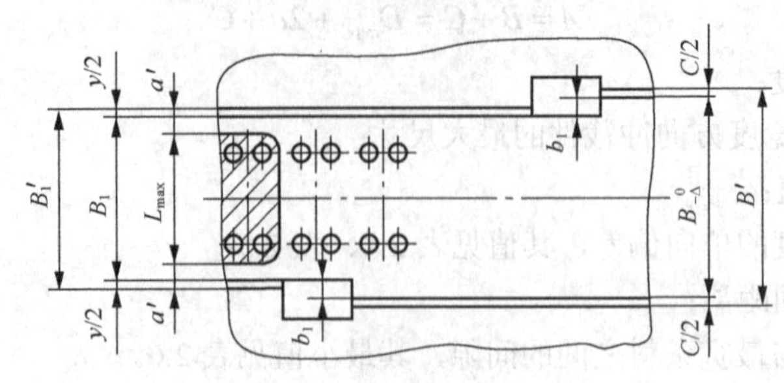


图 2.15　有侧刃的冲裁

当条料用定距侧刃定位时，条料宽度必须增加侧刃切去的宽度，按下式计算：

条料宽度

$$B_1 = L_{max} + 2a'$$

$$B_{-\Delta}^{\ 0} = (B_1 + nb_1)_{-\Delta}^{\ 0} = (L_{max} + 2a' + nb_1)_{-\Delta}^{\ 0} \tag{2.7}$$

导板间距离

$$B' = B + c = L_{max} + 2a' + nb_1 + c \tag{2.8}$$

$$B_1' = B_1 + y = L_{max} + 2a' + y \tag{2.9}$$

式中，$L_{max}$ 为条料宽度方向冲裁件的最大尺寸；$a'$ 为侧搭边值，$a' = 0.75a$，可参考表 2.2；$n$ 为侧刃数；$b_1$ 为侧刃冲切的料边宽度，见表 2.7；$c$、$y$ 为冲切前、后的条料宽度与导料板间的间隙，见表 2.6、表 2.7。

**表 2.7**　　　　**$b_1$、$y$ 值**

| 材料厚度 $t$/mm | $b_1$/mm | | $y$/mm |
|---|---|---|---|
| | 金属材料 | 非金属材料 | |
| ～1.5 | 1.5 | 2 | 0.10 |
| >1.5～2.5 | 2.0 | 3 | 0.15 |
| >2.5～3 | 2.5 | 4 | 0.20 |

确定条料宽度之后，选择板料规格，确定裁板方法（纵向剪裁或横向剪裁）。在选择板料规格和确定裁板法时，还应综合考虑材料利用率、纤维方向（对弯曲件的影响）、操作方便性和材料供应情况等。当条料长度确定后，就可以绘出排样图。

图 2.16 所示为排样图，完整的排样图应标注条料宽度尺寸、条料长度 $L$、板料厚度 $t$、端距 $l$、步距 $s$、工件间搭边和侧搭边 $a$，并以剖面线表示冲压位置。排样图是排样设计的最终表达形式。它应绘制在冲压工艺规程卡片上和冲裁模总装图的右上角。

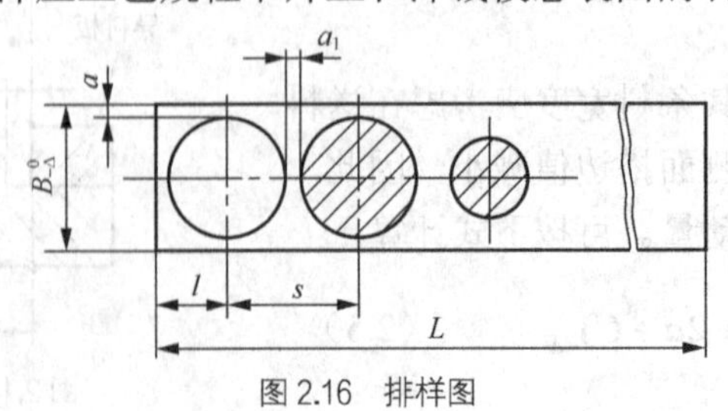


图 2.16　排样图

### 2.3.2 冲裁工艺力与压力中心计算

冲裁过程中的主要工艺力有冲裁力、卸料力、推件力和顶件力。计算冲裁工艺力的目的是：选择冲压设备、校核模具强度。

#### 1．冲裁力的计算

冲裁力是冲裁过程中需要的压力，它随凸模行程而变化。用普通平刃口模具冲裁时，其冲裁力 $F$ 一般按下式计算：

$$F = KLt\tau_b \tag{2.10}$$

式中，$F$ 为冲裁力（N）；$L$ 为冲裁周边长度（mm）；$t$ 为材料厚度（mm）；$\tau_b$ 为材料抗剪强度（MPa）；$K$ 为考虑模具间隙值的波动或不均匀、刃口的磨损、材料力学性能和厚度公差等因素的影响而给出的修正系数，一般取 $K$=1.3。

为计算简便，也可按下式估算冲裁力：

$$F \approx Lt\sigma_b \tag{2.11}$$

式中，$\sigma_b$ 为材料的抗拉强度（MPa）。

#### 2．卸料力及推件力的计算

冲裁结束时，由于材料的弹性回复（包括径向弹性回复和弹性翘曲的回复）及摩擦的存在，使冲落部分的材料梗塞在凹模内，而冲裁剩下的材料则紧箍在凸模上。为了使冲裁工作继续进行，必须将箍在凸模上的料卸下，将卡在凹模内的料推出。从凸模上卸下箍着的料所需要的力称卸料力；将凹模内的料顺冲裁方向推出所需要的力称推件力；逆冲裁方向将料从凹模内顶出所需要的力称顶件力，图 2.17 所示为卸料力、推件力和顶件力图。

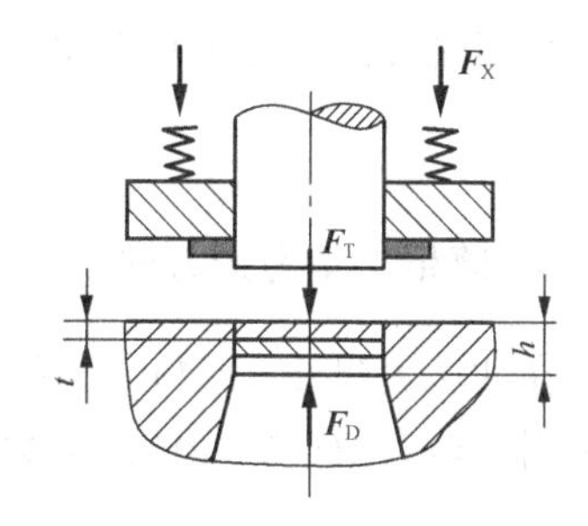

图 2.17 卸料力、推件力和顶件力图

卸料力、推件力和顶件力是由压力机和模具卸料装置或顶件装置传递的，在选择设备的公称压力或设计冲模时，应分别予以考虑。影响这些力的因素较多，主要有材料的力学性能、材料厚度、模具间隙、凹模结构、搭边大小、润滑情况、制件的形状和尺寸等。生产中常用下列经验公式计算：

$$F_X = K_X F \tag{2.12}$$

$$F_T = nK_T F \tag{2.13}$$

$$F_D = K_D F \tag{2.14}$$

式中，$F_X$、$F_T$、$F_D$ 分别为卸料力、推件力和顶件力（N）；$F_X$、$F_T$、$F_D$ 分别为卸料力、推件力和顶件力系数，见表 2.8；$F$ 为平刃口的冲裁力（N）；$n$ 为同时卡在凹模内冲裁件（或废料）的数，$n=h/t$，（$h$ 为凹模口的直刃壁高度；$t$ 为板料厚度）。

**表 2.8** 卸料力、推件力和顶件力系数表

| 料厚 $t$/mm | | $K_X$ | $K_T$ | $K_D$ |
|---|---|---|---|---|
| 钢 | ≤0.1 | 0.065～0.075 | 0.1 | 0.14 |
| | >0.1～0.5 | 0.045～0.055 | 0.063 | 0.08 |
| | >0.5～2.5 | 0.04～0.05 | 0.055 | 0.06 |
| | >2.5～6.5 | 0.03～0.04 | 0.045 | 0.05 |
| | >6.5 | 0.02～0.03 | 0.025 | 0.03 |
| 铝、铝合金 | | 0.025～0.08 | 0.03～0.07 | |
| 纯铜、黄铜 | | 0.02～0.06 | 0.03～0.09 | |

注：卸料力系数 $F_X$，在冲多孔、大搭边和轮廓复杂制件时取上限值。

### 3．压力机吨位的选择

压力机的公称压力必须大于或等于冲裁时各工艺力的总和 $F_Z$。$F_Z$ 的计算应根据不同的模具结构分别对待，即：

采用弹性卸料装置和下出料方式的冲裁模时

$$F_Z = F + F_X + F_T \tag{2.15}$$

采用弹性卸料装置和上出料方式的冲裁模时

$$F_Z = F + F_X + F_D \tag{2.16}$$

采用刚性卸料装置和下出料方式的冲裁模时

$$F_Z = F + F_T \tag{2.17}$$

### 4．降低冲裁力的方法

在冲压大尺寸、厚料、高强度材料冲件时，冲裁力较大，当生产现场压力机吨位不足时，可采用一些有效措施降低冲裁力。

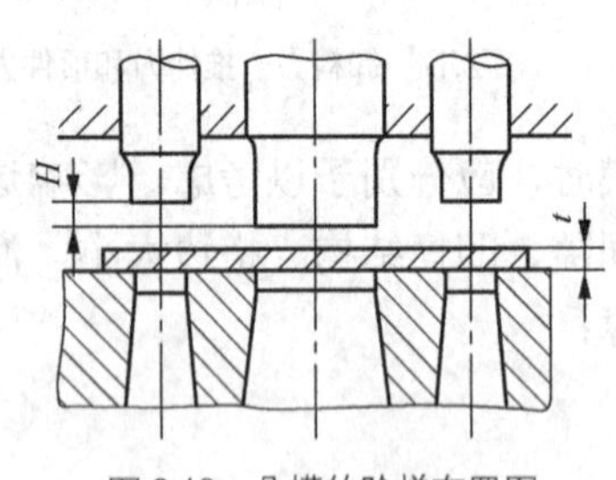

图 2.18 凸模的阶梯布置图

（1）阶梯凸模冲裁。多凸模冲裁时，将凸模设计成不同长度，如图 2.18 所示，可以降低冲裁力。当凸模直径相差较大，且位置相近时，为避免小凸模承受侧压力而产生折断或倾斜，应采用阶梯布置，将小凸模做短一些。凸模的阶梯布置有时会给刃磨造成一定困难。凸模间的高度差 $H$ 与板料厚度 $t$ 有关。当 $t$<3 mm 时，取 $H=t$；当 $t$≥3 mm 时，取 $H=0.5t$。

阶梯凸模冲裁的冲裁力按产生最大冲裁力的那一个阶梯进行计算，用于选择冲床。布置各层凸模时，位置应对称，使合力位于模具中心，以免工作时模具受力偏斜。

（2）斜刃冲裁。斜刃冲裁是将冲孔凸模或落料凹模的工作刃口制成斜刃，冲裁时刃口不是全部同时切入，而是逐步将材料分离，这样能显著降低冲裁力。但斜刃制造较平刃困难，且刃口容易磨损，冲裁件也不够平整。为改善冲裁件平面度，落料时斜刃做在凹模上；冲孔时斜刃做在凸模上，如图 2.19 所示。

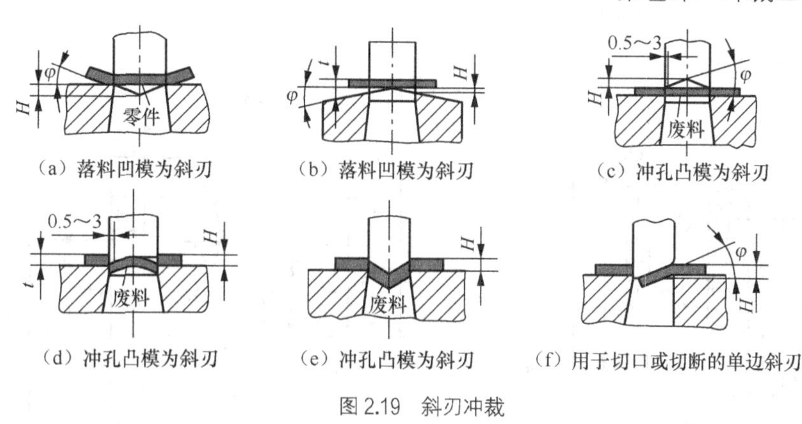


图 2.19　斜刃冲裁

斜刃冲裁力可用下列简化公式计算：

$$F'=KF \tag{2.18}$$

式中，$F'$、$F$ 分别为斜刃口、平刃口的冲裁力（N）；$K$ 为减力系数，按表 2.9 选取。

**表 2.9　斜刃减力系数 $K$ 与倾角 $\varphi$ 表**

| 板料厚度 $t$/mm | 斜刃高度 $H$/mm | 斜刃倾角 $\varphi$/（°） | 减力系数 $K$ |
| --- | --- | --- | --- |
| <3 | $2t$ | <5° | 0.2～0.4 |
| 3～10 | $t$ | <8° | 0.4～0.6 |

（3）加热冲裁。加热冲裁也称红冲，金属在常温时其抗剪强度恒定，当金属材料加热到一定的温度之后，其抗剪强度显著降低，因此加热冲裁能降低冲裁力。但加热红冲法使材料加热后产生氧化皮，破坏工件表面质量，加之温度的变化使尺寸精度也受影响。故该法只适用于冲裁厚板或表面质量及精度要求不高的工件，应用较少。

### 5. 冲裁模压力中心计算

模具的压力中心指冲压时冲压力合力的作用点位置。为了确保压力机和模具正常工作，应使模具的压力中心与压力机滑块的中心相重合。对于有模柄的冲压模，压力中心应通过模柄的轴心线，否则会使冲模和压力机滑块产生偏心载荷，使滑块与导轨间产生过大的磨损，模具导向零件也加速磨损，降低压力机和模具的使用寿命。

冲裁模的压力中心按以下原则来确定：

（1）单个对称形状冲模的压力中心就是冲件的几何中心。

（2）工件形状相同且对称分布时，冲模的压力中心与零件的对称中心重合。

（3）形状复杂的零件、多凸模的压力中心可用解析计算法求出。

解析计算法的计算依据是：各分力对某坐标轴的力矩的代数和等于诸力的合力对该坐标轴的力矩（见图 2.20）。

计算压力中心的步骤如下：

（1）按比例画出每一个凸模刃口轮廓的形状位置。

（2）在任意位置建立直角坐标系 $xOy$，坐标系位置选择适当则可使计算简化。

（3）分别计算凸模刃口轮廓或每个凸模刃口的压力中心到坐标系的位置 $x_1$，$x_2$，…，$x_n$

和 $y_1$，$y_2$，…，$y_n$。

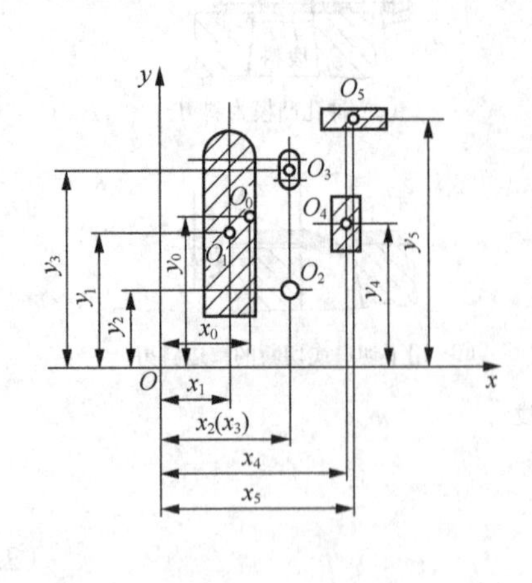


（a）多凸模冲压压力中心

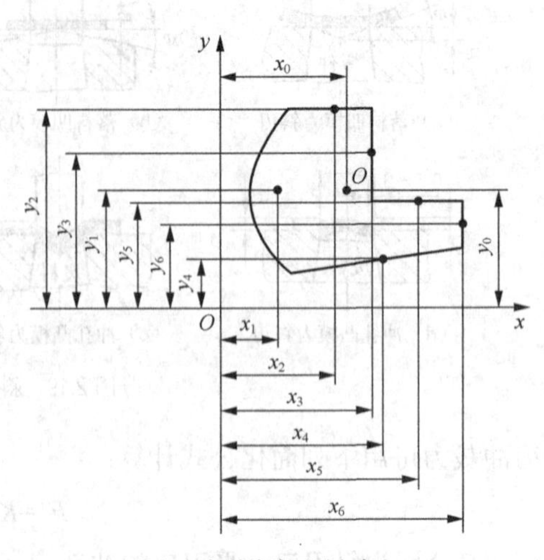


（b）复杂零件冲压压力中心

图 2.20　解析法求压力中心

（4）分别计算凸模刃口轮廓周长或每一个凸模刃口轮廓的周长 $L_1$，$L_2$，…，$L_n$。

（5）对于平行力系，冲裁力的合力等于各力的代数和，即 $F=F_1+F_2+\cdots+F_n$。

（6）根据力学定理，合力对某轴之力矩等于各分力对同轴力矩的代数和，则可得压力中心坐标（$x_0$，$y_0$）计算公式：

$$x_0=\frac{F_1x_1+F_2x_2+\cdots+F_nx_n}{F_1+F_2+\cdots+F_n}=\frac{L_1x_1+L_2x_2+\cdots+L_nx_n}{L_1+L_2+\cdots+L_n}=\frac{\sum_{i=1}^{n}L_ix_i}{\sum_{i=1}^{n}L_i} \tag{2.19}$$

$$y_0=\frac{F_1y_1+F_2y_2+\cdots+F_ny_n}{F_1+F_2+\cdots+F_n}=\frac{L_1y_1+L_2y_2+\cdots+L_ny_n}{L_1+L_2+\cdots+L_n}=\frac{\sum_{i=1}^{n}L_iy_i}{\sum_{i=1}^{n}L_i} \tag{2.20}$$

## 2.4　冲裁工艺设计

冲裁工艺设计包括冲裁件的工艺性分析和冲裁工艺方案确定。良好的工艺性和合理的工艺方案，可以用最少的材料、最少的工序数和工时，使模具结构简单，模具寿命长。冲裁件质量和经济性是衡量冲裁工艺设计优劣的主要指标。

### 2.4.1　冲裁件的工艺性分析

冲裁件的工艺性是指冲裁件对冲裁工艺的适应性，即冲裁件的结构、形状、尺寸及公差等技术要求是否符合冲裁加工的工艺要求以及难易程度。冲裁件的工艺性合理与否，对冲裁件的质量、模具寿命和生产效率有很大影响。

### 1. 冲裁件的结构工艺性

（1）冲裁件结构应尽可能简单、对称、排样结构废料少。在满足质量前提下，应把冲裁件设计成少 、无废料的排样方式。如图 2.21（a）所示零件，假如冲裁件外形不重要，只是对三孔位置有较高要求，可改为图 2.21（b）所示形状，采用无废料排样方式，材料利用率提高 40%。

（2）除了在少、无废料排样或采用镶拼模结构时，允许工件有尖锐的清角外，冲裁件的内形及外形的转角处应以圆弧过渡，避免清角，以便于模具加工，减少热处理开裂，减少冲裁时尖角处的崩刃和过快磨损。图 2.22 为冲裁件的圆角图。圆角半径 $R$ 的最小值，参照表 2.10 冲裁最小圆角半径表选取。

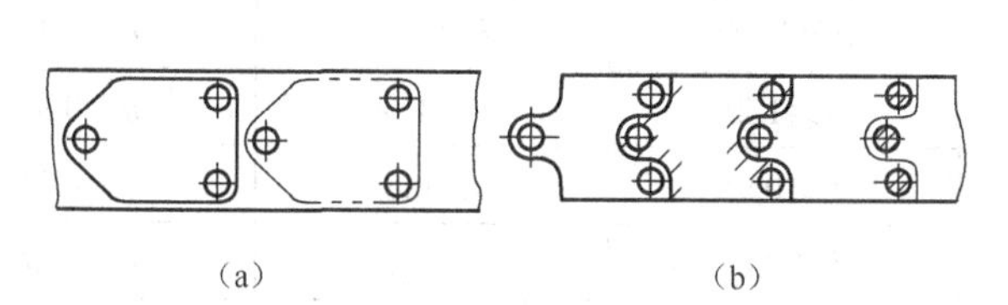

图 2.21 冲裁件形状对工艺性的影响

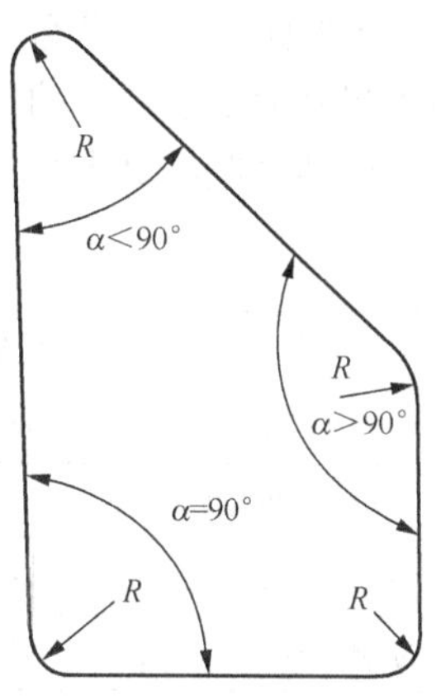

图 2.22 冲裁件的圆角图

**表 2.10** 冲裁最小圆角半径 $R$ 值 （mm）

| 零 件 种 类 | | 黄铜、铝 | 合金铜 | 软钢 | 备注 |
|---|---|---|---|---|---|
| 落料 | 交角≥90° | 0.18$t$ | 0.35$t$ | 0.25$t$ | >0.25 |
| | 交角<90° | 0.35$t$ | 0.70$t$ | 0.5$t$ | >0.5 |
| 冲孔 | 交角≥90° | 0.2$t$ | 0.45$t$ | 0.3$t$ | >0.3 |
| | 交角<90° | 0.4$t$ | 0.9$t$ | 0.6$t$ | >0.6 |

（3）图 2.23 为冲裁件的结构工艺图。尽量避免冲裁件上过长的凸出悬臂和凹槽，悬臂和凹槽宽度也不宜过小，碳钢一般应使其最小宽度 $b \geqslant (1.0\sim2.0)t$，其中软钢取较小值，硬钢取较大值；冲裁件孔与孔之间、孔与零件边缘之间的壁厚，因受模具强度和零件质量的限制，其值也不能太小，一般要求 $a \geqslant 1.5t$，$a_1 \geqslant t$。

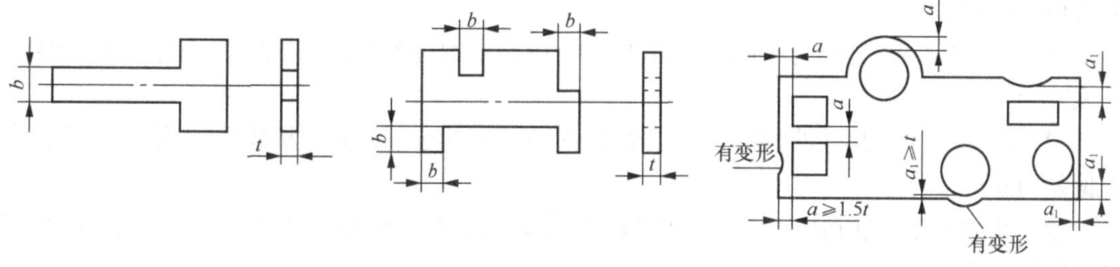

图 2.23 冲裁件的结构工艺图

（4）若在弯曲件或拉深件上冲孔时，孔边与直壁之间应保持一定距离，以免冲孔时凸模受水平推力而折断，图2.24所示为弯曲件的冲孔位置工艺图。

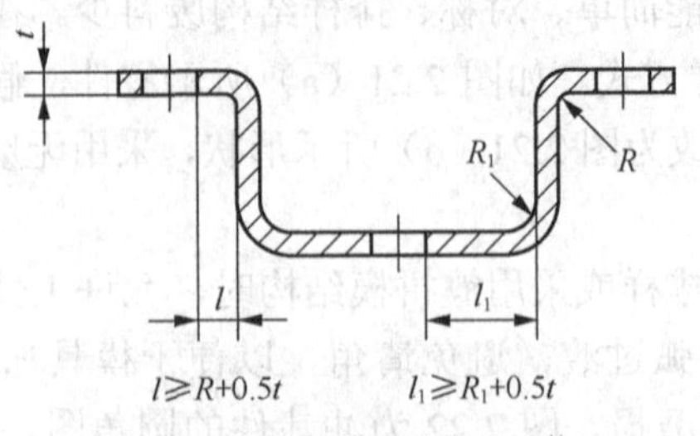

图2.24 弯曲件的冲孔位置工艺图

（5）冲裁件的孔径因受冲孔凸模强度和刚度的限制，不宜太小，否则凸模易折断或压弯。孔的最小尺寸取决于材料的力学性能、凸模强度和模具结构。用不带保护套的凸模和带保护套的凸模所能冲制的最小孔径分别见表2.11和表2.12。

**表2.11　　不带保护套凸模冲孔的最小尺寸**

| 材　料 | 圆孔 | 正方形孔 | 矩形孔 | 长圆形孔 |
|---|---|---|---|---|
| 钢 $\tau>685$ MPa | $d\geqslant1.5t$ | $b\geqslant1.35t$ | $b\geqslant1.2t$ | $b\geqslant1.1t$ |
| 钢 $\tau\approx390\sim685$ MPa | $d\geqslant1.3t$ | $b\geqslant1.2t$ | $b\geqslant1.0t$ | $b\geqslant0.9t$ |
| 钢 $\tau\approx390$ MPa | $d\geqslant1.0t$ | $b\geqslant0.9t$ | $b\geqslant0.8t$ | $b\geqslant0.7t$ |
| 黄铜、铜 | $d\geqslant0.9t$ | $b\geqslant0.8t$ | $b\geqslant0.7t$ | $b\geqslant0.6t$ |
| 铝、锌 | $d\geqslant0.8t$ | $b\geqslant0.7t$ | $b\geqslant0.6t$ | $b\geqslant0.5t$ |

注：$d$为孔径，$b$为孔宽度，$t$为板料厚度，$\tau$为抗剪强度。

**表2.12　　带保护套凸模冲孔的最小尺寸**

| 材　料 | 圆　孔 | 矩　形 |
|---|---|---|
| 硬钢 | $d\geqslant0.5t$ | $b\geqslant0.4t$ |
| 软钢及黄铜 | $d\geqslant0.35t$ | $b\geqslant0.3t$ |
| 铝、锌 | $d\geqslant0.3t$ | $b\geqslant0.28t$ |

注：$d$为孔径，$b$为宽度，$t$为板料厚度。

### 2．冲裁件的尺寸精度

按照GB/T 1800.2—2009的规定，表2.13列出了标准公差值。冲裁件的尺寸极限偏差按下述规定选用：

（1）孔（内形）尺寸的极限偏差取表2.13中给出的公差数值，标注“+”号作为上偏差，下偏差为0。

（2）轴（外形）尺寸的极限偏差取表2.13中给出的公差数值，标注“−”号作为下偏差，上偏差为0。

（3）孔中心距、孔边距等 尺寸的极限偏差取表2.13中的公差数值的一半，标注“±”号分别作为上、下偏差。

对于冲裁件上未注尺寸的公差按 IT14 级处理。

**表 2.13　　　　标准公差数值（GB/T 1800.2—2009）**

| 基本尺寸/mm | | 标准公差等级 | | | | | | | | | | | | | | | | | |
|---|---|---|---|---|---|---|---|---|---|---|---|---|---|---|---|---|---|---|---|
| | | IT1 | IT2 | IT3 | IT4 | IT5 | IT6 | IT7 | IT8 | IT9 | IT10 | IT11 | IT12 | IT13 | IT14 | IT15 | IT16 | IT17 | IT18 |
| 大于 | 至 | μm | | | | | | | | | | | mm | | | | | | |
| — | 3 | 0.8 | 1.2 | 2 | 3 | 4 | 6 | 10 | 14 | 25 | 40 | 60 | 0.1 | 0.14 | 0.25 | 0.4 | 0.6 | 1 | 1.4 |
| 3 | 6 | 1 | 1.5 | 2.5 | 4 | 5 | 8 | 12 | 18 | 30 | 48 | 75 | 0.12 | 0.18 | 0.3 | 0.48 | 0.75 | 1.2 | 1.8 |
| 6 | 10 | 1 | 1.5 | 2.5 | 4 | 6 | 9 | 15 | 22 | 36 | 58 | 90 | 0.15 | 0.22 | 0.36 | 0.58 | 0.9 | 1.5 | 2.2 |
| 10 | 18 | 1.2 | 2 | 3 | 5 | 8 | 11 | 18 | 27 | 43 | 70 | 110 | 0.18 | 0.27 | 0.43 | 0.7 | 1.1 | 1.8 | 2.7 |
| 18 | 30 | 1.5 | 2.5 | 4 | 6 | 9 | 13 | 21 | 33 | 52 | 84 | 130 | 0.21 | 0.33 | 0.52 | 0.84 | 1.3 | 2.1 | 3.3 |
| 30 | 50 | 1.5 | 2.5 | 4 | 7 | 11 | 16 | 25 | 39 | 62 | 100 | 160 | 0.25 | 0.39 | 0.62 | 1 | 1.6 | 2.5 | 3.9 |
| 50 | 80 | 2 | 3 | 5 | 8 | 13 | 19 | 30 | 46 | 74 | 120 | 190 | 0.3 | 0.46 | 0.74 | 1.2 | 1.9 | 3 | 4.6 |
| 80 | 120 | 2.5 | 4 | 6 | 10 | 15 | 22 | 35 | 54 | 87 | 140 | 220 | 0.35 | 0.54 | 0.87 | 1.4 | 2.2 | 3.5 | 5.4 |
| 120 | 180 | 3.5 | 5 | 8 | 12 | 18 | 25 | 40 | 63 | 100 | 160 | 250 | 0.4 | 0.63 | 1 | 1.6 | 2.5 | 4 | 6.3 |
| 180 | 250 | 4.5 | 7 | 10 | 14 | 20 | 29 | 46 | 72 | 115 | 185 | 290 | 0.46 | 0.72 | 1.15 | 1.85 | 2.9 | 4.6 | 7.2 |
| 250 | 315 | 6 | 8 | 12 | 16 | 23 | 32 | 52 | 81 | 130 | 210 | 320 | 0.52 | 0.81 | 1.3 | 2.1 | 3.2 | 5.2 | 8.1 |
| 315 | 400 | 7 | 9 | 13 | 18 | 25 | 36 | 57 | 89 | 140 | 230 | 360 | 0.57 | 0.89 | 1.4 | 2.3 | 3.6 | 5.7 | 8.9 |
| 400 | 500 | 8 | 10 | 15 | 20 | 27 | 40 | 63 | 97 | 155 | 250 | 400 | 0.63 | 0.97 | 1.55 | 2.5 | 4 | 6.3 | 9.7 |
| 500 | 630 | 9 | 11 | 16 | 22 | 32 | 44 | 70 | 110 | 175 | 280 | 440 | 0.7 | 1.1 | 1.75 | 2.8 | 4.4 | 7 | 11 |
| 630 | 800 | 10 | 13 | 18 | 25 | 36 | 50 | 80 | 125 | 200 | 320 | 500 | 0.8 | 1.25 | 2 | 3.2 | 5 | 8 | 12.5 |
| 800 | 1 000 | 11 | 15 | 21 | 28 | 40 | 56 | 90 | 140 | 230 | 360 | 560 | 0.9 | 1.4 | 2.3 | 3.6 | 5.6 | 9 | 14 |
| 1 000 | 1 250 | 13 | 18 | 24 | 33 | 47 | 66 | 105 | 165 | 260 | 420 | 660 | 1.05 | 1.65 | 2.6 | 4.2 | 6.6 | 10.5 | 16.5 |
| 1 250 | 1 600 | 15 | 21 | 29 | 39 | 55 | 78 | 125 | 195 | 310 | 500 | 780 | 1.25 | 1.95 | 3.1 | 5 | 7.8 | 12.5 | 19.5 |
| 1 600 | 2 000 | 18 | 25 | 35 | 46 | 65 | 92 | 150 | 230 | 370 | 600 | 920 | 1.5 | 2.3 | 3.7 | 6 | 9.2 | 15 | 23 |
| 2 000 | 2 500 | 22 | 30 | 41 | 55 | 78 | 110 | 175 | 280 | 440 | 700 | 1 100 | 1.75 | 2.8 | 4.4 | 7 | 11 | 17.5 | 28 |
| 2 500 | 3 150 | 26 | 36 | 50 | 68 | 96 | 135 | 210 | 330 | 540 | 860 | 1 350 | 2.1 | 3.3 | 5.4 | 8.6 | 13.5 | 21 | 33 |

注：1．基本尺寸大于 500mm 的 IT1 至 IT5 的标准公差数值为试行的。

2．基本尺寸小于或等于 1mm 时，无 IT14 至 IT18。

### 3．冲裁件剪断面的表面粗糙度

冲裁件剪断面的表面粗糙度与材料塑性、厚度、冲裁模间隙、刃口状况以及冲模结构等有关。一般冲裁件的表面粗糙度见表 2.14。

表2.14　　一般冲裁件剪断面表面粗糙度

| 材料厚度 $t$/mm | ≤1 | 1～2 | 2～3 | 3～4 | 4～5 |
|---|---|---|---|---|---|
| 冲裁剪断面的表面粗糙度 $Ra$/μm | 3.2 | 6.3 | 12.5 | 25 | 50 |

4．冲裁件尺寸标注

冲裁件尺寸的基准应尽可能与其冲压时定位基准重合，并选择在冲裁过程中基本上不变动的面或线上。图2.25（a）所示的尺寸标注，该图样标注是不合理的，尺寸$B$、$C$必须考虑到模具的磨损，$B$、$C$尺寸的不稳定导致孔中心距尺寸不稳定。改成图2.25（b）所示的标注方法就比较合理，这时孔中心距尺寸不再受模具磨损的影响。

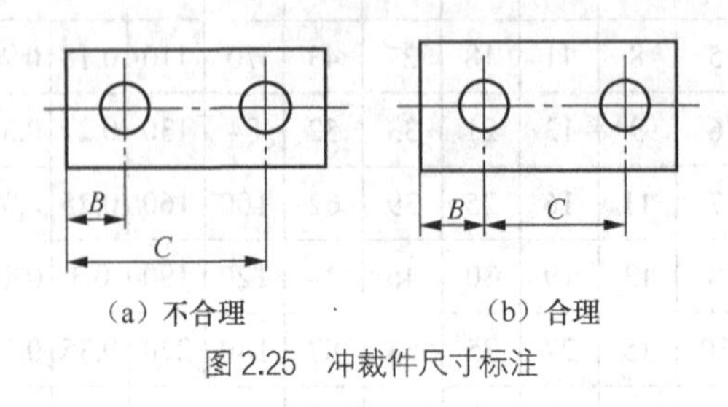

（a）不合理　　（b）合理

图2.25　冲裁件尺寸标注

## 2.4.2　冲裁工艺方案的确定

在冲裁工艺性分析和技术经济分析的基础上根据冲裁件的特点确定冲裁工艺方案。冲裁工艺方案一般分为单工序冲裁、复合冲裁和级进冲裁。

单工序冲裁是在压力机一次行程中，在模具单一的工位中完成单一工序的冲压。复合冲裁是在压力机一次行程中，在模具的同一工作位置同时完成两个或两个以上的冲压工序。级进冲裁是把冲裁件的若干个冲压工序，排列成一定的顺序，在压力机一次行程中条料在冲模的不同工序位置上，分别完成工件所要求的工序，在完成所有要求工序后，以后每次冲程都可以得到一个完整的冲裁件。组合的冲裁工序比单工序冲裁生产效率高，获得的制件精度等级高。

1．冲裁工序的组合

冲裁工序的组合方式可根据下列因素确定。

（1）生产批量　小批量和试制生产采用单工序模；中、大批量生产采用复合模或级进模。

（2）冲裁件尺寸公差等级　复合冲裁得到的冲裁件尺寸公差等级高，避免了多次单工序冲裁的定位误差，并且在冲裁过程中可以进行压料，冲裁件较平整。级进冲裁比复合冲裁精度等级低，但是自动化程度高。

（3）冲裁件尺寸形状的适应性　冲裁件的尺寸较小时，考虑到单工序送料不方便和生产效率低，常采用复合冲裁或级进冲裁。对于尺寸中等的冲裁件，由于制造多副单工序模具的费用比复合模贵，则采用复合冲裁；但冲裁件上的孔与孔之间或孔与边缘之间的距离过小，不宜采用复合冲裁或单工序冲裁时，宜采用级进冲裁。所以级进冲裁可以加工形状复杂、宽度很小的异形冲裁件，并且可冲裁的材料厚度比复合冲裁厚。级进冲裁受压力机工作台面尺寸与工序数的限制，冲裁件尺寸不宜太大。

（4）模具制造、安装调整和成本　对复杂形状的冲裁件，采用复合冲裁比级进冲裁更为适宜，因为模具制造安装调整比较容易，且成本较低。

（5）操作方便与安全　复合冲裁出件或清除废料较困难，工作安全性交差，级进冲裁较安全。

综上分析，对于一个冲裁件，可以得出多种工艺方案。必须对这些方案进行比较，选取在满足冲裁件质量与生产率的要求下，模具制造成本低、寿命长、操作方便又安全的工艺方案。

**2．冲裁顺序的安排**

（1）级进冲裁顺序的安排　先冲孔或缺口，然后落料或切断，将冲裁件与条料分离。首先冲出的孔可作后续工序的定位孔。当定位要求较高时，则可冲裁专供定位用的工艺孔，如图 2.26 所示。

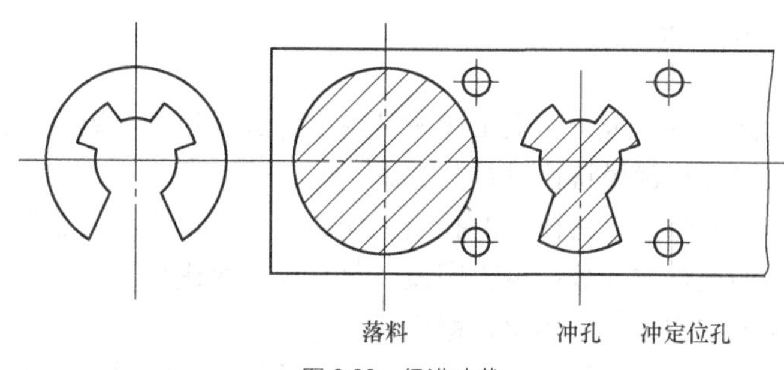


图 2.26　级进冲裁

采用定距侧刃时，定距侧刃切边工序安排与首次冲孔同时进行，以便控制送料进距。采用两个定距侧刃时，可以安排成一前一后，也可并列布置。

（2）多工序冲裁件用单工序冲裁时的顺序安排　先落料使坯料与条料分离，再冲孔或冲缺口。后继工序的定位基准要一致，以避免定位误差和尺寸链换算。冲裁大小不同、相距较近的孔时，为减少孔的变形，应先冲大孔后冲小孔。

**【例 2.1】**图 2.27 所示为连接板冲裁零件，材料为 10#钢，厚度为 2 mm，该零件年产量 20 万件，冲压设备初选为 250 kN 开式压力机，要求制订冲压工艺方案。

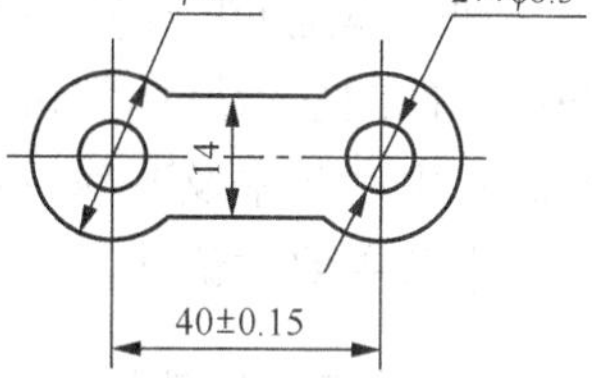

$\phi$20　2×$\phi$8.5　14　40±0.15

图 2.27　连接板

**解：**1．分析零件的冲压工艺性

（1）材料　10#钢是优质碳素结构钢，具有良好的冲压性能。

（2）工件结构　该零件形状简单。孔边距远大于凸凹模允许的最小壁厚，故可以考虑采用复合冲压工序。

（3）尺寸精度　零件图上孔心距 40 mm±0.15 mm 属于 IT13 级，其余尺寸未注公差，属自由尺寸，按 IT14 级确定工件的公差，一般冲压均能满足其尺寸精度要求。

（4）结论　可以冲裁。

2．确定冲压工艺方案

该零件包括落料、冲孔两个基本工序，可有以下三种工艺方案。

方案一：先落料，后冲孔。采用单工序模生产。

方案二：落料-冲孔复合冲压，采用复合模生产。

方案三：冲孔-落料连续冲压，采用级进模生产。

方案一模具结构简单、但需两道工序两副模具，生产率较低，难以满足该零件的年产量要求。方案二只需一副模具，冲压件的形位精度和尺寸精度容易保证，且生产率也高。尽管模具结构较方案一复杂，但由于零件的几何形状简单对称，模具制造并不困难。方案三也只需要一副模具，生产率也很高，但零件的冲压精度稍差。欲保证冲压件的形位精度，需要在模具上设置导正销导正，故模具制造、安装较复合模复杂。通过对上述三种方案的分析比较可知，该件的冲压生产采用方案二为佳。

## 2.5 冲裁模的基本类型与构造

### 2.5.1 冲裁模的分类

冲裁件的结构形式繁多，因此冲裁工序所使用的冲裁模也种类繁多，结构各异。为了研究和工作上的方便，可按冲裁模特征进行分类。

（1）按冲压工序性质分：落料模、冲孔模、切断模、切口模、切边模、剖边模等。

（2）按冲压工序的组合方式分：单工序模、复合模、级进模。

（3）按凸、凹模的结构分：整体模、镶拼模。

（4）接模具导向方式分：无导向摸、导板模、导柱模、滚珠导柱模等。

（5）按控制进料的方式分：定位销式、挡料销式、挡板式、侧刃式等。

（6）按卸料方式分：刚性卸料模、弹性卸料模等。

下面以工序组合方式分别分析各类冲裁模的结构及特点。

### 2.5.2 冲裁模的典型结构

冲裁模是冲压生产中不可缺少的工艺装备，良好的模具结构是实现工艺方案的可靠保证。冲压零件的质量好坏和精度高低，主要取决于冲裁模的质量和精度。冲裁模结构的合理性直接影响生产效率及冲裁模本身的使用寿命和操作的安全性、方便性等。

本节主要讨论冲压生产中常见的典型冲裁模类型和结构特点。

**1．单工序冲裁模**

单工序冲裁模是在压力机一次行程内只完成一个冲压工序，冲裁模的凸模或凹模可以是单个或多个。单工序冲裁模有落料模、冲孔模、切边模、切口模等。

（1）落料模

图2.28所示为带刚性卸料装置的单工序落料模，它由上模和下模两部分组成。上模包括上模座7及安装在上模座上的全部零件；下模包括下模座16及安装在下模座上的所有零件。

冲模在压力机上安装时，通过模柄 9 夹紧在压力机滑决的模柄孔中，上模和滑块一起上下运动；下模则通过下模座用螺钉、压板固定在压力机工作台面上。

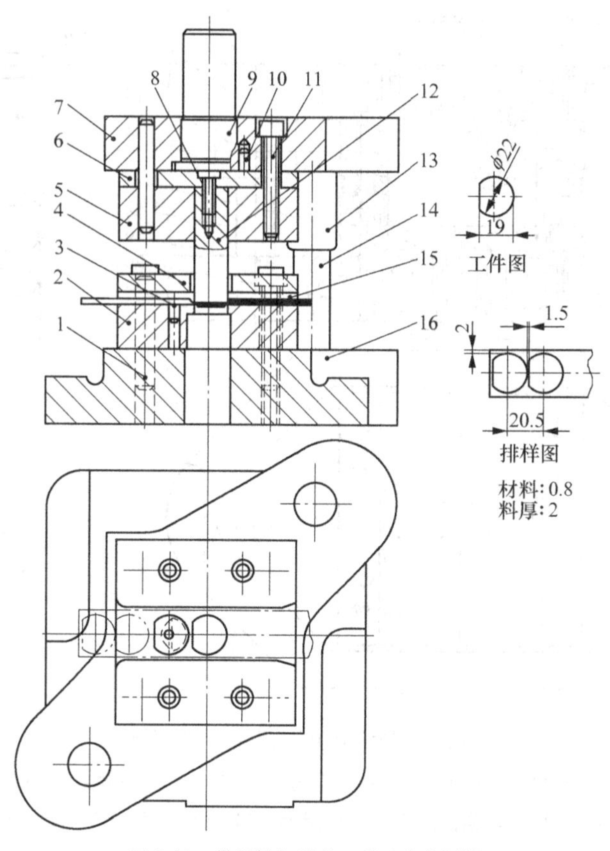


图 2.28　带刚性卸料装置单工序落料模

1—销钉；2—凹模；3—固定挡料销；4—卸料板；5—固定板；6—垫板；7—上模座；8—螺钉；9—模柄；10—圆柱销；11—螺钉；12—凸模；13—导套；14—导柱；15—导料板；16—下模座

动作原理：条料从右往左送进模具，由导料板（导尺）15 送进，由固定挡料销 3 控制步距。冲裁时，凸模 12 切入材料进行冲裁，冲裁结束后，冲下来的工件从凹模 2 的洞口由凸模 12 直接推出，带孔的条料由刚性卸料板 4 卸下。后续各次送料依然由挡料销 3 定位，送进时须将条料抬起。

图 2.29 所示为带弹性卸料装置的单工序落料模。它的动作原理是：条料从前往后送进模具，由导料板 3 导向，挡料销 22 进行挡料并控制步距，冲裁结束后，冲下来的工件由顶件块 17 从凹模孔内向上顶出，箍在凸模外面带孔的条料由卸料螺钉 12、橡胶 14、卸料板 15 组成的弹性卸料装置卸下。这副模具的结构特点是采用弹性卸料装置卸料，以上出件方式出件，利用中间导柱导套模架进行导向。

（2）冲孔模

冲孔模的结构与一般落料模相似，但冲孔模有自己的特点，冲孔模的对象是已经落料或其他冲压加工后的半成品，冲孔模要解决半成品在模具上的定位问题。冲小孔模具，必须考虑凸模的强度和刚度，并有能够快速更换凸模的结构。在已成形零件侧壁上冲孔时，要设计凸模水平运动方向的转换机构。

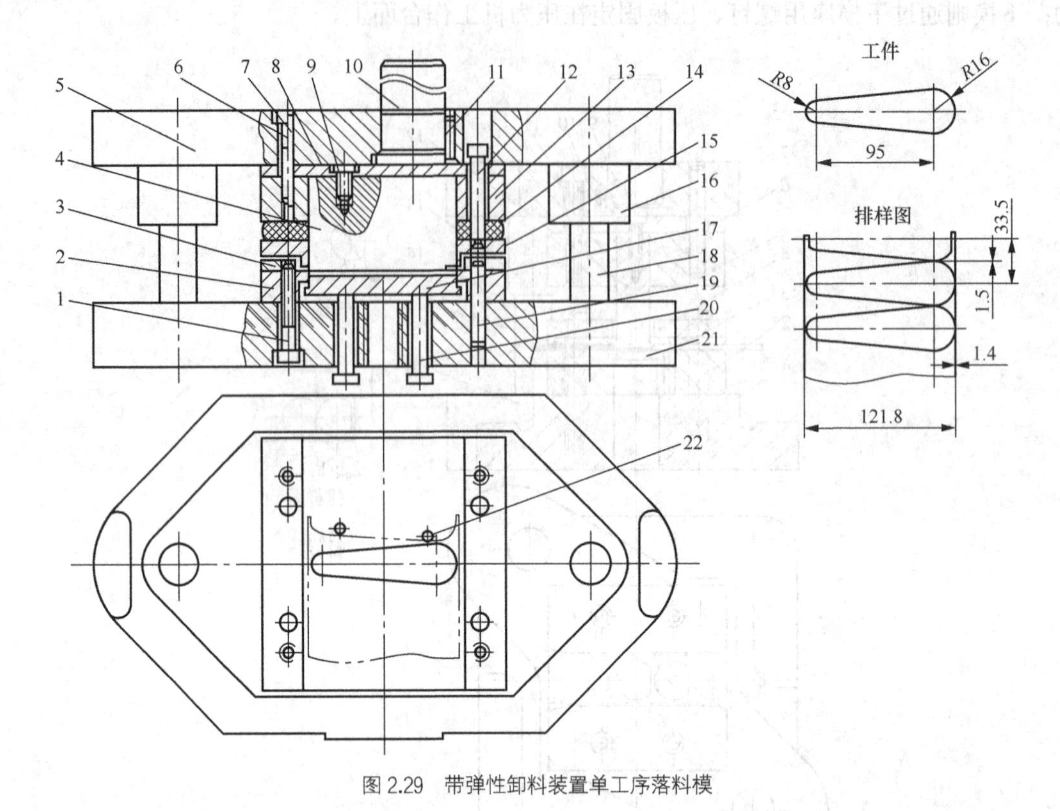


图 2.29　带弹性卸料装置单工序落料模

1、6、9—螺钉；2—凹模；3—导料板；4—凸模；5—上模座；7、19—销钉；8—垫板；10—模柄；
11—止转销；12—卸料螺钉；13—凸模固定板；14—橡胶；15—卸料板；16—导套；
17—顶件块；18—导柱；20—顶杆；21—下模座；22—挡料销

图 2.30 所示为单工序多凸模冲孔模，冲件上的所有孔可一次冲出。由于工序件是经过拉深的空心件，且孔边与侧壁距离较近，因此采用工序件口部朝上，用定位圈 5 实行外形定位。如果孔边与侧壁距离大，则可采用工序件口部朝下，利用凹模实行内形定位。该模具采用弹性卸料装置，除卸料作用外，该装置还可保证冲孔零件的平整性，提高零件的质量。

冲孔模动作原理：毛坯放入定位圈 5 中，上模下行，首先由卸料板 21 对工件进行压料，然后冲孔。冲孔结束后，废料由冲孔凸模 6、7、8、15 从凹模孔内直接推出，箍在凸模上的工件由弹性卸料装置（10、12、21）卸下。这副模具的特点是采用定位圈定位，以弹性卸料装置压料并卸料，利用后侧导柱导套模架进行导向。

图 2.31 所示为斜楔式水平冲孔模。该模具的特点是依靠斜楔 1 来推动滑块 4，使凸模 5 作水平方向移动，完成零件侧壁冲孔（也可冲槽、切口等）。斜楔的返回运动靠弹簧或者橡皮完成。斜楔的工作角度$\alpha$以 40°～50° 为宜，40° 的斜楔滑块机构的机械效率最高，45° 时滑块的移动距离与斜楔的行程相等。需要较大冲裁力的冲孔件$\alpha$角可以为 35°，以增加水平推力。这种结构凸模通常对称布置，适合壁部对称孔的冲裁。在工件圆周上冲压多个孔时，模具结构上需要增加分度定位机构。

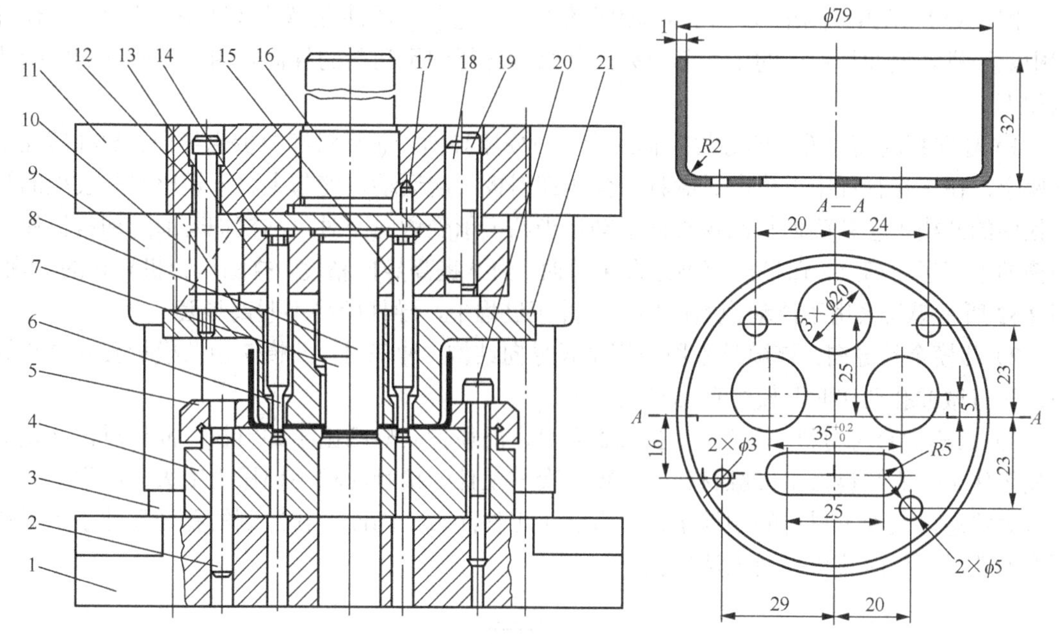


图 2.30　单工序多凸模冲孔模

1—下模座；2、18—圆柱销；3—导柱；4—凹模；5—定位圈；6、7、8、15—凸模；9—导套；10—弹簧；11—上模座；12—卸料螺钉；13—凸模固定板；14—垫板；16—模柄；17—止动销；19、20—内六角螺钉；21—卸料板

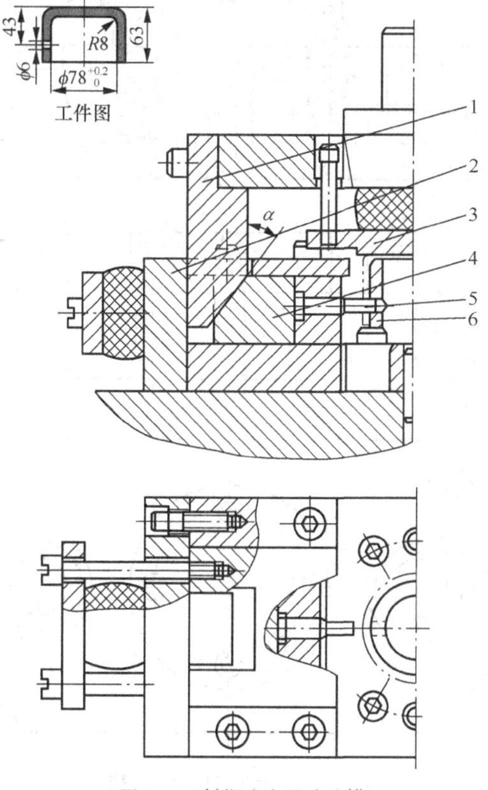


图 2.31　斜楔式水平冲孔模

1—斜楔；2—座板；3—弹簧板；4—滑块；5—凸模；6—凹模

图2.32所示为一副全长导向结构的小孔冲模。它与一般冲孔模的区别是：凸模在工作行程中除了进入被冲材料内的工作部分外，其余全部得到不间断的导向作用。该模具的结构特点如下。

1）导向精度高。模具的导柱不但对上、下模座导向，而且对卸料板也导向。导柱装在上模座上，在工作行程中上模座、导柱、弹压卸料板一起运动，使与上、下模座平行装配的卸料板中的凸模护套精确地与凸模导向滑动，当凸模承受侧向力时，凸模护套通过卸料板保证凸模的上下运动精度，保护凸模不致发生弯曲。为了提高导向精度，排除压力机导轨的干扰，图2.32所示模具采用了浮动模柄的结构。冲压过程中，导柱始终不脱离导套。

2）凸模全长导向。该模具采用凸模全长导向结构，冲裁时，凸模7由凸模护套9全长导向，只有做冲孔动作时凸模才伸出护套。

3）凸模护套对材料加压。由图2.32可见，凸模护套略凸出于卸料板，冲压时，凸模护套先压住工件而卸料板不接触材料，凸模护套与工件的接触面积小但压力很大，产生立体的压应力状态，改善了材料的塑性条件，有利于工件冲裁。因而，在冲制的孔径尺寸小于材料厚度的孔时，仍能获得断面光洁的孔。

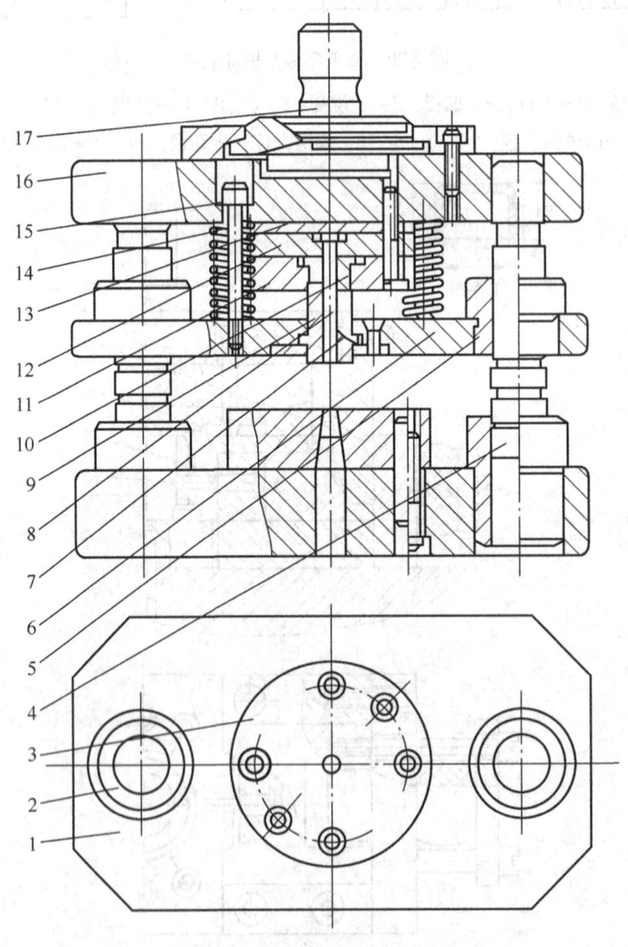


图2.32 全长导向的小孔冲模

1—下模座；2、5—导套；3—凹模；4—导柱；6—弹压卸料板；7—凸模；8—托板；9—凸模护套；10—扇形块；11—扇形块固定板；12—凸模固定板；13—垫板；14—弹簧；15—卸料螺钉；16—上模座；17—模柄

### 2. 级进冲裁模

级进冲裁模又称连续模、跳步模，是指压力机在一次行程中，依次在模具几个不同的位置上同时完成多道冲压工序的冲模。级进成形属于工序集中的工艺方法，可使切边、切口、切槽、冲孔、成形、落料等多种工序在一副模具上完成。级进模分为普通级进模和精密级进模。

级进模冲裁时，冲压件是依次在几个不同位置上逐步成形的，因此要控制冲压件与模具的相对位置精度就必须严格控制送料步距。在级进模中控制送料步距的方法通常是用导正销定距、侧刃定距或两者同时使用。

（1）用导正销定距的级进模

图 2.33 所示为用导正销定距的冲孔落料级进模，上、下模用导板导向。冲孔凸模 3 与落料凸模 4 之间的距离就是送料步距 $A$。材料送进时，为了保证首件的正确定距，始用挡料销首次定位冲 2 个小孔；第二工位由固定挡料销 6 进行初定位，由两个装在落料凸模上的导正

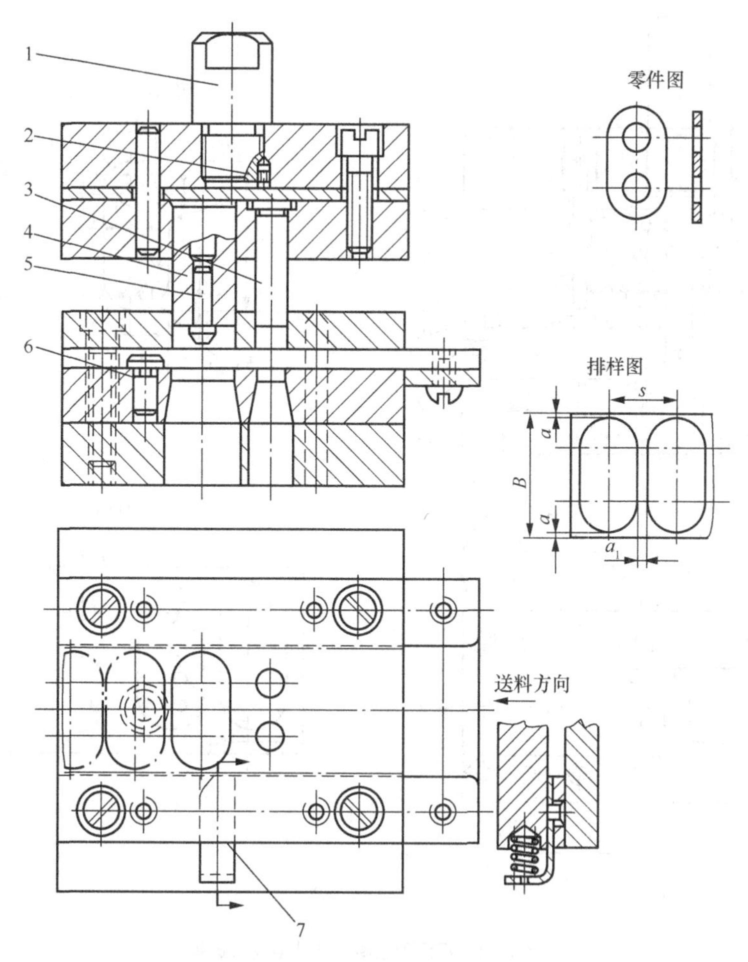


图 2.33 用导正销定距的冲孔落料级进模

1—模柄；2—螺钉；3—冲孔凸模；4—落料凸模；5—导正销；6—固定挡料销；7—始用挡料销

销 5 进行精定位。导正销与落料凸模的配合为 H7/r6，其连接应保证在修磨凸模时的装拆方便。导正销头部的形状应有利于在导正时插入已冲的孔，它与孔的配合应略有间隙。始用挡料装置安装在导板下的导料板中间。在条料冲制首件时，用手推始用挡料销 7，使它从导料板中伸出来抵住条料的前端即可冲裁第一件上的两个孔。以后各次冲裁由固定挡料销 6 控制送料步距作初定位。

这种定距方式多用于较厚板料，冲件上有孔的冲件冲裁。它不适用于软料或板厚 $t$<0.3 mm 的冲件，也不适于孔径小于 1.5 mm 或落料凸模较小的冲件。

（2）用侧刃定距的级进模

图 2.34 所示为双侧刃定距的冲孔落料级进模。它以侧刃 16 代替了始用挡料销、挡料销和导正销控制步距。侧刃是特殊功用的凸模，其作用是在压力机每次冲压行程中，沿条料边缘切下长度等于步距的料边。沿送料方向上，因两块导料板左右间距不同而形成一个凸肩，送料时条料上只有切去料边的部分才能往前送进，送进的距离等于步距。为减少料尾损耗，

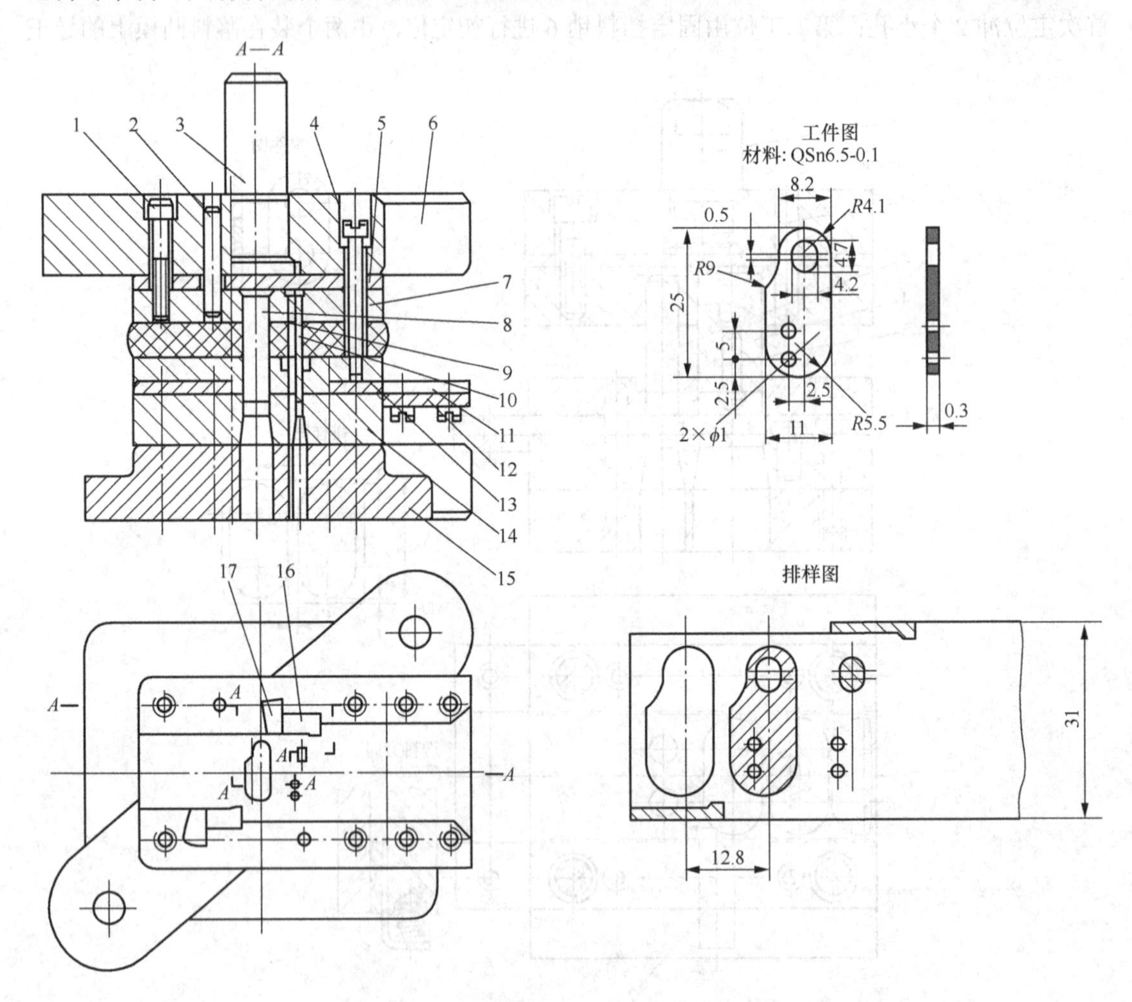


图 2.34 双侧刃定距的冲孔落料级进模

1—内六角螺钉；2—销钉；3—模柄；4—卸料螺钉；5—垫板；6—上模座；7—凸模固定板；8、9、10—凸模；11—导料板；12—承料板；13—卸料板；14—凹模；15—下模座；16—侧刃；17—侧刃挡块

尤其是工位较多的级进模，可采用两个侧刃前后对角的方式排列。该模具冲裁的板料较薄（0.3 mm），选用弹压卸料方式。

在实际生产中，对于精度要求高的冲压件和多工位的级进冲裁，可采用既有侧刃（粗定位）又有导正销定位（精定位）的级进模。

### 3. 复合冲裁模

复合冲裁模是在压力机的一次工作行程中，在模具同一部位同时完成数道分离工序的模具。复合模的设计难点是如何在同一工作位置上合理地布置多对凸、凹模。

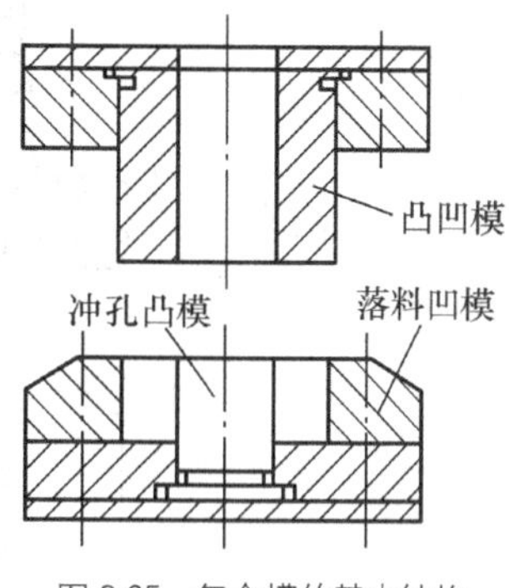

图 2.35 复合模的基本结构

图 2.35 所示为落料冲孔复合模的基本结构。在模具的下方是落料凹模，且落料凹模中间装着冲孔凸模；而上方是凸凹模，凸凹模外形是落料的凸模，内孔是冲孔的凹模。若落料凹模装在下模，则该结构为正装复合模；若落料凹模装在上模，则该结构为倒装复合模。复合模的特点：结构紧凑，生产率高，制件精度高，特别是制件孔与外形的位置精度容易保证。另一方面，复合模结构复杂，对模具零件精度要求较高，模具装配精度也较高。

（1）倒装复合模

图 2.36 所示为冲制异形垫圈的倒装复合模，凸凹模 11 装在下模，落料凹模 12 装在上模。冲压完成后工件由推块 3、推杆 4、推板 5、打杆 6 组成的推件装置推出，冲孔废料由凸凹模 11 孔下漏，凸凹模孔内积存废料，所受胀力大，当凸凹模壁厚薄强度不足时易破裂。卸料装置装在下模，由橡胶、卸料板 1 和卸料螺钉 13 组成。条料的导向与定位采用活动挡料销结构，在凹模的对应位置不需要钻孔避让，活动挡料销由橡皮抬起，可以在卸料板 1 内伸缩。

这种结构模具对工件不起压平作用，但结构简单，操作方便。采用刚性推件的倒装式复合模，板料不是在被压紧的状态下冲裁，因此平面度不高，适用于冲裁较硬或厚度大于 0.3 mm 的板料。如果在上模内设计弹性推件装置，就可以冲制材质较软或料厚小于 0.3 mm，且平面度要求较高的冲裁件。

（2）正装复合模

图 2.37 所示为正装落料冲孔复合模，凸凹模 9 在上模，落料凹模 1 和冲孔凸模 3、4 在下模。它的特点是冲孔废料可以从凸凹模中推出，使凸凹模型孔内不积聚废料，凸凹模胀裂力小，所有凹模壁厚可以比倒装复合模最小壁厚小。但冲孔废料落在下模工作面上，清除废料麻烦。

模具工作时，上模下压，凸凹模外形和落料凹模 1 进行落料，同时冲孔凸模与凸凹模进行冲孔。卡在凹模中的冲件由顶件装置顶出凹模，顶件装置由带肩顶杆 11 和顶件块 2 及装在下模座底下的弹顶器组成。卡在凸凹模孔内的废料由推杆 5、6 推出，推件装置由推杆 5、6 和推板 7、打杆 8 组成。

从上述工作过程可以看出，正装复合模工作时，板料是在压紧的状态下分离，冲出的冲件平直度较高。但由于弹顶器和弹压卸料装置的作用，分离后的冲件容易被嵌入边料中影响操作，从而影响了生产率。

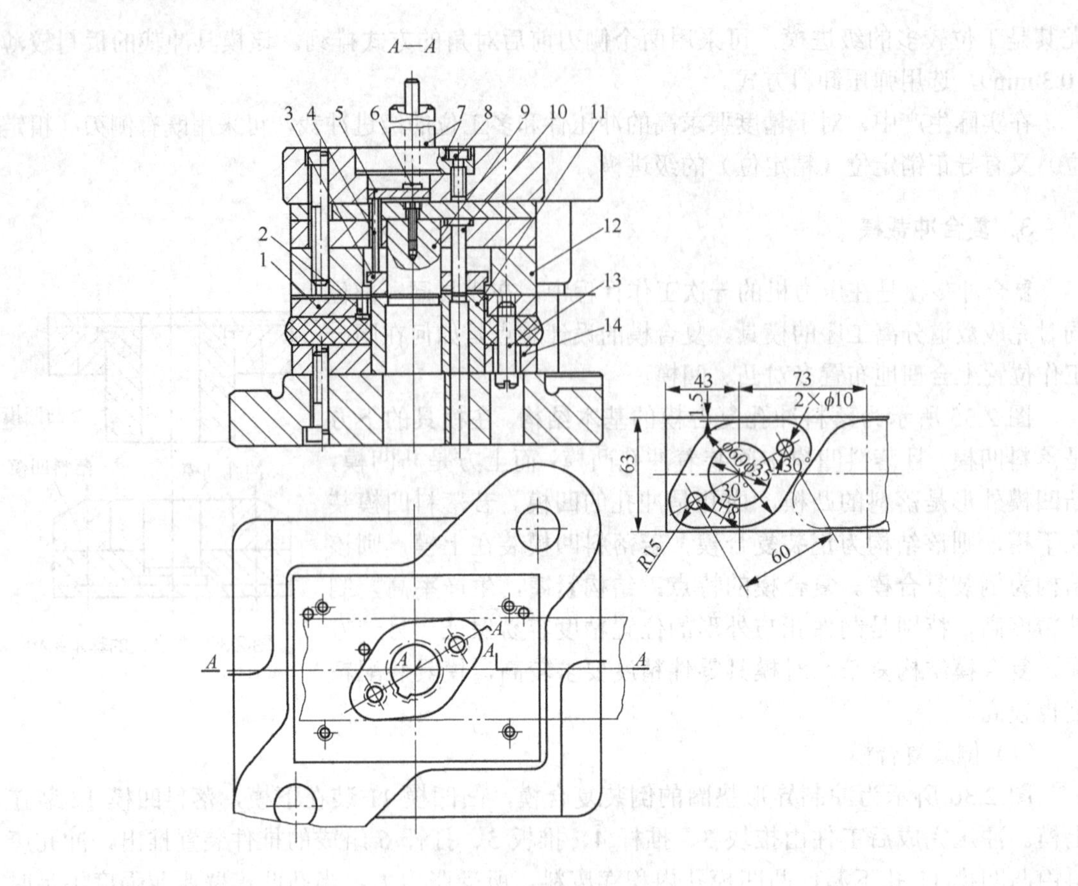


图 2.36 倒装复合模

1—卸料板；2—活动档料销；3—推块；4—推杆；5—推板；6—打杆；7—模柄；8—螺钉；
9、10—冲孔凸模；11—凸凹模；12—落料凹模；13—卸料螺钉；14—固定板

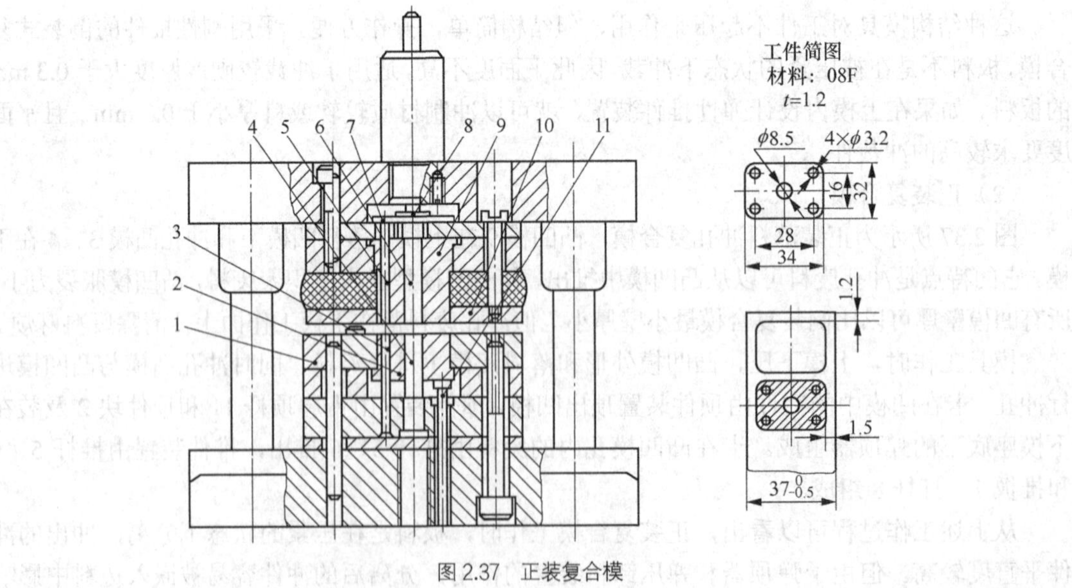


图 2.37 正装复合模

1—落料凹模；2—顶件块；3、4—冲孔凸模；5、6—推杆；7—推板；8—打杆；9—凸凹模；10—卸料板；11—带肩顶杆

（3）正装和倒装复合模结构比较

正装复合模适用于冲制材质较软或板料较薄的平面度要求高的冲裁件，也可以冲制孔边距离较小的冲裁件。

倒装复合模不宜冲制孔边距离较小的冲裁件，但倒装复合模结构简单，直接利用压力机的打杆装置进行推件，卸件可靠，操作方便，为机械化出件提供了有利条件，故应用十分广泛。

## 2.6 冲模主要零件的设计及标准的选用

按模具零件的不同作用，可以将模具零件分成两大类：

（1）工艺零件　在冲压零件时与材料或制件直接发生接触的零件。包括：工作零件、定位零件、压料、卸料和出件零件。

（2）结构零件　在模具的制造和使用中起装配、定位作用的零件。包括；导向零件、固定零件、紧固及其他零件。表 2.15 所示为冲模零件的详细分类表。

**表 2.15　冲模零件的详细分类表**

| 工艺零件 | | | 结构零件 | | |
|---|---|---|---|---|---|
| 工作零件 | 定位零件 | 压料、卸料及出件零件 | 导向零件 | 固定零件 | 坚固及其他零件 |
| 凸模 | 挡料销和导正销 | 卸料板 | 导柱 | 上、下模座 | 螺钉 |
| 凹模 | 导料板 | 压边圈 | 导套 | 模柄 | 销 |
| 凸凹模 | 定位销、定位板 | 顶件器 | 导板 | 凸、凹模固定板 | 其他 |
| — | 侧压板 | 推件器 | 导筒 | 垫板 | — |
| — | 侧刃 | — | — | 限制器 | — |

### 2.6.1 工作零件的设计与标准的选用

由图 2.38 可知，工作零件主要包括：凸模、凹模、凸凹模。工作零件的设计主要须解决：模具间隙、刃口尺寸及公差、结构形式与固定方法、其他尺寸的确定等问题。

#### 1. 模具间隙值的确定

冲裁模具间隙指冲裁模具中凹模与凸模刃口侧壁之间的距离，用符号 $c$ 表示，一般指单边间隙。如图 2.38 所示。冲裁模间隙是冲裁工艺过程中的主要参数，间隙大小直接影响冲裁件质量、冲裁工艺力和冲裁模寿命。

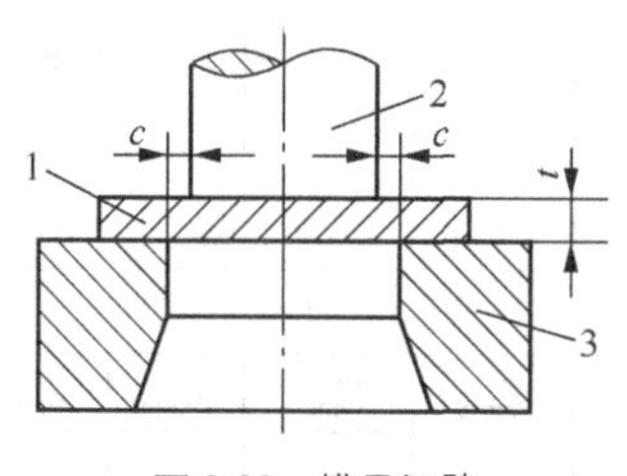

图 2.38　模具间隙

1—板料；2—凸模；3—凹模；$c$—冲裁模间隙；$t$—板料厚度

（1）间隙对冲裁工作的影响

1）间隙对冲裁件质量的影响　间隙是影响冲裁件质量的主要因素之一，提高断面质量的关键在于推迟裂纹的产生，增大光亮带宽度，主要途径就是减小间隙。此外间隙是影响尺寸精度的主要因素。

2）间隙对冲裁力的影响　随着间隙的增大，材料所受的拉应力增大，材料容易断裂分离，因此冲裁力减小。当单边间隙介于料厚的 5%～20%时，冲裁力的降低不超过 5%～10%。所以，冲裁时间隙对冲裁力的影响不是很明显。

间隙对卸料力、推件力或顶件力的影响比较显著。随着间隙的增大，卸料力、推件力和顶件力都将减小。当单面间隙增大到料厚的 15%～25%时，卸料力几乎为零，但间隙继续增大会使毛刺增大，引起卸料力、推件力和顶件力迅速增大。反之，模具间隙偏小也会引起冲裁工艺力增加。

3）间隙对模具寿命的影响　模具寿命分为刃磨寿命和模具总寿命。刃磨寿命用两次刃口刃磨之间的合格制件数表示。总寿命用至模具失效为止的总合格制件数表示。

模具的失效形式一般有磨损、崩刃、变形、胀裂、断裂等，间隙主要影响模具的磨损和胀裂。通常间隙减小时，模具磨损加剧，凹模刃口受到的胀裂力增大，使模具寿命缩短。当间隙增大时，模具磨损减弱，凹模刃口受到的胀裂力减小，有利于延长模具寿命。因此，在保证冲裁件质量的前提下，应适当增大模具间隙。若采用小间隙冲裁，必须提高模具刃口硬度、精度和降低粗糙度，并加强润滑。另外，模具装配时保证间隙的均匀性，才能使凸、凹模刃口受力均匀，提高使用寿命。

（2）合理间隙值的确定

由以上分析可见，间隙对冲裁件质量、冲裁力、模具寿命等都有很大的影响。因此，设计模具时一定要选择合理的间隙值。确定合理间隙时一般采用经验法。

根据研究与实际生产经验，间隙值可按要求分类查表确定，可在冲压手册中查到，选用时结合冲裁件质量要求和实际生产条件考虑。表 2.16 所提供的经验数据为落料、冲孔模的初始间隙，可用于一般条件下的冲裁。表中初始双面间隙的最小值 $Z_{min}$，相当于最小合理间隙数值，而初始双面间隙的最大值 $Z_{max}$ 是考虑到凸模和凹模的制造公差，在 $Z_{min}$ 的基础上所增加的数值。在使用过程中，由于模具工作部分的磨损，间隙将有所增加，因而间隙的使用最大数值（即最大合理间隙）要超过表列数值。

**表 2.16　落料、冲孔模刃口始用双面间隙 $Z(Z=2c)$**

| 材料名称 | 45<br>T7、T8（退火）<br>65Mn（退火）<br>磷青铜（硬）<br>铍青铜（硬） | | 10、15、20<br>冷轧钢带<br>30 钢板<br>H62、H68（半硬）、LY12（硬铝）<br>硅钢片 | | Q215、Q235、08、10、15<br>H62、H68（半硬）、纯铜（硬）<br>磷青铜（软）<br>铍青铜（软） | | H62、H68（软）<br>纯铜（软）<br>LF21、LF2<br>L2～L6<br>LY12（退火）<br>铜母线、铝母线 | | 酚醛环氧层压玻璃布板、酚醛层压纸板、酚醛层压希板 | | 钢纸板<br>（反白板）<br>绝缘纸板<br>云母板<br>橡胶板 | |
|---|---|---|---|---|---|---|---|---|---|---|---|---|
| 力学性能 | HBS/190<br>$\sigma_b$/600 MPa | | HBS=140～190<br>$\sigma_b$=400～600 MPa | | HBS=70～140<br>$\sigma_b$=300～400 MPa | | HBS≤70<br>$\sigma_b$≤300 MPa | | — | | — | |
| 厚度<br>$t$/mm | 初始间隙 $Z$/mm | | | | | | | | | | | |
| | $Z_{min}$ | $Z_{max}$ | $Z_{min}$ | $Z_{max}$ | $Z_{min}$ | $Z_{max}$ | $Z_{min}$ | $Z_{max}$ | $Z_{min}$ | $Z_{max}$ | $Z_{min}$ | $Z_{max}$ |
| 0.1 | 0.015 | 0.035 | 0.01 | 0.03 | * | — | * | — | * | — | | |
| 0.2 | 0.025 | 0.045 | 0.015 | 0.035 | 0.01 | 0.03 | * | — | * | — | | |
| 0.3 | 0.04 | 0.06 | 0.03 | 0.05 | 0.02 | 0.04 | 0.01 | 0.03 | * | — | * | — |
| 0.5 | 0.08 | 0.10 | 0.06 | 0.08 | 0.04 | 0.06 | 0.025 | 0.045 | 0.01 | 0.02 | | |
| 0.8 | 0.13 | 0.16 | 0.10 | 0.23 | 0.07 | 0.10 | 0.045 | 0.075 | 0.015 | 0.03 | | |

续表

| 材料名称 | 45<br>T7、T8（退火）<br>65Mn（退火）<br>磷青铜（硬）<br>铍青铜（硬） | | 10、15、20<br>冷轧钢带<br>30钢板<br>H62、H68（半硬）、LY12（硬铝）<br>硅钢片 | | Q215、Q235、08、10、15<br>H62、H68（半硬）、纯铜（硬）<br>磷青铜（软）<br>铍青铜（软） | | H62、H68（软）<br>纯铜（软）<br>LF21、LF2<br>L2～L6<br>LY12（退火）<br>铜母线、铝母线 | | 酚醛环氧层压玻璃布板、酚醛层压纸板、酚醛层压希板 | | 钢纸板<br>（反白板）<br>绝缘纸板<br>云母板<br>橡胶板 | |
|---|---|---|---|---|---|---|---|---|---|---|---|---|
| 力学性能 | HBS/190<br>$\sigma_b$/600 MPa | | HBS=140～190<br>$\sigma_b$=400～600 MPa | | HBS=70～140<br>$\sigma_b$=300～400 MPa | | HBS≤70<br>$\sigma_b$≤300 MPa | | — | | — | |
| 厚度<br>$t$/mm | 初始间隙$Z$/mm | | | | | | | | | | | |
| | $Z_{min}$ | $Z_{max}$ | $Z_{min}$ | $Z_{max}$ | $Z_{min}$ | $Z_{max}$ | $Z_{min}$ | $Z_{max}$ | $Z_{min}$ | $Z_{max}$ | $Z_{min}$ | $Z_{max}$ |
| 1.0 | 0.17 | 0.20 | 0.13 | 0.26 | 0.10 | 0.13 | 0.065 | 0.095 | 0.025 | 0.04 | 0.01～0.03 | 0.015～0.045 |
| 1.2 | 0.21 | 0.24 | 0.16 | 0.19 | 0.13 | 0.16 | 0.075 | 0.105 | 0.035 | 0.05 | | |
| 1.5 | 0.27 | 0.31 | 0.21 | 0.25 | 0.15 | 0.19 | 0.10 | 0.14 | 0.04 | 0.06 | | |
| 1.8 | 0.34 | 0.38 | 0.27 | 0.31 | 0.20 | 0.24 | 0.13 | 0.17 | 0.05 | 0.07 | | |
| 2.0 | 0.38 | 0.42 | 0.30 | 0.34 | 0.22 | 0.26 | 0.14 | 0.18 | 0.06 | 0.08 | | |
| 2.5 | 0.49 | 0.55 | 0.39 | 0.45 | 0.29 | 0.35 | 0.18 | 0.24 | 0.07 | 0.10 | | |
| 3.0 | 0.62 | 0.68 | 0.49 | 0.55 | 0.36 | 0.42 | 0.23 | 0.29 | 0.10 | 0.13 | 0.04 | 0.06 |
| 3.5 | 0.73 | 0.81 | 0.58 | 0.66 | 0.43 | 0.51 | 0.27 | 0.35 | 0.12 | 0.16 | | |
| 4.0 | 0.86 | 0.94 | 0.68 | 0.76 | 0.50 | 0.58 | 0.32 | 0.40 | 0.14 | 0.18 | | |
| 4.5 | 1.00 | 1.08 | 0.78 | 0.86 | 0.58 | 0.66 | 0.37 | 0.45 | 0.16 | 0.20 | — | — |
| 5.0 | 1.13 | 1.23 | 0.90 | 1.00 | 0.65 | 0.75 | 0.42 | 0.52 | 0.18 | 0.23 | 0.05 | 0.07 |
| 6.0 | 1.40 | 1.50 | 1.10 | 1.20 | 0.82 | 0.92 | 0.53 | 0.63 | 0.24 | 0.29 | | |
| 8.0 | 2.00 | 2.12 | 1.60 | 1.72 | 1.17 | 1.29 | 0.76 | 0.88 | — | — | — | — |
| 10 | 2.60 | 2.72 | 2.10 | 2.22 | 1.56 | 1.68 | 1.02 | 1.14 | — | — | | |
| 12 | 3.30 | 3.42 | 2.60 | 2.72 | 1.97 | 2.09 | 1.30 | 1.42 | — | — | | |

注：有*号处均系无间隙。

间隙的选取主要与材料的种类、厚度有关，但由于各种冲压件对其断面质量和尺寸精度的要求不同，以及生产条件的差异，在生产实践中就很难有一种统一的间隙数值，各种资料中所给的间隙值并不相同，有的相差较大，选用时应按使用要求分别选取。对于断面质量和尺寸精度要求高的工件，应选用较小间隙值，而对于精度要求不高的工件，则应尽可能采用较大间隙，以利于提高模具寿命、降低冲裁力。同时，还必须结合生产条件，根据冲裁件尺寸与形状、模具材料和加工方法、冲压方法和生产率等，灵活掌握、酌情增减。例如：冲小孔而凸模导向又较差时，凸模易折断，间隙可取大些。凹模刃口为斜壁时，间隙应比直壁小。同样条件下，非圆形比圆形的间隙大，冲孔间隙比落料间隙略大。当采用大间隙时，废料易带出凹模表面，应在凸模上开通气孔或装弹性顶销，为保证制件平整，要有压料与顶件装置。

表2.17所示为金属材料冲裁间隙值（GB/T 16743—2010），它根据“按质论隙”的原则，按冲裁件断面质量、尺寸精度，模具寿命，力能消耗等评价依据，将间隙分成五类，以适应不同技术要求的冲件，做到有针对性地合理选用间隙。这样可在保证冲件断面质量和尺寸精度的前提下，使模具寿命较高。它适用于厚度为10 mm以下的金属材料，考虑到料厚对间隙的影响，将料厚分成≤1.0mm；＞1.0～2.5 mm，＞2.5～4.5 mm，＞4.5～7.0 mm，＞7.0～10.0 mm五挡，当料厚小于或等于1.0 mm时，各类间隙取其下限值，并以此为基数，随着料厚的增加，再逐档递增。

表2.17 金属材料冲裁间隙值

| 冲裁材料 | 抗剪强度 τ/MPa | 单面间隙比值 C/t（%） | | | | |
|---|---|---|---|---|---|---|
| | | I | II | III | IV | V |
| 低碳钢<br>08F、10F、10、20、Q235-A | 210～400 | 1.0～2.0 | 3.0～7.0 | 7.0～10.0 | 10.0～12.5 | 21.0 |
| 中碳钢45、不锈钢1Cr18Ni9Ti、4Cr13、膨胀合金（可伐合金）4J29 | 420～560 | 1.0～2.0 | 3.5～8.0 | 8.0～11.0 | 11.0～15.0 | 23.0 |
| 高碳钢、T8A、T10A、65Mn | 590～930 | 2.5～5.0 | 8.0～12.0 | 12.0～15.0 | 15.0～18.0 | 25.0 |
| 纯铝1060、1060A、035、1200<br>铝合金（软）3A21、黄铜（软）H62、紫铜（软）T1、T2、T3 | 65～255 | 0.5～1.0 | 2.0～4.0 | 4.5～6.0 | 6.5～9.0 | 17.0 |
| 黄铜（硬）H62、铅黄铜HPb59-1、紫铜（硬）T1、T2、T3 | 290～420 | 0.5～2.0 | 3.0～5.0 | 5.0～8.0 | 8.5～11.0 | 25.0 |
| 铝合金（硬态）ZA12<br>锡磷青铜QSn4-4-2.5<br>铝青铜QAl7、铍青铜QBe2 | 225～550 | 0.5～1.0 | 3.0～6.0 | 7.0～10.0 | 11.0～13.5 | 20.0 |
| 镁合金MB1、MB8 | 120～180 | 0.5～1.0 | 1.5～2.5 | 3.5～4.5 | 5.0～7.0 | 16.0 |
| 电工硅钢 | 190 | — | 2.5～5.0 | 5.0～9.0 | — | — |
| 冲裁间隙适用场合 | | 剪切面、尺寸精度要求高时 | 剪切面、尺寸精度要求较高时 | 剪切面、尺寸精度要求一般，因残余应力小，能减小破裂现象，适于继续塑性变形时 | 剪切面、尺寸精度要求不高时，以利于提高冲模寿命 | 冲切面、尺寸精度要求较低时 |

### 2．凸、凹模刃口尺寸的计算

凸模和凹模的刃口尺寸和公差直接影响冲裁件的尺寸精度。模具的合理间隙值靠凸、凹模刃口尺寸及其公差来保证。因此，正确确定凸、凹模刃口尺寸和公差，是冲裁模设计的一项重要工作。

（1）凸、凹模刃口尺寸计算原则

冲裁件尺寸的测量以光亮带的尺寸为基准，冲裁过程中因为磨损，凸、凹模间隙越用越大。因此确定凸、凹模刃口尺寸应区分落料和冲孔工序，并遵循如下原则。

① 落料件尺寸由凹模尺寸决定，所以设计落料模时以凹模为基准，间隙取在凸模上。冲孔件尺寸由凸模尺寸决定，所以设计冲孔模时以凸模为基准，间隙取在凹模上。

② 根据冲裁的磨损规律确定刃口基本尺寸。设计落料模时，凹模基本尺寸取接近或等于工件的最小极限尺寸；设计冲孔模时，凸模基本尺寸取接近或等于工件孔的最大极限尺寸。这样，凸、凹模在磨损到一定程度时，仍能冲出合格的零件。

模具磨损预留量与工件制造精度有关。用 $x$、$\Delta$ 表示，其中 $\Delta$ 为工件的公差值，$x$ 为磨损系数，其值在 0.5～1.0，根据工件制造精度进行选取：工件精度 IT10 级以上 $x$=1；工件精度 IT11～IT13，$x$=0.75；工件精度 IT14 级，$x$=0.5。

③ 选用最小合理间隙值。由于间隙越磨越大，不管落料还是冲孔，冲裁间隙一般均选用最小合理间隙值。

④ 选择模具刃口制造公差时，要考虑工件精度与模具精度的关系。一般冲模精度较工件精度高 2～4 级。对于形状简单的圆形、方形刃口，其制造偏差值可按 IT6～IT7 级来选取；对于形状复杂的刃口制造偏差可按工件相应部位公差值的 1/4 来选取；对于刃口尺寸磨损后无变化的制造偏差值可取工件相应部位公差值的±1/8 来选取。

⑤ 工件尺寸公差与冲模刃口尺寸的制造偏差，都应按单向公差标注。假定工件公差为$\Delta$，则落料件尺寸为 $D_{-\Delta}^{\ 0}$；冲孔工件尺寸为 $d_{\ 0}^{+\Delta}$；对于孔心距尺寸，标注双向偏差 $L\pm\Delta/2$。若工件尺寸标有正负偏差则应将正负偏差换算为上述要求的等价的正公差或负公差，若工件上没有标注公差则按 IT14 级来处理。

冲模刃口尺寸的制造偏差$\delta$，落料模刃口尺寸标为 $D_{\ 0}^{+\delta}$，冲孔模刃口尺寸标注为 $d_{-\delta}^{\ 0}$，对于磨损后无变化的尺寸标注双向偏差 $L\pm\delta/2$。

（2）刃口尺寸计算方法

凸、凹模刃口尺寸的计算与加工方法有关，可以分为分别加工法和配合加工法。

1）凸、凹模分别加工法的刃口尺寸计算

分别加工法是指凸模和凹模分别按图纸标注的尺寸和公差进行加工，冲裁间隙由凸模、凹模刃口尺寸和公差来保证，图纸上分别标注凸模和凹模刃口尺寸和制造公差。优点是凸、凹模互换性好，但受到加工方法的限制，一般适用于圆形或简单形状的工件。

冲模刃口与工件尺寸及公差分布情况如图 2.39 所示。

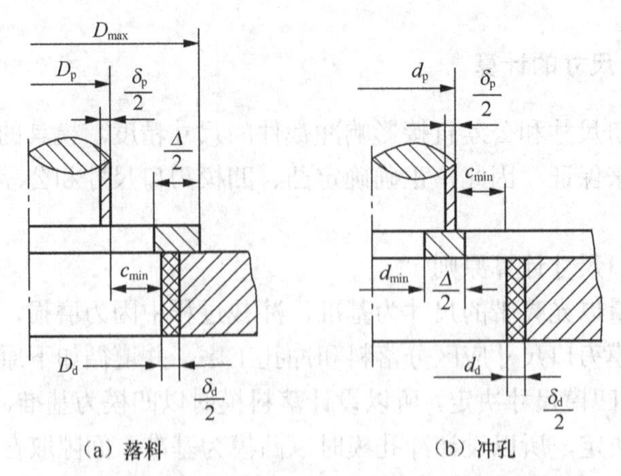


图 2.39 落料、冲孔时各部分尺寸及公差的分布状态

① 落料。设工件的尺寸为 $D_{-\Delta}^{\ 0}$，根据计算原则，落料时以凹模为设计基准。首先确定凹模尺寸，使凹模的基本尺寸接近或等于工件轮廓的最小极限尺寸，将凹模尺寸减小最小合理间隙值即得到凸模尺寸。其计算公式如式（2.21）、式（2.22）：

$$D_d = (D_{max} - x\Delta)_{\ 0}^{+\delta_d} \tag{2.21}$$

$$D_p = (D_d - 2c_{min})_{-\delta_p}^{\ 0} = (D_{max} - x\Delta - 2c_{min})_{-\delta_p}^{\ 0} \tag{2.22}$$

式中，$D_d$、$D_p$ 为落料凹模、凸模尺寸；$D_{max}$ 为落料件的最大极限尺寸；$\Delta$为工件的公差；$\delta_d$、为凹模、凸模的制造公差；$2c_{min}$ 为凸模、凹模最小初始双面间隙。

$x$ 为磨损系数，作用是使冲裁件的实际尺寸尽量接近冲裁件公差带的中间尺寸，与工件制造精度有关，当工件精度为 IT10 以上时，取 $x$=1；IT11～IT13 时，取 $x$=0.75；IT14 以下时，取 $x$=0.5。

② 冲孔。设冲孔尺寸为 $d_{\ 0}^{+\Delta}$，根据计算原则，冲孔时以凸模为设计基准。首先确定凸模尺寸，使凸模的基本尺寸接近或等于工件孔的最大极限尺寸，将凸模尺寸增大最小合理间隙值即得到凹模尺寸。其计算公式如式（2.23）、式（2.24）：

$$d_p = (d_{min} + x\Delta)_{-\delta_p}^{\ 0} \tag{2.23}$$

$$d_d = (d_p + 2c_{min})_{\ 0}^{+\delta_d} = (d_{min} + x\Delta + 2c_{min})_{\ 0}^{+\delta_d} \tag{2.24}$$

式中，$d_p$、$d_d$ 为冲孔凸模、凹模的尺寸；$d_{min}$ 为冲孔件孔的最小极限尺寸。

③ 孔心距。孔心距属于模具刃口磨损后基本不变的尺寸。若工件上冲出两个孔的孔心距尺寸为：$L = L \pm \Delta' = L \pm \frac{\Delta}{2}$ 平均尺寸（即：$L$=工件公称尺寸 $\pm \frac{\Delta}{2}$），凹模型孔的孔心距可按式（2.25）确定。

$$L_d = L \pm \frac{\Delta}{8} \tag{2.25}$$

式中，$L_d$ 为凹模孔心距尺寸；$L$ 为工件孔心距尺寸。

为保证初始间隙不超过 $2c_{max}$，即 $\delta_p + \delta_d + 2c_{min} \leqslant 2c_{max}$，$\delta_p$、$\delta_d$ 应校核满足式（2.26）条件：

$$\delta_p + \delta_d \leqslant 2c_{max} - 2c_{min} \tag{2.26}$$

确定$\delta_p$、$\delta_d$值有三种方法：一是查表选取，表 2.18 所示为规则形状冲裁时，凸、凹模的制造偏差；二是按$\delta_p \leqslant 0.4(2c_{max}-2c_{min})$，$\delta_d \leqslant 0.6(2c_{max}-2c_{min})$选取；三是根据工件精度按模具制造精度选取，如按 IT6～IT7 级来选取。

**表 2.18　规则形状冲裁时凸模、凹模的制造偏差**　(mm)

| 基本尺寸 | 凸模制造公差$\delta_p$ | 凹模制造公差$\delta_d$ | 基本尺寸 | 凸模制造公差$\delta_p$ | 凹模制造公差$\delta_d$ |
|---|---|---|---|---|---|
| ≤18 | 0.020 | 0.020 | >180～260 | 0.030 | 0.045 |
| 18～30 | 0.020 | 0.025 | >260～360 | 0.035 | 0.050 |
| 30～80 | 0.020 | 0.030 | >360～500 | 0.040 | 0.060 |
| 80～120 | 0.025 | 0.035 | >500 | 0.050 | 0.070 |
| 120～180 | 0.030 | 0.040 | | | |

因此，凸、凹模分别加工法的优点是凸、凹模具有互换性，制造周期短，便于成批制造。其缺点是，为了保证初始间隙在合理范围内，需要采用较小的凸、凹模具制造公差才能满足$\delta_p+\delta_d \leqslant 2c_{max}-2c_{min}$的要求，所以对模具制造要求较高。

**【例 2.2】** 冲裁图 2.40 所示零件，请计算凸、凹模刃口尺寸及公差。

**解：** 由图可知，该零件属于无特殊要求的一般冲裁件。外形$\phi 36_{-0.62}^{\ 0}$由落料获得，$2\times\phi 6_{\ 0}^{+0.12}$和 18±0.09 由冲孔同时获得。

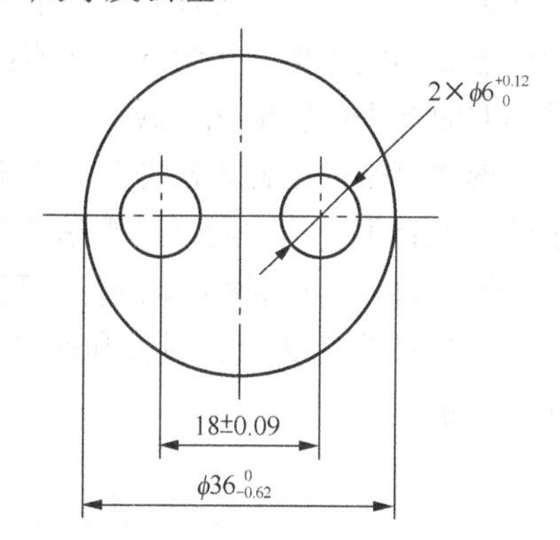

图 2.40　工件图（材料 Q235，料厚 0.5mm）

查表 2.16 得 $2c_{min}=Z_{min}=0.04$，$2c_{max}=Z_{max}=0.06$，则：

$$2c_{max} - 2c_{min} = 0.06 - 0.04 = 0.02$$

由公差表 2.13 查得：$\phi 6_{\ 0}^{+0.12}$为 IT12 级，取 $x$=0.75；$\phi 36_{-0.62}^{\ 0}$为 IT14 级，取 $x$=0.5。

设凸、凹模分别按 IT6 和 IT7 级加工制造，则

（1）冲孔$\phi 6_{\ 0}^{+0.12}$：

$$d_p = (d_{min} + x\Delta)_{-\delta_p}^{\ 0} = (6+0.75\times0.12)_{-0.008}^{\ 0} = 6.09_{-0.008}^{\ 0}\ (\text{mm})$$

$$d_d = (d_p + 2c_{min})_{\ 0}^{+\delta_d} = (d_{min} + x\Delta + 2c_{min})_{\ 0}^{+\delta_d} = (6.09+0.04)_{\ 0}^{+0.012} = 6.13_{\ 0}^{+0.012}\ (\text{mm})$$

校核：$\delta_p+\delta_d=0.008+0.012 \leqslant 2c_{max}-2c_{min}=0.06-0.04$，满足间隙公差条件

（2）落料（$\phi 36_{-0.62}^{\ 0}$）：

$$D_d = (D_{max} - x\Delta)_{\ 0}^{+\delta_d} = (36-0.5\times0.62)_{\ 0}^{+0.025} = 35.69_{\ 0}^{+0.025}\ (\text{mm})$$

$$D_p = (D_d - 2c_{min})_{-\delta_p}^{\ 0} = (D_{max} - x\Delta - 2c_{min})_{-\delta_p}^{\ 0} = (35.69-0.04)_{-0.016}^{\ 0} = 35.65_{-0.016}^{\ 0}\ (\text{mm})$$

校核：$\delta_p+\delta_d=0.016+0.025=0.041 > Z_{max}-Z_{min}=0.02\text{mm}$，不能满足间隙公差条件。因此，只有缩小$\delta_d$、$\delta_p$，提高制造精度，才能保证间隙在合理范围内。由此取：

$$\delta_p = 0.4(2c_{max} - 2c_{min}) = 0.4\times0.02 = 0.008(\text{mm})$$

$$\delta_d = 0.6(2c_{max} - 2c_{min}) = 0.6 \times 0.02 = 0.012(mm)$$

校核：$\delta_p + \delta_d = 0.008 + 0.012 \leqslant 2c_{max} - 2c_{min} = 0.02$，满足间隙公差条件，故：

$$D_d = (D_{max} - x\Delta)^{+\delta_d}_{0} = 35.69^{+0.012}_{0}(mm)$$

$$D_p = (D_d - 2c_{min})^{0}_{-\delta_d} = (D_{max} - x\Delta - 2c_{min})^{0}_{-\delta_p} = 35.65^{0}_{-0.008}(mm)$$

（3）孔心距［(18±0.09)mm］

$$L_d = L \pm \frac{\Delta}{8} = 18 \pm \frac{2\times0.09}{8} = 18 \pm 0.023(mm)$$

2）凸、凹模配作加工法的刃口尺寸计算

对于冲制薄材料的冲模、冲制形状复杂工件的冲模和单件生产的冲模，一般采用凸模与凹模配作的加工方法。

配作法就是先按设计尺寸制出一个基准件（凸模或凹模），然后根据基准件的实际尺寸再按最小合理间隙配制另一件，使凸、凹模保持一定的间隙。这种加工方法的特点是模具的间隙由配制保证，不必受$\delta_p + \delta_d \leqslant Z_{max} - Z_{min}$条件限制。加工基准件时可适当放大制造公差，使制造容易。根据经验，普通冲裁模具的制造偏差$\delta_p$［或$\delta_d$一般可取$\Delta/4$（$\Delta$是制件公差）］。配作法另一特点是：只标注基准件的刃口尺寸及制造公差，配作件上只标注公称尺寸，并注明配作需要的间隙值。在图纸上注明："凸（凹）模刃口按凹（凸）模实际刃口尺寸配制，保证最小双面合理间隙值$Z_{min}$或$2c_{min}$"。

形状复杂的工件各部分尺寸性质不同，凸模与凹模磨损情况也不同，尺寸有增大的、减小的、也有不变的，所以计算基准件的刃口尺寸时要区别对待。

① 落料：以凹模为基准件，配作凸模。

图 2.41 所示为一落料件和凹模刃口尺寸图，凹模磨损后（双点画线）其刃口可分为三类，如下所示。

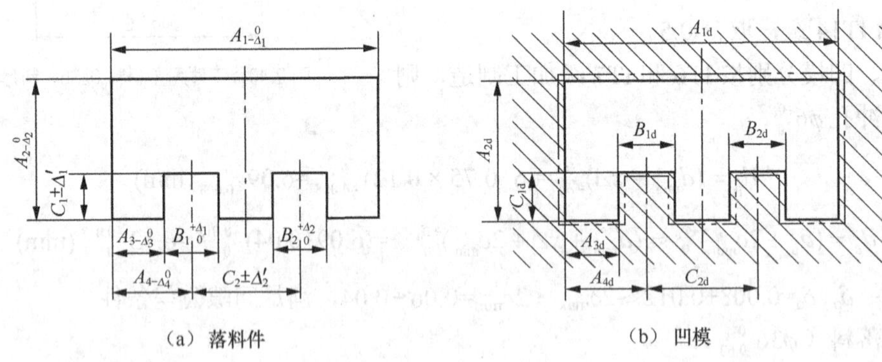


图 2.41　落料件和凹模尺寸

凹模磨损后变大的尺寸（A 类）：是落料基准件凹模尺寸，其值应按式（2.27）计算：

$$A_d = (A - x\Delta)^{+\delta_d}_{0} \tag{2.27}$$

凹模磨损后变小的尺寸（B 类）：在落料凹模上相当于冲孔基准件凸模尺寸，按式（2.28）计算：

$$B_{\mathrm{d}}=(B+x\varDelta)_{-\delta_{\mathrm{d}}}^{\ 0} \tag{2.28}$$

凹模磨损后无变化的尺寸（C类）：相当于前述孔心距，其凹模相对应的尺寸应按式（2.29）计算：

$$C_{\mathrm{d}}=C\pm\frac{\varDelta'}{4}=C\pm\frac{\varDelta}{8} \tag{2.29}$$

式中 $A$、$B$、$C$ 为工件公称尺寸；$A_{\mathrm{d}}$、$B_{\mathrm{d}}$、$C_{\mathrm{d}}$ 为凹模刃口尺寸；$\varDelta$、$\varDelta'$ 为零件公差，$\varDelta'=0.5\varDelta$。

按计算尺寸和公差制造凹模后，再按凹模实际尺寸并保证最小合理间隙 $Z_{\min}$ 或 $2c_{\min}$ 配作凸模。

② 冲孔：以凸模为基准，配作凹模。

图2.42所示为一冲孔件及其凸模刃口尺寸，凸模磨损后（双点画线）刃口尺寸也可分三类，如下所示。

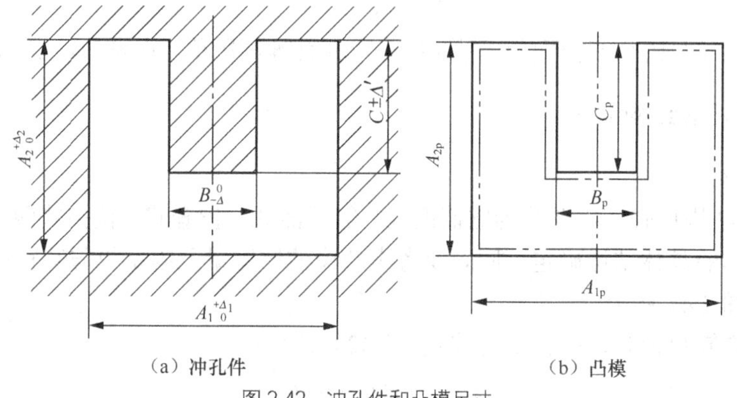

（a）冲孔件　（b）凸模

图2.42　冲孔件和凸模尺寸

凸模磨损后变小的尺寸（$A$ 类）：是前述冲孔基准件凸模尺寸，其值应按式（2.30）计算：

$$A_{\mathrm{p}}=(A+x\varDelta)_{-\delta_{\mathrm{p}}}^{\ 0} \tag{2.30}$$

凸模磨损后增大的尺寸（$B$ 类）：在冲孔凸模上相当于落料基准件凹模尺寸，其值按式（2.31）计算：

$$B_{\mathrm{p}}=(B-x\varDelta)_{0}^{+\delta_{\mathrm{p}}} \tag{2.31}$$

凸模磨损后无变化的尺寸（$C$ 类）：这类尺寸计算同式（2.29）。

式（2.30）、式（2.31）中，$A_{\mathrm{p}}$、$B_{\mathrm{p}}$ 为凸模刃口尺寸；$A$、$B$ 为工件公称尺寸。

按计算尺寸和公差制造凸模后，再按凸模实际尺寸并保证最小合理间隙 $Z_{\min}$ 或 $2c_{\min}$ 配作凹模。

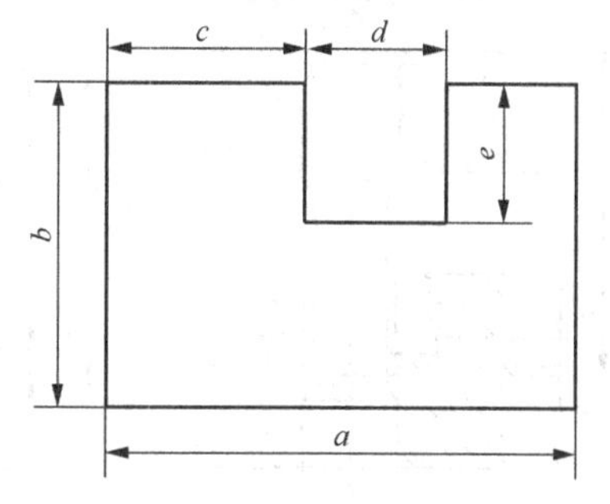

图2.43　工件图

**【例2.3】** 如图2.43所示工件，$a=80_{-0.42}^{\ 0}$ mm，$b=40_{-0.34}^{\ 0}$ mm，$c=35_{-0.34}^{\ 0}$ mm，$d=(22\pm0.14)$mm，$e=15_{-0.12}^{\ 0}$ mm，料厚 $t$=1 mm，材料为10#钢。计算冲裁凸模、凹模刃口尺寸及制造公差。

**解**：该工件为落料件，选凹模为设计基准件，首先计算落料凹模刃口尺寸及制造公差，然后按间隙配作凸模刃口尺寸。

*a*、*b*、*c* 尺寸为磨损后增大，由公差表 2.13 查得工件尺寸的公差等级。则：*a*、*b*、*c* 尺寸均选 $x$=0.75mm。代入式（2.27），得：

$$a_d=(80-0.75\times0.42)_{\ 0}^{+0.42/4}=79.68_{\ 0}^{+0.105}\ (\text{mm})$$

$$b_d=(40-0.75\times0.34)_{\ 0}^{+0.34/4}=39.75_{\ 0}^{+0.085}\ (\text{mm})$$

$$c_d=(35-0.75\times0.34)_{\ 0}^{+0.34/4}=34.75_{\ 0}^{+0.085}\ (\text{mm})$$

*d* 尺寸为磨损后减少，*d* 尺寸转换为 $d=21.86_{\ 0}^{+0.28}$，选 $x$=0.75，代入式（2.28），得：

$$d_d=(21.86+0.75\times0.28)_{-0.28/4}^{\ \ 0}=22.07_{-0.07}^{\ \ 0}\ (\text{mm})$$

*e* 尺寸为磨损后基本不变，代入式（2.29），得：

$$e_d=(15-0.12/2)\pm\frac{0.12}{8}=14.94\pm0.015(\text{mm})$$

凸模刃口尺寸与落料凹模配制，保证最小双面合理间隙值，查表 2.15 得 $Z_{min}=2c_{min}$=0.10。

### 3．工作零件的结构设计

（1）凸模设计

1）凸模的结构形式　主要分为圆截面式、等截面式、护套式、快换式四种。凸模的长度尺寸应根据模具的具体结构确定，同时要考虑凸模的修磨量及固定板与卸料板之间的安全距离等因素，如图 2.44 所示。

当采用固定卸料板时，凸模长度按式（2.32）计算：

$$L=h_1+h_2+h_3+h \tag{2.32}$$

当采用弹性卸料板时，凸模长度按式（2.33）计算：

$$L=h_1+h_2+t+h \tag{2.33}$$

式中，$L$ 为凸模长度；$t$ 为材料厚度；$h_1$、$h_2$、$h_3$ 分别为凸模固定板、卸料板、导料板厚度；$h$ 为附加长度，它包括凸模的修磨量，凸模进入凹模的深度，凸模固定板与卸料板之间的安全距离等。一般取 $h$ 等于 15～20 mm。图 2.44（c）所示为常用标准圆凸模的结构及尺寸标注方法。

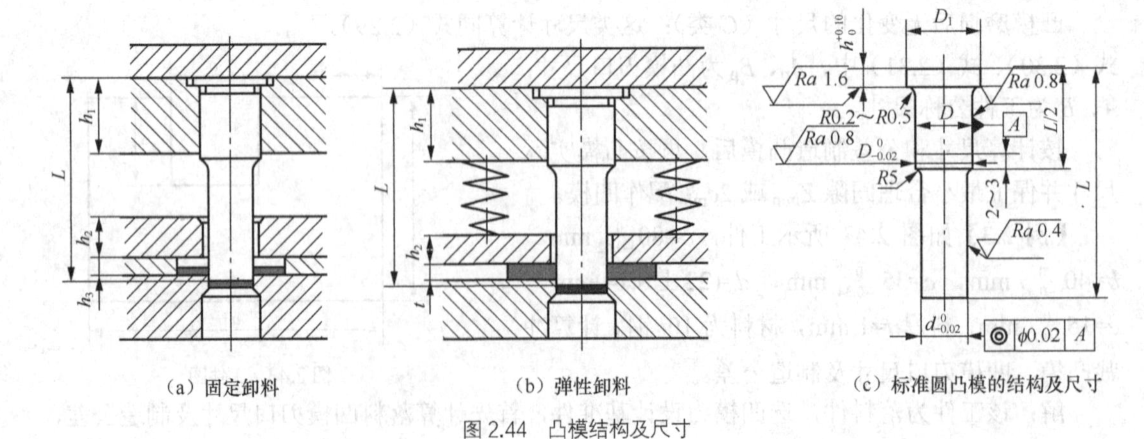


（a）固定卸料　（b）弹性卸料　（c）标准圆凸模的结构及尺寸

图 2.44　凸模结构及尺寸

2）凸模的固定形式 凸模的固定形式如图 2.45 所示。其中图 2.45（a）所示是圆形凸模常用固定方式；图 2.45（b）适用于大直径凸模，为了减少磨削面积，凸模端面可加工成凹坑形式；图 2.45（i）适用于小孔安装；图 2.45（e）～图 2.45（h）四种形式适用于等截面凸模，便于成形磨削和线切割加工，其中图 2.45（e）适用于截面尺寸较大时，用螺钉直接固定；图 2.45（f）、图 2.45（g）所示是铆接，其中图 2.45（f）中的凸模要求端部回火，装配时上面铆开然后磨平；而图 2.45（e）则是反向铆接，将固定板铆入凸摸，避免端部回火；图 2.45（h）所示的凸模上端开孔，插入圆销以承受卸料力较易更换。

以上所述凸模［除图 2.45（b）外］与固定板的配合均是过渡配合 H7/m6。

对形状复杂的零件和多凸模冲模，可采用低熔点合金或高分子塑料的接合方法，其模具制造和装配大为简化，图 2.45（j）所示为采用低熔点合金浇注法固定凸模，图 2.45（k）为采用环氧树脂浇注法固定凸模。装配时将凸模与凹模的间隙调整好，然后在空槽上倒入粘结剂，来紧固凸模。

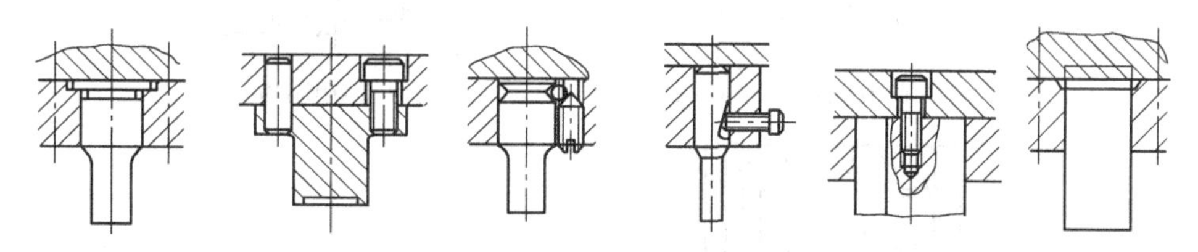

(a) 台肩固定　(b) 大中型凸模直接固定　(c)、(d) 快换式固定　(e) 螺钉吊装固定　(f) 铆接式固定

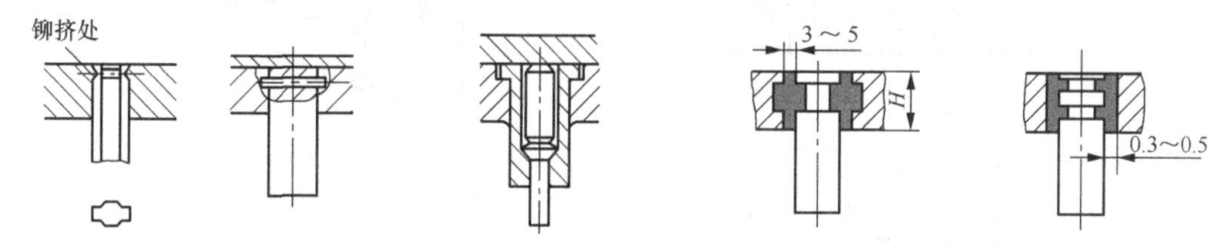


(g) 反向铆接固定　(h) 横销固定　(i) 小凸模保护套式固定　(j) 低熔点合金浇注固定　(k) 环氧树脂浇注固定

图 2.45　凸模固定方式

3）凸模的强度校核 在一般情况下，凸模的强度和刚度是足够的，无须进行强度校核。但对特别细长的凸模或凸模的截面尺寸很小而冲裁的板料较厚时，则必须进行承载能力和抗弯能力的校核。其计算方法可查阅有关资料。

（2）凹模设计

1）凹模结构及其固定方法 凹模类型很多，凹模的外形有圆形和矩形；结构有整体式和镶拼式；刃口有平刃和斜刃。

图 2.46（a）和图 2.46（b）所示分别为台肩固定方法和过盈配合固定方法，适用于凹模尺寸不大，直接装在凹模固定板中。图 2.46（c）所示采用螺钉和销钉将凹模固定在支承板上。图 2.46（d）所示为快换式凹模固定方法。采用螺钉和销钉定位固定时，要保证螺钉孔间、螺孔与销孔间及螺孔、销孔与凹模刃壁间的距离不能太近，保证凹模强度。孔距的最小值可参考表 2.19。

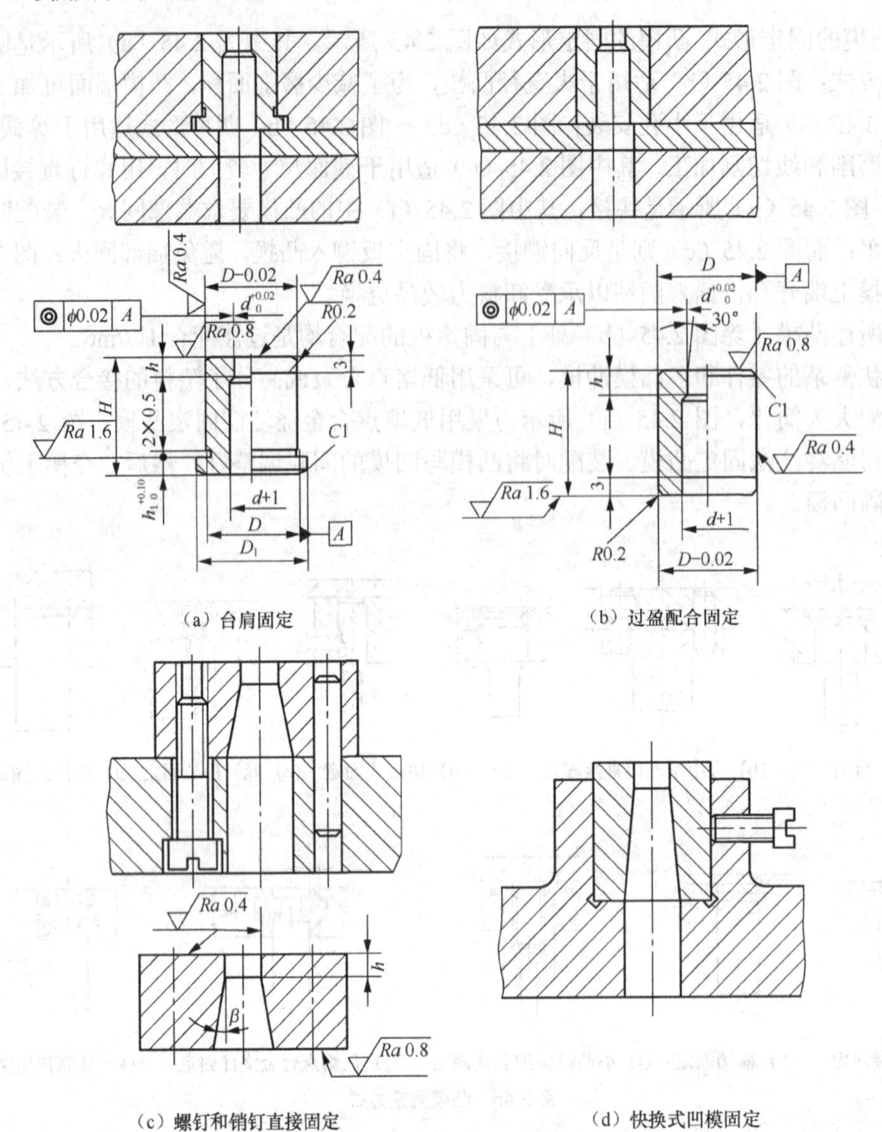


（a）台肩固定

（b）过盈配合固定

（c）螺钉和销钉直接固定

（d）快换式凹模固定

图2.46 凹模形式及固定

**表2.19 螺钉（或沉孔）、螺孔与销孔间及刃壁间的最小距离表**

| 简图 | | 销孔 螺孔 $s_1$ $s_3$ / 刃口 $s_2$ $s_3$ / 销孔 $s_4$ | | | | | | | |
|---|---|---|---|---|---|---|---|---|---|
| 螺钉孔直径/mm | | M4 | M6 | M8 | M10 | M12 | M16 | M20 | M24 |
| $s_1$ | 淬火 | 8 | 10 | 12 | 14 | 16 | 20 | 25 | 30 |
| | 不淬火 | 6.5 | 8 | 10 | 11 | 13 | 16 | 20 | 25 |
| $s_2$ | 淬火 | 7 | 12 | 14 | 17 | 19 | 24 | 18 | 35 |

续表

| 简图 | | | | | | | | | | | |
|---|---|---|---|---|---|---|---|---|---|---|---|
| 螺钉孔直径/mm | | M4 | M6 | M8 | M10 | M12 | M16 | M20 | M24 | | |
| $s_3$ | 淬火 | 5 | | | | | | | | | |
| | 不淬火 | 3 | | | | | | | | | |
| 销钉孔直径/mm | | 2 | 3 | 4 | 5 | 6 | 8 | 10 | 12 | 16 | 20 | 25 |
| $s_4$ | 淬火 | 5 | 6 | 7 | 8 | 9 | 11 | 12 | 15 | 16 | 20 | 25 |
| | 不淬火 | 3 | 3.5 | 4 | 5 | 6 | 7 | 8 | 10 | 13 | 16 | 20 |

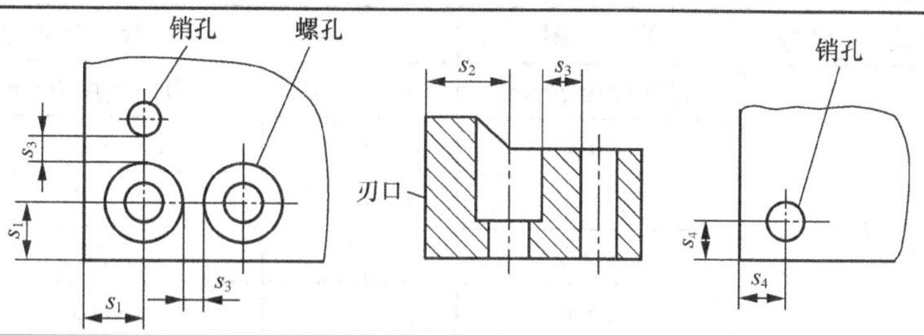

2）凹模刃口形式 凹模按结构形式分为整体式和镶拼式，这里介绍整体式凹模。凹模的刃口形式有直刃壁形和斜刃壁形两种。选用刃口形式时，主要应根据冲裁件的形状、厚度、尺寸精度及模具的具体结构来决定，其刃口形式见表2.20。

**表2.20　冲裁凹模刃口型式及主要参数**

| 刃口型式 | 序号 | 简图 | 特点及适用范围 |
|---|---|---|---|
| 直刃壁 | 1 | 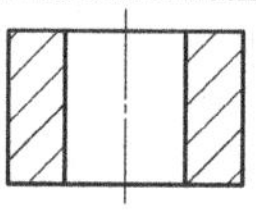 | 1. 刃口为直通式，强度高，修磨后刃口尺寸不变<br>2. 适用于冲裁大型或精度要求较高的零件，模具装有顶出装置，不适用于下漏料的模具 |
| | 2 | 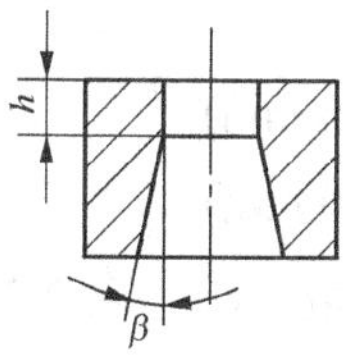 $h$ $\beta$ | 1. 刃口强度较高，修磨后刃口尺寸不变<br>2. 凹模内易积存废料或冲裁件，尤其间隙较小时，刃口直壁部分磨损较快<br>3. 适用于冲裁形状复杂或精度要求较高的零件 |
| | 3 | 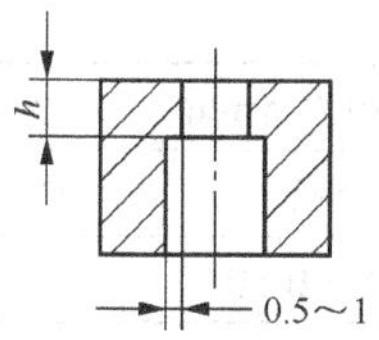 $h$ 0.5～1 | 1. 特点同序号2，且刃口直壁下面的扩大部分可使凹模加工简单，但采用下漏料方式时刃口强度不如序号2的刃口强度高<br>2. 用于冲裁形状复杂或精度要求较高的中、小型件，也可用于装有顶出装置的模具 |
| 斜刃壁 | 4 | $\alpha$ | 1. 刃口强度较差，修磨后刃口尺寸略有增大<br>2. 凹模内不易积存废料或冲裁件，刃口内壁磨损较慢<br>3. 适用于冲裁形状简单，精度要求不高的零件 |
| | 5 | $\alpha$ $h$ $\beta$ | 1. 特点同序号4<br>2. 可用于冲裁形状较复杂的零件 |

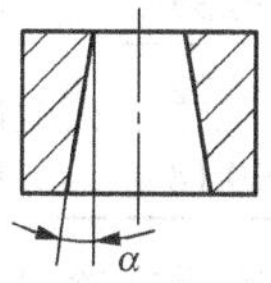

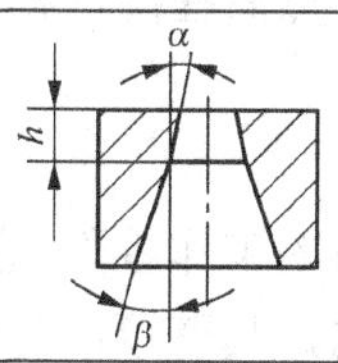

续表

| 刃口型式 | 序号 | 简 图 | 特点及适用范围 | | |
|---|---|---|---|---|---|
| 主要参数 | 材料厚度 $t$/mm | $\alpha$ | $\beta$ | 刃口高度 $h$/mm | 备 注 |
| | <0.5 | 15° | 2° | ≥4 | $\alpha$值适用于钳工加工。采用线切割加工时，可取$\alpha$=5′～20′ |
| | 0.5～1 | | | ≥5 | |
| | 1～2.5 | | | ≥6 | |
| | 2.5～6 | 30° | 3° | ≥8 | |
| | >6 | | | ≥10 | |

3）整体式凹模外形尺寸　凹模外形一般有矩形与圆形两种，凹模的外形尺寸应保证有足够的强度、刚度和修模量。凹模的外形尺寸根据被冲压材料的厚度和冲裁件的最大外形尺寸来确定，如图 2.47 所示。

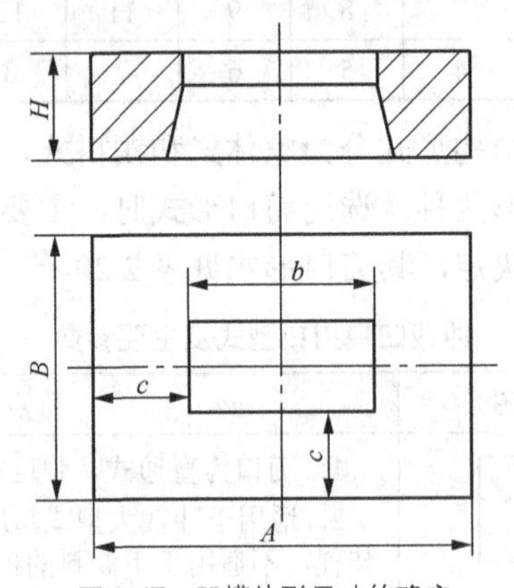


图 2.47　凹模外形尺寸的确定

$$凹模高度（厚度）H=Kb(\geqslant 15\ \text{mm}) \quad (2.34)$$

$$凹模壁厚\ c=(1.5\sim 2)H(30\sim 40\ \text{mm}) \quad (2.35)$$

式中，$b$ 为凹模刃口的最大尺寸（mm）；$K$ 为凹模厚度系数，可查表 2.21。

**表 2.21　　凹模厚度系数 *K* 值**

| $b$/mm | 材料厚度 $t$/mm | | |
|---|---|---|---|
| | ≤1 | 1～3 | 3～6 |
| ≤50 | 0.30～0.40 | 0.35～0.50 | 0.45～0.60 |
| 50～100 | 0.20～0.30 | 0.22～0.35 | 0.30～0.45 |
| 100～200 | 0.15～0.20 | 0.18～0.22 | 0.22～0.30 |
| 200 | 0.10～0.15 | 0.12～0.18 | 0.15～0.22 |

根据凹模壁厚即可算出相应凹模外形尺寸的长和宽，然后在冷冲模国家标准手册中选取标准值。

（3）凸凹模设计

凸凹模是复合模中同时具有落料凸模和冲孔凹模作用的工作零件。它的内外缘均为刃口，内外缘之间的壁厚取决于冲裁件的尺寸。从凹模强度考虑，其壁厚应受最小值限制，凸凹模的最小壁厚与模具结构有关：当模具为正装结构时，内孔不积存废料，胀力小，最小壁厚可以小些；当模具为倒装结构时，若内孔为直筒形刃口形式，且采用下出料方式，则内孔积存废料，胀力大，故最小壁厚应大些。凸凹模的最小壁厚值，目前一般按经验数据确定，倒装复合模的凸凹模最小壁厚见表 2.22。正装复合模的凸凹模最小壁厚可比倒装的小些。

**表 2.22　　倒装复合模的凸凹模最小壁厚**

| 简　图 | | | | | | | | | | | |
|---|---|---|---|---|---|---|---|---|---|---|---|
| 材料厚度 $t$/mm | 0.4 | 0.6 | 0.8 | 1.0 | 1.2 | 1.4 | 1.6 | 1.8 | 20. | 2.2 | 2.5 |
| 最小壁厚 $\delta$/mm | 1.4 | 1.8 | 2.3 | 2.7 | 3.2 | 3.6 | 4.0 | 4.4 | 4.9 | 5.2 | 5.8 |
| 材料厚度 $t$/mm | 2.8 | 3.0 | 3.2 | 3.5 | 3.8 | 4.0 | 4.2 | 4.4 | 4.6 | 4.8 | 5.0 |
| 最小壁厚 $\delta$/mm | 6.4 | 6.7 | 7.1 | 7.6 | 8.1 | 8.5 | 8.8 | 9.1 | 9.4 | 9.7 | 10 |

（4）凸模、凹模的镶拼结构

1）镶拼结构的应用场合及镶拼方法　对于大中型的凸模、凹模或形状复杂、局部薄弱的小型凸、凹模，如果采用整体式结构，将给锻造、机械加工或热处理带来极大困难，而且当发生局部损坏时，会造成整个凸、凹模的报废，镶拼结构的凸、凹模可以防止以上缺点。

镶拼结构有镶接和拼接两种：镶接是将局部易磨损部分另做一块，然后镶入凹模体或凹模固定板内，如图 2.48 所示；拼接是将整个凸、凹模的形状按分段原则分成若干块，分别加工后拼接起来，如图 2.49 所示。

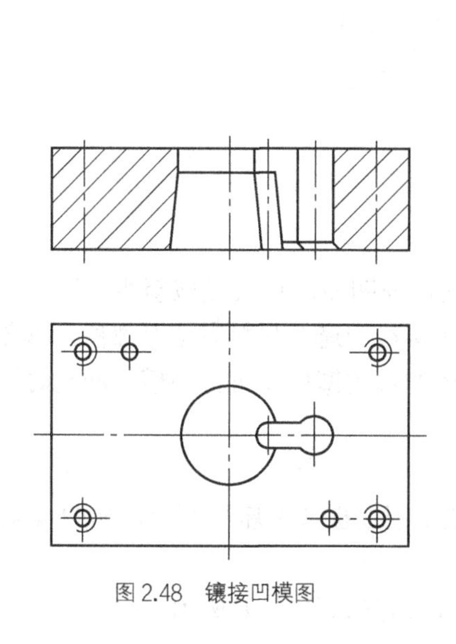

图 2.48　镶接凹模图

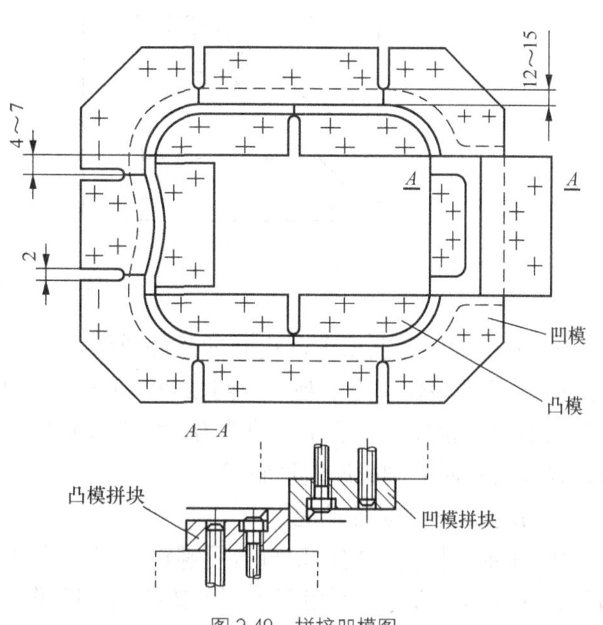


图 2.49　拼接凹模图

2）镶拼结构的设计原则　凸模和凹模镶拼结构设计的依据是凸、凹模形状，尺寸及受力情况、冲裁板料厚度等。镶拼结构设计原则如下。

① 改善加工工艺性，减少钳工工作量，提高模具加工精度。图 2.50（a）、图 2.50（b）、图 2.50（d）、图 2.50（g）所示为将形状复杂的内形加工尽量变成外形加工，以便于切削加工和磨削；图 2.50（d）、图 2.50（g）、图 2.50（f）所示为沿对称线分割使分割后拼块的形状尺寸尽量相同，简化加工工艺；图 2.50（j）所示镶拼结构应沿转角、尖角分割，并尽量使拼块角度大于或等于 90°；圆弧尽量单独分块，拼接线应在离切点 4～7 mm 的直线处，大圆弧和长直线可以分为几块，拼接线应与刃口垂直，而且不宜过长，一般为 12～15 mm，如图 2.49 所示。

② 便于装配调整和维修。比较薄弱或容易磨损的局部凸出或凹进部分，应单独分为一块，如图 2.50（a）所示；拼块之间应能通过磨削或增减垫片的方法，调整间隙或保证中心距公差，如图 2.50（h）和图 2.50（i）所示；拼块之间应尽量以槽形镶嵌，便于拼块定位，防止在冲压时发生相对移动，如图 2.50（k）所示。

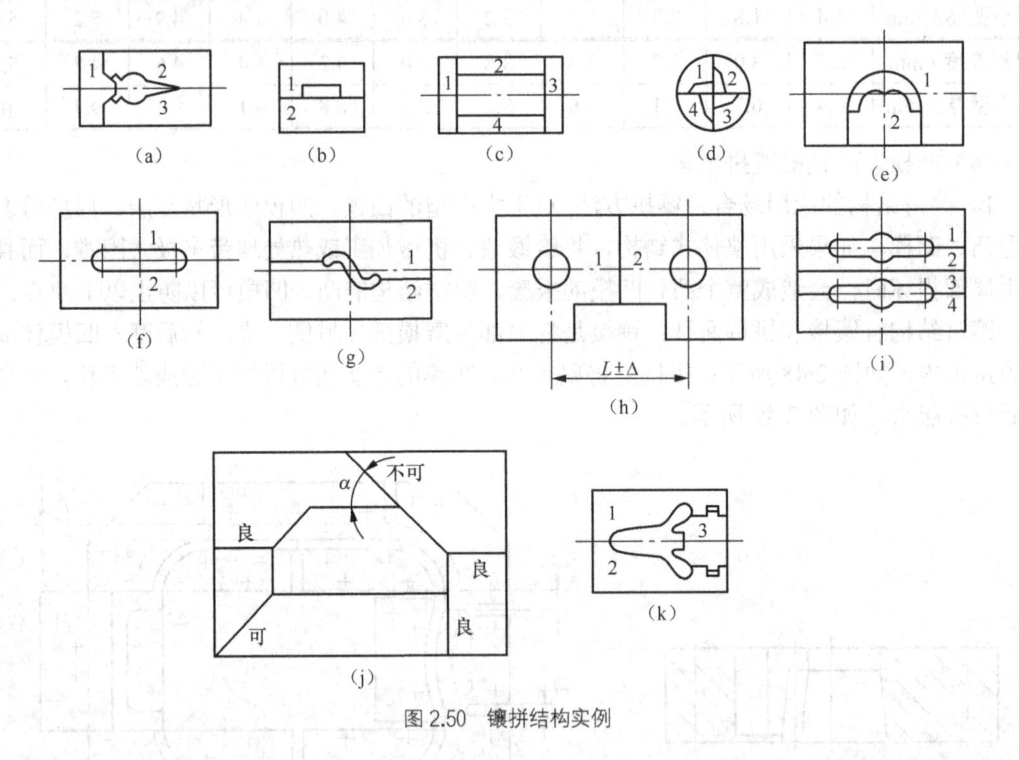


图 2.50　镶拼结构实例

③ 满足冲压工艺要求，提高冲压件质量。为此，凸模与凹模的拼接线应至少错开 3～5 mm，以免冲裁件产生毛刺，如图 2.49 所示；拉深模拼接线应避开材料有增厚部位，以免零件表面出现拉痕。为了减少冲裁力，大型冲裁件或厚板冲裁的镶拼模可把凸模（冲孔时）或凹模（落料时）制成波浪形斜刃。

3）镶拼结构的固定方法

① 平面式固定　把拼块直接用螺钉、销钉紧固定位于固定板或模座平面上，如图 2.49 所示。这种固定方法主要用于大型的镶拼凸、凹模。

② 嵌入式固定　把各拼块拼合后嵌入固定板凹槽内，如图 2.51（a）所示。

③ 压入式固定　把各拼块拼合后，以过盈配合压入固定板孔内，如图 2.51（b）所示。

④ 斜楔式固定　如图 2.51（c）所示。

⑤ 粘结剂浇注等固定方法。

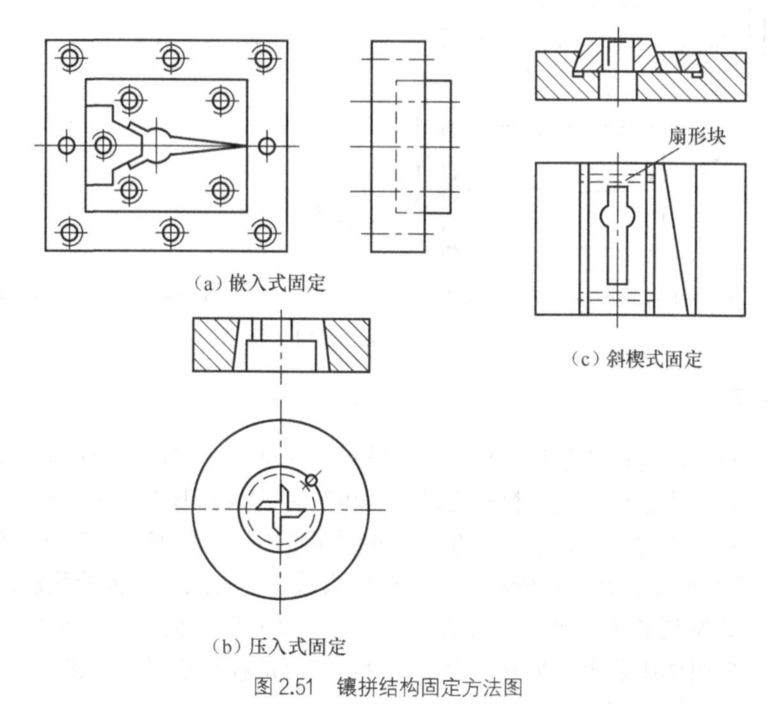


（a）嵌入式固定

（c）斜楔式固定

（b）压入式固定

图 2.51　镶拼结构固定方法图

## 2.6.2　定位零件的设计与标准的选用

为保证条料的正确送进以及毛坯在模具中的正确位置，模具设计时必须考虑条料或毛坯的定位。条料在模具送料平面中必须有两个方向的限位：一是与条料方向垂直方向上的限位，保证条料沿正确的方向送进，称为送进导向；二是在送料方向上的限位，控制条料一次送进的距离（步距）称为送料定距。

送进导向的定位零件有导料销、导料板、侧压板等；送料定距的定位零件有挡料销、导正销、侧刃等；属于块料或工序件的定位零件有定位销、定位板等。选择定位方式及定位零件时应根据坯料形式、模具结构、冲件精度和生产率的要求确定。

### 1. 导料销、导料板

导料销或导料板可对条料或带料的侧面进行导向，以免送偏定位零件。

导料销一般设计两个，位于条料的同侧。导料销可以安装在凹模面上（一般为固定式），也可以安装在弹压卸料板上（一般为活动式）；还可以安装在固定板或下模座平面上（导料螺钉）。导料销导向定位多用于单工序模和复合模中，可选用标准结构。

导料板一般设在条料两侧，结构有两种：一种是标准结构，如图 2.52（a）所示，它与刚性卸料板（或导板）分开制造；另一种是与刚性卸料板制成整体的结构，如图 2.52（b）所示。导料板的厚度 $H$ 取决于导料方式和板料厚度。

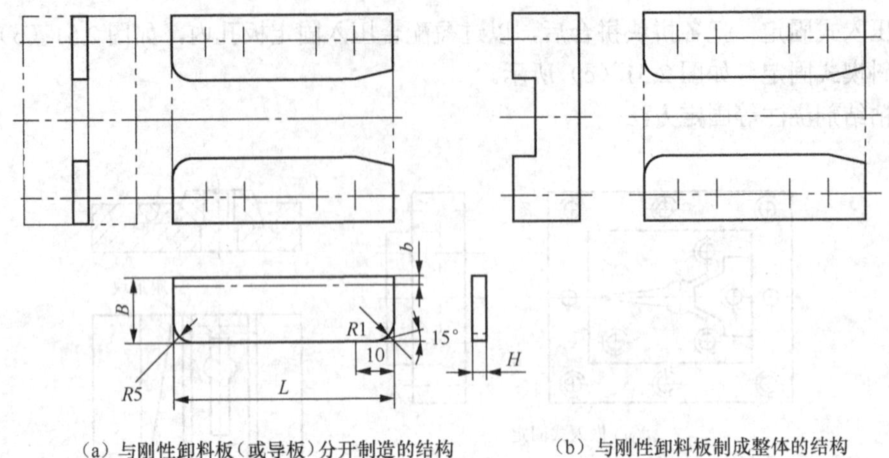


（a）与刚性卸料板（或导板）分开制造的结构　（b）与刚性卸料板制成整体的结构

图 2.52　导料板结构

### 2. 侧压装置

若条料公差较大，为避免条料在导料板中偏摆，保证最小搭边，应在送料方向的一侧装侧压装置，使条料始终紧靠一侧导料板送进。侧压装置的结构形式如图 2.53 所示。

标准侧压装置有 3 种：图 2.53（a）所示为弹簧式侧压装置，侧压力较大，适用于较厚板冲裁；图 2.53（b）所示为簧片式侧压装置，侧压力较小，宜用于薄板冲裁模，图 2.53（c）所示为簧片压块式侧压装置。侧压装置的数量和位置视实际需要而定。板料厚度在 0.3 mm 以下的薄板不宜采用侧压装置。另外，由于有侧压装置的模具送料阻力较大，备有辊轴自动送料装置的模具不宜设置侧压装置。

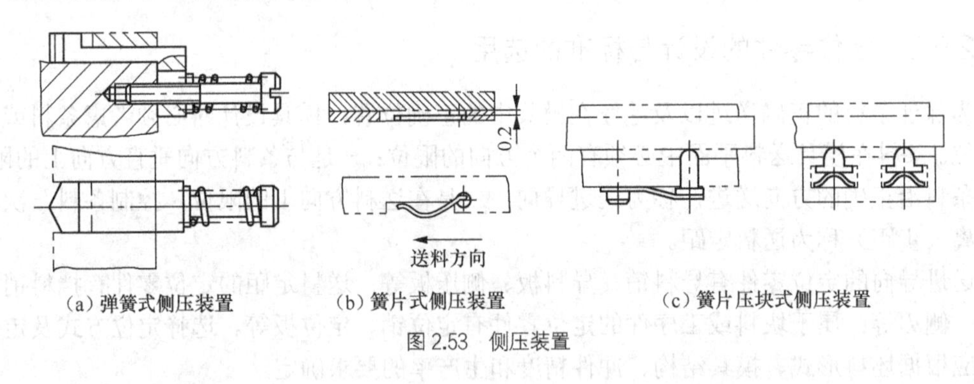


（a）弹簧式侧压装置　（b）簧片式侧压装置　（c）簧片压块式侧压装置

图 2.53　侧压装置

### 3. 挡料销

挡料销起定位作用，可用它挡住搭边或冲件轮廓，限定条料送进距离。它可分为固定挡料销、活动挡料销和始用挡料销。

（1）固定挡料销

标准结构的固定挡料销如图 2.54（a）和图 2.54（b）所示，其结构简单，制造容易，广泛用于冲制中、小型冲裁件的挡料定距；其缺点是销孔离凹模刃壁较近，削弱了凹模的强度。在部颁标准中还有一种钩形挡料销，如图 2.54（c）所示，其销孔距离凹模刃壁较远，不会削弱凹模强度。但为了防止钩头在使用过程发生转动，需考虑防转。

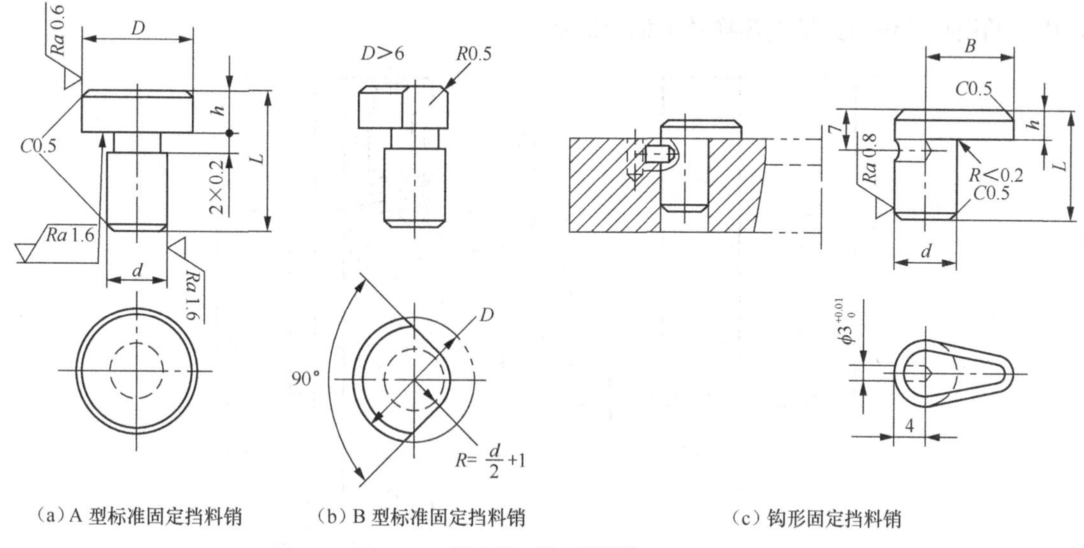


（a）A 型标准固定挡料销　（b）B 型标准固定挡料销　（c）钩形固定挡料销

图 2.54　固定挡料销

（2）活动挡料销

标准结构的活动挡料销如图 2.55 所示。回带式挡料装置的挡料销对着送料方向有斜面，送料时搭边碰撞斜面使挡料销跳起并越过搭边，然后将条料后拉，挡料销便挡住搭边而定位。即每次送料都要先推后拉，作方向相反的两个动作，活动挡料销常用于具有固定卸料板的模具上，其他形式的活动挡料销常用于具有弹压卸料板的模具上。

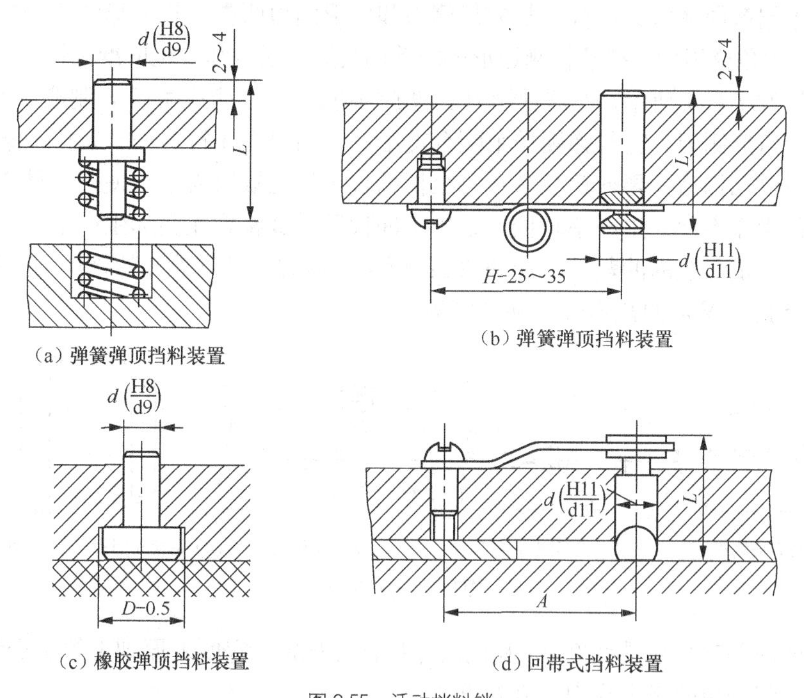


（a）弹簧弹顶挡料装置　（b）弹簧弹顶挡料装置　（c）橡胶弹顶挡料装置　（d）回带式挡料装置

图 2.55　活动挡料销

（3）始用挡料销

图 2.56 所示为标准结构的始用挡料装置。始用挡料销一般用于以导料板送料导向的级进

模中。始用挡料销的数量由排样及工位数决定。

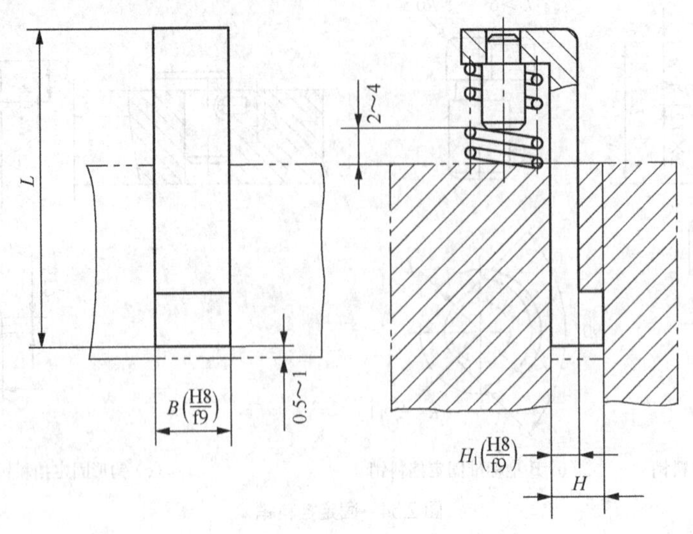


图 2.56　始用挡料销

### 4．侧刃

在级进模中，为了限定条料送进距离，在条料侧边冲出一定尺寸缺口的凸模，称为侧刃。它定距精度高、可靠，适用于薄料。标准侧刃结构如图 2.57 所示。侧刃分为无导向侧刃和有导向侧刃，根据截面形状又可分为长方形侧刃和成形侧刃两类。长方形侧刃结构简单，易制造，但当刃口尖角磨损后，在条料侧边形成的毛刺会影响送进和定位的准确性。而成形侧刃则可避免，如图 2.57（b）所示，但这种侧刃会增加切边宽度，使耗材增多，制造较困难。图 2.57（c）所示为尖角形侧刃。它与弹簧挡销配合使用。该侧刃先在料边冲一缺口，条料送进时，当缺口直边滑过挡销后，再向后拉条料，至挡销直边挡住缺口为止。使用这种侧刃定距，材料消耗少，但操作不便，生产率较低，适用于冲裁贵重金属。在实际生产中，往往遇到两侧边或一侧边有一定形状的冲裁件，如图 2.58 所示。这时，可以设计特殊侧刃（图 2.58 中 1 和 2），既可定距，又可冲裁零件的部分轮廓。

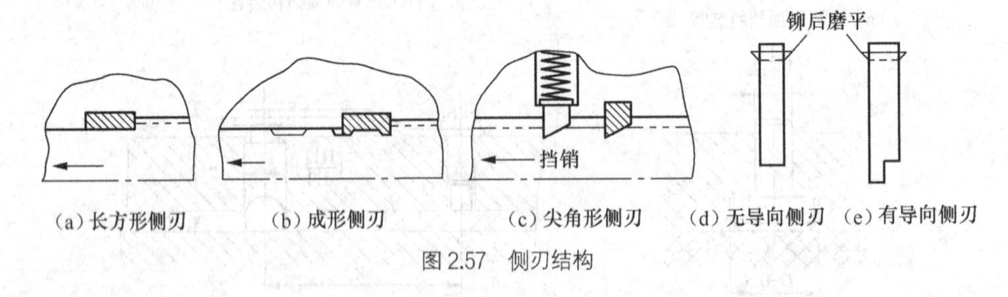


图 2.57　侧刃结构

侧刃断面的关键尺寸是宽度 $b$，其他尺寸按标准规定。宽度 $b$ 原则上等于送料步距 $s$，但在侧刃与导正销兼用的级进模中，其宽度为

$$b=[s+(0.05\sim0.1)]_{-\delta_c}^{\ 0} \tag{2.36}$$

式中，$\delta_c$ 为侧刃制造偏差，一般按基轴制 h6 加工，精密级进模按 h4 加工。

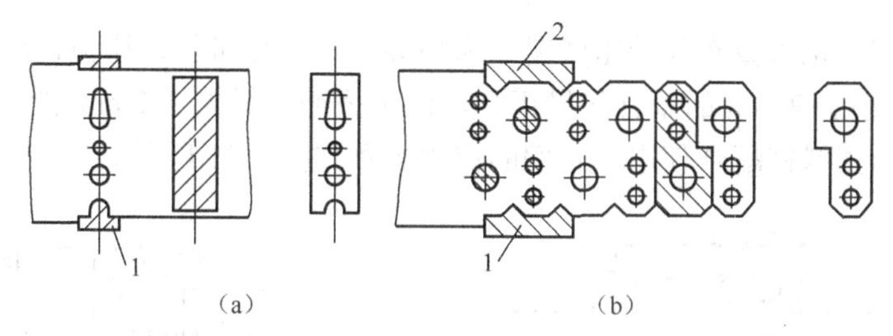


图 2.58　特殊侧刃

## 5. 导正销

使用导正销的目的是消除送进导向和送料定距或定位板等粗定位的误差。冲裁中，导正销先进入已冲孔中，导正条料位置，保证孔与外形相对位置公差的要求。导正销主要用于级进模，分为固定式导正销（见图 2.59）和活动式导正销（见图 2.60）。

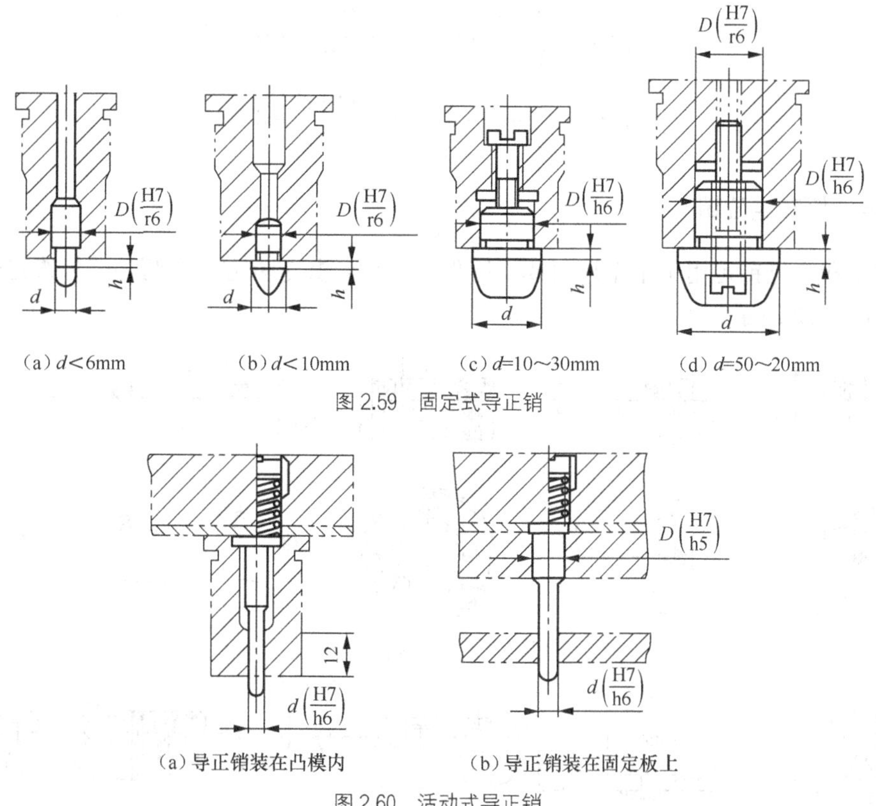


(a) $d$<6mm　(b) $d$<10mm　(c) $d$=10～30mm　(d) $d$=50～20mm

图 2.59　固定式导正销

(a) 导正销装在凸模内　(b) 导正销装在固定板上

图 2.60　活动式导正销

固定式导正销固定在凸模上，与凸模之间不能相对滑动，送料失误时易发生事故，常见于工位少的级进模中。活动导正销装于凸模或固定板上，与凸模之间能相对滑动，送料失误时导正销可缩回，故在一定程度上能起到保护模具的作用。常见于多工位级进模中，一般用于 $d \leqslant 10$ mm 的导正孔。

导正销导正部分的直径 $d$ 与导正孔之间的配合一般取 H7/h6 或 H7/h7 也可查有关冲压资料。导正销导正部分的高度 $h$ 与料厚 $t$ 及导正孔有关，一般取 $h=(0.8 \sim 1.2)t$，料薄时取大值，导正孔大时取大值，也可查有关冲压资料。为使导正销工作可靠，避免折断，其直径一般应大于 2 mm。孔径小于 2 mm 的不宜作导正孔，但可另冲直径大于 2 mm 的工艺孔进行导正。

导正销通常与挡料销配合使用，它们的位置关系如图 2.61 所示。

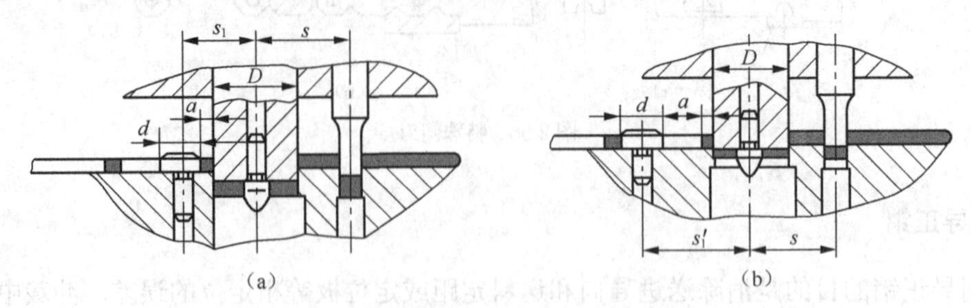


图 2.61　挡料销与导正销的位置关系

按图 2.61（a）、图 2.61（b）所示方式定位，挡料销与导正销的中心距分别为

$$s_1 = s - \frac{D}{2} + \frac{d}{2} + 0.1 = s - \frac{D-d}{2} + 0.1 \tag{2.37}$$

$$s_1' = s + \frac{D}{2} - \frac{d}{2} - 0.1 = s + \frac{D-d}{2} - 0.1 \tag{2.38}$$

**6．定位板和定位销**

定位板和定位销可用于单个坯料或工序件的定位。其定位方式有两种：外缘定位和内孔定位，如图 2.62 所示。

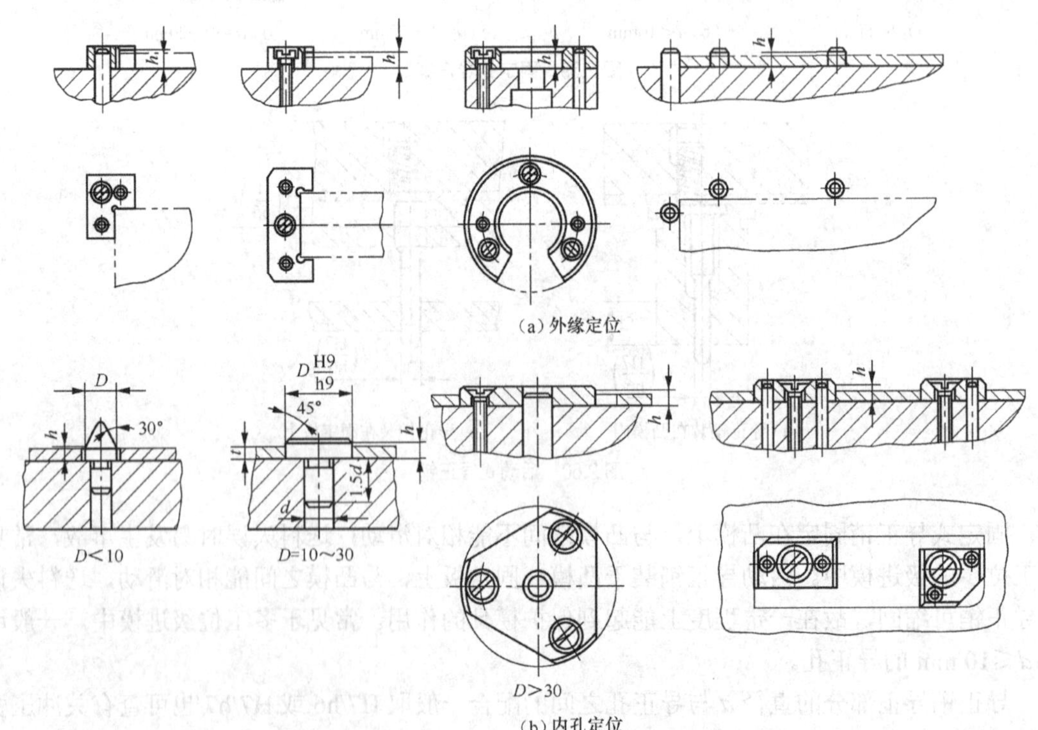


图 2.62　定位板和定位销的结构形式

定位方式是根据坯料或工序件的形状复杂性、尺寸大小和冲压工序性质等具体情况决定的。外形比较简单的冲件一般可采用外缘定位，如图 2.62（a）所示；外轮廓较复杂的一般可采用内孔定位，如图 2.62（b）所示。定位板厚度或定位销高度 $h$ 值与材料厚度 $t$ 有关，当 $t$＜1mm 时，$h=t+2$；当 $t$=1～3mm 时，$h=t+1$；当 $t$＞3～5mm 时，$h=t$。

## 2.6.3　卸料及推件零件的设计与标准的选用

### 1. 卸料装置

设计卸料装置是为了将冲裁后卡箍在凸模上或凸凹模上的工件或废料卸掉，保证下次冲压正常进行。常用的卸料方式有如下几种。

（1）固定卸料装置

图 2.63（a）和图 2.63（b）所示卸料装置用于平板的冲裁卸料。图 2.63（a）所示卸料板与导料板为一整体；图 2.63（b）所示卸料板与导料板是分开的。图 2.63（c）和图 2.63（d）所示一般用于成形后工序件的冲裁卸料。

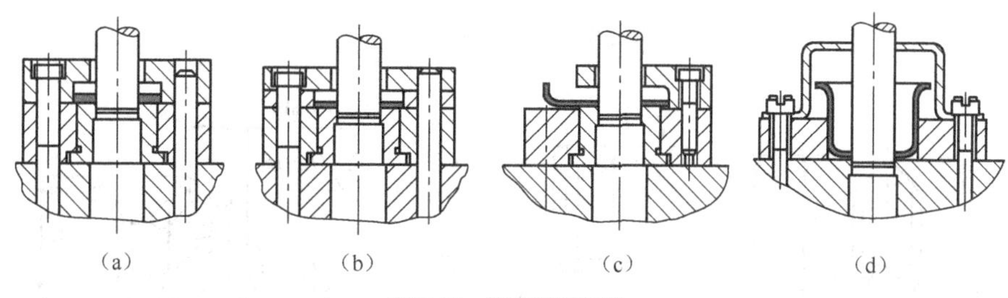


图 2.63　固定卸料装置

当卸料板仅起卸料作用时，凸模与卸料板的间隙取决于板料厚度，单边间隙取(0.2～0.5)$t$。当固定卸料板兼起导板作用时，一般按 H7/h6 配合制造。

固定卸料板的卸料力大，卸料可靠。因此，当冲裁板料较厚、卸料力较大、平直度要求不很高的冲裁件时，一般采用固定卸料装置。

（2）弹压卸料装置

弹压卸料装置既起卸料作用又起压料作用，所冲裁零件平面度较高。因此，质量要求较高的冲裁件或薄板冲裁宜用弹压卸料装置。弹压卸料装置是由卸料板、弹性元件（弹簧或橡胶）、卸料螺钉等零件组成，如图 2.64 所示。凸模与卸料板的单边间隙取(0.2～0.4)$t$。

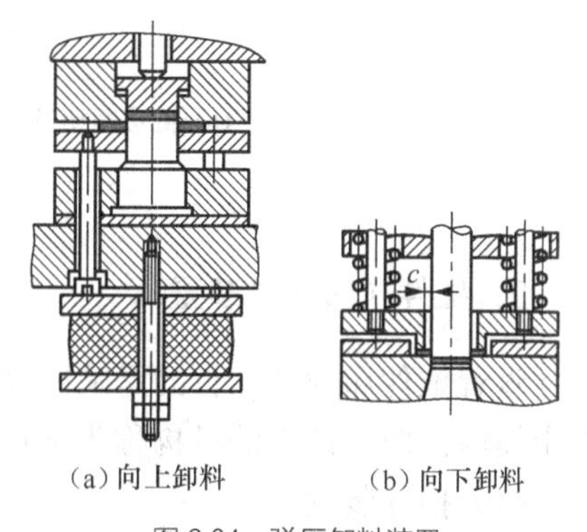


图 2.64　弹压卸料装置

（3）废料切刀

对于落料或成形件的切边，如果冲件尺寸大，卸料力大，往往采用废料切刀代替卸料板，将废料切开而卸料。如图 2.65 所示，当凹模向下切边时，同时会把已切下的废料压向废料切刀上，从而将其切开。对于冲裁形状简单的冲裁模，一般设两个废料切刀；冲件形状复杂的冲裁模，可以用弹压卸料加废料切刀进行卸料。

图 2.66 所示为国家标准规定的废料切刀的结构。图 2.66（a）所示为圆废料切刀，用于小型模具和切薄板废料；图 2.66（b）所示为方形废料切刀，用于大型模具和切厚板废料。废料切刀的刃口长度应比废料宽度大些，刃口比凸模刃口低，其值 $h$ 为板料厚度的 2.5～4 倍，并且不小于 2 mm，如图 2.66 所示。

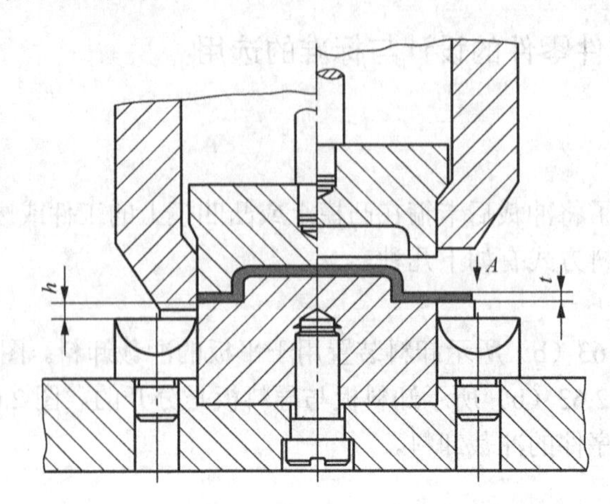


图 2.65 废料切刀工作原理

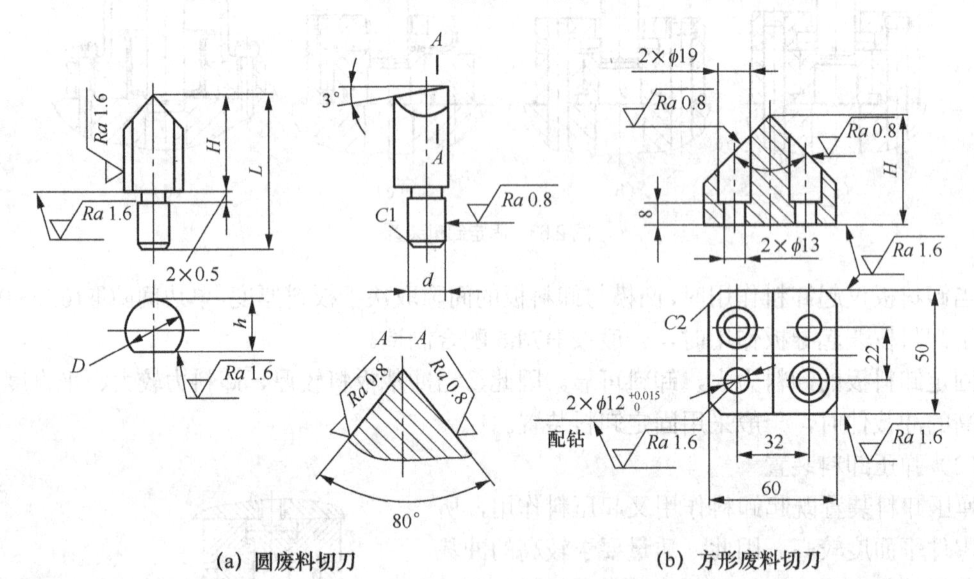


(a) 圆废料切刀　　(b) 方形废料切刀

图 2.66 废料切刀结构

### 2. 推件（顶件）装置

设置推件和顶件的目的是从凹模中卸下冲件或废料。向下推出的机构称为推件，一般装在上模内；向上顶出的机构称为顶件，一般装在下模内。

（1）推件装置

推件装置主要有刚性推件装置和弹性推件装置两种。一般刚性的用得较多，它由打杆、推板、连接推杆和推件块组成，如图 2.67（a）所示。有的刚性推件装置不需要推板和连接推杆组成中间传递结构，而由打杆直接推动推件块，甚至直接由打杆推件，如图 2.67（b）所示。

其工作原理是在冲压结束后上模回程时，利用压力机滑块上的打料杆，撞击上模内的打杆与推件板（块），将凹模内的工件推出，其推件力大，工作可靠。

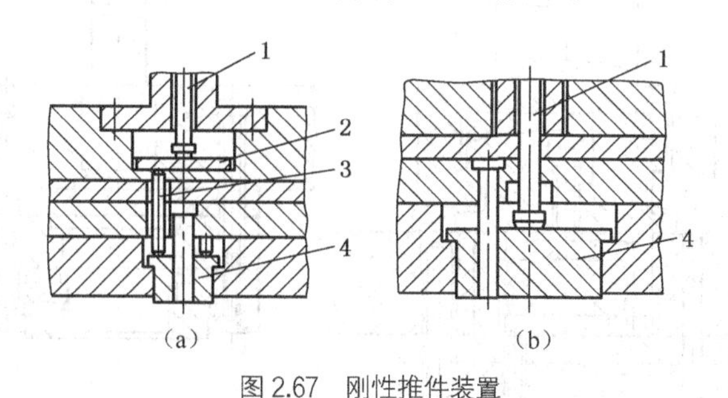


图 2.67 刚性推件装置

1—打杆；2—推板；3—连接推杆；4—推件块

连接推杆需要 2～4 根且分布均匀、长短一致。推板要有足够的刚度，其平面形状尺寸只要能够覆盖到连接推杆，不必设计太大，使安装推板的孔不至太大。图 2.68 所示为标准推板的结构，设计时可根据实际需要选用。

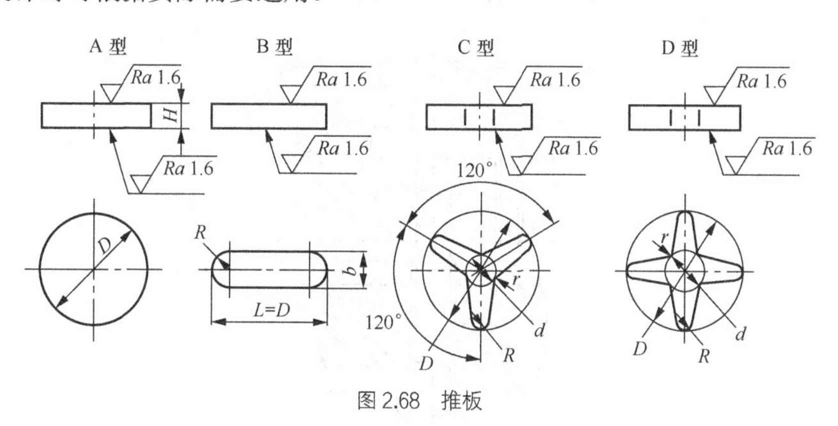


图 2.68 推板

弹性推件装置其弹力来源于弹性元件，它同时具有压料和卸料作用，如图 2.69 所示。尽管出件力不大，但出件平稳无撞击，冲件质量较高，多用于冲压大型薄板以及工件精度要求较高的模具。

（2）顶件装置

顶件装置一般是弹性的。其基本组成有顶杆、顶件块和装在下模底下的弹顶器，弹顶器可以做成通用的，其弹性元件是弹簧或橡胶，如图 2.70 所示。这种结构的顶件力容易调节，工作可靠。

推件块或顶件块在冲裁过程中是在凹模中运动的零件，对它有如下要求：模具处于闭合状态时，其背后有一定空间，以备修磨和调整的需要；模具处于开启状态时，必须顺利复位，工作面高出凹模平面，以便继续冲裁；它与凹模和凸模的配合应保证顺利滑动，不发生互相干涉。为此，推件块和顶件块与凹模的配合为间隙配合，其外形尺寸一般按公差配合国家标准 h8 制造，也可以根据板料厚度取适当间隙。推件块和顶件块与凸模的配合一般呈较松的间隙配合，也可以根据板料厚度取适当间隙。

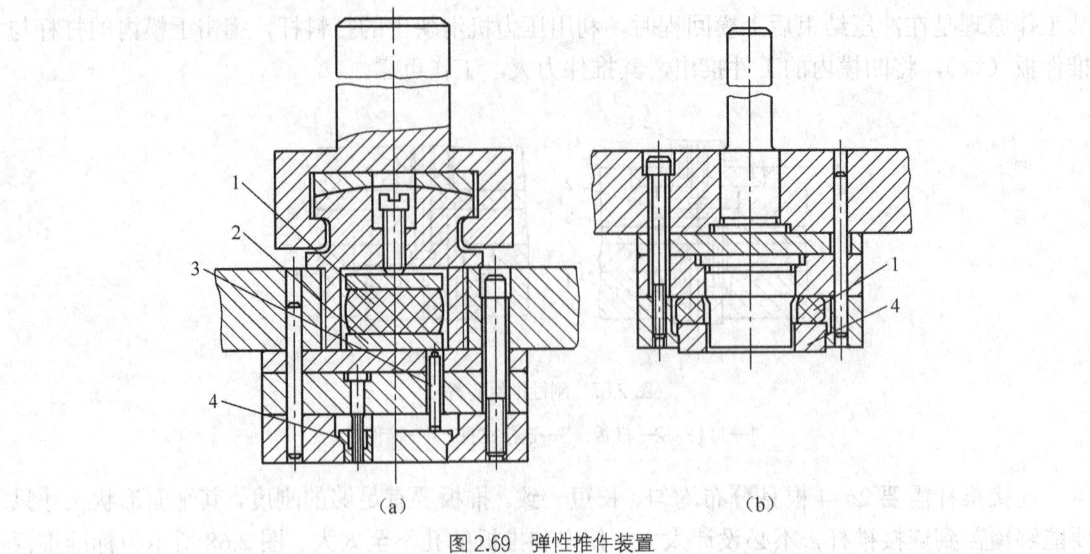


图 2.69　弹性推件装置

1—橡胶；2—推板；3—连接推杆；4—推件块

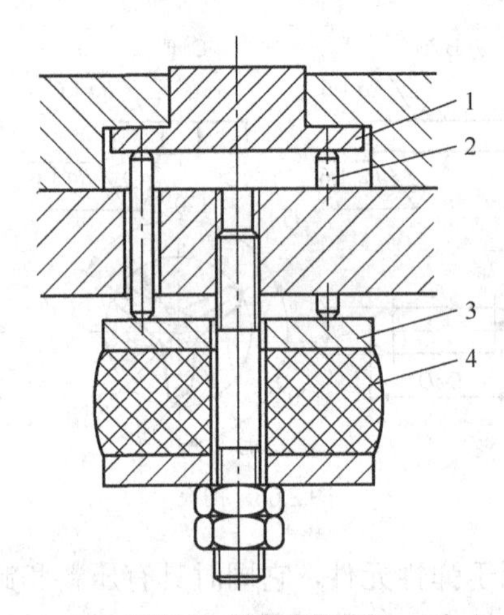


图 2.70　弹性顶件装置

1—顶件块；2—顶杆；3—托板；4—橡胶

## 2.6.4　固定与紧固零件的设计与标准的选用

### 1. 模架

国家标准《冲模滑动导向模架》（GB/T 2851—2008）、《冲模滚动导向模架》（GB/T 2852—2008）列出了各种不同结构和不同导向形式的铸铁标准模架，常用的模架如下。

滑动式导柱导套铸铁模架，如图 2.71 所示。模架由上下模座和导向零件组成，它是这副模具的骨架，模具的全部零件都固定在它的上面，并承受冲压过程的全部载荷。模具的上模座和下模座分别与冲压设备的滑块和工作台固定。上、下模合模的准确位置由导柱导套的导向来实现。图 2.71（a）所示为对角导柱模架，由于导柱安装在模具中心对称的对角线上，所以上模在导柱上滑动平稳。图 2.71（b）所示为后侧导柱模架，前部和左右空间不受限制，送料和操作比较方便。因导柱安装在后侧，偏心距会造成工作时导柱导套单边磨损，并且不能使用浮动模柄结构。图 2.71（d）所示为中间导柱模架，导柱安装在模具的对称线上，导向平稳准确。缺点是只能在一个方向送料。在设计较大模具时，可选用图 2.71（f）所示四角导柱模架，其具有滑动平稳、导向精度高、刚性好等优点。

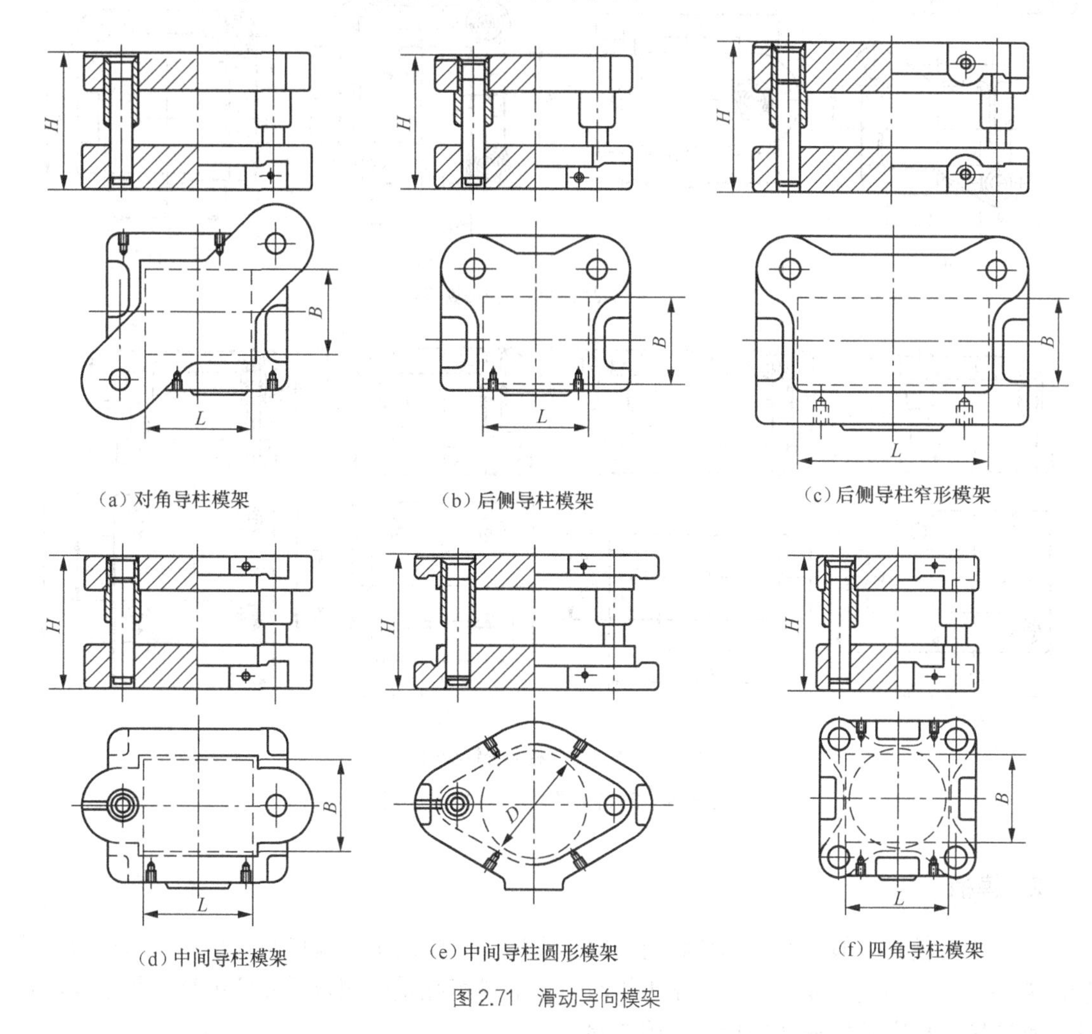


图 2.71　滑动导向模架

滚动式导柱导套铸铁模架，如图 2.72 所示。该模架导柱导套的特点是二者之间有滚珠（或滚柱），该模架导向精度高，使用寿命长，主要用在高精度、高寿命的精密模具及薄材料的冲裁模具上。同样，该模架有对角导柱、中间导柱、后侧导柱和四角导柱结构。

国家标准 GB/T 23563—2009、GB/T 23564—2009 规定的各种不同结构和导向形式的钢板标准模架，如图 2.73 所示。

模架选用的规格，可根据凹模周界尺寸从标准手册选取。

滚动导向模架在导柱和导套间装有保持架和钢球。导柱、导套间的导向通过钢球的滚动摩擦实现。滚动导向模架导向精度高，使用寿命长，主要用于高精度、高寿命的硬质合金模、薄材料的冲裁模以及高速精密级进模。

模架的规格可根据凹模周界尺寸从标准手册中选取。

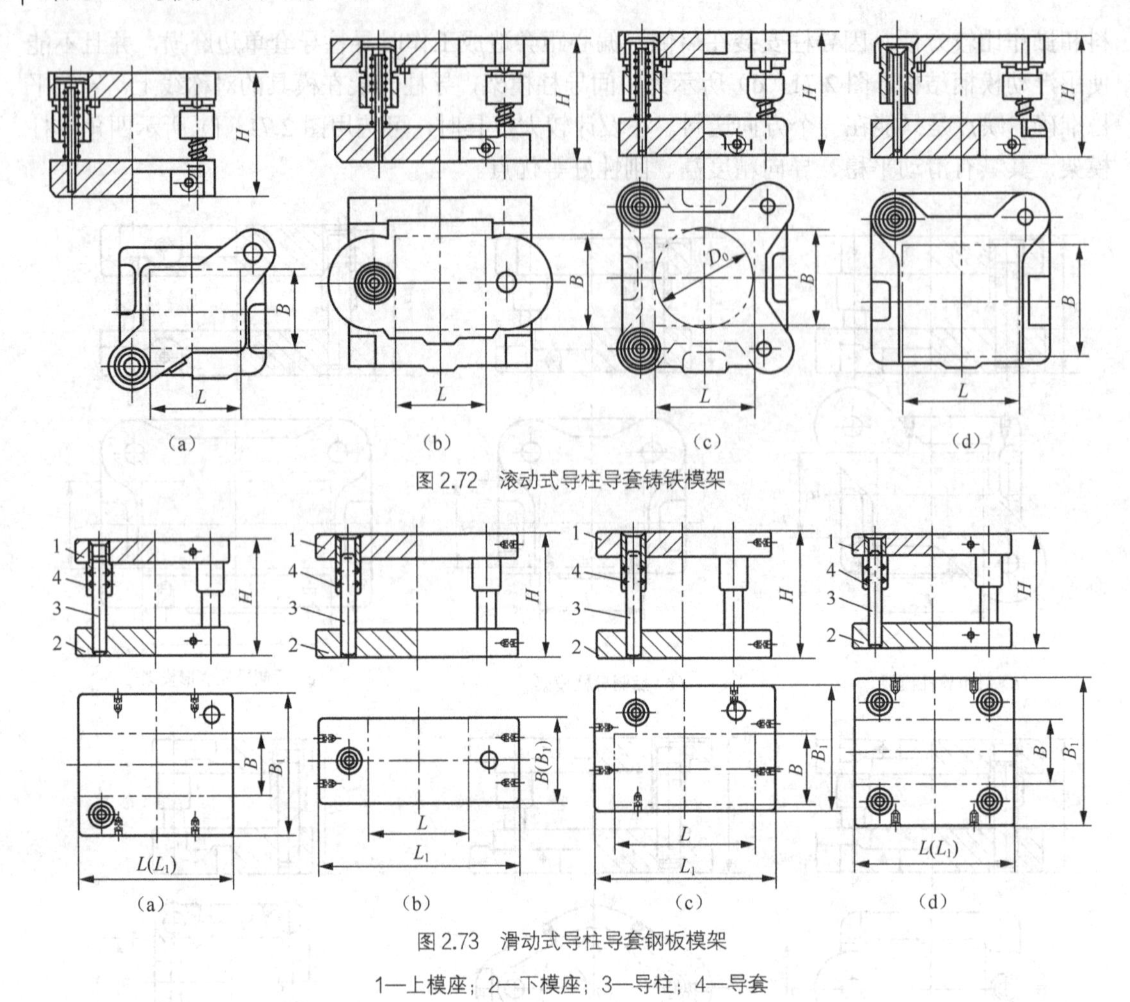


图 2.72 滚动式导柱导套铸铁模架

图 2.73 滑动式导柱导套钢板模架

1—上模座；2—下模座；3—导柱；4—导套

## 2．模柄

中、小型模具一般是通过模柄将上模固定在压力机滑块上，模柄是上模与压力机滑块连接的零件。模柄的基本要求是：与压力机滑块上的模柄孔正确配合，安装可靠；与上模座正确可靠连接。标准的模柄结构形式如图 2.74 所示。

图 2.74（a）为旋入式模柄，它与模座采用螺纹连接，并加螺钉止转，拆装方便，多用于有导柱的中、小型冲模。图 2.74（b）所示为压入式模柄，它与模座孔采用过渡配合 H7/m6、H7/h6，并加销钉防止转动，模柄与上模座的垂直度较好，适用于各种中、小型冲模，在生产中最常见。图 2.74（c）所示为凸缘或模柄，用 3～4 个螺钉紧固于上模座，凸缘与上模座的窝孔采用 H7/js6 过渡配合，多用于较大型的模具。图 2.74（d）和图 2.74（e）所示为槽形模柄和通用模柄，均用于直接固定凸模，也可称为带模座的模柄。图 2.74（f）所示为浮动模柄，压力机的压力通过凹球面模柄和凸球面垫块传递到上模，可消除压力机导向误差对模具导向精度的影响，主要用于硬质合金模等精密导柱模。图 2.74（g）所示为推入式活动模柄，压力机的压力通过模柄接头、凹球面垫块和活动模柄传递到上模，也是一种浮动模柄，因模柄单面开通（呈 U 形），工作时，导柱导套不脱离，适用于精密模具。

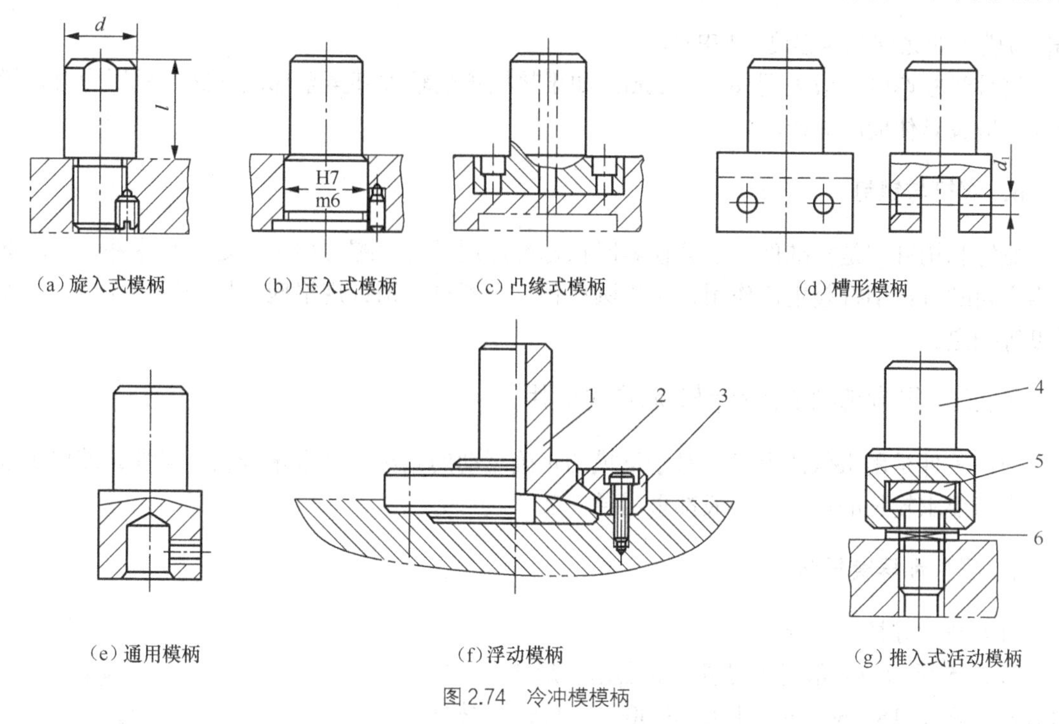


图 2.74 冷冲模模柄

1—凹球面模柄；2—凸球面垫块；3—压板；4—模柄接头；5—凹球面垫块；6—活动模柄

模柄的选用根据模具大小、上模结构、模架类型及精度等指标，再根据压力机滑块上模柄孔尺寸来确定。一般，模柄直径与压力机模柄孔直径相等，模柄长度应比模柄孔深度小 5～10 mm。

### 3. 固定板

模具装配时将凸模或凹模压入固定板，然后作为一个整体安装在上模座或下模座上。模具中最常见的是凸模固定板，固定板分为圆形固定板和矩型固定板两种，主要用于固定小型的凸模和凹模。

凸模固定板的厚度一般取凹模厚度的 0.6～0.8，其平面尺寸与凹模、卸料板外形尺寸相同，还应考虑紧固螺钉及销钉的位置。固定板的凸模安装孔与凸模采用过渡配合 H7/m6、H7/n6，压装后将凸模端面与固定板一起磨平。固定板材料一般采用 Q235 或 45#钢。

### 4. 垫板

当零件的料厚较大而外形尺寸又相对较小时，在当模具冲压时凸模上端面或凹模下端面对模板局部压强很大，甚至超过模板的允许抗压应力，这时在凸模上端面或凹模下端面需要设计垫板。采用刚性推件装置时上模板被挖空，也需要采用垫板。

公式检验

$$p=F/A$$

当 $p>[\sigma]_{压}$ 时需要采用垫板

式中，$F$ 为凸（凹）模所承受的压力（N）；$A$ 为凸（凹）模与上、下模板的接触面积（$mm^2$）；

$[\sigma]_{压}$为模板的允许抗压强度（MPa）。

这种垫板厚度一般采用 6～12 mm。如果垫板承受较大甚至全部凸（凹）模压力时，模板厚度应按具体情况选择。

### 5．螺钉与销钉

螺钉和销钉都是标准件，设计模具时按标准选用即可。螺钉用于固定模具零件，一般选用内六角螺钉；销钉起定位作用，常用圆柱销钉。螺钉、销钉规格应根据冲压力大小、凹模厚度等确定。

## 2.6.5 导向零件的设计与标准的选用

导向零件是用来保证上模相对于下模的正确运动的。对生产批量较大、零件公差要求较高、寿命要求较长的模具，一般都采用导向装置。

### 1．导柱和导套导向

（1）滑动导柱、导套

图 2.75 所示为最常用的导柱、导套结构形式。导柱的直径一般在 16～60 mm，长度在 90～320 mm。按标准选用时，应保证上模座在最低位置时（闭合状态），导柱上端面与上模座顶面距离不小于 10 mm，而下模座底面与导柱底面的距离不小于 2 mm。导柱的下部与下模座导柱孔及导套的外径与上模座导套孔均采用过盈配合。导套的长度须保证在冲压刚开始时导柱要进入导套 10 mm 以上。

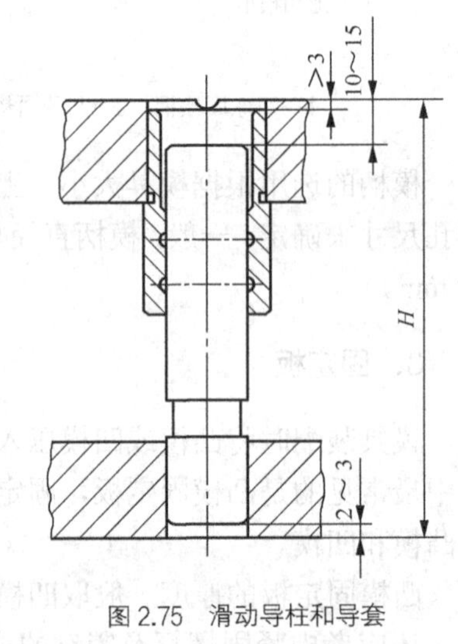

图 2.75 滑动导柱和导套

导柱与导套之间采用间隙配合，根据冲压工序性质、冲压件的精度及材料厚度等的不同，其配合间隙也稍有不同。例如：对于冲裁模，导柱和导套的配合可根据凸、凹模间隙选择。凸、凹模间隙小于 0.3 mm 时，采用 H6/h5 配合；大于 0.3 mm 时，采用 H7/h6 配合。

（2）滚珠导柱、导套

图 2.76 所示为常见的滚珠导柱、导套的结构形式，它是一种无间隙、精度高、寿命长的导向装置，适用于高速冲模、精密冲裁模以及硬质合金模具的冲压工作。滚珠置于滚珠夹持圈内，与导柱和导套接触，并有微量过盈，过盈量为 0.01～0.02 mm。为保证均匀接触，滚珠尺寸必须严格控制。滚珠直径一般取 3～5 mm。滚珠排列对称，分布均匀。导套长度约为 $L=H+(5\sim10)$mm。导柱、导套属于标准件，设计时应尽可能按标准选用。

### 2．导板导向

固定卸料板又起凸模导向作用，厚度比普通的卸料板厚一些，导板与凸模采用间隙配合，工作时要求凸模不脱离导板。

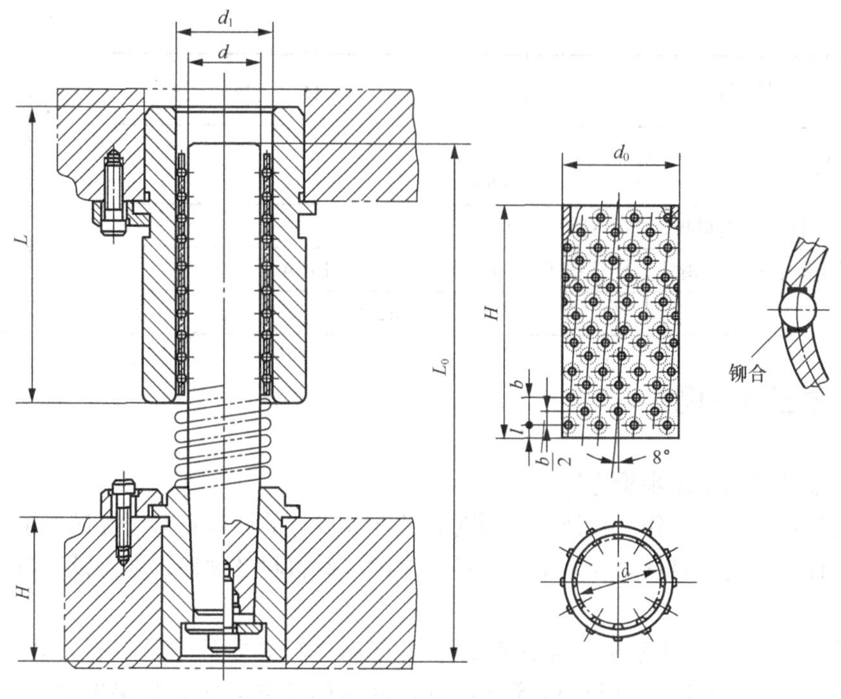


图 2.76 滚珠导向装置

## 2.6.6 冲模零件的材料选用

应根据模具的工作特性、受力情况、冲压件材料性能、冲压件精度以及生产批量等因素合理选用模具材料。凸、凹模材料的选用原则为：对于形状简单、冲压件尺寸不大的模具，常用碳素工具钢（如 T8A、T10A 等）制造；对于形状较复杂、冲压件尺寸较大的模具，选用合金钢或高速钢制造；而冲压件精度要求较高、产量又大的高速冲压或精密冲压模具，常选用硬质合金或钢结硬质合金等材料。表 2.23 列出了冲模常用材料及热处理要求，供参考。

**表 2.23　　　　模具材料及热处理**

| 零件名称 | | 材料 | 热处理硬度/HRC |
|---|---|---|---|
| 凸凹模 | 形状简单、尺寸小 | T10A、9Mn2V、CrWMn | 58～62 |
| | 形状复杂、尺寸大 | CrWMn、9CrSi、Cr12、Cr12MoV、YG15、YG20 | 58～62 |
| | 要求高耐磨 | Cr12MoV、W18Cr4V、GCr15、YG15、YG20 | 60～64 |
| | 加热冲裁 | 5CrNiMo、5CrMnMo、3Cr2W8 | 48～52 |
| 上、下模座（板） | | HT200、Q235、45 | |
| 导柱、导套 | （滑动） | 20 渗碳淬火 | 60～64 |
| | （滚动） | GCr15 淬火 | 58～62 |
| 模柄 | | Q235、45 | |
| 固定板、卸料板、推料板、顶板、承料板等 | | Q235、45 | |

续表

| 零件名称 | 材料 | 热处理硬度/HRC |
|---|---|---|
| 垫板、定位板 | 45<br>T8A | 43～48<br>54～58 |
| 顶杆、推杆、打杆、挡料板、挡料钉等 | 45 | 43～48 |
| 侧刃、废料切刀、斜楔、滑块、导正销等 | T8、T8A、T10、T10A | 56～60 |
| 弹簧、簧片 | 65Mn、60Si2Mn | 43～48 |

## 2.7 冲裁模设计举例

冲裁模设计可按下述步骤进行。

（1）设计前的准备工作。设计前必须对有关冲模设计的原始资料进行详细了解和分析研究，避免设计工作的盲目性。原始资料包括产品图、原材料及规格、现有设备情况、现有模具制造能力等。

（2）冲裁件的工艺性分析。设计前必须对产品进行必要的工艺审查，以确定该产品的结构形状、尺寸精度、所用材料等是否符合冲裁的工艺要求，如果发现有较为严重的工艺缺陷，必须和产品设计人员联系，协商解决，切不可自作主张进行结构、尺寸等的调整。

（3）冲裁工艺方案的确定。在工艺分析的基础上根据生产批量等确定最佳工艺方案。

（4）模具总体设计。对模具进行通盘考虑是模具具体结构设计的基础，包括模具类型的确定、模具总体外形尺寸的确定等。

（5）必要的工艺计算：包括排样设计、工艺力计算、压力中心确定等。

（6）模具零件的详细设计：包括各模具零件的具体结构、尺寸、材料及标准的选用等。

（7）设备的选择与校核。

（8）模具图样的绘制。冲裁模的图样包含总装配图和需要加工的零件图。

（9）模具设计说明书的编写。

下面举例说明冲裁模具的设计方法和步骤。

**【例2.4】** 冲制图2.77所示零件，材料Q235，料厚0.8 mm，抗剪强度350 MPa，大量生产，试完成其冲裁工艺与模具设计。

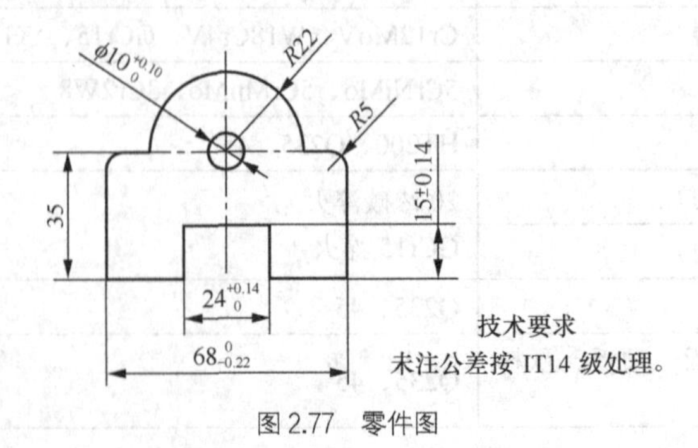


图2.77 零件图

**解**：1．零件的工艺性分析

（1）结构工艺性　该零件结构简单，形状对称，无悬臂和凹槽，孔径、孔边距均大于 1.5 倍料厚，可以直接冲出，因此比较适合冲裁。

（2）精度　由表 2.13 可知，该零件的尺寸精度均为经济精度，可以通过普通冲裁方式保证零件的精度要求。

（3）原材料　Q235 是常用冲压材料，具有良好的塑性（$\delta$=26%），屈服极限为 235 MPa，适合冲裁加工。

综上所述，该零件具有良好的冲裁工艺性，适合冲裁加工。

2．工艺方案确定

该零件需要完成落料和冲孔两道工序，可采用的方案有以下三种。

方案一：单工序冲裁，先落料再冲孔。

方案二：复合冲裁，落料冲孔同时完成。

方案三：级进冲裁，先冲孔再落料。

由于是大批量生产，因此方案一不满足生产效率的要求，方案二和方案三都具有较高的生产效率，虽然方案三比方案二操作方便，但方案二能得到较高的精度和较好的平面度，因此这里选用方案二，即采用复合冲压。

3．模具总体设计

（1）模具类型的确定，考虑到操作的方便与安全，这里选用倒装复合模。

（2）模具零件结构形式确定：

① 送料及定位方式，采用手工送料，导料销导料，挡料销挡料。

② 卸料与出件方式，采用弹性卸料装置卸料，刚性推件装置推件。

③ 模架的选用，选用中间导柱导向的滑动导向模架。

4．工艺计算

（1）排样设计，根据工件的形状，这里选用有废料的单排排样类型，查表 2.2 得搭边 $a_1$=1.5 mm，侧搭边 $a$=2 mm，则条料宽度 $B$=68+2 × 2=72 mm，进距 $S$=35+22+1.5=58.5 mm。查表 2.5 得裁板误差 $\varDelta$=0.5 mm，于是得到图 2.78 所示的排样图。

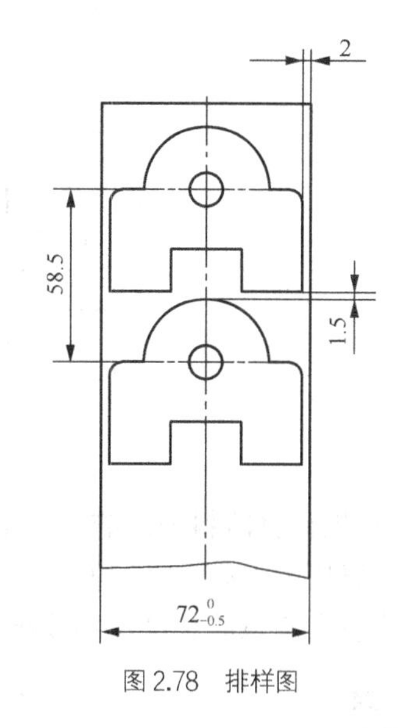

图 2.78　排样图

根据 GB/T 708—2006，这里选用的钢板规格为 1800 mm × 1180 mm，采用横裁法，则可裁得宽度为 72 mm 的条料 1800÷72=25 条；每条条料可冲出零件(1180−1.5)÷58.5≈20 个。由图 2.77 可计算出该零件的面积为 $A$=2769.54 mm$^2$，则材料利用率为

$$\eta = \frac{N \times A}{L \times B} \times 100\% = \frac{25 \times 20 \times 2769.54}{1800 \times 1180} \times 100\% = 65.19\%$$

（2）冲裁工艺力计算，由于采用复合冲裁，则总的冲裁力 $F_{冲裁力}$为落料力 $F_{落料}$和冲孔力

$F_{冲孔}$之和。其中：

$$F_{落料}=KL_{落料}t\tau$$
$$=1.3\times[(35-5)\times2+68+15\times2+22\pi+(68-44-10)+5\pi]\times0.8\times450=120.17\ \text{kN}$$

$$F_{冲孔}=KL_{冲孔}t\tau=1.3\times10\pi\times0.8\times450=14.7\ \text{kN}$$

则总的冲裁力为 $F_{冲裁力}=F_{落料}+F_{冲孔}=120.17+14.7=134.87\ \text{kN}$

卸料力： $F_X=K_XF_{落料}=0.045\times120.17=5.4\ \text{kN}$

推件力： $F_T=nK_TF_{冲孔}=6\times0.055\times14.7=4.85\ \text{kN}$

（这里 $K_X$、$K_T$ 由表 2.8 查得。由表 2.20 查得凹模刃口高度为 5 mm，则 $n$=5/0.8，约为 6）

（3）初选设备，由前述计算出的冲裁工艺力，在确定了模具结构形式后，可得到总的冲压力为

$$F_Z=F_{冲裁力}+F_X+F_T=134.87+5.4+4.85=145.12\ \text{kN}$$

这里选择 JB23-16 压力机，查得其主要参数如下。

公称压力：160 kN；最大闭合高度：180 mm，闭合高度调节量：45 mm；工作台尺寸：500 mm × 335 mm；工作台孔尺寸：$\phi$180 mm；模柄孔尺寸：$\phi$40 mm。

（4）压力中心的计算

1）建立图 2.79 所示坐标系

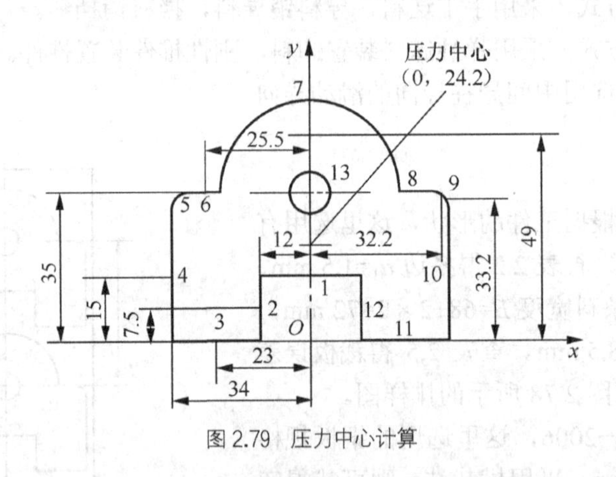


图 2.79 压力中心计算

2）首先计算落料外形的压力中心，由于外形以 $y$ 轴对称，因此其压力中心应在 $y$ 轴上，仅需要计算压力中心 $y$ 坐标值 $y_{外形}$。将图形分成 1、2、3，…，12 共 12 条线段和圆弧，计算各冲裁线段和圆弧的长度及各段压力中心坐标，列于表 2.24。

**表 2.24　各冲裁线段长度及压力中心坐标**

| 序号 | 线段长度 $L_i$ | $x_i$ | $y_i$ | 序号 | 线段长度 $L_i$ | $x_i$ | $y_i$ |
|---|---|---|---|---|---|---|---|
| 1 | 24 | 0 | 15 | 3 | 22 | 23 | 0 |
| 2 | 15 | 12 | 7.5 | 4 | 30 | 34 | 15 |

续表

| 序号 | 线段长度 $L_i$ | $x_i$ | $y_i$ | 序号 | 线段长度 $L_i$ | $x_i$ | $y_i$ |
|---|---|---|---|---|---|---|---|
| 5 | 7.9 | 32.2 | 33.2 | 9 | 7.9 | 32.2 | 33.2 |
| 6 | 7 | 25.5 | 35 | 10 | 30 | 34 | 15 |
| 7 | 69.08 | 0 | 49 | 11 | 22 | 23 | 0 |
| 8 | 7 | 25.5 | 35 | 12 | 15 | 12 | 7.5 |

3）计算压力中心，将上述各值代入式（2.20）得压力中心坐标：

$$y_c=\frac{24\times15+15\times7.5+30\times15+7.9\times33.2+7\times35+69.08\times49+7\times35+7.9\times33.2+30\times15+15\times7.5+31.4\times35}{24+15+22+30+7.9+7+69.08+7+7.9+30+22+15}$$

$$=24.2\text{mm}$$

即压力中心坐标为（0，24.2）。

5．模具零件详细设计

（1）工作零件设计，工作零件包括凸模、凹模和凸凹模，由于零件外形不规则，其模具采用配合加工法制造，即落料时以凹模为基准，只需要计算凹模刃口尺寸和公差；中间的孔以凸模为基准，只需要计算凸模刃口尺寸及公差；凸凹模刃口尺寸分别与落料凹模刃口和冲孔凸模刃口的实际尺寸配作，保证单边间隙为 $c_{\min}$。

1）模具间隙，由于零件有平面度的要求，这里选用 II 类冲裁间隙，由表 2.17 查得：$c=(3\sim7)\%t$，即 $c_{\min}=0.03\times0.8=0.024$ mm；$c_{\max}=0.07\times0.8=0.056$ mm

2）落料凹模和冲孔凸模刃口的制造公差分别按照 IT7 和 IT6 级选取，公差值由 GB/T 1800.3—2009 查得。尺寸 35、$R22$、$R5$ 由冲压件尺寸公差按 IT14 级精度查得偏差值。落料凹模和冲孔凸模刃口尺寸计算见表 2.25。

**表 2.25　　工作零件刃口尺寸计算**

| 零件尺寸 | 磨损系数 | 模具制造公差（GB/T 1800.3—2009） | 基准模刃口尺寸 | |
|---|---|---|---|---|
| | | | 落料凹模刃口 | 冲孔凸模刃口 |
| $68_{-0.22}^{0}$ | 0.75 | 0.030 | $(68-0.75\times0.22)_{0}^{+0.030}$ $=67.835_{0}^{+0.030}$ | |
| $35_{-0.62}^{0}$ | 0.5 | 0.021 | $(35-0.5\times0.62)_{0}^{+0.021}$ $=34.69_{0}^{+0.021}$ | |
| $R5_{-0.30}^{0}$ | 0.5 | 0.012 | $(5-0.5\times0.30)_{0}^{+0.012}$ $=4.85_{0}^{+0.012}$ | |
| $R22_{-0.52}^{0}$ | 0.5 | 0.021 | $(22-0.5\times0.52)_{0}^{+0.021}$ $=21.74_{0}^{+0.021}$ | |
| $15\pm0.14$ | | 0.035 | $15\pm0.035$ | |

续表

| 零件尺寸 | 磨损系数 | 模具制造公差（GB/T 1800.3—2009） | 基准模刃口尺寸 | |
|---|---|---|---|---|
| | | | 落料凹模刃口 | 冲孔凸模刃口 |
| $24^{+0.14}_{0}$ | 0.75 | 0.021 | $(24+0.75\times0.14)^{0}_{-0.021}$ $=24.10^{0}_{-0.021}$ | |
| $\phi10^{+0.10}_{0}$ | 0.75 | 0.09 | | $(10+0.75\times0.10)^{0}_{-0.090}$ $=10.075^{0}_{-0.090}$ |

3）落料凹模采用整体式结构，外形为矩形，首先由经验公式计算出凹模外形的参考尺寸，再查阅标准得到凹模外形的标准尺寸，见表2.26。落料凹模选用材料Cr12，热处理60～64 HRC。

表2.26　　落料凹模外形设计　　（mm）

| 凹模外形尺寸符号 | 凹模简图 | 凹模外形尺寸计算值 | 凹模外形尺寸标准值（JB/T 7643.1—2008） |
|---|---|---|---|
| 凹模厚度 $H$ | 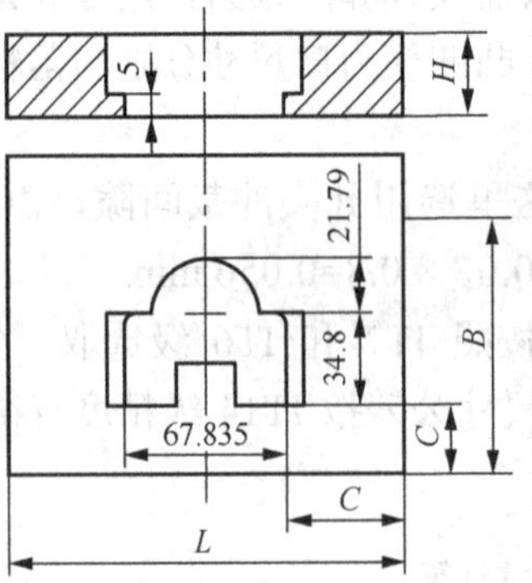 | $H=Kb=0.22\times68=14.96$，取 $H=15$（查表2.21得 $K=0.22$） | $L\times B\times H=160\times125\times16$ |
| 凹模壁厚 $C$ | | $C=(1.5\sim2)H=22.5\sim30$，取 $C=30$ | |
| 凹模长度 $L$ | | $L=67.835+2\times30=127.835$ | |
| 凹模宽度 $B$ | | $B=34.8+21.79+2\times30$ $=116.59$ | |

4）冲孔凸模为圆形，参照JB/T 5826—2008进行设计。材料选用Cr12，热处理58～62 HRC。

5）凸凹模材料选用Cr12，热处理58～62 HRC。

（2）其他板类零件的设计，当落料凹模的外形尺寸确定后，即可根据凹模外形尺寸查阅有关标准或资料得到模座、固定板、垫板、卸料板的外形尺寸。

查GB/T2851—2008选用规格为160 mm × 125 mm ×（160 mm～190 mm）的中间导柱滑动导向模架，其对应的上、下模座的尺寸分别由GB/T2855.1—2008、GB/T2855.2—2008查得，规格都为160 mm × 125 mm × 40 mm。导柱、导套分别选用GB/T2861.1—2008和GB/T2861.3—2008滑动导向型的，左右导柱规格分别为A25 mm × 150 mm和A28 mm × 150 mm，左右导套规格分别为A25 mm × 85 mm × 33 mm和A28 mm × 85 mm × 33 mm。

凸凹模固定板、冲孔凸模固定板采用矩形固定板，按JB/T7643.2—2008选用，规格分别为160 mm × 125 mm × 16 mm、160 mm × 125 mm × 12 mm。冲孔凸模垫板、空心垫板、卸料板是矩形垫板，按JB/T7643.3—2008选用，规格分别为160 mm × 125 mm × 6 mm、160 mm × 125 mm × 10 mm、160 mm × 125 mm × 12 mm。

（3）模柄的选用，根据初选设备JB23-16模柄孔的尺寸，查JB/T7646.1—2008得：压入式模柄 B40 mm × 110 mm。

（4）推件块的设计。推件块的外形与落料凹模孔型单边保持 0.1 mm 的间隙，推件块的内孔与冲孔凸模采用 H8/f8 的间隙配合，推件块的台阶高度为 5 mm，总高度为 10.5mm。

（5）螺钉、销钉选 M6 内六角螺钉，直径为$\phi$6mm 的圆柱形销钉。

6．设备选择及校核

设备验收：主要验收平面尺寸和闭合高度。

由标记为“滑动导向下模座中间导柱 160 mm × 125 mm × 40GB/T2855.2—2008”可知，下模座平面的最大外形尺寸为 294 mm × 259 mm，长度方向单边小于压力机工作台面尺寸(500−194)/2=103 mm，下模座的平面最小尺寸单边大于压力机工作台孔尺寸(259−180)/2=39.5 mm，因此满足模具安装和支承要求。

模具的闭合高度为 40+10+6+12+16+48+40−(0.8+0.5)=170.7 mm，小于压力机的最大闭合高度，因此所选设备合适。

7．绘图

当上述各零件设计完成后，即可绘制模具总装配图和各设计件的零件图了，这里只画出了部分零件的零件图，如图 2.80～图 2.85 所示。

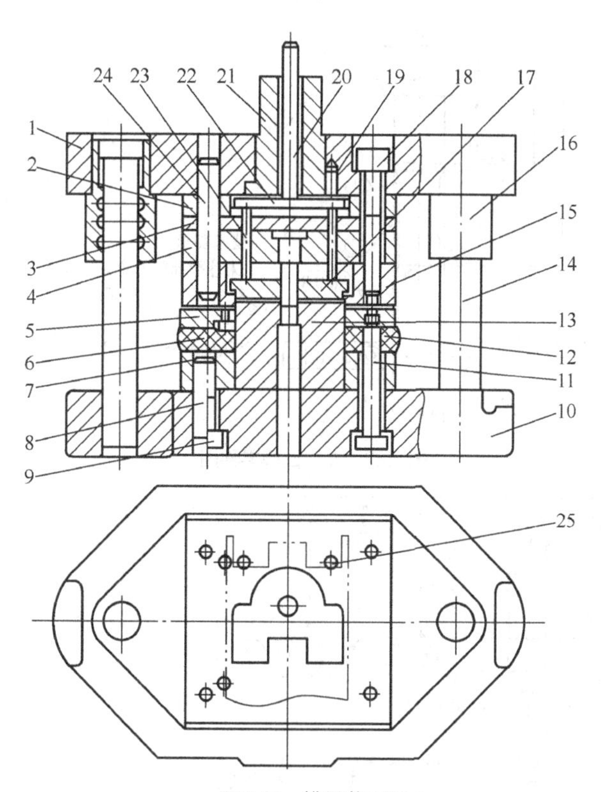


图 2.80 模具装配图

1—上模座；2—空心垫板；3—垫板；4—凸模固定板；5—卸料板；6—导料销；7—凸凹模固定板；8、24—销钉；9、18—螺钉；10—下模座；11—卸料螺钉；12—橡胶；13—凸凹模；14—导柱；15—凹模；16—导套；17—推件块；19—止转销；20—打杆；21—模柄；22—推板；23—推杆；25—挡料销

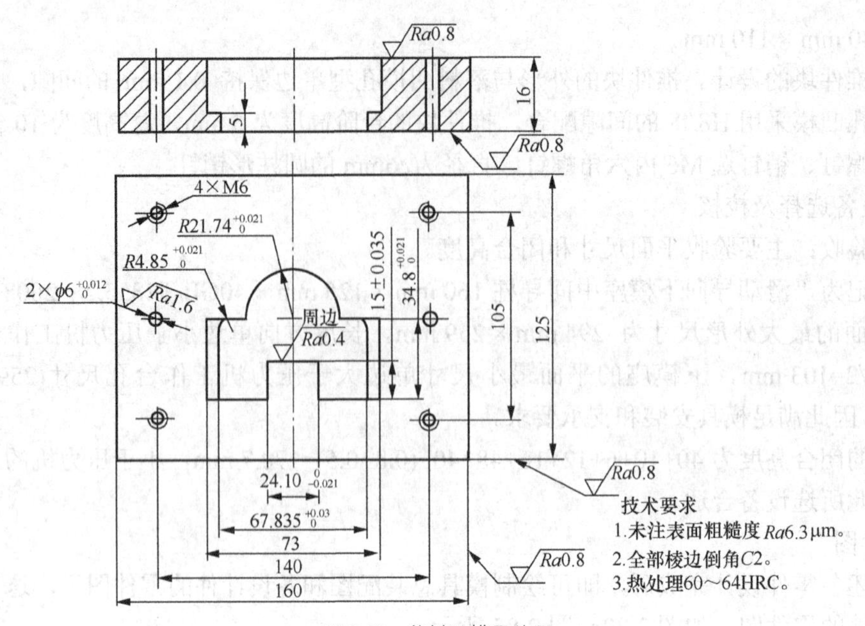


图 2.81　落料凹模零件图

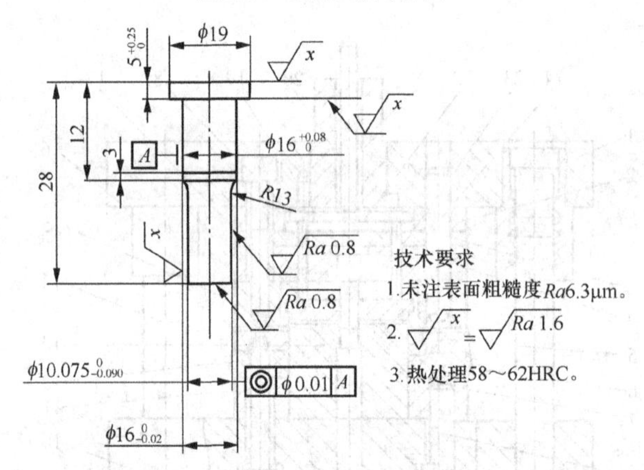


图 2.82　冲孔凸模零件图

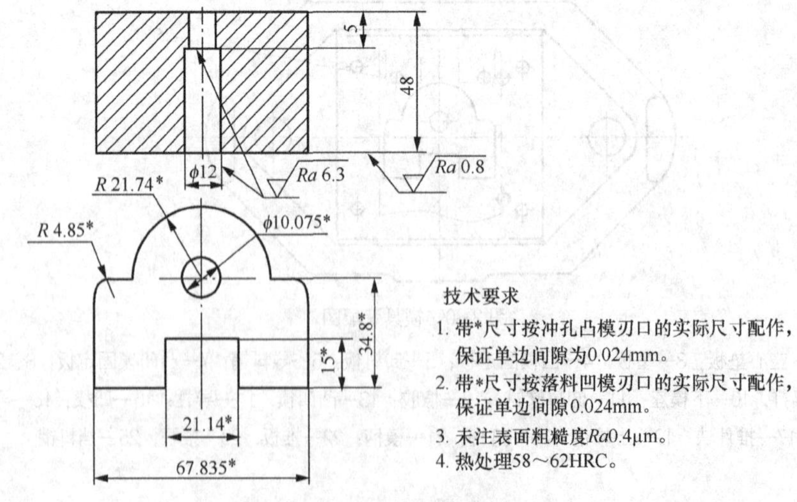


图 2.83　凸凹模零件图

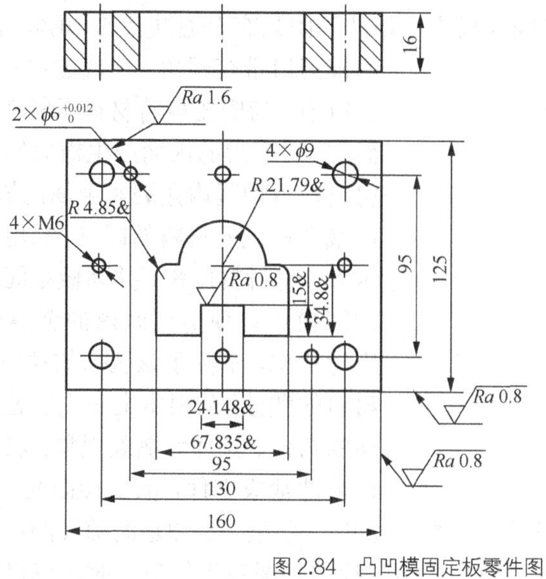


图 2.84 凸凹模固定板零件图

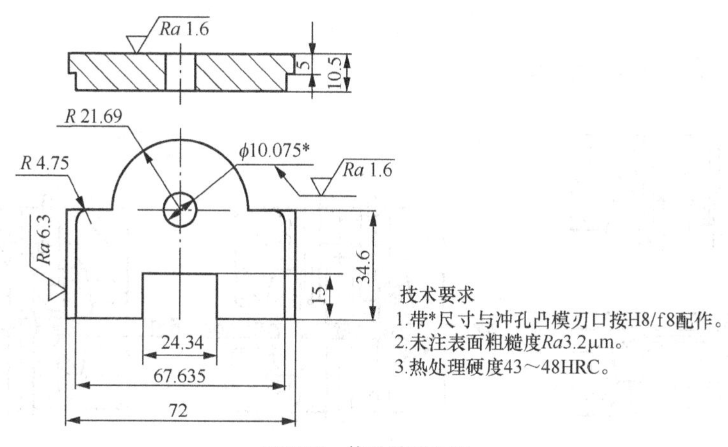


图 2.85 推件块零件图

## 2.8 精密冲裁工艺与模具设计

普通冲裁所能达到工件的尺寸精度在 IT11 以下，切断面表面粗糙度 $Ra$ 值在 3.2～12.5 μm，且有锥度。对于一些要求尺寸精度高和剪切断面与工件表面垂直及表面平整的工件，一般冲裁方法达不到要求，此时应采用精密冲裁、光洁冲裁或整修等冲裁工艺方法。

采用齿圈压板的精密冲裁，可以获得的尺寸精度为 IT6～IT9，断面的表面粗糙度 $Ra$ 值可达 0.2～1.6 μm，是提高冲裁件质量的有效方法。现代意义的精冲包括了沉孔、打凸、半冲孔、压印、弯曲、打扁等成形工序。

### 2.8.1 精冲工艺设计

#### 1．精冲工艺特点

精冲模具结构的简图如图 2.86 所示。与普通冲裁模相比，精冲模多了齿圈压板和施加有较大反力的顶出器，而且凸凹模间隙极小（精冲间隙只有普通冲裁的 10%，甚至更小），凹模刃口带有圆角。冲裁过程中，凸模接触材料前，齿圈压板将材料压紧在凹模上，因而在 V 形齿的内面产生横向侧压力，阻止材料在剪切区内撕裂和金属的横向流动，在冲裁凸模压入材料的同时，利用顶出器的反压力，将材料压紧，并因极小间隙与带圆角的凹模刃口使剪切区内的金属处于三向压应力状态，消除了该区内的拉应力，提高了材料的塑性，从根本上防止了普通冲裁中出现的弯曲、拉伸和撕裂现象。材料受纯剪切而被冲裁成零件，其剪切面光洁、平整。精冲时，压紧力、冲裁间隙及凹模刃口圆角三者相辅相成。它们的影响是互相联系的，当间隙均匀、圆角半径适当时，就可获得光洁的断面。

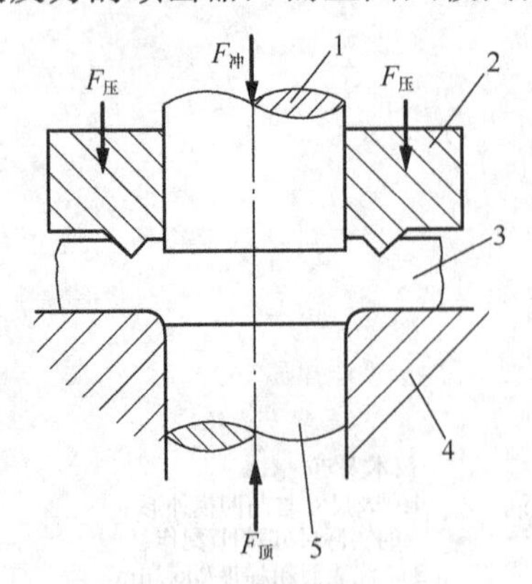


图 2.86 精冲模工作部分的组成

1—凸模；2—齿圈压板；3—板料；4—凹模；5—顶出器

精冲工艺过程如下（见图 2.87）。

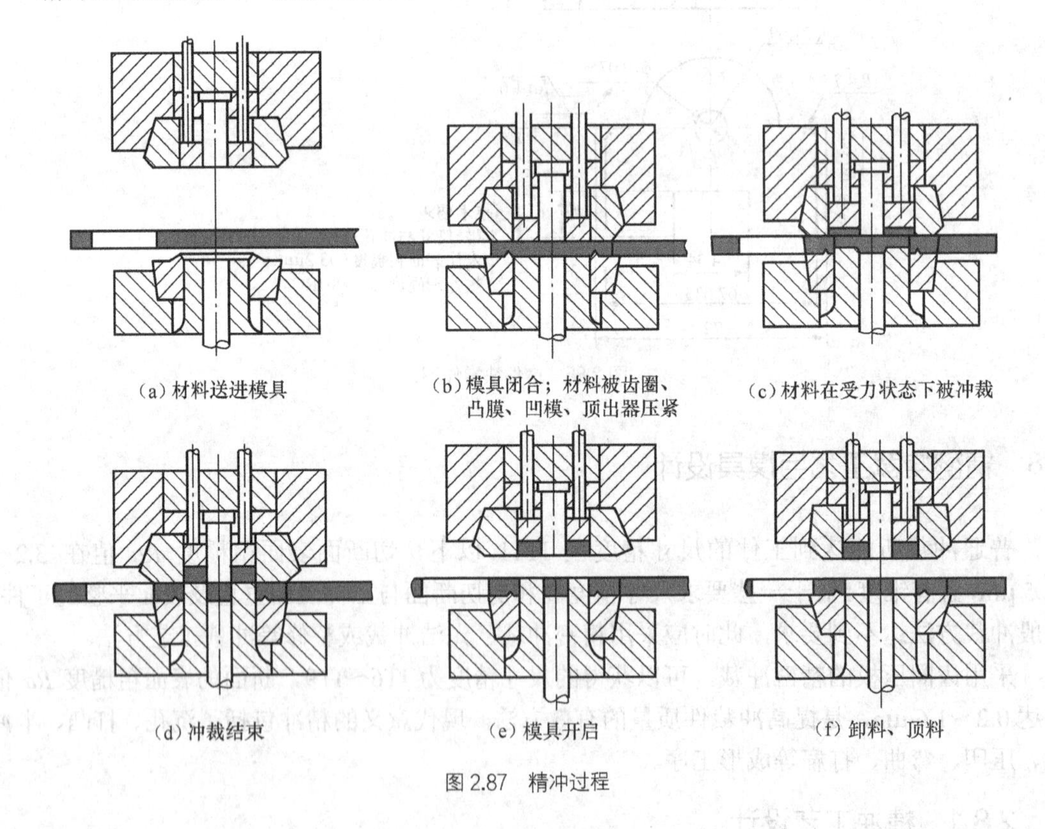

(a) 材料送进模具

(b) 模具闭合；材料被齿圈、凸膜、凹模、顶出器压紧

(c) 材料在受力状态下被冲裁

(d) 冲裁结束

(e) 模具开启

(f) 卸料、顶料

图 2.87 精冲过程

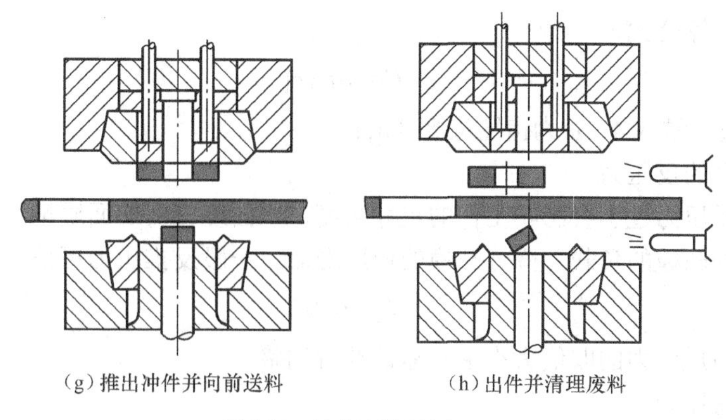


图 2.87 精冲过程（续）

要达到精冲目的，需要有压料、冲裁、反顶压力等三种压力，并且要求这三种压力按顺序施压。故需要具有实现三种压力的三重动作的模具和压力机，还要在板料分离后，有顶（推）件和卸料动作。

**2. 精冲材料**

精冲材料直接影响精冲件的剪切表面质量、尺寸精度和模具寿命，必须具有良好的力学性能、较大的变形能力和良好的组织结构，一般以含碳量 $w_c$ 小于 0.35%及$\sigma_b$ 小于 650 MPa 的钢材应用较广，但含碳量高的碳钢及铬、镍、钼含量低的合金钢，经过球化退火处理后能有扩散良好的球状渗碳体组织，也可获得良好的精冲效果。有色金属中纯铜、黄铜（含铜量高于 63%）、铝青铜（含铝量低于 10%）、纯铝及软态的铝合金均能精冲。铅黄铜塑性差不适于精冲。

**3. 精冲零件的工艺性**

精冲零件的工艺性是指该零件在精冲时的难易程度。影响精冲件工艺性的因素有：零件的几何形状，零件的尺寸公差和形位公差，剪切面的质量，材质及厚度等，其中零件几何形状是主要因素。精冲时，对零件的结构尺寸，如细长悬臂宽度、窄长凹槽宽度、孔边距和小孔径等尺寸与被冲材料厚度相比的比值都可比普通冲裁件小。

**4. 精冲力的计算**

精冲是在三向受压状态下进行冲裁的，所以必须对各个压力分别进行计算，再求出精冲所需的总压力，从而选用合适的精冲机，如图 2.88 所示。

（1）精冲冲裁力

精冲冲裁力 $F_1$（N）可按经验公式（2.39）计算：

$$F_1=f_1Lt\sigma_b \qquad (2.39)$$

式中，$f_1$ 为系数。其值为 0.6～0.9，常取 0.9；$L$ 为剪切周边的总长（mm）；$t$ 为料厚（mm）；$\sigma_b$ 为材料强度极限（MPa）。

（2）齿圈压力

齿圈压板压力的大小对于保证工件剪切面质量，降低冲压力和提高模具寿命都有密切关

系。压边力的计算公式为

$$F_2 = f_2 L h \sigma_b \tag{2.40}$$

式中，$f_2$为系数，常取 4；$h$为齿圈齿高（mm）。

（3）顶出器的反压力

顶出器的反压力过小会影响工件的尺寸精度、平面度、剪切面质量，加大工件塌角，反压力过大会增加凸模的负载，降低凸模的使用寿命。一般反推压力可按经验公式计算：

$$F_3 = 0.2F_1 \tag{2.41}$$

齿圈压力与反压力的取值大小主要靠试冲时调整。

（4）精冲总压力

$$F = F_1 + F_2 + F_3 \tag{2.42}$$

选用压力机吨位时，若为专用精冲压力机，应以主冲力 $F_1$ 为依据。若为普通压力机，则以总压力 $F$ 为依据。

（5）卸料力和顶件力

精冲完毕，在滑块回程过程中完成卸料和顶件。压边圈将废料从凸模上卸下，反压板将工件从凹模内顶出。卸料力和顶件力分别按式（2.43）、式（2.44）的经验公式计算：

$$F_4 = (5\% \sim 10\%) F_1 \tag{2.43}$$

$$F_5 = (5\% \sim 10\%) F_1 \tag{2.44}$$

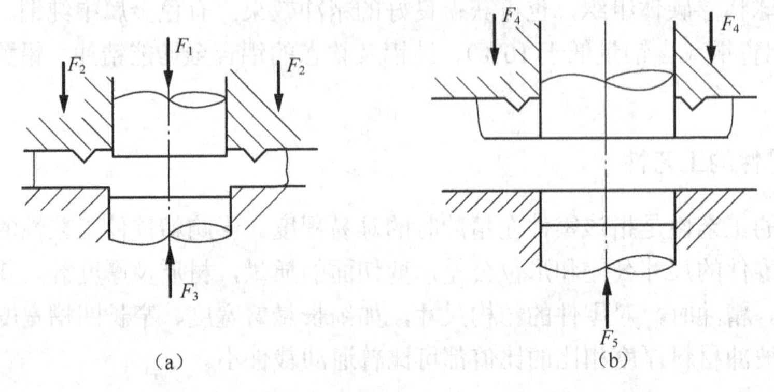


图 2.88 精冲过程作用力

$F_1$—冲裁力；$F_2$—压边力；$F_3$—反压力；$F_4$—卸料力；$F_5$—顶件力

## 2.8.2 精冲模具设计

### 1．凸、凹模工作尺寸设计

（1）凸、凹模间隙

精冲间隙主要取决于材料厚度，同时也和工件形状、材质有关，软材料选略大的值，硬材料取略小的值，具体数值可参考表 2.27。

表 2.27　　凸模和凹模的双面相对间隙（$Z/t\times100\%$）

| 材料厚度 $t$/mm | 外形间隙 | 内形间隙 | | |
|---|---|---|---|---|
| | | $d<t$ | $d=(1\sim5)t$ | $d>5t$ |
| 0.5 | 1% | 2.5% | 2 % | 1 % |
| 1 | | 2.5% | 2 % | 1 % |
| 2 | | 2.5% | 1 % | 0.5% |
| 3 | | 2 % | 1 % | 0.5% |
| 4 | | 1.7% | 0.75% | 0.5% |
| 6 | | 1.7% | 0.5% | 0.5% |

（2）凸、凹模刃口尺寸

精冲模刃口尺寸的计算与普通冲裁刃口尺寸计算基本相同。落料件以凹模为基准，冲孔件以凸模为基准。不同的是精冲后工件外形和内孔一般有 0.005～0.01 mm 的收缩量。因此落料凹模和冲孔凸模应比工件要求尺寸大 0.005～0.01 mm，计算式（2.45）、式（2.46）如下：

落料时
$$D_d=\left(D_{\min}+\frac{1}{4}\varDelta\right)_{0}^{+\frac{1}{4}\varDelta} \tag{2.45}$$

凸模按凹摸实际尺寸配制，保证双面间隙值 $Z$。

冲孔时
$$d_p=\left(d_{\max}-\frac{1}{4}\varDelta\right)_{-\frac{1}{4}\varDelta}^{0} \tag{2.46}$$

凹模按凸模实际尺寸配制，保证双面间隙值 $Z$。

孔中心距
$$C_d=C\pm\frac{1}{8}\varDelta \tag{2.47}$$

式（2.45）～式（2.47）中，$D_d$、$d_p$ 为凹、凸模尺寸；$C_d$ 为凹模孔中心距；$D_{\min}$、$d_{\max}$、$C_{\min}$ 分别为工件最小极限尺寸、最大极限孔径、孔中心距最小极限尺寸；$\varDelta$ 为工件公差，(mm)。

为了改善金属的流动性，提高工件的断面质量，应将凹模刃口做成小圆角。刃口圆角值过大，工件的圆角、锥度和穹弯现象也相应增大。因此，应尽量减小刃口圆角值，这样，可减少凹模刃口的挤压应力，以免在凹模与凸模刃口部分形成金属瘤粘结。但凹模刃口圆角值过小时，有时会出现二次剪切和细裂纹。一般凹模刃口取 0.05～0.1 mm 的圆角效果较好，试模时先采用最小 $R$ 值，在增加齿圈压力后仍不能获得光洁切断面时，再适当增大 $R$ 值。

（3）齿圈压板

齿圈是精冲的重要组成部分，常用形式为 V 形齿圈。根据加工方法的不同，分为对称角度齿形和非对称角度齿形两种，如图 2.89 所示，其尺寸可参考表 2.28。当材料厚度超过 4 mm，或材料韧性较好时，常使用两个齿圈，一个装在压边圈上，另一个装在凹模上。

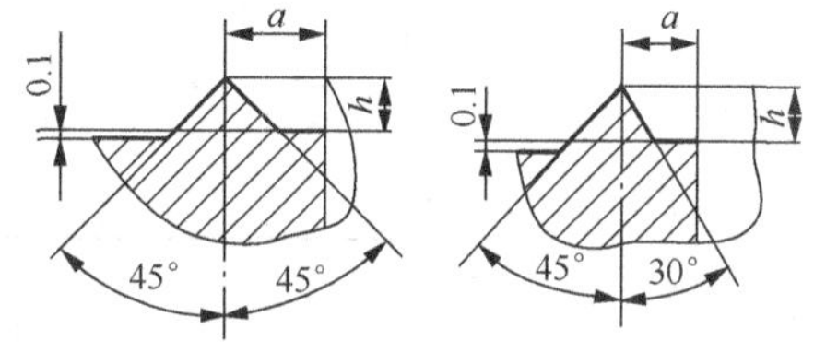


（a）对称齿形　　（b）非对称齿形

图 2.89　齿圈齿形

表 2.28　单面齿圈齿形尺寸　(mm)

| 材料厚度 $t$/mm | 材料抗拉强度/MPa | | | | | |
|---|---|---|---|---|---|---|
| | $\sigma_b < 450$ | | $450 < \sigma_b < 600$ | | $600 < \sigma_b < 700$ | |
| | $a$ | $h$ | $a$ | $h$ | $a$ | $h$ |
| 1 | 0.75 | 0.25 | 0.60 | 0.20 | 0.50 | 0.15 |
| 2 | 1.50 | 0.50 | 1.20 | 0.40 | 1.00 | 0.30 |
| 3 | 2.30 | 0.75 | 1.80 | 0.60 | 1.50 | 0.45 |
| 3.5 | 2.60 | 0.90 | 2.10 | 0.70 | 1.70 | 0.55 |

齿圈的分布根据加工零件的形状和要求考虑，形状简单的工件，齿圈可做成和工件的外形相似的形状，形状复杂的工件，可在有特殊要求的部位做出与工件外形类似的齿圈，其他部分则可简化或做成近似形状，如图 2.90 所示。

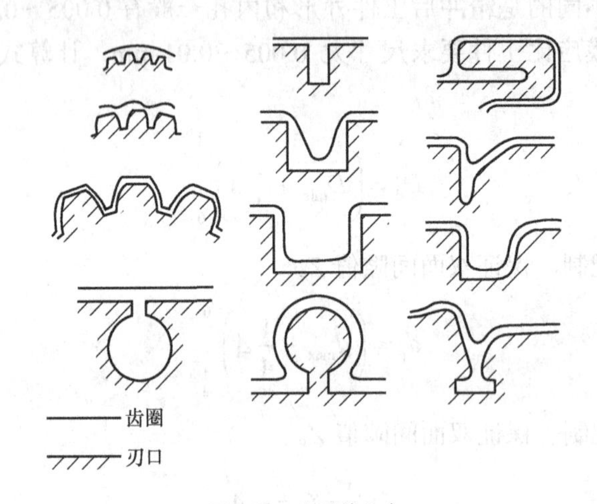


图 2.90　齿圈的分布

（4）排样与塔边

精冲排样的原则基本上和普通冲裁相同，若工件外形两侧形状、剪切面质量要求有差异，排样时应将形状复杂及要求高的一侧放在进料一侧，使这部分断面从没有精冲过的材料中剪切下来，以保证有较好的断面质量（见图 2.91）。因为精冲时齿圈压板要压紧材料，故精冲的搭边值比普通冲裁时要大些。

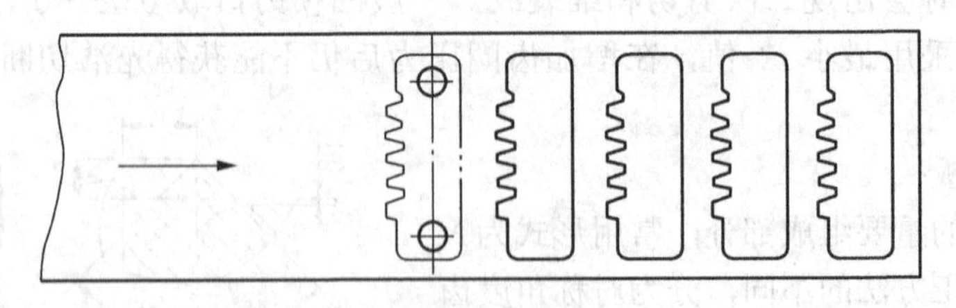

图 2.91　精冲的排样

## 2．精冲模具结构及特点

精冲模与普通冲裁模相比，具有以下特点。

1）刚性和精度要求较高。

2）要有精确而稳定的导向装置，保证凸、凹模同心，间隙均匀。

3）严格控制凸模进入凹模的深度，以免损坏模具工作部分。

4）模具工作部分应选择耐磨、淬透性好、热处理变形小的材料。

5）要考虑模具工作部分的排气问题，以免影响顶出器的移动距离。

专用精冲压力机使用的模具，按其结构特点可分为活动凸模式与固定凸模式两种。由于通用模架能实现模芯快速更换，可大大缩短制造周期并降低成本，所以通用模架被广泛采用。

（1）活动凸模式结构

凹模与齿圈压板均固定在模板内，落料凸模6（凸凹模）是活动的，滑块9通过凸凹模座7和凸凹模拉杆10驱动凸凹模作上、下运动。凸模的导向靠下模座上的内孔及齿圈压板的内形来实现，凸模移动量稍大于料厚，此种结构适用于冲裁力不大的中、小零件的精冲（见图2.92）。

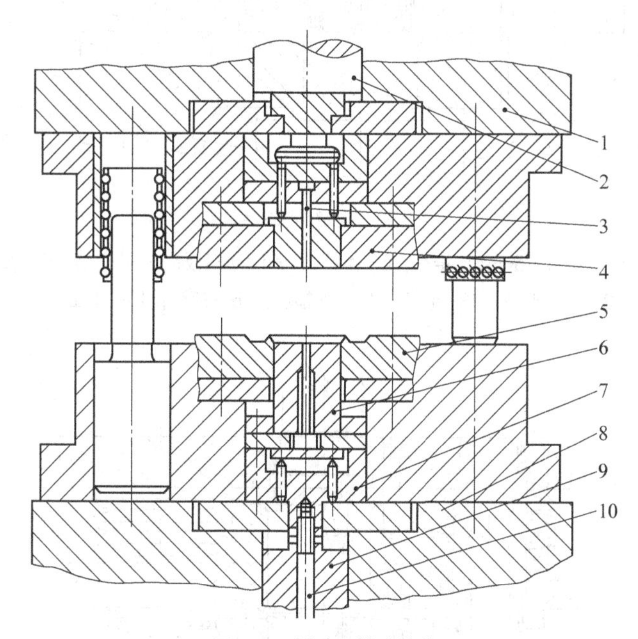


图2.92 活动凸模式结构

1—上工作台；2—上柱塞；3—凸模；4—凹模；5—齿圈压板；6—凸凹模；
7—凸凹模座；8—下工作台；9—滑块；10—凸凹模拉杆

（2）固定凸模式结构

凸模与凹模固定在模板内，而齿圈压板活动。此种模具刚性较好，受力平稳，适用于冲裁大的、形状复杂的或材料厚的工件以及内孔很多的工件（见图2.93）。

由于精冲模具要求有三个运动部分，且对滑块导向精度要求高，故一般应采用专用精冲压力机，但如在模具或压机上采取措施，也可将普通压力机用于精冲。

（3）简易精冲模

简易精冲模是靠一组强力弹性元件来获得辅助压力的，如图2.94所示。

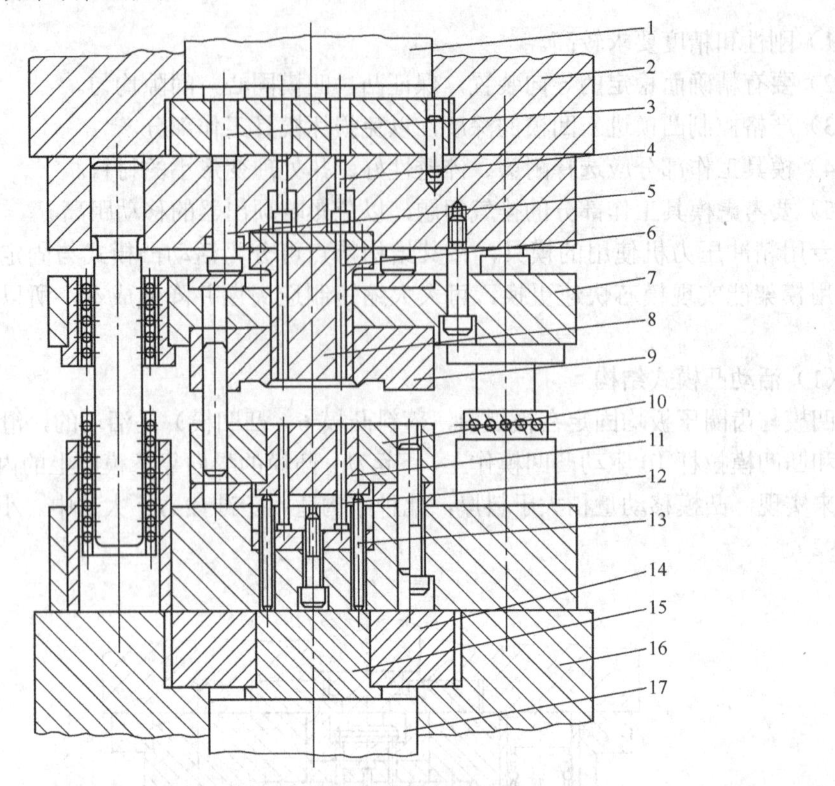


图 2.93　固定凸模式结构

1—上柱塞；2—上工作台；3、4、5—连接推杆；6—推杆；7—活动模板；8—凸凹模；9—齿圈压板；10—凹模；11—顶件块；12—冲孔凸模；13—顶杆；14—下垫块；15—顶块；16—下工作台；17—下柱塞

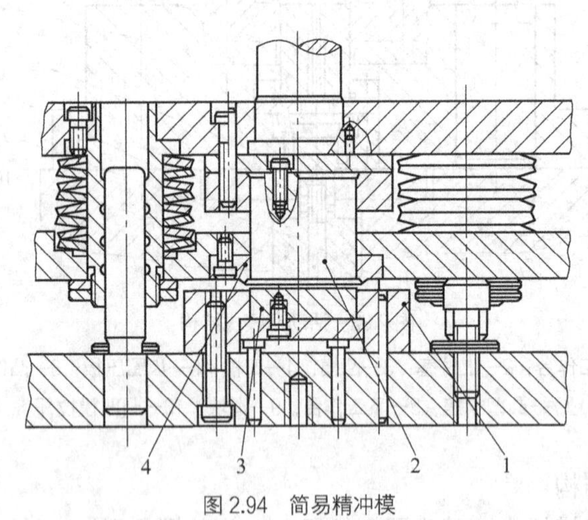


图 2.94　简易精冲模

1—凹模；2—凸模；3—顶板；4—齿圈压板

## 思考与练习题

1．简述冲裁件断面持征、影响因素。

2．分析冲裁间隙对冲裁件质量、冲裁力、模具寿命的影响。生产中如何选择合理的冲裁间隙？

3．冲裁凸、凹摸刃口尺寸计算方法有哪几种？各有何特点，分别适应于什么场合？

4．简述排样类型及排样类型的选择方法。

5．试比较单工序模、级进模和复合模的结构特点及应用。

6．冲裁模一般由哪几类零部件组成？它们在冲裁模中分别起什么作用？

7．冲裁图 2.95 所示的工件，材料为 15#钢，料厚为 2 mm，$\sigma_b$ 为 450 MPa，采用两工位级进冲裁，请计算：

（1）冲裁力、冲裁压力中心。

（2）冲裁凸模与凹模刃口部分尺寸。

（3）请分别绘制冲孔和落料的公差带图。

（4）请绘制模具结构图。

8．计算图 2.96 所示零件的凸、凹模刃口尺寸及公差［图 2.96（a）按分别加工法，图 2.96（b）按配作加工法］。

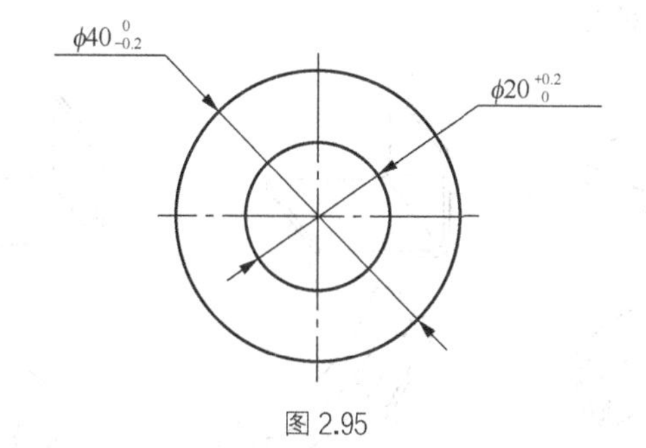


图 2.95

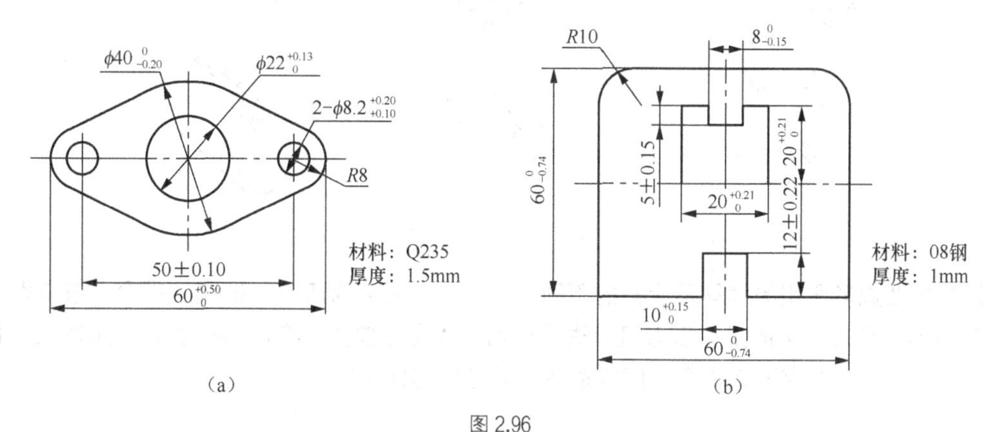


图 2.96

# 第3章 弯曲工艺与模具设计

弯曲是将金属坯料沿弯曲线弯成具有一定角度和形状的成形工艺方法，如图 3.1 所示。实际生产中，弯曲所用的坯料常用的有板材、管材和棒材等。弯曲是冲压加工的基本工序之一，属于成形工序，在冲压生产中应用广泛，可用于制造大型结构零件，如汽车的纵梁、自行车车把、各种电器零件的支架、门窗铰链等。

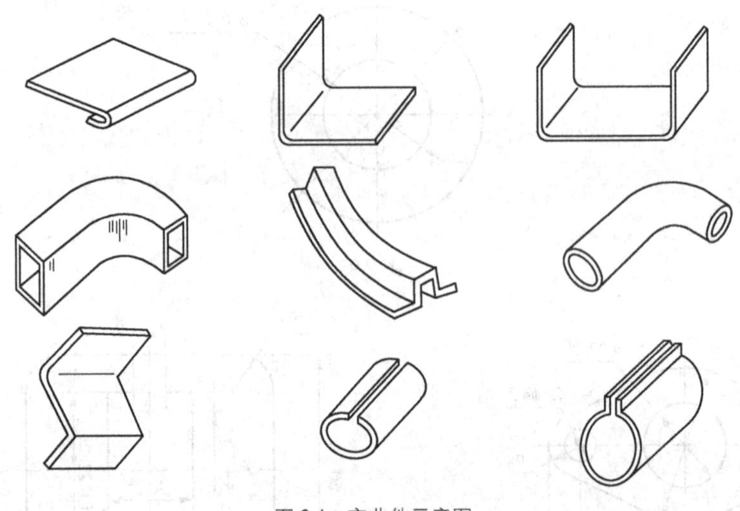

图 3.1 弯曲件示意图

根据弯曲成形所用的模具及设备的不同，弯曲方法可分为压弯、拉弯、折弯、滚弯等，如图 3.2 所示。但最常见的是在压力机上进行压弯。本章主要介绍在压力机上进行压弯工艺和弯曲模具设计，其弯曲变形基本原理同样适用于其他的弯曲工艺。

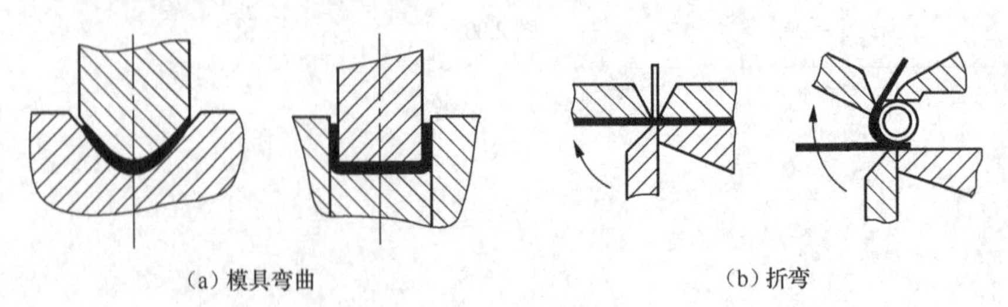

(a) 模具弯曲　　(b) 折弯

图 3.2 弯曲成形方法

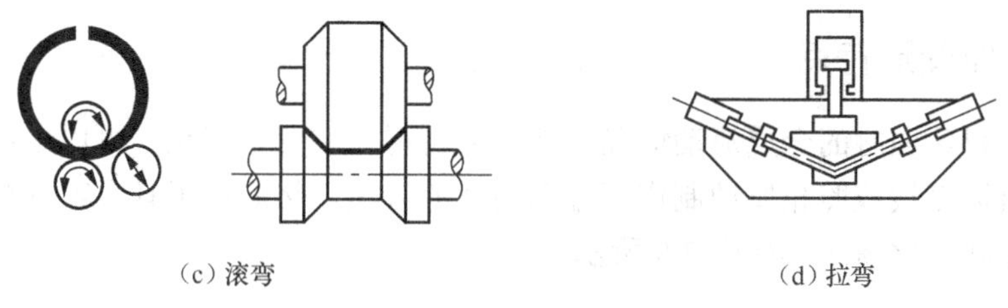

（c）滚弯　　（d）拉弯

图 3.2 弯曲成形方法（续）

## 3.1 弯曲变形过程分析

### 3.1.1 弯曲变形过程

图 3.3 所示为板料在 U 形弯曲模与 V 形弯曲模中受力变形的基本情况。凸模对板料在作用点 *A* 处施加外力 *F*（U 形）或 2*F*（V 形），则在凹模的支撑点 *B* 处引起反力 *F*，并形成弯曲力矩 *M*=*FL*，这个弯曲力矩使板料产生弯曲。

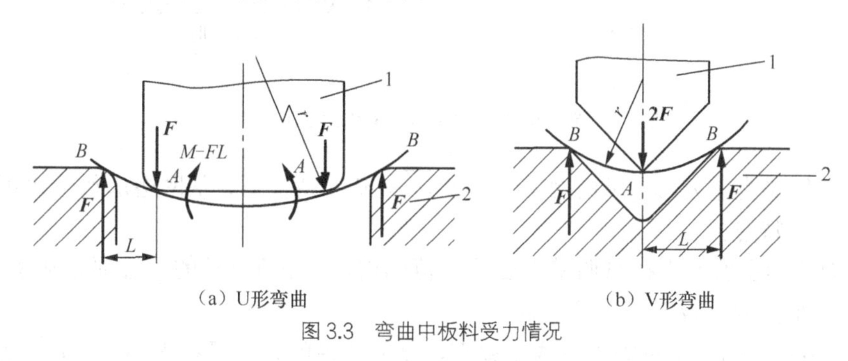


（a）U形弯曲　　（b）V形弯曲

图 3.3 弯曲中板料受力情况

1—凸模；2—凹模

图 3.4 所示为 V 形弯曲件弯曲过程。开始时，凸、凹模分别与板料在 *A*、*B* 处相接触，初始的弯曲圆角半径 *r* 很大，弯曲力矩很小，材料仅产生弹性弯曲变形。随着凸模下行，凹模与板料的接触支点 *B* 沿凹模斜面不断下移，弯曲力臂 *l* 逐渐减少，即 $l_k<l_2<l_1<l_A$。同时弯曲圆角半径 *r* 亦逐渐减少，即 $r<r_2<r_1<r_a$，弯曲变形程度逐步加大。接近行程终了时，弯曲半径 *r* 继续减小，而直边部分反而向凹模方向变形，直至板料与凸、凹模完全贴合。

在弯曲过程中板料与凹模之间有相对滑移现象，弯曲变形主要集中在弯曲圆角 *r* 处。另外在弯曲过程中还发生了直边变形，直边在最后贴合时被压直，此时如果再增加一定的压力对弯曲件施压，则称为校正弯曲。否则就称为自由弯曲。

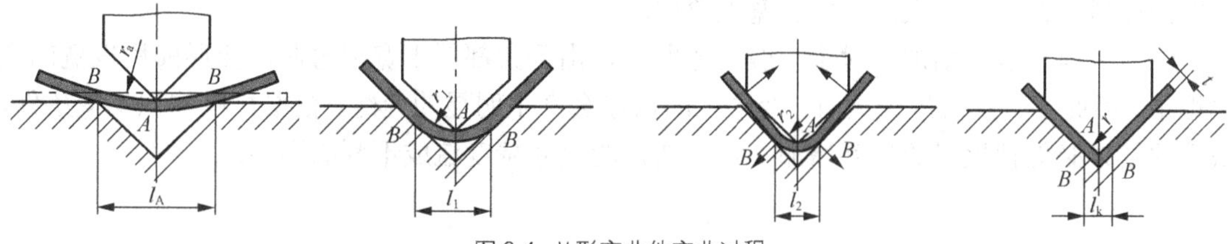


图 3.4 V 形弯曲件弯曲过程

### 3.1.2 弯曲变形特点

为了观察板料弯曲时的金属流动情况，便于分析材料的变形特点，可以采用在弯曲前的板料侧表面用机械刻线或照相腐蚀制作正方形网格的方法。然后用工具观察并测量弯曲前后网格的尺寸和形状变化情况，如图3.5所示。

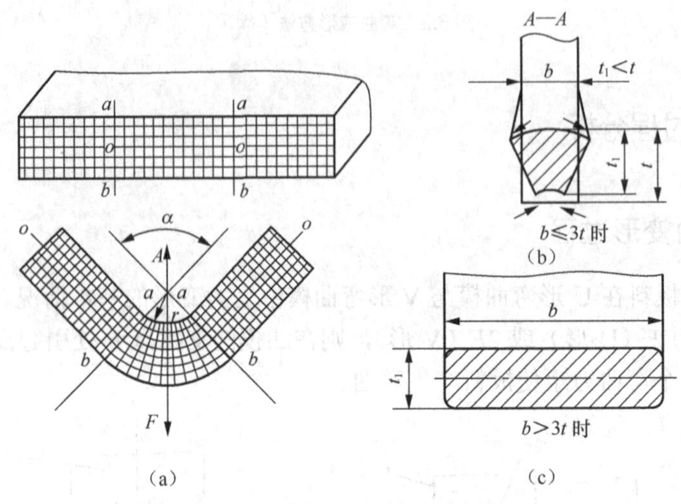


图3.5 板料弯曲前后网格的变化

弯曲前，网格为正方形，纵向网格线长度 $\overline{aa}=\overline{bb}$。弯曲后，从网格形状变化可以看出弯曲变形具有以下特点。

（1）弯曲变形主要发生在弯曲带中心角 $\alpha$ 范围内，中心角以外的直边部分基本上不变形。

（2）在变形区内，板料产生了变形。

① 长度方向：网格由正方形变成了扇形，靠近凹模的外侧受拉而伸长（$\overline{bb}<\widehat{bb}$），靠近凸模的内侧受压缩而缩短（$\widehat{aa}<\overline{aa}$）。在缩短和伸长的两个区之间，有一层金属，即图中的 $o$-$o$ 层，既不伸长，也不缩短，称为中性层。

② 厚度方向：由于内层长度方向缩短，因此厚度应增加，但由于凸模紧压板料，厚度方向增加不易。外层长度伸长，厚度要变薄。在整个厚度上，因为增厚量小于变薄量，因此材料厚度有变薄现象，使中性层发生内移。

③ 宽度方向：内层材料受压缩，宽度应增加。外层材料受拉伸，宽度要减小。根据板料的宽度不同分为两种情况：宽板弯曲（$b/t>3$）时，板料在宽度方向的变形会受到相邻金属的限制，横断面几乎不变。窄板弯曲（$b/t\leqslant 3$）时，宽度方向变形不受约束，断面变成了内宽外窄的扇形。此时，若对弯曲件的侧面尺寸有一定要求，则需要增加后续辅助工序。对于一般的板料弯曲来说，大部分属于宽板弯曲。

（3）板料长度的增加。对于一般的弯曲件，由于大都属于宽板弯曲，变形前后板宽的变化很小，因此当变形程度较大时，变形区的板厚会产生明显的变薄。根据材料体积不变条件，减薄的结果必然使板料的长度增加，对弯曲件的尺寸精度造成不利的影响。

### 3.1.3 弯曲变形区的应力应变状态

由于板料的相对宽度 $b/t$ 直接影响板料沿宽度方向的应变，进而影响应力，因而，随着 $b/t$ 的不同，板料具有不同的应力、应变状态。

#### 1. 应变状态

（1）沿长度方向，外侧为拉伸应变，内侧为压缩应变。应变 $\varepsilon_1$ 为绝对值最大的主应变。

（2）沿厚度方向，根据塑性变形体积不变条件可知，沿着板料的宽度和厚度方向，必然产生与 $\varepsilon_1$ 符号相反的应变。在板料的外侧，长度方向主应变 $\varepsilon_1$ 为拉应变，所以厚度方向的 $\varepsilon_2$ 为压应变；在板料的内侧，长度方向主应变 $\varepsilon_1$ 为压应变，所以厚度方向的应变 $\varepsilon_2$ 为拉应变。

（3）沿宽度方向，分两种情况。弯曲窄扳（$b/t \leqslant 3$）时，材料在宽度方向可以自由变形，故外侧应变为和长度方向主应变 $\varepsilon_1$ 符号相反的压应变，内侧为拉应变；弯曲宽板（$b/t > 3$）时，材料之间的变形相互制约，材料的流动受阻，故外侧和内侧沿宽度方向的应变 $\varepsilon_3$ 近似为零。

#### 2. 应力状态

（1）沿长度方向，外侧受拉应力，内侧受压应力，其应力 $\sigma_1$ 为绝对值最大的主应力。

（2）沿厚度方向，在弯曲过程中，材料有挤向曲率中心的倾向。越靠近板料外表面，其切向拉应力 $\sigma_1$ 越大。材料挤向曲率中心的倾向越大。这种不同步的材料转移，使板料在厚度方向产生了压应力 $\sigma_2$。在板料的内侧，板厚方向的拉应变 $\varepsilon_2$ 受到外侧材料向曲率中心移近所产生的阻碍，也产生了压应力 $\sigma_2$。

（3）沿宽度方向，分两种情况。弯曲窄板（$b/t \leqslant 3$）时，材料在宽度内的变形不受限制，因此，其内侧和外侧的应力均为零；弯曲宽板（$b/t > 3$）时，外侧材料在宽向的收缩受阻，产生拉应力，内侧宽向拉伸受阻，产生压应力。

板料弯曲的应力、应变状态如表 3.1 所示。就应力而言，宽板弯曲是立体的，窄板弯曲则是平面的；对应变而言，窄板弯曲是立体的，宽板弯曲则是平面的。

**表 3.1　弯曲变形时的应力应变状态**

| 板厚 | 窄板弯曲 | 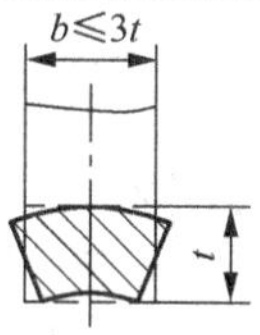 $b \leqslant 3t$, $t$ | 宽板弯曲 | 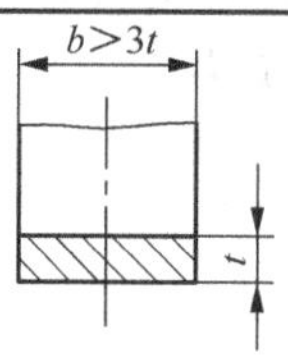 $b > 3t$, $t$ |
|---|---|---|---|---|
| 内侧 | 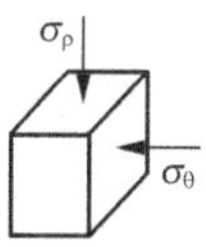 $\sigma_\rho$, $\sigma_\theta$ | 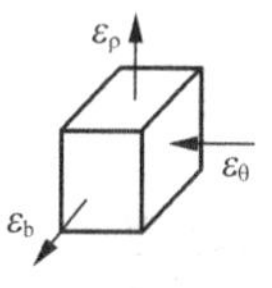 $\varepsilon_\rho$, $\varepsilon_\theta$, $\varepsilon_b$ | 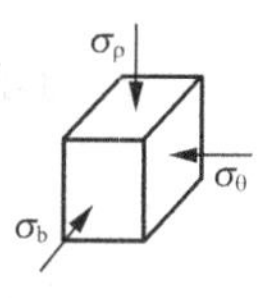 $\sigma_\rho$, $\sigma_\theta$, $\sigma_b$ | 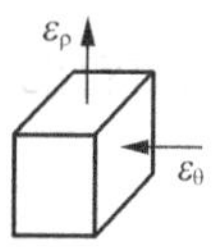 $\varepsilon_\rho$, $\varepsilon_\theta$ |

续表

| | | |
|---|---|---|
| 外侧 | $\sigma_\rho$ $\sigma_\theta$　　$\varepsilon_\rho$ $\varepsilon_\theta$ $\varepsilon_b$ | $\sigma_\rho$ $\sigma_\theta$ $\sigma_b$　　$\varepsilon_\rho$ $\varepsilon_\theta$ |

## 3.2 弯曲件质量分析及控制

根据弯曲变形特点，弯曲件可能产生的质量问题通常有弯裂、回弹、偏移、翘曲、变形区厚度变薄和毛坯长度增加等。

### 3.2.1 弯裂与最小相对弯曲半径

**1．弯裂**

当弯曲变形达到一定程度时，将会使变形区外层材料沿板宽方向产生拉伸裂纹而导致破坏，称为弯裂，如图3.6所示。产生弯裂的主要原因是弯曲变形程度超出被弯材料的成形极限。因此，只要限制每次弯曲时的变形程度，就可以避免弯裂。

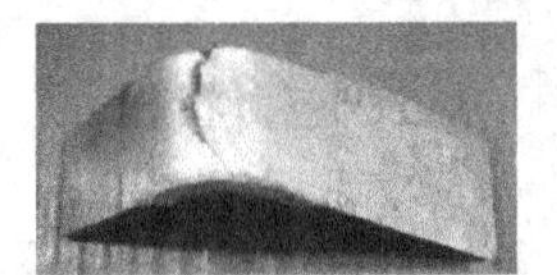

图3.6　弯曲开裂图

**2．最小相对弯曲半径**

板料在弯曲时，弯曲件的外层材料受拉而伸长，变形最大，所以最容易被拉裂而造成废品。外层材料拉伸变形的大小，主要取决于弯曲件的弯曲半径。对于一定厚度的材料，弯曲半径越小，外层材料的伸长率越大。在保证毛坯最外层纤维不发生破裂的前提下，所能获得的弯曲零件内表面最小圆角半径与弯曲材料厚度的比值 $r_{min}/t$ 称为最小相对弯曲半径。如图3.7所示，设中性层位置在半径为 $\rho=r+t/2$ 处，弯曲中心角为 $\alpha$，且弯曲后料厚保持不变，则最外层金属的伸长率 $\delta_{外}$ 为

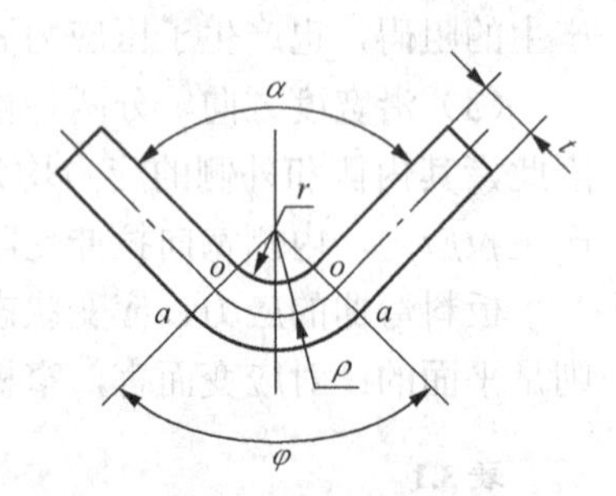


图3.7　板料弯曲时的变形情况

$$\delta_{外}=\frac{(r+t)\alpha-\left(r+\frac{1}{2}t\right)\alpha}{\rho\alpha}=\frac{\frac{1}{2}t}{r+\frac{1}{2}t}=\frac{1}{2\frac{r}{t}+1} \tag{3.1}$$

将 $\delta_{外}$ 材料的伸长率 $\delta$ 代入，可求得 $\frac{r_{min}}{t}$ 为

$$r_{min}/t=\frac{1-\delta}{2\delta} \tag{3.2}$$

相对弯曲半径 $\frac{r}{t}$ 值的大小可以衡量弯曲变形程度的大小，$\frac{r}{t}$ 越小，弯曲程度越大。最小

相对弯曲半径$\frac{r_{min}}{t}$值的大小可以衡量弯曲时变形毛坯的成形极限，$\frac{r_{min}}{t}$越小，板料弯曲的性能越好，是弯曲工艺中的重要工艺参数。

### 3．影响最小相对弯曲半径的因素

（1）材料力学性能。弯曲破坏主要是因为变形区外层材料受拉伸变形而开裂，材料塑性越好，允许的$r_{min}/t$ 值就可以越小。

对于因冷作硬化导致材料塑性降低而出现开裂时，可采用退火工序恢复其塑性。对镁合金、钛合金等低塑性材料常需加热弯曲。

（2）板料的纤维方向。冲压多用冷轧板材，呈现纤维状组织，呈明显各向异性。平行于轧制方向的塑性好于垂直于轧制方向的塑性。因此，当弯曲件的折弯线与板料的轧制方向垂直时，允许的$r_{min}/t$值最小；而当折弯线与轧制方向平行时，允许的$r_{min}/t$值最大。

生产中，当弯曲件的 $r/t$ 值较小时，应注意毛坯排样设计，要注明板料轧制方向，尽可能使其垂直于弯曲线。而多向弯曲的排样时，可使折弯线与轧制方向成一定的角度，如图3.8所示。

（3）毛坯的断面质量和板料的表面质量。弯曲毛坯一般采用剪床下料或冲模落料，断面粗糙且有毛刺，并有硬化现象产生。弯曲时如将毛刺等缺陷置于弯曲变形区的外侧，则会因应力集中容易出现开裂。另外，坯料表面如果粗糙或有划伤、裂纹等，在弯曲时同样易引起开裂。这种现象对铝质板材特别严重。

（4）板料的厚度。当弯曲半径$r$ 相同时，板厚$t$ 值越小，则变形区外表层的伸长应变就越小，即板料越薄，弯曲开裂的危险性就越小，所允许的 $r_{min}/t$值比厚板要小。

（5）弯曲中心角的大小。理论上，认为变形区仅限于弯曲区中心角$\alpha$的区域内，直边基本不参与变形。但实际上，由于材料的相互牵制作用，靠近圆角附近的直边材料同样参与了变形，使变形区外层的拉应力有所缓解，同时也分散了集中在圆角部分的拉伸应变。弯曲区中心角$\alpha$越小，圆角区变形的直边缓解作用就越大，而$r_{min}/t$值也越小，如图3.9所示。

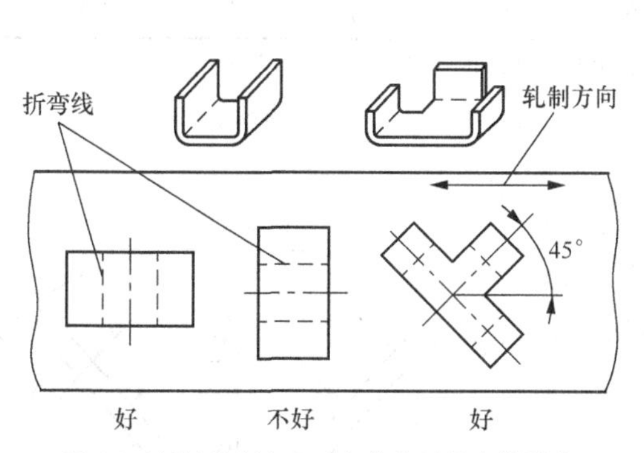

图3.8　板料轧制方向对弯曲变形程度的影响

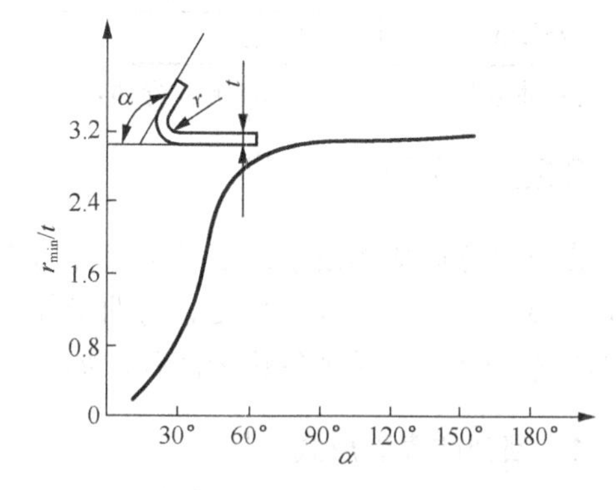

图3.9　弯曲区中心角对弯曲变形程度的影响

### 4．最小相对弯曲半径的确定

最小相对弯曲半径$r_{min}/t$值一般参考经验数据来确定，见表3.2。

表 3.2　　最小弯曲半径 $r_{min}/t$

| 材　料 | 退火或正火 | | 冷作硬化 | |
|---|---|---|---|---|
| | 弯曲方向 | | | |
| | 垂直于纤维 | 平行于纤维 | 垂直于纤维 | 平行于纤维 |
| 08、10 | 0.1 | 0.4 | 0.4 | 0.8 |
| 15、20 | 0.1 | 0.5 | 0.5 | 1.0 |
| 25、30 | 0.2 | 0.6 | 0.6 | 1.2 |
| 35、40 | 0.3 | 0.8 | 0.8 | 1.5 |
| 45、50 | 0.5 | 1.0 | 1.0 | 1.7 |
| 55、60 | 0.7 | 1.3 | 1.3 | 2.0 |
| 65Mn、T7 | 1.0 | 2.0 | 2.0 | 3.0 |
| Cr18Ni9 | 1.0 | 2.0 | 3.0 | 4.0 |
| 硬铝（软） | 1.0 | 1.5 | 1.5 | 2.5 |
| 硬铝（硬） | 2.0 | 3.0 | 3.0 | 4.0 |
| 磷铜 | — | — | 1.0 | 3.0 |
| 半硬黄铜 | 0.1 | 0.35 | 0.5 | 1.2 |
| 软黄铜 | 0.1 | 0.35 | 0.35 | 0.8 |
| 紫铜 | 0.1 | 0.35 | 1.0 | 2.0 |
| 铝 | 0.1 | 0.35 | 0.5 | 1.0 |
| 镁合金 | 加热到300℃～400℃ | | 冷作状态 | |
| MA1-M | 2.0 | 3.0 | 6.0 | 8.0 |
| MA8-M | 1.5 | 2.0 | 5.0 | 6.0 |
| 钛合金 $BT_1$ | 1.5 | 3.0 | 6.0 | 8.0 |
| $BT_5$ | 3.0 | 2.0 | 5.0 | 6.0 |
| 钼合金 | 加热到400℃～500℃ | | 冷作状态 | |
| $t$≤2mm | 2.0 | 3.0 | 4.0 | 5.0 |

注：本表用于板材厚 $t$<10 mm，弯曲角≥90°，剪切断面良好的情况。

### 3.2.2　回弹

在材料弯曲变形结束，工件不受外力作用时，由于弹性恢复，使弯曲件的角度、弯曲半径与模具的尺寸形状不一致，这种现象称为回弹，如图 3.10 所示。

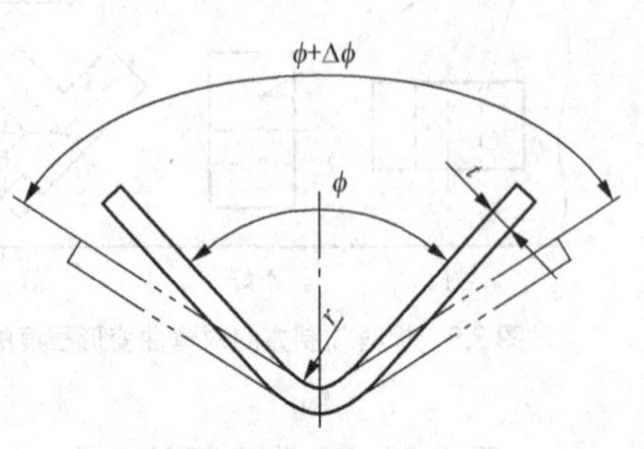

图 3.10　弯曲时的回弹

#### 1．回弹的表现形式

弯曲回弹的表现形式有如下两个方面。

（1）弯曲半径增大。卸载前弯曲件的内角半径 $r$（与凸模的半径吻合），在卸载后会有所增加。

（2）弯曲件角度增大。卸载前板料的弯曲件角度（与凸模顶角吻合）与卸载后相比增大了$\Delta$。

## 2．影响回弹的因素

（1）材料的力学性能。材料的屈服点$\sigma_s$越高，弹性模量$E$越小，弯曲回弹越大。$\sigma_s/E$的比值越大，材料的回弹值也就越大。硬化指数$n$越大，则弯曲时回弹值越大。

如图3.11（a）所示，两种材料的屈服极限$\sigma_s$基本相同，弹性模量却不相同（$E_1>E_2$），当弯曲变形程度相同时，卸载后，$E$大的退火软钢回弹量小于软锰黄铜的。又如图3.11（b）所示，两种材料的$E$基本相同，而$\sigma_s$不同，当弯曲变形程度相同时，卸载后，$\sigma_s$高的经冷作硬化的软钢的回弹量将大于$\sigma_s$较低的退火钢的量。若$E$相差无几，应尽量选用$\sigma_s$小、$n$值小的材料以便获得形状规则、尺寸精确的弯曲件。

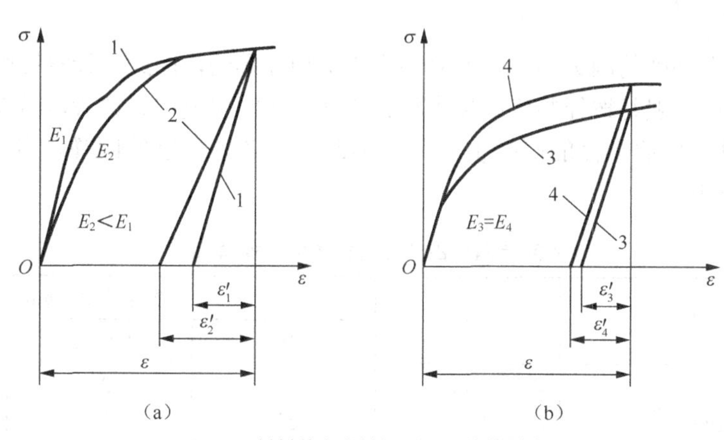


图3.11 材料的力学性能对回弹值的影响图

1、3—退火软钢；2—软锰黄铜；4—经冷变形硬化的软钢

（2）相对弯曲半径$r/t$。$r/t$越小时，回弹值越小。$r/t$减小时，弯曲毛坯外侧表面在长度方向上的总变形程度增大，其中塑性变形和弹性变形成分也同时增大。但在总变形中，弹性变形所占的比例则相应地变小。由图3.12可知，当总的变形程度为$\varepsilon_1$时，弹性变形所占的比例为$\Delta\varepsilon_1/\varepsilon_1$。当总变形由$\varepsilon_1$增大到$\varepsilon_2$时，弹性变形所占的比例为$\Delta\varepsilon_2/\varepsilon_2$。显然，$\Delta\varepsilon_1/\varepsilon_1>\Delta\varepsilon_2/\varepsilon_2$。即随着总变形程度增加，弹性变形所占的比例相反地减小了。所以，$r/t$越小，回弹值越小。相反，若$r/t$过大，变形程度小，毛坯大部分处于弹性变形状态，回弹大。

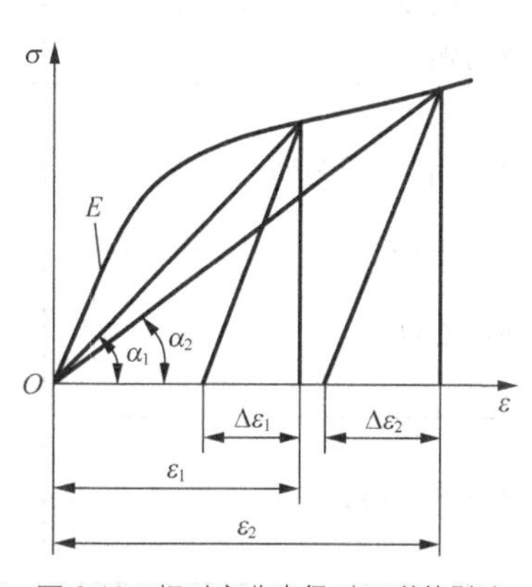


图3.12 相对弯曲半径对回弹的影响

（3）弯曲中心角$\alpha$。弯曲中心角越大，变形区的长度越长，回弹的积累值越大，故回弹角越大。

（4）弯曲方式。自由弯曲与校正弯曲比较，由于校正弯曲可增加圆角处的塑性变形程度，因而有较小的回弹。

（5）模具间隙。压制U形件时，模具间隙对回弹值有直接影响。间隙大，材料处于松动状态，回弹就大；间隙小，材料被挤紧，回弹就小。

（6）工件形状。工件形状复杂，一次弯曲成形角的数量越多，各部分的回弹相互牵制，回弹就越小，如U形工件比V形工件的弯曲回弹小。

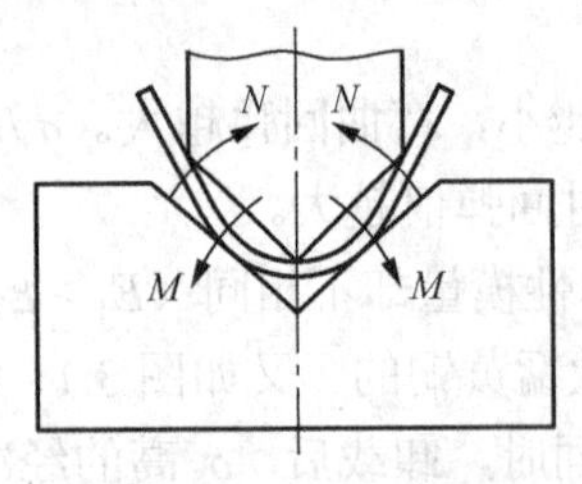

图3.13　校正性弯曲时的回弹

（7）非变形区的影响。如图3.13所示，对V形件小半径（$r/t$在0.2～0.3或更小时）进行弯曲校正时，由于非变形区的直边部分有校直作用，所以弯曲后的回弹是直边区回弹与圆角区回弹的复合。由图可见，直边区回弹的方向（图中$N$方向）与圆角区回弹方向（图中$M$方向）相反。当$r/t$很小时，直边的回弹大于圆角的回弹，此时就会出现负回弹，即弯曲件的角度反而小于弯曲凸模的角度。

### 3．回弹值的大小

由于影响弯曲回弹的因素很多，而且各因素又相互影响，因此，计算回弹角比较复杂，也不准确。生产中一般是按经验值或按力学公式计算出回弹值作为参考，再在试模时修正。

当$r/t<5$时，弯曲半径的回弹值不大，因此，只考虑角度的回弹，其值可按表3.3、表3.4、表3.5查出。

**表3.3　90°单角自由弯曲时的角度回弹值$\Delta\alpha$**

| 材　料 | $r/t$ | 材料厚度$t$/mm | | |
|---|---|---|---|---|
| | | <0.8 | 0.8～2 | >2 |
| 软钢 $\sigma_b$=350 MPa<br>软黄铜 $\sigma_b$≤350 MPa<br>铝、锌 | <1<br>1～5<br>>5 | 4°<br>5°<br>6° | 2°<br>3°<br>4° | 0°<br>1°<br>2° |
| 中硬钢 $\sigma_b$=400～500 MPa<br>硬黄铜 $\sigma_b$=350～400 MPa<br>硬青铜 | <1<br>1～5<br>>5 | 5°<br>6°<br>8° | 2°<br>3°<br>5° | 0°<br>1°<br>3° |
| 硬钢 $\sigma_b$>550 MPa | <1<br>1～5<br>>5 | 7°<br>9°<br>12° | 4°<br>5°<br>7° | 2°<br>3°<br>5° |
| 硬铝 2A12 | <2<br>2～5<br>>5 | 2°<br>4°<br>6.5° | 3°<br>6°<br>6° | 4.5°<br>8.5°<br>14° |
| 超硬铝 7A04 | <2<br>2～5<br>>5 | 2.5°<br>4°<br>7° | 5°<br>8°<br>12° | 8°<br>11.5°<br>19° |

**表3.4　单角校正弯曲时的角度回弹值$\Delta\alpha$**

| 材　料 | $r/t$ | | |
|---|---|---|---|
| | ≤0.8 | >1～2 | >2～3 |
| Q235 | −1°～1°30′ | 0°～2° | 1°30′～2°30′ |
| 纯铜、铝、黄铜 | 0°～1°30′ | 0°～3° | 2°～4° |

表 3.5　　**U 形件弯曲时的角度回弹值 $\Delta\alpha$**

| 材　　料 | $r/t$ | 凹模和凸模的单边间隙 $Z$ | | | | | | |
|---|---|---|---|---|---|---|---|---|
| | | $0.8t$ | $0.9t$ | $1.0t$ | $1.1t$ | $1.2t$ | $1.3t$ | $1.4t$ |
| | | 回弹角 $\Delta\alpha$ | | | | | | |
| 2A12Y | 2 | −2° | 0° | 2°30′ | 5° | 7°30′ | 10° | 12° |
| | 3 | −1° | 1°30′ | 4° | 6°30′ | 9°30′ | 12° | 14° |
| | 4 | 0° | 3° | 5°30′ | 8°30′ | 11°30′ | 14° | 16°30′ |
| | 5 | 1° | 4° | 7° | 10° | 12°30′ | 15° | 18° |
| | 6 | 2° | 5° | 8° | 11° | 13°30′ | 16°30′ | 19°30′ |
| A12M | 2 | −1°30′ | 0° | 1°30′ | 3° | 5° | 7° | 8°30′ |
| | 3 | −1°30′ | 30′ | 2°30′ | 4° | 6° | 8° | 9°30′ |
| | 4 | −1° | 1° | 3° | 4°30′ | 6°30′ | 9° | 10°30′ |
| | 5 | −1° | 1° | 3° | 5° | 7° | 9°30′ | 11° |
| | 6 | −30′ | 1°30′ | 3°30′ | 6° | 8° | 10° | 12° |
| 7A04Y | 3 | 3° | 7° | 10° | 12°30′ | 14° | 16° | 17° |
| | 4 | 4° | 8° | 11° | 13°30′ | 15° | 17° | 18° |
| | 5 | 5° | 9° | 12° | 14° | 16° | 18° | 20° |
| | 6 | 6° | 10° | 13° | 15° | 17° | 20° | 23° |
| | 8 | 8° | 13°30′ | 16° | 19° | 21° | 23° | 26° |
| 7A04M | 2 | −3° | −2° | 0° | 3° | 5° | 6°30′ | 8° |
| | 3 | −2° | −1°30′ | 2° | 3°30′ | 6°30′ | 8° | 9° |
| | 4 | −1° | −1° | 2°30′ | 4°30′ | 7° | 8°30′ | 10° |
| | 5 | −1° | −1° | 3° | 5°30′ | 8° | 9° | 11° |
| | 6 | 0° | −0°30′ | 3°30′ | 6°30′ | 8°30′ | 10° | 12° |
| 20（已退火的） | 1 | −2°30′ | −1° | 0°30′ | 1°30′ | 3° | 4° | 5° |
| | 2 | −2° | −0°30′ | 1° | 2° | 3°30′ | 5° | 6° |
| | 3 | −1°30′ | 0° | 1°30′ | 3° | 4°30′ | 6° | 7°30′ |
| | 4 | −1° | 0°30′ | 2°30′ | 4° | 5°30′ | 7° | 9° |
| | 5 | −0°30′ | 1°30′ | 3° | 5° | 6°30′ | 8° | 10° |
| | 6 | −0°30′ | 2° | 4° | 6° | 7°30′ | 9° | 11° |

当 $r/t>10$ 时，因相对弯曲半径较大，这时，工件不仅角度有回弹，弯曲半径也有较大的回弹。这时，回弹值可按式（3.3）、式（3.4）进行计算，然后在生产中进行修正。

$$r_{凸}=\frac{r}{1+3\dfrac{\sigma_s r}{Et}}=\frac{1}{\dfrac{1}{r}+3\dfrac{\sigma_s}{Et}} \tag{3.3}$$

$$\alpha_{凸}=\alpha-（180°-\alpha）\left(\frac{r}{r_{凸}}-1\right) \tag{3.4}$$

式中，$r$ 为工件的圆角半径；$r_{凸}$为凸模的圆角半径；$\alpha$ 为弯曲件的角度（°）；$\alpha_{凸}$ 为弯曲凸模角度（°）；$t$ 为毛坯的厚度；$E$ 为弯曲材料的弹性模量（MPa）；$\sigma_s$ 为弯曲材料的屈服点（MPa）。

应该指出，上述公式的计算值是近似的。根据工厂生产经验，修磨凸模时，“放大”弯曲半径比“收小”弯曲半径容易。因此，对于 $r/t$ 值较大的弯曲件，生产中希望压弯后零件的曲率半径略比图纸尺寸小些，以便在试模后能比较容易地修正。

### 4．减小弯曲回弹的措施

由于影响弯曲回弹的因素很多，在用模具加工弯曲件时，很难获得形状规则、尺寸准确的制件。生产中必须采取适当的措施将弯曲后的回弹量控制在最低限度内。

（1）从弯曲件结构上采取措施。弯曲件应尽可能选用弹性模量较大、屈服极限较小、力学性能稳定的材料，并尽量使 $r/t$ 值控制在1～2的范围内。另外如可能应在易产生回弹的部位设置加强筋，起到减小回弹、提高刚性的作用，如图3.14所示。

（2）从弯曲工艺上采取措施，如用校正弯曲代替自由弯曲。这是常用的、行之有效的弯曲方法。对于冷作硬化的材料，可先退火使屈服极限降低，以减小回弹，弯曲后再行淬硬。

（3）从模具结构上采取措施。在实际生产中多从模具结构的角度来采取措施以提高弯曲件产品的质量。如对于常用的塑性材料，生产中常采用与“校直过正”类似的补偿法来弯曲制件，如图3.15所示。或当弯曲半径不大时，可减小凸模与板料的接触面积，使压力集中对圆角进行校形，如图3.16所示，改变弯曲变形区外侧受拉、内侧受压的应力状态，使变形区变为三向受压状态，以改变回弹变形性质减小回弹。一般认为弯曲区金属的压缩量取为板厚的2%～5%时，就可得到较好的结果。此外采用软模法或拉弯法亦可减少回弹，在此不再赘述。

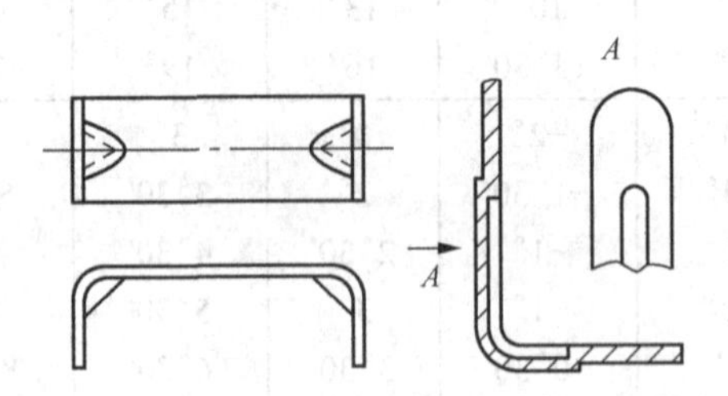


图3.14 零件上设置加强筋以减小弯曲回弹

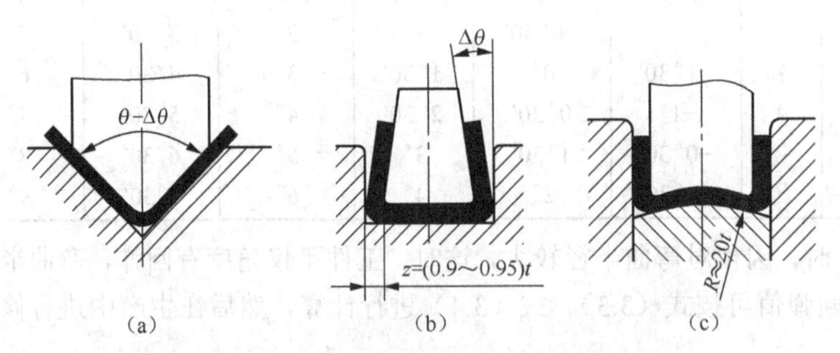


图3.15 采用补偿法以减小弯曲回弹

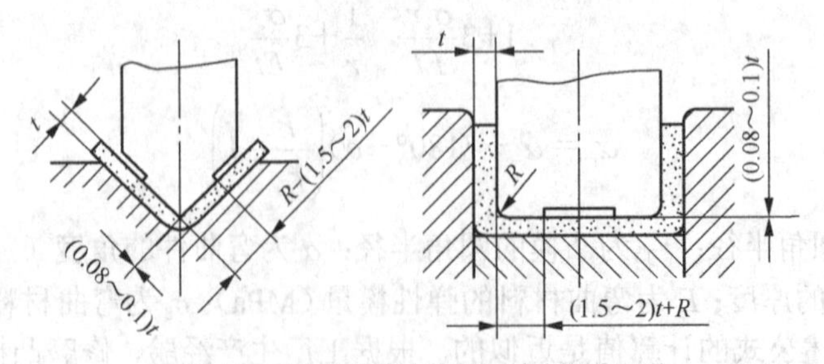


图3.16 对弯曲区集中校形以减小弯曲回弹

### 3.2.3　偏移

#### 1. 偏移现象的产生

板料在弯曲过程中沿凹模圆角滑移时，会受到凹模圆角处摩擦阻力的作用。当板料各边所受的摩擦阻力不等时，有可能使毛坯在弯曲过程中沿工件的长度方向产生移动，使工件两直边的高度不符合图样的要求，这种现象称为偏移。

产生偏移的原因很多，如图3.17所示。图3.17（a）和图3.17（b）所示为制件毛坯形状不对称造成的偏移；图3.17（c）所示为工件结构不对称造成的偏移；图3.17（d）和图3.17（e）所示为弯曲模结构不合理造成的偏移。此外，凸模与凹模的圆角不对称、间隙不对称等，都会导致弯曲时产生偏移现象。

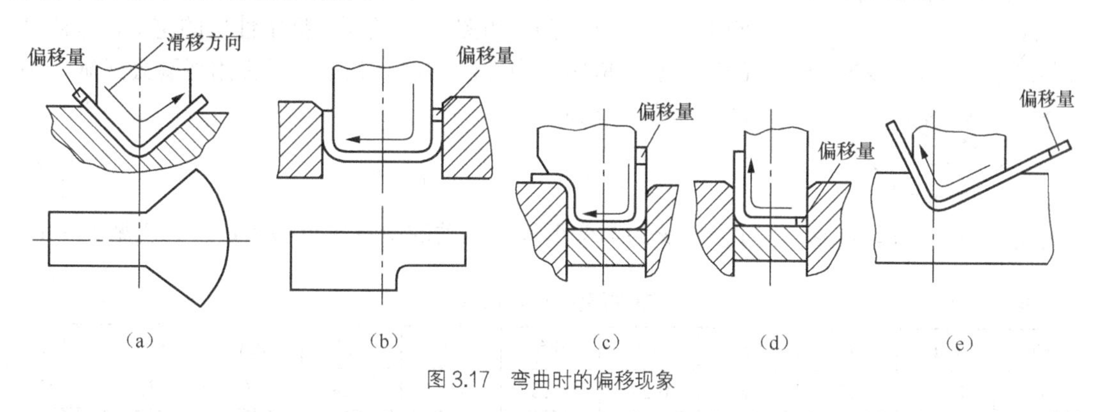

图3.17　弯曲时的偏移现象

#### 2. 克服偏移的措施

（1）采用压料装置，使毛坯在压紧的状态下逐渐弯曲成形，从而防止毛坯的滑动，而且能得到较平工件，如图3.18（a）和图3.18（b）所示。

（2）利用毛坯上的孔或设计工艺孔，用定位销插入孔内再弯曲，使毛坯无法移动，如图3.18（c）所示。

（3）将不对称形状的弯曲件组合成对称弯曲件进行弯曲，然后再切开，使板料弯曲时受力均匀，不容易产生偏移，如图3.18（d）所示。

（4）模具制造准确，间隙调整对称。

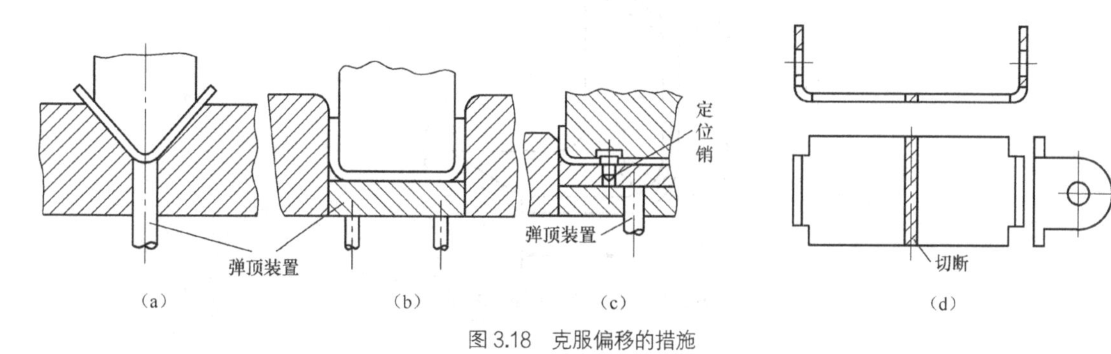

图3.18　克服偏移的措施

## 3.3 弯曲工艺计算

### 3.3.1 弯曲件毛坯尺寸的计算

弯曲加工时，弯曲件毛坯尺寸是否准确，直接关系到工件的尺寸精度。根据弯曲时应变中性层在弯曲前后长度不变的特点，计算弯曲件毛坯尺寸时应先确定弯曲应变中性层的位置，然后计算出应变中性层的长度，由此得出毛坯的长度尺寸。

**1. 弯曲件中性层位置的确定**

设板料弯曲前的长度、宽度和厚度分别为 $l$、$b$ 和 $t$，弯曲后板料中性层曲率半径为 $\rho$、内侧半径为 $r$、厚度 $t$，如图 3.19 所示。据中性层的定义，弯曲件的坯料长度应等于中性层的展开长度，通常用经验公式确定中性层曲率半径为：

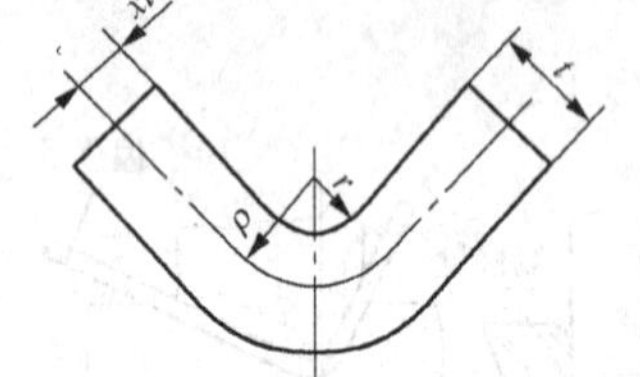

图 3.19 弯曲件中性层半径

$$\rho = r + xt \tag{3.5}$$

式中，$x$ 为与变形程度有关的中性层位移系数，其值见表 3.6。

**表 3.6 中性层位移系数 $x$ 值**

| $r/t$ | 0.1 | 0.2 | 0.3 | 0.4 | 0.5 | 0.6 | 0.7 | 0.8 | 1 | 1.2 |
|---|---|---|---|---|---|---|---|---|---|---|
| $x$ | 0.21 | 0.22 | 0.23 | 0.24 | 0.25 | 0.26 | 0.28 | 0.30 | 0.32 | 0.33 |
| $r/t$ | 1.3 | 1.5 | 2 | 2.5 | 3 | 4 | 5 | 6 | 7 | ≥8 |
| $x$ | 0.34 | 0.36 | 0.38 | 0.39 | 0.40 | 0.42 | 0.44 | 0.46 | 0.48 | 0.5 |

**2. 弯曲件毛坯展开长度的计算**

（1）$r>0.5t$ 的弯曲件

如图 3.20 所示，此类弯曲件具有较为明显的圆角，压弯变形时变薄情况不严重，而且断面畸变也较小，可按中性层长度等于毛坯长度的方法来进行计算。毛坯展开长度等于弯曲件中性层各直线部分的长度和圆弧部分的长度之和。

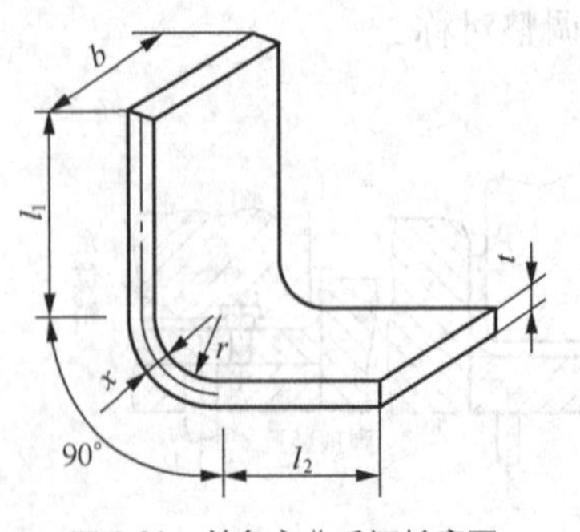

图 3.20 单角弯曲毛坯长度图

$$L=\sum l_{直线}+\sum l_{圆弧} \quad (3.6)$$

$$l_{圆弧}=\frac{2\pi\rho}{360°}\alpha=\frac{\pi\rho}{180°}(r+xt) \quad (3.7)$$

式中，$L$ 为弯曲件毛坯长度；$l_{直线}$、$l_{圆弧}$ 分别为直线、圆弧部分各段长度；$\rho$为应变中性层的曲率半径；$\alpha$ 为弯曲区中心角（°）。

（2）$r<0.5t$ 的弯曲件

如图 3.21 所示，此类弯曲件可视为无圆角弯曲件，因弯曲变形程度较大，压弯时板料变形区变薄情况严重，而且断面畸变也较大。此种情况应依据弯曲变形前后毛坯体积和工件体积相等的原则来进行计算。

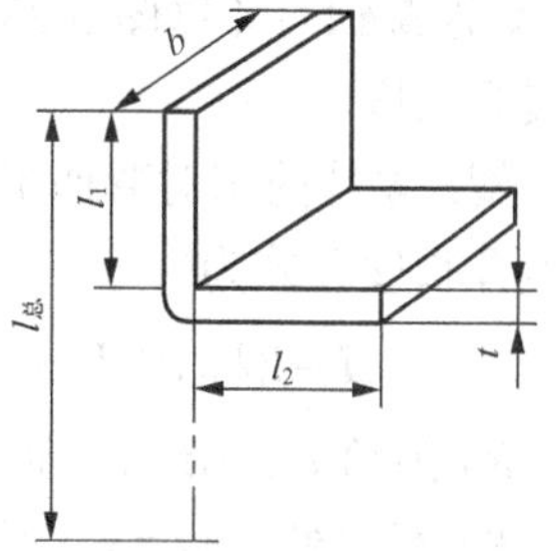

图 3.21　无圆角半径的弯曲

图中，当弯曲角为 90° 时，

弯曲前的体积：　$V=Lbt$

弯曲后的体积：　$V'=(l_1+l_2)bt+\frac{\pi t^2}{4}b$

由 $V=V'$ 可得：　$L=l_1+l_2+0.785t$

在弯曲变形时，由于变形的连续性，毛坯弯曲变形区的变薄会使与其相邻的两直边部分也相应地产生变薄，因此，对上式修正如下：

$$L=l_1+l_2+x't$$

式中，$x'$ 为修正系数，一般取 $x'=0.4\sim0.6$。

采用上述方法计算出的弯曲件毛坯长度一般会有误差，这是因为实际弯曲加工要受到多种因素的影响，如材料性能、模具结构、弯曲方式等，因此只能适用于形状比较简单、弯角少、精度较低的弯曲件。当弯曲件形状比较复杂、弯角数量多且精度较高时，计算出的弯曲件毛坯长度仅能作为一个参考值。在进行实际压弯工作时，应先根据计算值初步确定毛坯尺寸后，经过反复试弯修正，最后才能得到合格的毛坯尺寸。

（3）铰链式弯曲件

对于 $r=(0.6\sim3.5)t$ 的铰链件，如图 3.22 所示，其坯料长度近似计算为

$$L=l+1.5\pi(r+x_1t)+r\approx l+5.7r+4.7x_1t \quad (3.8)$$

式中，$x_1$ 为中性层位移系数（可参考表 3.7 查取）。

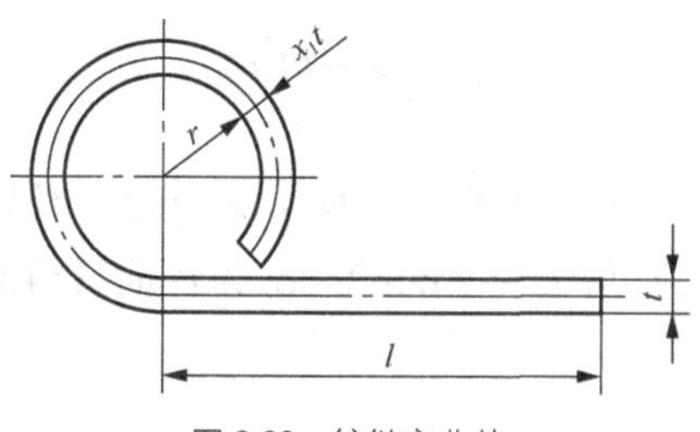


图 3.22　铰链弯曲件

表 3.7　　铰链式弯曲件中性层位移系数 $x_1$ 值

| $r/t$ | >0.5～0.6 | >0.6～0.8 | >0.8～1 | >1～1.2 | >1.2～1.5 | >1.5～1.8 | >1.8～2 | >2～2.2 | >2.2 |
|---|---|---|---|---|---|---|---|---|---|
| $x_1$ | 0.76 | 0.73 | 0.7 | 0.67 | 0.64 | 0.61 | 0.58 | 0.54 | 0.5 |

【例 3.1】 计算图 3.23 所示弯曲件的坯料展开长度。

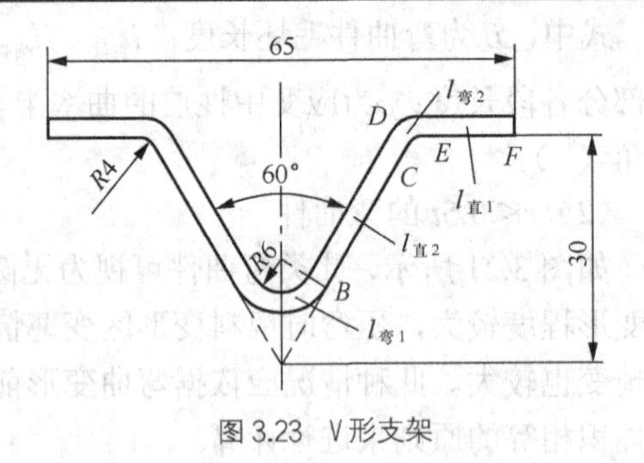


图 3.23　V形支架

**解**：零件的相对弯曲半径 $r/t$>0.5，故坯料展开长度公式为

$$L=2(l_{直1}+l_{直2}+l_{弯1}+l_{弯2})$$

R4 圆角处，$r/t=2$，查表 3.6，$x$=0.38；

R6 圆角处，$r/t=3$，查表 3.6，$x$=0.40。

故

$l_{直1}=EF=[32.5-(30\times\tan30°+4\times\tan30°)]=12.87$(mm)

$l_{直2}=BC=[30/\cos30°-(8\times\tan60°+4\times\tan30°)]=18.47$(mm)

$l_{弯1}=\pi\times60/180(4+0.38\times2)=4.98$(mm)

$l_{弯2}=\pi\times60/180(6+0.40\times2)=7.12$(mm)

则坯料展开长度：$L=2\times(12.87+18.47+4.98+7.12)=86.88$(mm)

## 3.3.2　弯曲工艺力的计算

在弯曲加工中，凸模对工件毛坯施加的作用力称为弯曲力。当遇到工件板材厚度、材料强度、弯曲行程和弯曲变形程度等比较大的情况时，可能会发生弯曲设备的吨位和功率不足的问题，因此需要计算弯曲力以作为设计弯曲模和选择弯曲设备的依据。

弯曲力的大小受到毛坯形状与尺寸、材料力学性能、弯曲方式、变形程度、模具结构形式、模具间隙等多种因素的影响。弯曲力的理论计算较复杂、困难，生产中通常采用经验公式估算弯曲力。各种资料提供的经验公式会有不同，从实用出发，在此介绍较简单的公式。

### 1．自由弯曲时的弯曲力

V 形件弯曲：

$$F_{自}=\frac{0.6kbt^2\sigma_b}{r+t} \tag{3.9}$$

U 形件弯曲：

$$F_{自}=\frac{0.7kbt^2\sigma_b}{r+t} \tag{3.10}$$

式（3.9）、式（3.10）中，$F_{自}$为自由弯曲力（N）；$k$ 为安全系数，一般取 $k$=1.3；$b$、$t$、$r$ 分别为弯曲件的宽度、厚度、内圆角半径（mm）；$\sigma_b$ 为弯曲材料的抗拉强度（MPa）。

### 2．校正弯曲时的弯曲

校正弯曲时，校正力比弯曲力大得多。因此，若采用校正弯曲，一般只需要计算校正力。

V 形件和 U 形件弯曲校正力都采用下式计算：

$$F_{校} = Ap \quad (3.11)$$

式中，$F$ 为校正弯曲力（N）；$A$ 为校正部分的投影面积（$mm^2$）；$p$ 为单位面积上的校正力（MPa），其值可按表 3.8 选取。

**表 3.8　单位面积上的校正力 $p$**　（MPa）

| 材　　料 | 板料厚度/mm | |
|---|---|---|
| | <3 | 3～10 |
| 铝 | 30～40 | 50～60 |
| 黄铜 | 60～80 | 80～100 |
| 10～20 | 80～100 | 100～120 |
| 25～35 | 100～120 | 120～150 |

**3．弯曲时的顶件力和压料力**

对于设有顶件装置或压料装置的弯曲模，顶件力或压料力可近似取自由弯曲力的 30%～80%，且在一定的范围内可以视实际需要进行调整。

**4．弯曲时压力机公称压力的确定**

自由弯曲时，压力机的公称压力为

$$F_{压机} \geq F_{自} + F_Q \quad (3.12)$$

式中，$F_{压机}$为压力机的公称压力（kN）；$F_{自}$为自由弯曲力（kN）；$F_Q$为顶件力或压料力（kN）。

校正弯曲时，压力机的公称压力为

$$F_{压机} > F_{校} \quad (3.13)$$

式中，$F_{校}$为校正弯曲力（kN）。

## 3.4　弯曲工艺设计

### 3.4.1　弯曲件工艺分析

弯曲加工的工艺性是指弯曲件的形状、尺寸精度、材料选用或其他技术要求等是否符合弯曲加工的工艺要求。良好的工艺性不仅能提高工件的质量，而且还能简化加工过程和模具结构，降低生产成本。弯曲工艺性主要受到成形极限、形状结构和成形精度等方面的限制。

**1．弯曲加工的成形极限**

在弯曲加工中当变形达到一定程度时，将会产生弯裂，变形区外层材料沿板宽方向产生拉伸裂纹而导致工件破坏。在加工中应根据工件材料选用合适的弯曲半径 $r$ 值，控制最小相对弯曲半径 $r_{min}/t$，防止弯曲变形超过其极限程度。此外还应综合考虑下述因素。

（1）板料的材质、厚度及热处理状态。

（2）板材的滚轧方向、弯曲毛坯在条料上的排列方向。

（3）毛坯的断面状态、板料的表面质量。

**2. 弯曲件的结构工艺性**

（1）最小弯曲半径

弯曲件的最小弯曲半径不得小于表3.2所列的数据，否则会造成变形区外层材料的破裂。当弯曲半径过小时，对于厚料，则可先切槽后弯曲，如图3.24（a）所示。对于1 mm以下的薄料，可改变工件结构形状，如图3.24（b）所示U形工件，可将直角处清角改为凸模底部圆角的工件。

（2）弯曲件孔边距

带孔的板料在弯曲时，如果孔位于弯曲变形区内，则孔的形状会发生畸变。因此，孔边到弯曲半径中心要保持一定的距离（见图3.25）：当$t<2$ mm时，$L \geqslant t$；当$t \geqslant 2$ mm时，$L \geqslant 2t$。

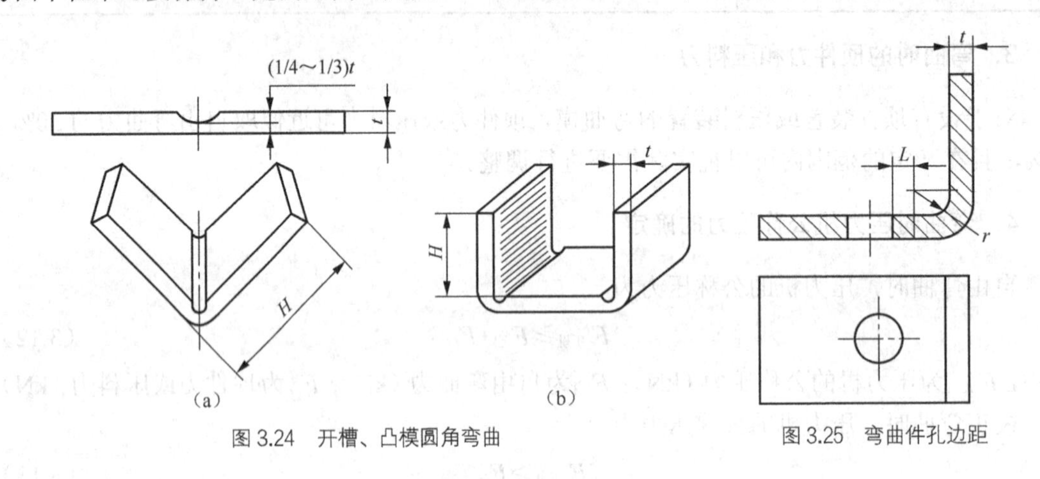


图3.24 开槽、凸模圆角弯曲　　图3.25 弯曲件孔边距

如果不能满足上述条件，可采取冲凸缘形缺口或月牙槽的措施，如图3.26（a）和图3.26（b）所示。或在弯曲变形区冲出工艺孔，以转移变形区，如图3.26（c）所示。

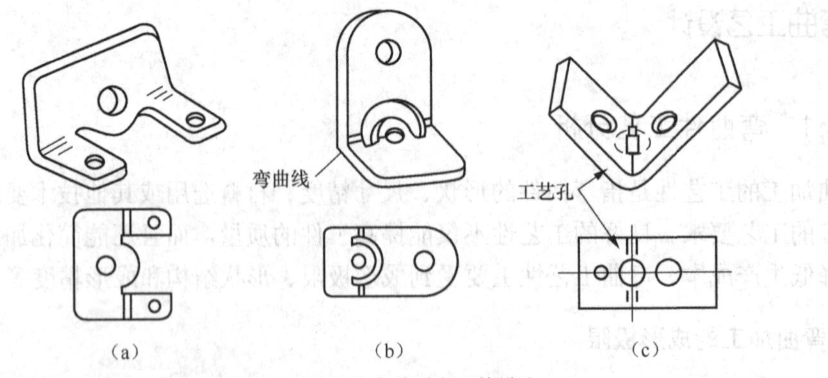


图3.26 防止孔弯曲时变形的措施

（3）弯曲件的直边高度

在弯曲90°角时，为使弯曲时有足够长的弯曲力臂，必须使弯曲边高度$h>r+2t$，如图3.27所示。当$h<r+2t$时，可开槽后弯曲，或增加直边高度，弯曲后再去掉。

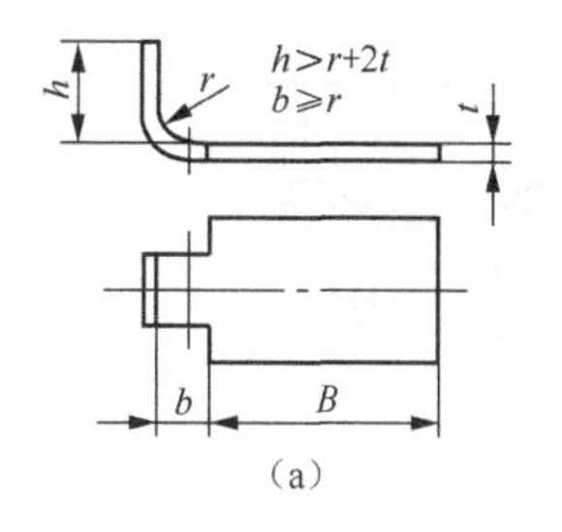


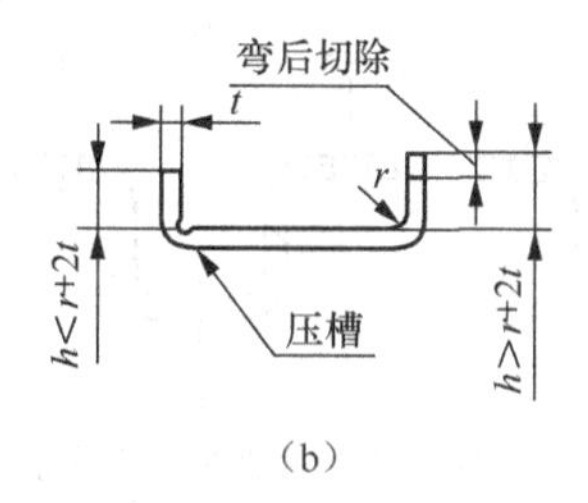


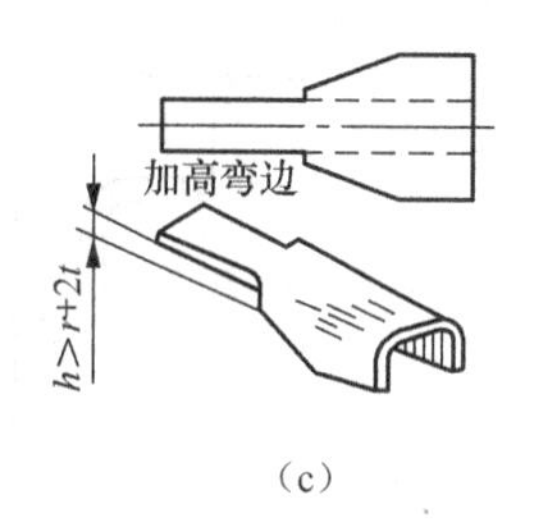


图 3.27 弯曲件直边高度

（4）防止弯边根部产生裂纹的工件结构

在局部弯曲某一段边缘时，为了避免弯边根部撕裂，应使不弯曲部分，退出弯曲线之外，即 $b \geqslant r$，如图 3.28（a）所示，否则就要在弯曲部分与不弯曲部分之间切槽，或在弯曲前冲出工艺孔，如图 3.28（b）所示。

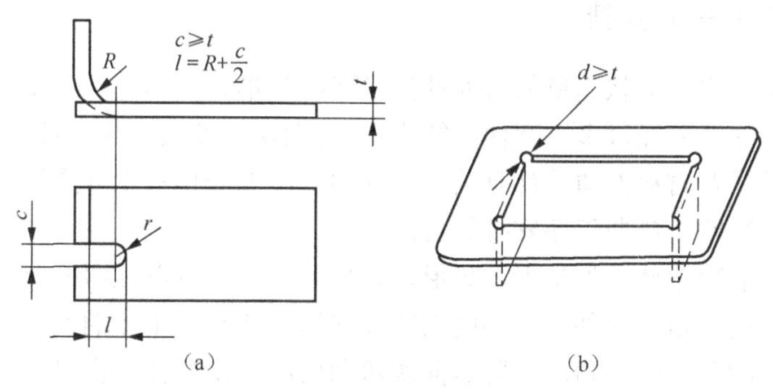


图 3.28 预冲工艺槽及工艺孔的弯曲件

（5）加添连接带

边缘部分有缺口的弯曲件，若在毛坯上先将缺口冲出，弯曲时会出现叉口，甚至无法成形。这时，必须在缺口外留有连接带，弯曲后再将连接带切除，如图 3.29 所示。

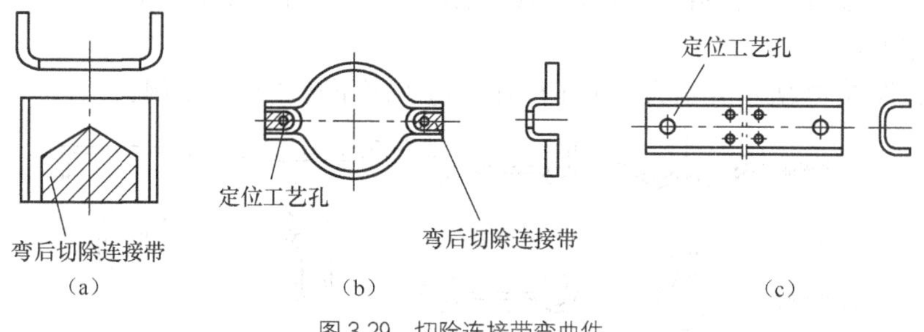


图 3.29 切除连接带弯曲件

（6）弯曲件尺寸的标注应考虑工艺性

弯曲件尺寸标注不同，会影响冲压工序的安排。如图 3.30（a）所示的弯曲件尺寸标注，孔的位置精度不受毛坯展开尺寸和回弹的影响，可简化冲压工艺。采用先落料、冲孔，然后再弯曲成形。如图 3.30（b）和图 3.30（c）所示的标注法，冲孔只能安排在弯曲工序之后进行，才能保证孔位置精度的要求。在不存在弯曲件有一定的装配关系时，应考虑如图 3.30（a）的标注方法。

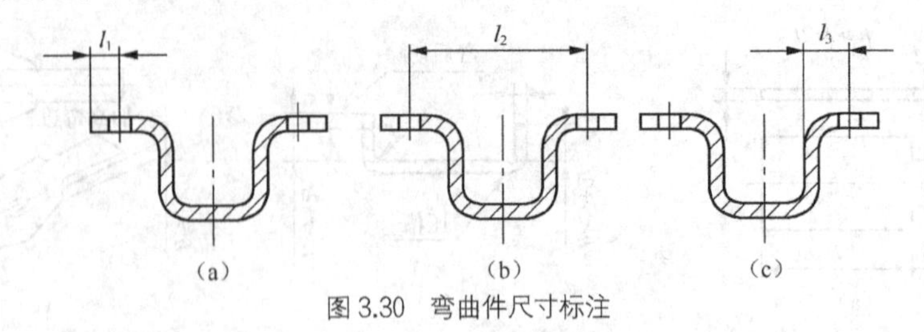


图 3.30　弯曲件尺寸标注

### 3. 弯曲件的成形精度

因受到毛坯精度、弯曲部位畸变、弯曲回弹和弯曲偏移等因素的综合影响，一般弯曲件的尺寸公差应控制不要超过 IT13 级，角度公差不小于 15′。如果成形精度要求过高，应增加弯曲后整形工序。

## 3.4.2　弯曲工序的安排

在弯曲件的加工中，形状简单的弯曲件如 V 形、U 形、Z 形等一次就可以压弯成形，而形状复杂的弯曲件往往要经过多次弯曲才能成形。弯曲次数及其工序安排与工件的形状尺寸、公差等级、生产批量及材料性质等都有关系。弯曲工序的安排对工件质量、模具结构及生产效率等有着直接的影响。弯曲工序安排的要点如下。

（1）形状简单的弯曲件，如 V 形、U 形、Z 形等，一次可以压弯成形。

（2）形状复杂的多角弯曲件，需要两次或多次压弯成形。工序的安排一般应先弯两端部分的外角，后弯中间部分的内角。原则是前次弯曲要给后次弯曲提供可靠的定位，后次弯曲不影响前次弯曲已成形的形状。

（3）生产批量大和尺寸特别小的工件，应将多道工序安排在一副级进模中。这样有利于弯曲件的定位和成形质量，使工人操作方便、安全，提高生产效率。

（4）形状不对称的弯曲件，应尽可能组合成对称式的进行弯曲，然后再切开得到工件。

（5）带孔的弯曲件，冲孔工序应尽可能安排在弯曲工序之后进行，这样有利于保证孔形精度和位置精度。

图 3.31、图 3.32 所示分别为两道工序和三道工序压弯成形的示例。

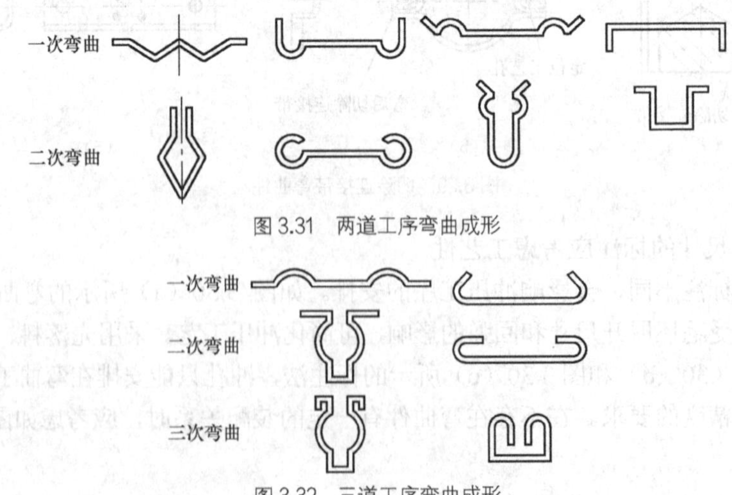


图 3.31　两道工序弯曲成形



图 3.32　三道工序弯曲成形

## 3.5 弯曲模具设计

相比冲裁件，弯曲件的结构要复杂得多，由于弯曲方向和弯曲角度可以是任意的，因此弯曲模的结构灵活多变，没有统一的标准而言。弯曲模的结构主要取决于弯曲件的形状及弯曲工序的安排。最简单的弯曲模只有一个垂直运动；复杂的弯曲模除了垂直运动外，还有一个乃至多个水平动作。弯曲模结构设计要点如下。

（1）弯曲毛坯的定位要准确、可靠，尽可能是水平放置。多次弯曲时最好使用同一基准定位。

（2）结构中要能防止毛坯在变形过程中发生位移，毛坯的安放和制件的取出要方便、安全和操作简单。

（3）模具结构尽量简单，并且便于调整修理。对于回弹大的材料弯曲，应考虑凸模、凹模制造加工和试模、修模的可能性以及刚度和强度的要求。

### 3.5.1 弯曲模类型与结构

下面以不同类型的常见弯曲件为主，分别分析弯曲模的典型结构及其特点。

#### 1. V 形件弯曲模

V 形件形状简单，能一次弯曲成形。V 形件的弯曲方法有两种：一种是沿弯曲件的角平分线方向弯曲，称为 V 形弯曲；另一种是垂直于一直边方向的弯曲，称为 L 形弯曲。

图 3.33（a）所示为简单 V 形件弯曲模，其特点是结构简单、通用性好，但弯曲时坯料容易偏移，影响工件精度。图 3.33（b）～图 3.33（d）所示分别为带有定位尖、顶杆、V 形顶板的模具结构，这些装置可以防止坯料滑动，提高工件精度。

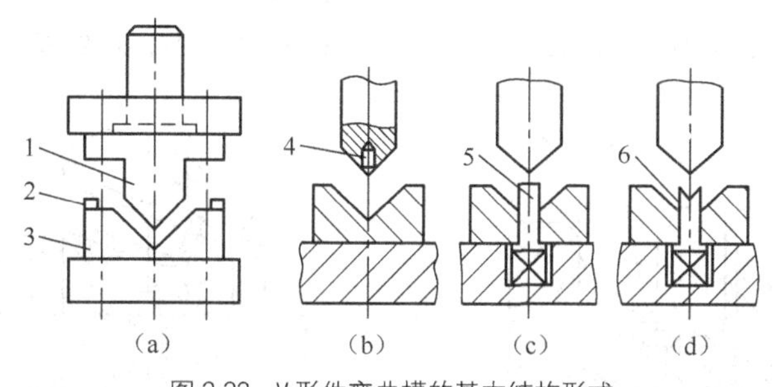


图 3.33 V 形件弯曲模的基本结构形式

1—凹模；2—定位板；3—凸模；4—定位尖；5—顶杆；6—V 形顶板

图 3.34 所示为 V 形件弯曲模的一般结构。该模具的原理是：首先将毛坯放在定位板 10 中定位，上模下行，凸模 4 与顶杆 7 将坯料压紧一起下行，对板料进行弯曲。回程时，顶杆 7 在弹簧的作用下，将弯曲件向上顶出。

该模具的优点是结构简单，在压力机上安装及调整方便。对材料厚度的公差要求不严，工件在冲程末端得到不同程度的校正，因而回弹较小，工件的平面度较好。顶杆 7 既起顶料作用，又起压料作用，可防止材料的偏移，适合于一般 V 形件的弯曲。

图3.35所示为L形件弯曲模，用于弯曲两直边长度相差较大的单角弯曲件。图3.35（a）所示为基本形式。弯曲件直边长的一边夹紧在凸模2与压料板4之间，另一边沿凹模1圆角滑动而向上弯起。毛坯上的工艺孔套在定位钉3上，以防止因凸模与压料板之间的压料力不足而产生坯料偏移现象。为了平衡单边弯曲时产生的水平侧向力，需设置一反侧压块。但这种弯曲因竖边部分没有得到校正，所以回弹较大。

图3.35（b）所示为有校正作用的L形弯曲模。由于凹模1和压料板4的工作面有一定的倾斜角，因此，竖直边也能得到一定的校正，弯曲后工件的回弹较小。倾角$\alpha$值一般为5°～10°。

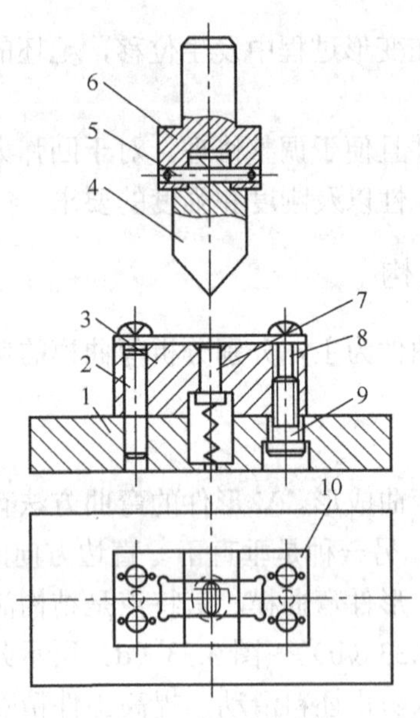


图3.34　V形件弯曲模

1—下模座；2、5—圆柱销；3—凹模；4—凸模；6—模柄；7—顶杆；8、9—螺钉；10—定位板

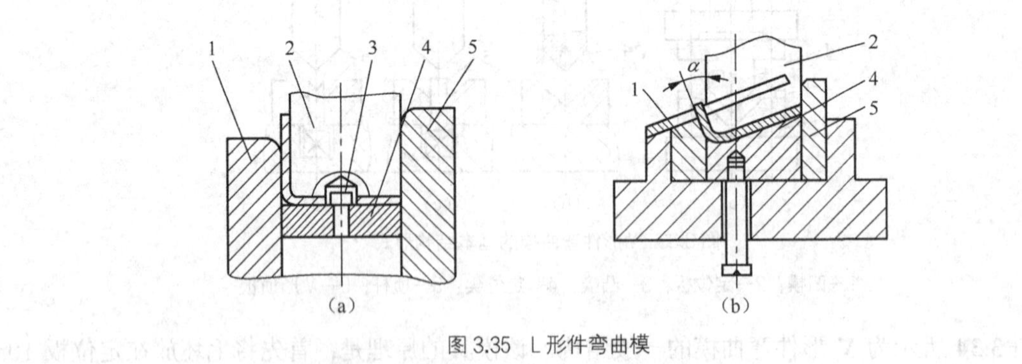


图3.35　L形件弯曲模

1—凹模；2—凸模；3—定位销；4—压料板；5—靠板

图3.36所示为V形件精弯模。弯曲时，凸模1首先压住坯料。凸模再下降时，迫使活动凹模4向内转动，并沿支撑板6向下滑动，使坯料压成V形。凸模回程时，弹顶器使活动凹模上升。由于两活动凹模板通过转轴5铰接，所以在上升的同时向外转动张开，恢复到原来的原始位置。支架2控制回程高度，使两活动凹模成一平面。

V形精弯模在弯曲工件过程中，毛坯与凹模始终保持大面积接触，毛坯在活动凹模上不产生相对滑动和偏移，因此，弯曲件表面不会损伤，工件质量较高。它适用于弯曲毛坯没有足够的定位支承面、窄长的形状复杂的工件，如图3.36中右上角所示的工件。

### 2. U形件弯曲模

(1) 一般U形件弯曲模

图3.37所示为一般U形件弯曲模。这种弯曲模在凸模的一次行程中能同时完成两个角的弯曲。冲压时毛坯被压在凸模和压料板之间逐渐下降，两端未被压住的材料沿凹模圆角滑动并弯曲，进入凸模与凹模的间隙。凸模回升时，压料板将工件顶出。由于材料的回弹，工件一般不会包在凸模上。

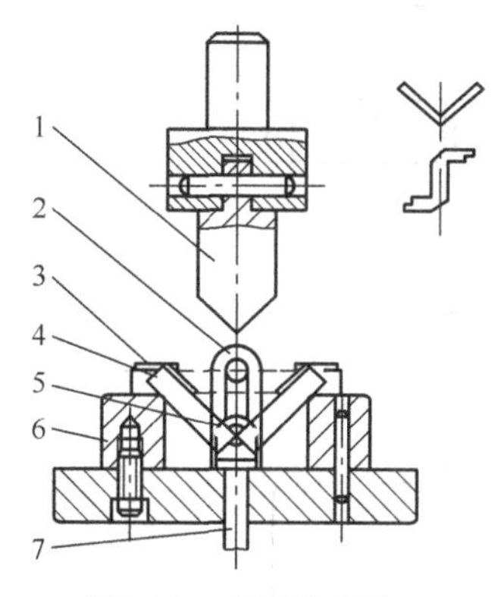


图3.36 V形件精弯模

1—凸模；2—支架；3—定位板；4—活动凹模；5—转轴；6—支撑板；7—顶杆

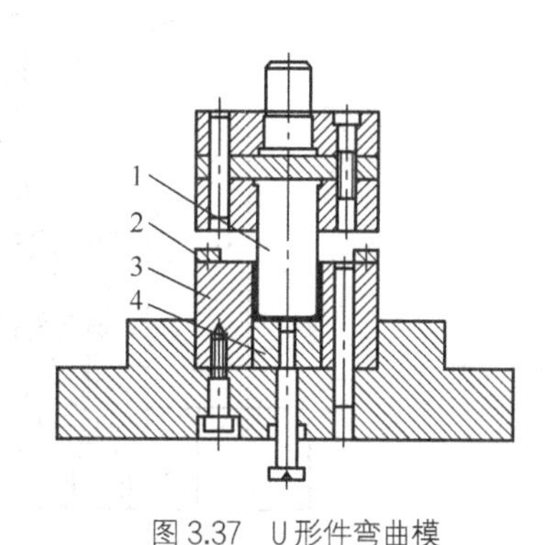


图3.37 U形件弯曲模

1—凸模；2—定位板；3—凹模；4—压料板

当U形件的外侧尺寸要求较高或内侧尺寸要求较高时，可采用图3.38所示形式的弯曲模，将弯曲凸模或凹模做成活动结构，可根据板料的厚度自动调整凸模或凹模的宽度尺寸，在冲程末端可对侧壁和底部进行校正。图3.38（a）所示结构用于外侧尺寸要求较高的工件，图3.38（b）所示结构用于内侧尺寸要求较高的工件。

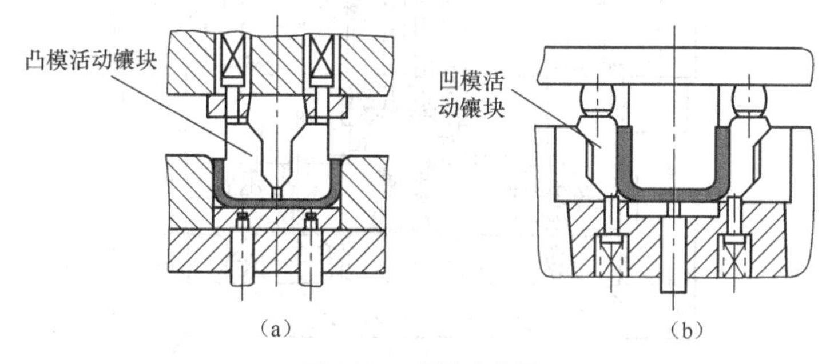


图3.38 U形件弯曲模

(2) 闭角弯曲模

图3.39所示为弯曲角小于90°的U形件闭角弯曲模。压弯时，凸模首先将坯料弯曲成U

形，当凸模继续下压时，两侧的活动凹模镶块可在圆腔内回转，使坯料最后压弯成弯曲角小于90°的U形件。当凸模上升后，弹簧使活动凹模镶块复位，工件则由垂直于图面方向从凸模上卸下。这种结构的模具可用于弯曲较厚的材料。

图3.40所示为带斜楔的闭角弯曲模结构。毛坯首先在凸模8的作用下被压成U形件。随着上模座4继续向下移动，弹簧3被压缩，装于上模座4上的两块斜楔2压向滚柱1，使装有滚柱1的活动凹模块5、6分别向中间移动，将U形件两侧边向里弯成小于90°角度。当上模回程时，弹簧7使凹模块复位。此结构开始是靠弹簧3的弹力将毛坯弯成U形件的，由于弹簧弹力的限制，只适用于弯曲薄料。

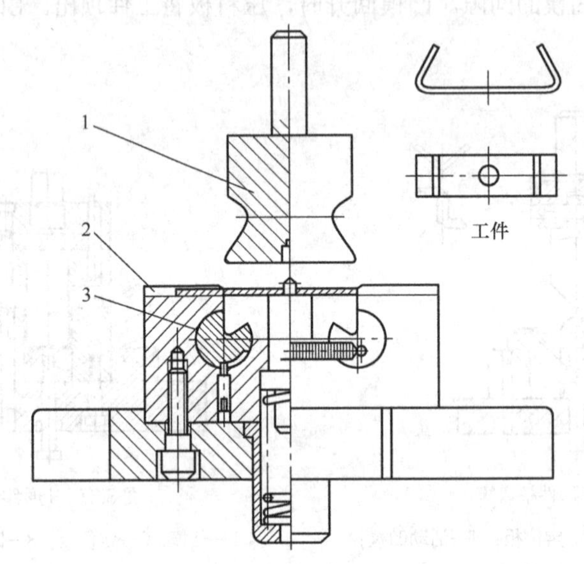


图3.39　小于90°的U形件闭角弯曲模

1—凸模；2—定位板；3—凹模镶块

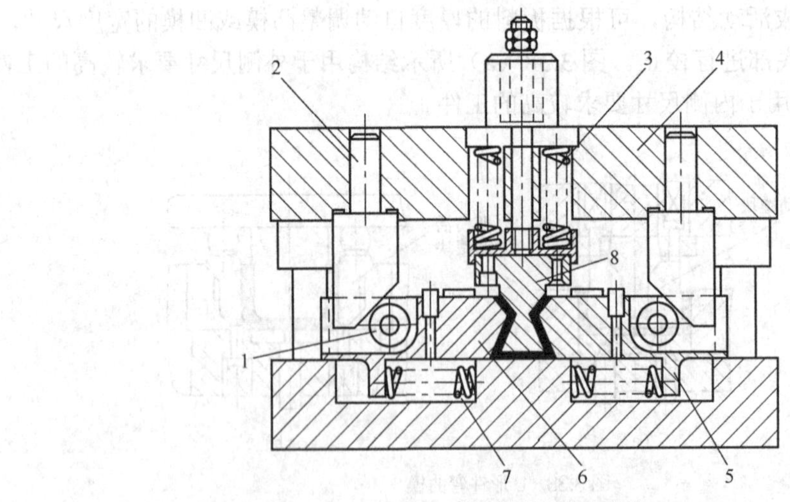


图3.40　带斜楔的闭角弯曲模

1—滚柱；2—斜楔；3、7—弹簧；4—上模座；5、6—凹模块；8—凸模

### 3. 四角形件弯曲模

（1）四角形件两次弯曲模

四角形件可以一次弯曲成形，也可以分两次弯曲成形。如果两次弯成，则第一次先将毛坯放在图 3.41（a）所示弯曲模中弯成 U 形，然后再将 U 形毛坯放在图 3.41（b）所示的弯曲模中弯成四角形件。

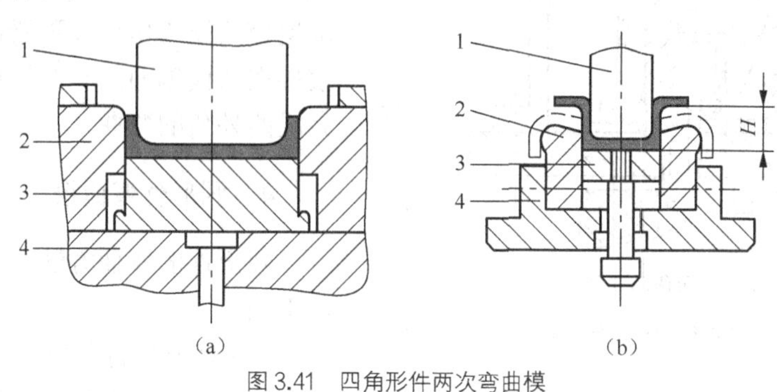


图 3.41　四角形件两次弯曲模

1—凸模；2—凹模；3—压料板；4—下模座

（2）四角形件一次弯曲模

四角形件一次弯曲成形最简单的弯曲模如图 3.42（a）所示。在弯曲过程中，由于外角处的弯曲线位置在弯曲过程中是变化的，因此材料在弯曲时有拉长现象，如图 3.42（b）所示。零件脱模后，其外角形状不准，并有竖直边变薄现象，如图 3.42（c）所示。

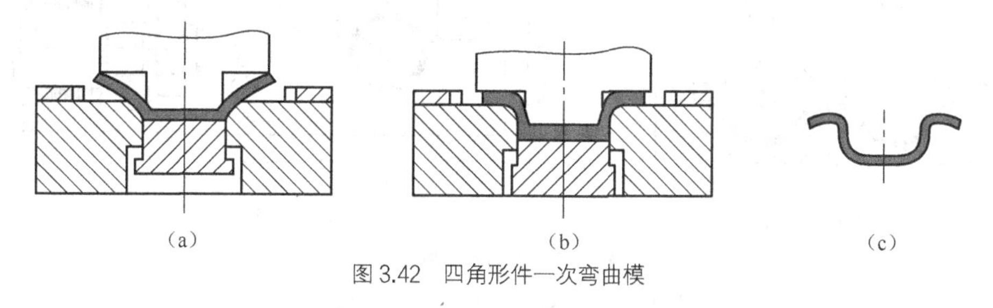


图 3.42　四角形件一次弯曲模

如图 3.43 所示的弯曲模是四角形件分步弯曲模。毛坯放在凹模面上，由定位板定位。开始弯曲时，凸凹模 1 将毛坯首先弯成 U 形［见图 3.43（a）］，随着凸凹模 1 继续下降，到行程终了时将 U 形工件压成四角形，如图 3.43（b）所示。

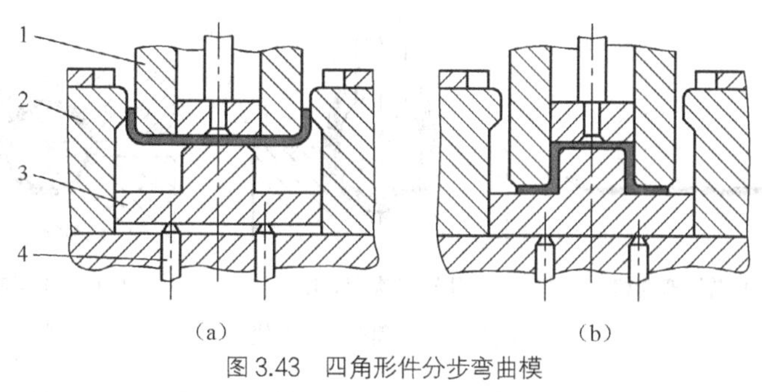


图 3.43　四角形件分步弯曲模

1—凸凹模；2—凹模；3—活动凸模；4—顶杆

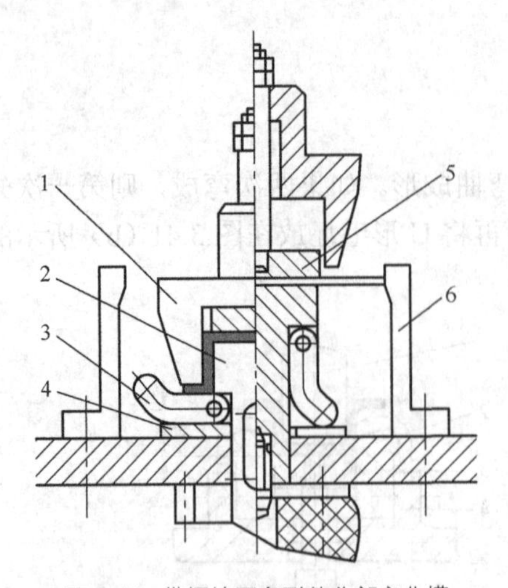

图 3.44　带摆块四角形件分部弯曲模

1—凹模；2—凸模；3—摆块；4—垫板；5—推板；6—挡板

四角形件的弯曲也可用如图 3.44 所示的弯曲模，先弯曲内侧两角，后弯外侧两角。板料放在凸模 2 顶面上，靠两侧的挡板 6 定位。上模下降，凸模 2 和凹模 1 利用弹顶器的弹力弯出工件的两个内角，使毛坯弯成 U 形。上模继续下降，凹模的底部迫使凸模 5 压缩弹顶器向下运动。这时铰接在凸模侧面的一对摆块 3 向外摆动，完成两外角的弯曲。

### 4．圆形件弯曲模

圆形件的弯曲方法根据圆直径的不同而不同。

（1）对于圆筒直径 $d \geqslant 20$ mm 的大圆，其弯曲方法可以有一次、二次、三次弯曲而成的方法。图 3.45 所示是二次弯曲成形，先将毛坯预弯成三个 120° 的波浪形，然后才弯成圆筒形。弯曲完毕后，工件套在芯轴凸模 1 上，可顺凸模轴向取出工件。

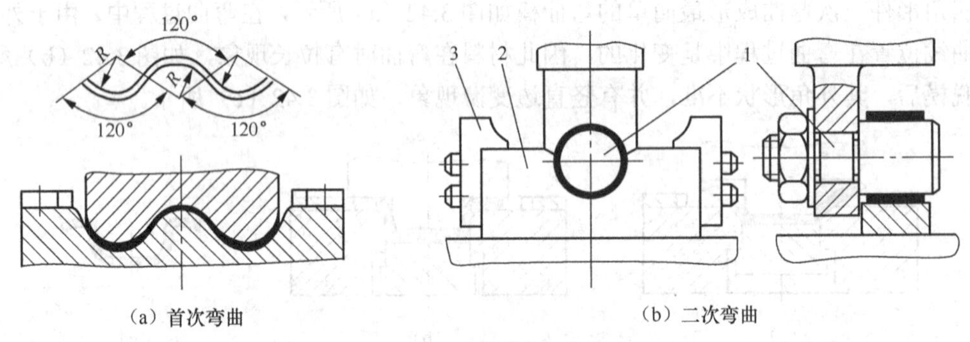

图 3.45　大圆两次弯曲模

1—芯轴凸模；2—凹模；3—凸模

（2）图 3.46 所示为大圆三次弯曲模，可分三道工序将坯料弯成大圆。这种模具生产效率低，适用于材料较厚零件的弯曲。

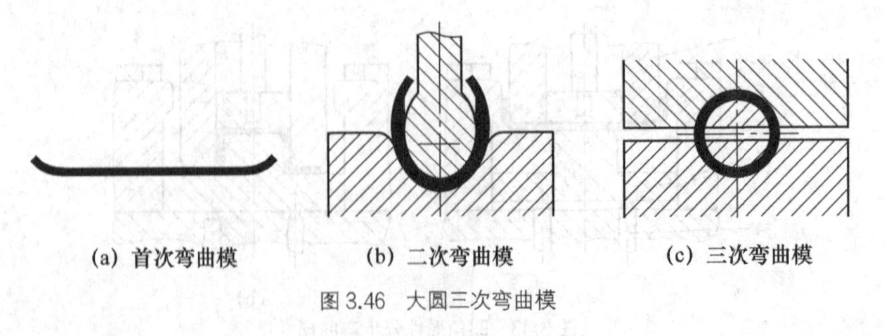

图 3.46　大圆三次弯曲模

（3）为了提高生产率，也可以采用如图 3.47 所示的带摆动凹模的一次弯曲成形模。凸模 2

下行，先将坯料压成U形。凸模继续下行，摆动凹模3将U形弯成圆形。弯好后，推开支撑杆1，将工件从芯棒凸模2上取下。这种弯曲方法的缺点是弯曲件上部得不到校正，回弹较大。

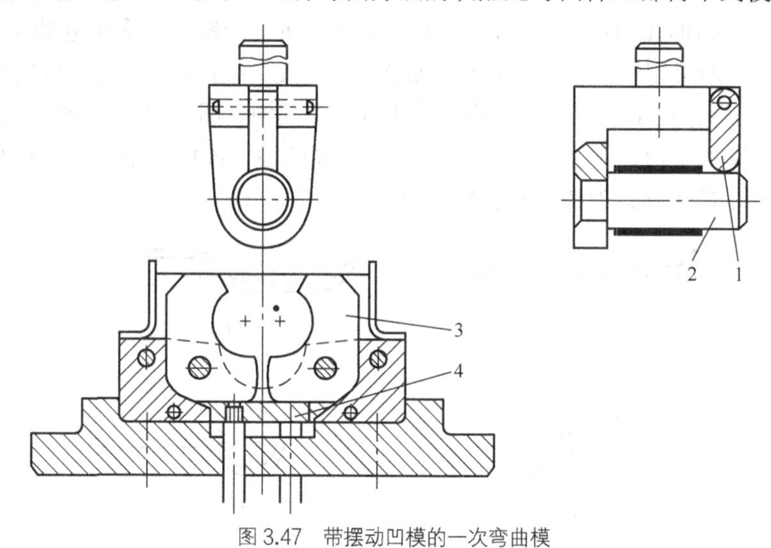


图3.47 带摆动凹模的一次弯曲模

1—支撑杆；2—芯棒凸模；3—活动凹模；4—顶板

（4）对于圆筒直径 $d \leqslant 5$ mm的小圆，其弯曲方法一般是先弯成U形，后弯成圆形，如图3.48所示。因工件小，分两次弯曲操作不便，故也可采用图3.49所示的小圆一次弯曲模，它适用于软材料和中小直径圆形件的弯曲。毛坯由下凹模5定位，当上模下行时，压料板2压住支架6下行，从而带动芯轴凸模3与下凹模5首先将毛坯弯成U形。上模继续下行时，上凹模1将工件最后弯曲成圆形。当对工件精度要求较高时，可旋转工件连冲几次，以获得较好的圆度。上模回程后，工件留在芯轴凸模上，由垂直图面的方向从芯轴凸模上取出。

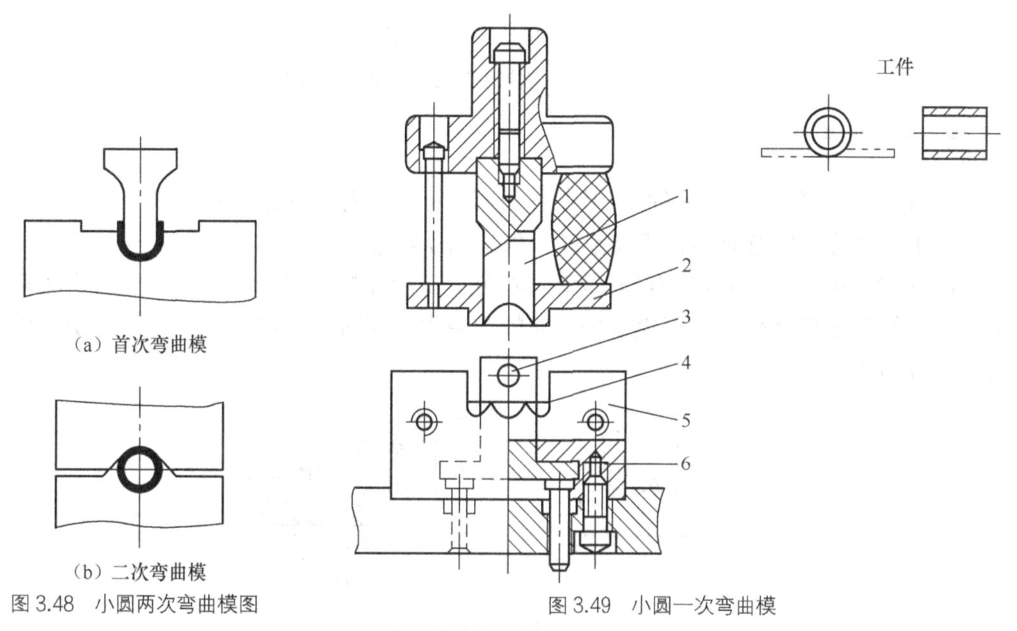


图3.48 小圆两次弯曲模图

图3.49 小圆一次弯曲模

1—上凹模；2—压料板；3—芯轴凸模；4—毛坯；5—下凹模；6—支架

### 5. 铰链弯曲模

铰链有两种不同形式的铰链结构，需要两次弯曲成形。铰链一般采用卷圆工艺，如图 3.50 所示。卷圆工艺一般采用推圆法，坯料预弯成图 3.51（a）所示形状，然后将预弯后的工件放置在图 3.51（b）或图 3.51（c）所示的终弯模中卷圆。其中，图 3.51（b）所示为立式卷圆模，模具结构简单，操作方便。图 3.51（c）所示为卧式卷圆模，该模具中设有压料装置，可防止工件回弹，因而质量较好，但模具结构较复杂。

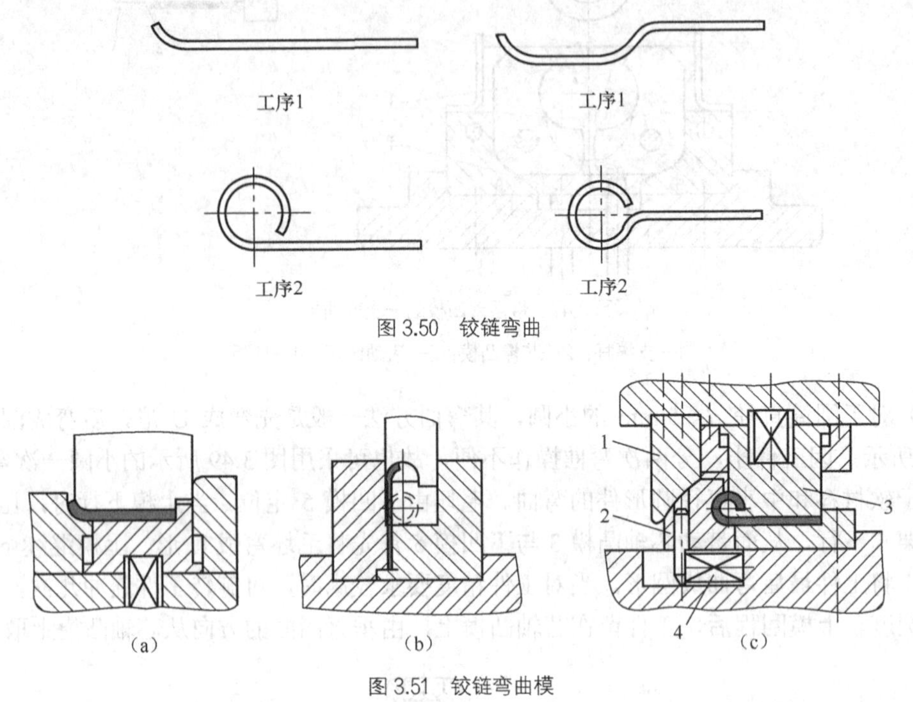


图 3.50 铰链弯曲



图 3.51 铰链弯曲模

1—斜楔；2—滑块凹模；3—凸模；4—弹簧

### 6. Z 形件弯曲模

图 3.52（a）所示为简易的 Z 形件弯曲模，可一次弯曲成形。这种模具结构简单，但由于没有压料装置，压弯时坯料容易滑动，仅适用于精度要求不高的零件。

图 3.52（b）所示为设置有顶板和定位销的 Z 形件弯曲模，它能有效地防止坯料偏移。侧压块 3 的作用是平衡上、下模水平方向的作用力，同时也可防止顶板 1 的窜动。适用于精度要求较高的零件。

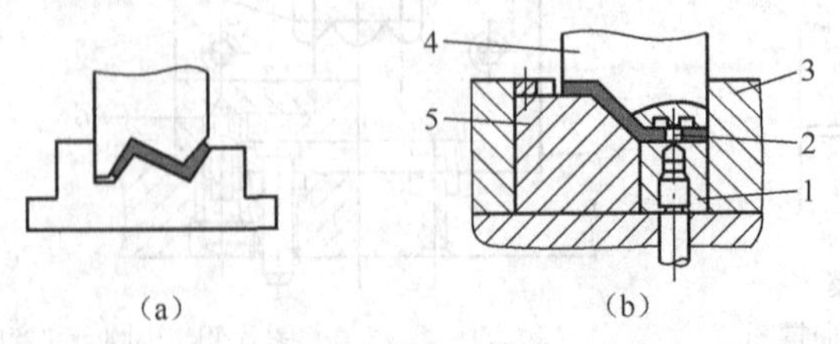


图 3.52 Z 形件弯曲模

1—顶板；2—定位销；3—侧压块；4—凸模；5—凹模

图 3.53 所示为活动凸模式 Z 形件弯曲模。工作前活动凸模 9 在橡胶 7 的作用下与凸模 4 端面平齐。工作时活动凸模与顶板 1 将坯料夹紧，通过凸模托板 8、橡胶的传导，推动顶板下移使坯料左端弯曲。当顶板与下模座 11 接触后，橡胶受到压力的作用而压缩，凸模相对于活动凸模下移将坯料右端弯曲成形。当压块 6 与上模座 5 相碰时，弯曲件得到了校正。

### 7. 其他形状弯曲模

（1）带摆动凸模弯曲模

图 3.54 所示为带摆动凸模的弯曲模。放在凹模 3 上的毛坯由凹模 3 定位。上模下行时，压杆 2 将毛坯压紧在凹模 3 上。上模继续下行，带动摆动凸模 1 沿凹模的斜槽运动，将工件压弯成形。上模回程后，工件留在凹模上，向后推出工件，从后方取出工件。

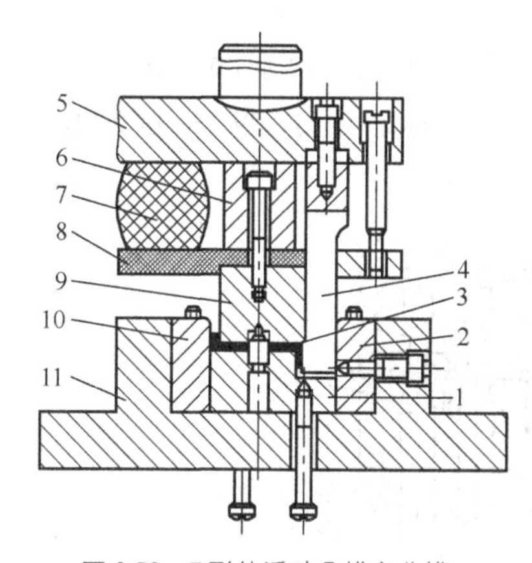


图 3.53　Z 形件活动凸模弯曲模

1—顶板；2—侧压块；3—定位销；4—凸模；5—上模座；6—压块；7—橡胶；8—凸模托板；9—活动凸模；10—凹模；11—下模座

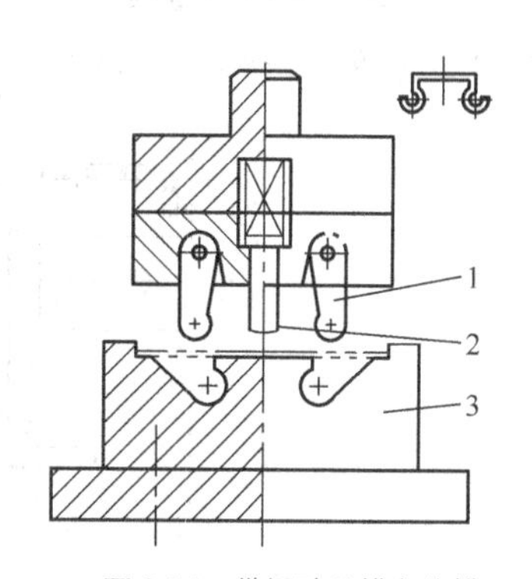


图 3.54　带摆动凸模弯曲模

1—摆动凸模；2—压料杆；3—凹模

（2）滚轴式弯曲模

图 3.55 所示为滚轴式弯曲模。工件放在定位板 2 上定位。上模下行，凸模 1 和凹模 3 将工件先弯成 U 形，然后进入滚轴凹模 4 的槽中，从而弯曲成所需要的工件。上模回程，滚轴在弹簧的拉力作用下回转，工件随着上模一起上行，然后将工件由前向后推出，取出工件。

（3）摆动凹模弯曲模

图 3.56 所示为摆动凹模弯曲模，可以弯曲多个角的工件。工件放在摆动凹模上由定位板定位。凸模 1 下行，与摆动凹模 3 将板料一次弯曲而成所需要的工件。上模上行，摆动凹模在顶杆的作用下向上摆动，从而顶出工件。

### 8. 级进弯曲模

对于大批量的小型弯曲件，可以采用级进弯曲的方式成形。图 3.57 所示为冲孔、弯曲、切断两工位级进模。坯料从右端送入，在第一工位上冲孔，在第二工位上首先由凸凹模 1 和下剪刃 4 将板料剪断，随后进行弯曲。上模上行后，由顶件销 5 将工件顶出。

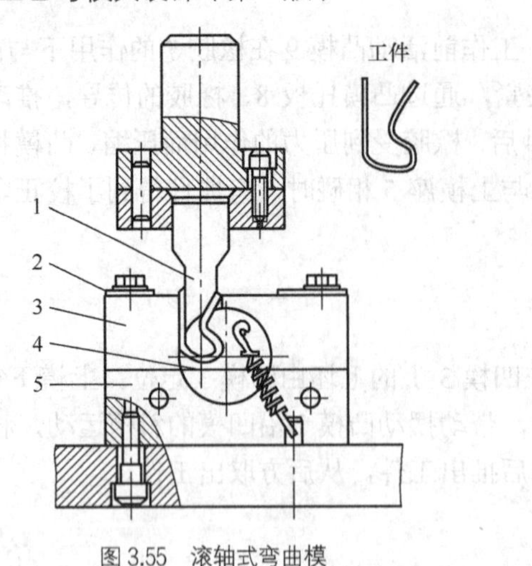


图 3.55　滚轴式弯曲模

1—凸模；2—定位板；3—凹模；4—滚轴；5—挡板

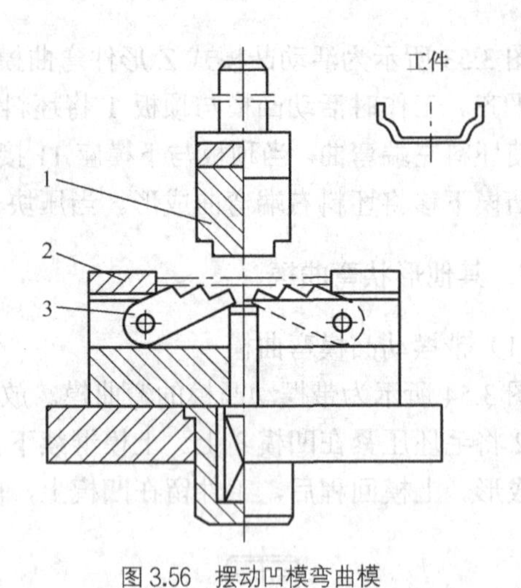


图 3.56　摆动凹模弯曲模

1—凸模；2—定位板；3—摆动凹模

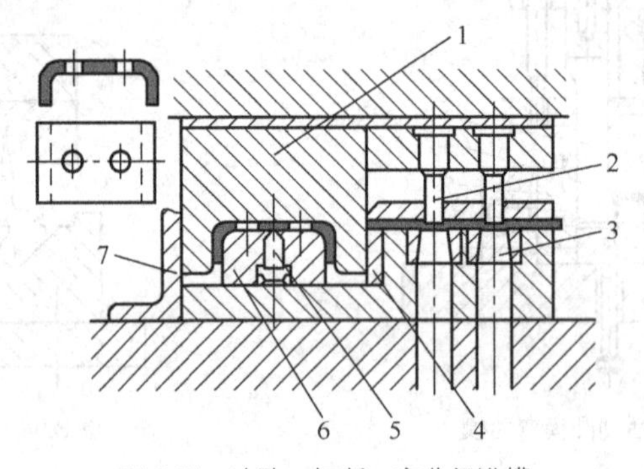


图 3.57　冲孔、切断、弯曲级进模

1—凸凹模；2—冲孔凸模；3—冲孔凹模；4—下剪刃；5—顶件销；6—弯曲凸模；7—挡料块

### 9. 复合弯曲模

对于尺寸不大、精度要求较高的弯曲件，也可以采取复合模进行弯曲，即在压力机一次行程内，在模具同一位置上完成落料、弯曲、冲孔等几种不同工序。

图 3.58（a）、图 3.58（b）所示为切断和弯曲复合模结构简图。这种模具结构简单，但工件精度较低。

图 3.58（c）所示为冲孔、切断和弯曲复合模结构图。该模具可在一个工位上同时完成落料、弯曲和冲孔三个工序。弯曲力由上模中弹簧的弹力来完成，因而弹簧力必须大于弯曲力。

### 10. 通用弯曲模

在小批生产或试制生产零件时，由于产量小、品种多，零件的形状尺寸经常改变，为了降低成本，提高生产效率，一般采用通用弯曲模，在折弯机上生产。通用弯曲模不仅可以制造一般的 V 形件、U 形件，经过多次弯曲，还可以成形一些精度要求不高而形状相对复杂的零件。

图 3.59 所示为经多次 V 形弯曲制造复杂零件的例子。

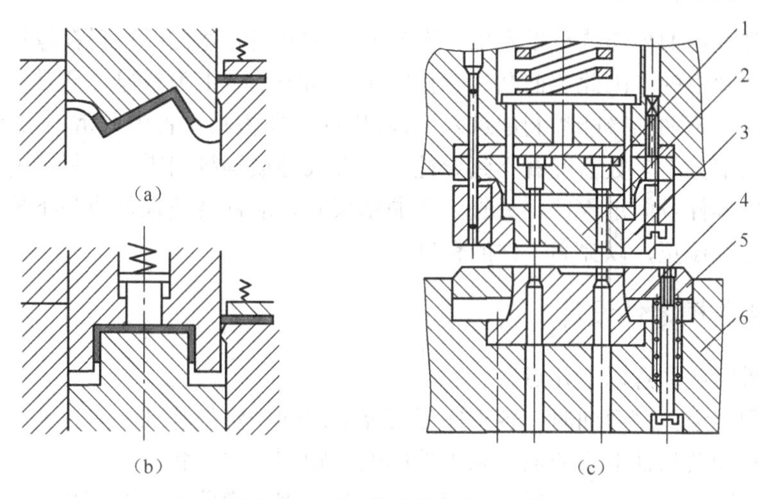


图 3.58 冲孔、切断和弯曲复合模

1—冲孔凸模；2—弯曲凸模；3—落料凹模；4—凸凹模；5—卸料板；6—下模座

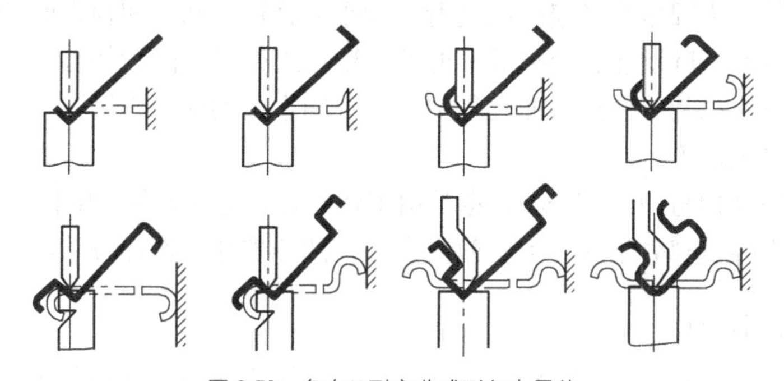

图 3.59 多次 V 形弯曲成形复杂零件

图 3.60（a）～图 3.60（c）所示为折弯机上用的弯曲模端面形状，图 3.60（d）和图 3.60（e）为折弯凸模实物。图 3.61 所示为通用 V 形弯曲模。

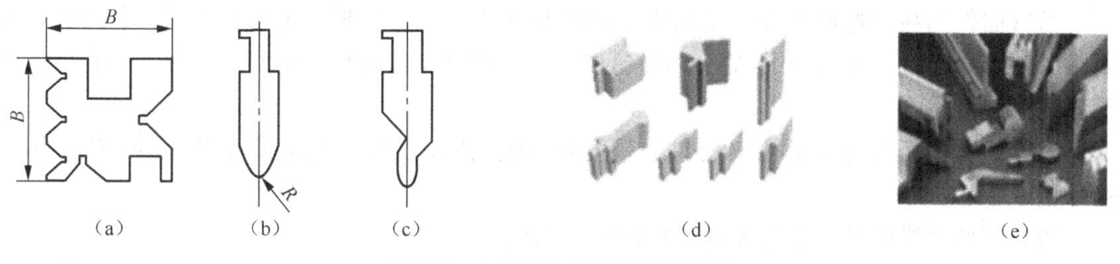


图 3.60 冲折弯机上通用弯曲模形状

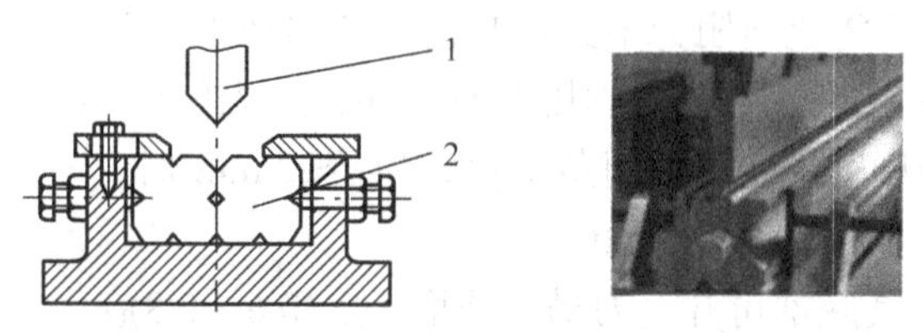


图 3.61 通用 V 形弯曲模简图及实物

1—凸模；2—凹模

通过上述各种弯曲模结构可以看出，除 V 形弯曲件外，弯曲时板料在厚度方向上是被压入凸模和凹模间隙中的，因此弯曲凸、凹模的单边间隙基本上为料厚，通常情况下，设备的导向精度足以保证弯曲凸模能顺利地进入凹模，因此弯曲模具设备中通常不再需要另设导向，即弯曲模的组成部分中多数情况看不到导柱、导套或导板等导向零件，只能看到工作零件、定位零件、出件零件及固定零件。另外，弯曲结束时，通常会使顶件块与下模座刚性接触，目的是对工件进行校正，以提高工件的精度。

### 3.5.2 弯曲模零件设计

设计弯曲模时应注意以下几点。

（1）当采用多道工序弯曲时，各工序尽可能采用同一定位基准。

（2）模具结构要保证毛坯的放入和工件的取出顺利、安全和方便。

（3）准确的回弹值需要通过反复试弯才能得到，因此弯曲凸、凹模装配时要定位准确，装拆方便；且新凸模的圆角半径应尽可能小，以方便试模后的修模。

（4）弯曲模的凹模圆角半径表面应光滑，大小应合适，凸、凹模之间的间隙要适当，尽可能地减小弯曲时的长度增加、变形区厚度的变薄和工件表面的划伤等缺陷。

（5）当弯曲不对称的工件或弯曲过程中有较大的水平侧向力作用到模具上时，应设计反侧压块以平衡水平侧压力。

弯曲模的典型结构与冲裁模一样，也是由工作零件，定位零件，压料、卸料、送料零件，固定零件和导向零件五部分组成，下面简要介绍各部分零件的设计方法。

#### 1．工作零件的设计

弯曲模工作零件包括凸模和凹模。弯曲凸、凹模的结构形式灵活多变，完全取决于工件的形状，并充分体现“产品与模具一模一样”的关系。下面主要介绍弯曲凸、凹模工作部分的尺寸设计，凸、凹模固定部分的结构参考冲裁凸、凹模。

（1）弯曲凸模的圆角半径

当弯曲件的相对弯曲半径 $r/t$ 较小时，凸模圆角半径等于弯曲件的弯曲半径，但必须大于最小弯曲圆角半径。若 $r/t$ 小于最小相对弯曲半径，则可先弯成较大的圆角半径，然后再采用整形工序进行整形。

当弯曲件的相对弯曲半径 $r/t$ 较大，精度要求较高时，凸模圆角半径应根据回弹值作相应的修正。

（2）弯曲凹模的圆角半径及其工作部分的深度

图 3.62 所示为弯曲凸模和凹模的结构尺寸。凹模圆角半径 $r_{凹}$不能过小，否则弯距的力臂减小，毛坯沿凹模圆角滑进时阻力增大，从而增加弯曲力，并使毛坯表面擦伤。对称压弯件两边的凹模圆角半径 $r_{凹}$应一致，否则压弯时毛坯会产生偏移。

生产中，按材料的厚度决定凹模圆角半径。当 $t\leqslant 2$ mm 时，$r_{凹}=(3\sim6)t$；当 $t=2\sim4$ mm 时，$r_{凹}=(2\sim3)t$；当 $t>4$ mm 时，$r_{凹}=2t$。

对于 V 形件凹模，其底部可开退刀槽，或取 $r_{凹}=(0.6\sim0.8)(r_{凸}+t)$。

弯曲凹模深度 $L_0$ 要适当，如图 3.62（a）和图 3.62（c）所示。若过小，则工件两端的自由部分过长，弯曲零件回弹大且不平直。若过大，则浪费模具材料，且需要较大行程的压力机。

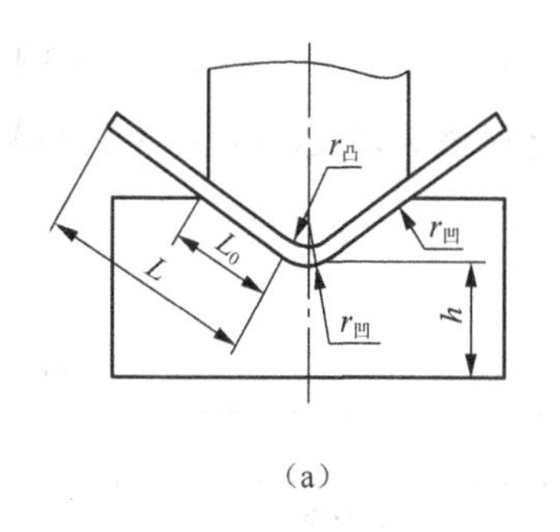

(a)

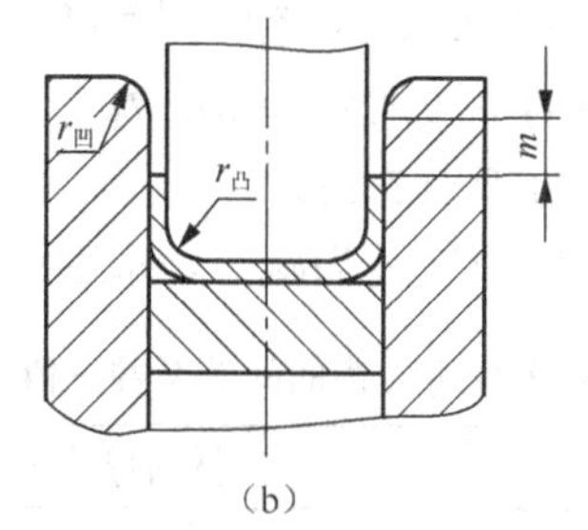

(b)

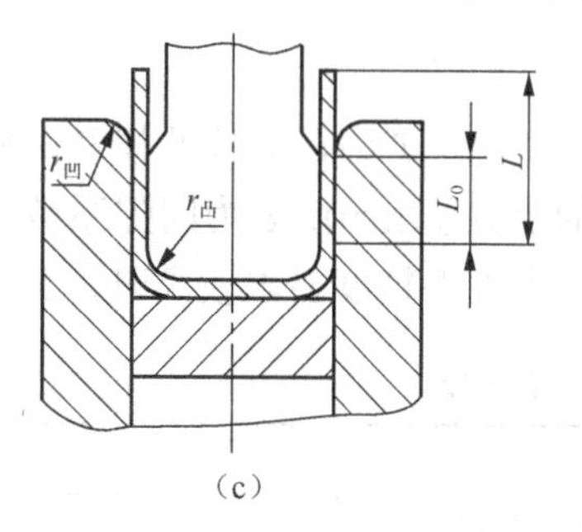

(c)

图 3.62 工件的标注及模具尺寸

弯曲 V 形件时，凹模深度 $L_0$ 及底部最小厚度 $h$ 可查表 3.9。

**表 3.9　　弯曲 V 形件的凹模深度 $L_0$ 及底部最小厚度 $h$**　　(mm)

| 弯曲件边长 $L$ | 材料厚度 $t$ | | | | | |
|---|---|---|---|---|---|---|
| | <2 | | 2～4 | | >4 | |
| | $h$ | $L_0$ | $h$ | $L_0$ | $h$ | $L_0$ |
| 10～25 | 20 | 10～15 | 22 | 15 | — | — |
| 25～50 | 22 | 15～20 | 27 | 25 | 32 | 30 |
| 50～75 | 27 | 20～25 | 32 | 30 | 37 | 35 |
| 75～100 | 32 | 25～30 | 37 | 35 | 42 | 40 |
| >100～150 | 37 | 30～35 | 42 | 40 | 47 | 50 |

弯曲 U 形件时，若弯边高度不大或要求两边平直，则凹模深度应大于零件高度，如图 3.62（b）所示，图中 $m$ 值参见表 3.10。如果弯曲件边长较大，而对平直度要求不高时，可采用图 3.62（c）所示的凹模形式，凹模深度 $L_0$ 值参见表 3.11。

**表 3.10　　弯曲 U 形件的凹模的 $m$ 值**　　(mm)

| 材料厚度 $t$ | ≤1 | 1～2 | 2～3 | 3～4 | 4～5 | 5～6 | 6～7 | 7～8 | 8～10 |
|---|---|---|---|---|---|---|---|---|---|
| $m$ | 3 | 4 | 5 | 6 | 8 | 10 | 15 | 20 | 25 |

**表 3.11　　弯曲 U 形件的凹模深度 $L_0$**　　(mm)

| 弯曲件边长 $L$ | 材料厚度 $t$ | | | | |
|---|---|---|---|---|---|
| | ≤1 | 1～2 | 2～4 | 4～6 | 6～10 |
| <50 | 15 | 20 | 25 | 30 | 35 |
| 50～75 | 20 | 25 | 30 | 35 | 40 |
| 75～100 | 25 | 30 | 35 | 40 | 40 |
| 100～150 | 30 | 35 | 40 | 50 | 50 |
| 150～200 | 40 | 45 | 55 | 65 | 65 |

（3）弯曲凸模和凹模之间的间隙

对于 V 形件，凸摸和凹模之间的间隙是由调节压力机的装模高度来控制的。对于 U 形弯曲件，凸模和凹模之间的间隙值对弯曲件回弹、表面质量和弯曲力均有很大的影响。间隙越大，回弹增大，工件的误差越大；间隙过小，会使零件边部壁厚减薄，降低凹模寿命。凸模和凹模单边间隙 $Z$［见图 3.63（a）］为

$$Z = t_{max} + ct = t + \Delta + ct \tag{3.14}$$

式中，$Z$ 为弯曲模凸模和凹模的单边间隙(mm)；$t_{max}$ 为材料最大厚度(mm)；$\Delta$ 为材料厚度的上偏差(mm)；$c$ 为间隙系数，可查表 3.12。

当工件精度要求较高时，其间隙值应适当减小，取 $Z=t$。

**表 3.12　　U 形件弯曲模的间隙系数 $c$ 值**　　（mm）

| 弯曲件高度 $H$ | 材料厚度 $t$ | | | | | | | | |
|---|---|---|---|---|---|---|---|---|---|
| | $b/H\leqslant 2$ | | | | $b/H>2$ | | | | |
| | <0.5 | 0.6～2 | 2.1～4 | 4.1～5 | <0.5 | 0.6～2 | 2.1～4 | 4.1～7.5 | 7.6～12 |
| 10 | 0.05 | 0.05 | 0.04 | — | 0.10 | 0.10 | 0.08 | — | — |
| 20 | 0.05 | 0.05 | 0.04 | 0.03 | 0.10 | 0.10 | 0.08 | 0.06 | 0.06 |
| 35 | 0.07 | 0.05 | 0.04 | 0.03 | 0.15 | 0.10 | 0.08 | 0.06 | 0.06 |
| 50 | 0.10 | 0.07 | 0.05 | 0.04 | 0.20 | 0.15 | 0.10 | 0.06 | 0.06 |
| 70 | 0.10 | 0.07 | 0.05 | 0.05 | 0.20 | 0.15 | 0.10 | 0.10 | 0.08 |
| 100 | — | 0.07 | 0.05 | 0.05 | — | 0.15 | 0.10 | 0.10 | 0.08 |
| 150 | — | 0.10 | 0.07 | 0.05 | — | 0.20 | 0.15 | 0.10 | 0.10 |
| 200 | — | 0.10 | 0.07 | 0.07 | — | 0.20 | 0.15 | 0.15 | 0.10 |

（4）弯曲凸模和凹模宽度尺寸的计算

弯曲凸模和凹模宽度尺寸计算与工件尺寸的标注有关。一般原则是：工件标注外形尺寸时模具以凹模为基准件，间隙取在凸模上，如图 3.63（b）所示。反之，工件标注内形尺寸时，模具以凸模为基准件，间隙取在凹模上，如图 3.63（c）所示。

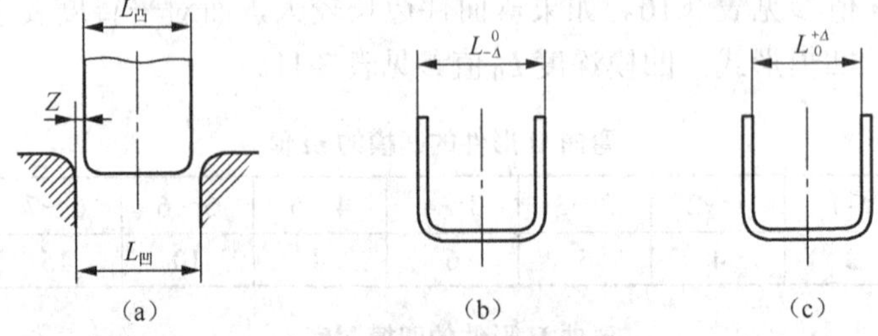


图 3.63　工件的标注及模具尺寸

当工件标注外形时，凸、凹模尺寸为

$$L_{凹} = (L_{max} - 0.75\Delta)_{\ 0}^{+\delta_{凹}} \tag{3.15}$$

$$L_{凸} = (L_{凹} - 2Z)_{-\delta_{凸}}^{\ \ 0} \tag{3.16}$$

当工件标注内形时，凸、凹模尺寸为

$$L_{凸} = (L_{min} + 0.75\Delta)_{-\delta_{凹}}^{\ \ 0} \tag{3.17}$$

$$L_{凹} = (L_{凸} + 2Z)_{\ 0}^{+\delta_{凹}} \tag{3.18}$$

其中，$L_{max}$ 为弯曲件宽度的最大尺寸（mm）；$L_{min}$ 为弯曲件宽度的最小尺寸（mm）；$L_{凸}$ 为凸模宽度（mm）；$L_{凹}$ 为凹模宽度（mm）；$Z$ 为凸、凹模之间的间隙（mm）；$\Delta$ 为弯曲件宽度的尺寸公差（mm）；$\delta_{凸}$、$\delta_{凹}$ 为凸模和凹模的制造偏差（mm），一般按 IT 9

级选用。

#### 2．定位零件的设计

定位零件的作用是保证送进模具中毛坯的准确位置。由于送进弯曲模的毛坯是单个毛坯，因此弯曲模中使用的定位零件是定位板或定位销。

为防止弯曲件在弯曲过程中发生偏移现象，尽可能用定位销插入毛坯上已有的孔或预冲的定位工艺孔中进行定位；若毛坯上无孔且不允许预冲工艺定位孔，就需要用定位板对毛坯的外形进行定位，此时应设置压料装置压紧坯料以防偏移发生，如图 3.64 所示。定位板和定位销的设计及标准的选用参见冲裁模。

#### 3．压料、卸料、送料零件的设计

压料、卸料、送料零件的作用是压住板料或弯曲结束后从模具中取出工件。由于弯曲是成形工序，在弯曲过程中不发生分离，因此弯曲结束后留在模具内的只有工件。

为减小回弹，提高弯曲件的精度，通常弯曲快结束时要求对工件进行校正，如图 3.64 所示，利用顶件块 3 与下模座 1 的刚性接触对弯曲件进行校正。校正的结果有可能使工件产生负回弹，所以此时的工件在模具开启时需要防止其紧扣在凸模上。为此，该模具中设置了打杆 6，当模具开启后，若工件箍在凸模外面，则由打杆进行推件。

顶件块和打杆的设计参见冲裁模。

#### 4．固定零件的设计

固定零件的作用是将凸模、凹模固定于上、下模，并将上、下模固定在压力机上。固定零件包括模柄、上模座、下模座、垫板、固定板、螺钉、销钉等。

（1）模柄。与冲裁模中的模柄相同，是标准件，依据设备上的模柄孔选取。在简易弯曲模中可以使用槽形模柄，如图 3.65 所示，此时不需要上模座。

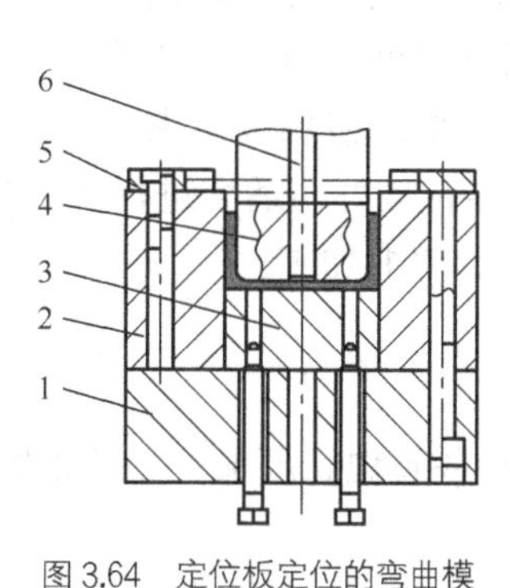


图 3.64　定位板定位的弯曲模

1—下模座；2—凹模；3—顶件块；4—凸模；5—定位板；6—打杆

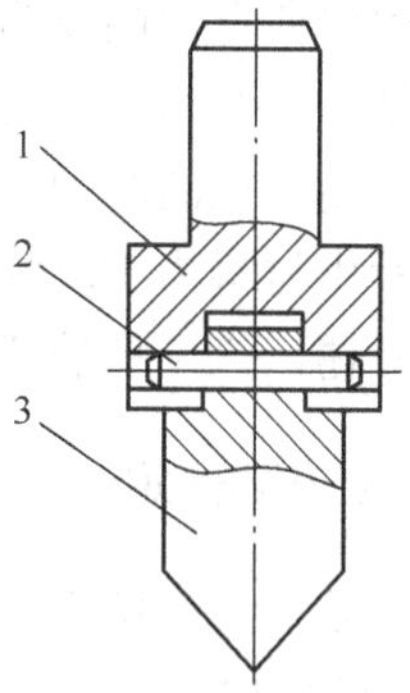

图 3.65　槽形模柄

1—模柄；2—模销；3—凸模

（2）上、下模座。当弯曲模中使用导柱、导套进行导向时，可选用标准模座，选用方法参见冲裁模。当弯曲模中不使用导柱、导套导向时，可自行设计并制造上、下模座。

（3）垫板、固定板、螺钉、销钉。其设计方法参见冲裁模。

## 3.6 弯曲模设计举例

### 3.6.1 弯曲模的设计流程

图3.66所示为弯曲模设计流程图，在弯曲件成形工艺与模具设计过程中，同时包含着冲裁工艺与模具设计和弯曲工艺与模具设计两部分内容，并且这两部分内容相互影响，设计时需要综合考虑。

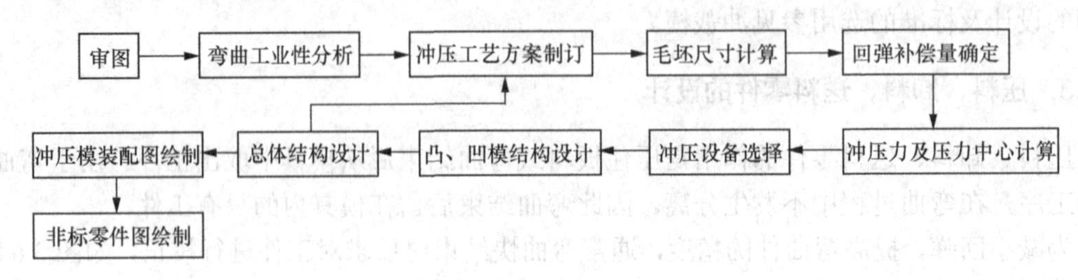


图3.66 弯曲模设计流程图

### 3.6.2 U形件弯曲模设计举例

图3.67所示的U形弯曲件，材料为10，料厚$t$=6 mm，$\sigma_b$=400 MPa，小批量生产，试完成该产品的弯曲工艺及模具设计。

#### 1．工艺性分析

该工件结构比较简单，形状对称，适合弯曲。

工件弯曲半径为5 mm，由表3.2（垂直于纤维方向）查得：$r_{min}$=0.5，$t$=3 mm，即能一次弯曲成形。

工件的弯曲直边高度为（42−6−5）mm=31 mm，远大于2$t$，因此可以弯曲成形。

工件是一个弯曲角度为90°的弯曲件，所有尺寸精度均为未注公差，而当$r/t<5$时，可以不考虑圆角半径的回弹，所以该工件符合普通弯曲的经济精度要求。

工件所用材料为10#钢，是常用的冲压材料，塑性较好，适合进行冲压加工。

综上所述，该工件的弯曲工艺性良好，适合进行弯曲加工。

#### 2．工艺方案确定

（1）毛坯展开如图3.68（a）所示，总长度等于各直边长度加上各圆角展开长度。即

$L=2L_1+2L_2+L_3$

$L_1$=42−6−5=31 mm

$L_2=1.57(r+xt)$=10.488 mm（$x$由表3.6查得为0.36）

$L_3=18-2\times5$=8 mm

$L$=90.976 mm

（2）方案确定从图3.67看出，该产品需要的基本冲压工序为落料、弯曲。由于是中小批

量生产，根据上述工艺分析的结果，最终的工艺方案为先落料，再弯曲。

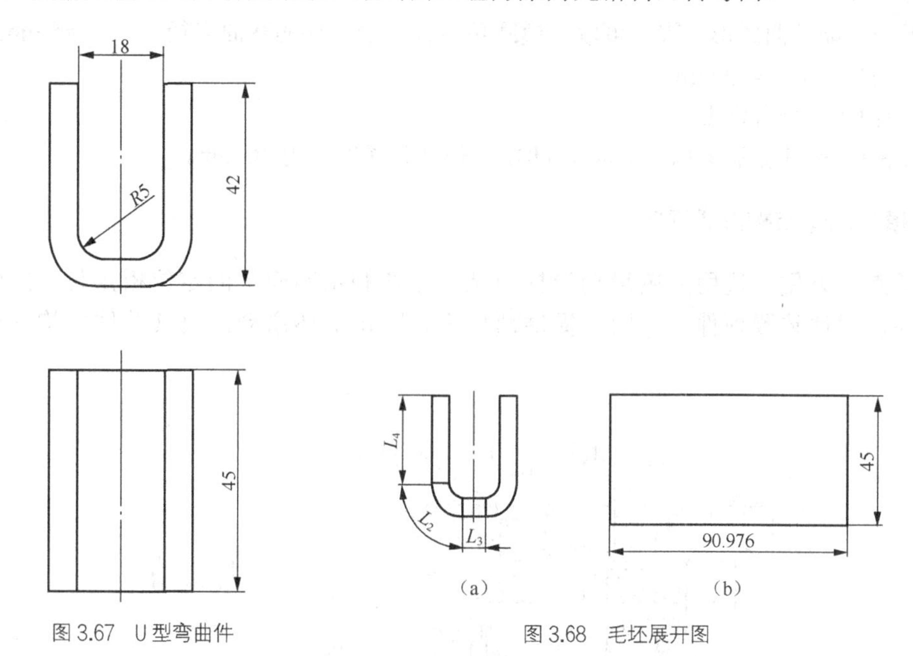


图 3.67　U型弯曲件　　　　图 3.68　毛坯展开图

### 3. 工艺计算

（1）冲压力的计算

弯曲力的计算公式（3.7）得：

$$F_{自}=\frac{0.7kbt^2\sigma_b}{r+t}=0.7\times1.3\times45\times6^2\times400/(5+6)=58\,909\ \text{N}=58.9\ \text{kN}$$

$F_{顶}$=0.2$F_{自}$=0.2 × 58.9=11.78kN

$F_{压机}$>1.2（$F_{自}$+$F_{顶}$）=84.82kN

故选用 100 kN 的开式曲柄压力机。

（2）模具工作部分尺寸计算

1）凸、凹模间隙

由公式（3.13）得 $Z=t_{max}+ct=t+\Delta+ct$

查板厚公差表得 $\Delta$=0.36，查表 3.12 得 $c$=0.04，代入得 $Z$=6+0.36+0.04 × 6=6.6 mm

2）凸、凹模宽度尺寸

工件尺寸标注在内形上，因此以凸模作基准，先计算凸模宽度尺寸。由 GB/T 15055—2007 查得基本尺寸为 18 mm，板厚为 6 mm 的弯曲件未注公差为±0.4 mm，则由式（3.16）、式（3.17）得：

$$L_{凸}=(L_{min}+0.75\Delta)_{-\delta_{凹}}^{\ 0}=(18+0.75\times0.8)_{-0.021}^{\ 0}=18.6_{-0.021}^{\ 0}\ \text{mm}$$

$$L_{凹}=(L_{凸}+2Z)_{0}^{+\delta_{凹}}=(18.6+2\times6.6)_{0}^{+0.025}=31.8_{0}^{+0.025}\ \text{mm}$$

这里的凸、凹模的制造偏差按 IT7 级取。

3）凸、凹模圆角半径的确定

由于一次能弯曲成形，因此可取凸模圆角半径等于工件的弯曲半径，即 $r_{凸}$=5 mm，由于 $t$=6 mm，可取 $r_{凹}$=2$t$=12 mm。

4）凹模工作部分深度

查表 3.11 得凹模深度 $L_0$=30 mm，凹模工作部分深度取为 30 mm。

## 4．模具总体结构形式确定

为了操作方便，选用后侧滑动导柱模架，毛坯利用凹模上的定位板定位，刚性推件装置推件，顶件装置顶件，并同时提供顶件力，防止毛坯窜动。模具总体结构如图 3.69 所示。

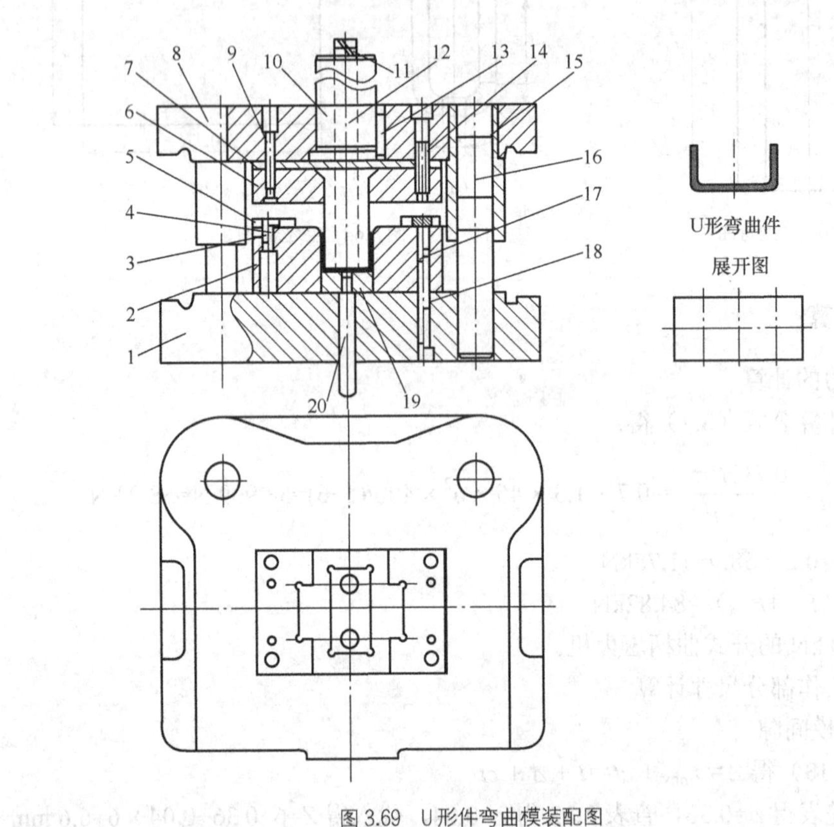


图 3.69　U 形件弯曲模装配图

1—下模座；2—弯曲凹模；3、9、18—销钉；4、14、17—螺钉；5—定位板；6—凸模固定板；7—垫板；8—上模座；10—模柄；11—横销；12—推杆；13—止转销；15—导套；16—导柱；19—顶件板；20—顶杆

## 5．模具主要零件设计

（1）凸模

凸模的结构形式及尺寸如图 3.70 所示。材料选用 Cr12，热处理 56～60 HRC。

（2）凹模

凹模的结构形式及尺寸如图 3.71 所示。材料选用 Cr12，热处理 56～60 HRC。

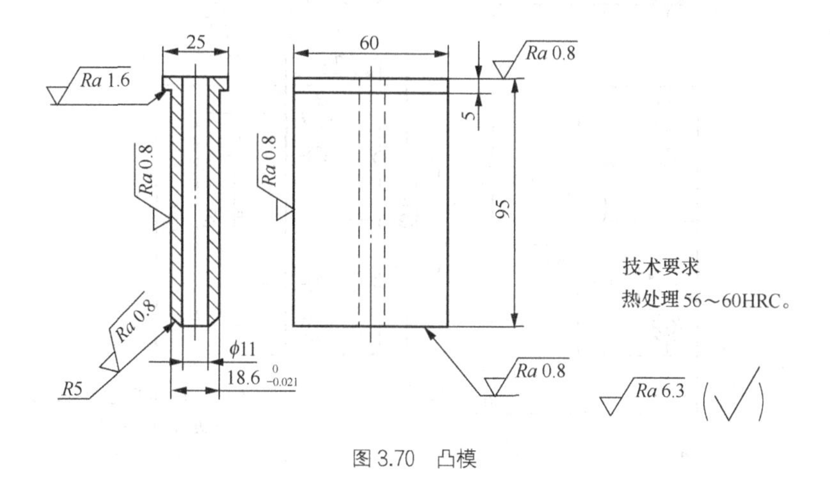


图 3.70 凸模

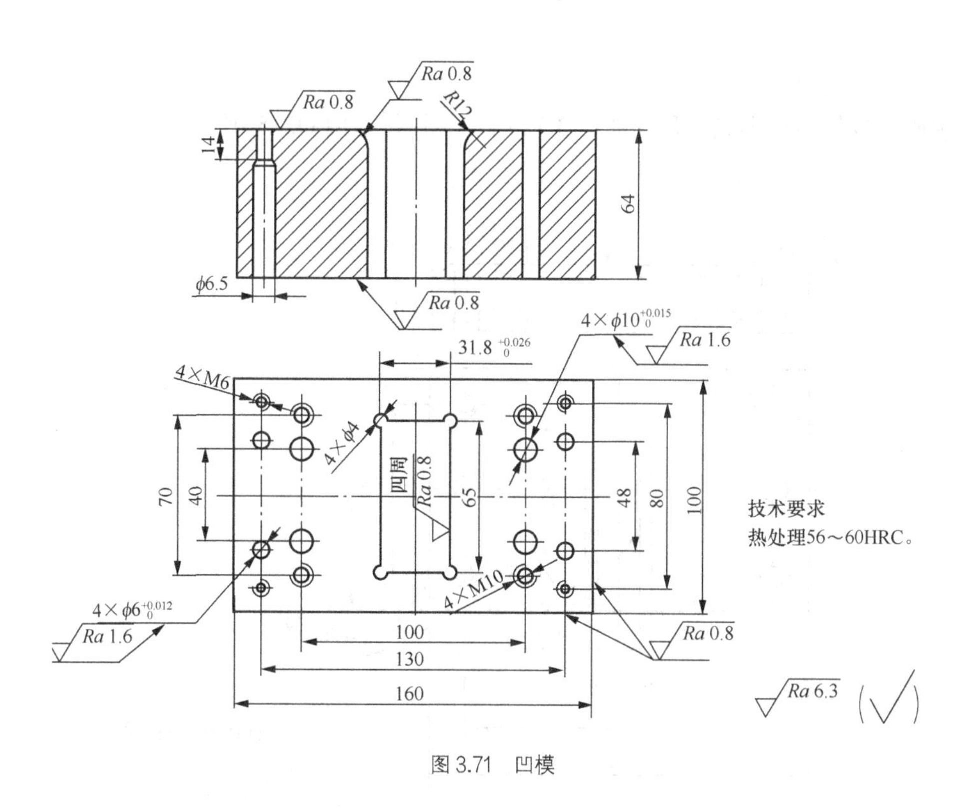


图 3.71 凹模

（3）定位板

定位板的结构形式及尺寸如图 3.72 所示。材料选用 45 钢，热处理 43～48 HRC。

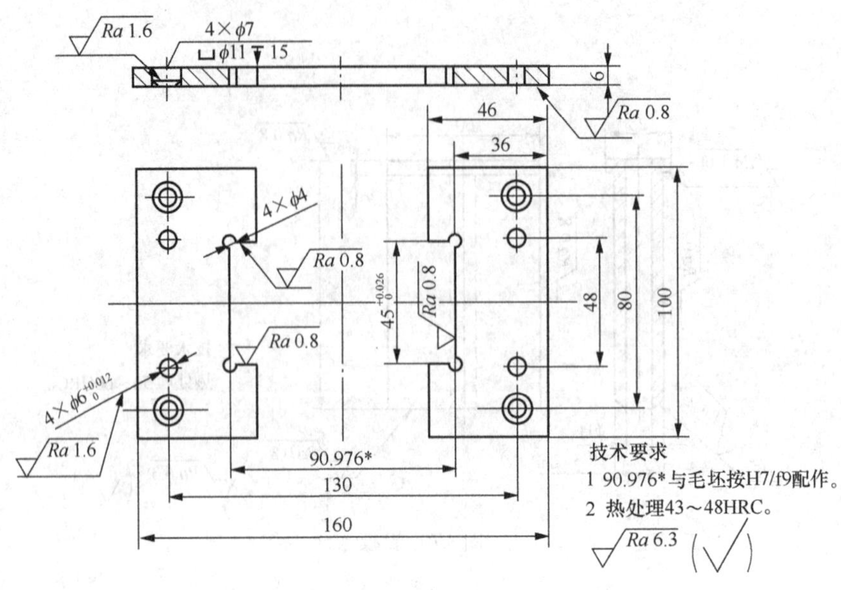


图 3.72 定位板

（4）凸模固定板

凸模固定板的结构形式及尺寸如图 3.73 所示。材料选用 Q235 钢。

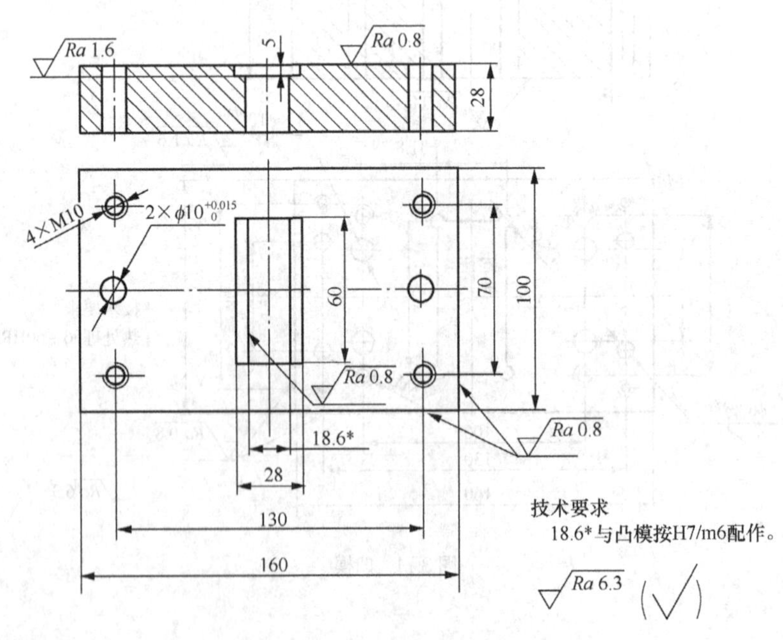


图 3.73 凸模固定板

（5）垫板

垫板的结构形式及尺寸如图 3.74 所示。材料选用 45#钢，热处理 43～48 HRC。

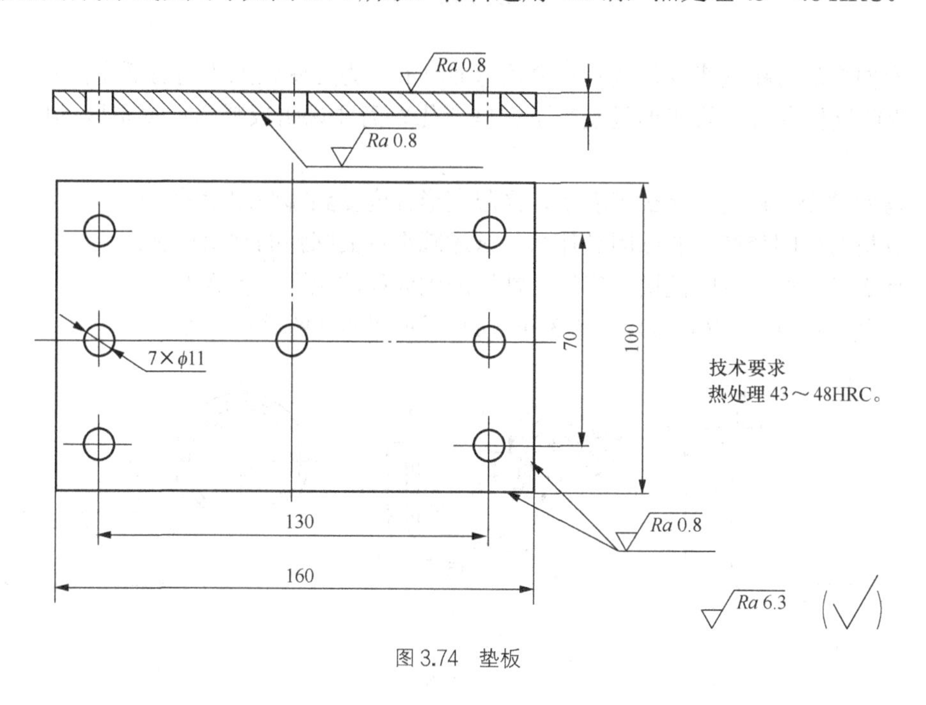


图 3.74 垫板

（6）顶件板

顶件板的结构形式及尺寸如图 3.75 所示。材料选用 45 钢，热处理 43～48 HRC。

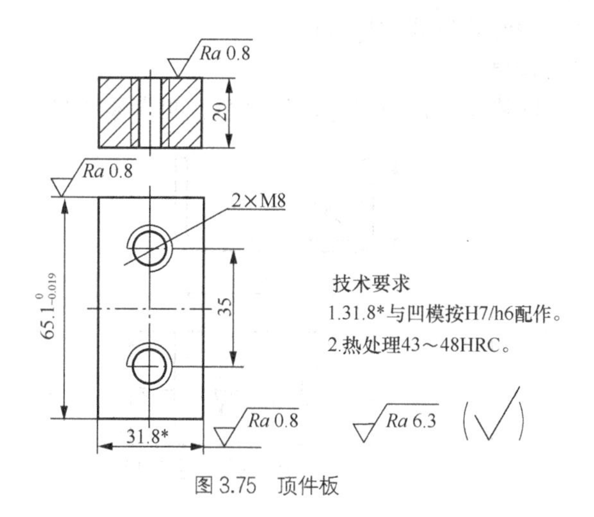


图 3.75 顶件板

（7）其他零件

模架选用 160 mm × 100 mm ×(170～205)mm I GB/T2851—2008；模柄选用压入式模柄 A32 mm × 80 mm JB/T7646.1—2008。

## 思考与练习题

1．弯曲变形有哪些特点？宽板与窄板弯曲时的应力应变状态为何有所不同？

2．弯曲过程中材料的变形区发生了哪些变化？简要说明板料弯曲变形区的应力和应变情况。

3．弯曲的变形程度用什么来表示？极限变形程度受到哪些因素的影响？

4．分析弯曲回弹产生的原因是什么？试述减小弯曲回弹的常用措施。

5．什么是弯曲应变中性层？应变中性层产生偏移的原因是什么？

6．试分别计算图3.76（a）～图3.76（c）所示弯曲件的毛坯长度。

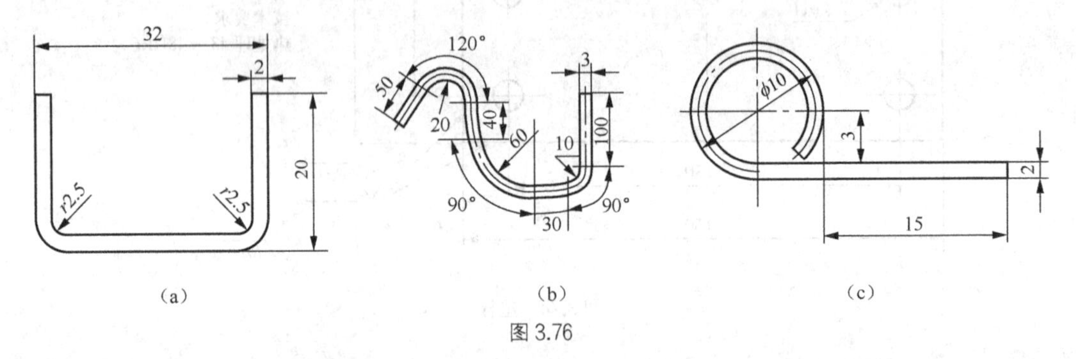


图3.76

7．弯曲图3.77所示零件，材料为08F钢，材料厚度为1.5 mm。请完成以下工作：

（1）分析弯曲件的工艺性；

（2）计算弯曲件的展开长度和弯曲力；

（3）绘制弯曲模结构草图；

（4）确定弯曲凸、凹模工作部位尺寸，绘制凸、凹模零件图。

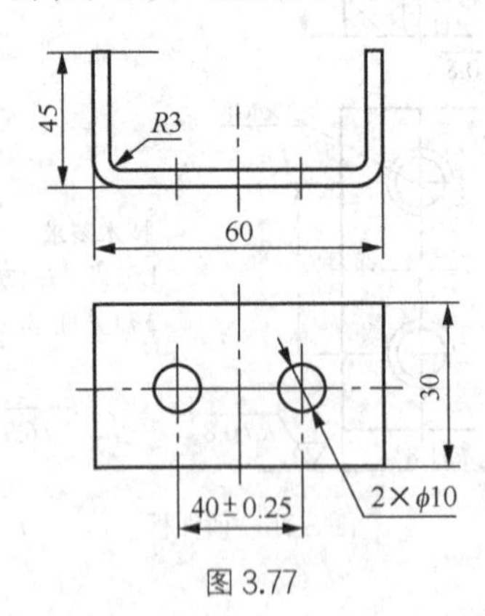


图3.77

# 第4章 拉深工艺与模具设计

拉深是利用拉深模具将冲裁好的平板毛坯压制成各种开口的空心件，或将已制成的开口空心件加工成其他形状和尺寸的空心件的一种冲压加工方法。拉深也叫拉延。图 4.1 所示即为一平板毛坯被拉成一杯形件。其变形过程是：随着凸模的不断下行，留在凹模端面上的毛坯外径不断缩小，圆形毛坯逐渐被拉进凸、凹模间的间隙中形成直壁，而处于凸模下面的材料则成为拉深件的底，当板料全部进入凸、凹模间的间隙里时拉深过程结束，平面毛坯就变成具有一定的直径和高度的杯形件。与冲裁模相比，拉深凸、凹模的工作部分不应有锋利的刃口，而应具有一定的圆角，凸、凹模间的单边间隙稍大于料厚。

用拉深工艺可以制得筒形、阶梯形、球形、锥形、抛物线型等旋转体零件（见图 4.2），也可制成方盒形等非旋转体零件，若将拉深与其他成形工艺（如胀形、翻边等）复合，则可加工出形状非常复杂的零件，如汽车车门等。因此拉深的应用非常广泛，是冷冲压的基本工序之一。

按拉深后筒壁厚度的变化不同可分为普通拉深和变薄拉深，本章主要介绍普通拉深。

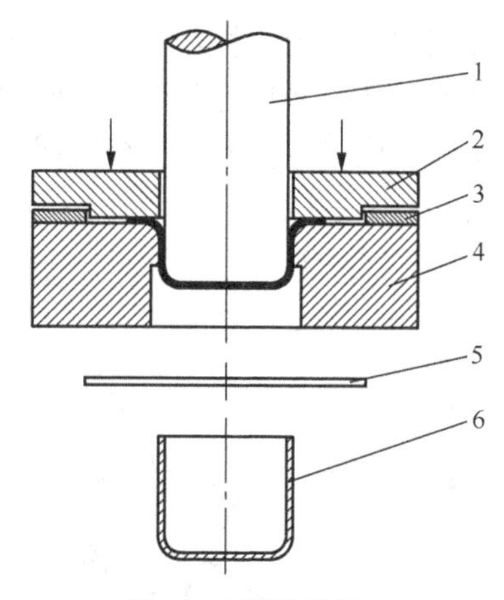


图 4.1 圆筒件拉深

1—凸模；2—压边圈；3—定位圈；4—凹模；5—坯料；6-拉深件

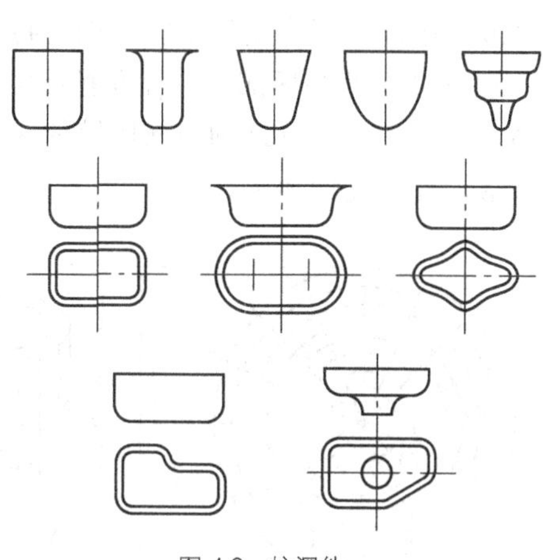

图 4.2 拉深件

## 4.1 拉深变形过程分析

### 4.1.1 拉深变形过程及特点

#### 1. 拉深变形过程

若不用模具，如何将一块圆形的平板毛坯加工成开口的圆筒形件？只要去掉图 4.3 中的三角形阴影部分，再将剩余部分沿直径 $d$ 的圆周折弯起来，并加以焊接就可以得到一个筒部直径为 $d$，高度为 $h=(D-d)/2$，周边带有焊缝的开口筒形件。但在实际拉深时并没有去除多余材料，多余的材料在模具的作用下产生了流动。通过网格试验可以了解材料流动情况。拉深前在毛坯上画一些由等距离的同心圆和等角度的辐射线组成的网格（见图 4.4），拉深后筒底部的网格变化不明显，而筒壁上的网格变化很大，拉深前等距离的同心圆拉深后变成了与筒底平行的不等距离的水平圆周线，越到口部，圆周线的间距越大，即

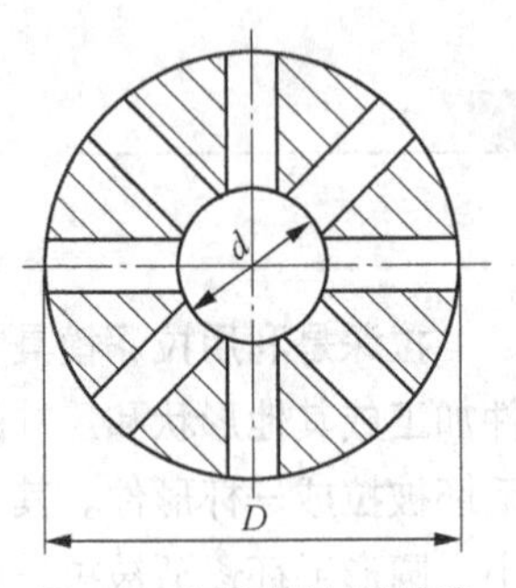

图 4.3 拉深时的材料转移

$$a_1 > a_2 > a_3 > \cdots > a$$

拉深前等角度的辐射线拉深后变成了等距离的相互平行且垂直于底部的平行线，即

$$b_1 = b_2 = b_3 = \cdots = b$$

扇形网格 $\mathrm{d}A_1$ 拉深后在工件的侧壁变成了等宽度的矩形 $\mathrm{d}A_2$，离底部越远，矩形高度越大。筒壁高度 $h$ 大于环行部分半径差$(D-d)/2$，说明材料沿高度方向产生了塑性流动。

任选一个扇形格子来分析，如图 4.5 所示，扇形的宽度大于矩形的宽度，而高度却小于矩形的高度，因此扇形格发生了因径向受拉的伸长变形和切向材料间的相互挤压而产生的收缩变形。故而 $D-d$ 的圆环部分在径向拉应力和切向压应力作用下，径向伸长，且越到口部伸长的越多，切向缩短，且越到口部压缩的越多，扇形格子就变成矩形格子，多余金属也就流到工件口部，使高度增加了。

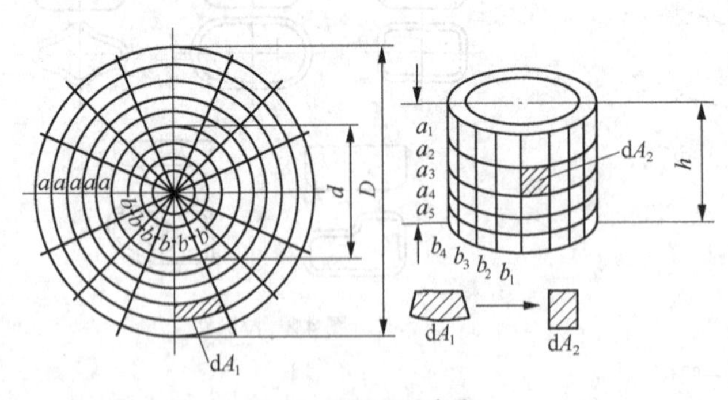

图 4.4 拉深网格变化

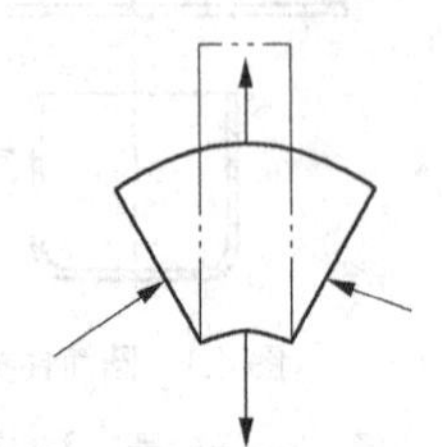
图 4.5 拉深时扇形单元受力与变形

**2．拉深变形特点**

由上述网格试验可知拉深变形的特点如下。

（1）拉深后的圆筒由筒壁和筒底两个部分组成。位于凸模下面的材料成为筒底，这部分材料几乎不变形，变形主要发生在位于凹模端面上的圆环形部分，这部分是拉深主要变形区。

（2）主要变形区变形不均匀，径向受拉伸长，切向受压缩短，越到口部伸长和压缩的越多。

（3）拉深后筒壁厚度分布不均，口部增厚，筒壁下部减薄。

## 4.1.2 拉深过程中坯料应力和应变状态

**1．拉深过程中坯料应力应变状态简介**

拉深过程中，材料的变形程度由底部向口部逐渐增大，因此拉深过程中毛坯各部分的硬化程度不一，应力与应变状态各不相同。而随着拉深的不断进行，留在凹模表面的材料不断的被拉进凸、凹模的间隙变为筒壁，因而即使是变形区同一位置的材料，其应力和应变状态也在时刻发生变化。

现以带压边圈的无凸缘直壁圆筒形件的首次拉深为例，说明在拉深过程中的某一时刻（见图 4.6）毛坯的变形和受力情况，假设：$\sigma_1$、$\sigma_2$、$\sigma_3$，$\varepsilon_1$、$\varepsilon_2$、$\varepsilon_3$分别为毛坯的径向、厚向和切向的应力与应变。

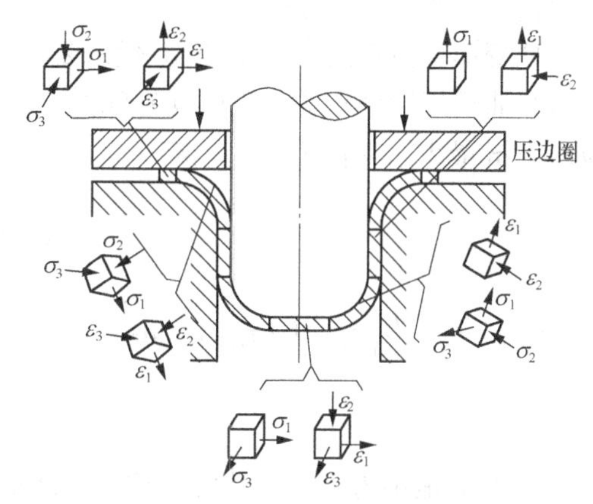


图 4.6 拉深中毛坯的应力应变情况

根据圆筒件各部位的受力和变形性质的不同，将整个毛坯分为如下 5 个部分。

（1）平面凸缘部分。这是拉深变形的主要变形区。此处材料被拉深凸模拉进凸、凹模间隙形成筒壁，主要承受切向压应力$\sigma_3$和径向拉应力$\sigma_1$，厚度方向承受由压边力引起的压应力$\sigma_2$的作用，是二压一拉的三向应力状态，产生径向伸长、切向压缩、厚度增厚的三向变形。

（2）凹模圆角部分。这是凸缘和筒壁部分的过渡区，除径向受拉应力$\sigma_1$和切向受压应力$\sigma_3$作用外，厚度方向上还要受凹模圆角的压力和弯曲作用而产生的压应力$\sigma_2$的作用。产生径向伸长、切向和厚度方向压缩的三向变形，此处材料厚度减薄。

（3）筒壁部分。这是由凸缘部分的材料转化而成的已经经过了塑性变形的部分，是传力区。在间隙合适时，厚度方向上将不受力的作用，即$\sigma_2$为零，产生径向伸长、厚度方向减薄的平面变形。

（4）凸模圆角部分。这部分是筒壁和圆筒底部的过渡区，材料承受筒壁较大的拉应力$\sigma_1$、凸模圆角的压力和弯曲作用而产生的压应力$\sigma_2$及切向拉应力$\sigma_3$。材料产生径向伸长、切向和厚度方向压缩的三向变形，其中在这个区间的筒壁与筒底转角处稍上的地方，厚度的减薄最为严重，往往成为整个拉深件强度最薄弱的地方，成为拉深过程中的“危险断面”。

（5）圆筒底部。这部分材料处于凸模下面，直接接收凸模施加的力并由它将之传给圆筒壁部，也是传力区。该处材料受两向拉应力$\sigma_1$和$\sigma_3$作用，产生两向受拉、厚向受压的三向变形，但变形量不大，一般可忽略不计。

综上所述，拉深时的应力、应变是复杂的，也是时刻在变化的，拉深件的壁厚是不均匀的，拉深件平面凸缘部分在切向压应力作用下会产生“起皱”，“危险断面”处则可能出现拉裂，所以拉深中的主要破坏形式是起皱和拉裂。

**2．拉深过程中主要变形区坯料应力和应变分析**

为简化计算，假定由压边力引起的压边应力为零，则拉深主要变形区主要承受径向拉应力和切向压应力的平面应力作用，在不考虑加工硬化影响的情况下，由塑性变形条件和受力平衡条件可得到径向拉应力$\sigma_1$和切向压应力$\sigma_3$的计算公式：

$$\sigma_1 = 1.1\bar{\sigma}_m \ln\frac{R_t}{R} \tag{4.1}$$

$$\sigma_3 = -1.1\bar{\sigma}_m\left(1-\ln\frac{R_t}{R}\right) \tag{4.2}$$

式中，$\bar{\sigma}_m$ 为变形区材料的平均抗力（MPa）；$R_t$ 为拉深中某时刻凸缘半径（mm）；$R$ 为凸缘区内任意点的半径（mm）。

把变形区内不同点的半径 $R$ 代入公式（4.1）和式（4.2）就可以算出各点的应力，它是按对数曲线规律分布的［见图 4.7（b）］。从分布曲线可看出，在变形区内边缘即 $R=r$ 处径向拉应力$\sigma_1$最大，其值为

$$\sigma_{1\max} = 1.1\bar{\sigma}_m \ln\frac{R_t}{r} \tag{4.3}$$

而 $|\sigma_3|$ 最小，为 $|\sigma_3| = 1.1\bar{\sigma}_m\left(1-\ln\frac{R_t}{r}\right)$，在变形区外边缘 $R=R_t$ 处压应力 $|\sigma_3|$ 最大，其值为

$$|\sigma_3|_{\max} = 1.1\bar{\sigma}_m \tag{4.4}$$

而拉应力$\sigma_1$最小为零。从凸缘外边向内边$\sigma_1$由低到高变化，$|\sigma_3|$则由高到低变化，在凸缘中间必有一交点存在［见图 4.7（b）］，在此点处有：

$$|\sigma_1| = |\sigma_3|$$

即
$$1.1\bar{\sigma}_m \ln\frac{R_t}{R} = 1.1\bar{\sigma}_m\left(1-\ln\frac{R_t}{R}\right)$$

解得：
$$R = 0.61R_t$$

即交点在 $R=0.61R_t$ 处。用 $R$ 所作出的圆，将凸缘分成两部分，由此圆到凹模入口部分拉应力占优势（$|\sigma_1|>|\sigma_3|$），拉应变$\varepsilon_1$为绝对值最大的主应变，厚度方向的变形$\varepsilon_2$是压缩应变。由此圆向外到毛坯边缘部分，压应力占优势（$|\sigma_3|>|\sigma_1|$），压应变$\varepsilon_3$为绝对值最大的主应变，厚度方向上的变形$\varepsilon_2$是拉伸应变（增厚）。交点处就是变形区厚度方向变形是增厚还是减薄的分界点。

上述计算的$\sigma_1$和$\sigma_3$是拉深到凸缘半径等于 $R_t$ 时刻的应力值，随着拉深的不断进行，因加工硬化导致 $\bar{\sigma}_m$ 逐渐增大，而 $R_t/r$ 逐渐减小，由式（4.3）可知，$\sigma_{1\max}$ 在不断变化，在拉深进

行到 $R_t=(0.7\sim0.9)R_0$ 时，$\sigma_{1\max}$ 出现最大值 $\sigma_{1\max}^{\max}$，以后随着拉深的继续进行，由于 $R_t/r$ 的减小占主导地位，$\sigma_{1\max}$ 也逐渐减少，直到拉深结束时 $\sigma_{1\max}$ 减少为零。而由公式(4.4)可知，$|\sigma_3|_{\max}$ 仅取决于 $\bar{\sigma}_m$，即只与材料有关，随着拉深的进行，变形程度增加，硬化加大，$\bar{\sigma}_m$ 增加，则 $|\sigma_3|_{\max}$ 也增加。$|\sigma_3|_{\max}$ 的变化规律与材料的硬化曲线相似。$|\sigma_3|_{\max}$ 增加会使毛坯有起皱的危险。

### 3. 拉深过程中筒壁传力区坯料的应力分析

凸模提供的拉深力 $F$ 通过筒壁传力区传到凸缘，将变形区的材料拉入凹模，在此过程中，筒壁所受的力（见图 4.8）由以下几部分组成。

（1）凸缘材料的变形抗力 $\sigma_{1\max}$，它是拉深时变形区内凸缘受的径向拉应力，是只考虑拉深时转移“剩余材料”所需的变形力。此力是凸模拉深力 $F$ 通过筒壁传到凹模口处而产生的。

（2）凸缘材料在压边圈和凹模上平面间的间隙里流动时产生的摩擦力。

（3）毛坯流过凹模圆角表面遇到的摩擦阻力。

（4）毛坯经过凹模圆角时产生弯曲变形以及离开凹模圆角进入凸凹模间隙后又被拉直产生反向变形所需克服的阻力。

（5）拉深初期毛坯在凸模圆角处弯曲时所需克服的弯曲阻力。

上述各附加阻力组成了拉深变形过程中毛坯内部总的变形抗力，凸模施加给毛坯的拉深应力必须克服总的变形抗力，拉深才能得以顺利进行。

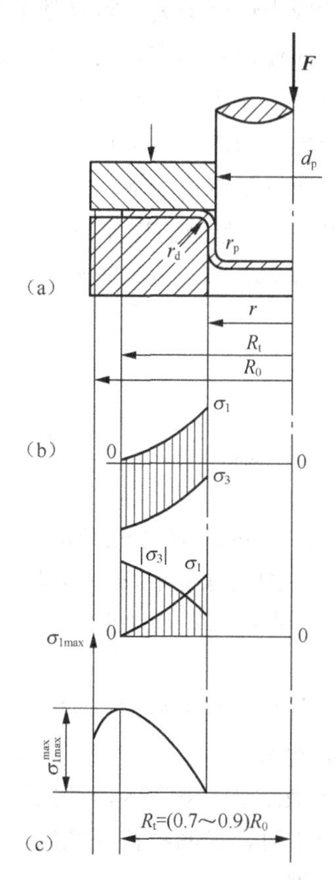


图 4.7　圆筒件拉深时的应力分布

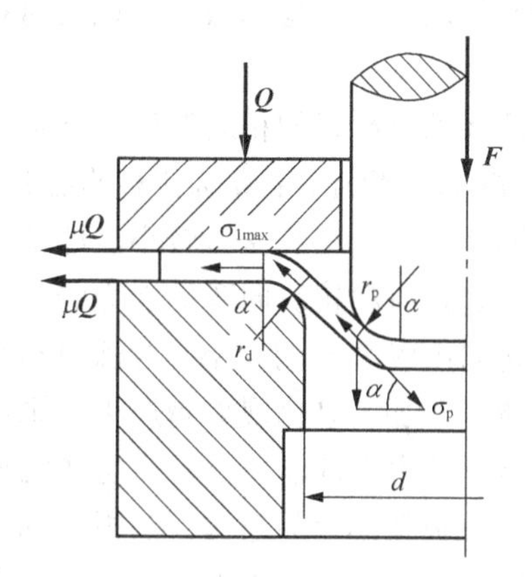


图 4.8　拉深毛坯各部分受力

## 4.2 拉深件质量分析及控制

由上面的分析可知，拉深时容易产生的质量问题是主要变形区的起皱和“危险断面”的拉裂。

### 4.2.1 起皱

#### 1．起皱的概念及产生起皱的原因

拉深时凸缘变形区的每个小扇形块在切向均受到$\sigma_3$压应力的作用。当作用力$\sigma_3$过大，扇形块又较薄，$\sigma_3$超过此时扇形块所能承受的临界压应力时，则扇形块就会失稳弯曲而拱起。当沿着圆周的每个小扇形块都拱起，则在凸缘变形区沿切向就会形成高低不平的皱折，这种现象就叫起皱，如图4.9所示。起皱在拉深薄料时更易发生，且首先在凸缘的外缘开始，因为此处的$\sigma_3$值最大。

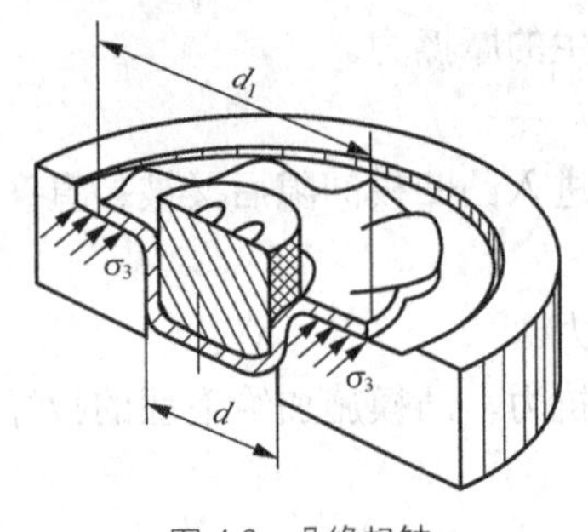

图4.9 凸缘起皱

变形区一旦起皱，对拉深的正常进行是非常不利的。因为毛坯起皱后，拱起的皱折很难通过凸、凹模间隙被拉入凹模，如果强行拉入，则拉应力迅速增大，容易使毛坯受过大的拉力而导致断裂报废。即使模具间隙较大，或者起皱不严重，拱起的皱折能勉强被拉进凹模内形成筒壁，但皱折也会留在工件的侧壁上，从而影响零件的表面质量，同时，起皱后的材料在通过模具间隙时与模具间的压力增加，导致与模具间摩擦加剧，磨损严重，使得模具的寿命大为降低。因此，应尽量避免起皱。

实践证明，在无凸缘圆筒形件带压边圈的首次拉深中，失稳起皱的规律与$\sigma_{1max}$的变化规律相似，最易起皱的时刻为$\sigma_{1max}^{max}$出现的时刻，即$R_t$=(0.7～0.9)$R_0$时，即起皱通常发生在拉深的初期。

#### 2．影响起皱的因素

拉深变形区是否失稳起皱，与该处材料所受的切向压应力大小和几何尺寸有关。影响因素如下。

（1）凸缘部分材料的相对厚度。凸缘部分的相对料厚，即$t/(D_t-d)$［或$t/(R_t-r)$］，其中，$t$为料厚；$D_t$为凸缘外径；$d$为工件直径；$r$为工件半径；$R_t$为凸缘外半径。凸缘相对料厚越大，则说明$t$较大而（$D_t-d$）较小，即变形区较窄较厚，因此抗失稳能力强，稳定性好，不易起皱。反之，材料抗纵向弯曲能力弱，就容易起皱。

（2）切向压应力$\sigma_3$的大小。拉深时$\sigma_3$的值决定于变形程度，变形程度越大，需要转移的剩余材料越多，加工硬化现象越严重，则$\sigma_3$越大，越容易起皱。

（3）材料的力学性能。板料的屈强比$\sigma_s/\sigma_b$小，则屈服极限小，变形区内切向压应力也相对减小，因此板料不容易起皱。当板厚向异性系数$r$大于1时，说明板料在宽度方向上的变形易于厚度方向，材料易于沿平面流动，因此也不容易起皱。

（4）凹模工作部分几何形状。与普通的平端面凹模相比，锥形凹模允许拉深较薄的毛坯

而不致起皱。

生产中可用下述公式概略估算是否会起皱。

平端面凹模拉深时，毛坯首次拉深不起皱的条件是

$$\frac{t}{D} \geqslant 0.045\left(1-\frac{d}{D}\right) \tag{4.5}$$

用锥形凹模首次拉深时，材料不起皱的条件是

$$\frac{t}{D} \geqslant 0.03\left(1-\frac{d}{D}\right) \tag{4.6}$$

式中，$D$、$d$ 分别为毛坯直径和工件直径（mm）；$t$ 为板料的厚度（mm）。

也可利用表 4.1 进行判断。

**表 4.1　　采用或不采用压边圈的条件**

| 拉深方法 | 第一次拉深 | | 以后各次拉深 | |
|---|---|---|---|---|
| | （$t/D$）×100 | $m_1$ | （$t/D$）×100 | $m_n$ |
| 用压边圈 | <1.5 | <0.6 | <1.0 | <0.8 |
| 可用可不用 | 1.5～2.0 | 0.6 | 1.0～1.5 | 0.8 |
| 不用压边圈 | >2.0 | >0.6 | >1.5 | >0.8 |

### 3．生产中防止起皱的措施

若不能满足上述要求，则会起皱。此时需采取措施防皱，常用的方法是采用压边圈并施加合适的压边力。加压边圈后，材料被强迫在压边圈和凹模平面间的间隙中流动，稳定性得到增加，起皱也就不容易发生了。

## 4.2.2　拉裂

### 1．拉裂的概念及产生拉裂的原因

由前述分析可知，筒壁与筒底转角处稍上的地方是拉深过程中的“危险断面”。当拉深过程中毛坯所受的总的变形抗力超过此时“危险断面”材料的抗拉强度，零件就在此处破裂，或者即使未被拉裂，由于变薄过于严重，也可能使产品报废，此即拉裂现象，如图 4.10 所示。防止出现拉裂是拉深成功的关键。

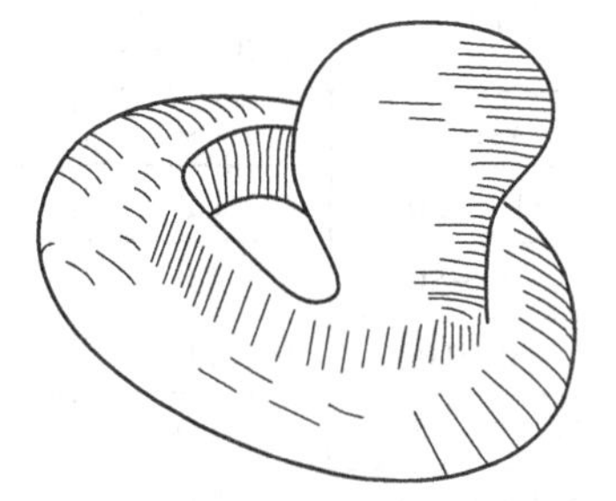

图 4.10　拉裂

### 2．影响拉裂的因素

由前述总变形抗力的组成可知，影响拉裂的主要因素有：材料本身的强度极限，强度越高，越不易拉裂；拉深变形程度的大小，变形程度越大，导致$\sigma_1$越大，越容易拉裂；压边力的大小，压边力越大，越容易拉裂；凸、凹模圆角半径的大小，半径越小，越容易拉裂；凹模和压边圈与坯料接触表面越粗糙，越容易拉裂。

3．防止拉裂的措施

为防止拉裂，可以从以下几方面考虑：根据板材成形性能，采用适当的拉深比和压边力；增加凸模表面粗糙度；改善凸缘部分的润滑条件；合理设计模具工作部分形状；选用拉深性能好的材料等。

## 4.3 拉深工艺计算

### 4.3.1 直壁旋转体零件拉深工艺计算

直壁旋转体零件包括无凸缘直壁圆筒形件、有凸缘直壁圆筒形件和直壁阶梯形件，其中无凸缘直壁圆筒形件是最典型的拉深件，掌握了它的工艺计算方法，其他零件的工艺计算也就好着手了。

#### 1．无凸缘直壁圆筒形件拉深工艺计算

（1）毛坯形状与尺寸的确定

确定旋转体拉深件毛坯形状的原理如下。

1）体积不变原理。拉深前和拉深后材料的体积不变。对于不变薄拉深因假设变形中材料厚度不变，则拉深前毛坯的表面积与拉深后工件的表面积认为近似相等。

2）相似原理。毛坯的形状一般与工件截面形状相似。如工件的横断面是圆形的，则拉深前毛坯的形状基本上也是圆形的，并且毛坯的周边必须制成光滑曲线，无急剧的转折。

据此可知旋转体零件的展开毛坯即为圆形。求解毛坯尺寸的步骤如下。

1）确定修边余量。由于材料的各向异性以及拉深时金属流动条件的差异，拉深后工件口部不平，通常需要修边，因此计算毛坯尺寸时应在工件高度方向上增加一修边余量$\Delta h$。$\Delta h$值可根据零件的相对高度查表4.2。

表4.2　无凸缘圆筒形件的修边余量$\Delta h$（JB/T 6959—2008）

| 工件高度 $h$ | 工件相对高度 $h/d$ | | | | 附图 |
|---|---|---|---|---|---|
| | ＞0.5～0.8 | ＞0.8～1.6 | ＞1.6～2.5 | ＞2.5～4.0 | |
| ≤10 | 1.0 | 1.2 | 1.5 | 2.0 | 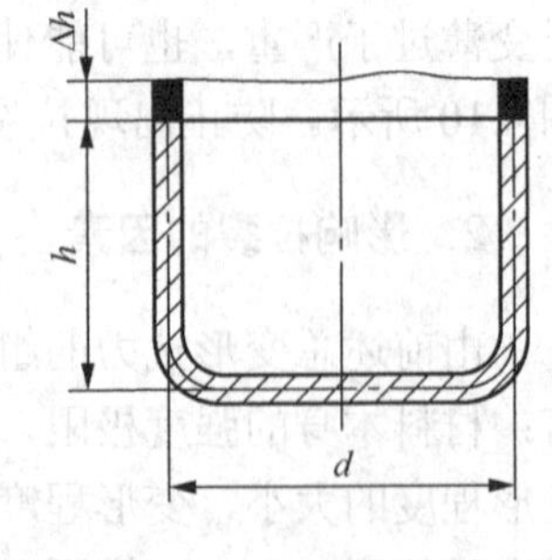 |
| ＞10～20 | 1.2 | 1.6 | 2.0 | 2.5 | |
| ＞20～50 | 2.0 | 2.5 | 3.3 | 4.0 | |
| ＞50～100 | 3.0 | 3.8 | 5.0 | 6.0 | |
| ＞100～150 | 4.0 | 5.0 | 6.5 | 8.0 | |
| ＞150～200 | 5.0 | 6.3 | 8.0 | 10.0 | |
| ＞200～250 | 6.0 | 7.5 | 9.0 | 11.0 | |
| ＞250 | 7.0 | 8.5 | 10.0 | 12.0 | |

2）计算工件表面积。为了便于计算，把零件分解成若干个简单几何体，分别求出其表面积后相加。图4.11所示的零件可看成由圆筒部分（$A_1$），圆弧旋转而成的球台部分（$A_2$）以

及底部圆形平板（$A_3$）三部分组成。

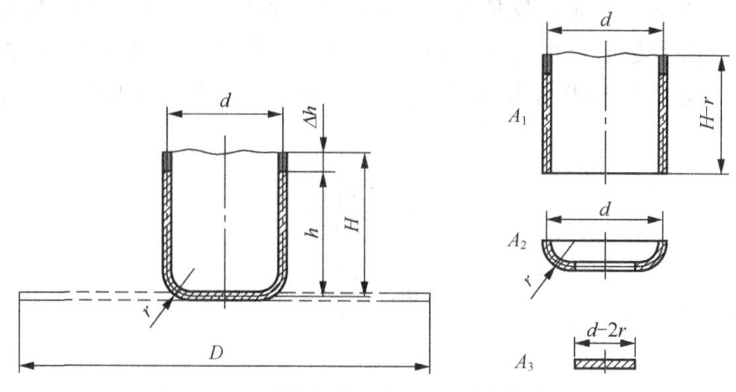


图 4.11 无凸缘圆筒形件毛坯尺寸计算分解图

圆筒部分的表面积为

$$A_1=\pi d(H-r)$$

式中，$d$ 为圆筒部分的中径；$H$ 为包含修边余量的拉深件的总高度；$r$ 为工件中线在圆角处的圆角半径。

圆角球台部分的表面积为

$$A_2=\frac{\pi}{4}[2\pi r(d-2r)+8r^2]$$

底部表面积为

$$A_3=\frac{1}{4}\pi(d-2r)^2$$

工件的总面积为 $A_1$，$A_2$ 和 $A_3$ 三部分之和，即：

$$A_{总}=A_1+A_2+A_3=\pi d(H-r)+\frac{\pi}{4}[(2\pi r(d-2r)+8r^2]+\frac{1}{4}\pi(d-2r)^2$$

3）求出毛坯尺寸。设毛坯的直径为 $D$，根据毛坯表面积等于工件表面积，则：

$$\frac{1}{4}\pi D^2=\pi d(H-r)+\frac{\pi}{4}[2\pi r(d-2r)+8r^2]+\frac{1}{4}\pi(d-2r)^2$$

解出：

$$D=\sqrt{d^2-1.72dr-0.56r^2+4d(h+\Delta h)} \tag{4.7}$$

注意：对于上式，若毛坯的厚度 $t<1$ mm，以外径和外高或内部尺寸来计算，毛坯尺寸的误差不大。若毛坯的厚度 $t\geqslant1$ mm，则各个尺寸应以零件厚度的中线尺寸代入进行计算。其他复杂形状零件的毛坯计算可查有关资料。

复杂旋转体拉深件的尺寸仍然采用表面积相等的原则求出，而其表面积可采用久里金法则计算，具体公式可查阅相关手册。

（2）拉深次数的确定

拉深次数与每次拉深时材料所允许的变形程度有关，而拉深变形程度的大小可以用拉深系数来衡量，因此下面首先确定拉深系数。

1）拉深系数的概念。拉深系数是指拉深后圆筒形件的直径与拉深前毛坯（或半成品）的直径之比。图4.12所示是用直径为$D$的毛坯拉成直径为$d_n$、高度为$h_n$工件的工艺顺序。第一次拉成$d_1$和$h_1$，第二次半成品为$d_2$和$h_2$，依此最后一次即得工件的尺寸$d_n$和$h_n$。各次的拉深系数为

$$m_1=\frac{d_1}{D}$$

$$m_2=\frac{d_2}{d_1}$$

……

$$m_{n-1}=\frac{d_{n-1}}{d_{n-2}}$$

$$m_n=\frac{d_n}{d_{n-1}} \tag{4.8}$$

工件的直径$d_n$与毛坯直径$D$之比称为总拉深系数，即工件所需要的拉深系数：

$$m_{总}=\frac{d_n}{D}=\frac{d_1}{D}\cdot\frac{d_2}{d_1}\cdot\cdots\cdot\frac{d_{n-1}}{d_{n-2}}\cdot\frac{d_n}{d_{n-1}}=m_1\cdot m_2\cdot\cdots\cdot m_{n-1}\cdot m_n$$

拉深系数的倒数称为拉深程度或拉深比，其值为

$$K_n=\frac{1}{m_n}=\frac{d_{n-1}}{d_n} \tag{4.9}$$

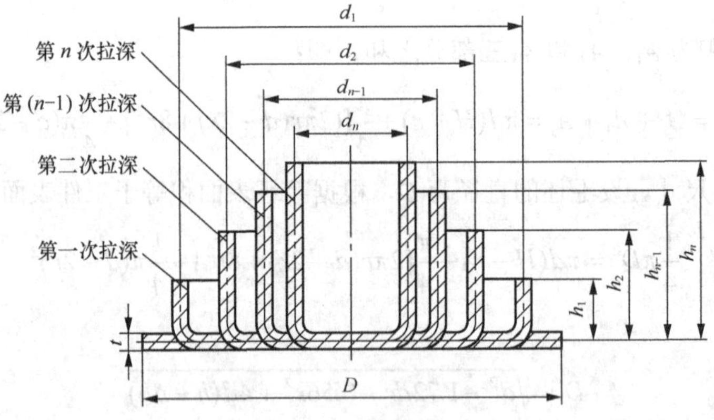

图4.12 拉深工序示意图

拉深系数表示了拉深前后毛坯直径的变化量，反映了毛坯外边缘在拉深时的切向压缩变形的大小，因此可用它作为衡量拉深变形程度的指标。拉深时毛坯外边缘切向压缩变形量为

$$\varepsilon_1=\frac{\pi Dt-\pi d_1 t}{\pi Dt}=1-\frac{d_1}{D}=1-m_1$$

$$\varepsilon_2=\frac{\pi d_1 t-\pi d_2 t}{\pi d_1 t}=1-\frac{d_2}{d_1}=1-m_2$$

……

$$\varepsilon_{n-1} = 1 - m_{n-1}$$

$$\varepsilon_n = 1 - m_n$$

即：

$$\varepsilon = 1 - m \tag{4.10}$$

由式（4.10）可知拉深系数是一个小于 1 的数值，其值越小，表示拉深前后毛坯直径变化越大，即变形程度越大。

但是，如拉深系数取得过小，则拉深变形程度过大，工件局部严重变薄甚至材料被拉破，得不到合格的工件。因此，拉深系数的减少有一个限度，这个限度被称为极限拉深系数。极限拉深系数就是使拉深件不破裂的最小拉深系数，在拉深工艺设计时，总是希望采用较小的拉深系数，以便减少拉深次数。

2）影响极限拉深系数的因素。在不同的条件下极限拉深系数是不同的，影响极限拉深系数的因素有以下诸方面。

① 材料方面。屈强比$\sigma_s/\sigma_b$越小对拉深越有利，因而$\sigma_s/\sigma_b$小的材料拉深系数可取小些。材料塑性差即伸长率$\delta$值小时，则拉深系数要取大些。材料的厚向异性系数 $r$ 和硬化指数 $n$ 大时易于拉深，可以采用较小的拉深系数。

材料的相对厚度大时，凸缘抵抗失稳起皱的能力增强，因而所需压边力减小，甚至不需要，这就减小了因压边力而引起的摩擦阻力，从而使总的变形抗力减少，故极限拉深系数可减小。材料的表面光滑，拉深时摩擦力小，容易流动，所以极限拉深系数可减小。

② 模具方面。模具间隙小时，材料进入间隙后的阻力增大，故极限拉深系数取较大值。

凹模圆角半径过小，则材料沿圆角部分流动时阻力增加，故极限拉深系数应取较大值。凸模圆角半径过小时，毛坯在此处的弯曲变形程度增加，危险断面强度过多地被削弱，故极限拉深系数应取大值。

模具表面光滑，则摩擦力小，极限拉深系数取较小值。图 4.13 所示的锥形凹模，其支撑材料变形区的面是锥形而不是平面，这样可以减少材料流过凹模圆角时的摩擦力和弯曲变形力，防皱效果好，因而极限拉深系数降低。

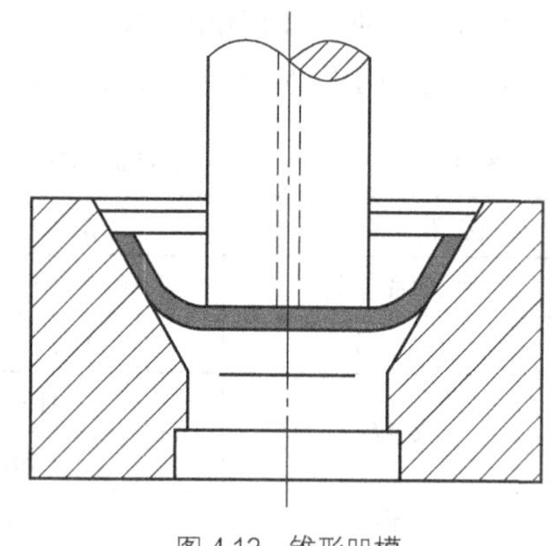

图 4.13　锥形凹模

③ 拉深条件。拉深时若不用压边圈，变形区起皱的倾向增加，每次拉深时变形不能太大，故极限拉深系数应增大。

第一次拉深时材料还没硬化，塑性好，极限拉深系数可小些。以后的拉深因材料已经硬化，塑性越来越低，变形越来越困难，故一道比一道的拉深系数大。

润滑好，摩擦小，极限拉深系数可小些。但凸模不必润滑，否则会减弱凸模表面摩擦对危险断面处的有益作用（盒形件例外）。

工件的形状不同，则变形时应力与应变状态不同，极限变形量也就不同，因而极限拉深系数不同。有凸缘和底部呈不同形状的圆筒形零件与无凸缘的圆筒形件不同，圆筒形件与矩形零件也不同。

在这些影响拉深系数的因素中，对于一定材料，一定的零件来说，相对厚度 $t/D$ 是主要因素，其次是凹模圆角半径 $r_d$ 以及拉深条件。在生产中则应注意润滑以减少摩擦力。

综上所述，凡是能增加筒壁传力区危险断面的强度，降低筒壁传力区拉应力的因素，均会使极限拉深系数减小；反之，将使极限拉深系数增加。

3）拉深系数的值。拉深系数是一个重要的工艺参数，是拉深工艺计算的基础。知道了拉深系数就知道工件总的变形量和每道拉深的变形量，工件需要拉深的次数及各次半成品的尺寸也就可以求出。

生产上采用的极限拉深系数是考虑了各种具体条件后用试验方法求出的。通常 $m_1$=0.46～0.60，以后各次的拉深系数在 0.70～0.86，具体值可查表 4.3 和表 4.4。但实际生产中采用的拉深系数一般均大于表中所列极限值。

**表 4.3　无凸缘圆筒形件的极限拉深系数[$m_n$]（JB/T 2959—2008）**

| 各次极限拉深系数 | 毛坯相对厚度（$t/D$）×100 | | | | | |
|---|---|---|---|---|---|---|
| | 2.0～1.5 | 1.5～1.0 | 1.0～0.6 | 0.6～0.3 | 0.3～0.15 | 0.15～0.08 |
| [$m_1$] | 0.48～0.50 | 0.50～0.53 | 0.53～0.55 | 0.55～0.58 | 0.58～0.60 | 0.60～0.63 |
| [$m_2$] | 0.73～0.75 | 0.75～0.76 | 0.76～0.78 | 0.78～0.79 | 0.79～0.80 | 0.80～0.82 |
| [$m_3$] | 0.76～0.78 | 0.78～0.79 | 0.79～0.80 | 0.80～0.81 | 0.81～0.82 | 0.82～0.84 |
| [$m_4$] | 0.78～0.80 | 0.80～0.81 | 0.81～0.82 | 0.82～0.83 | 0.83～0.85 | 0.85～0.86 |
| [$m_5$] | 0.80～0.82 | 0.82～0.84 | 0.84～0.85 | 0.85～0.86 | 0.86～0.87 | 0.87～0.88 |

注：1．表中的系数适用于 08、10S、15S 等普通拉深钢及软黄铜 H62、H68。当材料的塑性好、屈强比小、塑性应变比大时（05、08Z 及 10Z 钢等），应比表中数值减小（1.5～2.0）%；而当材料的塑性差、屈强比大、塑性应变比小时（20、25、Q215、Q235、酸洗刚、硬铝、硬黄铜等），应比表中数值增大 1.5%～2.0%。（符号 S 为深拉深钢；Z 为最深拉深钢。）

2．表中数据适用于无中间退火的拉深，若有中间退火时可将表值减小 2%～3%。

3．表中较小值适用于凹模圆角半径 $r_d$=(8～15)$t$；较大值适用于 $r_d$=(4～8)$t$。

**表 4.4　其他金属材料的极限拉深系数（JB/T 6959—2008）**

| 材料名称 | 牌　号 | 首次拉深[$m_1$] | 以后各次拉深[$m_i$] |
|---|---|---|---|
| 铝和铝合金 | 8A06、1035、3A21 | 0.52～0.55 | 0.70～0.75 |
| 杜拉铝 | 2A11、2A12 | 0.56～0.58 | 0.75～0.80 |
| 黄铜 | H62 | 0.52～0.54 | 0.70～0.72 |
| | H68 | 0.50～0.52 | 0.68～0.72 |
| 纯铜 | T2、T3、T4 | 0.50～0.55 | 0.72～0.80 |
| 无氧铜 | | 0.50～0.58 | 0.75～0.82 |
| 镍、镁镍、硅镍 | | 0.48～0.53 | 0.70～0.75 |
| 康铜（铜镍合金） | | 0.50～0.56 | 0.74～0.84 |
| 白铁皮 | | 0.58～0.65 | 0.80～0.85 |
| 酸洗钢板 | | 0.54～0.58 | 0.75～0.78 |

续表

| 材料名称 | 牌号 | 首次拉深$[m_1]$ | 以后各次拉深$[m_i]$ |
|---|---|---|---|
| 不锈钢 | Cr13 | 0.52～0.56 | 0.75～0.78 |
| | Cr18Ni | 0.50～0.52 | 0.70～0.75 |
| | 1Cr18Ni9Ti | 0.52～0.55 | 0.78～0.81 |
| | Cr18Ni11Nb、Cr23Ni13 | 0.52～0.55 | 0.78～0.80 |
| 镍洛合金 | Cr20Ni80Ti | 0.54～0.59 | 0.78～0.84 |
| 合金结构钢 | 30CrMnSiA | 0.62～0.70 | 0.80～0.84 |
| 可伐合金 | | 0.65～0.67 | 0.85～0.90 |
| 钼铱合金 | | 0.72～0.82 | 0.91～0.97 |
| 钽 | | 0.65～0.67 | 0.84～0.87 |
| 铌 | | 0.65～0.67 | 0.84～0.87 |
| 钛及钛合金 | TA2、TA3 | 0.58～0.60 | 0.80～0.85 |
| | TA5 | 0.60～0.65 | 0.80～0.85 |
| 锌 | | 0.65～0.70 | 0.85～0.90 |

注：1．毛坯相对厚度$(t/D)\times100<0.62$时，表中系数取大值；当$(t/D)\times100\geqslant0.62$时，表中系数取小值。

2．凹模圆角半径$R_d<6t$时，表中系数取大值；凹模圆角半径$R_d\geqslant(7\sim8)t$时，表中系数取小值。

4）拉深次数的确定与计算。知道了每次拉深允许的拉深系数，即可确定拉深次数了，确定拉深次数的步骤如下：

① 判断能否一次拉出。比较实际所需的总拉深系数$m_总$和第一次允许的极限拉深系数$[m_1]$即可判断零件能否一次拉出。若$m_总>[m_1]$，说明拉深该工件的实际变形程度比第一次容许的极限变形程度要小，所以工件可以一次拉成。若$m_总<[m_1]$，则需要多次拉深才能制得零件。

② 计算拉深次数。计算拉深次数$n$的方法有多种，生产上经常用推算法辅以查表法进行计算。就是把毛坯直径依次乘以查出的极限拉深系数$[m_1]$、$[m_2]$、…、$[m_n]$得各次半成品的直径，直到计算出的直径$d_n$小于或等于工件直径$d$为止，则直径$d_n$的下角标$n$就表示拉深次数，即：

$$d_1=[m_1]D$$

$$d_2=[m_2]d_1$$

$$\cdots\cdots$$

$$d_n=[m_n]d_{n-1}$$

计算至$d_n<d$时结束，则$n$为拉深次数。

拉深次数也可根据拉深件相对高度$h/d$和毛坯相对厚度$t/D$查表4.5得到。

**表4.5　无凸缘圆筒形件相对高度 *h/d* 与拉深次数的关系**

| 拉深次数 | 毛坯相对厚度（$t/D$）×100 | | | | | |
|---|---|---|---|---|---|---|
| | 2.0～1.5 | 1.5～1.0 | 1.0～0.6 | 0.6～0.3 | 0.3～0.15 | 0.15～0.08 |
| 1 | 0.94～0.77 | 0.84～0.65 | 0.71～0.57 | 0.62～0.5 | 0.5～0.45 | 0.46～0.38 |
| 2 | 1.88～1.54 | 1.60～1.32 | 1.36～1.1 | 1.13～0.94 | 0.96～0.63 | 0.9～0.7 |

续表

| 拉深次数 | 毛坯相对厚度（$t/D$）×100 | | | | | |
|---|---|---|---|---|---|---|
| | 2.0～1.5 | 1.5～1.0 | 1.0～0.6 | 0.6～0.3 | 0.3～0.15 | 0.15～0.08 |
| 3 | 3.5～2.7 | 2.8～2.2 | 2.3～1.8 | 1.9～1.5 | 1.6～1.3 | 1.3～1.1 |
| 4 | 5.6～4.3 | 4.3～3.5 | 3.6～2.9 | 2.9～2.4 | 2.4～2.0 | 2.0～1.5 |
| 5 | 8.9～6.6 | 6.6～5.1 | 5.2～4.1 | 4.1～3.3 | 3.3～2.7 | 2.7～2.0 |

注：大的 $h/d$ 值适用于第一次拉深的凹模圆角半径 $r_d=(8\sim15)t$；小的 $h/d$ 值适用于第一次拉深凹模圆角半径 $r_d=(4\sim8)t$。

（3）半成品尺寸的确定

包括半成品直径 $d_n$、筒底圆角半径 $r_n$ 和筒壁高度 $h_n$ 的确定。

① 半成品的直径 $d_n$ 的确定。拉深次数确定后，再根据计算直径 $d_n$ 应等于工件直径 $d$，对各次拉深系数进行调整，使实际采用的拉深系数大于推算拉深次数时使用的极限拉深系数。

设实际采用的拉深系数为 $m_1$，$m_2$，$m_3$，…，$m_n$，应使各次拉深系数依次增加，即通常遵循以下规则：

$$m_1 < m_2 < m_3 < m_4 < \cdots < m_n$$

且 $[m_1]-m_1 \approx [m_2]-m_2 \approx [m_3]-m_3 \approx \cdots\cdots \approx [m_n]-m_n'$。

② 半成品高度的确定。各次拉深直径确定后，紧接着是计算各次拉深后零件的高度。计算高度前，应先定出各次半成品底部的圆角半径，具体确定方法参照本章4.5.2节。

计算各次半成品的高度可由求毛坯直径的公式推出。即：

第一次
$$h_1 = 0.25\left(\frac{D^2}{d_1} - d_1\right) + 0.43\frac{r_1}{d_1}(d_1 + 0.32r_1)$$

第二次
$$h_2 = 0.25\left(\frac{D^2}{d_2} - d_2\right) + 0.43\frac{r_2}{d_2}(d_2 + 0.32r_2)$$

……

第 $n$ 次
$$h_n = 0.25\left(\frac{D^2}{d_n} - d_n\right) + 0.43\frac{r_n}{d_n}(d_n + 0.32r_n) \tag{4.11}$$

式中，$d_1$、$d_2$、$d_n$ 为各次拉深的直径（中线值）；$r_1$、$r_2$、$r_n$ 为各次半成品底部的圆角半径（中线值）；$h_1$、$h_2$、$h_n$ 为各次半成品底部圆角半径圆心以上的筒壁高度；$D$ 为毛坯直径。

（4）以后各次拉深的特点

以后各次拉深所用的毛坯与首次拉深时不同，不是平板而是筒形件。因此，它与首次拉深相比，有许多不同之处：

1）首次拉深时，平板毛坯厚度和力学性能都是均匀的，而以后各次拉深时筒形毛坯的壁厚及力学性能都不均匀。

2）首次拉深时，凸缘变形区是逐渐缩小的，而以后各次拉深时，其变形区保持不变，只是在拉深终了以前，才逐渐缩小。

3）首次拉深时，拉深力的变化是变形抗力的增加与变形区的减小两个相反的因素互相消长的过程，因而在开始阶段较快地达到最大拉深力，然后逐渐减小到零。而以后各次拉深变形区保持不变，但材料的硬化及厚度增加都是沿筒的高度方向进行的。所以其拉深力在整个拉深过程中一直都在增加，直到拉深的最后阶段才由最大值下降至零（见图 4.14）。

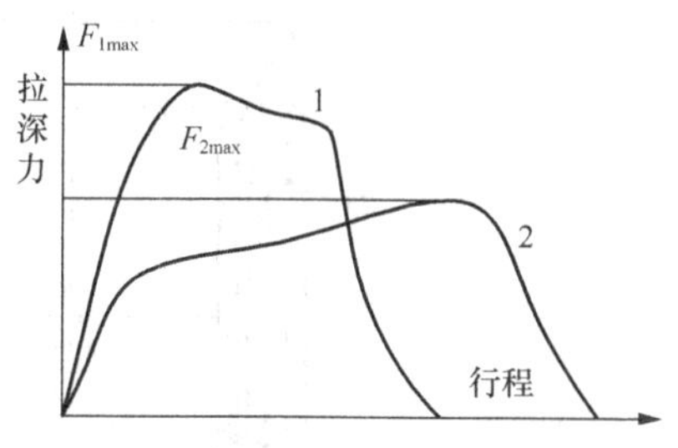


图 4.14 首次拉深与二次拉深拉深力

1—首次拉深；2—二次拉深

4）以后各次拉深时的危险断面与首次拉深时一样，都是在凸模圆角处，但首次拉深的最大拉深力发生在初始阶段，所以破裂也发生在拉深的初始阶段，而以后各次拉深的最大拉深力发生在拉深的终了阶段，所以破裂就往往出现在拉深的末尾。

5）以后各次拉深的变形区的外缘有筒壁刚性支持，所以稳定性较首次拉深为好。只是在拉深最后阶段，筒壁边缘进入变形区以后，变形区的外缘失去了刚性支持，这时才易起皱。

6）以后各次拉深时由于材料已冷作硬化，加上变形较复杂（毛坯的筒壁必须经过两次弯曲才被凸模拉入凹模内），所以它的极限拉深系数要比首次拉深大得多，而且通常后一次都略大于前一次。

### 2. 有凸缘圆筒形件的拉深工艺计算

有凸缘圆筒形件（见图 4.15）的拉深变形原理与一般圆筒形件相同，可以看成是一般无凸缘圆筒形件拉深未结束时的半成品，即只将毛坯外径拉深到等于法兰边（即凸缘）直径 $d_f$ 时拉深过程就结束，如图 4.16 所示，因此其变形区的应力状态和变形特点与圆筒形件相同。但由于带有凸缘，其拉深方法及计算方法与一般圆筒形件有一定的差别。

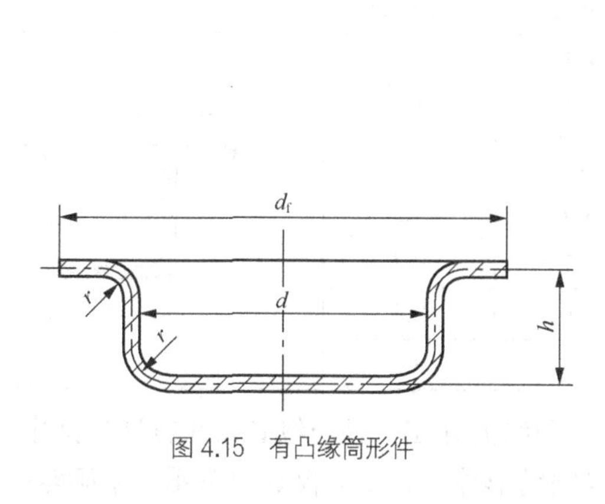


图 4.15 有凸缘筒形件

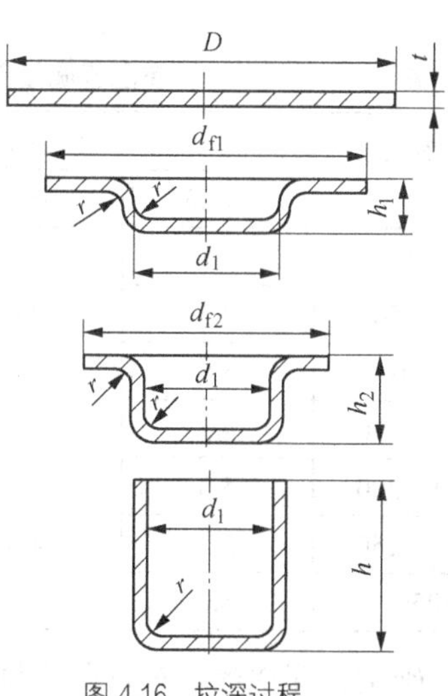


图 4.16 拉深过程

根据凸缘的相对直径 $d_f/d$ 的比值不同，有凸缘圆筒形件可分为：窄凸缘筒形件（$d_f/d$=1.1～1.4）和宽凸缘筒形件（$d_f/d$>1.4）。窄凸缘筒形件拉深时的工艺计算完全按一般圆筒形零件对待，若 $h/d$ 大于一次拉深的许用值时，只在倒数第二道才拉出凸缘或者拉成锥形凸缘，最后校正成水平凸缘，如图 4.17 所示。若 $h/d$ 较小，则第一次可拉成锥形凸缘，后校正成水平凸缘。

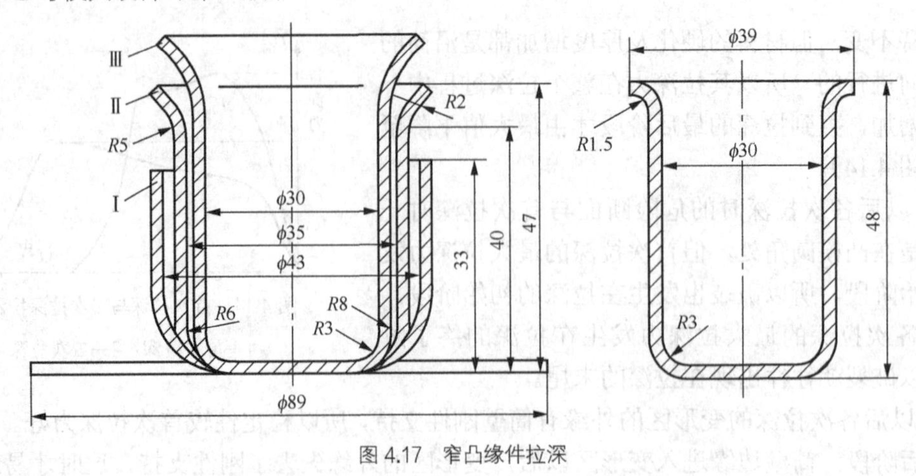


图 4.17 窄凸缘件拉深

下面着重对宽凸缘件的拉深进行分析，主要介绍其工艺计算步骤和拉深工艺方法。

（1）宽凸缘圆筒形件的工艺计算步骤

1）毛坯尺寸计算。毛坯尺寸计算仍按表面积相等原理进行，仿造无凸缘筒形件毛坯的计算方法，此时凸缘直径 $d_f$ 要考虑修边余量 $\Delta d_f$，其值可查表 4.6。

宽凸缘件的毛坯直径计算公式为

$$D=\sqrt{d_f^{\,2}-1.72d(r_p+r_d)-0.56(r_p^2-r_d^2)+4dh} \tag{4.12}$$

当 $r_p=r_d=r$ 时，毛坯尺寸的计算公式可简化为：

$$D=\sqrt{d_f^2+4dh-3.44dr}$$

**表 4.6　　有凸缘圆筒形件修边余量 $\Delta d_f$（JB/T 6959—2008）**　　（mm）

| 凸缘直径 $d_f$ 或 $B_f$ | 相对凸缘直径 $d_f/d$ 或 $B_f/B$ | | | | 附图 |
|---|---|---|---|---|---|
| | ＜1.5 | 1.5～2.0 | 2.0～2.5 | 2.5～3.0 | |
| ≤25 | 1.8 | 1.6 | 1.4 | 1.2 | $\Delta d_f$　$d_f$　$d$ |
| ＞25～50 | 2.5 | 2.0 | 1.8 | 1.6 | |
| ＞50～100 | 3.5 | 3.0 | 2.5 | 2.2 | |
| ＞100～150 | 4.3 | 3.6 | 3.0 | 2.5 | |
| ＞150～200 | 5.0 | 4.2 | 3.5 | 2.7 | |
| ＞200～250 | 5.5 | 4.6 | 3.8 | 2.8 | |
| ＞250 | 6.0 | 5.0 | 4.0 | 3.0 | |

2）确定拉深次数。对宽凸缘拉深件，由于凸缘的存在，且凸缘必须在首次拉深中形成，因此其首次拉深的极限拉深系数不同于无凸缘圆筒形件，且不能仅靠拉深系数来确定拉深次数，需要结合相对拉深高度。有凸缘圆筒形件首次拉深允许的极限拉深系数和相对拉深高度分别见表 4.7 和表 4.8。有凸缘圆筒形件后续拉深的极限拉深系数与无凸缘圆筒形件的相同，可参阅表 4.3 和表 4.4。

表 4.7 宽凸缘圆筒形件首次拉深的极限拉深系数$[m_1]$（JB/T 6959—2008）

| 凸缘相对直径 $d_f/d_1$ | 毛坯相对厚度（$t/D$）×100 | | | | |
|---|---|---|---|---|---|
| | >0.06～0.2 | >0.2～0.5 | >0.5～1.0 | >1.0～1.5 | >1.5 |
| ≤1.1 | 0.59 | 0.57 | 0.55 | 0.53 | 0.50 |
| >1.1～1.3 | 0.55 | 0.54 | 0.53 | 0.51 | 0.49 |
| >1.3～1.5 | 0.52 | 0.51 | 0.50 | 0.49 | 0.47 |
| >1.5～1.8 | 0.48 | 0.48 | 0.47 | 0.46 | 0.45 |
| >1.8～2.0 | 0.45 | 0.45 | 0.44 | 0.43 | 0.42 |
| >2.0～2.2 | 0.42 | 0.42 | 0.42 | 0.41 | 0.40 |
| >2.2～2.5 | 0.38 | 0.38 | 0.38 | 0.38 | 0.37 |
| >2.5～2.8 | 0.35 | 0.35 | 0.34 | 0.34 | 0.33 |
| >2.8～3.0 | 0.33 | 0.33 | 0.32 | 0.32 | 0.31 |

注：表中系数适用于 08、10 号钢。对于其他材料，可根据其成形性能的优劣对表中数值做适当修正。

表 4.8 宽凸缘圆筒形件的第一次拉深最大相对高度$[h_1/d_1]$（JB/T 6959—2008）

| 凸缘相对直径 $d_f/d_1$ | 毛坯相对厚度（$t/D$）×100 | | | | |
|---|---|---|---|---|---|
| | >0.06～0.2 | >0.2～0.5 | >0.5～1.0 | >1.0～1.5 | >1.5 |
| ≤1.1 | 0.45～0.52 | 0.50～0.62 | 0.57～0.70 | 0.60～0.80 | 0.75～0.90 |
| >1.1～1.3 | 0.40～0.47 | 0.45～0.53 | 0.50～0.60 | 0.56～0.72 | 0.65～0.80 |
| >1.3～1.5 | 0.35～0.42 | 0.40～0.48 | 0.45～0.53 | 0.50～0.63 | 0.52～0.70 |
| >1.5～1.8 | 0.29～0.35 | 0.34～0.39 | 0.37～0.44 | 0.42～0.53 | 0.48～0.58 |
| >1.8～2.0 | 0.25～0.30 | 0.29～0.34 | 0.32～0.38 | 0.36～0.46 | 0.42～0.51 |
| >2.0～2.2 | 0.22～0.26 | 0.25～0.29 | 0.27～0.33 | 0.31～0.40 | 0.35～0.45 |
| >2.2～2.5 | 0.17～0.21 | 0.20～0.23 | 0.22～0.27 | 0.25～0.32 | 0.28～0.35 |
| >2.5～2.8 | 0.16～0.18 | 0.15～0.18 | 0.17～0.21 | 0.19～0.24 | 0.22～0.27 |
| >2.8～3.0 | 0.10～0.13 | 0.12～0.15 | 0.14～0.17 | 0.16～0.20 | 0.18～0.22 |

注：1. 表中系数适用于 08、10 号钢。对于其他材料，可根据其成形性能的优劣对表中数值做适当修正。

2. 圆角半径大时[$r_p$、$r_d$=(10～20)$t$]取较大值；圆角半径小时[$r_p$、$r_d$=(4～8)$t$]时取较小值。

因此宽凸缘圆筒形件拉深次数的确定方法如下。

① 判别工件能否一次拉成。比较工件实际所需的总拉深系数 $m_{总}$和 $h/d$ 与凸缘件第一次拉深的极限拉深系数$[m_1]$（见表 4.7）和第一次极限拉深相对高度$[h_1/d_1]$（见表 4.8），当 $m_{总}>[m_1]$，$h/d\leqslant[h_1/d_1]$时，则可一次拉成，否则应多次拉深。

② 拉深次数确定。宽凸缘件的拉深次数仍可用推算法求出，具体的做法：先假定 $d_f/d_1$ 的值，由相对料厚从表 4.7 中查出第一次极限拉深系数$[m_1]$，据此求出 $d_1$，进而求出 $h_1$，并根据表 4.8 的最大相对高度验算 $m_1$ 的正确性，若验算合格，则以后各次的半成品直径可以按一般无凸缘圆筒件多次拉深的方法进行计算，即第 $n$ 次拉深后的直径为

$$d_n=[m_n]d_{n-1} \tag{4.13}$$

式中，$m_n$ 为第 $n$ 次拉深时的极限拉深系数，可由表 4.3 或 4.4 查得；$d_n$ 为第 $n$ 次拉深时的筒部直径（mm）；$d_{n-1}$ 为前次拉深的筒部直径（mm）。

当计算到 $d_n \leqslant d$（工件直径）时，总的拉深次数 $n$ 就确定了。若验算不合格，则重复上述步骤。

半成品尺寸的计算。需要确定的半成品尺寸有半成品直径、半成品半径和半成品高度。

① 半成品直径。根据确定的拉深次数调整拉深系数为 $m_1$，$m_2$，…，$m_n$，拉深系数的调整方法与无凸缘圆筒形件相同，再计算各次拉深半成品直径：

$$d_1 = m_1 D$$
$$d_2 = m_2 d_1$$
$$\cdots\cdots$$
$$d_n = m_n d_{n-1}$$

② 半成品半径。半成品半径分别等于各次拉深的凸模和凹模圆角半径，确定方法参见本章 4.5.2 节。

③ 各次拉深后筒部高度由毛坯尺寸计算公式推出，可按下式进行计算:

$$h_n = \frac{0.25}{d_n}(D_n^2 - d_{\mathrm{f}}^2) + 0.43(r_{\mathrm{p}n} + r_{\mathrm{d}n}) + \frac{0.14}{d_n}(r_{\mathrm{p}n}^2 - r_{\mathrm{d}n}^2) \tag{4.14}$$

式中，$D_n$ 为考虑每次多拉入筒部的材料量后求得的假想毛坯直径；$d_{\mathrm{f}}$ 为零件凸缘直径（包括修边量）；$d_n$、$r_{\mathrm{p}n}$、$r_{\mathrm{d}n}$ 分别为第 $n$ 次拉深后的工件直径、侧壁与底部的圆角半径、凸缘与筒部的圆角半径。

宽凸缘件多道拉深时，第一道拉深后得到的半成品尺寸在保证凸缘直径满足要求的前提下，其筒部直径 $d_1$ 应尽可能地小，以减少拉深次数，同时又要能尽量多的将板料拉入凹模。

（2）宽凸缘圆筒形件的拉深工艺方法

宽凸缘圆筒形件的拉深方法有两种：一种是中小型（$d_{\mathrm{f}}$<200 mm）、料薄的零件，通常靠减小筒形直径，增加高度来达到，即圆角半径 $r_{\mathrm{p}}$ 及 $r_{\mathrm{d}}$ 在首次拉深时就与 $d_{\mathrm{f}}$ 一起成形到工件的尺寸，在后续的拉深过程中基本上保持不变，如图 4.18（a）所示。采用这种方法拉深时不易起皱，但制成的零件，表面质量较差，容易在直壁部分和凸缘上残留中间工序形成的圆角部分弯曲和厚度局部变化的痕迹，所以最后应加一道需力较大的整形工序。

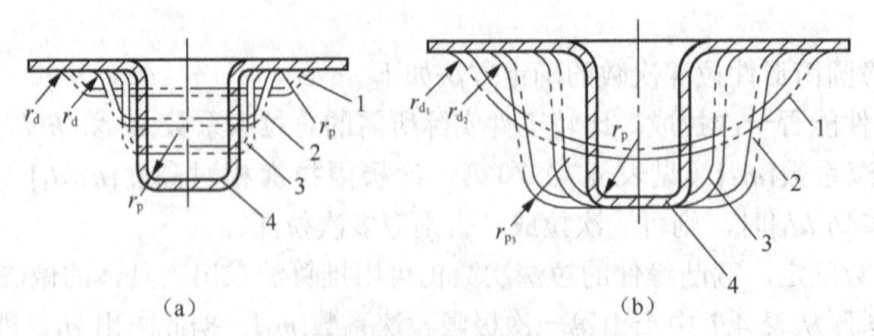


图 4.18 宽凸缘件的拉深方法

1、2、3、4—拉深工序

另一种方法如图 4.18（b）所示，常用于 $d_{\mathrm{f}}$>200 mm 的工件拉深。零件的高度在开始拉深时就基本形成，在以后的整个拉深过程中基本保持不变，通过减小圆角半径 $r_d$、$r_p$，逐渐缩小筒形部分的直径来拉成零件。此法对厚料更为合适。用这种方法制成的零件表面光滑平整，厚度均匀，中间工序中圆角部分的弯曲与局部变薄的痕迹不太明显。但在第一次拉深时，因圆角半径较大，容易发生起皱，当零件底部圆角半径较小，或者对凸缘有不平度要求时，也需要在最后加一道整形工序。在实际生产中往往将上述两种方法综合起来用。

为了避免凸缘直径在以后的拉深中发生收缩变形，宽凸缘圆筒形件首次拉深时拉入凹模的毛坯面积（凸缘圆角以内的部分，包括凸缘圆角）应加大 3%～10%。多余材料在以后的拉深中逐次将 1.5%～3%的部分挤回到凸缘位置，使凸缘增厚。

无论采用哪种拉深方法，第一次就应把毛坯拉到凸缘直径等于工件所要求的直径 $d_f$（包括修边量）的中间过渡形状，并在以后的各次拉深中保持 $d_f$ 不变，仅使已拉成的中间毛坯直筒部分参加变形，直至拉成所需零件为止。为此，必须正确计算拉深高度，严格控制凸模进入凹模的深度。

### 3. 阶梯圆筒形件的拉深

阶梯圆筒形件（见图 4.19）从形状来说相当于若干个直壁圆筒形件的组合，因此它的拉深同直壁圆筒形件的拉深基本相似，每一个阶梯的拉深即相当于相应的圆筒形件的拉深。但由于形状相对复杂，因此拉深工艺的设计与直壁圆筒形件有较大的差别。主要表现在拉深次数的确定和拉深方法上。

（1）拉深次数的确定

判断阶梯圆筒形件能否一次拉成，主要根据零件的总高度与其最小阶梯筒部直径之比（见图 4.19）是否小于相应圆筒形件第一次拉深所允许的相对高度来判断，即

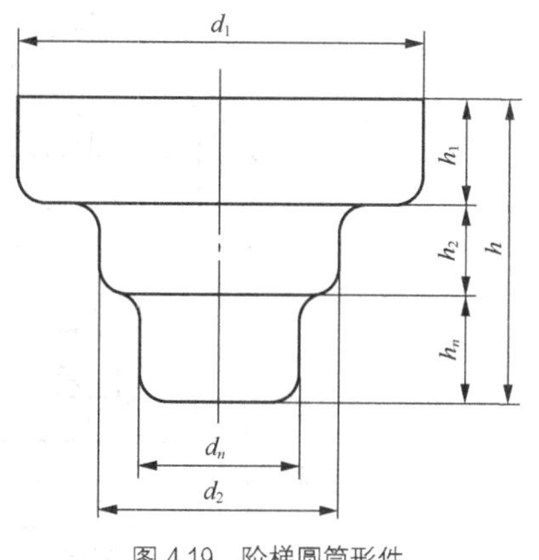

图 4.19　阶梯圆筒形件

$$(h_1+h_2+h_3+\cdots+h_n)/\ d_n \leqslant [h/\ d_n] \tag{4.15}$$

式中，$h_1$，$h_2$，$h_3$，…，$h_n$ 为各个阶梯的高度（mm）；$d_n$ 为最小阶梯筒部直径（mm）；$h$ 为直径为 $d_n$ 的圆筒形件第一次拉深时可能得到的最大高度（mm）；$[h/d_n]$为第一次拉深允许的相对拉深高度，可由表 4.5 查出。

若上述条件不能满足，则该阶梯件需要多次拉深。

（2）拉深方法的确定

阶梯形件的拉深方法常用的有两种：

1）若任意两个相邻阶梯的直径之比 $d_n/d_{n-1}$ 都大于或等于相应的圆筒形件的极限拉深系数（见表 4.3 或表 4.4），则先从大阶梯拉起，每次拉深一个阶梯，逐一拉深到最小的阶梯，如图 4.20 所示。拉深工序数等于阶梯数加上形成最大直径所需工序数目。

2）若某相邻两阶梯直径 $d_n/d_{n-1}$ 之比小于相应的圆筒形件的极限拉深系数，则按带凸缘圆筒形件的拉深进行，先拉小直径 $d_n$，再拉大直径 $d_{n-1}$，即由小阶梯拉深到大阶梯，如图 4.21 所示。图中 $d_2/d_1$ 小于相应的圆筒形件的极限拉深系数，故先拉 $d_2$，再用工序 V 拉出 $d_1$。

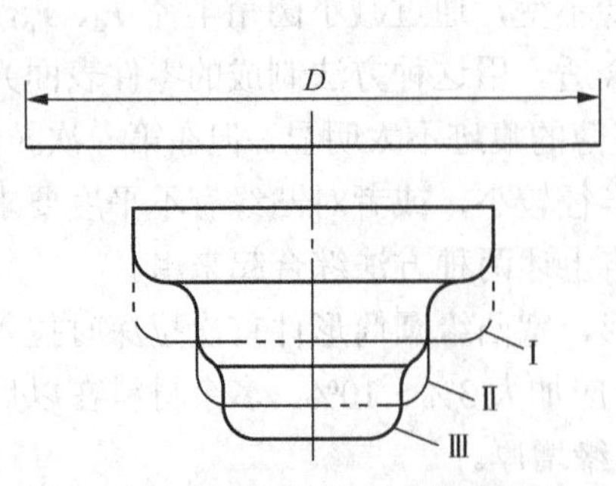


图 4.20　由大阶梯逐一拉深到小阶梯

Ⅰ、Ⅱ、Ⅲ、Ⅳ—工序顺序

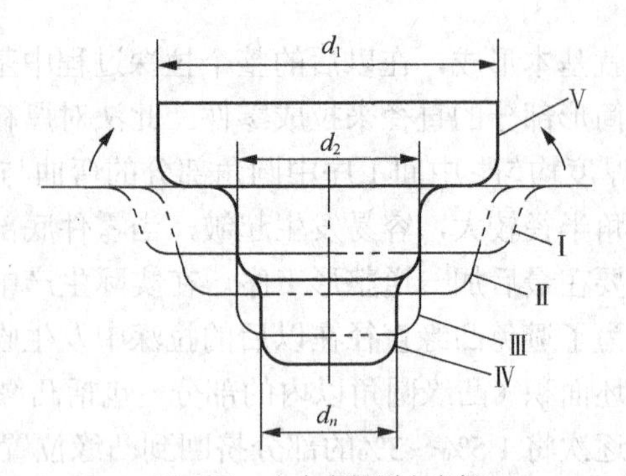


图 4.21　由小直径到大直径

Ⅰ、Ⅱ、Ⅲ、Ⅳ、Ⅴ—工序顺序

3）若最小阶梯直径 $d_n$ 过小，即 $d_n/d_{n-1}$ 过小，$h_n$ 又不大时，最小阶梯可用胀形法得到。

4）若阶梯形件较浅，且每个阶梯的高度又不大，但相邻直径相差较大而不能一次拉出时，可先拉成球面形状或带有大圆角的筒形，最后通过整形得到所需零件，如图 4.22 所示。

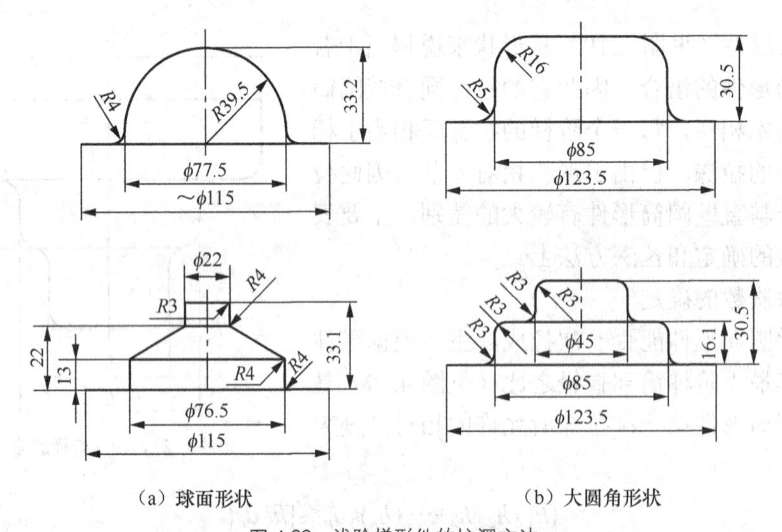


（a）球面形状　　（b）大圆角形状

图 4.22　浅阶梯形件的拉深方法

## 4.3.2　非直壁旋转体零件拉深成形特点及拉深方法

### 1. 非直壁旋转体零件拉深特点

非直壁旋转体零件主要指球形、锥形及抛物线形零件，对于这类零件的拉深，其变形区的位置、受力情况、变形特点等都与直壁圆筒形件不同，所以在拉深中出现的各种问题和解决这些问题的方法亦不相同。

在直壁圆筒形件拉深时，毛坯的主要变形区位于压边圈下的环形部分。而非直壁旋转体零件拉深时，变形区的位置不仅仅位于压边圈下，毛坯的中间部分也参与了变形。图 4.23 所示的球形零件拉深，为使平面形状的毛坯变成球面零件形状，毛坯的中间部分 $BC$ 也成为变形区，由平面变成曲面，而且由于中间部分的坯料得不到压边圈和凹模的支持反而成为主要变形区。

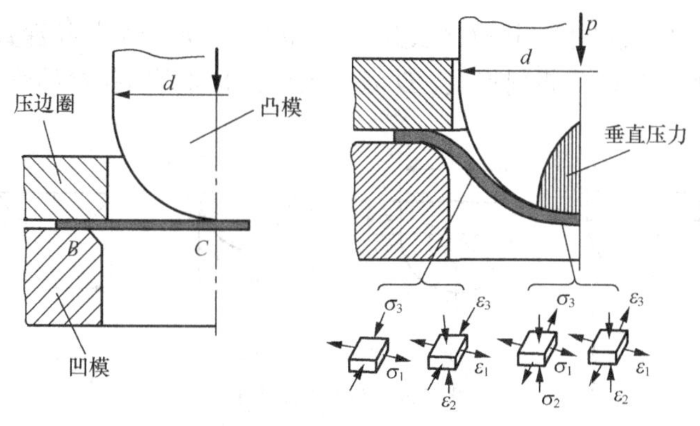


图 4.23 球形件拉深

由球形零件的拉深可以看出，在拉深开始，坯料与凸模的接触仅局限在以凸模顶点为中心的一个很小的范围内。在凸模力的作用下，这个范围内的金属处于切向和径向双向受拉的应力状态，产生双向受拉、厚向减薄的胀形变形。随着其与顶点距离的加大，切向应力 $\sigma_3$ 不断减小，当超过一定界限以后变为压应力（见图 4.23），即在这个界限以外的区域的材料受到的是切向压应力和径向拉应力的作用，产生切向压缩、径向伸长的拉深变形。因此球面零件的拉深实际上是拉深与胀形的复合。

锥形件的拉深与球形零件一样。除具有凸模接触面积小、压力集中、容易引起局部变薄及自由面积大、压边圈作用相对减弱、容易起皱等特点外，还由于零件口部与底部直径差别大，回弹特别严重，因此锥形零件的拉深比球面零件更为困难。

对于抛物面零件，即母线为抛物线的旋转体空心件，拉深时和球面以及锥形零件一样，材料处于悬空状态，极易发生起皱，而抛物面零件等曲面零件，由于母线形状复杂，拉深时变形区的位置、受力情况、变形特点等都随零件形状、尺寸不同而变化。

由上述分析可知，非直壁旋转体零件的拉深具有以下特点。

（1）非直壁旋转体零件拉深时，位于压边圈下面的凸缘部分和凹模口内的悬空部分都是变形区。

（2）非直壁旋转体零件的拉深过程是拉深变形和胀形变形的复合。

（3）胀形变形主要位于凸模顶点下面的附近区域，该区域内的金属沿径向和切向产生伸长变形、厚度方向减薄，当减薄过于严重时，可能导致凸模顶点处材料被拉裂。拉深变形区将产生切向压缩、径向伸长的变形，当切向压应力超过该区材料的抗压能力时，即产生起皱现象，尤以中间悬空部分材料的起皱（称为内皱）更为严重，限制了这类零件的成形极限。

为了解决这类零件拉深的起皱问题，在生产中常采用增加压边圈与板料之间摩擦力的办法，例如加大毛坯凸缘尺寸、增加压边圈的摩擦因数和增大压边力、采用带拉深筋的模具结构以及反拉深工艺方法等，以增大径向拉应力，从而减小切向压应力。

### 2. 非直壁旋转体零件的拉深方法

（1）球形零件的拉深方法

球形零件可分为半球形件［见图 4.24（a）］和非半球形件［见图 4.24（b）～图 4.24（d）］两大类，不论哪一种类型，均不能用拉深系数来衡量拉深成形的难易程度，因为对于半球形件，根据拉深系数的定义可求出其拉深系数为 $m$ =0.707，是一个与拉深直径无关的常数。因此这里使用相对料厚 $t/D$（$t$ 为板料厚度，$D$ 为毛坯直径）来判断拉深的难易并决定拉深方法。

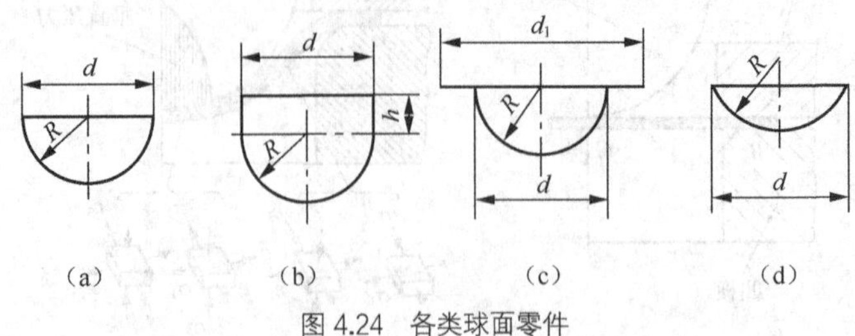


图 4.24　各类球面零件

当 $t/D$>3%时，采用不带压边圈的有底凹模一次拉成；当 $t/D$=0.5%～3%时，采用带压边圈的拉深模拉深；当 $t/D$<0.5%时，采用有拉深肋的凹模或反拉深凹模。

对于带有高度为（0.1～0.2）$d$ 的圆筒直边或带有宽度为（0.1～0.15）$d$ 的凸缘的非半球面件［见图 4.24（b）和图 4.24（c）]，虽然拉深系数有一定降低，但对零件的拉深却有一定的好处。当对表面质量和尺寸精度要求较高时，可先拉成带圆筒直边和带凸缘的非半球面零件，然后在拉深后将直边和凸缘切除。

高度小于球面半径（浅球面零件）的零件［见图 4.24（d)]，其拉深工艺按几何形状可分为两类：当毛坯直径 $D$ 较小时，毛坯不易起皱，但成形时毛坯易窜动，而且可能产生一定的回弹，常采用带底拉深模；当毛坯直径 $D$ 较大时，起皱将成为必须解决的问题，常采用强力压边装置或用带拉深筋的模具，拉成有一定宽度凸缘的浅球面件。这时的变形含有拉深和胀形两种成分。因此零件回弹小、尺寸精度和表面质量均提高，加工余料在成形后应予切除。

（2）抛物线形零件的拉深方法

抛物线形零件拉深时的受力及变形特点与球形件一样，但由于曲面部分高度 $h$ 与口部直径 $D$ 之比大于球形件，故拉深更加困难。

常见的拉深方法有下面几种。

1）浅抛物面形件（$h/d$<0.5～0.60）。高径比接近球形，拉深方法同球形件。

2）深抛物面形件（$h/d$>0.5～0.60）。拉深难度有所提高。这时为了使毛坯中间部分紧密贴模而又不起皱，通常需要采用具有拉深筋的模具以增加径向拉应力，如汽车灯罩的拉深（见图 4.25）就是采用有两道拉深筋的模具成形的。

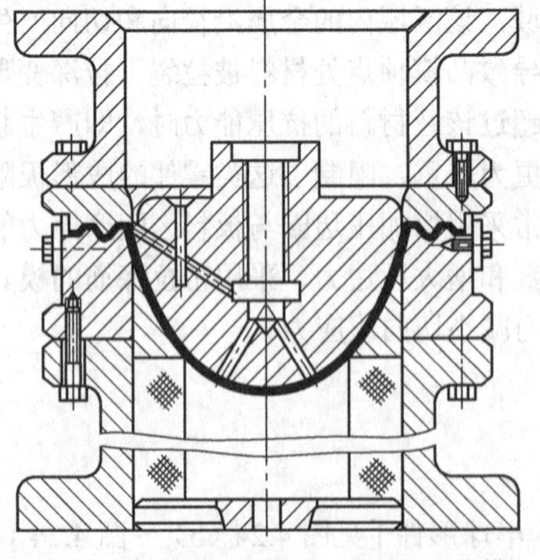

图 4.25　较深的抛物线形件（灯罩）拉深模

但这一措施往往受到毛坯顶部承载能力的限制，所以需要采用多工序逐渐成形，特别是当零件深度大而顶部的圆角半径又较小时，更应如此。多工序逐渐成形的主要要点是采用正拉深或反拉深的办法，在逐步增加高度的同时减小顶部的圆角半径。为了保证零件的尺寸精度和表面质量，在最后一道工序里应保证一定的胀形成分。为此应使最后一道工序所用的中间毛坯的表面积稍小于成品零件的表面积。对形状复杂的抛物面形件，广泛采用液压成形。

（3）锥形零件的拉深方法

锥形件拉深次数及拉深方法取决于锥形件的几何参数，即：相对高度 $h/D$、锥角 $\alpha$ 和相对料厚 $t/D$，如图 4.26 所示。一般，当相对高度较大，锥角较大，而相对料厚又较小时，变形困难，需要多次拉深。

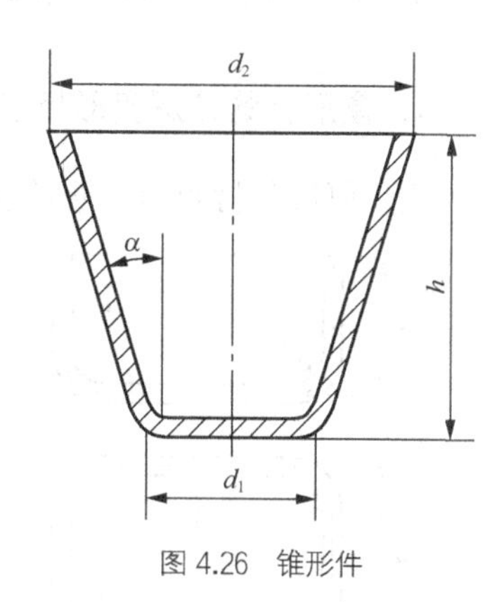


图 4.26 锥形件

根据上述参数值的不同，拉深锥形件的方法有：

1）对于浅锥形件（$h/d_2$<0.25～0.30，$\alpha$=50°～80°），可一次拉成，但精度不高，因回弹严重，可采用带拉深筋的凹模或压边圈，或采用软模拉深。

2）对于中锥形件（$h/d_2$=0.3～0.70，$\alpha$=15°～45°），拉深方法取决于相对料厚：

当 $t/D$>0.025 时，可不采用压边圈一次拉成，为保证工件的精度，最好在拉深终了时增加一道整形工序。

当 $t/D$=0.015～0.020 时，也可一次拉成，但需要采用压边圈、拉深筋、增加工艺凸缘等措施提高径向拉应力，防止起皱。

当 $t/D$<0.015 时，因料较薄，容易起皱，需要采用压边圈经多次拉深成形。

3）对于高锥形件（$h/d_2$>0.7～0.80，$\alpha$≤10°～30°），因大小直径相差很小，变形程度更大，很容易因变薄严重而拉裂和起皱，常需要采用特殊的拉深工艺，通常有下列方法。

① 阶梯拉深成形法（见图 4.27） 这种方法是将毛坯分数道工序逐步拉成阶梯形。阶梯与成品内形相切，最后在成形模内整形成锥形件。

② 锥面逐步成形法（见图 4.28） 这种方法是先将毛坯拉成圆筒形，使其表面积等于或大于成品圆锥表面积，而直径等于圆锥大端直径，以后各道工序逐步拉出圆锥面，使其高度逐渐增加，最后形成所需的圆锥形。当然，若先拉成圆弧曲面形，然后过渡到锥形将更好些。

③ 整个锥面一次成形法（见图 4.29）：这种方法是先拉出相应圆筒形，然后，锥面从底部开始成形，在各道工序中，锥面逐渐增大，直至成形。

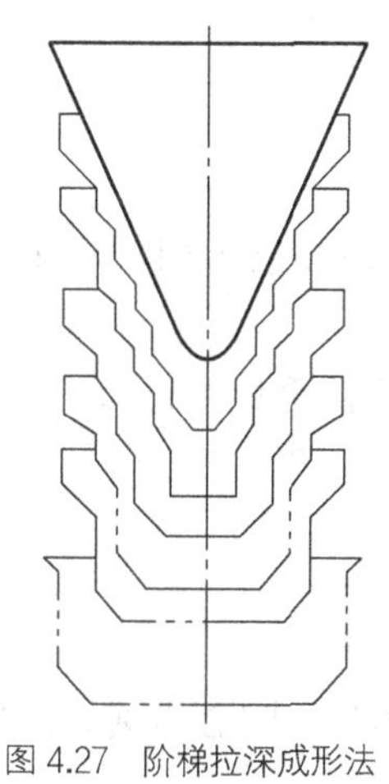

图 4.27 阶梯拉深成形法

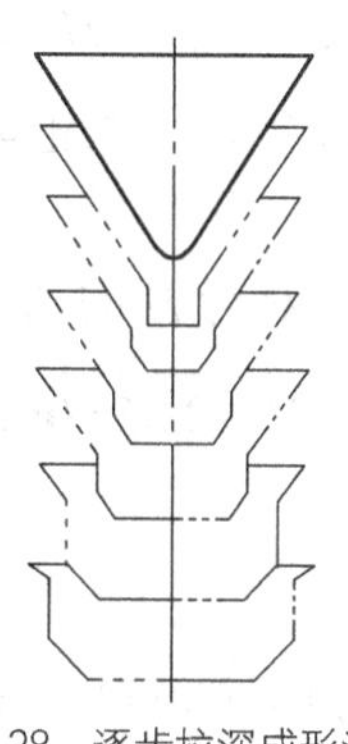

图 4.28 逐步拉深成形法

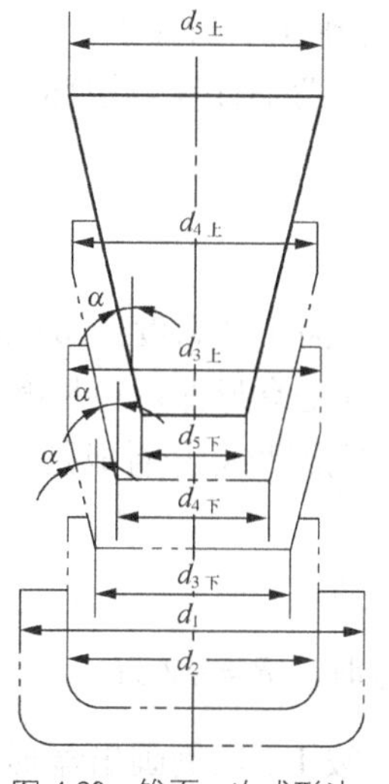


图 4.29 锥面一次成形法

### 4.3.3 盒形件的拉深工艺计算

#### 1．盒形件的拉深变形特点

从几何形状特点看，可将无凸缘矩形盒状零件划分成两个长度为（$A$-2$r$）和两个长度为（$B$-2$r$)的直边加上四个半径为 $r$ 的1/4圆筒部分组成(见图4.30)。若将圆角部分和直边部分分开考虑，则圆角部分的变形相当于直径为2$r$、高为 $H$ 的圆筒件的拉深，直边部分的变形相当于弯曲。但实际上圆角部分和直边部分是联系在一起的整体，因此盒形件的拉深又不完全等同于简单的弯曲和拉深，有着自己的变形特点：

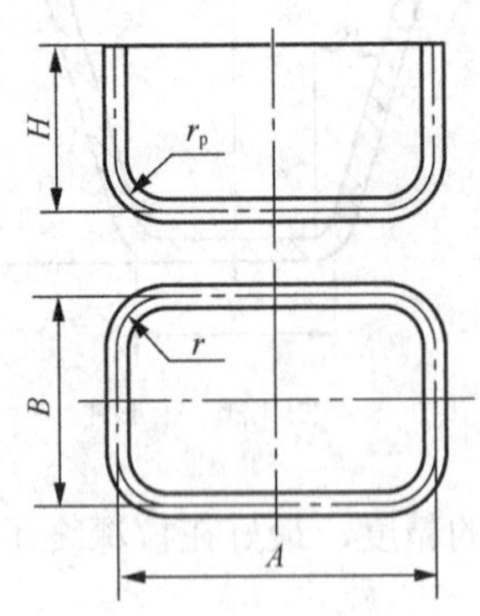

图4.30　盒形件拉深变形特点

（1）盒形件拉深的变形性质与圆筒件一样，也是径向伸长，切向缩短。沿径向越往口部伸长的越多，沿切向圆角部分变形大，直边部分变形小，即盒形件的变形沿周边是不均匀的。

（2）变形的不均匀导致应力分布不均匀。在圆角部的中点应力最大，向两边逐渐减小，到直边的中点应力最小。故盒形件拉深时若要产生破坏，首先发生在圆角处。

（3）盒形件拉深时，由于直边部分和圆角部分实际上是联系在一起的整体，因此两部分的变形相互影响，影响的程度，随盒形件尺寸不同而不同。

#### 2．无凸缘盒形件的拉深工艺计算

（1）毛坯形状与尺寸的确定

毛坯尺寸计算仍然遵循拉深前后表面积相等的原则，并尽可能的满足口部平齐的要求。一次拉深成形的低盒形件与多次拉深成形的高盒形件，计算毛坯的方法是不同的。下面主要介绍这两种零件毛坯的确定方法。

1）一次拉成形的低盒形件坯料的确定。图4.31所示为一次拉成的低盒形件，其毛坯形状和尺寸确定步骤如下。

① 按弯曲计算直边部分的展开长度 $l_0$。

$$l_0 = H + 0.57r_p \tag{4.16}$$

$$H = H_0 + \Delta H$$

式中，$H_0$ 为工件高度；$\Delta H$ 为盒形件修边余量，按表4.2选取，此时将表中相对拉深高度换成 $h/b$，$b$ 是盒形件短边长度。

② 把圆角部分看成是直径为 $D$=2$r$，高为 $H$ 的圆筒件，则展开的毛坯半径为

$$R = \sqrt{r^2 + 2rH - 0.86r_p(r + 0.16r_p)} \tag{4.17}$$

当 $r$ =$r_p$ 时，$R = \sqrt{2rH}$ 。

③ 按1:1比例画出盒形件平面图并过 $r$ 圆心画一水平线 $ab$，再以 $r$ 圆心为圆心，以 $R$ 为

半径画弧，交 $ab$ 于 $c$ 点。

④ 画直边展开线交 $ab$ 于 $b$ 点，展开线距离 $r_p$ 圆心迹线的长度为 $l_0$。

⑤ 过 $ab$ 线段的中点 $c$ 作圆弧 $R$ 的切线，再以 $R$ 为半径作圆弧与直边及切线相切。修正使阴影部分面积 $-f$ 与 $+f$ 基本相等，即得毛坯的外形。

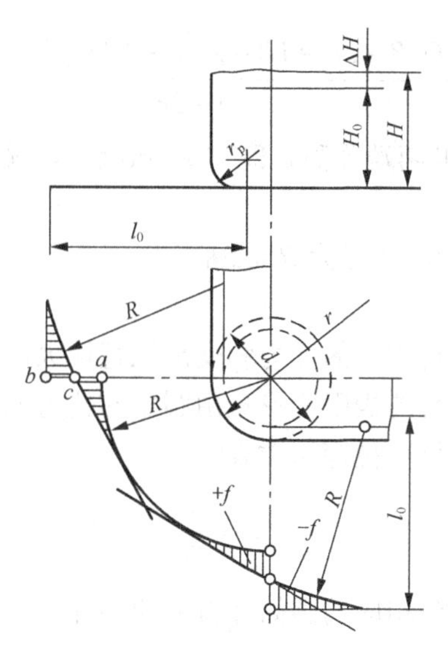


图 4.31　低盒形件毛坯作图法

2）多次拉深成形的高盒形件坯料的确定

① 多次拉深成形的高正方形件的坯料。如图 4.32 所示，采用圆形毛坯，其直径可按式（4.18）计算：

$$D = 1.13\sqrt{B^2 + 4B(H - 0.43r_p) - 1.72r(H + 0.5r) - 4r_p(0.11r_p - 0.18r)} \qquad (4.18)$$

② 多次拉深成形的高矩形件的坯料。如图 4.33 所示，采用长圆形毛坯，长圆形毛坯的圆弧半径为

$$R_b = D/2$$

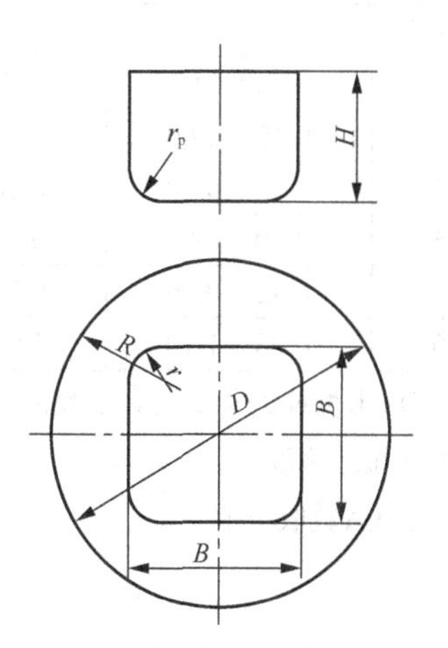


图 4.32　正方形盒多次拉深坯料的形状与尺寸

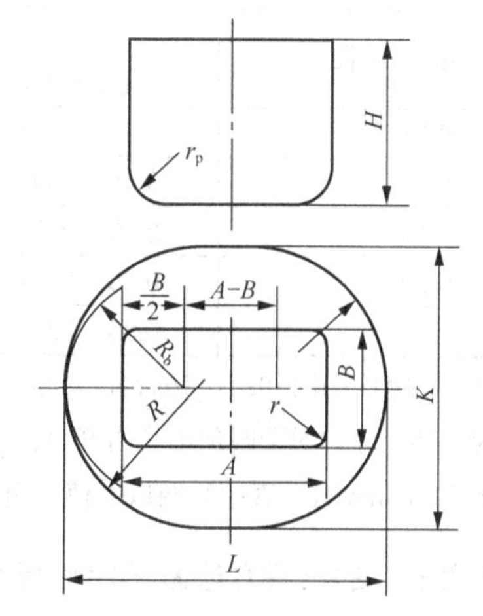


图 4.33　矩形盒多次拉深坯料的形状与尺寸

式中，$D$ 是宽为 $B$ 的方形件的毛坯直径，按式（4.18）计算。$R_b$ 的圆心距短边距离为 $B/2$。

长圆形毛坯的长度为

$$L = 2R_b + (A - B) = D + (A - B) \tag{4.19}$$

长圆形毛坯的宽度为

$$K = \frac{D(B - 2r) + [B + 2(H - 0.43r_p)](A - B)}{A - 2r} \tag{4.20}$$

然后用 $R$=0.5$K$ 过毛坯长度两端作弧，既与 $R_b$ 弧相切，又与两长边的展开直线相切，则毛坯的外形即为一长圆形。

如 $K \approx L$，则毛坯做成圆形，半径为 $R$=0.5$K$。

（2）盒形件拉深变形程度

由于盒形件初次拉深时圆角部分的受力和变形比直边大，起皱和拉破的可能性易在圆角部分发生，故盒形件初次拉深时的极限变形量由圆角部传力的强度确定。

拉深时圆角部分变形程度仍用拉深系数表示：

$$m = \frac{d}{D}$$

式中，$d$ 、$D$ 分别为与圆角部分相应的圆筒体直径和展开毛坯直径。

当 $r$=$r_p$ 时，圆角部分相应圆筒体毛坯直径为 $D = 2\sqrt{2rH}$ ，所以：

$$m = \sqrt{\frac{r}{2H}} \tag{4.21}$$

式中，$r$ 为工件底部和角部圆角半径；$H$ 为工件的高。

由上式可知初次拉深的变形程度可用盒形件相对高度 $H/r$ 来表示，这在使用上还方便些。$H/r$ 越大，表示变形程度越大。用平板毛坯一次能拉出的最大相对高度值见表4.9。若零件的 $H/r$ 小于表4.9中的值，则可一次拉成，否则必须采用多道拉深。

**表4.9　　无凸缘盒形件首次拉深的最大相对高度[$h/b$]**

| 相对角部圆角半径 $r/B$ | 毛坯相对厚度 $t/D$×100 | | | |
|---|---|---|---|---|
| | >0.2～0.5 | >0.5～1.0 | >1.0～1.5 | >1.5～2.0 |
| 0.05 | 0.35～0.50 | 0.40～0.55 | 0.45～0.60 | 0.50～0.70 |
| 0.10 | 0.45～0.60 | 0.50～0.65 | 0.55～0.70 | 0.60～0.80 |
| 0.15 | 0.60～0.70 | 0.65～0.75 | 0.70～0.80 | 0.75～0.90 |
| 0.20 | 0.70～0.80 | 0.70～0.85 | 0.82～0.90 | 0.90～1.00 |
| 0.30 | 0.85～0.90 | 0.90～1.00 | 0.95～1.10 | 1.00～1.20 |

注1．表中系数适用于08#、10#钢，对于其他材料，可根据其成形性能的优劣对表中数值适当修正。

2．$D$ 为毛坯尺寸，对于圆形毛坯为其直径，对于矩形毛坯为其短边宽度。

3．当 $b$≤100 mm时，表中系数取大值，当 $b$>100 mm时，表中系数取小值。

### 3．高盒形件的拉深方法及工序件尺寸的确定

高盒形件必须采用多次拉深才能最后成形。高方盒件和高矩形盒件的拉深方法及工序件

尺寸确定方法不同。

（1）高方盒件的多次拉深。图 4.34 所示的高方盒件采用直径为 $D_0$ 的圆形板料，中间工序都拉成圆形，最后一道工序拉成要求的正方形形状和尺寸。工序计算由倒数第二道即 $n-1$ 道开始往前推算，直到由 $D_0$ 毛坯能一次拉成相应的半成品为止。

由图 4.34 的几何关系可知，（$n-1$）道工序半成品的直径用下式计算：

$$D_{n-1}=1.41B-0.82r+2\delta \tag{4.22}$$

式中，$D_{n-1}$ 为 $n-1$ 次拉深工序后半成品直径；$B$ 为方形盒件的宽度（按内表面计算）；$R$ 为方形盒件角部的内圆角半径；$\delta$ 为方形盒件角部的壁间距离，是 $n-1$ 道工序半成品内表面到盒形件在圆角处内表面的距离。一般取 $\delta=(0.2\sim0.25)r$。

$\delta$ 值对拉深时毛坯变形程度的大小，以及变形分布的均匀程度有直接影响。工件的 $r/B$ 大，则 $\delta$ 小；拉深次数多时，$\delta$ 也小。其值过大，可能使拉深件被拉裂。$n-1$ 道直径确定后，其他各工序的直径可按圆筒件的计算方法确定。这相当于用直径 $D$ 的毛坯拉成直径 $D_{n-1}$、高为 $H_{n-1}$ 的圆筒形零件。

（2）高矩形盒形件的多次拉深。图 4.35 所示的高矩形盒件可采用椭圆形毛坯，中间拉成椭圆筒，最后拉成矩形盒要求的形状与尺寸。

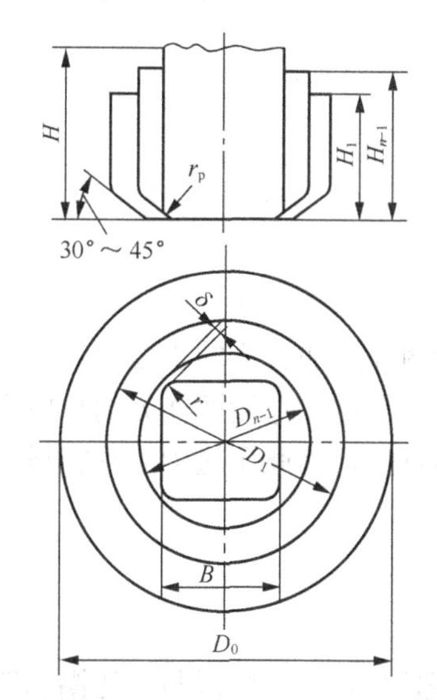


图 4.34　方盒件拉深的半成品形状与尺寸

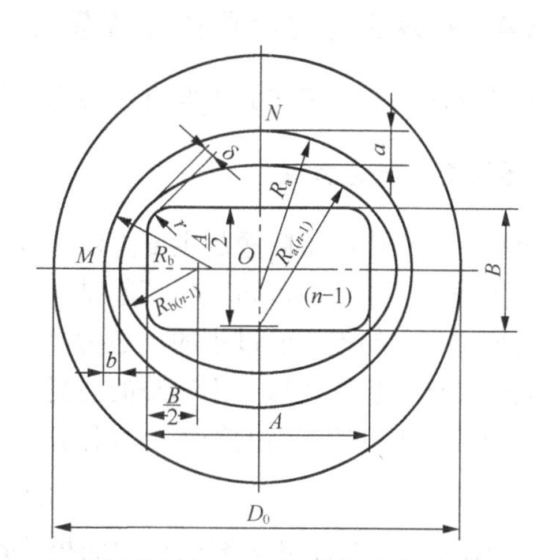


图 4.35　高矩形盒形件多工序拉深的半成品形状与尺寸

工序件尺寸的计算仍然从倒数第二道即 $n-1$ 道开始，长轴与短轴处的曲率半径分别用 $R_{a(n-1)}$ 及 $R_{b(n-1)}$ 表示，并用下式计算：

$$\begin{aligned} R_{a(n-1)} &= 0.707B-0.41r+\delta \\ R_{b(n-1)} &= 0.707A-0.41r+\delta \end{aligned} \tag{4.23}$$

式中，$A$、$B$ 为矩形盒的长度与宽度。

椭圆长、短半轴 $a_{n-1}$ 和 $b_{n-1}$ 分别用下式求得：

$$a_{n-1}=R_{a(n-1)}+\frac{A-B}{2} \tag{4.24}$$

$$b_{n-1}=R_{b(n-1)}+\frac{A-B}{2}$$

圆弧 $R_{a(n-1)}$和 $R_{b(n-1)}$的圆心可按图 4.35 的关系确定。得出 $n-1$ 道工序后的毛坯过渡形状和尺寸后，应该用前面讲过的盒形件的第一次拉深的计算方法检查是否可能用平板毛坯一次冲压成为 $n-1$ 道工序的过渡形状和尺寸。如果不可能，便要进行 $n-2$ 道工序的计算。$n-2$ 道拉深工序把椭圆形毛坯冲压成椭圆形半成品。这时应保证：

$$\frac{R_{a(n-1)}}{R_{a(n-1)}+a}=\frac{R_{b(n-1)}}{R_{b(n-1)}+b}=0.75\sim0.85 \tag{4.25}$$

式中，$a$ 和 $b$ 分别是椭圆形过渡毛坯在长轴和短轴上的壁间距离（见图 4.35）。

得到椭圆形半成品之间的壁间距离 $a$ 和 $b$ 之后，可在对称轴上找到两交点 $M$ 和 $N$，然后选定半径 $R_a$ 和 $R_b$，使其圆弧通过 $M$ 和 $N$，且能圆滑相接。$R_a$ 和 $R_b$ 的圆心都比 $R_{a(n-1)}$和 $R_{b(n-1)}$的圆心更靠近矩形的中心点 $O$。得出 $n-2$ 道拉深的半成品形状和尺寸后，应重新检查是否可能由平板毛坯直接冲压成功。如果还不能，则应该继续进行前一道工序的计算，其方法与前相同。

上述所有的计算均是近似的，实际所需毛坯形状及尺寸、拉深次数及半成品工序件的尺寸等最后均要通过试模调整。

### 4.3.4 拉深工艺力计算及设备选用

拉深工艺所需要的工艺力主要有压边力和拉深力。

#### 1．压边力及压边装置

解决拉深工作中起皱问题的主要方法是采用防皱压边圈并施加合适的压边力。

（1）压边力。压边力可防止毛坯起皱，但过大的压边力会增加危险断面处的拉应力，引起拉裂或严重变薄超差，而过小的压边力却起不到防皱的目的，因此压边力必须合适。压边力的选取应在保证坯料变形区不起皱的前提下尽量减小。

压边力的大小可按下面的经验公式计算：

$$Q=Aq \tag{4.26}$$

式中，$Q$ 为压边力（N）；$A$ 为有效压边面积（$mm^2$）。即开始拉深时，同时与压边圈和凹模端面接触部分的面积；$q$ 为单位压边力（MPa），通常取 $q=\sigma_b/150$。

圆筒形件第一次拉深时：

$$Q_1=\frac{\pi}{4}\left[D^2-(d_1+2r_{d1})^2\right]q \tag{4.27}$$

圆筒形件以后各道拉深时：

$$Q_n=\frac{\pi}{4}\left[d_{n-1}^2-(d_n+2r_{dn})^2\right]q \tag{4.28}$$

式中，$d_1$，…，$d_n$ 为第一次及以后各次工件外径（mm）；$r_{d1}$，…，$r_{dn}$ 为第一次及以后各次凹模洞口的圆角半径（mm）。

拉深中凸缘起皱的规律与 $\sigma_{1max}$ 变化规律相似，如图 4.36 所示。起皱趋势最严重的时刻

是毛坯外缘缩小到 $0.85R_0$ 时。理论上合理的压边力应随起皱趋势的变化而变化，当起皱严重时压边力变大，起皱不严重时，压边力应该减小，但要实现这种变化是很困难的。

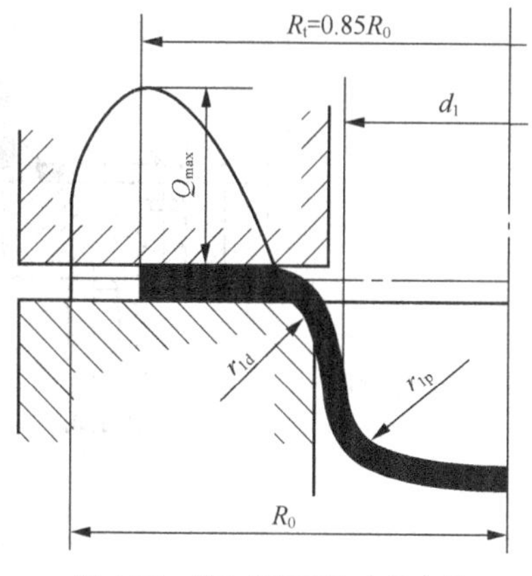

图 4.36　首次拉深压边力的变化

（2）压边装置。压力边是由压边装置提供的，生产中常用的压边装置有两大类，即弹性压边装置和刚性压边装置。

① 弹性压边装置。多用于普通冲床，通常有三种型式：橡胶压边装置［见图 4.37（a）］；弹簧压边装置［见图 4.37（b）］；气垫式压边装置［见图 4.37（c）］。三种压边力的变化曲线如图 4.37（d）所示。

随着拉深深度的增加，需要压边的凸缘部分不断减少，所需的压边力也逐渐减小。由图 4.37（d）可知，橡皮及弹簧压边力却恰好与工艺需要的相反，是随拉深深度的增加而增加的。因此橡胶及弹簧结构通常只用于浅拉深。

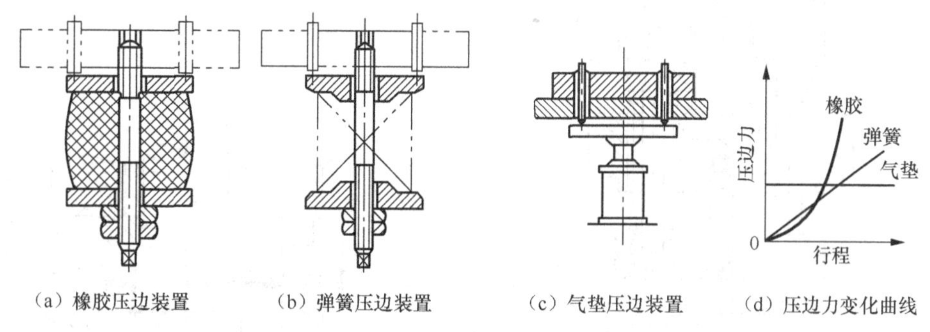

（a）橡胶压边装置　（b）弹簧压边装置　（c）气垫压边装置　（d）压边力变化曲线

图 4.37　弹性压边装置

气垫压边力随行程变化极小，压边效果好。但气垫结构复杂，制造、维修不易，且使用压缩空气，故又限制了其应用。弹簧与橡胶压边装置虽有缺点，但结构简单，对单动的中小型压力机采用橡胶或弹簧装置还是很方便的。根据生产经验，只要正确地选择弹簧规格及橡胶的牌号和尺寸，就能尽量减少它们的不利方面，充分发挥它们的作用。

宽凸缘件拉深时，为了克服弹簧和橡胶压边装置的缺点，可采用图 4.38 所示的限位装置（定位销、柱销或螺栓），使压边圈和凹模间始终保持一定的距离 $S$，能在某种程度上限制压边力的增大。

图 4.39 所示为一种恒力压边装置，上模下行时凹模 4 与压边圈 5 上的毛坯接触，压边圈下的弹簧受力后，将力传给顶板 1，橡胶被压缩。上模继续下行，直至凹模与顶杆 2 接触，顶杆推动顶板 1 下移，压缩橡胶块，弹簧长度不再改变，故压边力也不再发生变化，达到压边力基本不变的效果。

② 刚性压边装置。多用于双动压力机，其特点是压边力不随行程变化，拉深效果较好，且模具结构简单。这种结构凸模装在压力机的内滑块上，压边装置装在外滑块上，拉深时，外滑块首先带动压边圈下行将坯料压住，内滑块再带动拉深凸模进行拉深，如图 4.40 所示。

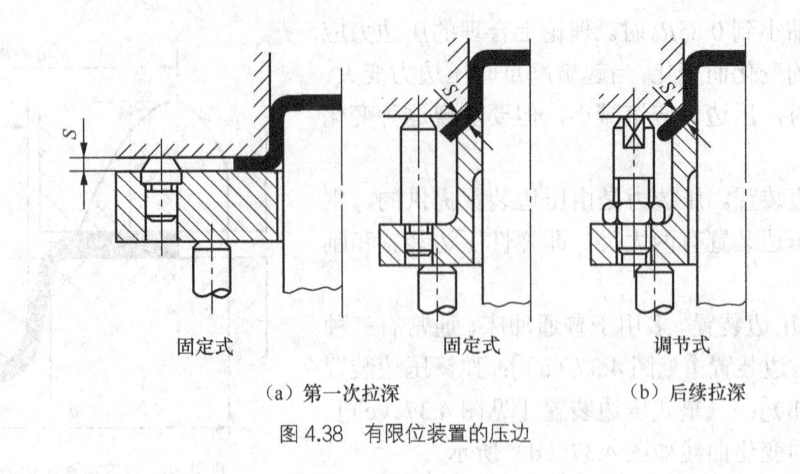

图 4.38 有限位装置的压边

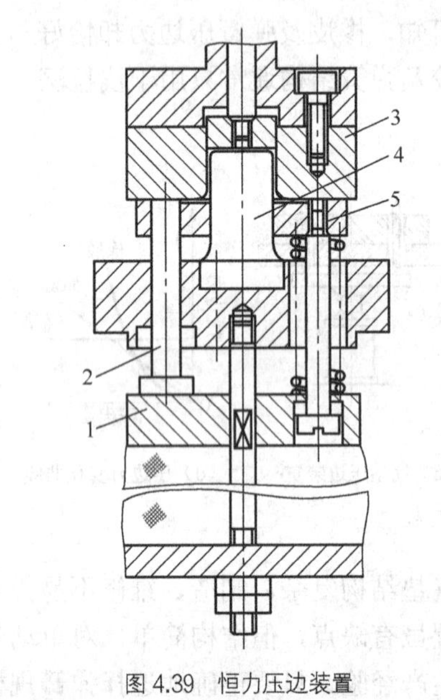

图 4.39 恒力压边装置

1—顶板；2—顶杆；3—凹模；4—凸模；5—压边圈

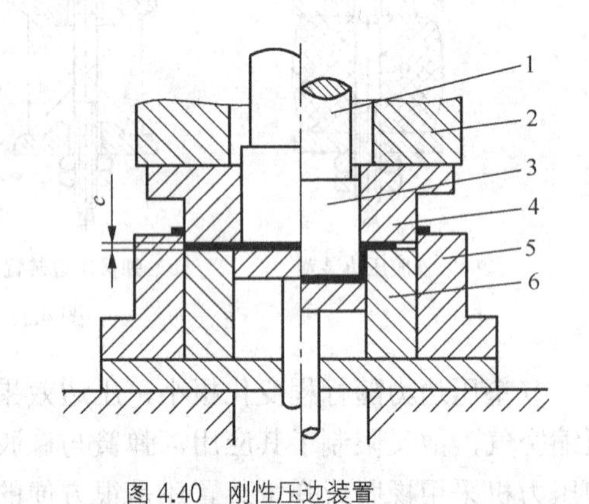

图 4.40 刚性压边装置

1—凸模固定杆；2—外滑块；3—拉深凸模；4—压料圈兼落料凸模；5—落料凹模；6—拉深凹模

刚性压边装置的压边作用是通过调整压边圈与凹模平面之间的间隙 $c$ 获得的，而该间隙则靠调节压力机外滑块得到。考虑到拉深时坯料凸缘区有增厚现象，所以 $c$ 应略大于板料厚度。

③ 压边装置结构。压边装置的结构形式与拉深的次数有关，首次拉深与后续拉深的压边圈结构形式不同。

首次拉深用压边装置一般采用平面压边装置，其压边圈多为平板结构，如图 4.41 所示。

后续拉深用压边装置一般采用筒形结构的压边圈，如图 4.42 所示。

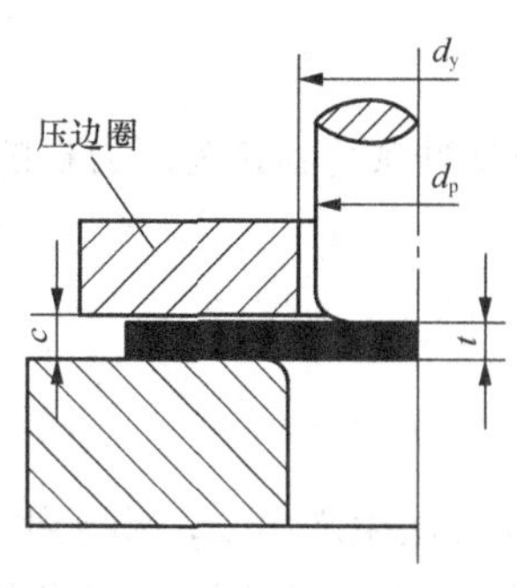


图 4.41 首次拉深用压边装置

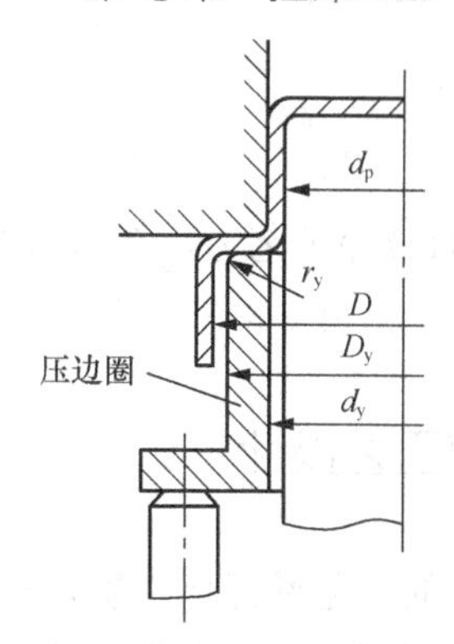


图 4.42 后续拉深用压边圈

## 2. 拉深力的计算

生产中常用经验公式计算拉深力，对于圆筒形件、椭圆形件、盒形件，拉深力可用式（4.29）计算：

$$F_i = K_p L_s t \sigma_b \tag{4.29}$$

式中，$F_i$ 为第 $i$ 次拉深的拉深力（N）；$L_s$ 为工件断面周长（按料厚中心记）（mm）；$K_p$ 为系数。对于圆筒形件拉深，$K_p$=0.5～1.0；对于椭圆形件及盒形件的拉深，$K_p$=0.5～0.8；对于其他形状工件的拉深，$K_p$=0.7～0.9。当拉深趋近极限时 $K_p$ 取大值；反之取小值。

## 3. 拉深设备的选用

对于单动压力机，设备公称压力应满足：

$$F_{设} > F_i + Q \tag{4.30}$$

对于双动压力机，设备吨位应满足：

$$F_{内} > F_i \tag{4.31}$$

$$F_{外} > Q \tag{4.32}$$

式中，$F_{设}$ 为单动冲床公称压力；$F_{内}$、$F_{外}$ 分别为双动压力机内、外滑块公称压力；$Q$ 为压边力。单位均为 N。

当拉深行程较大，特别是落料、拉深复合冲压时，不能简单地将落料力与拉深工艺力叠加去选择压力机，因为公称压力是指压力机在接近下死点时的压力。因此，应该注意压力机的压力-行程曲线，否则很可能由于过早地出现最大冲压力而使压力机超载损坏（见图 4.43）。实际应用时，一般可按式（4.33）、式（4.34）作概略计算。

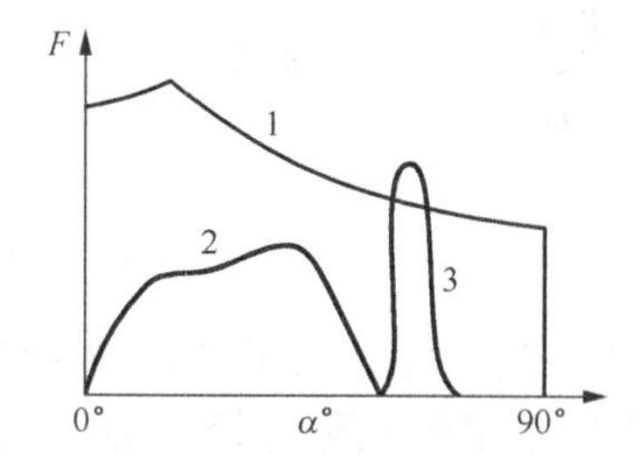


图 4.43 冲压力与压力机压力曲线的关系

1—压力机的压力曲线；2—拉深力；3—落料力

浅拉深时：

$$\sum F \leqslant (0.7 \sim 0.8) F \tag{4.33}$$

深拉深时：

$$\sum F \leqslant (0.5 \sim 0.6)F \tag{4.34}$$

式中，$\Sigma F$ 为拉深工艺力，在落料拉深复合冲压时，还包括冲裁力；$F$ 为压力机的公称压力，单位为 N。

## 4.4 拉深工艺设计

拉深件的工艺性好坏，直接影响到该零件能否用拉深方法生产出来，影响到零件的质量、成本和生产周期等。一个工艺性好的拉深件，不仅能满足产品的使用要求，同时也能够用简单、经济和较快的方法生产出来。

### 4.4.1 拉深工艺分析

拉深件的工艺分析主要从拉深件的结构形状、尺寸、精度及材料选用等方面提出。

**1. 拉深件的形状**

（1）拉深件的结构形状。拉深件的结构形状应简单、对称，尽量避免急剧的外形变化。对于形状非常复杂的拉深件，应将其分解成若干个件，分别加工后再进行连接[见图 4.44(a)]。

对于空间曲面的拉深件，应在口部增加一段直壁形状［见图 4.44（b)]，这样既可以提高工件刚度，又可避免拉深皱纹及凸缘变形。

应尽量避免尖底形状的拉深件，尤其是高度大时，其工艺性更差。

对于半敞开及非对称的拉深件，应考虑设计成对称的拉深件，以改善拉深时的受力状况［见图 4.44（c)]，待拉深结束后再将其剖切成两个或更多个。

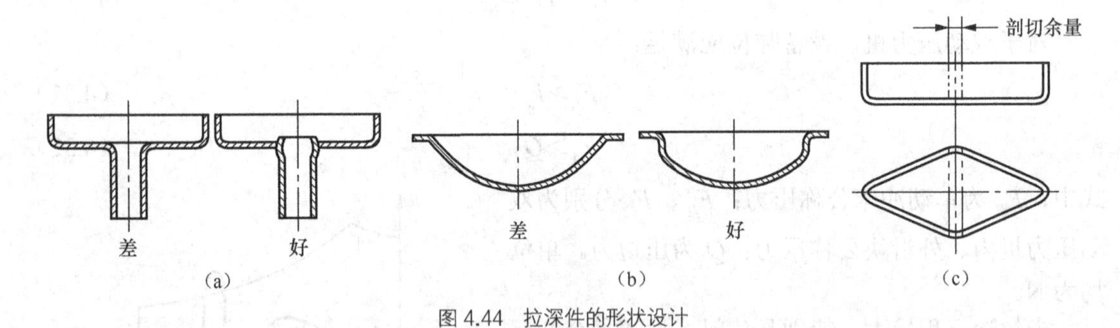


图 4.44　拉深件的形状设计

（2）拉深件的形状误差。拉深件的壁厚在拉深变形过程中是会发生变化的，导致拉深件各处壁厚不完全一致，因此只能得到近似形状。图 4.45（a）所示为直壁圆筒形件拉深成形后的壁厚变化情况。

拉深件的凸缘及底部平面存在一定的形状误差，如果对工件凸缘及底面有严格的平面度要求，应增加整形工序。

多次拉深时，内、外侧壁及凸缘表面会残留中间各工步产生的弯痕，如图 4.45（b）所示，产生较大的尺寸偏差。如果工件壁厚尺寸及表面质量要求较高，应增加整形工序。

无凸缘件拉深时，由于材料各向异性的影响，拉深件口部会不可避免地出现“凸耳”现象，如图 4.45（c）所示。如果对工件的高度有尺寸要求时，就需要增加切边工序。

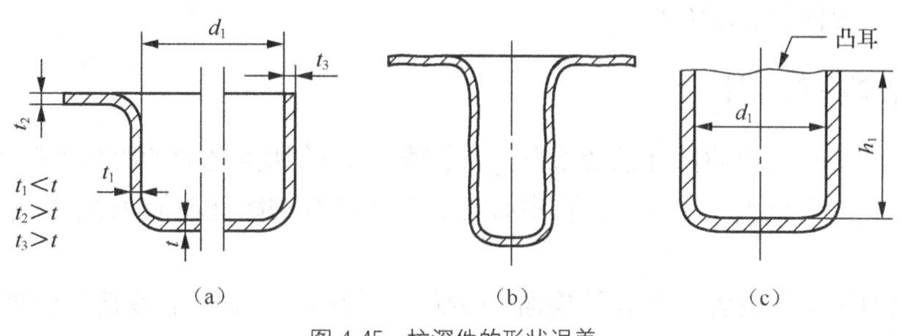


图 4.45　拉深件的形状误差

## 2．拉深件的高度

拉深件的高度尺寸过大则需要多次拉深，因此应尽量减小拉深高度。

## 3．拉深件的凸缘宽度

对于有凸缘直壁圆筒形件，凸缘直径宜控制在 $d_1+12t \leqslant d_f \leqslant d_1+25t$ 范围内，如图 4.46（a）所示。对于宽凸缘直壁圆筒形件，为改善其工艺性，减少拉深次数，通常应保证 $d_f \leqslant 3d_1$，$h_1 \leqslant 2d_1$。对于有凸缘盒形件，凸缘宽度不宜超过 $r_{d1}+(3\sim5)t$，如图 4.46（b）所示。

拉深件的凸缘宽度应尽可能保持一致，并与拉深部分的轮廓形状相似，如图 4.46（c）所示。

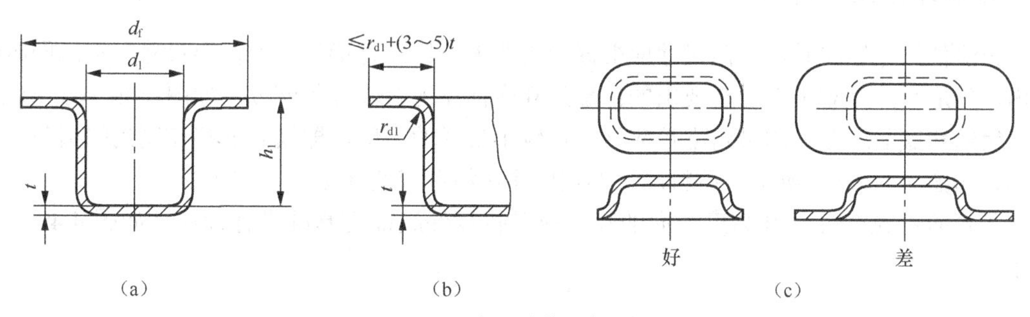


图 4.46　拉深件的凸缘宽度

## 4．拉深件的圆角半径

拉深件的圆角半径（见图 4.47）应尽量大些，以减少拉深次数并有利于拉深成形。拉深件圆角半径可按如下原则进行选取：

拉深件底部圆角半径 $r_{p1}$ 应满足 $r_{p1} \geqslant t$，为使拉深工序顺利进行，一般应取 $r_{p1}=(3\sim5)t$。增加整形工序时，可取 $r_{p1} \geqslant (0.1\sim0.3)t$。

拉深件凸缘圆角半径 $r_{d1}$ 应满足 $r_{d1} \geqslant 2t$，为使拉深工序顺利进行，一般应取 $r_{d1}=(5\sim8)t$。增加整形工序时，可取 $r_{d1} \geqslant (0.1\sim0.3)t$。

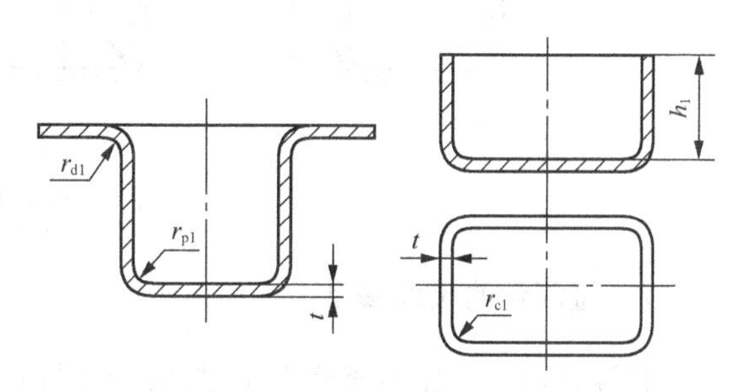


图 4.47　拉深件的圆角半径

盒形件转角半径 $r_{c1}$ 应满足 $r_{c1} \geqslant 3t$，为使拉深工序顺利进行，一般应取 $r_{c1} \geqslant 6t$。为便于一次拉深成形，应保证 $r_{c1} \geqslant 0.15h_1$。

### 5. 拉深件的冲孔设计

拉深件底部及凸缘上的冲孔的边缘与工件圆角半径的切点之间的距离不应小于 0.5$t$［见图 4.48（a）］，拉深件侧壁上的冲孔，孔中心与底部或凸缘的距离应满足 $h_d \geqslant 2d_h+t$，如图 4.48（b）所示。

拉深件上的孔位应设置在主要结构面（凸缘面）的同一平面上，或使孔壁垂直于该平面，以便冲孔与修边在同一工序中完成，如图 4.48（c）所示。

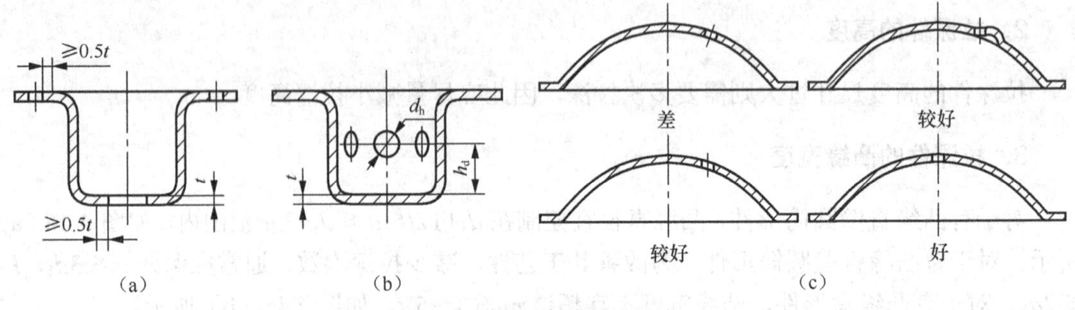


图 4.48　拉深件上的冲孔设计

### 6. 拉深件的尺寸标注

拉深件尺寸标注时，径向尺寸应根据使用要求只标注外形尺寸或内形尺寸，不能同时标注内、外形尺寸。对于有配合要求的口部尺寸应标注配合部分的深度，如图 4.49（a）所示。

筒壁和底面连接处的圆角半径应标注在较小半径的一侧，即模具能够控制到的圆角半径一侧，如图 4.49（b）所示。材料厚度不宜标注在筒壁或凸缘上。

带台阶的拉深件，其高度方向的尺寸应以拉深件底部为基准进行标注，如图 4.49（c）所示。

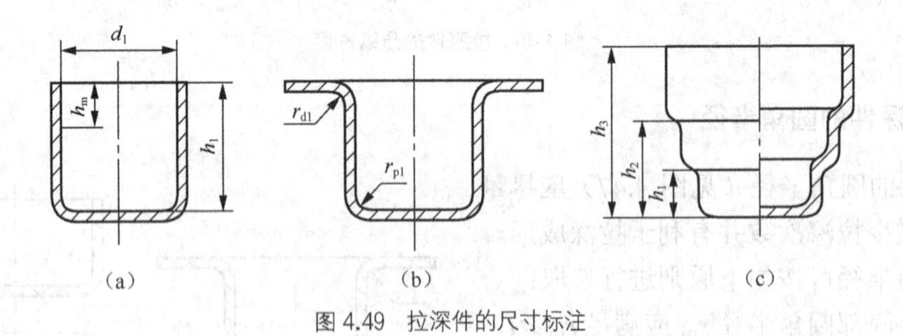


图 4.49　拉深件的尺寸标注

### 7. 拉深件的尺寸精度

拉深件的尺寸精度不宜要求过高，一般情况下，拉深件的尺寸精度应满足 GB/T 13914—2013 的要求。

#### 8．拉深件的材料选用

用于拉深件的材料，要求具有较好的塑性，较小的屈强比 $\sigma_s/\sigma_b$、大的板料厚向异性系数 $\gamma$，小的板平面各向异性系数 $\Delta\gamma$。

### 4.4.2 拉深工序安排

拉深工序安排可遵循如下原则：

（1）如果是一次拉深即能成形的浅拉深件，可以采用落料拉深复合工序完成。但如果拉深件高度过小，会导致复合拉深时的凸凹模壁厚不够，此时应采用先落料再拉深的单工序冲压方案。

（2）对于需要经多次拉深才能拉成的高拉深件，在批量不大时可采用单工序冲压，即落料得到毛坯，再按照计算出的拉深次数逐次拉深到需要的尺寸。也可以采用首次落料拉深复合，再按单工序拉深的方案逐次拉深到需要的尺寸。在批量很大且拉深件尺寸不大时，可采用带料的级进拉深。

（3）如果拉深件的尺寸很大，则通常只能采用单工序冲压，如某些大尺寸的汽车覆盖件，通常是落料得到毛坯，然后再单工序拉深成形。

（4）当拉深件有较高的精度要求或需要拉小圆角半径时，需要在拉深结束后增加整形工序。

（5）拉深件的修边、冲孔工序通常可以复合完成。修边工序一般安排在整形之后。

（6）除拉深件底部孔有可能与落料、拉深复合外，拉深件凸缘部分及侧壁部分的孔和槽均需要在拉深工序完成后再冲出。

（7）如局部还需要其他成形工序（如弯曲、翻孔等）才能最终完成拉深件的形状，则其他冲压工序必须在拉深结束后进行。

## 4.5 拉深模具设计

### 4.5.1 拉深模类型及典型结构

拉深模按其工序顺序可分为首次拉深模和以后各工序拉深模，它们之间的本质区别是在压边圈的结构和定位方式上存在差异。按其使用的冲压设备又可分为单动压力机用拉深模、双动压力机用拉深模及三动压力机用拉深模。按工序的组合来分，又可分为单工序拉深模，复合模和级进式拉深模。此外还可按有无压边装置分为无压边装置拉深模和有压边装置拉深模等。下面将介绍几副常见的拉深模的典型结构。

#### 1．首次拉深模

（1）无压边装置的首次拉深模。如图 4.50 所示，该模具结构简单，常用于板料塑性好，相对厚度 $t/D/0.03(1-m)$，$m_1>0.6$ 时的浅拉深件的拉深。工作过程是工件以定位圈 3 定位，拉深结束后的卸件工作由凹模底部的台阶完成。为了保证装模时间隙均匀，模具设有专门的校模圈 2，工作时应将之拿开。为了便于卸件，凸模上开设有通气孔。

（2）带弹性压边装置的首次拉深模。如图 4.51 所示，这种结构应用广泛，压边力由弹性元件提供。工作过程是毛坯由压边圈上的定位槽定位，拉深结束模具开启时，拉深件在压边圈的作用下留在凹模内，由刚性推件装置推出。

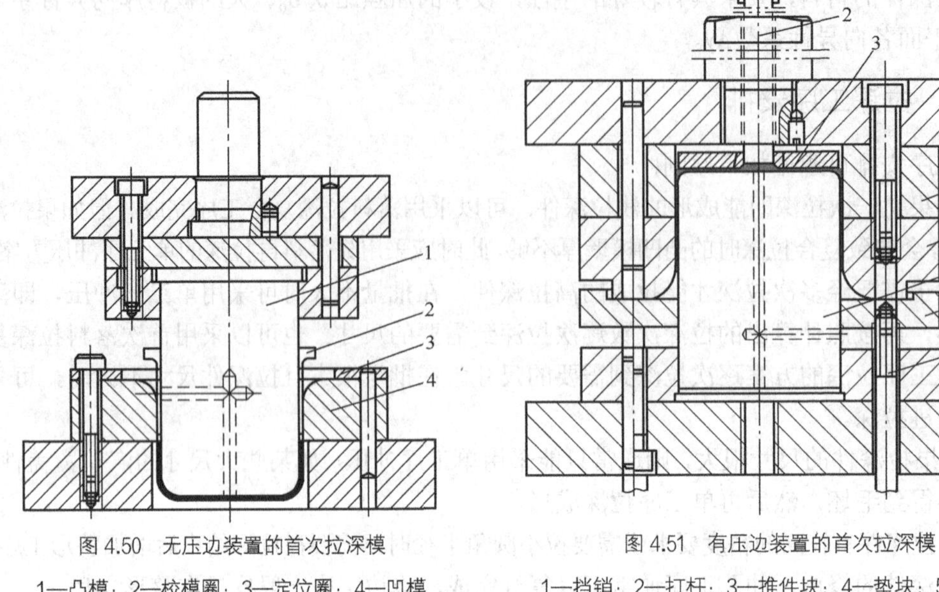


图4.50　无压边装置的首次拉深模

1—凸模；2—校模圈；3—定位圈；4—凹模

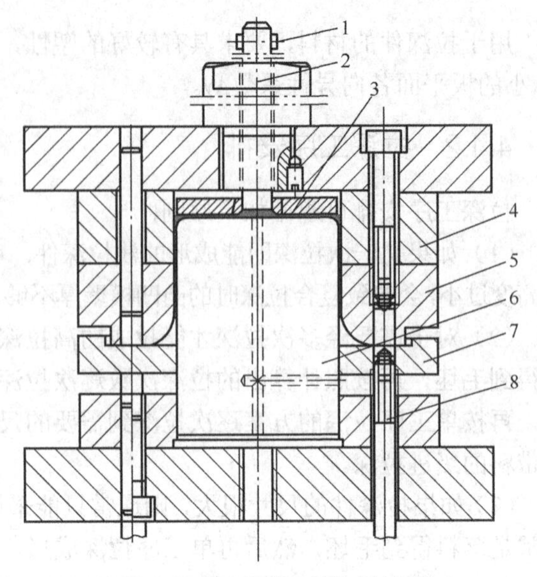


图4.51　有压边装置的首次拉深模

1—挡销；2—打杆；3—推件块；4—垫块；5—凹模；6—凸模；7—压边圈；8—卸料螺钉

（3）落料首次拉深复合模。如图4.52所示，模具的工作过程是条料由前往后送进模具，由卸料板20上开的导料槽导料，固定挡料销挡料，上模下行先进行落料，上模继续下行完成拉深，拉深结束后，拉深件在压边圈的作用下被顶进拉深凹模，由刚性推件装置推出，条料由刚性卸料板卸下。

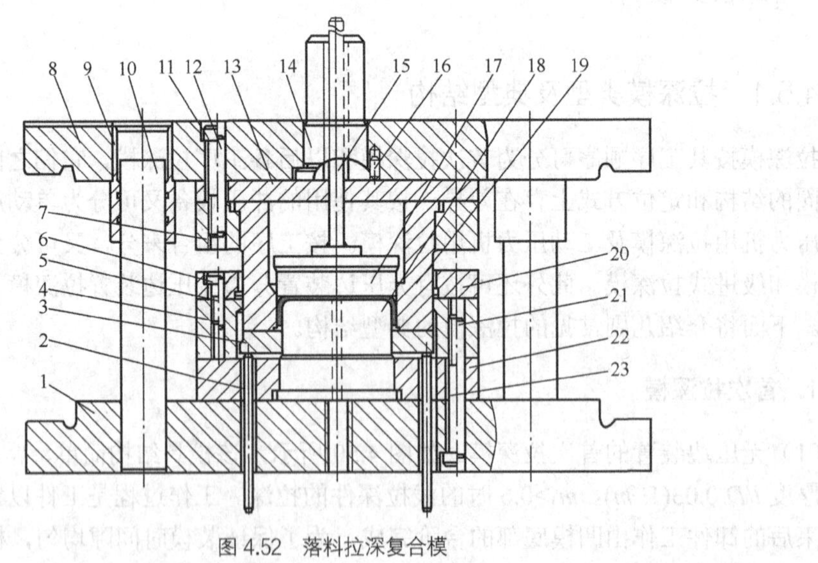


图4.52　落料拉深复合模

1—下模座；2—顶杆；3—压边圈；4—落料凹模；5、12、21—圆柱销；6、11、23—螺钉；7—凸凹模固定板；8—上模座；9—导套；10—导柱；13—垫板；14—模柄；15—打杆；16—止转销；17—推件块；18—拉深凸模；19—凸凹模；20—卸料板；22—凸模固定板

这副模具的结构特点是拉深凸模 18 的顶面要低于落料凹模 4 刃面一个料厚，以保证先落料后拉深。

（4）双动压力机上使用的初次拉深模，如图 4.53 所示。因为双动压力机有两个滑决，其凸模 7 与拉深滑块（内滑块）相连接，而上模座 4（上模座上装有压边圈 5）与压边滑块（外滑块）相连。拉深时，压边滑块首先带动压边圈压住毛坯，然后拉深滑块带动拉深凸模下行进行拉深。此模具因装有刚性压边装置，所以模具结构显得很简单，制造周期较短，成本较低，但压力机设备投资较高。

**2．以后各工序拉深模**

此时拉深的毛坯是已经经过拉深的半成品筒形件，而不再是平板毛坯，因此其定位装置及压边装置与首次拉深模是完全不同的。所用压边装置已不能为一平板结构，而应是一筒形结构。

图 4.54 所示为广泛采用的带压边装置的后续拉深模。压边圈 1 兼作毛坯的定位圈，拉深结束后，拉深件由刚性推件装置推出。

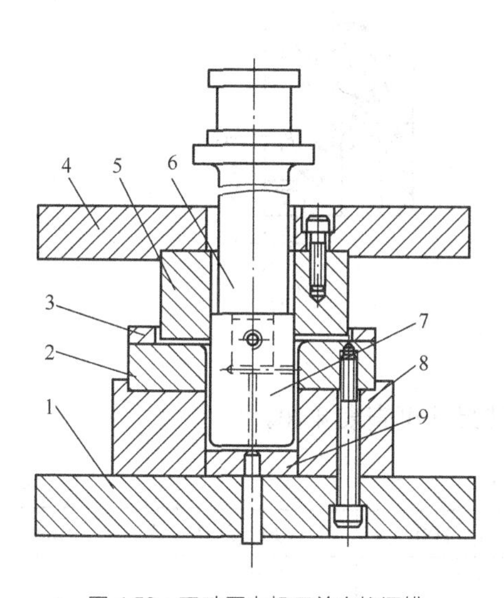


图 4.53 双动压力机用首次拉深模

1—下模座；2—凹模；3—定位板；4—上模座；5—压料圈；6—凸模固定杆；7—凸模；8—凹模固定板；9—顶板

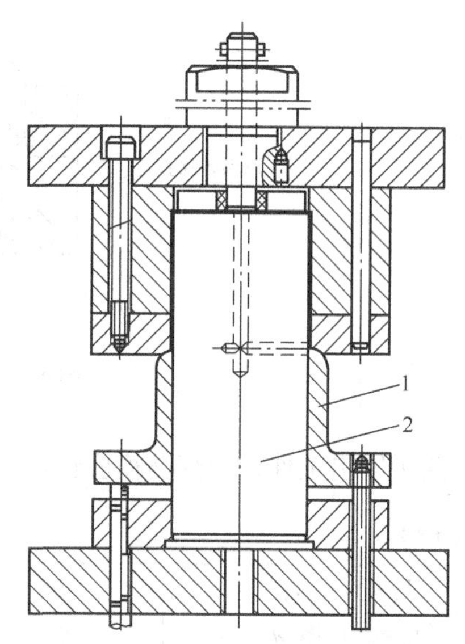


图 4.54 带压边的后续拉深模

1—压边圈；2—凸模

## 4.5.2 拉深模零件设计

由上节所示的拉深模典型结构可以看出，拉深模也是由工作零件，定位零件，卸料、压料零件，固定零件，导向零件组成，只是因为拉深时凸、凹模之间的间隙较大，因此在单纯的拉深模中，通常不需要设置导向零件，而是由设备保证上模部分的运动方向。

拉深模中定位零件，卸料、压料零件，固定零件，导向零件（如果需要）的设计可参考冲裁模，这里主要介绍工作零件的设计。

### 1．拉深凸、凹模的结构设计

拉深凸模与凹模的结构形式取决于工件形状、尺寸及拉深方法、拉深次数等，不同的结构形式对拉深的变形情况和变形程度的大小及产品的质量均有不同的影响。

当毛坯的相对厚度较大，不易起皱，不需要用压边圈压边时，可采用锥形凹模，参见图4.13。当毛坯的相对厚度较小，必须采用压边圈进行多次拉深时，应该采用图4.55所示的模具结构。图4.55（a）中凸、凹模具有圆角结构，可用于拉深直径$d \leqslant 100$ mm的拉深件。图4.55（b）中凸、凹模具有锥角结构，可用于拉深直径$d \geqslant 100$ mm的拉深件。

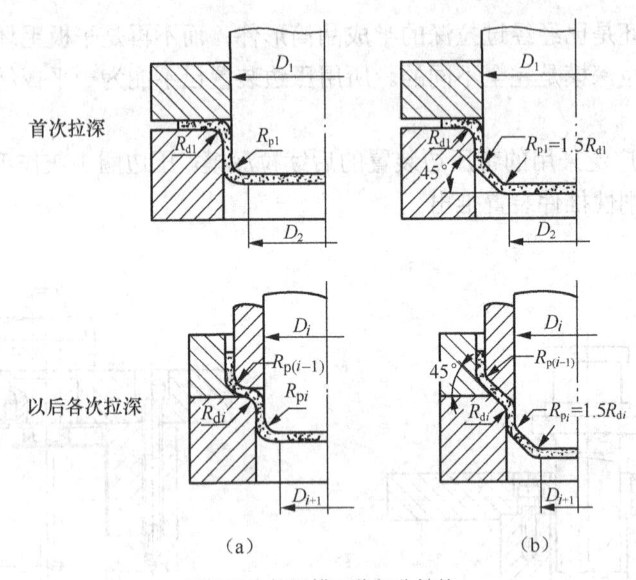


图4.55　拉深模工作部分结构

为便于取出工件，拉深凸模应钻一通气孔，其尺寸可查表4.10。

**表4.10　通气孔尺寸**（mm）

| 凸模直径 $d_p$ | ～50 | >50～100 | >100～200 | >200 |
|---|---|---|---|---|
| 出气孔直径 $d$ | 5 | 6.5 | 8 | 9.5 |

### 2．拉深模工作部分的尺寸设计

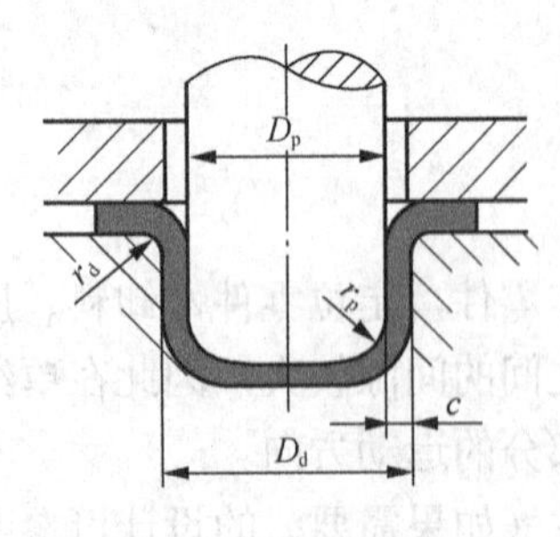


图4.56　拉深模工作部分尺寸

拉深模工作部分的尺寸指的是凹模圆角半径$r_d$，凸模圆角半径$r_p$，凸、凹模的间隙$c$，凸模直径$D_p$，凹模直径$D_d$，如图4.56所示。

（1）凹模圆角半径$r_d$

拉深时，材料在经过凹模圆角时不仅因为发生弯曲变形需要克服弯曲阻力，还要克服因相对流动引起的摩擦阻力，所以$r_d$的大小对拉深工作的影响非常大。主要影响到：

① 拉深力的大小。$r_d$小时，材料流过它需产生较大的弯

曲变形，结果需要承受较大的弯曲变形阻力，此时凹模圆角对板料施加的厚向压力加大，引起摩擦力增加。当弯曲后的料被拉入凸、凹模间隙进行校直时，又会使反向弯曲的校直力增加，从而使筒壁内总的变形抗力增大，拉深力增加，变薄严重，甚至在危险断面处被拉破。在这种情况下，材料变形受到限制，必须采用较大的拉深系数。

② 拉深件的质量。当 $r_d$ 过小时，坯料在滑过此处时容易被刮伤，结果使工件的表面质量受损。而当 $r_d$ 太大时，拉深初期毛坯不与模具表面接触的宽度（见图 4.57）加大，由于这部分材料不受压边力作用，因而容易起皱。在拉深后期毛坯外边缘也会因过早脱离压边圈的作用而起皱，使拉深件质量不好，在侧壁下部和口部形成皱折，尤其当毛坯的相对厚度小时，这个现象更严重。在这种情况下，也不宜采用大的变形程度。

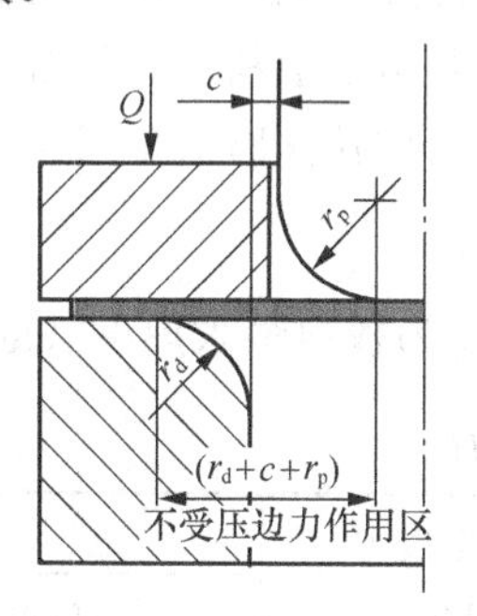


图 4.57 拉深初期毛坯与凸模、凹模位置关系

③ 拉深模的寿命。$r_d$ 小时，材料对凹模的压力增加，摩擦力增大，磨损加剧，使模具的寿命降低。所以 $r_d$ 的值既不能太大也不能太小。在生产上一般应尽量避免采用过小的凹模圆角半径，在保证工件质量的前提下尽量取大值，以满足模具寿命的要求。通常可按经验公式计算：

$$r_{di} = 0.8\sqrt{(d_{i-1} - d_i)t} \tag{4.35}$$

式中，$r_{di}$ 为第 $i$ 次拉深凹模圆角半径；$d_i$、$d_{i-1}$ 分别为第 $i$ 次、第 $i-1$ 次拉深的筒部直径；$t$ 为板料厚度（mm）。

同时，凹模圆角应满足前述工艺性要求，即 $r_{di} \geqslant 2t$，若 $r_d < 2t$，则需通过后续的整形工序获得。

（2）凸模圆角半径 $r_p$

凸模圆角半径对拉深工序的影响没有凹模圆角半径大，但其值也必须合适。$r_p$ 太小，拉深初期毛坯在 $r_p$ 处弯曲变形大，危险断面受拉力增大，工件易产生局部变薄或拉裂，且这个局部变薄和弯曲变形的痕迹在后续拉深时，将会遗留在成品零件的侧壁上，影响零件的质量。而且，多工序拉深时，由于后继工序的压边圈圆角半径应等于前道工序的凸模圆角半径，所以，当 $r_p$ 过小时，在以后的拉深工序中毛坯沿压边圈滑动的阻力会增大，这对拉深过程是不利的。因而，凸模圆角半径不能太小。若凸模圆角半径 $r_p$ 过大，会使 $r_p$ 处材料在拉深初期不与凸模表面接触，易产生底部变薄和内皱，如图 4.57 所示。

一般情况下，除末道拉深工序外，可取 $r_{pi}=r_{di}$；对于末道拉深工序，当工件的圆角半径 $r \geqslant t$ 时，则取凸模圆角半径等于工件的圆角半径，即 $r_{pn}=r$；但 $r_{pn}$ 不得小于料厚，如必须获得较小的圆角半径时，则最后一次拉深时仍取 $r_{pn}>t$，拉深结束后，再增加一道整形工序，以得到零件圆角半径。

（3）凸模和凹模的间隙 $c$

拉深模间隙是指单面间隙，即 $c=(D_d-D_p)/2$。间隙的大小对拉深力、拉深件的质量、拉深模的寿命都有影响。若 $c$ 值太小，凸缘区变厚的材料通过它时，校直与变形的阻力增加，与模具表面间的摩擦、磨损严重，使拉深力增加，零件变薄严重，甚至拉破，模具寿命降低。

但是间隙小时得到的零件侧壁平直而光滑，质量较好，精度较高。

间隙过大时，对毛坯的校直和挤压作用减小，拉深力降低，模具的寿命提高，但零件的质量变差，冲出的零件侧壁不直。

因此拉深模的间隙值也应合适，确定时要考虑压边状况、拉深次数和工件精度等。其原则是：既要考虑板料本身的公差，又要考虑板料的增厚现象，间隙一般都比毛坯厚度略大一些。采用压边拉深时其值可按式（4.36）计算。

$$c = t_{\max} + K_c t \tag{4.36}$$

式中，$t_{\max}$为板料最大厚度（mm）；$K_c$为系数，见表4.11。

**表4.11　系数 $K_c$**

| 板料厚度 $t$ /mm | 一般精度 | | 较精密 | 精密 |
|---|---|---|---|---|
| | 一次拉深 | 多次拉深 | | |
| ≤0.4 | 0.07～0.09 | 0.08～0.10 | 0.04～0.05 | 0～0.04 |
| ＞0.4～1.2 | 0.08～0.10 | 0.10～0.14 | 0.05～0.06 | |
| ＞1.2～3.0 | 0.10～0.12 | 0.14～0.16 | 0.07～0.09 | |
| ＞3.0 | 0.12～0.14 | 0.16～0.20 | 0.08～0.10 | |

注：1．对于强度高的材料，表中数值取小值。

2．精度要求高的工件，建议末道工序采用间隙（0.9～0.95）$t$的整形工序。

（4）凸模、凹模的尺寸及公差

1）对于多次拉深中的首次拉深和中间各次拉深，因为是半成品件，所以模具尺寸及公差没有必要作严格限制，这时模具尺寸只要等于半成品件的公称尺寸即可，模具制造偏差同样按磨损规律确定。若以凹模为基准，则凹模尺寸为

$$D_{\mathrm{d}} = D_{0}^{+\delta_{\mathrm{d}}} \tag{4.37}$$

凸模尺寸为

$$D_{\mathrm{p}} = (D - 2c)_{-\delta_{\mathrm{p}}}^{\ 0} \tag{4.38}$$

2）对于一次拉深或多次拉深中的最后一次拉深，需要保证拉深后制件的尺寸精度要求。因此，应按拉深件的尺寸及公差来确定模具工作部分的尺寸及公差。根据拉深件横向尺寸的标注不同，可以分为以下两种情况。

拉深件标注外形尺寸时［见图4.58（a）］应以拉深凹模为基准，首先计算凹模的尺寸及公差。凹模尺寸及公差按式（4.39）计算。

$$D_{\mathrm{d}} = (D_{\max} - 0.75\Delta)_{0}^{+\delta_{\mathrm{d}}} \tag{4.39}$$

凸模尺寸及公差为

$$D_{\mathrm{p}} = (D_{\max} - 0.75\Delta - 2c)_{-\delta_{\mathrm{p}}}^{\ 0} \tag{4.40}$$

拉深件标注内形尺寸时［见图4.58（b）］应以拉深凸模为基准，首先计算凸模的尺寸及公差。

凸模尺寸及公差按式（4.41）计算。

$$D_p = (d_{min} + 0.4\varDelta)_{-\delta_p}^{\ 0} \tag{4.41}$$

凹模尺寸及公差为：

$$D_d = (d_{min} + 0.4\varDelta + 2c)_{\ 0}^{+\delta_d} \tag{4.42}$$

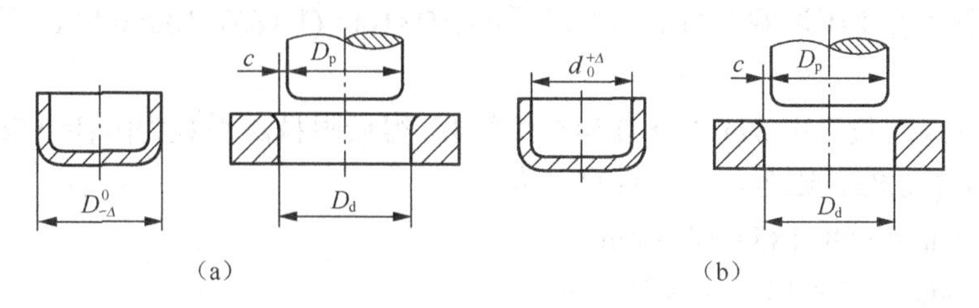


图 4.58　圆筒形件拉深模工作部分尺寸

式中，$D_d$、$D_p$ 为凹模和凸模的基本尺寸；$D_{max}$ 为拉深件外径的最大极限尺寸；$d_{min}$ 为拉深件内径的最小极限尺寸；$\varDelta$ 为工件公差；$\delta_d$、$\delta_p$ 为凹模和凸模制造公差，可按 IT6～IT8 级选取，也可按表 5.12 选取；$c$ 为拉深模单边间隙（mm）。

## 4.6　拉深模设计举例

图 4.59 所示为无凸缘的直壁圆筒形件，材料为 08F 钢，料厚 1mm，抗拉强度 $\sigma_b$ =320 MPa，小批量生产，试完成该产品的拉深工艺设计。

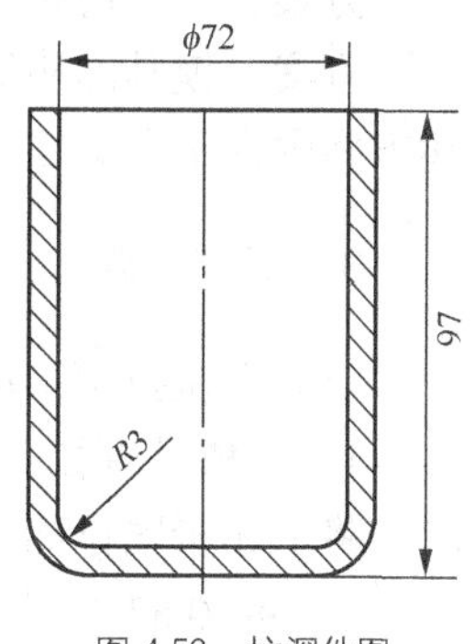


图 4.59　拉深件图

### 1．零件的工艺性分析

该产品是无凸缘的直壁圆筒形件，零件的形状简单、对称，无特殊要求，易于拉深成形。底部圆角半径为 3 mm，满足拉深工艺对形状和尺寸的要求，可以直接拉出；零件的所有尺寸均为未注公差，采用普通拉深较易达到；零件所用材料为 08F 钢，塑性较好，易于拉深成形，因此该零件的冲压工艺性较好。

### 2．工艺方案确定

为了确定工艺方案，应首先计算毛坯尺寸并确定拉深次数。由于料厚为 1mm，以下所有尺寸均以中线尺寸代入。

（1）确定修边余量

由 $\dfrac{h}{d} = \dfrac{97-0.5}{72+1} = 1.32$ 查表 4.2 得$\Delta h$=3.8 mm，

（2）毛坯直径计算　由公式（4.2）得

$$D=\sqrt{d^2-1.72dr-0.56r^2+4d(h+\Delta h)}$$
$$=\sqrt{(72+1)^2-1.72\times(72+1)\times(3+0.5)-0.56\times(3+0.5)^2+4\times(72+1)\times(97-0.5+3.8)}$$
$$=184.85\approx 185\text{ mm}$$

（3）拉深次数确定

1）判断是否需要压边圈。由毛坯相对厚度 $t/D\times100=(1/185)\times100=0.541$，查表 4.1 知需要采用压边圈。

2）确定拉深次数。由 $t/D\times100=0.541$ 查表 4.3 得极限拉深系数为$[m_1]=0.58$，$[m_2]=0.79$，$[m_3]=0.81$，$[m_4]=0.83$。则各次拉深件直径为

$$d_1=[m_1]D=0.58\times185=107.3\text{ mm}$$
$$d_2=[m_2]d_1=0.79\times107.3=84.77\text{ mm}$$
$$d_3=[m_3]d_2=0.81\times84.77=68.66\text{ mm}<73\text{ mm}$$

即三次拉深即可完成，但考虑到上述采用的都是极限拉深系数，而实际生产时所采用的拉深系数应比极限值大，因此将拉深次数调整为四次。

（4）方案确定

该拉深件需要落料、四次拉深、一次切边才能最终成形，因此成形该零件的方案有以下几种。

方案一：单工序生产，即落料—拉深—拉深—拉深—拉深—切边。

方案二：首次复合，即落料拉深复合—拉深—拉深—拉深—切边。

方案三：级进拉深。

方案一模具结构简单，但首次拉深时毛坯定位比较困难，考虑到是小批量生产，因此上述方案中优选方案二。

### 3．工艺计算

（1）各次拉深半成品尺寸的确定

1）半成品直径

将上述极限拉深系数作调整，现分别确定如下：

$m_1=0.62$　　$d_1=m_1D=0.62\times185=114.7\text{ mm}$

$m_2=0.83$　　$d_2=m_2d_1=0.83\times114.7=95.2\text{ mm}$

$m_3=0.85$　　$d_3=m_3d_2=0.85\times95.2=80.9\text{ mm}$

$m_4=0.90$　　$d_4=m_4d_3=0.90\times80.9=73\text{ mm}$

2）半成品底部圆角半径

由式（4.35）计算出各次拉深凹模圆角半径的值如下：

$r_{d1}=0.8\sqrt{(D-d_1)t}=0.8\sqrt{(185-114.7)\times1}=6.7\text{mm}$，取 $r_{d1}=7$ mm。

依次求出并取：$r_{d2}=3.5$ mm；$r_{d3}=3$ mm；$r_{d4}=3$ mm。

凸模圆角半径可取与凹模圆角半径相同，即：$r_{p1}=7$ mm；$r_{p2}=3.5$ mm；$r_{p3}=3$ mm；$r_{p4}=3$ mm。

则得到半成品底部圆角半径为：$r_1=7$ mm；$r_2=3.5$ mm；$r_3=3$ mm；$r_4=3$ mm。

3）半成品高度 $h$

由式（4.11）计算得

$$h_1 = 0.25\left(\frac{D^2}{d_1} - d_1\right) + 0.43\frac{r_1}{d_1}(d_1 + 0.32r_1)$$
$$= 0.25\left(\frac{185^2}{117.7} - 114.7\right) + 0.43\frac{7.5}{114.7}(114.7 - 0.32\times 7.5)$$
$$= 49.1\ \text{mm}$$

同理得：$h_2$=67.8 mm；$h_3$=87.1 mm；$h_4$=100.5 mm

（2）冲压工艺力计算及初选设备（以第四次拉深为例，其他类同）

拉深力由式（4.29）计算：

$$F_4=k_p L_s t \sigma_b=0.8\times 3.14\times 73\times 320=58.68\ \text{kN}$$

（$k_p$ 取 0.5～1.0，这里取 0.8；$L_s$ 是第四次拉深所得圆筒的筒部周长）

压边力由式（4.28）计算，这里 $q=\sigma_b/150=2.13$，则：

$$Q_4=\pi[d_3^2-d_4^2]q/4$$
$$=\pi[80.9^2-73^2]\times 2.13/4$$
$$=2.04\ \text{kN}$$

选用单动压力机，设备吨位：

$$F_{设}\geqslant F_4+Q_4=58.68+2.04=60.69\text{kN}$$

这里初选 100kN 的开式曲柄压力机 J23-10。

#### 4．模具总体结构设计（以第四次拉深模为例）

选用倒装拉深模，毛坯利用压边圈的外形进行定位，采用中间滑动导柱导套导向，利用刚性推件装置推件，模具总体结构如图 4.60 所示。

#### 5．模具主要零件设计

（1）模具工作部分尺寸设计

1）模具间隙 $c$ 的确定

由于是最后一次拉深，为保证拉深件质量，这里取凸、凹模单边间隙为 1$t$，即

$$c_4=t=1\ \text{mm}$$

2）凸、凹模圆角半径的确定

由于工件圆角半径大于 2$t$（料厚），满足拉深工艺要求，因此最后一次拉深用的凸模圆角半径应该与工件圆角半径一致，即 $r_{p4}$=3 mm。凹模圆角半径取 $r_{d4}$=3 mm。

3）凸凹模刃口尺寸及公差的确定

由于零件对内形有尺寸要求，因此以凸模为基准，间隙取在凹模上，由式（4.41）和式（4.42）计算得：

$$D_{p4}=(d_{min}+0.4\times\varDelta)_{-\delta_p}=(71.5+0.4\times 1.0)_{-0.019}^{\ 0}=71.9_{-0.019}\ \text{mm}$$

$$D_{d4}=(d_{p4}+2c)^{+\delta_d}=(71.9+2\times 1)_{\ 0}^{+0.030}=73.9_{\ 0}^{+0.030}\ \text{mm}$$

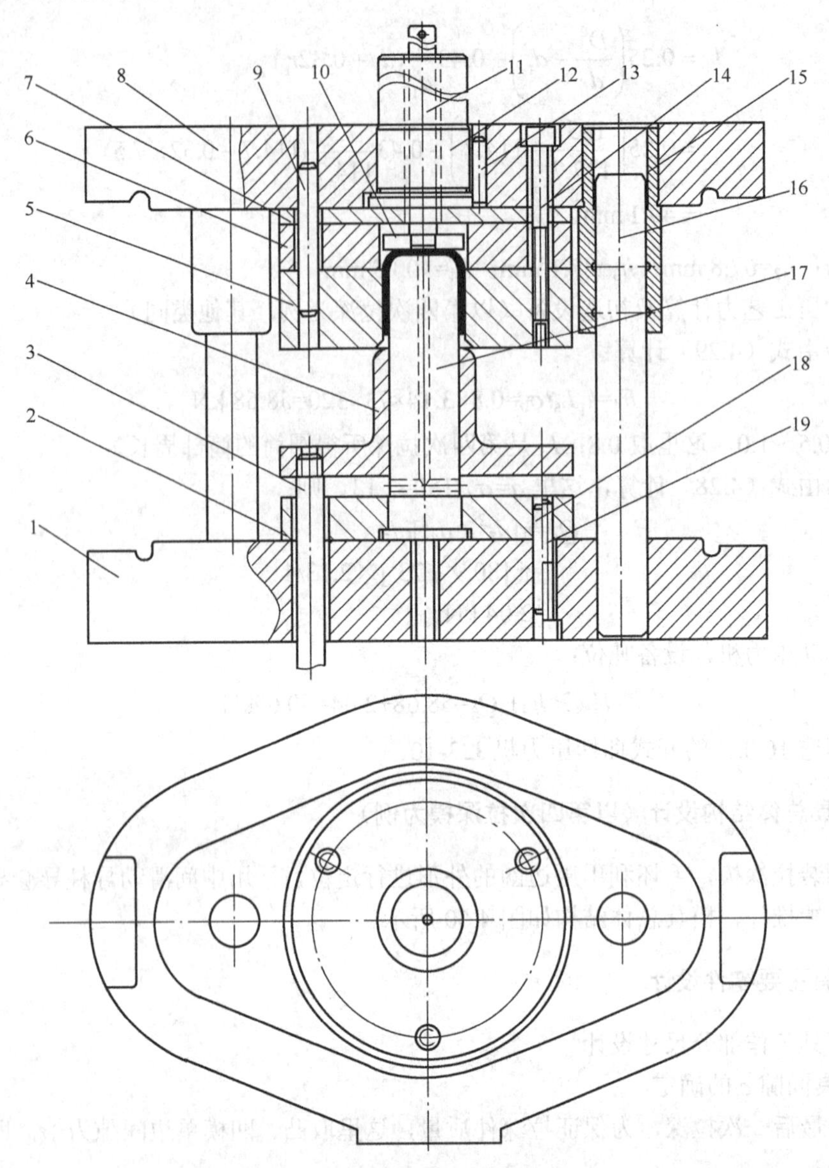


图 4.60　第四次拉深模具结构图

1—下模座；2—凸模固定板；3—卸料螺钉；4—压边圈；5—凹模；6—空心垫板；7—垫板；8—上模座；9、18—销钉；10—推件板；11—打杆；12—模柄；13—止动销；14、19—螺钉；15—导套；16—导柱；17—凸模

式中，$\delta_p$、$\delta_d$ 分别是凸、凹模的制造公差，分别按 IT6、IT7 级公差选取。$\Delta$是工件的公差，工件为未注公差，可由 GB/T 15055—m 查得为±0.5 mm，则工件筒部直径调整为：$71.5_{\ 0}^{+1.0}$ mm（注：GB/T 15055—m 中的 m 是指未注公差的尺寸的极限偏差。M 级公差是常用级别，在非标加工中最常用）。

4）凸模通气孔尺寸确定

由表 4.10 查得，通气孔尺寸为 6.5 mm。

（2）模具主要零件设计

1）凸模。材料选用 Cr12MoV，热处理至 56～60 HRC，未注表面粗糙度 $Ra$6.3μm，尺寸及结构如图 4.61 所示。

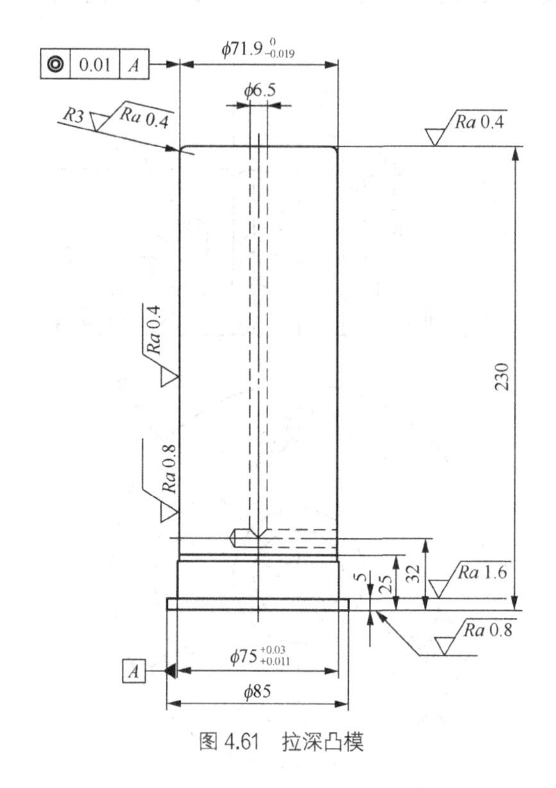


图 4.61　拉深凸模

2）凹模。材料选用 Cr12MoV，热处理至 58～62HRC，未注表面粗糙度 *Ra*6.3μm，尺寸及结构如图 4.62 所示。

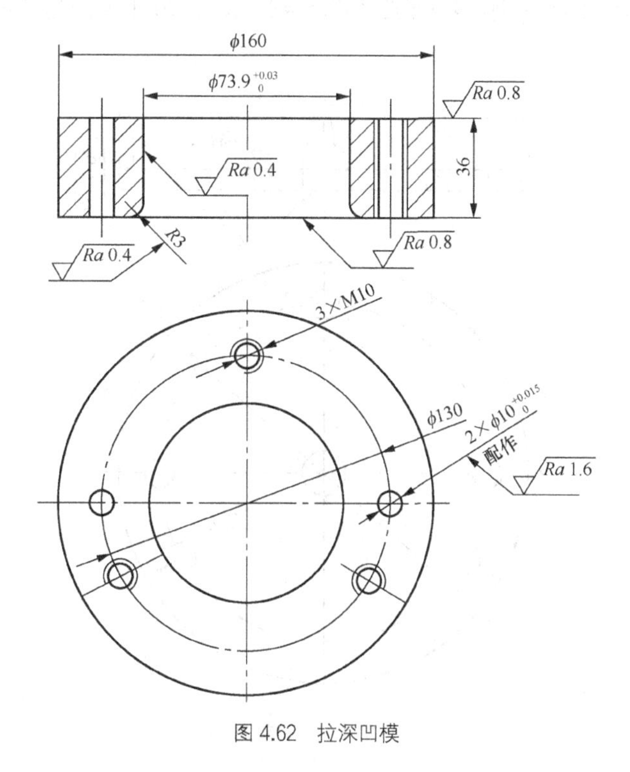


图 4.62　拉深凹模

3）压边圈。材料选用 45#钢，热处理至 43～48 HRC，未注表面粗糙度 *Ra*6.3μm，尺寸及结构如图 4.63 所示。

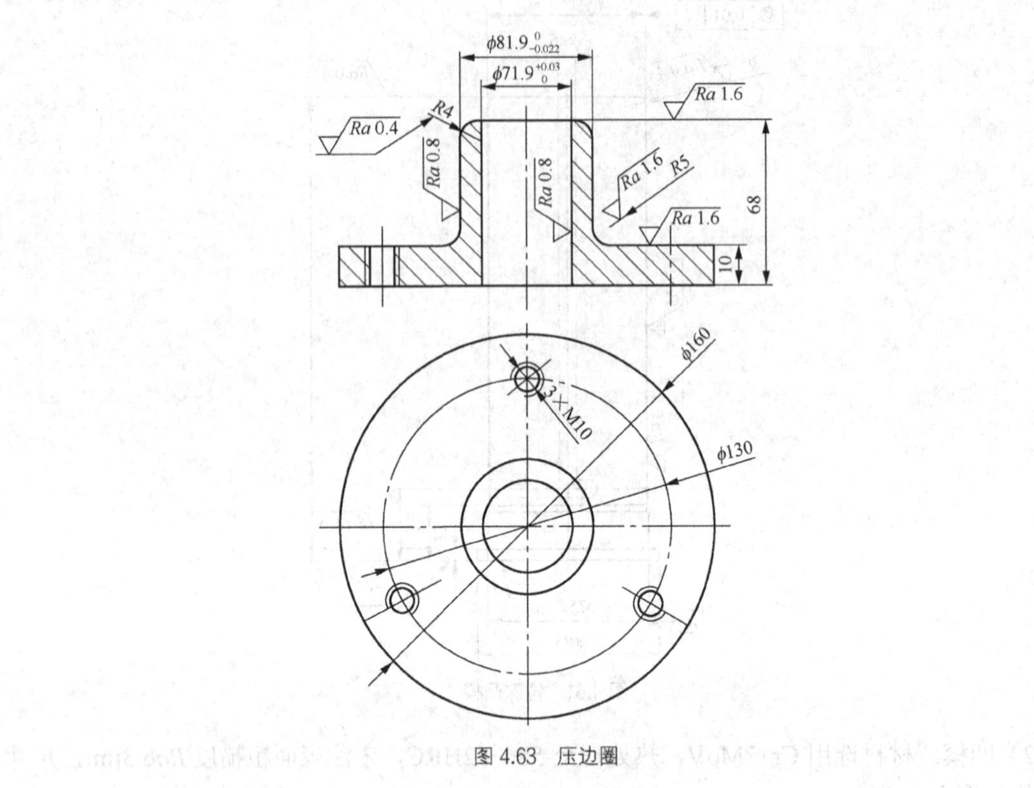


图 4.63 压边圈

4）垫板。材料选用 45＃钢，热处理至 43～48 HRC，未注表面粗糙度 *Ra*6.3μm，尺寸及结构如图 4.64 所示。

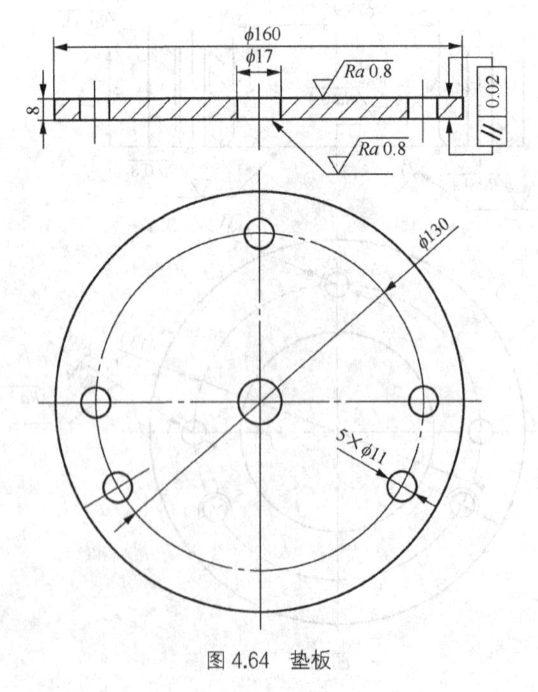


图 4.64 垫板

5）凸模固定板。材料选用 45#钢，未注表面粗糙度 $Ra6.3\mu m$，尺寸及结构如图 4.65 所示。

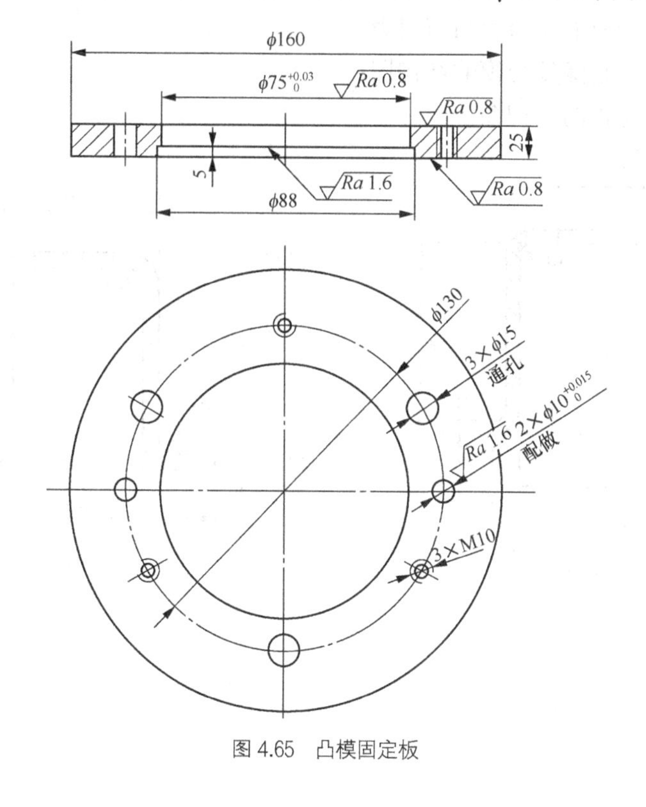


图 4.65 凸模固定板

## 思考与练习题

1．拉深变形具有哪些特点？用拉深方法可以制成哪些类型的零件？

2．圆筒形零件拉深时，毛坯变形区的应力应变状态是怎样的？

3．拉深工艺中，会出现哪些失效形式？说明产生的原因和防止的措施。

4．拉深的“危险断面”在何处？为什么？

5．什么是圆筒形件的拉深系数？影响极限拉深系数的因素有哪些？拉深系数对拉深工艺有何意义？

6．有凸缘筒形零件与无凸缘筒形零件拉深比较，有哪些特点？工艺计算有何区别？

7．非直壁旋转体零件的拉深有哪些特点？如何减小回弹和起皱问题？

8．拉深模压边圈有哪些结构形式？适用于哪些情况？

9．确定图 4.66 所示压紧弹簧座（材料 08Al，料厚 $t$ =2 mm）的拉深次数和各工序尺寸，绘制各工序零件图并标注尺寸。

10．拉深过程中润滑的目的是什么，哪些部位需要润滑？

11．以后各次拉深模与首次拉深模主要有哪些不同？为何在单动压力机上常用的以后各次拉探模常常采用倒装式结构？

12．拉深图 4.67 所示零件，材料为 10#钢，厚度 $t$ =2 mm，大批量生产。试完成：

① 分析零件的工艺性；

② 计算零件的拉深次数及各次拉深工序件尺寸；

③ 计算各次拉深时的拉深力与压料力；

④ 绘制落料首次拉深复合模的结构图；

⑤ 绘制后续拉深模的结构图。

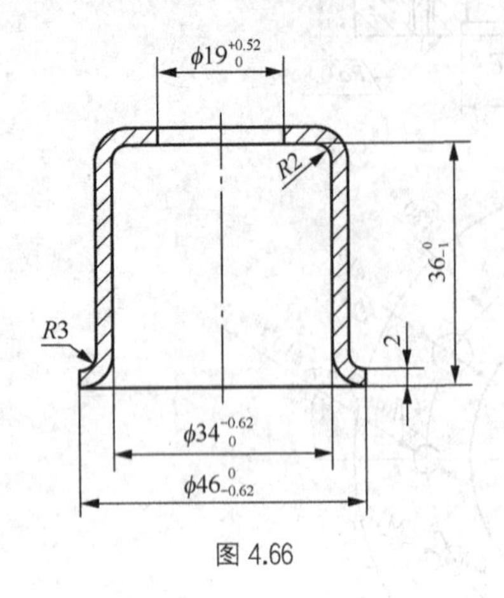


图 4.66

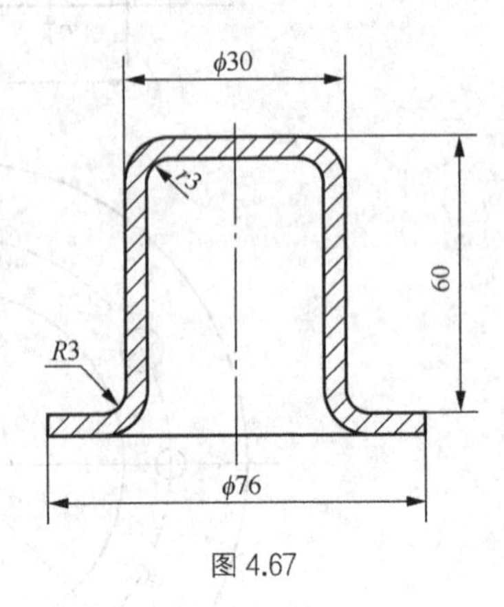


图 4.67

# 第5章 多工位级进冲压工艺与级进模设计

多工位级进冲压是指在一副模具中沿被冲原材料（条料或卷料）的直线送进方向，具有至少两个或两个以上等距离工位，并在压力机的一次行程中，在不同的工位上完成两个或两个以上冲压工序的冲压方法。这种方法使用的模具即为多工位级进冲压模具，简称级进模，又称跳步模、连续模、多工位级进模。

多工位级进模是一种可实现连续冲压、结构复杂、加工精度要求高的先进模具，是技术密集型模具的重要代表，是冲模发展方向之一。这种模具除进行冲孔落料工作外，还可根据零件的结构特点和成形性质，完成弯曲、拉深、胀形、翻孔等成形工序，甚至还可以在模具中完成铆接、旋转等装配工序。从理论上说，任意一个冲压件，无论其结构怎样复杂，所需冲压工序怎样多，均可用一副多工位级进模冲制完成。

这种模具最显著的特点是生产效率高、易于实现高速自动冲压，但其结构复杂、材料利用率低，设计、制造难度大，主要用于薄料（$t$=0.1～1.2 mm，一般不超过 2 mm）、形状复杂、精度要求较高的中小型冲压件的大量生产。

尽管多工位级进模比普通冲压模具在结构上要复杂的多，但基本组成却是相同的，因此模具的设计步骤仍然遵循普通模具的设计程序，不同的是多工位级进模中零件数量增多，要求更高，需要考虑的问题更复杂，如多工位级进冲压时的排样设计，就需要解决多个方面的问题。本章主要介绍多工位级进模的排样设计、模具的典型结构、模具主要零件的设计等内容。

## 5.1 多工位级进模的排样设计

在多工位级进冲压中，工序件在级进模内随着冲床每冲一次就向前送进一个步距，到达不同的工位，完成不同的加工内容。排样设计就是安排各工位所要进行的加工工序内容，它是级进模设计的核心，决定了级进模的基本形式。

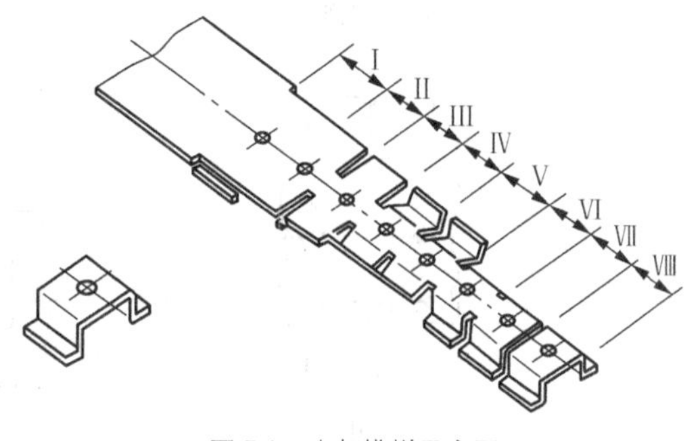

图 5.1 支架排样示意图

图 5.1 所示是支架排样示意图，由图中看出，排样图一经确定，也就确定了零件各部分在模具中的冲制顺序、模具的工位数及

各工位的作业内容、被冲零件在条料上的排列方式、排列方位等，并反映出材料利用率的高低、模具步距的公称尺寸和定距方式、条料的宽度、载体的形式和模具的基本结构。

所以排样设计是多工位级进模设计的重要内容，是模具结构设计的依据之一，是决定多工位级进模设计优劣的主要因素之一。排样设计的一般原则是：

（1）保证产品的精度和使用要求及后续工序的冲制需要；

（2）工序应尽量分散；

（3）尽量使压力中心与模具几何中心接近；

（4）同一工位各冲切凸模尽量设计为相同高度；

（5）冲孔在前，落料、外形冲切等工序在后；

（6）第一工位设导正孔，第二工位设置导正销，对于以后的各工位，优先在易串动的工位设置导正销；

（7）适当设置空工位；

（8）工件和废料应能顺利排除；

（9）要考虑模具加工设备条件。

级进模排样设计是在解决毛坯排样、冲切刃口外形设计的基础上进行的，因此级进模排样设计需要经过毛坯排样、冲切刃口外形设计和工序排样三步。

### 5.1.1 毛坯排样

毛坯排样是指零件展开后的平板毛坯在条料上的排列方式，主要用来确定毛坯在条料上的截取方位和相邻毛坯之间的关系。图5.2（a）所示是屏蔽盖零件的三维图，图5.2（b）所示为其展开后的毛坯，图5.2（c）所示为屏蔽盖毛坯三种不同的排样形式。

由图5.2可以看出毛坯排样具有多样性，毛坯排样的目的就是从不同的毛坯排样方案中选出最佳方案。毛坯排样是排样设计中最基础的一步，在所有含有落料工序的各类冲压模的设计中都必须进行。

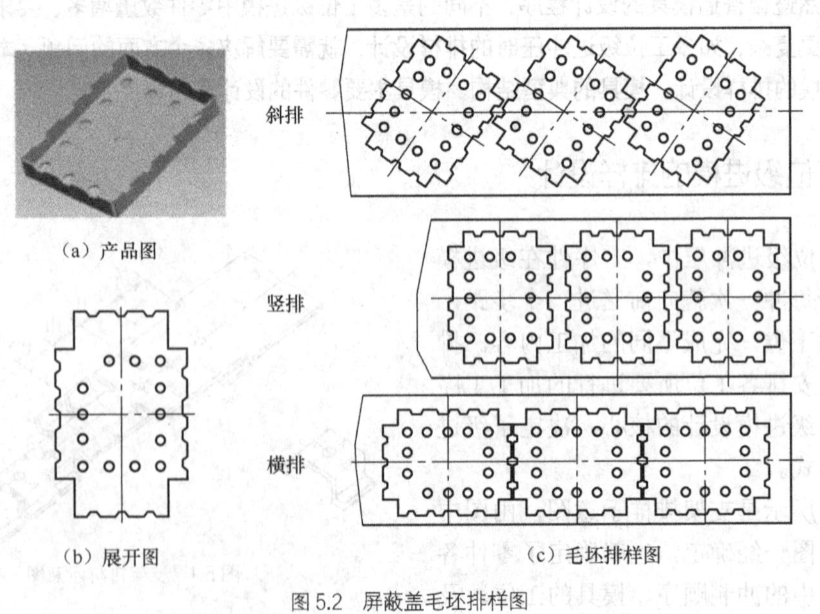


图5.2 屏蔽盖毛坯排样图

毛坯排样对材料的利用率、冲压加工的工艺性以及模具的结构和寿命等都有着显著的影响。毛坯排样主要需要解决排样类型（有废料排样、少废料排样、无废料排样），排样形式（单排、多排、直排、斜排、对排等），搭边值，进距，条料宽度，原材料规格及材料利用率的计算等问题，这部分内容详见本书 2.3.1 节，此处不再赘述。

## 5.1.2 冲切刃口外形设计

当毛坯排样方案确定后，就需要解决毛坯外形和内孔逐步冲切的顺序和形状问题，此即冲切刃口的外形设计。图 5.3 是针对图 5.2 所示毛坯横排时的冲切刃口的外形设计。从图 5.3 可以看出，冲切刃口外形设计就是把复杂的内形轮廓或外形轮廓分解为若干个简单几何单元，各单元又通过组合、补缺等方式构成新的冲切轮廓的工艺设计过程，其目的是实现复杂零件的冲压或简化模具结构，其任务是设计合理的凸模和凹模刃口形状。冲切刃口外形设计要解决工件轮廓的分解与重组以及轮廓分解时分段搭接头的基本形式。

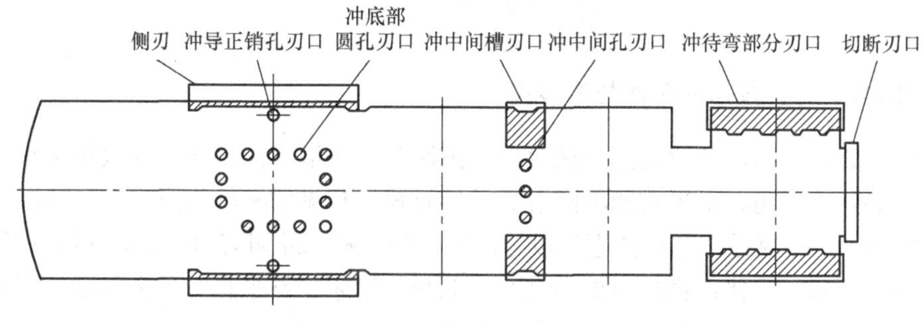


图 5.3 屏蔽盖的冲切刃口外形设计

### 1. 轮廓的分解与重组

刃口的分解与重组应遵循以下原则：

（1）刃口分解与重组应有利于简化模具结构，分解段数应尽量少，重组后形成的凸模和凹模外形要简单、规则，要有足够的强度，要便于加工（见图 5.4）。

（2）刃口分解应保证产品零件的形状、尺寸、精度和使用要求。

（3）内外形轮廓分解后各段间的连接应平直或圆滑。

（4）分段搭接点应尽量少，搭接点位置要避开零件的薄弱部位和外形的重要部位。

（5）复杂外形及窄槽或细长臂部最好分解（见图 5.4 A 处），复杂内形最好分解（见图 5.6）。

（6）有公差要求的直边和配合要求的边应在一次冲切，不宜分段，以免误差累计，如图 5.5 所示的 *A* 和 *B* 面。如果 *A* 面在使用中有要求，则最好采用图 5.5（c）所示的轮廓分解；若 *B* 面在使用中有要求，则最好采用图 5.5（b）所示的轮廓分解。

（7）外轮廓各段毛刺方向有不同要求时应分解。

（8）轮廓分解应考虑加工设备条件和加工方法，以便于加工。

轮廓外形的分解与重组不是唯一的，设计时应多考虑几种方案，经综合比较选出最优方案。

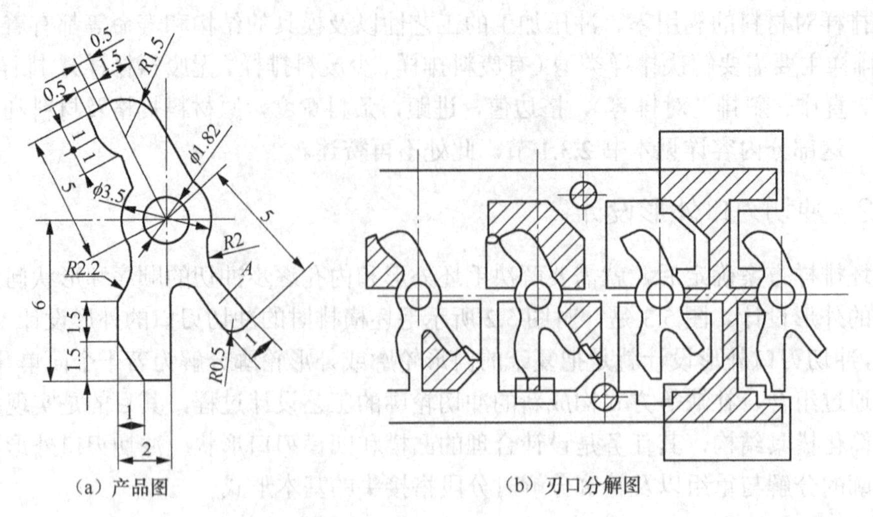


（a）产品图　　（b）刃口分解图

图 5.4　轮廓分解与重组示例一

## 2．轮廓分解时分段搭接头的基本形式

内外形轮廓分解后，各段之间必然要形成搭接头，不恰当的分解会导致搭接头处产生毛刺、错牙、尖角、塌角、不平直和不圆滑等质量问题。常见的搭接头形式有三种：

（1）平接　平接就是把零件的直边段分两次冲切，两次冲切刃口平行、共线，但不重叠，如图 5.5（b）所示。平接在搭接头处容易产生毛刺、错牙、不平直等质量问题，应尽量避免采用。为了保证平接各段的搭接质量，应在各段的冲切工位上设置导正销。

（2）交接　交接指毛坯轮廓冲切刃口分解与重组后，有少量重叠部分，如图 5.5（c）和图 5.5（d）所示。交接对保证搭接头的连接质量比较有利，使用普遍。

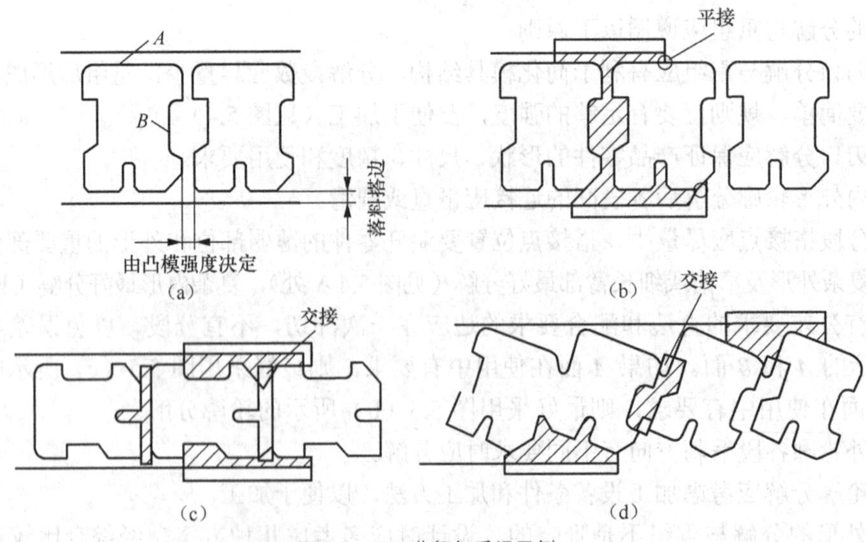


图 5.5　刃口分解与重组示例二

（3）切接　切接是毛坯圆弧部分分段冲切时的搭接形式，即在前一工位先冲切一部分圆弧段，在后续工位上再冲切其余部分，前后两段应相切，如图 5.6 所示。切接容易在搭接头

处产生毛刺、错牙、不圆滑等质量问题。为了改善切接质量，可以在圆弧段设计凸台。

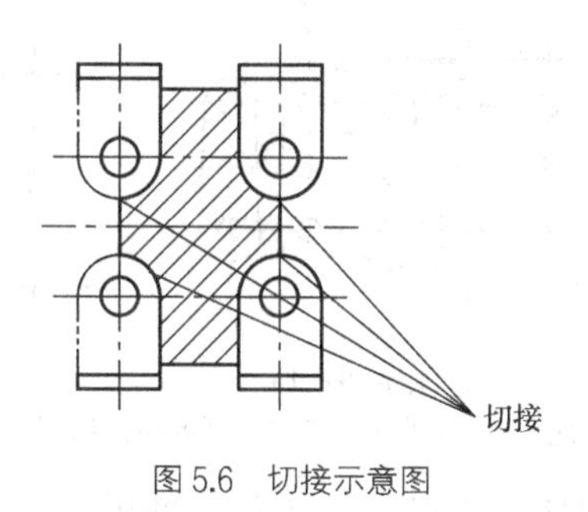


图5.6 切接示意图

## 5.1.3 工序排样

工序排样是级进冲压排样中的最后一步，其内容主要有工序确定与排序、载体设计、空工位设置、定距形式确定以及排样图的绘制等。

### 1. 工序确定与排序

工序确定与排序应主要考虑工件的形状、尺寸及各工位材料变形和分离的合理性。基本原则是以有利于下道工序的进行为顺序排列各道工序，做到先易后难，先冲平面形状后冲立体形状。

（1）级进冲裁的工序排样　级进冲裁工序排样的基本原则如下。

1）带孔的工件，先冲孔，后冲外形。

2）尽量避免采用复杂形状的凸模、凹模，对复杂的内外形进行分解，如图5.7所示。

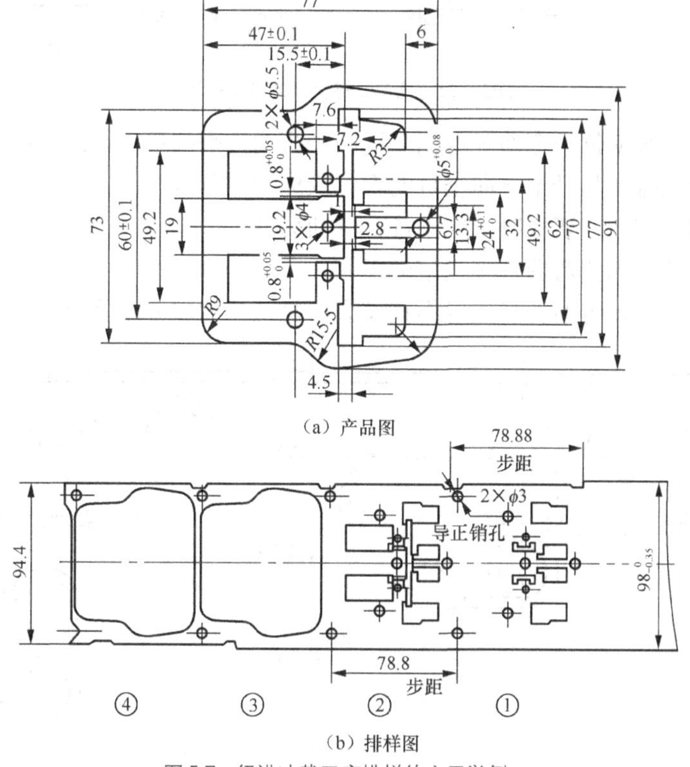


（a）产品图

（b）排样图

图5.7 级进冲裁工序排样的应用举例一

3）零件上有严格要求的相对尺寸，应尽量放在同一工位或相近工位冲出，如图5.8所示。

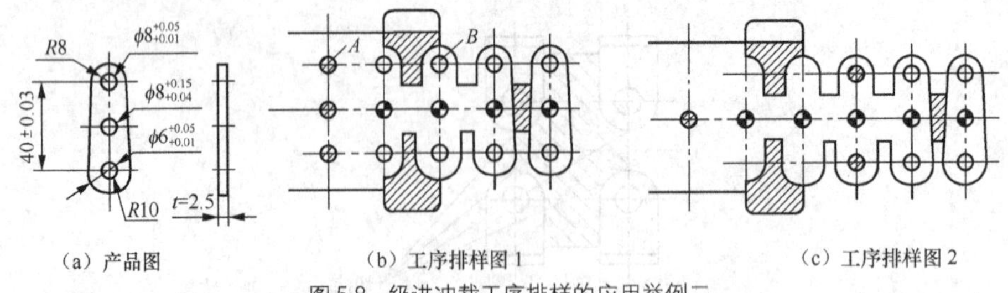


图5.8　级进冲裁工序排样的应用举例二

4）尺寸与形状要求高的轮廓应在较后的工位上冲出。

5）外形薄弱部分的冲切应安排在较前的工序。

6）有靠近弯边的孔时，应先弯曲后冲孔。

7）轮廓周界较大的冲切工艺尽量安排在中间冲切。

（2）级进弯曲的工序排样　级进弯曲工序排样要遵循以下原则：

1）对于带孔的弯曲类零件，一般应先冲孔，再冲切掉需要弯曲部分的周边材料，然后再弯曲，最后切除其余废料，使工件与条料分离，如图5.9所示。但当孔靠近弯曲变形区且又有精度要求时应先弯曲后冲孔，以防孔变形。

2）压弯时应先弯外面再弯里面，弯曲半径过小时应加整形工序，如图5.9所示。

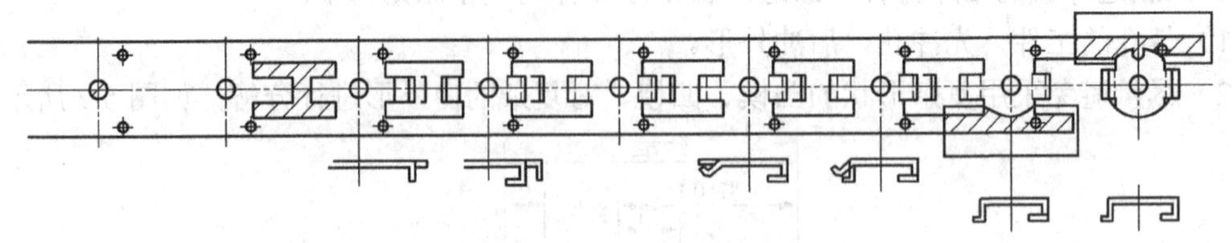

图5.9　级进弯曲工序排样的应用举例一

3）毛刺方向一般应位于弯曲区内侧，以减少弯曲破裂的危险，改善产品外观。

4）弯曲线应安排在与纤维方向垂直的方位或成一定角度。

5）弯边处的孔有精度要求时，应安排在弯曲后冲。

6）尺寸精度要求高的弯曲件应设整形工艺。

7）在一个工位上，弯曲变形程度不宜过大，复杂弯曲件应进行分解，如图5.10所示。

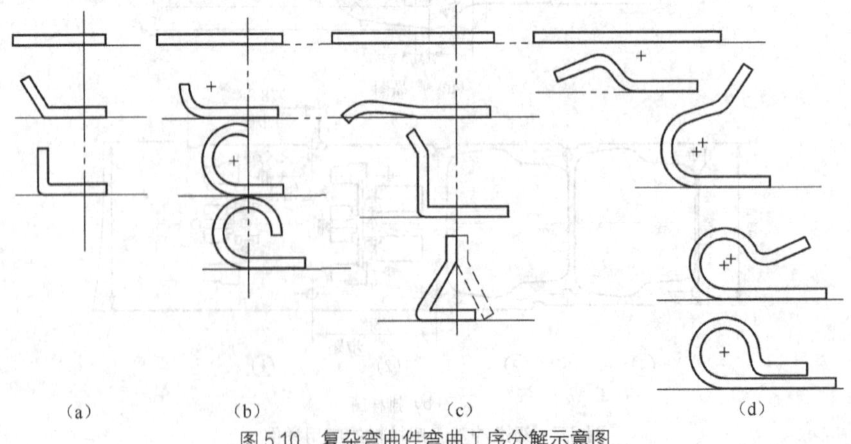


图5.10　复杂弯曲件弯曲工序分解示意图

8）对小型不对称弯曲件应尽量对称弯曲，如图 5.11 所示。

9）尽可能以冲床行程方向作为弯曲方向。

10）对宽度较窄的弯曲件应将其宽度方向作为送料方向。

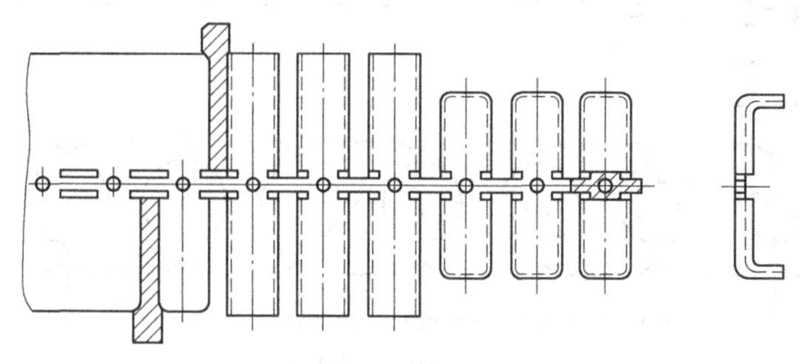

图 5.11　级进弯曲工序排样的应用举例二

（3）级进拉深的工序排样　多工位级进拉深是通过带料以载体、搭边和工序件连在一起的组件形式连续送进成形的，如图 5.12 所示。因不能进行中间退火，要求坯料具有良好的塑性，其拉深系数也不同于单工序拉深，具体的可查阅相关资料。

按材料变形区与条料分离情况，可将带料的连续拉深分为无工艺切口和有工艺切口两种，如图 5.12 所示。无工艺切口的级进拉深［见图 5.12（a）］即是在整体带料上拉深。由于相邻两个拉深工序件之间相互约束，材料在纵向流动困难，变形程度大时就容易拉裂，所以每道工序的变形程度比较小，因而工位数较多。这种方法的优点是节省材料，主要适用于拉深有较大的相对厚度［$(t/D)\times100>1$］，凸缘相对直径较小（$d_f/d$=1.1～1.5）和相对高度 $h/d$ 较低的拉深件。

有切口的级进拉深是在拉深前在零件的相邻处切开一切口或切缝［见图 5.12（b）］，使被拉深的材料与条料预先部分分离，从而减小相邻两工序件相互影响和约束的程度，此时的拉深与单个毛坯的拉深相似，所以每道工序的拉深系数可小些，即可减少拉深次数，且模具较简单，但材料消耗较多。这种拉深一般用于拉深较困难，即零件的相对厚度较小，凸缘相对直径较大和相对高度较大的拉深件。

不论是哪种拉深方法，凸缘材料的收缩都是拉探时材料变形的主要特征。在级进拉深工序排样中，关键是要解决因突缘收缩而导致的各工序步距和条料宽度不一致的问题。为此，级进拉深工序排样应遵循以下原则。

1）保证条料的搭边和载体有足够的强度。

2）在最末的落料工位前设置整形工位，可以确保产品质量。

3）拉深件底部有较大孔时，可以在拉深前先冲较小的预备孔。

4）适当增加空位，便于在试模过程中调整拉深次数，并保证载体的刚性。

5）适当采用工艺切口，以改善拉深条件。

6）要考虑废料的切断处理。

7）对于有拉深又有弯曲和其他冲压工序的制件，应先拉深，再安排其他冲压工序，如图 5.13 所示。

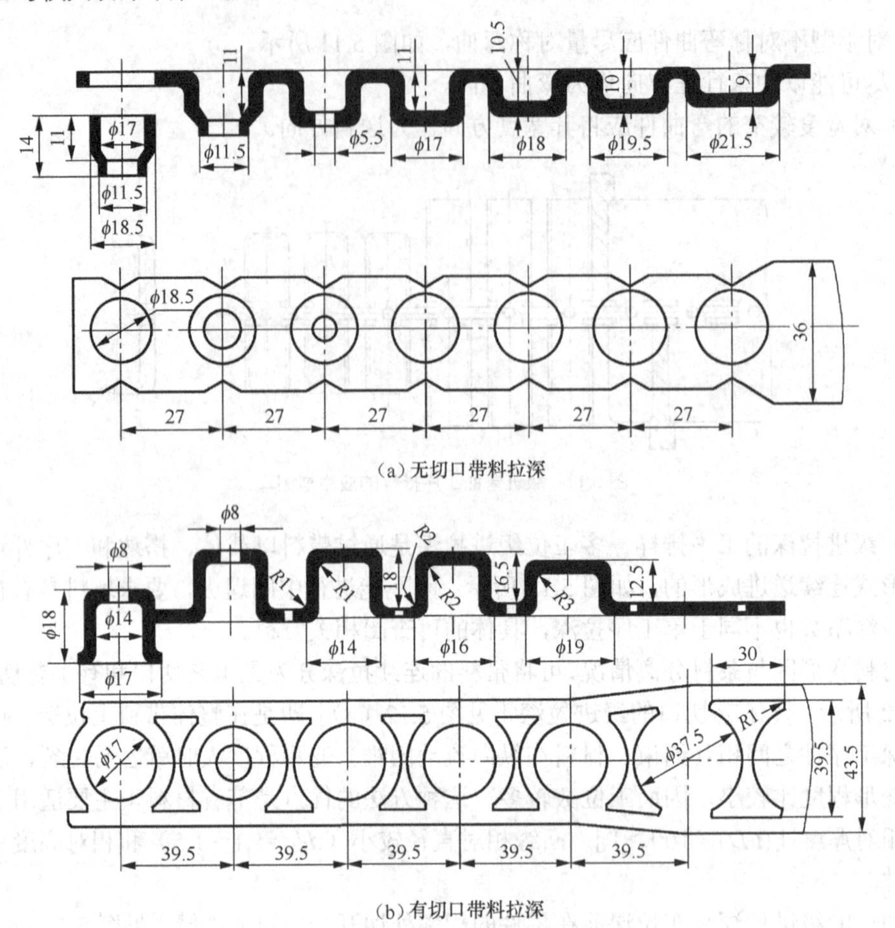


（a）无切口带料拉深

（b）有切口带料拉深

图 5.12　两种带料连续拉深工艺举例

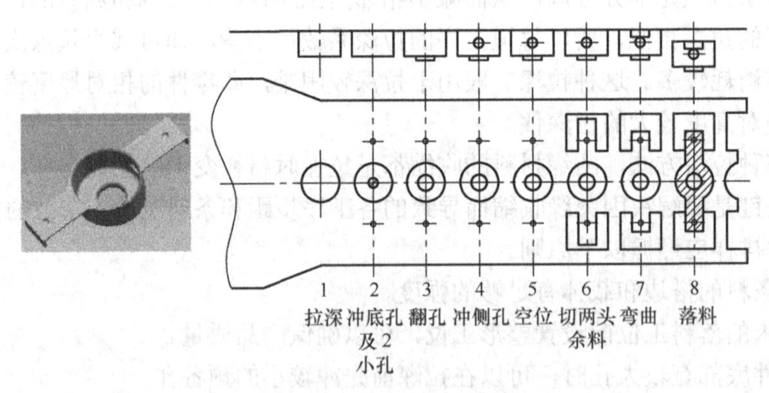


图 5.13　带料连续拉深工序排样图

（4）含局部成形工序的工序排样

含局部成形工序的工件工序排样应遵循如下原则。

1）对于有局部成形的带孔件，若孔距离局部成形区较近，应先成形再冲孔（见图 5.14）。

2）轮廓旁的鼓包要先冲，以避免轮廓变形。若鼓包中心线上有孔，应先冲出小孔，待鼓包压成后再将孔冲到需要的尺寸。

3）在进行有局部压扁的冲压件的排样设计时，在压扁前应将其周边余料适当切除，压扁完成后再进行一次精确冲切。

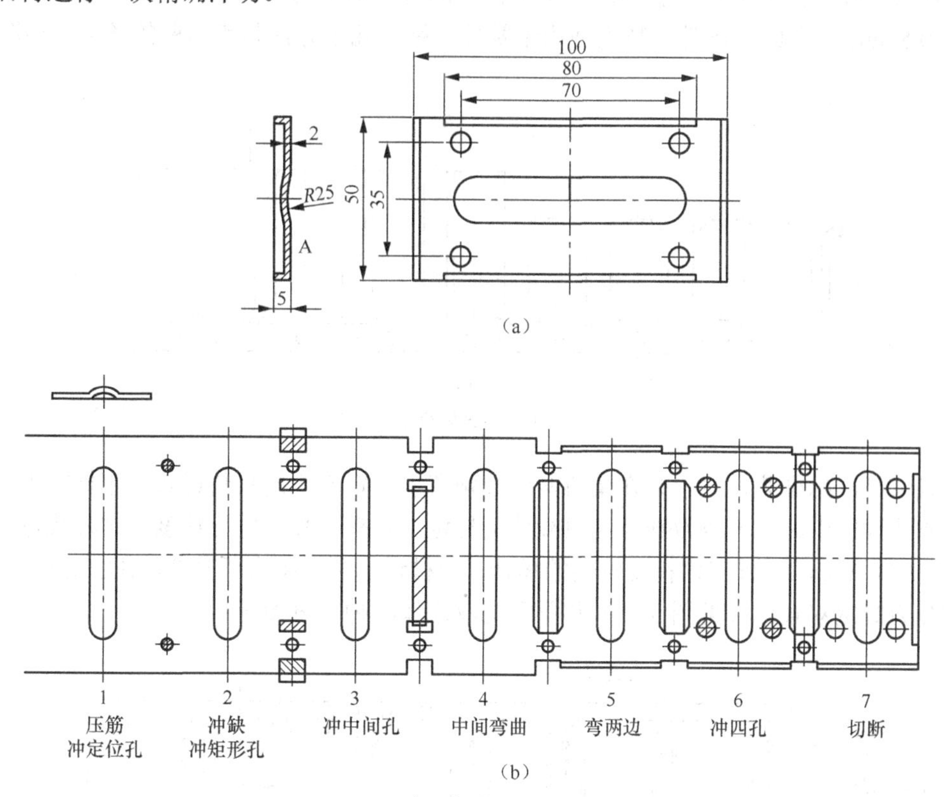


图 5.14　有局部成形工序的排样图

## 2. 载体设计

级进冲压过程是连续进行的，将工序件从第一工位运送到最末工位是级进模的基本条件之一。载体就是级进冲压时条料上连接工序件并在模具上稳定送进的部分材料，如图 5.15 所示。载体必须具有足够的强度。一旦载体发生变形，条料的送进精度就无法保证，甚至阻碍条料送进或造成事故，损坏模具。载体与工序件之间的连接段称为桥。载体的基本形式有边料载体、单载体、双载体和中心载体。

边料载体是利用条料搭边废料作为载体的一种形式，此时沿整个工件周边都有废料。这种载体稳定性好，简单，适合于外形在最后与条料完全分离的排样，如图 5.15 所示。

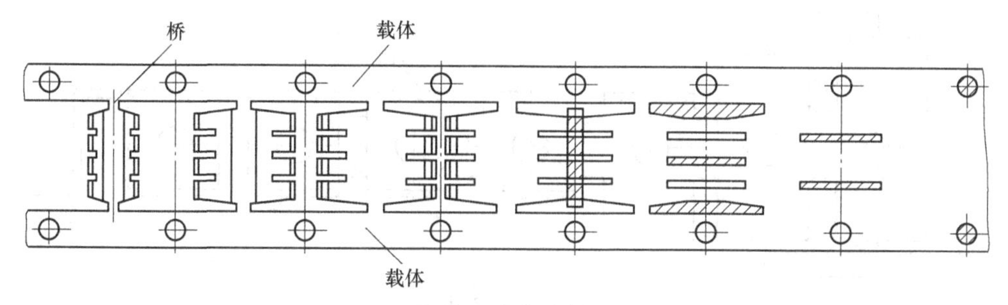


图 5.15　载体示意图

单侧载体简称单载体，是在条料的一侧留出一定宽度的材料，并在适当位置与工序件连接，实现对工序件的运载。单载体适合于工件外形逐步切断的切边形排样，一般应用于条料厚度在 0.5 mm 以上的冲压件，特别适用于零件一端或几个方向带有弯曲的场合，如图 5.16 所示。

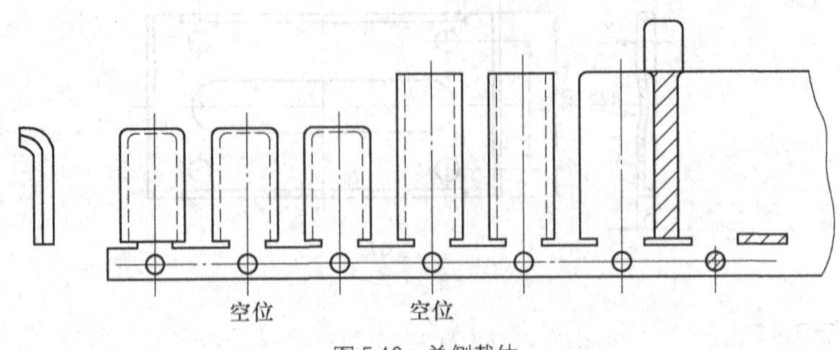


图 5.16　单侧载体

双载体又称标准载体。它是在条料两侧分别留出一定宽度的材料运载工序件，工序件连接在两侧载体的中间，所以双载体比单载体更稳定，具有更高的定位精度。这种载体主要用于薄料（$t \leqslant 0.2$ mm），且工件精度较高的场合，但材料的利用率有所降低，往往是单件排列。双载体分为等宽双载体（见图 5.15）和不等宽双载体两种（见图 5.17）。

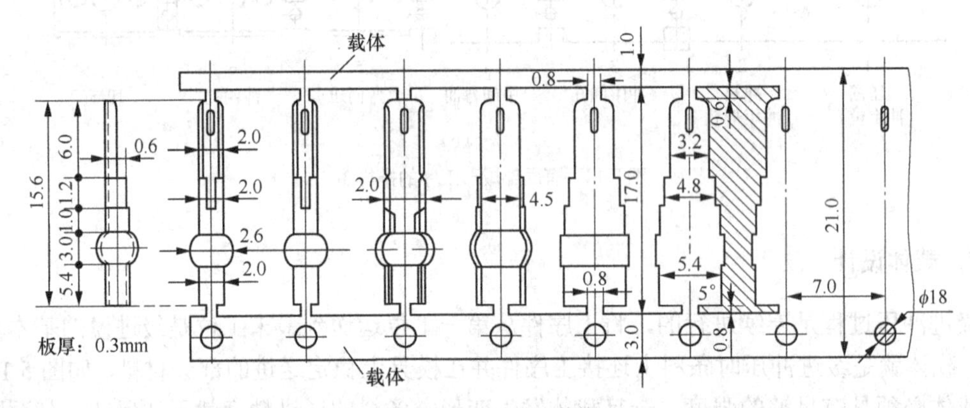


图 5.17　不等宽双载体

中心载体与单载体类似，但载体位于条料中部，它比单载体和双载体节省材料，如图 5.18 所示。中心载体在弯曲件的工序排样中应用较多。中心载体宽度可根据零件的特点灵活掌握，一般不小于单载体的宽度。

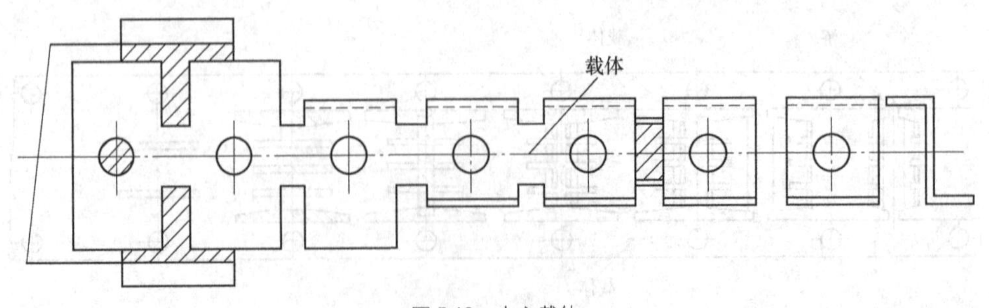


图 5.18　中心载体

### 3. 空工位设置

空工位简称空位，是指工序件经过时，不做任何加工的工位，如图 5.16 所示。设置空位的目的是为了提高模具强度，保证模具寿命和产品质量以及模具中设置特殊机构（如斜楔机构）或是为了试模时调整工序用。级进模中空位的设置比较普遍，但应遵循一定的原则：用导正销做精确定位时可多设置空位；步距小时（一般小于 8 mm）可多设置空位；形状简单、精度要求低时可多设置空位；否则应少设空位，以免增加模具尺寸，增大累计误差。

### 4. 定位形式选择与设计

由于多工位级进模将产品的冲压加工工序分布在多个工位上顺次完成，要求前后工位工序件的冲切刃口能准确衔接、匹配，这就要求工序件在每一工位都能准确定位。因此，级进模必须有可靠准确的手段用于工序件准确位置的控制。

工序件在级进冲压过程中的定位包括三个方向，即 $x$ 向、$y$ 向和 $z$ 向定位。

（1）$x$ 向定位：工序件沿条料送进方向的定位，主要是用于定距，常用的有挡料销、侧刃、导正销和自动送料装置。

（2）$y$ 向定位：工序件沿条料宽度方向的定位，主要是用于导料，常用的有导料板。

（3）$z$ 向定位：工序件沿冲压方向的定位，主要是用于浮顶，常用的有浮顶销。

级进模定位可分为粗定位和精定位。上述挡料销、侧刃、自动送料装置、导料和浮顶都是粗定位，精确定位指的是导正销导正。连续模中的精确定位通常都是采用导正销和其他粗定位方式配合使用，如导正销和侧刃配合使用（见图 5.19），导正销和自动送料装置配合使用等。

导正的方式有两种：直接导正和间接导正。直接导正是利用零件本身的孔作为导正孔，导正销可安装于凸模之中，也可单独设置。间接导正是利用载体或废料上专门冲出的孔进行导正。

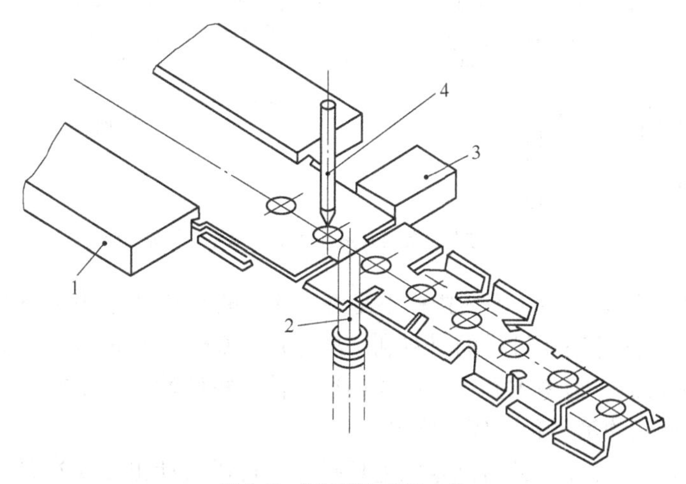


图 5.19　导正销与侧刃定位

1—导尺；2—浮顶器；3—侧刃挡块；4—导正销

导正销在对工序件进行精定位时，有时会引起导正孔变形或划伤，因此对精度和质量要求高的产品零件应尽量避免在工件上直接导正。设置导正销时，应遵循以下原则。

（1）导正孔要在第一工位冲出，紧接的工位上要有导正销，在以后的工位上，根据工位数优先在容易窜动的工位设置导正销。

（2）重要的加工工位之前要有导正销。

（3）必须要设置导正销而又与其他工序干涉时，可设置空位。

（4）尽可能采用间接导正，这样可用较大的导正销。

### 5．步距设计

步距是指条料在模具中逐次送进时每次应向前移动的距离，亦即模具中两相邻工位之间的距离，级进模中任意两相邻工位间的距离都必须相等。步距的基本尺寸按不同的排样方式有不同的计算方法，具体的可查阅相关资料。

步距精度即允许的步距公差范围，将直接影响冲压件的质量和精度。步距精度高，所得冲压件的精度也高，但模具制造比较困难，因此步距精度的确定必须根据冲压件的具体情况来定。

### 6．排样图设计举例

上述工作做完之后，排样设计基本结束。下面以图5.20所示零件为例说明排样图的设计过程。由于是弯曲件，首先应求出其展开图（若是冲裁件，此步可省略；若是拉深件，则在排样前需要计算毛坯展开尺寸、拉深次数、每次拉深后的半成品尺寸及条料宽度尺寸等），然后再按照先毛坯排样、再设计冲切刃口外形、最后工序排样的步骤进行。

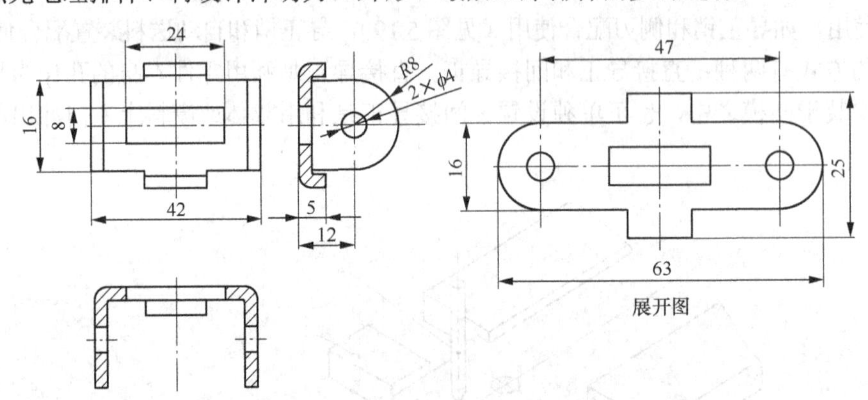


图5.20　弯曲工件及其展开图（材料：黄铜　料厚1mm）

（1）毛坯排样。如前所述，毛坯排样不是唯一的，图5.21所示为上述弯曲件展开后毛坯的四种排样方式，这四种毛坯排样的材料利用率分别是0.67、0.68、0.70、0.72，尽管第四种排样时材料利用率最高，但考虑到工件两端需要弯曲的特殊性，为了操作方便与安全，这里选用图5.21（b）所示的第二种毛坯排样方案。

（2）冲切刃口外形设计。针对确定的毛坯排样，可以设计出图5.22所示的刃口分解图。

（3）工序排样。在上述排样设计的基础上，设计出图5.23所示的工序排样图。由图可知共设置了6个工位，利用条料两侧的导正孔进行导向。第①工位冲导正孔、两个小孔和中间方孔；第②工位导正；第③和第④工位分两步冲出两工件之间的连接槽；第⑤工位是空位；第⑥工位弯曲并将工件与条料分离。

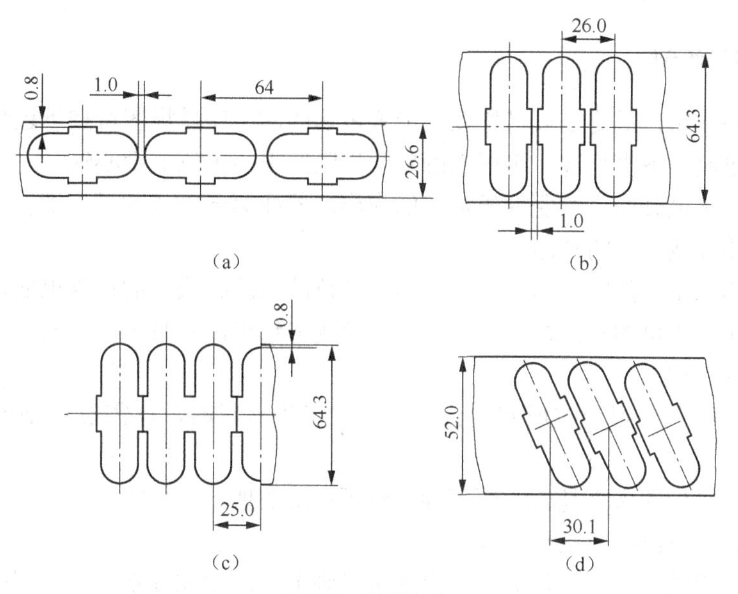


图5.21 排样方式

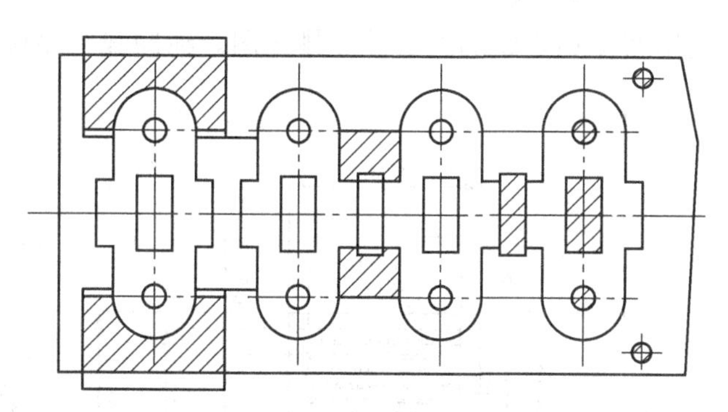

图5.22 冲切刃口外形设计

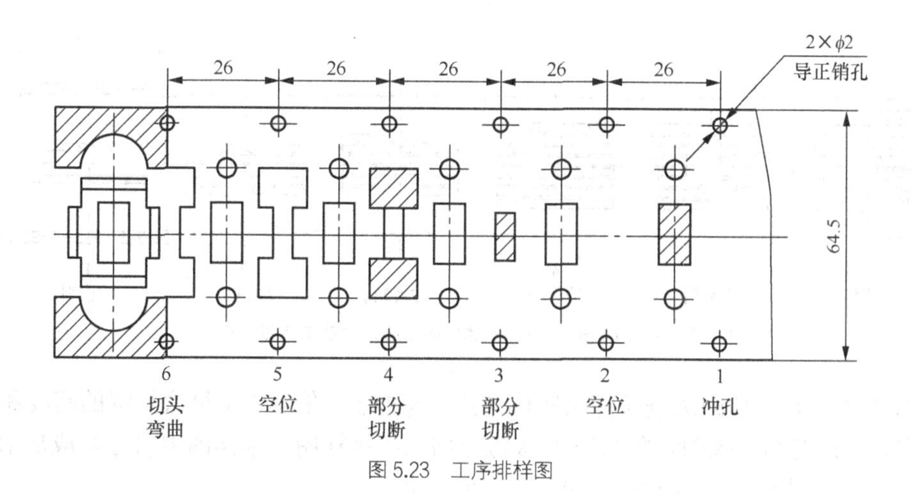


图5.23 工序排样图

**7．排样图的绘制**

排样设计完成后，最终是以排样图的形式表达的。工序排样图可按下述步骤绘制。

（1）首先绘制一条水平线，再根据确定的进距绘出各工位的中心线。

（2）从第一工位开始，绘制冲压加工的内容。若在第一工位冲导正销孔或侧刃定距，则只需绘出导正销孔或冲去的料边。

（3）再绘第二工位的加工内容，此时第一工位冲出的孔或切的口等也应该绘出。

（4）绘制第三工位的加工内容，即使是空位也应绘出，并且第一、第二工位所加工出的形状也应该在此表达。

（5）依此类推，直到绘完所有工位，最后一步为落料时，只需要绘制出落料外形就可以了。

（6）检查各工位的内容是否绘制正确，对不正确的地方进行修改。

（7）检查完后再绘制出条料的外形。

（8）为便于识图，每个工位的加工内容可以画上剖面线或分别涂上不同的颜色。

（9）标注必要的尺寸，即进距、料宽、导正销孔径、侧刃所冲料边宽度等，并注上送料方向、工位数及各工位冲压工序名称。

图 5.24 所示是利用双侧刃定距的级进冲裁排样图。纯冲裁工序排样图一个视图即可表达。

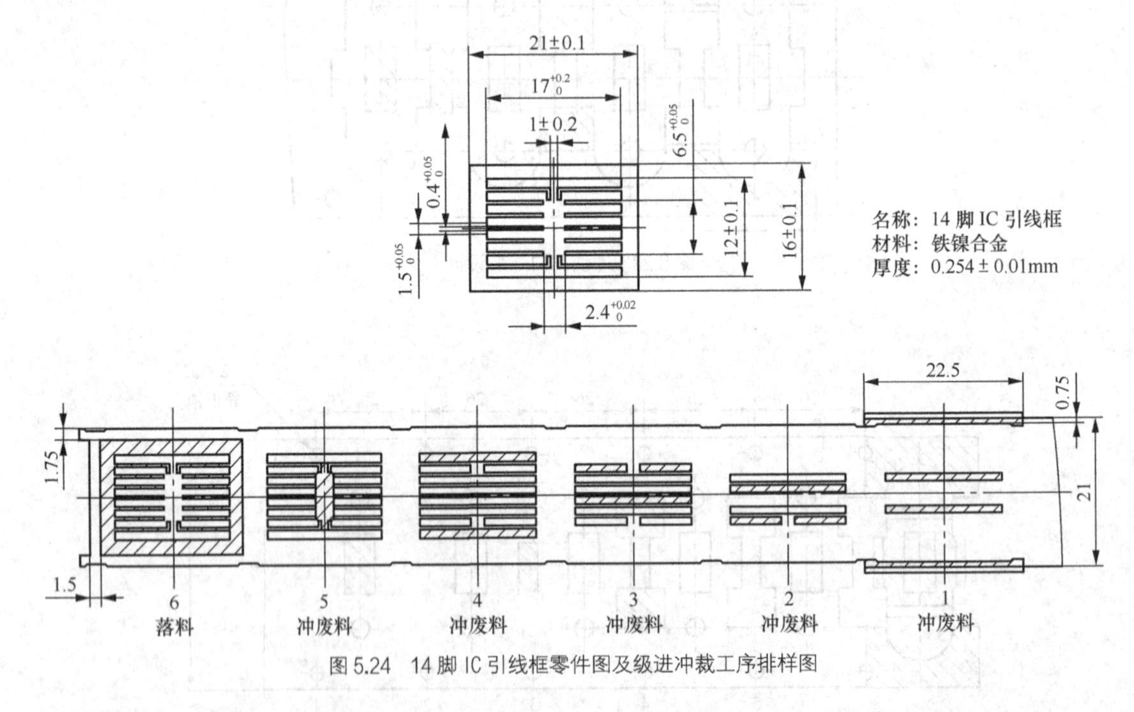

图 5.24　14 脚 IC 引线框零件图及级进冲裁工序排样图

图 5.25 所示是带料的级进拉深工序排样图，这种排样图需要将每次拉深的高度和直径等表达出来，因此有两个视图。图 5.26 是级进弯曲工序排样图。排样图中对压弯成形部分，应有详图表示，如图 5.26 所示的⑥、⑧、⑪三个工位。

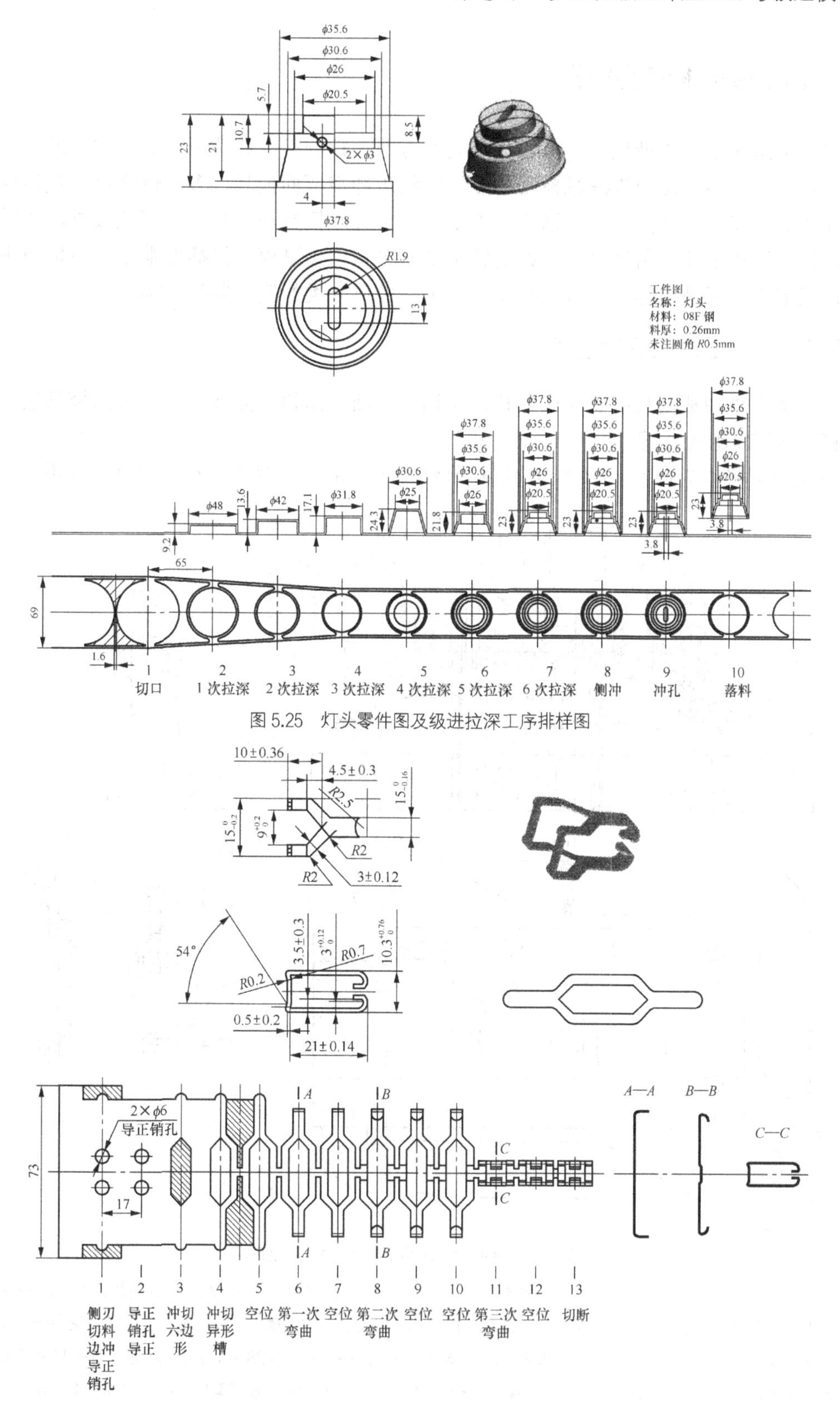


图 5.25 灯头零件图及级进拉深工序排样图

图 5.26 弹簧钩零件图及级进弯曲工序排样图

## 5.2 多工位级进模典型结构

多工位级进模的类型较多，可以从不同的方面进行分类，如按所完成的主要冲压工序性质分，可以分为多工位级进冲裁模具、多工位级进冲裁弯曲模具、多工位级进冲裁拉深模具等。如按所能完成的功能分，可以分为多工位级进冲压模具和多功能多工位级进冲压模具。还可以按所冲压零件的名称来分，如定转子铁心多工位级进模、接插件端子多工位级进模、引线框架多工位级进模等。本节主要介绍按工序性质分类的模具典型结构。

### 5.2.1 多工位级进冲裁模具

多工位级进冲裁模具主要完成冲孔、切槽、切断、落料等冲裁工序，有的模具还可以完成铆接、旋转等装配工序。

图5.27是图5.7（a）所示铁心片的模具结构图。由于其型孔异常复杂且尺寸不大，用一

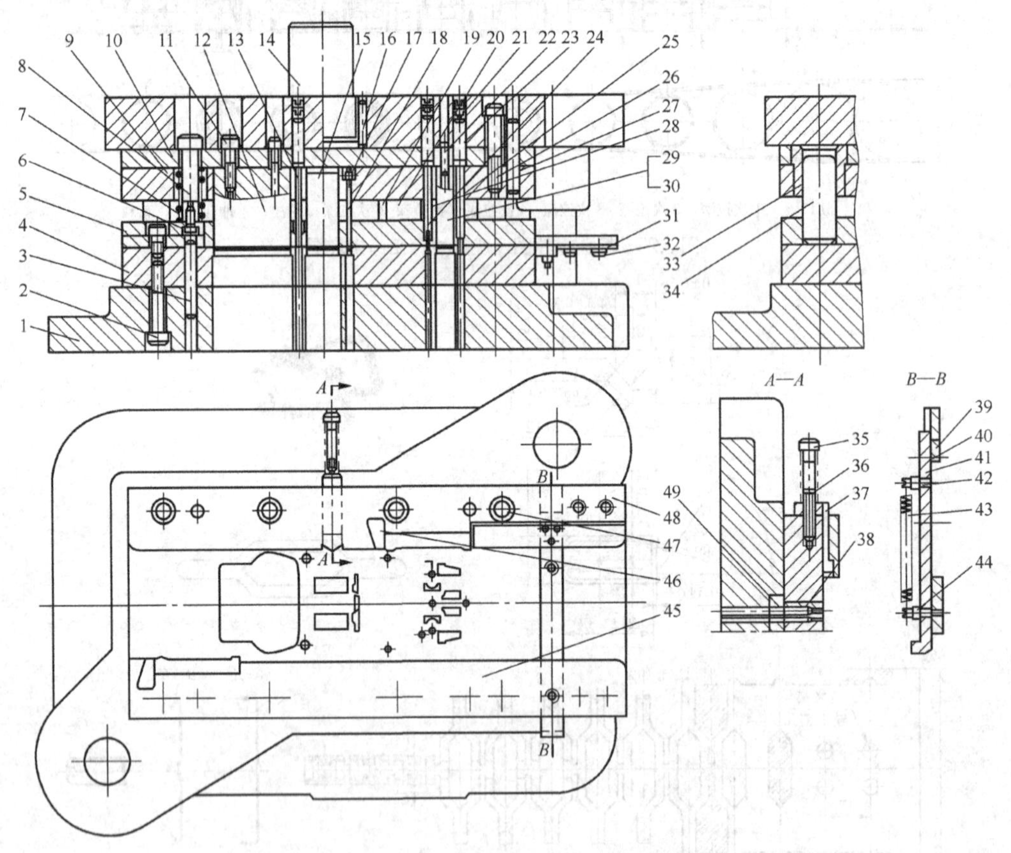


图5.27 铁心片多工位级进模结构示意图

1—下模座；2、6、11、22、26、35、47—螺钉；3、16、17、27—圆柱销；4—凹模；5—卸料板；7、36—弹簧；8—卸料螺钉；9—固定板；10—垫板；12—落料凸模；13—导正钉；14—模柄；15—矩形孔凸模；18—长凸模；19—冲导正销孔；20—侧刃凸模；21—螺塞；23—垫柱；24、25—圆凸模；28—小槽凸模；29、30—异型凸模；31—承料板；32—半圆头螺钉；33—小导套；34—小导柱；37—侧压挡块；38—镶块；39—侧压板；40—铆钉；41—滑板；42、44—芯柱；43—拉簧；45—主导料板；46—侧刃挡块；48—副导料板；49—小垫板

般模具无法冲裁。当采用多工位级进模时，由于工位数量的设置具有一定的灵活性，可将形状复杂的型孔分解成若干个形状简单的型孔或分段组成的轮廓，安排在相邻工位顺序冲切，最后经分离而得一完整冲裁件，因此可设计一有效工位为三工位的级进模来冲制该铁心片，其排样如图 5.7（b）所示。图中将复杂型孔分解成 9 个孔，安排在相邻的 1 和 2 两个工位上，其中 6 个异型孔在工位 1 冲出，两个矩形孔和搭接连接孔在工位 2 冲出，工位 3 落料，使工件与条料分离。由于手工送料，为保证条料的定位精度，可采用前后设置的两个侧刃粗定位，两个导正销精定位，这样，不仅保证了定位精度，也避免了单侧刃造成的料尾损耗。

## 5.2.2 冲裁弯曲多工位级进模

图 5.28 所示为接插件端子的零件图及其排样图，材料为厚 0.25 mm 的镀锌磷青铜片。此零件尺寸小，精度高，关键尺寸为 *C* 向视图上的 1.47 mm 和 0.75 mm，要求大批量生产，故采用多工位级进模在高速冲床上生产。

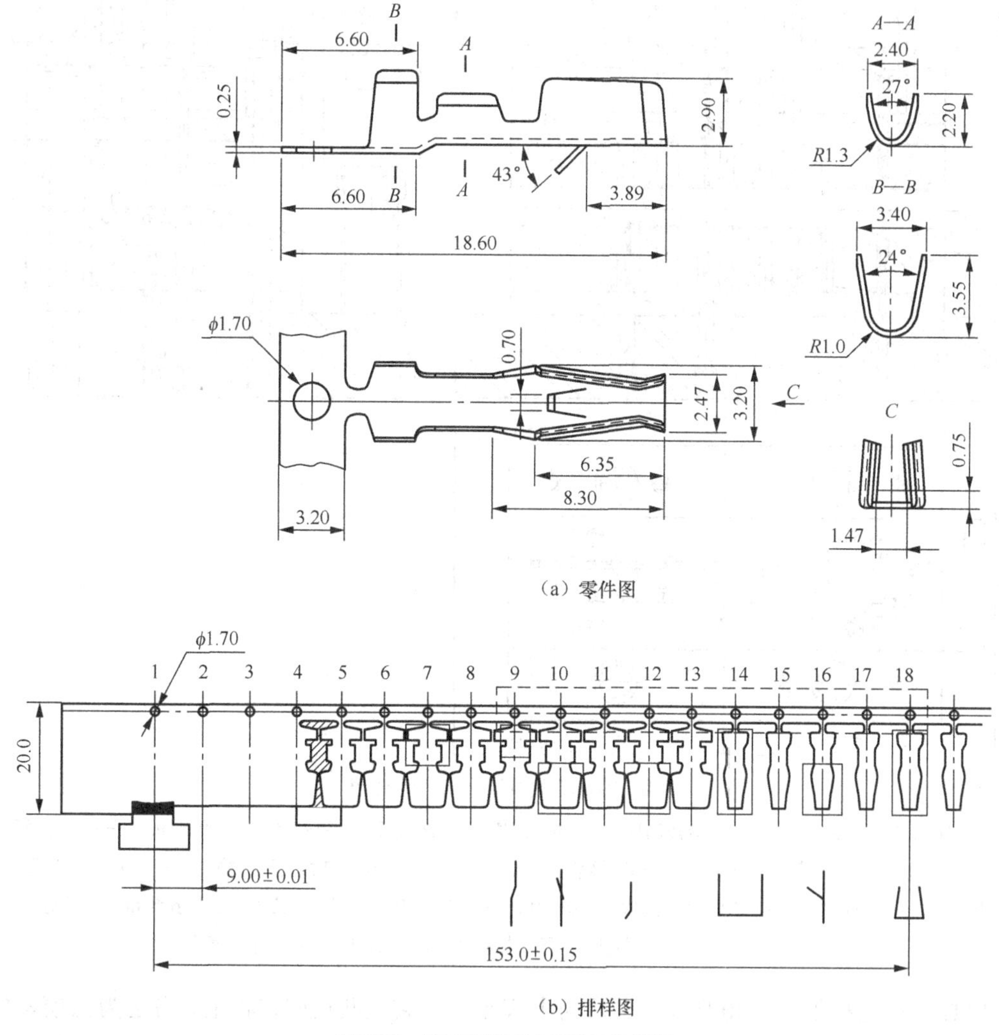


（a）零件图

（b）排样图

图 5.28 接插件端子零件图及排样图

在排样设计中，总的原则是先分离后成形，考虑到模具强度、刚度及结构的合理性，适当增加了空工位，排样如图5.28（b）所示。采用侧刃作粗定位，考虑到模具工作时侧刃角部磨损后会使条料产生尖角毛刺造成送料不畅，以及在后续分离冲裁时（工位4）形成15°锐角，因此将侧刃设计为成型侧刃，条料采用导正钉精定位。为便于送料和成形，应将倒钩的冲切和弯曲分开。全部加工过程共18个工位，其中工作工位9个，分别是：工位1侧刃定位及冲导正孔；工位4分离；工位7压扁两处包线引导头部斜角；工位9弯曲成形Z形台阶；工位10倒钩三边冲切；工位12端子头部内凹弯曲成形；工位14主体弯曲成形、头部U形直角成形；工位16倒钩弯曲成形43°；工位18端子头部收口弯曲。

模具结构如图5.29所示，采用滚动导向模架，由于凸模较细小，故卸料板8又兼作凸模导向及安装部分上模零件的作用，因此，在各模板间加装了导向装置23、24。

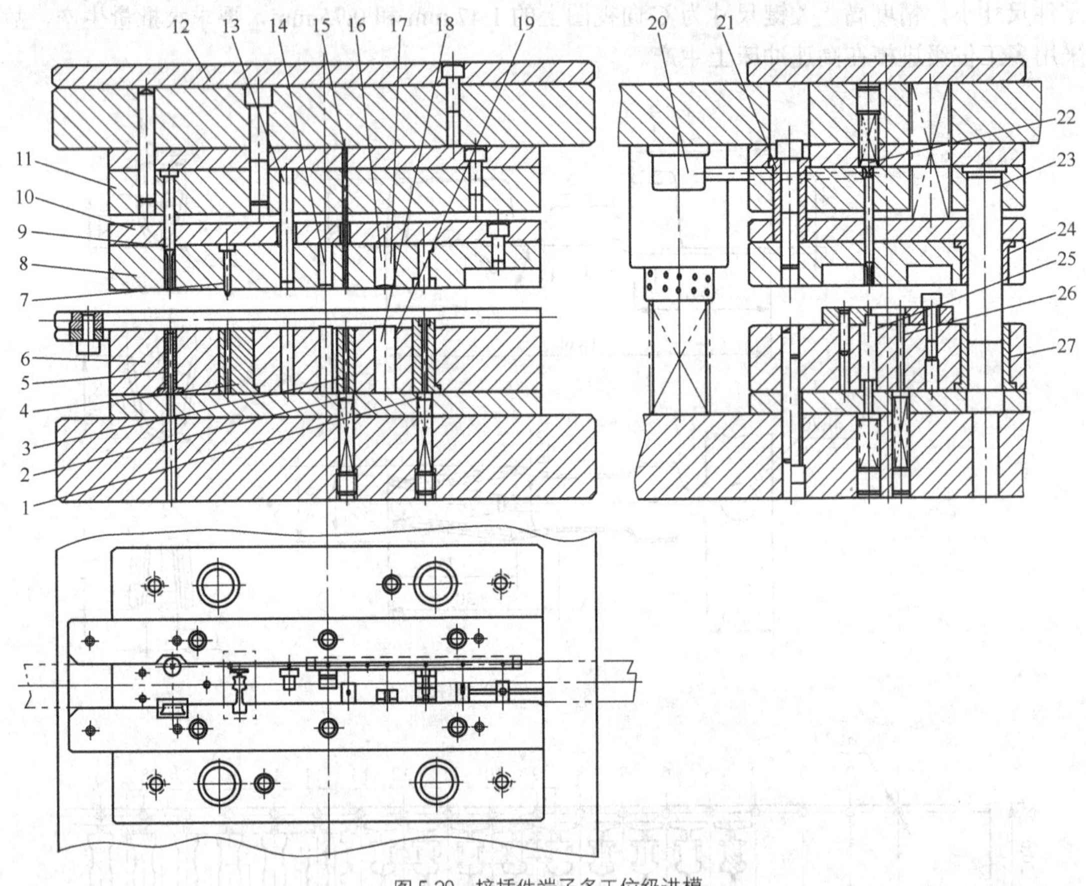


图5.29　接插件端子多工位级进模

1、2—顶出杆；3—冲切凹模；4—分离凹模；5—冲孔凹模；6—凹模板；7—导正钉；8—卸料板；9—冲孔凸模；10—卸料板背板；11—凸模固定板；12—上模连接盖板；13—压扁凸模；14—弯曲Z形凸模；15—倒钩三边冲切凸模；16、17—压内凹上模镶块；18、19—压内凹下模镶块；20—微动开关；21—等高柱；22—安全检测导正钉；23—小导柱；24—小导套1；25—抬料块；26—抬料柱；27—小导套2

模具工作过程如图5.30所示（左边为上模零件安装在凸模固定板上，右边为上模零件安装在卸料板上），条料由送料机构送入后在抬料装置作用下离开凹模平面3 mm。上模下行，在距离下死点9 mm处安全装置、导正钉分别进入各工位条料的定位孔内，若无误则继续下行，至 7 mm 处卸料板及其上部分成形凸模（工位 14、9、12）与坯料接触，至 6.9 mm 处，弯曲成形凹模（工位 14）与坯料接触，弯曲成形开始，至距离下死点 4.4 mm 处，弯曲凹模（工位 9、12）接触坯料开始工作。上模下行至距下死点 4 mm 处时坯料与凹模板上平面贴合，此时大部分成形工艺完成，如工位 9、12、14。上模继续下行，卸料板及其上凸模相对不动，只是卸料板背板与凸模固定板间间隙减小，至距下死点 2.9 mm 处，安装在凸模固定板上的成形凸模（工位 18）工作，至 1.4 mm 处倒钩弯曲（工位 16）开始，至 0.55 mm 处冲裁工序（工位 1、4、10）开始，至 0.15 mm 处压扁工序（工位 7）开始，至模具闭合时，冲裁工位上板料分离，并进行弯曲整形，至此完成一个冲压过程。

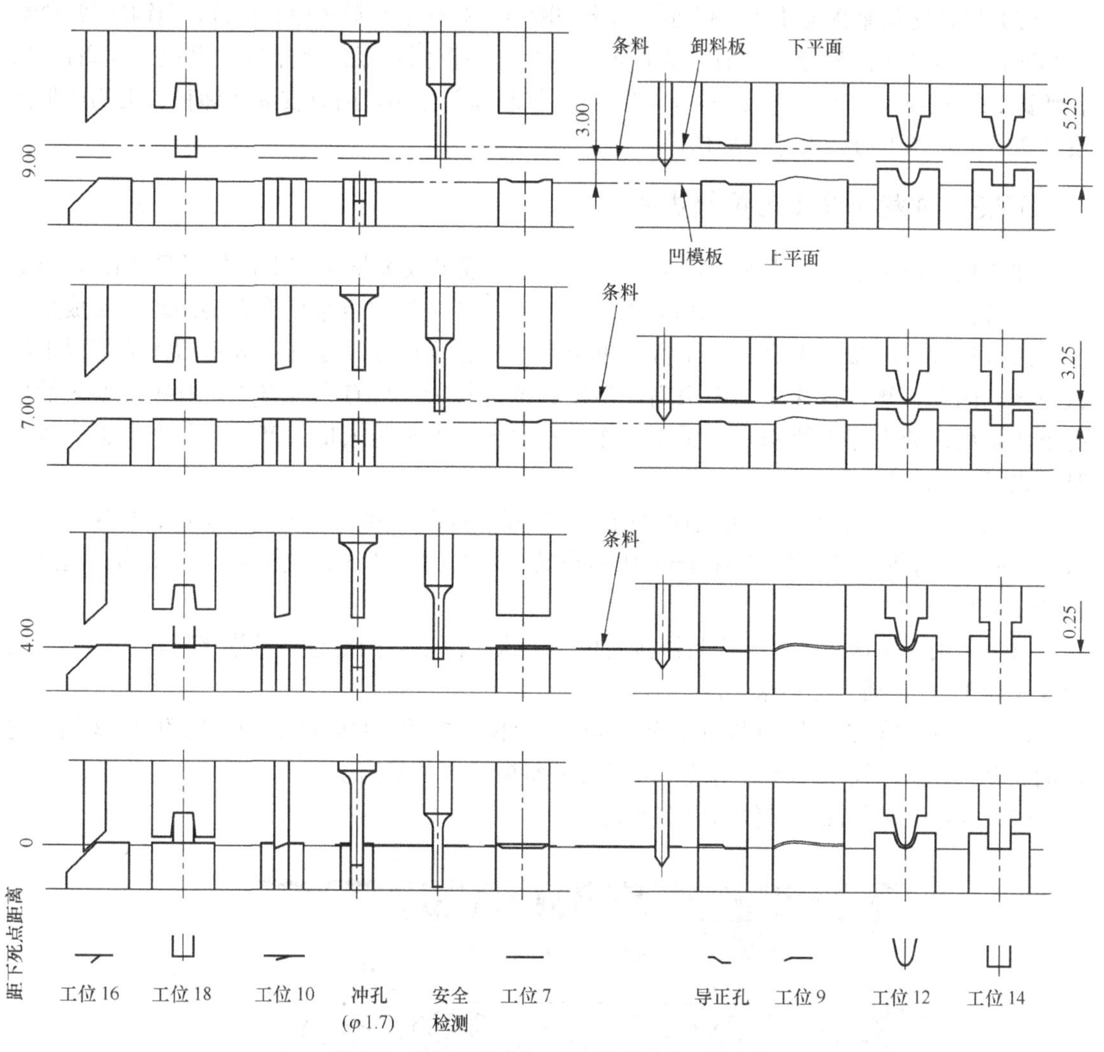


图 5.30　接插件端子多工位级进模模具工作过程

这套模具还有以下特点。

（1）凸模的固定　为了使条料在成形时始终保持同一水平，上模零件的安装位置的确定一定要合理，工位 1、4、10、16、7 的上模零件安装在凸模固定板上，其余上模零件（包括导正钉）安装在卸料板上，这样才能保证上模下行过程中坯料保持在同一平面，否则会产生折弯。在设计多工位级进模时一定要注意整体的变形协调性，使坯料在下行时保持平整。

（2）抬料机构　条料托起是为了使送料平稳和成形顺利。该模具设置的抬料机构有两类，其一是抬料柱，共设6个，其中3个圆柱形浮顶柱安装在开始成形前（排样图中A处），另外3个套式浮顶柱安装在工位2、3、6的导正钉下。其二为抬料块，在工位8后加了一长条形的抬料块25（排样图B处），因为在分离后中间部位不能加圆柱形抬料柱，而仅装套式抬料柱会使条料抬起不平衡，故采用条形抬料块，其结构为门形，在两边的支脚下安装顶起弹簧，上限位由导料板控制。此外，在凹模内还有两处顶出装置，一处在工位10冲倒钩时使用，另一处在工位14弯曲成形时使用，其结构类似于抬料柱。

（3）等高柱及弹簧设计　为保证小凸模的刚度，对细小凸模（如导正钉、倒钩冲裁凸模）在卸料板上设计了凸模导向装置。为保证卸料板与凸模固定板的平行度，设置了等高柱21和弹簧23，这组弹簧的弹力宜稍大，因为它不仅起卸料作用，而且安装在卸料板上的成形凸模工作时，其作用力亦由弹簧提供。

### 5.2.3　冲裁拉深多工位级进模

冲裁拉深是级进成形工艺应用最早的一种。在成批或大量生产中，外形尺寸在60 mm以内，材料厚度在2 mm以下的以拉深成形为主的冲压件均可采用带料的级进拉深成形。带料级进拉深是在带料上直接（不截成单个毛坯）进行拉深。零件拉成形后才从带料上冲裁下来。因此，这种拉深生产率很高，但模具结构复杂，只有大批量生产且零件不大的情况下才采用。或者零件特别小，手工操作很不安全，虽不是大批生产，但是产量也比较大时，也可考虑采用。

图5.31（a）所示为采用工艺切口的级进拉深排样图，共六个工位：切口、拉深（共三次）、整形、切断分离。图5.31（b）所示是其模具结构示意图，采用正装式结构。这副模具的主要特点如下。

（1）采用手工送料，开始由目测预定位，一次拉深以后的定位，分别采用压边圈9、凸模4及导正销22插入毛坯来实现。

（2）切口凸模13和切断凸模2均以球面与上模板接触，并以螺塞11、12和1、3调节它们的高度。拉深凸模10、8利用装在其顶部的斜楔6调节其高度。

（3）采用正装拉深下出件的出件方式。

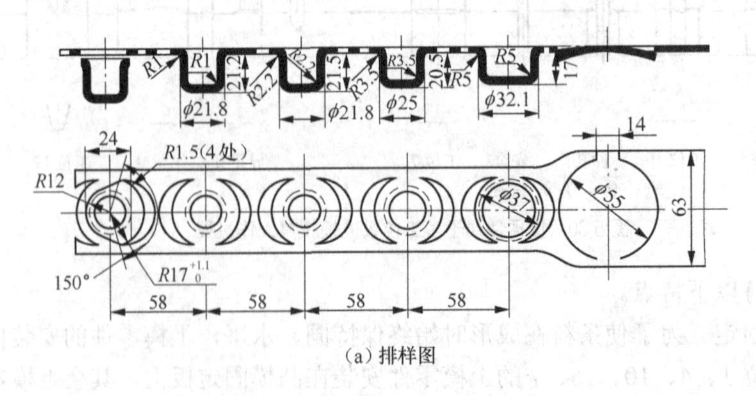


（a）排样图

图5.31　带料级进拉深

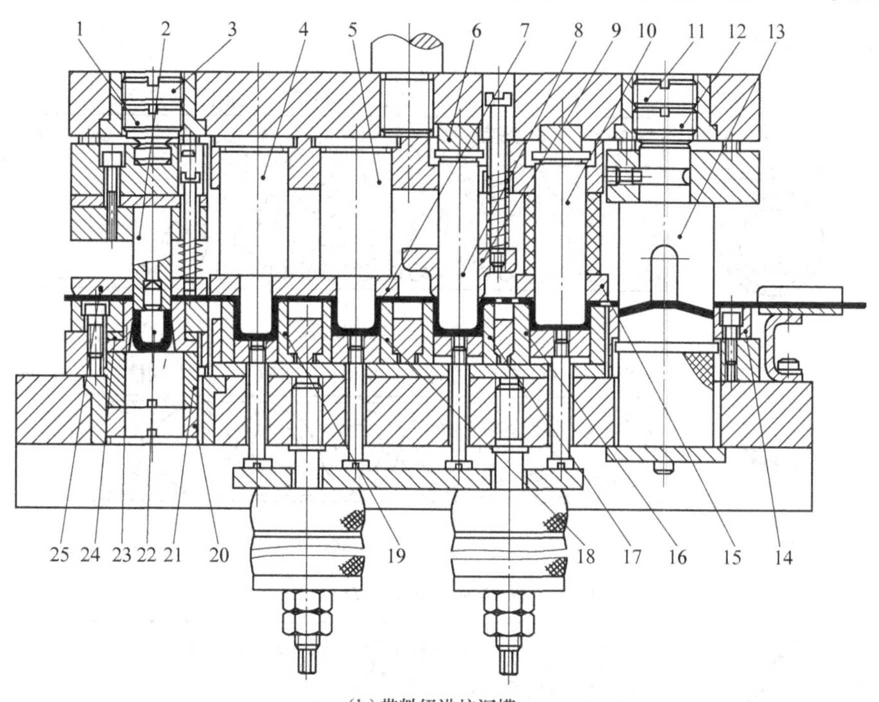


（b）带料级进拉深模

图 5.31 带料级进拉深（续）

1、3、11、12、20、21—螺塞；2、4、5、8、10、13—凸模；6—斜楔；7、25—卸料板；9、15 一压边圈；14、16、17、18、19、23—凹模；22—导正销；24—垫块

## 5.2.4 落料复位成形多工位级进模

落料复位成形是级进成形工艺中的一种特殊成形工艺。主要应用于一次可以成形的浅拉深件，成形后凸缘需要校平的拉深件，以及弯曲线位于展开料中间部位的中小型弯曲件的冲压。待零件上的孔全部冲出后，在成形前，先将零件的毛坯沿其规定轮廓进行冲切，但不与条料或载体全部分离，落料凸模切入条料的深度以不超过料厚的 30%为宜。落料凹模内装有强力顶板，冲切时坯料是在凸模与顶板的夹持下进行的，等凸模回程时，顶板将条料再压回条料内（即复位），然后随条料向前移动一个或二个工位再进行成形。成形时零件如果不与条料分离，成形后仍全部或部分位于型孔内，在随后的工位上，由推件凸模将零件从条料型孔内推出。

图 5.32 是采用级进落料复位成形工艺加工制件的示例。图 5.32（a）所示为一个只需要一次拉深即可成形的浅拉深件。因零件较浅，采用落料拉深复合工艺，拉深凹模将因壁厚过薄而刚度和强度不足。选用落料复位拉深则顺利地完成了零件的冲压工作。图 5.32（b）所示为一个平行度要求较高的宽凸缘拉深件，经落料复位校正凸缘。图 5.32（c）所示是一个外形比较复杂的弯曲件，采用落料复位，然后进行弯曲，使弯曲线的位置精度得到保证。

图 5.33 所示为采用落料复位成形工艺加工库钩的示例。从图 5.33（b）所示的排样图可以看出，这副模具能一次加工 2 个零件。第 1 工位冲出工件上的所有孔，第 2 工位落料并弯曲得到第一个零件，第 3 工位是空位，第 4 工位利用落料复位凸模 10 沿外轮廓进行落料，在上模回程时，落下的料被强力顶料板 14 顶回条料的孔内并随着条料的送进被送到第 5 工位，

第5工位弯曲并推出工件。

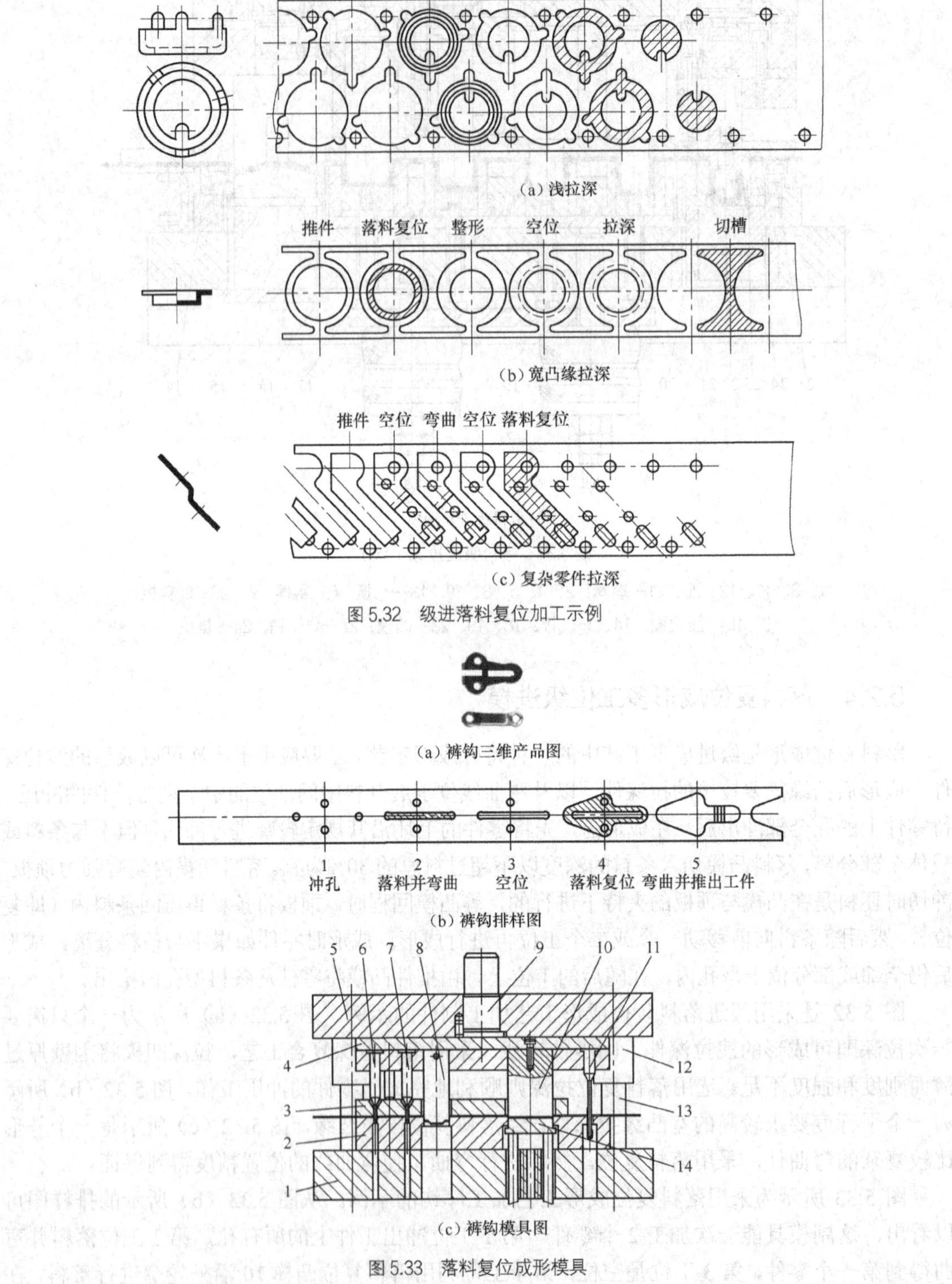


(a) 浅拉深

(b) 宽凸缘拉深

(c) 复杂零件拉深

图5.32 级进落料复位加工示例

(a) 裤钩三维产品图

(b) 裤钩排样图

(c) 裤钩模具图

图5.33 落料复位成形模具

1—凹模；2—导柱；3—导套；4—固定板；5—冲孔凸模；6—切断弯曲凸模；7—横销；8—上模座；9—模柄；
10—落料复位凸模；11—垫板；12—弯曲凸模；13—卸料板；14—顶料板

## 5.3 多工位级进模主要零件设计

多工位级进模典型结构的基本组成与普通冲压模具相同，也是由工作零件，定位零件，卸料、压料零件，导向零件和连接固定零件等组成，在自动冲压时还需要增加自动送料装置和安全检测装置等。

### 5.3.1 工作零件设计

#### 1. 凸模设计

（1）凸模结构形式及安装方式　在多工位级进模中，由于每个工位冲压性质的特殊性，使得在一幅模具中，既有成形用凸模，又有许多冲小孔凸模，冲窄长槽凸模，分解冲裁凸模等，这些凸模应根据具体的冲压性质要求，被冲工件的形状，冲压的速度和凸模的加工方法等因素来考虑其结构及其固定方法。

图 5.34 所示为截面为圆形的凸模的结构及固定方法。对于工作直径在 6 mm 以上的冲裁凸模或连续拉深的拉深凸模，通常设计成带台阶形式，与固定板采用 H7/m6 的过渡配合，如图 5.34（a）所示。对于直径比较小的圆形凸模应采用便于拆卸的结构，此时凸模与固定板多采用 H7/h6 或 H6/h5 的间隙配合，凸模插入固定板后，利用其台阶卡在固定板的平面上，用两个螺塞或两个螺塞加一淬硬的圆柱形垫柱在凸模的顶端压牢，拆卸时只需要拧出螺塞，取走垫柱，即可卸下凸模，如图 5.34（b）所示。对特别细小的凸模（俗称针状凸模）可以将缩小的凸模用垫柱压在保护套内，再一起固定在固定板上，这种结构既提高了凸模的强度，也便于凸模的加工和更换，如图 5.34（c）所示。

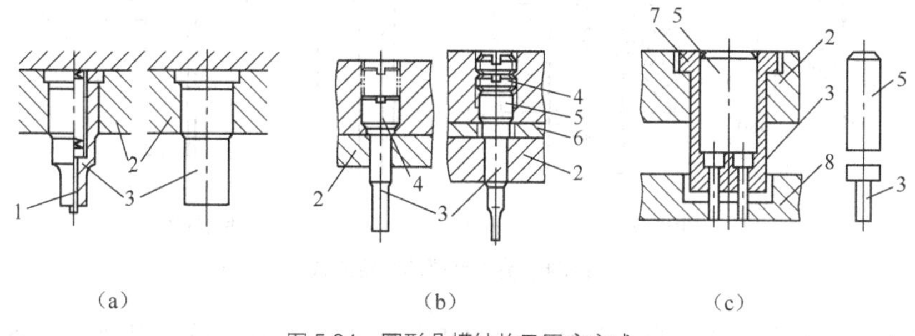


图 5.34　圆形凸模结构及固定方式

对于形状不规则的异形凸模，通常采用线切割结合成形磨削、光学曲线磨削等加工方法加工。图 5.35 所示为各种异形凸模的结构形式，异形凸模可以做成直通式，也可以设计成带台阶的。

直通式凸模在尺寸较大时可以采用螺钉拉住的固定方法进行固定，如图 5.36（a）所示。精密级进模中用的更多的固定异形凸模的方法是图 5.36（b）所示的用压板压住凸模侧面开的槽以进行固定；或采用 5.36（c）所示的横销固定。目前生产中比较流行的另一种方法是在凸模（一般为小型凸模）的固定端加工一个比较小的挂台，再在固定板上铣出一个与挂台匹配的槽，利用挂台挂在槽的台阶上即可，而凸模与固定板则采用间隙配合，如图 5.36（d）所示，这种方法使得凸模的固定装拆更加方便快捷。

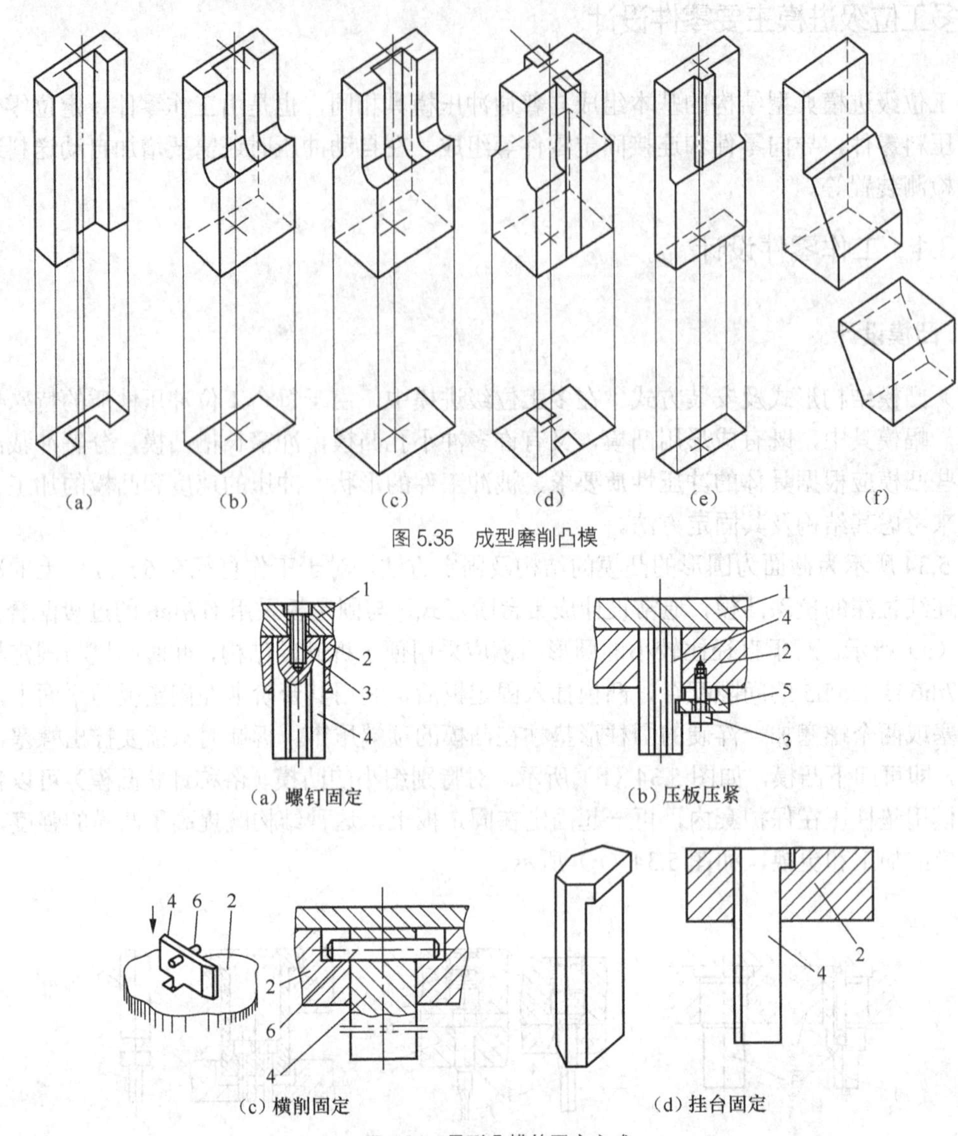


图 5.35　成型磨削凸模

图 5.36　异形凸模的固定方式

为了提高模具寿命，适应自动化作业，多工位级进模中的凸模常用硬质合金材料，它的安装方式如图 5.37 所示。

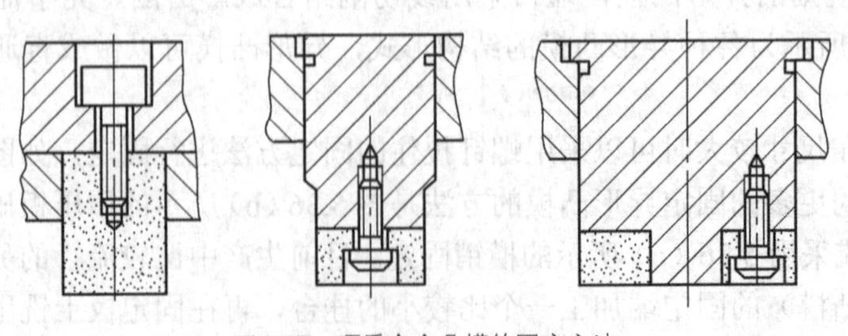

图 5.37　硬质合金凸模的固定方法

此外多工位级进模中因各工位凸模性质不同，如冲裁凸模、弯曲凸模等，使得各凸模高度不一，各凸模之间有一定的高度差，有时甚至要求很严，此时应考虑凸模高度能够可调，以满足其同步性，图 5.38 所示的就是一种模具高度可调的结构。

图5.39是凸模磨损修模后，通过更换垫片和垫圈从而保证模具闭合高度不变的一种结构。

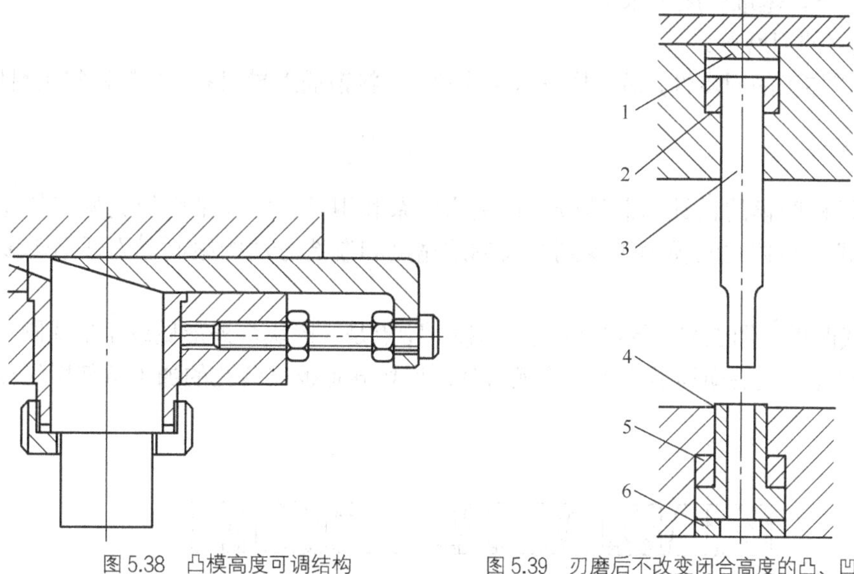


图 5.38 凸模高度可调结构

图 5.39 刃磨后不改变闭合高度的凸、凹模固定方法

1、6—更换的垫片；2、5—磨削的垫圈；3—凸模；4—凹模镶套

在多工位级进模中，由于高速冲压，冲孔后的废料会随着凸模回程贴在凸模端面上而被带出模具，并掉在凹模表面，若不及时清除将会使模具损坏，设计时应考虑采取一些措施，防止废料随凸模上窜。故对$\phi$2.0 mm 以上的凸模应采用能排除废料的结构形式，图 5.40 所示为带顶出销的凸模结构，利用弹性顶销使废料脱离凸模端面，也可在凸模中心加通气孔，减小冲孔废料与冲孔凸模端面上的“真空区压力”，使废料易于脱落。

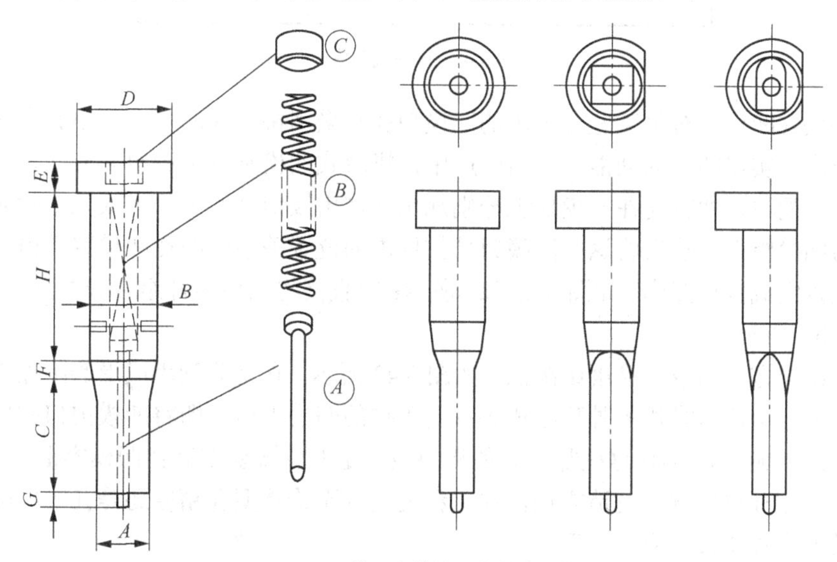


图 5.40 带顶出销排出废料的凸模

（2）凸模长度　凸模要有合适的长度，以便满足安装、冲压的需要，还要有足够的强度和刚度以承受冲压时的冲击载荷。确定凸模高度时，可考虑以下几项原则。

1）在同一副模具中各凸模绝对高度不一致，应确定一基准凸模的工作长度，其他凸模按基准长度计算，凸模工作部分基准长度由制件料厚和模具结构大小等因素决定，在满足多种凸模结构的前提下，基准长度力求最小。

2）应有足够的刃磨量。

3）各种凸模加工的同步性，即凸模进入工作前，导料销插入导料孔，卸料板将条料压紧。

## 2．凹模设计

多工位级进模凹模的设计与制造较凸模更为复杂和困难。凹模常用的类型有整体式、嵌块式和拼块式。整体式凹模由于受到模具制造精度和制造方法的限制已不适用于多工位级进模。

（1）嵌块式凹模　图5.41所示为嵌块式凹模。特点是：嵌块套外形做成矩形或圆形，在嵌块上加工出型孔，嵌块损坏后可迅速更换备件。嵌块固定板安装孔的加工常使用坐标镗床和坐标磨床。

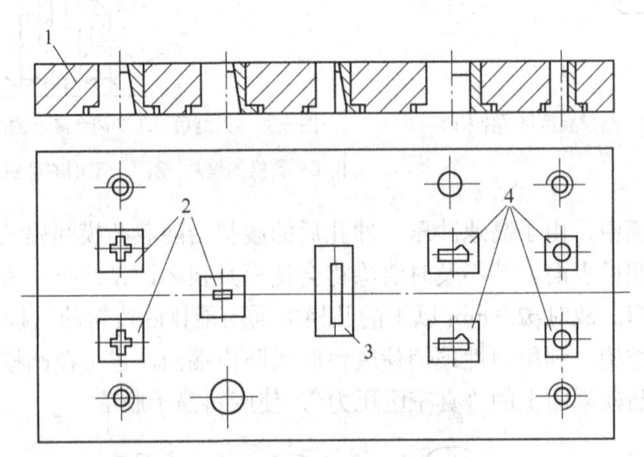


图5.41　嵌块式凹模

（2）拼块式凹模　对于某些难加工的凹模型孔常采用拼块式凹模，即由数个凹模块组装在凹模容框内，实现凹模的功能。目前生产中，拼块式凹模常有两种组配方法，第一种组配方法叫拼合组配法，即首先在一模块上分别加工（常用线切割）出一个或几个封闭形状的凹模刃口作为凹模组件，然后将这些凹模组件按要求的位置关系装配在凹模容框内，并在下面加整体垫板以组成整体凹模，如图5.42（a）所示；或直接将凹模组件组合成并列组合式凹模，如图5.42（b）所示。

另一种组配方法叫成形磨削组配法，如图5.43所示，它充分利用成形磨削加工工艺加工各模块的外形，由这些模块的外形组成各冲切工位的凹模刃口（即将凹模刃口的内形加工变为各模块的外形加工），再将这些加工好的模块按一定的位置要求装在凹模容框内，并在下面加整体垫板，这种组配方法制造方便，加工精度高，无论是型孔精度还是孔距精度都是精确的，且模具使用寿命长，应用广泛。

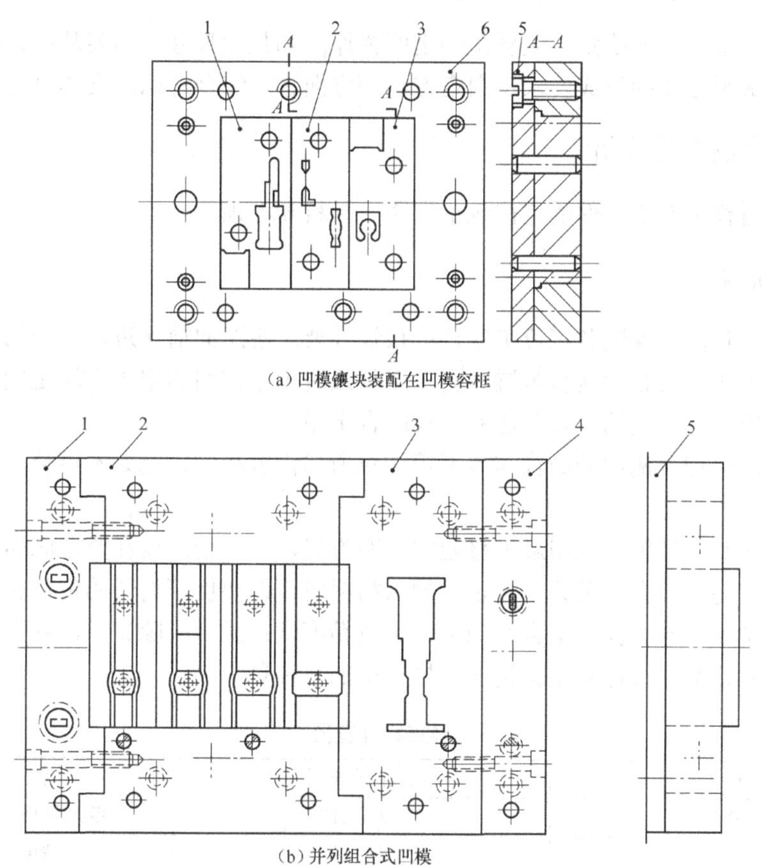


（a）凹模镶块装配在凹模容框

（b）并列组合式凹模

图 5.42　凹模拼合组配法

1、2、3、4—凹模拼块；5—垫板；6—凹模容框

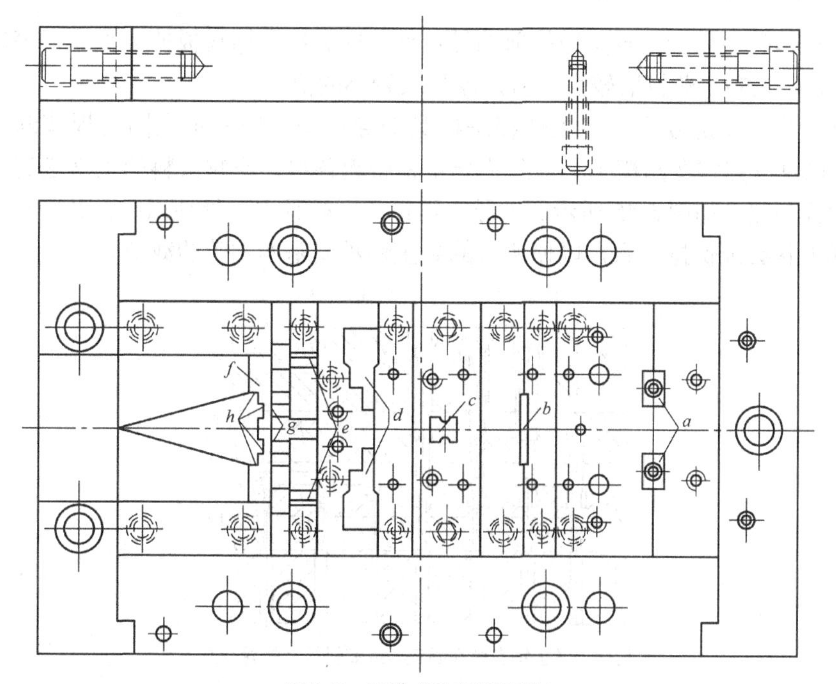


图 5.43　凹模成形磨削组配法

（3）凹模外形尺寸的确定　主要是确定凹模厚度和长宽尺寸，需要从刃口受力情况、刃口轮廓长度、成形工序的形成要求及固定方法等方面进行综合考虑，具体可参阅有关资料。

## 5.3.2 定位零件设计

多工位级进模中对工序件的定位包括定距、导料和浮顶。

### 1. 定距机构

定距的主要目的是保证各工位工序件能按设计要求等距向前送进，常用的定距机构有挡料销、侧刃、导正销及自动送料装置。在多工位级进模中常用的定距方法是侧刃定距、导正销与侧刃联合定距、导正销与自动送料装置联合定距。

侧刃的定距原理及侧刃的结构与本书第2章所述内容相同，此处不再赘述，下面着重介绍导正销的设计要点。

导正销定距是级进模中应用最为普遍的定距方式，导正销的设计要考虑如下因素。

（1）导正销与导正孔的关系　导正销导入材料时，即要保证材料的定位精度，又要保证导正销能顺利地插入导正孔。配合间隙大，定位精度低；配合间隙过小，导正销磨损加剧并形成不规则形状，从而又影响定位精度，导正销的直径见表5.1。

**表5.1　导正销孔直径**

| $t$/mm | 导正销直径 | 备　注 |
|---|---|---|
| ≤0.5 | $D=d_p-0.125t$ | 步距精度有严格要求 |
| >0.5 | $D=d_p-0.035t$ | 步距精度无严格要求 |
| ≥0.7 | $D=d_p-0.02t$ | 步距精度有严格要求 |

注：$d_p$——冲导正销孔凸模直径

（2）导正销的突出量　导正销的前端导正部分应突出于卸料板的下平面，突出量一般取值范围为0.6 $t$～1.5 $t$。薄料取较大的值，厚料取较小的值。

（3）导正销的固定方式　多工位级进模具的导正销一般固定在固定板或卸料板上（见图5.44），也可以固定在凸模上。为防止导正销带起条料，影响条料的正常送进，可在导正销头部设置弹顶器，如图5.45所示。当导正销在一副模具中多处使用时，其突出长度、直径尺寸和头部形状必须保持一致，以使所有的导正销承受基本相等的载荷。

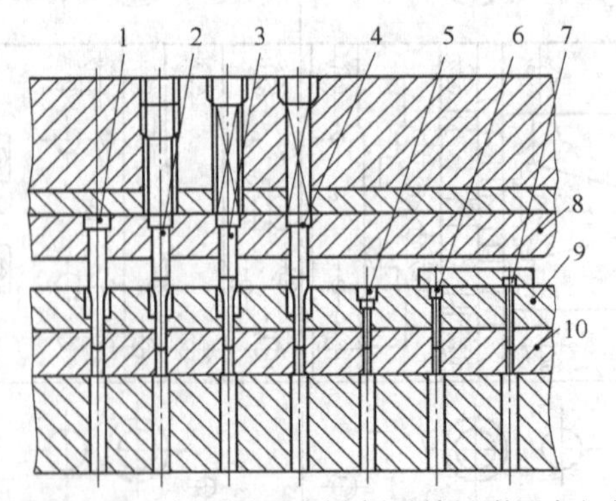


图5.44　导正销安装在固定板或卸料板上的固定方式

1、2、3、4、5、6、7—导正销；8—固定板；9—卸料板；10—凹模

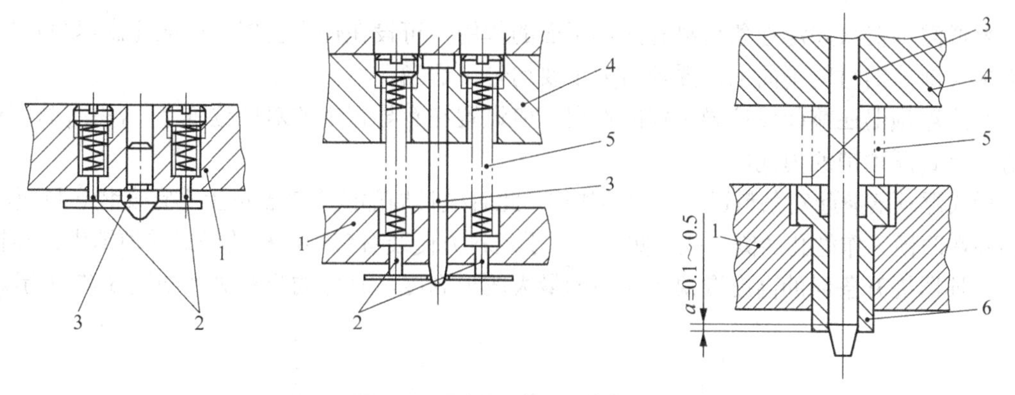


图 5.45 配合导正销设置的弹顶器

1—卸料板；2—条料弹顶器；3—导正销；4—凸模固定板；5—弹簧；6—导正销弹顶套

## 2. 导向与浮顶装置

多工位级进模依靠送料装置的机械动作，将带料按步距尺寸送进模具实现自动冲压。因带料经冲压成形后，在条料厚度方向上会有不同高度的弯曲和突起，为了顺利送进带料，需要将已成形的带料顶起，使突起和弯曲的部位离开凹模洞壁并略高于凹模工作表面，这种使带料顶起的特殊结构叫浮顶装置，和带料的导向零件共同使用构成条料的导向系统。

（1）浮顶装置　图 5.46 所示为常用的浮顶器结构，由浮顶销、弹簧和螺塞组成。

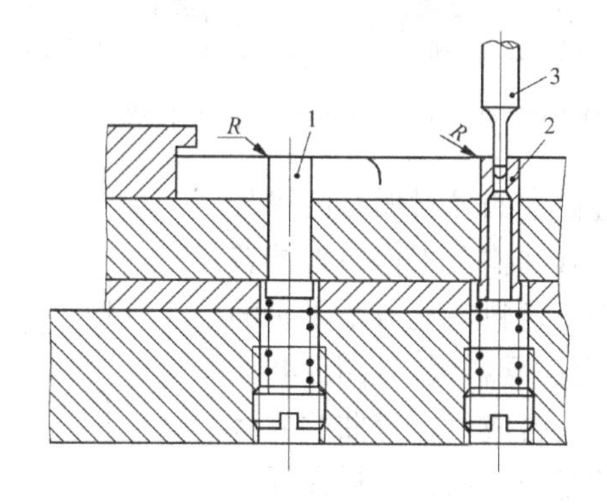


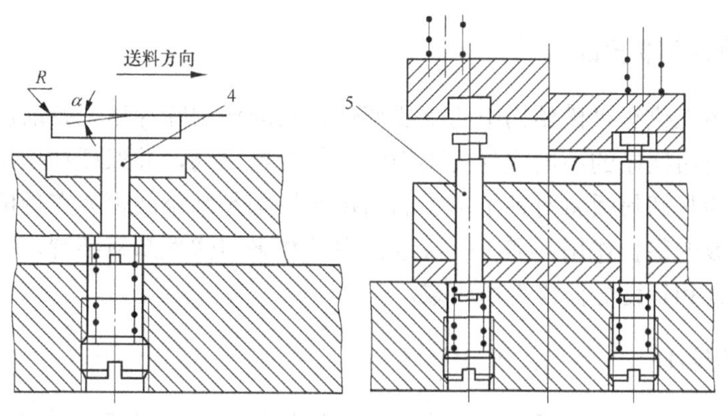


图 5.46 浮顶器结构

1—普通浮顶销；2—浮顶套；3—导正销；4—浮顶块；5—槽式浮顶销

普通浮顶器只起浮顶条料离开凹模平面的作用，可设在任意位置，但应注意尽量设置在靠近成形部分的材料平面上，浮顶力大小要均匀、适当。

套式浮顶器还兼起保护导正销的作用，应设置在有导正销的对应位置上。冲压时，导正销进入套式浮顶销的内孔。

槽式浮顶器兼起对条料进行导向的作用。此时模具局部或全部长度上不宜安装导料板，而是由装在凹模工作型孔两侧（或一侧）平行于送料方向装有带导向槽的槽式浮顶销进行导料。

浮顶器提升条料的高度取决于制品的最大成形高度，具体的尺寸关系如图5.47所示。

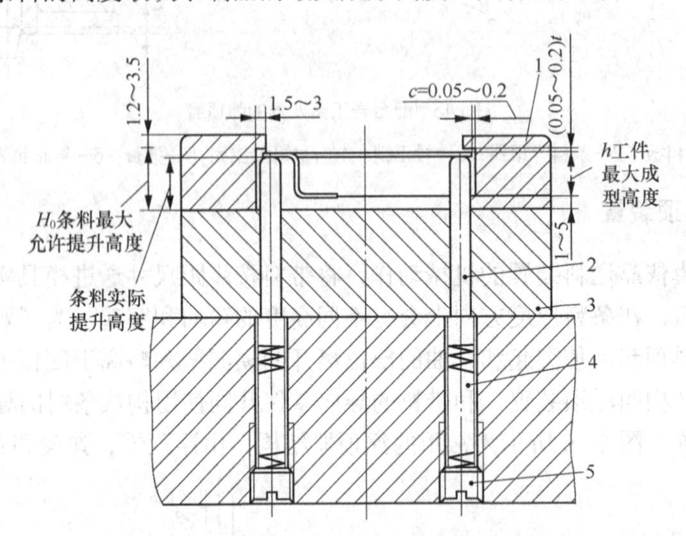


图5.47　条料顶出后在模具中的相对位置关系

（2）导料板　多工位级进模中的导料板有两种形式，一种为普通型的导料板，其结构及工作原理同普通模具，主要适用于低速、手工送料，且应用于平面冲裁的模具中；另一种为带凸台的导料板（见图5.48），多用于高速、自动送料，且多为带成形、弯曲的立体冲压连续模。设置凸台的目的是为了保证条料在浮动送料过程中始终保持在导料板内运动。

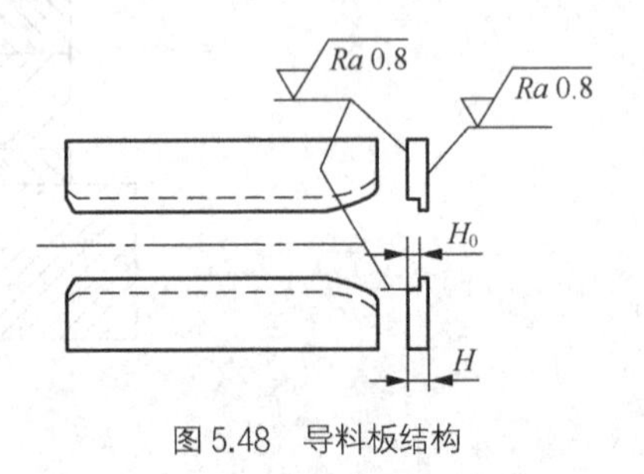


图5.48　导料板结构

## 5.3.3　卸料零件设计

卸料装置是多工位级进模结构中的重要部件，它的作用除冲压开始前压紧带料，防止各凸模冲压时由于先后次序的不同或受力不均而引起带料窜动，并保证冲压结束后及时平稳的卸料外，更重要的是卸料板将对各工位上的凸模（特别是细小凸模）在受侧向作用力时，起到精确导向和有效的保护作用。多工位级进模中多数采用弹性卸料装置，主要由卸料板、弹性元件、卸料螺钉和辅助导向零件所组成。

### 1. 卸料板的结构

多工位级进模的弹压卸料板，由于型孔多，形状复杂，为保证型孔的尺寸精度、位置精度和配合间隙，多采用分段拼装结构固定在一块刚度较大的基体上。图5.49所示为由5个拼块组合的卸料板。基体按基孔制配合关系开出通槽，两端的两块压入基体通槽后，分别用螺钉，销钉定位固定，中间3块拼块经磨削加工后直接压入通槽内，仅用螺钉与基体连接，安装位置尺寸采用对各分段的结合面进行研磨加工来调整，从而控制各型孔的尺寸精度和位置精度。

实际生产中的卸料板多由两块板组成（见图5.49），一块为卸料板（件8），一块为卸料板背板（件10），卸料板镶块与导正销安装在卸料板上，再通过卸料背板压紧。

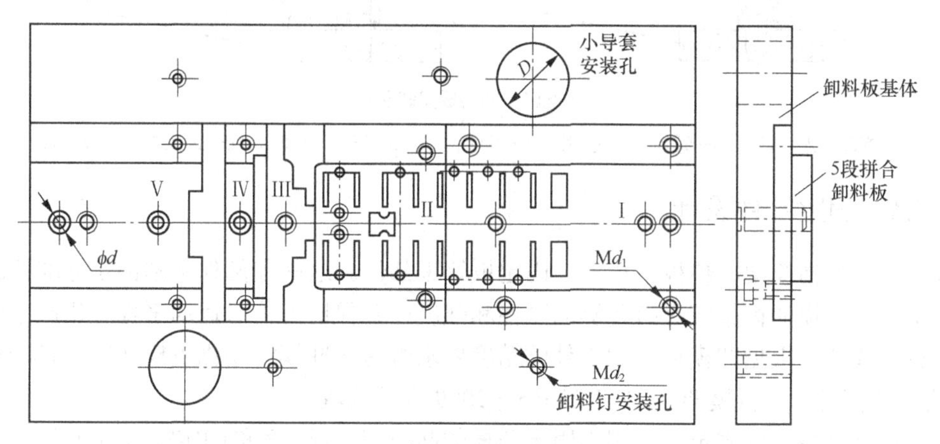


图5.49 拼块组合式弹压卸料板

## 2．卸料板的导向形式

由于卸料板有保护小凸模的作用，要求卸料板有很高的运动精度，为此要在卸料板与上模座之间增设辅助导向零件小导柱和小导套，如图5.50所示。当冲压的材料比较薄，且模具的精度要求较高，工位数又比较多时，多选用图5.50（d）所示的对卸料板和凹模同时导向的结构。

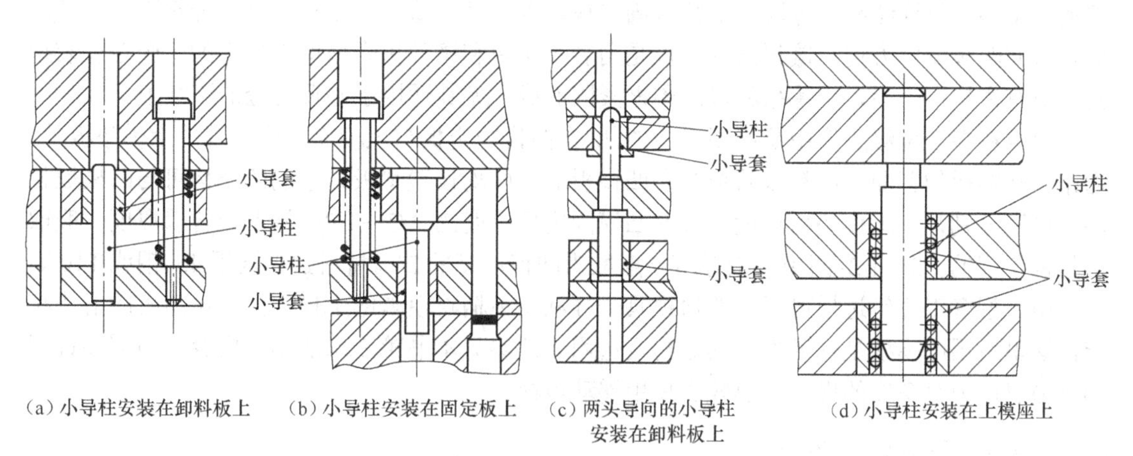


（a）小导柱安装在卸料板上　（b）小导柱安装在固定板上　（c）两头导向的小导柱安装在卸料板上　（d）小导柱安装在上模座上

图5.50 卸料板的辅助导向形式

## 3．卸料板的安装形式

图5.51所示的是生产中常用的卸料板的安装形式。卸料板通常采用定距套件与模具连接，定距套件由螺钉、垫圈和套管组成，具体尺寸可查阅JB/T 7650.7—2008。

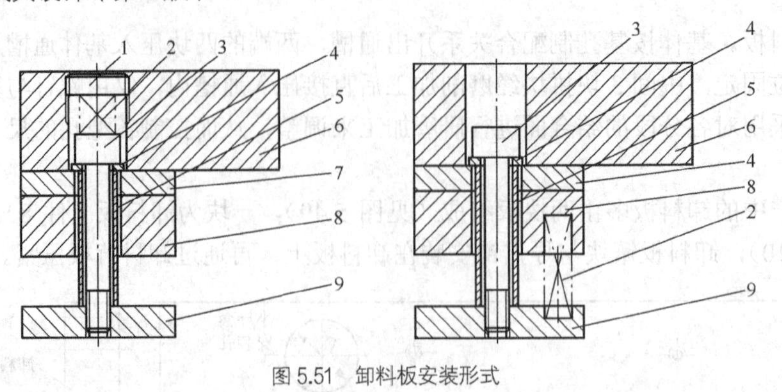


图5.51 卸料板安装形式

1—螺塞；2—弹簧；3—螺钉；4—垫圈；5—套管；6—上模座；7—垫板；8—固定板；9—卸料板

### 5.3.4 固定零件设计

固定零件包括模架、垫板、模柄、固定板等零部件。这些零部件基本都是标准件。

多工位级进模的模架应具有足够的刚性和强度，并保证工作时运动平稳。生产中广泛采用的是钢板模架，根据凹模周界和工件的精度要求查阅《冲模滚动钢板模架》GB/T 23563—2009或《冲模滑动钢板模架》GB/T 23565—2009进行选取。

多工位级进模中的固定板有用于固定凸模的凸模固定板（简称固定板），也有用于固定凹模的凹模固定板。多工位级进模的凸模固定板是必须的（凹模固定板不是每副模具都有），它不仅要安装多个凸模，还可在其相应位置安装导正销、斜楔、弹性卸料装置、小导柱、小导套等，因此固定板应具有足够的厚度和一定的耐磨性。固定板厚度可按凸模设计长度的40%选用。一般连续模固定板可选用45#钢，淬火硬度43～45 HRC，在低速冲压，各凸模不需要经常拆卸时，固定板可以不淬火。

固定板的结构与凹模相同，有整体式、分段式和镶拼式等，整体式固定板适合于工位不多的小型多工位连续模；分段式的每段固定板可以分开制造、热处理，并可分别固定，各段固定板间距离调整方便；镶拼式固定板是用若干拼块和镶件拼合成固定板中的一个个安装型孔，所有拼块拼合后，由镶条构成的围框紧固而成，尤其适用于硬质合金的连续模。

垫板在多工位级进模中是必不可少的，除在凸模固定板与上模座之间设置的上模垫板外，通常在卸料板的背面（卸料板背板）和凹模板的下面均设置垫板，它们的结构可与凹模板相同，厚度分别是：上模垫板厚度一般取凸模固定板厚度的1/3～1/2；卸料板背板厚度一般取卸料板厚度的1/3～1/2；凹模垫板厚度一般取为凹模厚度的2/5。材料建议选用45#钢或T10A。

中小型多工位级进模可以和普通模具一样利用模柄将模具的上模部分与压力机的滑块相连，这里所用的模柄是标准件，其结构及选用方法参见本书第3章的相关内容。但需要说明的是随着压力机精度的提高，已较少使用浮动模柄。

### 5.3.5 导向零件设计

多工位级进模中广泛使用导柱、导套进行导向。设在上、下模座上的导柱导套用以保证上模的正确运动，称为外导向；设在模具内部的小导柱、小导套用于对给卸料板进行导向，称为内导向；卸料板再对细小凸模进行导向，以保护细小凸模，因此多工位级进模中的导向通常是内、外双重导向，从而保证实现精密冲压。导柱、导套已有标准，其结构及选用参见本书的第2章。

### 5.3.6 冲压方向转换机构设计

在级进弯曲或其他成形工序冲压时，往往需要对制件的某一部位或某些部位进行水平冲压（称为侧冲），或者由凸模（或凹模）反向冲压（称为倒冲），即凸模（或凹模）由下向上运动完成冲压加工，因此需要将压力机滑块的垂直向下运动，转化成凸模（或凹模）向上或水平等不同方向的运动，以实现不同方向的成形。完成侧向冲压加工的机构，主要是靠斜楔和滑块机构来实现；完成倒冲冲压加工的机构，主要由杠杆机构来实现，也可用斜楔和滑块机构来实现。图5.52（a）所示为利用杠杆摆动转化成凸模向上的直线运动，实现冲切或弯曲；图5.52（d）所示为采用斜楔和滑块机构实现水平运动，完成弯曲。图5.53所示为采用斜楔和滑块机构完成侧向冲孔模具结构示意图。

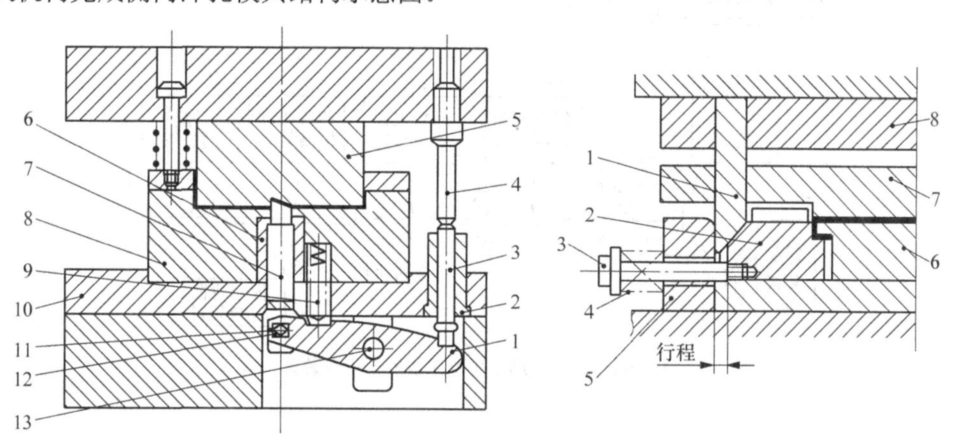


1—杠杆；2—导向套；3—从动杆；4—主动杆；5—上模；6—护套；7—冲头；8—凹模；9—弹簧；10—垫板；11、13—轴；12—轴套

（a）杠杆机构

1—斜楔；2—滑块；3—螺钉；4—弹簧；5—挡块；6—凸模；7—压板；8—固定板

（b）斜滑块机构

图5.52　冲压方向转换机构

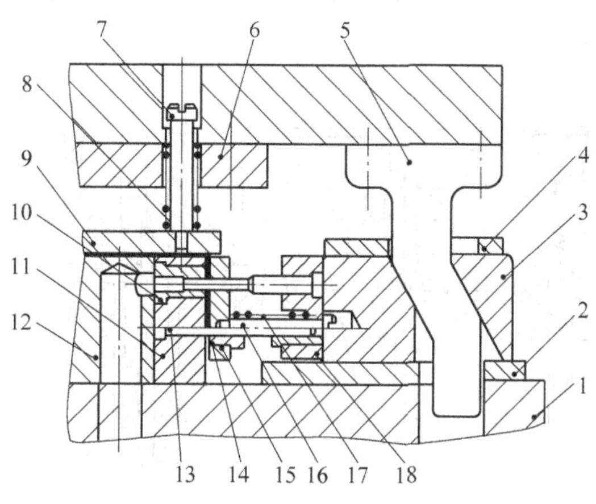

图5.53　侧向冲孔模具结构示意图

1—下模座；2—垫块；3—滑块；4—盖板；5—斜楔；6、11、18—固定板；7、16—卸料螺钉；8、17—弹簧；9—压料板；10—凹模；12—凹模座；13—小导柱；14—小导套；15—卸料板

### 5.3.7 安全检测机构设计

冲压自动化生产，不但要有自动送料装置，还必须在生产过程中有防止失误的安全检测装置，以保护模具和压力机免受损坏。

安全检测装置既可设置在模具内，也可设置在模具外。当发生失误（如材料误送或送料步距异常、叠片、半成品定位及运送中出现异常、模具零件损坏、冲压过载等）影响到模具正常工作时，其中的各种传感器（光电传感器、接触传感器等）就能迅速地把信号反馈给压力机的制动部分，使压力机停机，并报警，实现自动保护。图5.54所示为冲压自动化生产中，应用的各种安全检测装置。在实际生产中常见的自动安全检测装置有以下几种。

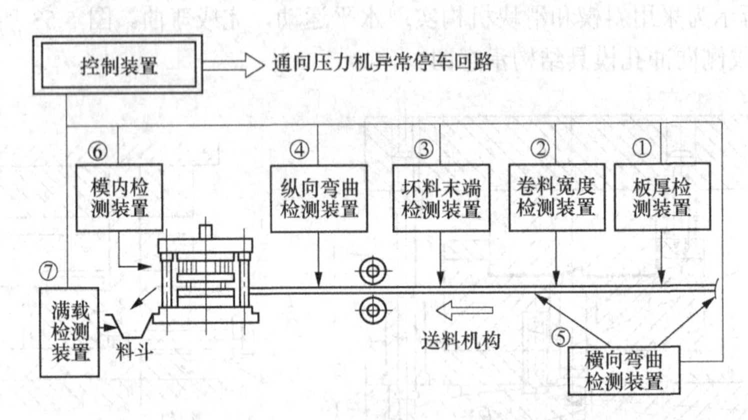


图5.54 冲压自动化生产中的安全检测装置

#### 1. 送料步距异常检测

图5.55所示为利用导正孔或制件上的孔来检测送料是否出现异常。当浮动检测销1由于送料失误，不能进入条料的导正孔或制件孔时，便由条料推动检测销1向上移动，同时推动接触销2使微动开关闭合，因为微动开关与压力机电磁离合器是同步的，所以电磁离合器脱开，压力机滑块停止运动。

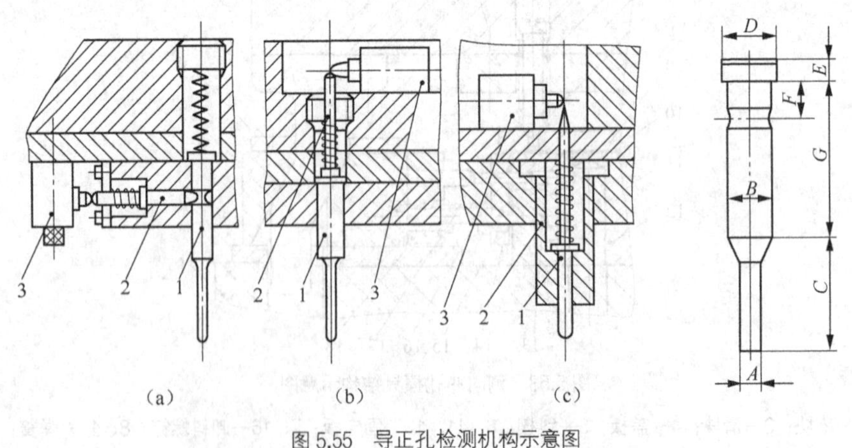


图5.55 导正孔检测机构示意图

1—浮动检测销（导正销）；2—接触销；3—微动开关

当利用导正孔检测送料异常时，通常导正孔应安排在排样图中的第一工位冲出，导正销设置在紧随导正孔的第二工位，第三工位可设置检测条料送进步距的误差检测凸模。

### 2. 凸模损坏检测

在多孔高速冲裁时，如出现凸模冲断，未能及时检出，将生产数量较多的不合格品，并可能损坏模具。凸模损坏后，冲出的孔就不规则，因此可采用图5.56所示的检测装置检测上一工位孔是否正常，检测用凸模高度与冲孔凸模高度一致，直径取凸模尺寸的3/4，其头部制成球形。若有多孔同时检测，则把几个微动开关串连在一起即可。

### 3. 废料回升检测

通常利用下止点检测法，如图5.57所示，当卸料板3和凹模4表面无废料及其他杂物时，微动开关2始终在“开”状态，若有回升废料或杂物时，压力机滑块到达下止点，异物把卸料板垫起，推动微动开关，使其闭合，压力机滑块停止运动。

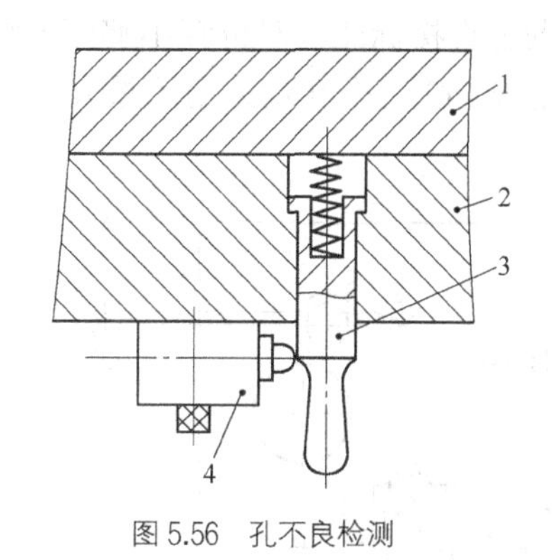


图5.56 孔不良检测

1—上模座；2—固定板；3—检测销；4—微动开关

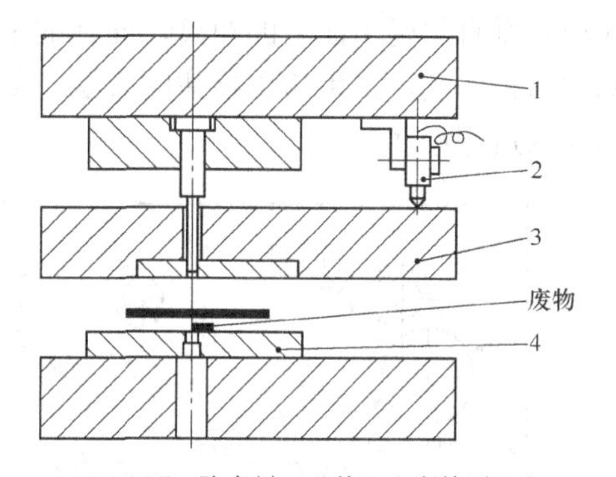


图5.57 防废料回升的下止点检测示意图

1—上模座；2—微动开关；3—卸料板；4—凹模

## 5.4 多工位级进模的图样绘制

### 5.4.1 装配图的绘制要求

装配图绘制的基本要求与普通冲压模具相同，也是由主视图、俯视图（以下模俯视图为主，必要时要绘出上模的仰视图）、侧视图、局部视图等组成，在图纸的右上角绘制工件图和排样图，并绘制标题栏、明细表，注明装配时的技术要求等，各个视图的绘制要求与普通模具基本相同，如主视图应画成闭合状态的全剖视图，并以涂黑的方式将模具中的料或工序件的断面涂黑。不同的是，多工位级进模比普通模具要复杂得多，有时一张图纸上无法全部绘出所有的视图，此时可以分别绘制，如将排样图和工件图单独绘制。

需要说明的是，级进模图纸的绘制形式非常灵活，不同的企业绘制要求及要表达的内容可能不同，有些企业只需要绘制一个简单的装配示意图，所以本节介绍的内容仅供参考。

### 5.4.2 零件图的绘制要求

零件图必须在装配图绘制完成后才能绘制，需要绘制的零件的依据是总装图中明细表内代号列标有图号的所有零件。标准件一般不需要绘制其零件图，但对于一些还需要进行较多加工的标准件也需要绘制其零件图（如上、下模座），不过可以简化，只需绘出加工部分的形状和尺寸即可；所有的非标准件均需要绘制。非标准件零件图应按国标进行绘制，需要标明所有的尺寸、公差、表面粗糙度、材料及热处理、技术要求等。多工位级进模中的模具零件根据其结构特征可以分为板类和其他两大类，这两类零件图形的绘制方法有所不同。

### 1. 板类零件图的绘制

板类零件图的图形表达非常简单，通常由主视图、俯视图和局部视图组成，其中俯视图最为重要，包括所有孔的形状和位置，局部视图通常是局部放大视图，是为了标注方便；主视图仅表达板料厚度，有时甚至会省略不画，在技术要求中注明板厚即可。

板类零件图绘制的关键是尺寸及公差的标注，目前比较常用的标注方法是基准标注法和坐标标注法。图5.58所示为基准标注法，这种标注方法最大的优点是所有尺寸是相对基准给出的距离，NC加工时无需进行换算即可编程。由图可以看出，所有孔的位置尺寸均标注到基准（相互垂直的两个面）的距离，而孔的形状尺寸在图上直接标注，对位置不够而无法在图中标注清楚的孔，采用移出标注的方法，如图中的 *M*、*N*、*O* 三个孔均采用了放大3倍后的局部视图进行标注。

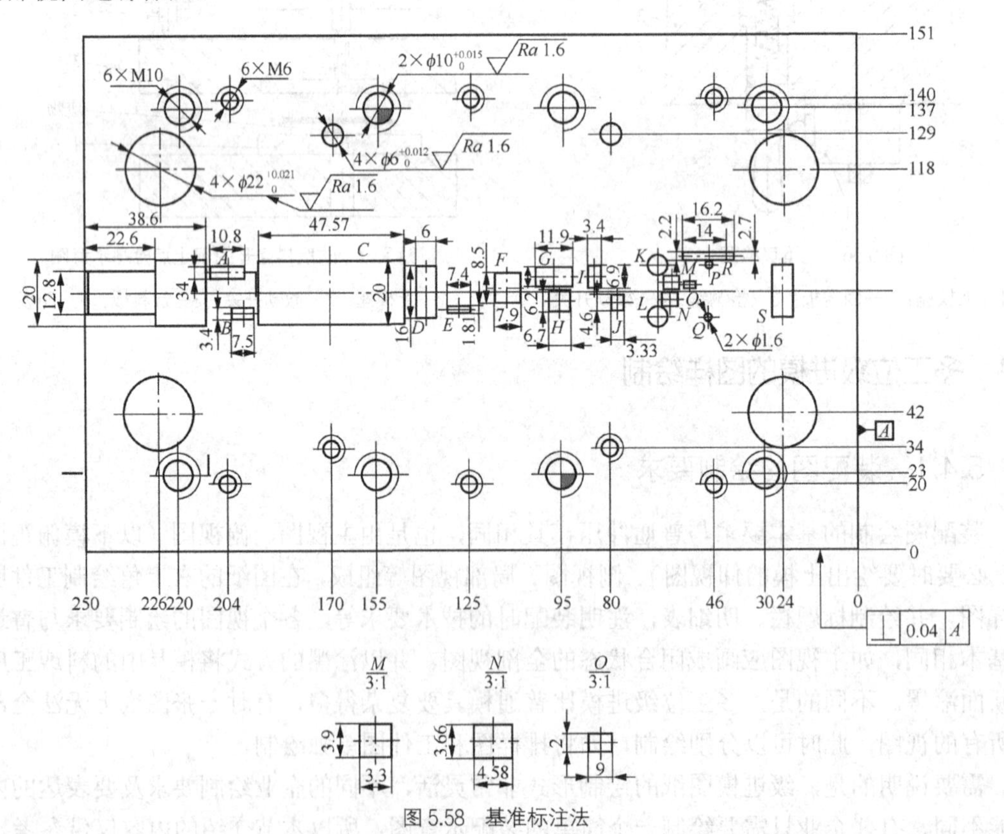


图5.58　基准标注法

图5.59所示为坐标标注法，不仅标注尺寸，还标出了加工说明，这种标注便于CAD与CAPP的集成，并可通过相关软件自动完成，设计效率非常高，是多工位级进模中应用最广的一种标注法。

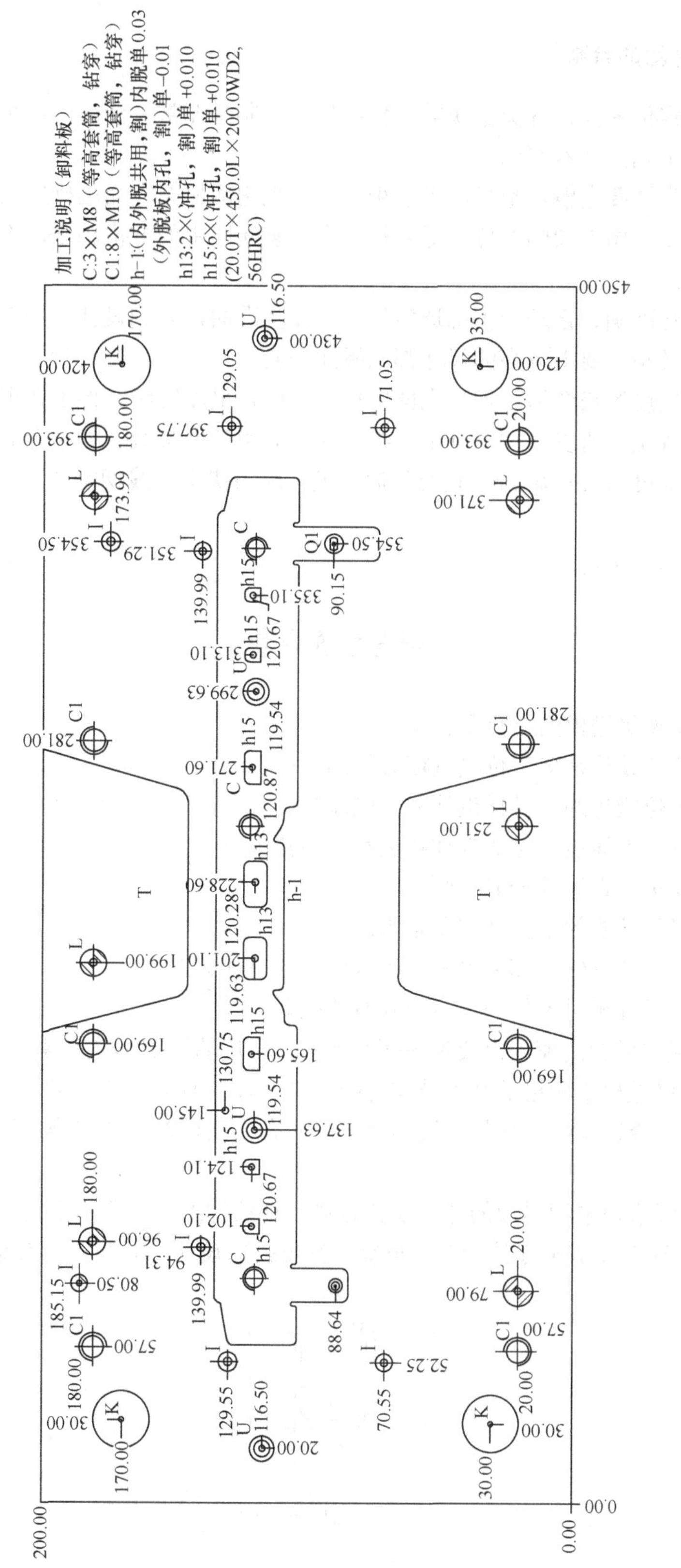
加工说明（卸料板）
C:3×M8（等高套筒，钻穿）
C1:8×M10（等高套筒，钻穿）
h-1:(内外脱共用,割)内脱单0.03
（外脱板内孔，割）单-0.01
h13:2×(冲孔，割)单+0.010
h15:6×(冲孔，割)单+0.010
(20.0T×450.0L×200.0WD2,
56HRC)

图5.59 坐标标注法

### 2．其他零件图的绘制

工作零件、定位零件、各类镶块等零件图形的绘制是非常灵活的，各个企业有自己的绘图标准，但有如下几点基本要求。

（1）视图的表达要完整，数量尽可能少。所选视图应能充分而准确地表达清楚零件内、外结构和尺寸，主、俯视图的方位应尽量按其在总装配图中的方位画出，不要任意旋转，以防画错影响装配。

（2）尺寸标注准确、合理。正确选定尺寸标注基准面，做到设计、加工、检验基准三者统一，配合尺寸及精度要求较高的尺寸都应标注公差。

（3）表面粗糙度等级合适。加工表面应标注表面粗糙度等级。但现在很多模具企业已针对每个工种做了规定，所以往往图纸上不再标注表面粗糙度等级。如某企业规定快走丝线切割加工表面的粗糙度为 *Ra*1.6 μm，只要最后一道工序为快走丝线切割加工，则该表面的粗糙度就是 *Ra*1.6 μm。

（4）图面清楚、美观。

## 思考与练习题

1．简述多工位级进模的特点及类型。

2．为什么排样设计是多工位级进模设计的关键？

3．简述多工位级进冲压排样设计的一般原则。

4．什么是载体？简述常见的载体种类和应用范围。

5．简述冲切刃口设计的一般原则。

6．简述常见搭接头的形式及应用范围。

7．什么是空工位？级进模中设置空工位的目的是什么？

8．多工位级进冲压时条料的定位方式有哪些？

9．多工位级进模的凸模固定要考虑哪些问题？常用的固定形式有哪些？

10．多工位级进模中凹模的基本结构有哪几种？各有何特点及应用？

11．在多工位级进模中，导料装置的结构形式有哪几种？设计带槽式浮顶销的导料装置应注意哪些问题？

12．多工位级进模中卸料板的导向装置有哪几种结构形式？各用于何种场合？

13．试完成图 5.60 所示零件的多工位级进冲压排样设计，并绘制模具结构原理图。

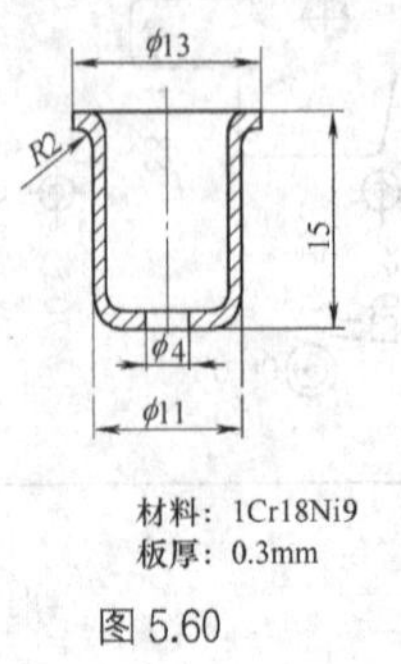


图 5.60

# 第6章 其他成形工艺与模具设计

在板材冲压成形工艺中，除冲裁、弯曲、拉深等工序外，还有翻边、缩口、旋压、胀形等工序。每种工序都有各自的变形特点，它们可以是独立的冲压工序，如钢管缩口、封头旋压等，但在生活中往往还和其他冲压工序组合在一起成形一些复杂形状的冲压产品（见图6.1）。它们的共同特点是通过坯料的局部变形来改变毛坯或工序件的形状和尺寸，但各自的变形特点相差较大，其中翻孔、翻边、缩口、胀形等工序又统称为成形工序。

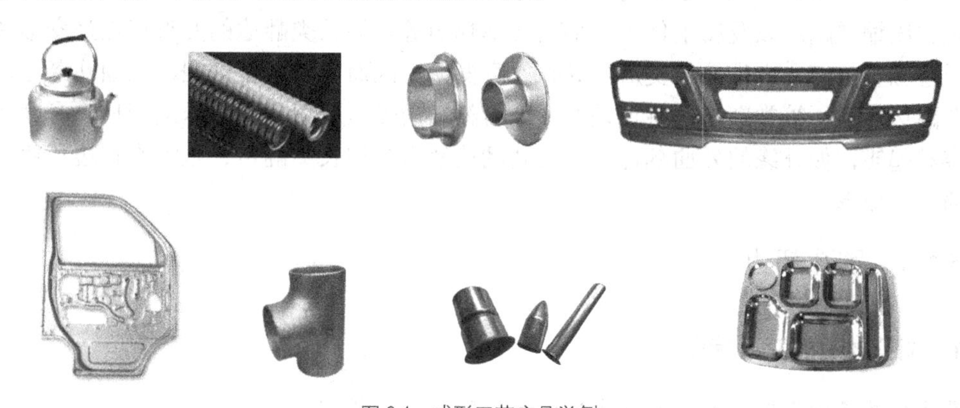

图6.1　成形工艺产品举例

## 6.1　翻边

利用模具把板料上的孔缘或外缘翻成竖边的冲压加工方法称为翻边。翻边可以用于加工具有特殊空间形状和良好刚度的立体零件，还能在冲压件上制取与其他零件装配的部位（如铆钉孔、螺纹底孔、轴承座等）。翻边可以代替某些复杂零件的拉深工序，改善材料的塑性流动，以免发生破裂或起皱。用翻边代替先拉深后切底的方法制取无底零件，可以减少加工次数，节省材料。

翻边的种类、形式很多，如图6.2所示。根据成形过程中边部材料长度的变化情况，可将翻边分为伸长类翻边和压缩类翻边。根据变形工艺特点，翻边可分为内孔（圆孔或非圆孔）翻边、外缘翻边、变薄翻边等。外缘翻边还可分为外缘内曲翻边［见图6.2（b）］和外缘外曲翻边［见图6.2（d）］。

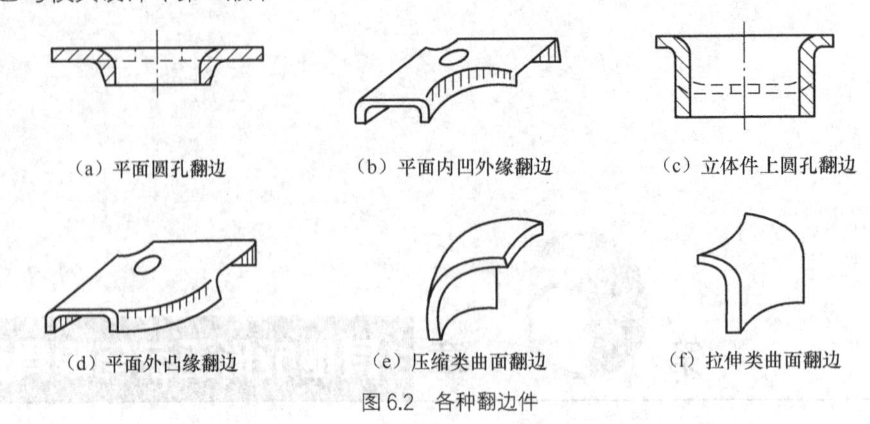


图 6.2 各种翻边件

圆孔翻边、外缘内曲翻边等属伸长类翻边，其变形特点是变形区材料受拉应力，切向伸长，厚度变薄，易发生破裂。外缘外曲翻边等属压缩类翻边，其变形特点是变形区材料受切向压缩应力，产生压缩变形，厚度增加，易起皱。非圆孔翻边通常是伸长类翻边、压缩类翻边和弯曲成形的组合形式。当翻边的变形区边缘为一直线时，翻边成形就转变为弯曲成形。翻边按工序特点可分为圆孔翻边、外缘翻边、非圆孔翻边和变薄翻边等。由于零件外缘的凸凹性质不同，外缘翻边又可分为内曲翻边和外曲翻边。按变形的性质来分，翻边又分为伸长类翻边、压缩类翻边以及属于体积成形的变薄翻边等。伸长类翻边的变形特点是变形区材料切向受拉应力，切向产生伸长变形，导致厚度变薄，因而容易发生破裂，如圆孔翻边、外缘的内曲翻边等。压缩类翻边的特点是变形区材料切向受压应力，产生压缩变形，厚度增大，因而容易起皱，如外缘的外曲翻边。非圆孔翻边经常是伸长类翻边、压缩类翻边和弯曲组合起来的复合成形。

## 6.1.1 圆孔翻边

### 1. 圆孔翻边的变形特点

圆孔翻边是把平板上或空心件上预先打好的孔（或预先不打孔）扩大成带有竖立边缘而使孔径增大的一种工艺过程。在圆孔翻边时，毛坯变形区的应力、应变情况及变形特点如图 6.3 所示。在翻边前毛坯孔的直径是 $d_0$，翻边变形区是内径为 $d_0$，外径为 $D_1$ 的环形部分。在翻边过程中，变形区在凸模的作用下使其内径不断扩大，直到翻边结束后，内径等于凸模的直径。

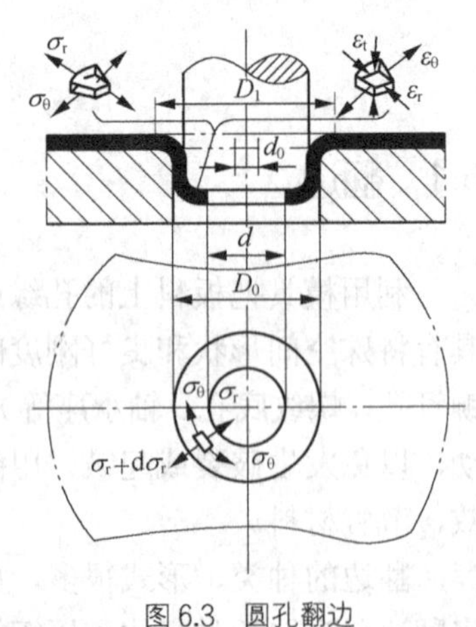


图 6.3 圆孔翻边

在圆孔翻边时，变形区内受到两个方向拉应力（切向拉应力和径向拉应力）的作用，其中切向拉应力是最大主应力。而在翻边变形区内边缘上的毛坯，则处于单向受拉的应力状态，这时只有切向拉应力的作用，而径向拉应力的数值为 0，在圆孔翻边过程中，毛坯变形区的厚度在不断减薄，翻边后所得到的竖边在边缘部位上厚度最小，其厚度变化值可按单向受拉时变形值的计算方法来计算，计算公式为

$$t = t_0\sqrt{\frac{d_0}{D}} \tag{6.1}$$

式中，$t_0$、$t$ 分别为板料毛坯的原始厚度和翻边后竖立边缘部位上板料的厚度；$d_0$ 为翻边前毛坯上孔的直径；$D$ 为翻边后竖边的直径（外径）。

### 2．圆孔翻边时的成形极限

圆孔翻边的变形程度用翻边系数 $K$ 表示

$$K = \frac{d_0}{D} \tag{6.2}$$

显然 $K$ 值越小，变形程度越大，竖边边缘面临破裂的危险也越大。圆孔翻边过程中孔边缘濒临破坏时的翻边系数称为最小（极限）翻边系数，用 $K_{min}$ 表示。由于圆孔翻边时变形区内坯料在切向拉应力的作用下产生的是切向伸长变形，所以极限翻边系数主要取决于毛坯材料的塑性，通常情况下，材料的伸长率越大，极限翻边系数越小。此外翻边系数还与预制孔的表面质量与硬化程度、毛坯的相对厚度、凸模工作部分的形状等因素有关。

用钻孔的方法代替冲孔，或在冲孔后采用修整的方法切掉冲孔时产生的表面硬化层和可能引起应力集中的表面缺陷与毛刺，冲孔后采用退火热处理等均能提高圆孔翻边的变形程度。此外，采用球形凸模或使翻孔的方向与冲孔时相反等措施，对于提高圆孔翻边的变形程度也有明显的效果。表 6.1、表 6.2 列出了低碳钢及其他几种常用材料的翻边系数。

**表 6.1　　低碳钢的极限圆孔翻边系数 $K_{min}$**

| 翻孔方法 | 孔的加工方法 | 比值 $d_0/t$ | | | | | | | | | | |
|---|---|---|---|---|---|---|---|---|---|---|---|---|
| | | 100 | 50 | 35 | 20 | 15 | 10 | 8 | 6.5 | 5 | 3 | 1 |
| 球形凸模 | 钻孔 | 0.70 | 0.60 | 0.52 | 0.45 | 0.40 | 0.36 | 0.33 | 0.31 | 0.30 | 0.25 | 0.20 |
| | 冲孔 | 0.75 | 0.65 | 0.57 | 0.52 | 0.48 | 0.45 | 0.44 | 0.43 | 0.42 | 0.42 | — |
| 圆柱形凸模 | 钻孔 | 0.80 | 0.70 | 0.60 | 0.50 | 0.45 | 0.42 | 0.40 | 0.37 | 0.35 | 0.30 | 0.25 |
| | 冲孔 | 0.85 | 0.75 | 0.65 | 0.60 | 0.55 | 0.52 | 0.50 | 0.50 | 0.48 | 0.47 | — |

**表 6.2　　几种常用材料的极限翻边系数**

| 材　料 | 翻边系数 | |
|---|---|---|
| | $K_0$ | $K_{min}$ |
| 白铁皮 | 0.70 | 0.65 |
| 软钢 $t$=0.25～2 mm | 0.72 | 0.68 |
| 软钢 $t$=2～4 mm | 0.78 | 0.75 |
| 黄铜 H62 $t$=0.5～4 mm | 0.68 | 0.62 |
| 铝 $t$=0.5～5 mm | 0.70 | 0.64 |
| 硬铝合金 | 0.89 | 0.80 |
| 钛合金 TA1（冷态） | 0.64～0.68 | 0.55 |
| TA1（加热 300℃～400℃） | 0.40～0.50 | 0.45 |
| TA5（冷态） | 0.85～0.90 | 0.75 |

续表

| 材　料 | 翻边系数 | |
|---|---|---|
| | $K_0$ | $K_{min}$ |
| TA5（加热500℃～600℃） | 0.65～0.70 | 0.55 |
| 不锈钢、高温合金 | 0.65～0.69 | 0.57～0.61 |

注：1．在竖立直壁上允许有不大的裂纹时可以用$K_{min}$。

2．$K_0$为第一次翻边系数。

### 3．圆孔翻边的工艺计算

（1）毛坯计算

圆孔翻边的毛坯计算主要有两方面的内容：一是要根据翻孔的孔径计算毛坯预制孔的尺寸；二是要根据允许的极限翻边系数校核一次翻边可能达到的翻边高度。

由于圆孔翻边时板料主要是切向拉伸变形，厚度减薄，而径向变形不大，因此，圆孔翻边的毛坯计算可按弯曲件中性层长度不变的原则，用翻边高度计算翻边圆孔的初始直径$d_0$，或用$d_0$和翻边系数$K$计算、校核可以达到的翻边高度。

翻边高度不大时，可将平板毛坯一次翻边成形，如图6.4所示。有如下关系成立：

$$\frac{D_1-d_0}{2}=\frac{\pi}{2}\left(r+\frac{t}{2}\right)+h_1$$

将$D_1=d_m+2r+t$及$h_1=h-r-t$代入上式并整理后可得预制孔直径$d_0$为

$$d_0=d_m-2(h-0.43r-0.72t) \tag{6.3}$$

一次翻边的极限高度可以根据极限翻边系数及预制孔直径$d_0$推导求得，即

$$h=\frac{d_m-d_0}{2}+0.43r+0.72t=\frac{d_m}{2}\left(1-\frac{d_0}{d_m}\right)+0.43r+0.72t \tag{6.4}$$

式中，$\frac{d_0}{d_m}=K$。如将极限翻边系数$K_{min}$代入上式，便可求出一次翻边的极限高度，即

$$h=\frac{d_m}{2}(1-K_{min})+0.43r+0.72t \tag{6.5}$$

若工件要求的翻边高度大于一次翻边能达到的极限翻边高度时，可采用加热翻边、多次翻边（以后各次的翻边，其$K$值应增大15%～20%）或经拉深、冲底孔后再翻边的工艺方法。图6.5所示为拉深冲底孔后再翻边，其工艺计算过程是先计算允许的翻边高度$h_1$，然后按零件的要求高度$h$及$h_1$确定拉深高度$h_2$及预制孔直径$d_0$。

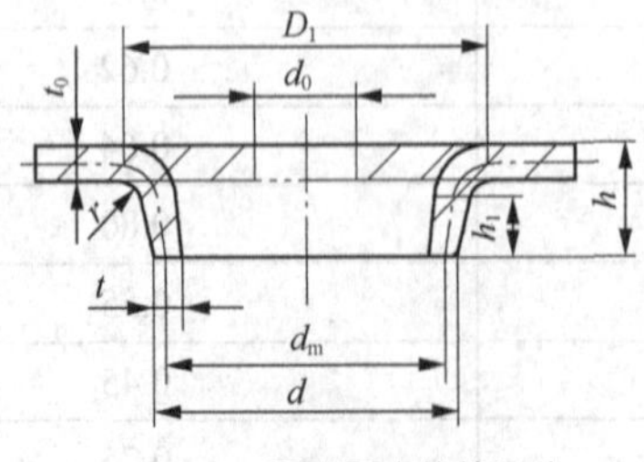

图6.4　圆孔翻边件的尺寸

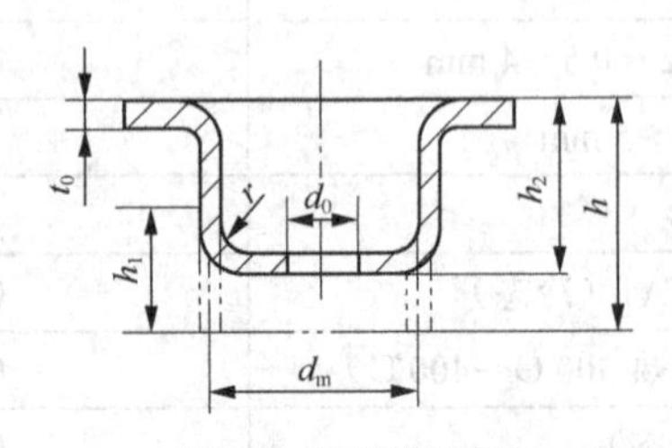

图6.5　拉深后再翻边

翻边高度可用图 6.6 中所示的几何关系求出

$$h_1=\frac{d_m-d_0}{2}-\left(r+\frac{t}{2}\right)+\frac{\pi}{2}\left(r+\frac{t}{2}\right)=\frac{d_m}{2}\left(1-\frac{d_0}{d_m}\right)+0.57\left(r+\frac{t}{2}\right)$$

将翻边系数代入，则得出允许的翻边高度为：

$$h_{max}=\frac{d_m}{2}(1-K_{min})+0.57\left(r+\frac{t}{2}\right) \tag{6.6}$$

预制孔直径 $d_0$ 为：

$$d_0=K_{min}d_m \text{ 或 } d_0=d_m+1.14\left(r+\frac{t}{2}\right)-2h_{max} \tag{6.7}$$

拉深高度为

$$h_2=h-h_{max}+r \tag{6.8}$$

但是翻边高度也不能太小（一般 $h_1>1.5r$），如果 $h_1$ 太小，则翻边后回弹严重，直径和高度尺寸误差大。在工艺上，一般采用加热翻边或增加翻边高度然后再按零件要求切除多余高度的方法进行加工。

（2）翻边力的计算

1）采用圆柱形平底凸模时，翻边力 $F$ 为

$$F=1.1\pi(d_m-d_0)t_0\sigma_s \tag{6.9}$$

式中，$d_m$ 为翻边后竖边的中径；$d_0$ 为圆孔初始直径；$t_0$ 为毛坯厚度；$\sigma_s$ 为屈服极限。

平底凸模底部圆角半径 $r_p$ 对翻边力有影响，增大 $r_p$ 可降低翻边力，如图 6.6 所示。

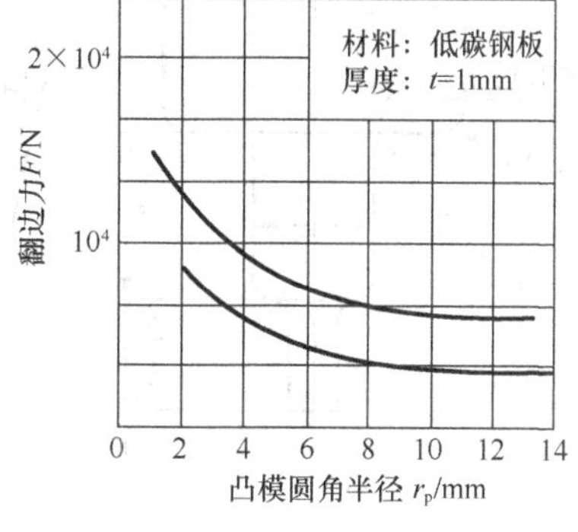

图 6.6 凸模圆角半径对翻边力的影响

2）采用球形凸模时

$$F=1.2\pi D_m t_0\sigma_s m \tag{6.10}$$

式中，$m$ 为系数，按表 6.3 选取。

表 6.3 系数 $m$

| 翻边系数 $K$ | $m$ | 翻边系数 $K$ | $m$ |
|---|---|---|---|
| 0.5 | 0.2～0.25 | 0.7 | 0.08～0.12 |
| 0.6 | 0.14～0.18 | 0.8 | 0.05～0.07 |

### 4. 翻边模设计

图 6.7 所示为圆孔翻边模具，其结构与拉深模相似，凹模圆角对翻边成形影响不大，可按零件圆角确定。一般情况下，平底凸模的圆角半径 $r_p$ 应尽可能大，可取 $r_p\geqslant 4t$。

为了改善翻边成形时的塑性流动条件，可采用抛物形凸模或球形凸模。图 6.8 所示为四种常用的圆孔翻边凸模，其中：图 6.8（a）所示凸模可同时用于冲孔和翻边（竖边内径 $d\geqslant$ 4 mm）；图 6.8（b）所示凸模适用于竖边内径 $d$ 小于或等于 10 mm 的翻边；图 6.8（c）所示凸模适用于竖边内径 $d$ 大于 10 mm 的翻边；图 6.8（d）所示凸模可在不用定位销时对任意孔

翻边。

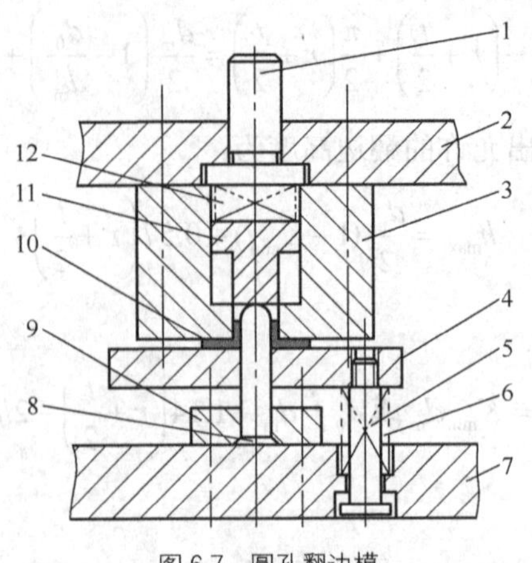


图 6.7 圆孔翻边模

1—模柄；2—上模座；3—凹模；4—退件板；5—螺杆；6—弹簧；7—下模座；
8—凸模；9—凸模固定板；10—零件；11—顶料器；12—弹簧

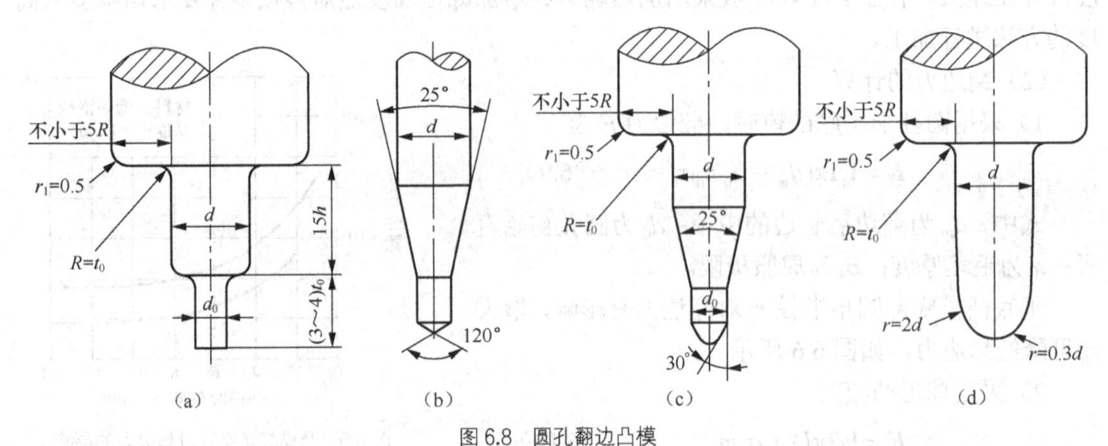


图 6.8 圆孔翻边凸模

若零件对翻边后的竖边垂直度无要求，应尽量取较大的凸模和凹模间隙，以有利于翻边变形。若零件对竖边垂直度有要求，凸模和凹模的单边间隙可取(0.75～0.85)$t_0$，这样可以保证翻边后的竖边成为直壁。凸模和凹模的间隙也可按表 6.4 选取。其他翻边模可类比圆孔翻边模设计。

**表 6.4** 翻边时凸模和凹模的单边间隙 （mm）

| 板料厚度 | 0.3 | 0.5 | 0.7 | 0.8 | 1.0 | 1.2 | 1.5 | 2.0 |
|---|---|---|---|---|---|---|---|---|
| 平板毛坯翻边 | 0.25 | 0.45 | 0.6 | 0.7 | 0.85 | 1.0 | 1.3 | 1.7 |
| 拉深后翻边 | — | — | — | 0.6 | 0.75 | 0.9 | 1.1 | 1.5 |

## 6.1.2 外缘翻边

外缘翻边可分为内曲翻边（见图 6.9）和外曲翻边（见图 6.10）两种。

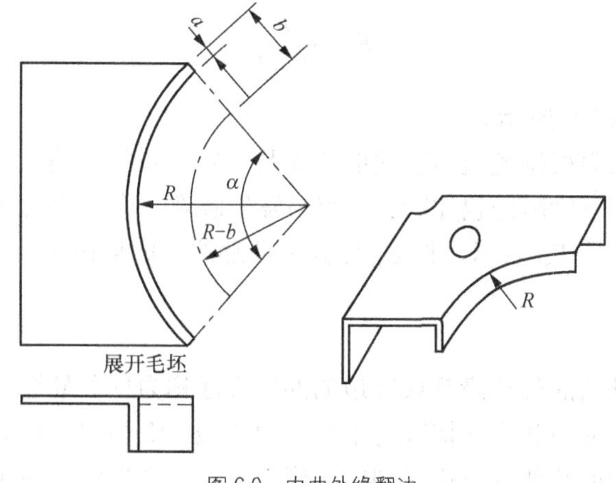


图 6.9 内曲外缘翻边

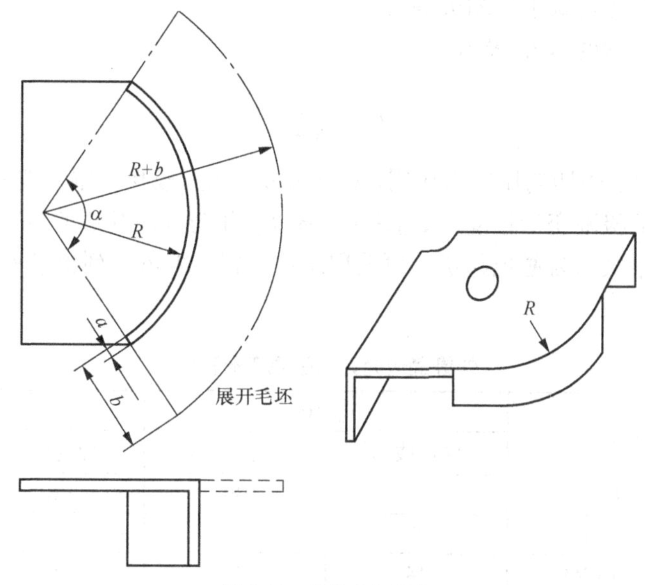


图 6.10 外曲外缘翻边

### 1. 内曲翻边

用模具把毛坯上内凹的外边缘翻成竖边的冲压方法称为内曲翻边,或称为内凹外缘翻边。

内曲翻边的应力和应变情况与圆孔翻边相似，也属于伸长类翻边，变形区主要受切向拉伸，但是切向拉应力和切向伸长变形沿全部翻边线的分布是不均匀的。在远离边缘和直线的部分并且曲率半径最小的部位上最大，而在边缘的自由表面上的切向拉应力和切向伸长都为零，切向伸长变形对毛坯在高度方向上变形的影响大小沿全部翻边线的分布也是不均匀的，如果采用高度一致的毛坯形状，翻边后的零件的高度也是不平齐的，而是得到两端高度大，中间高度小的竖边，另外，竖边的端线也不垂直，而是向内倾斜成一定的角度。为了得到平齐一致的翻边高度，可在毛坯的两端对毛坯的轮廓线做一些必要的修正。具体方法请有兴趣的读者参阅有关文献资料，本书不做赘述。

内曲翻边的变形程度用 $E_s$ 表示如下。

$$E_s = \frac{b}{R-b} \tag{6.11}$$

式中的符号的意义如图5.9所示。

内曲翻边的成形极限根据翻边后竖边的边缘是否发生破裂来确定。如果变形程度过大，竖边边缘的切向伸长和厚度减薄也比较大，容易发生破裂，故$E_s$不能太大，竖边边缘不发生破裂时的极限变形程度用$E_{s1}$表示，把$E_{s1}$作为内曲翻边的成形极限。

### 2．外曲翻边

用模具把毛坯上外凸的外边缘翻成竖边的冲压方法称为外曲翻边，或称为外凸外缘翻边。

外曲翻边变形区的应力和应变情况与不用压边的浅拉深相似，竖边根部附近的圆角部位产生弯曲变形，而竖边的其他部位均受切向压应力作用，产生较大的压缩变形，导致材料厚度有所增大，容易起皱，属于压缩类翻边。

外曲翻边的变形程度用$E_c$表示

$$E_c = \frac{b}{R+b} \tag{6.12}$$

外曲翻边时，由于受切向压应力作用，坯料容易起皱，成形极限主要受压缩起皱的限制，翻边时不发生起皱的极限变形程度用$E_{c1}$表示，把$E_{c1}$作为外曲翻边的成形极限。当翻边高度较大时，起皱趋势增大，为避免起皱，可采用压边装置。表6.5列出了外缘翻边时常用材料的极限变形程度。

**表6.5　　外缘翻边允许的极限变形程度**

| 材料名称及牌号 | | $E_{s1}$×100 | | $E_{c1}$×100 | |
|---|---|---|---|---|---|
| | | 橡皮成形 | 模具成形 | 橡皮成形 | 模具成形 |
| 铝合金 | L4M | 25 | 30 | 6 | 40 |
| | L4Y | 5 | 8 | 3 | 12 |
| | LY12M | 14 | 20 | 6 | 30 |
| | LY12Y | 6 | 8 | 0.5 | 9 |
| 黄铜 | H62软 | 30 | 40 | 8 | 45 |
| | H62半硬 | 10 | 14 | 4 | 16 |
| | H68软 | 35 | 45 | 8 | 55 |
| | H68半硬 | 10 | 14 | 4 | 16 |
| 钢 | 10 | — | 38 | — | 10 |
| | 20 | — | 22 | — | 10 |

外缘翻边时，竖边高度也不能太小，当高度小于$(2.5\sim3)t_0$时，回弹严重，必须加热后再翻边或增大翻边高度，在翻边后再切去多余部分。

### 3．毛坯形状的确定

外缘翻边的毛坯计算与毛坯外缘轮廓线性质有关，对于内曲翻边的零件，其毛坯形状可参考圆孔翻边毛坯计算方法；对于外曲翻边的零件，其毛坯形状可参考浅拉深毛坯计算方法。

### 6.1.3 非圆孔翻边

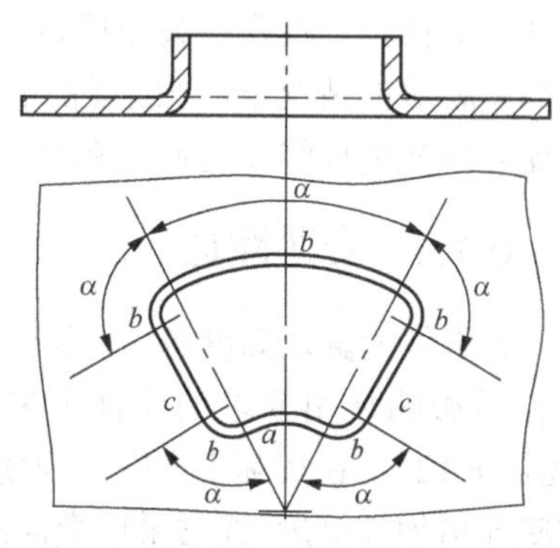


图6.11 非圆孔翻边

非圆孔翻边的变形性质与非圆孔缘轮廓性质有关。如果孔缘上没有直线段或外凸的弧线段，则翻边的变形性质属伸长类翻边；如果孔缘轮廓具有直线段或外凸的弧线段，则翻边的变形性质属于复合成形方式。例如图6.11所示翻边，直线段 $c$ 近似弯曲；外凸弧线段 $a$ 则有拉深变形的特点，属于压缩类变形；内凹弧线段 $b$ 类似于圆孔翻边，属于伸长类翻边。变形区的应力、应变沿弯曲线的分布是不均匀的。由于材料是连续的，不同部位之间的变形也是连续的，伸长类翻边的变形可以扩展到与其相连的弯曲变形区或压缩类翻边区，从而可以减轻伸长类翻边区的变形程度，有利于降低非圆孔翻边总的变形程度。因此在对最小曲率半径的内凹弧线段核算其极限翻边系数 $K_1'$ 时，可以小于圆孔翻边时的极限翻边系数 $K_1$，两者之间的关系为

$$K_1' \approx (0.85 \sim 0.95)K_1 \tag{6.13}$$

非圆孔翻边的翻边高度一般为$(4\sim6)t_0$，角部最小圆角半径为 $4t_0$。

表6.6列出了低碳钢在非圆孔翻边时允许的极限翻边系数 $K_1'$。由表可知非圆孔孔缘弧线段对应的圆心角 $\alpha$ 对 $K_1'$ 有影响，故设计非圆孔翻边工艺时，选取的翻边系数还应满足各个弧线段的翻边要求。对塑性大的材料翻边系数可取比表6.6所列数值减少5%～10%，而塑性小的材料应该相应地增加。

**表6.6　非圆孔零件的极限翻边系数 $K_1'$**

| $\alpha$ | 比值 $d/t$ | | | | | | |
|---|---|---|---|---|---|---|---|
| | 50 | 33 | 20 | 12.5～8.3 | 6.6 | 5 | 3.3 |
| 180°～360° | 0.8 | 0.6 | 0.52 | 0.5 | 0.48 | 0.46 | 0.45 |
| 165° | 0.73 | 0.55 | 0.48 | 0.46 | 0.44 | 0.42 | 0.41 |
| 150° | 0.67 | 0.5 | 0.43 | 0.42 | 0.4 | 0.38 | 0.375 |
| 135° | 0.6 | 0.45 | 0.39 | 0.38 | 0.36 | 0.35 | 0.34 |
| 120° | 0.53 | 0.4 | 0.35 | 0.33 | 0.32 | 0.31 | 0.3 |
| 105° | 0.47 | 0.35 | 0.30 | 0.29 | 0.28 | 0.27 | 0.26 |
| 90° | 0.4 | 0.3 | 0.26 | 0.25 | 0.24 | 0.23 | 0.225 |
| 75° | 0.33 | 0.25 | 0.22 | 0.21 | 0.2 | 0.19 | 0.185 |
| 60° | 0.27 | 0.2 | 0.17 | 0.17 | 0.16 | 0.15 | 0.145 |
| 45° | 0.2 | 0.15 | 0.13 | 0.13 | 0.12 | 0.12 | 0.11 |
| 30° | 0.14 | 0.1 | 0.09 | 0.08 | 0.08 | 0.08 | 0.08 |
| 15° | 0.07 | 0.05 | 0.04 | 0.04 | 0.04 | 0.04 | 0.04 |
| 0° | 压弯变形 | | | | | | |

非圆孔翻边所用的预制孔形状和尺寸，可根据各段孔缘的曲线性质分别参照圆孔翻边、弯曲和浅拉深毛坯计算方法确定。但理论计算确定的预制孔形状与翻边结果会有出入，应予以适当的修正。通常，翻边后弧线段的竖边高度较直线段竖边高度稍低，为消除误差，在竖边高度相等的情况下，弧线段的展开宽度应比直线段加大 5%～10%，毛坯上述各展开部分最后还须用光滑曲线将它们连起来，使各段孔缘能光滑过渡。

### 6.1.4 变薄翻边

若零件的翻边高度较大，难于一次成形时，可在不影响使用要求的条件下采用变薄翻边（见图 6.12），在实际生产中，为使板料上的螺纹底孔增加其高度，经常采用变薄翻边的方法，这样既可以提高生产效率，又可节省大量材料。变薄翻边属于体积成形，要求材料具有良好的塑性。

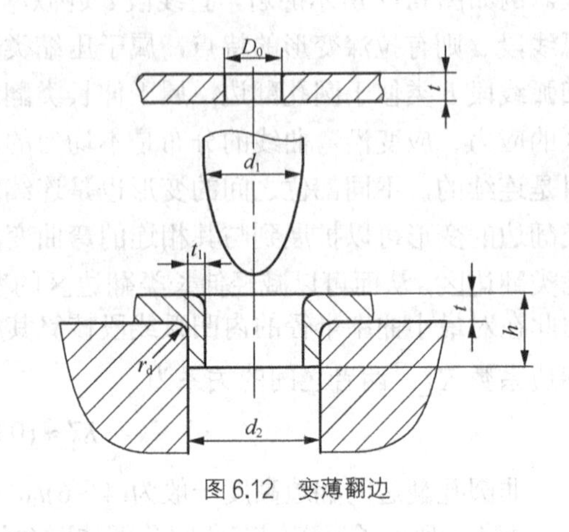


图 6.12 变薄翻边

此时，凸凹模采用小间隙，材料在凸、凹模之间的小间隙内受到挤压，发生较大的塑性变形，使竖边厚度减薄，高度增加。变薄翻边的变形程度用竖边的变薄系数 $K$ 表示：

$$K = \frac{t_1}{t} \tag{6.14}$$

式中，$t$ 为坯料厚度；$t_1$ 为变薄翻边后零件竖边的厚度。一次变薄翻边的变薄系数可取 0.4～0.5，甚至更小，翻边后的竖边高度按体积不变原则进行计算。变薄翻边力比普通翻边时大得多，力的增大与变薄量增大成比例。

## 6.2 缩口

缩口工序是采用拉深所得的空心零件或管状零件，将毛坯的开口端插在与工件形状相同的凹模内，由外向内施加径向压力，使其口部产生压缩变形，并将口部剖面缩小成为锥形、球形或其他形状的一种成形方法。

### 6.2.1 缩口的变形过程

缩口变形区的应力应变状态如图 6.13 所示，此时，可以把坯料划分成传力区、变形区和已变形区三个部分。

所谓传力区是把模具的作用力传递给变形区的作用区。当缩口变形开始时，随着凹模的下降，传力区 $ab$ 不断减小，它强迫金属材料由传力区转移到此后的变形区去。而变形区的材料，则在变形的过程中，产生显著的塑性变形，转化为零件所要求的形状部分。随着凹模的下降，变形区 $bc$ 不断扩大。当缩口过程发展到一定的阶段时，变形区的尺寸已达到一个定值，而不再发生变化，此时，即形成稳定变形阶段。随着凹模的不断下降，传力区不断减小，而已变形区则不断扩大。从传力区进入变形区的金属和变形区转移到已变形区的金属体积相等。

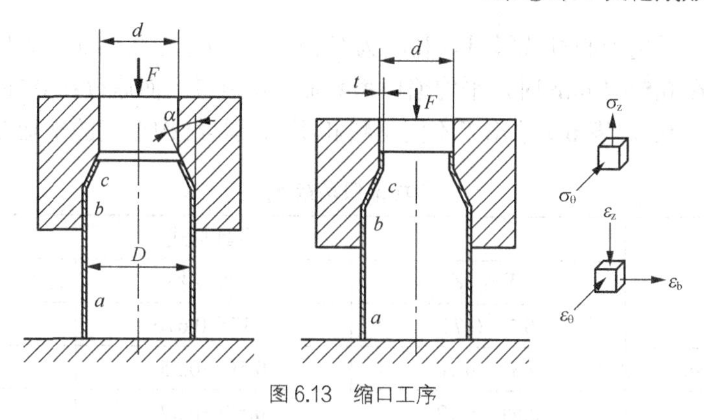


图 6.13　缩口工序

在缩口成形的过程中，变形区主要受切向和轴向压应力的作用，使直径减小而壁厚和高度增加。当切向压应力过大时，容易引起变形区的失稳并起皱。同时，由于传力区承受全部缩口压力，若轴向压力过大，也会引起失稳变形。

缩口变形主要是切向压缩变形，故缩口变形区材料略有增厚。增厚量最大的部位在工件的口部，其增厚量通常不予考虑。需要精确计算时，口部厚度变化的情况一般可按简单压缩的应力应变条件求得：

$$t_1 = t_0\sqrt{\frac{D}{d_1}}$$

$$\cdots\cdots$$

$$t_n = t_{n-1}\sqrt{\frac{d_{n-1}}{d_n}} \tag{6.15}$$

式中，$t_0$为缩口前毛坯的厚度；$D$为毛坯或半成品件的直径（按中心层）；$t_1$，…，$t_n$为各次缩口后口部厚度；$d_1$，…，$d_n$为各次缩口后口部的直径（按中心层）。

缩口后制品口部尺寸一般比缩口模基本尺寸大0.5%～0.8%的弹性恢复量，故设计缩口模基本尺寸时应予以考虑。

### 6.2.2　缩口系数

缩口时的极限变形程度受到侧壁的抗压强度或稳定性的限制，即只有由于缩口变形引起的在毛坯侧壁内的应力小于材料的屈服强度时，才不致使管壁失稳而出现起皱现象。缩口时的变形程度可以用缩口系数来表示。即

$$K = \frac{d}{D} \tag{6.16}$$

式中，$d$为零件缩口后的直径；$D$为缩口前空心毛坯的直径。

缩口次数为

$$n = \frac{\log K}{\log K_{\mathrm{i}}} \tag{6.17}$$

式中，$K_{\mathrm{i}}$为平均缩口系数。

缩口系数的大小与模具结构、材料种类、材料厚度有关。材料厚度越小，则缩口系数要

相应增大。例如，采用无心柱式模具，材料为黄铜，其厚度在 0.5 mm 以下时，平均缩口系数取 0.85；厚度在 0.5～1 mm 时，平均缩口系数取 0.8～0.7。而厚度在 0.5mm 以下的软钢，其平均缩口系数取 0.8。表 6.7 给出了不同材料和不同模具结构形式的平均缩口系数。

**表 6.7　平均缩口系数 $K_i$**

| 材　　料 | 模具形式 | | |
|---|---|---|---|
| | 无支撑 | 外部支撑 | 内部支撑 |
| 软钢 | 0.7～0.75 | 0.55～0.670 | 0.30～0.35 |
| 黄铜 H62、H68 | 0.65～0.70 | 0.50～0.55 | 0.27～0.32 |
| 铝 | 0.68～0.72 | 0.53～0.57 | 0.27～0.32 |
| 硬铝（退火） | 0.73～0.80 | 0.60～0.63 | 0.35～0.40 |
| 硬铝（淬火） | 0.75～0.80 | 0.68～0.72 | 0.40～0.43 |

注：无支撑、外部支撑、内部支撑如图 6.15、图 6.16 所示。

多道工序缩口时，一般第一道工序的缩口系数取平均缩口系数的 90%，以后各工序的缩口系数取 1.05～1.1 倍的平均缩口系数值。

### 6.2.3　缩口时管坯的尺寸计算

缩口时管坯的长度尺寸取决于缩口变形程度和零件要求的缩口形状。考虑到缩口成形过程中缩口变形部分的壁厚略有增厚，故可按变形前后体积相等原则来确定管坯的长度尺寸。图 6.14 表示几种不同口部形状的管坯长度计算尺寸：

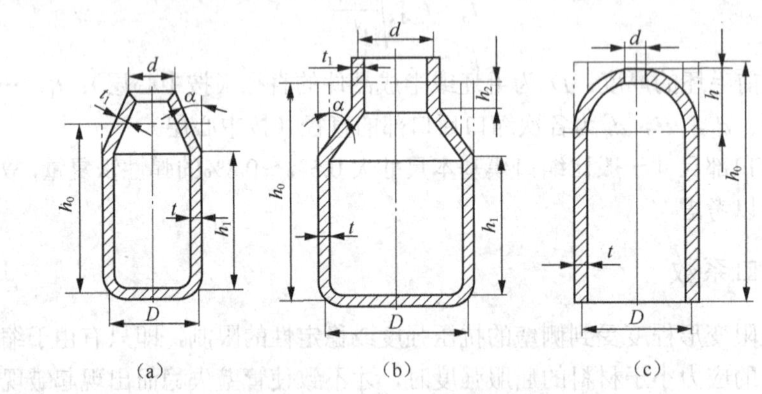


图 6.14　缩口件坯料长度尺寸计算

对于图 6.14（a）所示情况：

$$h_0 = 1.05\left[h_1 + \frac{D^2 - d^2}{8D\sin\alpha}\left(1 + \frac{\sqrt{D}}{d}\right)\right] \tag{6.18}$$

对于图 6.14（b）所示情况：

$$h_0 = 1.05\left[h_1 + h_2\sqrt{\frac{d}{D}} + \frac{D^2 - d^2}{8D\sin\alpha}\left(1 + \sqrt{\frac{D}{d}}\right)\right] \tag{6.19}$$

对于图 6.14（c）所示情况：

$$h_0 = h_1 + \frac{1}{4}\left(1+\sqrt{\frac{D}{d}}\right)\sqrt{D^2-d^2} \tag{6.20}$$

### 6.2.4 缩口力的计算

对于如图 6.14（a）所示的缩口件，利用无芯棒缩口模缩口时，缩口力 $P$ 可用下式进行计算：

$$P = K\left[1.1\pi Dt\sigma_b\left(1-\frac{d}{D}\right)(1+\mu\cot\alpha)\frac{1}{\cos\alpha}\right] \tag{6.21}$$

式中，$K$ 为速度系数。在曲轴压力机上工作时，$K$=1.15；$D$ 为缩口前坯料或半成品的直径（中径）；$t$ 为缩口前材料的厚度；$\sigma_b$ 为材料的抗拉强度；$\mu$ 为工面与凹模接触面的摩擦因数；$\alpha$ 为凹模圆锥半锥角。

为简化起见，对于无芯棒及无外支撑的缩口模进行缩口时，其缩口力可用下列经验公式进行近似计算：

$$P = (2.4 \sim 3.4)\pi t\sigma_b(D-d) \tag{6.22}$$

### 6.2.5 缩口模结构

图 6.15 所示为无心柱支撑缩口模示意图。这种模具的结构简单，但毛坯的稳定性较差，适用于毛坯相对厚度较大，变形程度较小，变形区不易失稳起皱的缩口成形。图 6.16 所示为有支撑的缩口模，缩口模采用有支撑结构后，可以提高缩口成形的尺寸精度，同时可以有效地减轻或防止变形区的失稳起皱。特别是采用内支撑的结构，防止失稳起皱的效果更好。

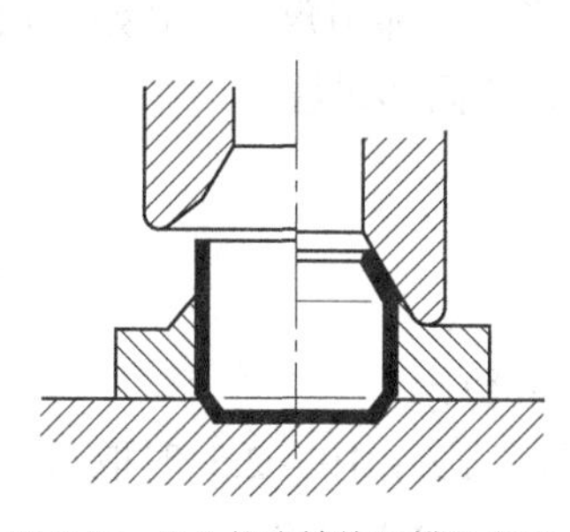

图 6.15 无心柱支撑缩口模示意图

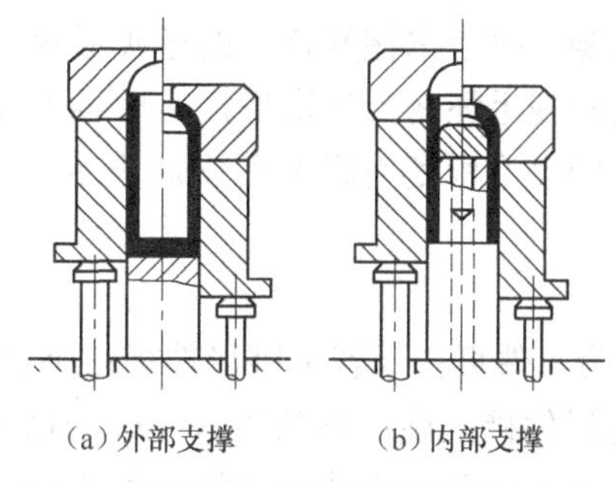

（a）外部支撑　（b）内部支撑

图 6.16 有支撑的缩口模

## 6.3 旋压

旋压又称赶形，是一种特殊的成形工艺，用以制造各种不同形状的空心旋转体零件。早在 10 世纪初，就由我国发明并应用，14 世纪传入欧洲。20 世纪 50 年代以后，随着航空和航天工业的发展，在普通旋压的基础上又发展了变薄旋压。

### 6.3.1 普通旋压

普通旋压工作原理如图 6.17 所示。将平板或半成品毛坯套在芯模上并用顶块压紧，芯模、毛坯和顶块随压力机主轴一起转动，操纵赶棒加压对毛坯反复赶辗，使其由点到线，由线到面最后迫使材料紧贴芯模，而获得所要求的工件形状。

普通旋压加工所用的设备和模具都很简单，可以完成类似拉深、翻边、缩口、胀形等工艺。普通旋压加工范围广、机动性大，但生产效率低，劳动强度大，操作技术要求高，产品质量不稳定，因此只适用于单件试制及小批量生产。

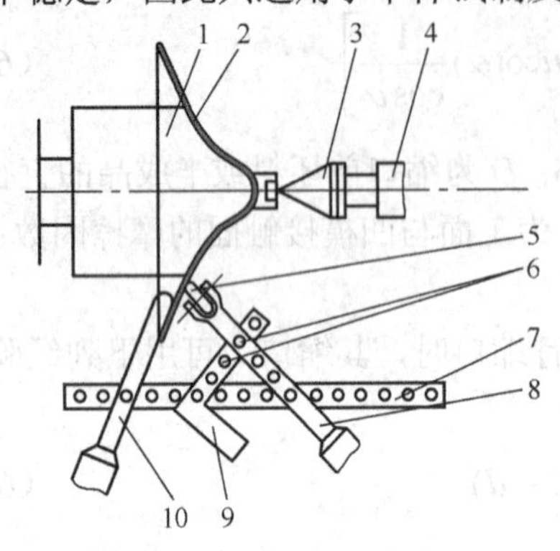


图 6.17 普通旋压成形

1—芯模；2—坯料；3—顶针；4—顶针架；5—旋轮；6—定位钉；7—机床固定板；8—旋压杠杆；9—复式杠杆限位垫；10—成形垫

如图 6.17 所示，在毛坯通过旋压转化成零件的过程中，毛坯的受力特点是切向受压、径向受拉。但其变形过程与普通拉深不同，旋压时旋轮与毛坯之间基本上是点接触。毛坯在旋轮的作用下产生两种变形，一种是与旋轮接触处的材料产生局部塑性变形；另一种是毛坯沿着旋轮加压方向倒伏。因此，在旋压时，制件有时会起皱或破裂。为使毛坯能均匀地变形，必须选择合适的主轴转速、合理的变形过渡形状和旋轮旋压力的大小。

主轴转速如果太低，板料将不稳定；若转速太高，容易过度辗薄。合理的转速可根据被旋压材料的性能、厚度以及芯模的直径确定。一般软钢 400～600 r/min；铝为 800～1 200 r/min。当毛坯直径较大、厚度较薄时取小值，反之则取较大的转速。

旋压操作时应掌握好合理的过渡形状，先从毛坯靠近芯模底部圆角半径开始，由内向外赶辗，逐渐使毛坯变为浅锥形，然后再由浅锥形向深锥形、圆筒形过渡。

旋压的变形程度用旋压系数 $m$ 表示：

$$m=\frac{d}{D} \tag{6.23}$$

式中，$d$ 为工件直径（若是锥形件指最小直径）；$D$ 为毛坯直径。

圆筒形件极限旋压系数可取 $m_{\min}$=0.6～0.8，当相对厚度$(t/D)\times100=2.5$ 时取最小值，当$(t/D)\times100=0.5$ 时取最大值。圆锥形件的极限旋压系数可取 $m_{\min}$=0.2～0.3。

当制件需要的变形程度较大时，可在不同芯模上多次旋压，但由于旋压的加工硬化比较严重，因此应安排进行中间退火。

旋压件的毛坯尺寸计算按工件的表面积等于毛坯的表面积，求出毛坯直径。但由于毛坯在旋压过程中有变薄现象，因此，实际毛坯直径可比理论计算直径小 5%～7%。

### 6.3.2 变薄旋压

变薄旋压又称强力旋压，是在普通旋压的基础上发展起来的，它在导弹及喷气发动机的生产中应用较多。图 6.18 所示为锥形件变薄旋压。

毛坯套在芯模上随同旋压主轴一起旋转，旋轮沿一定轨迹移动，并与芯模保持一定间隙，迫使毛坯按芯模形状逐渐成形。旋轮压力可达 2 500～3 000 MPa。用变薄旋压方法，可加工形状复杂、尺寸较大的旋转体零件，采用这种方法加工出的零件表面质量好且尺寸公差等级高。

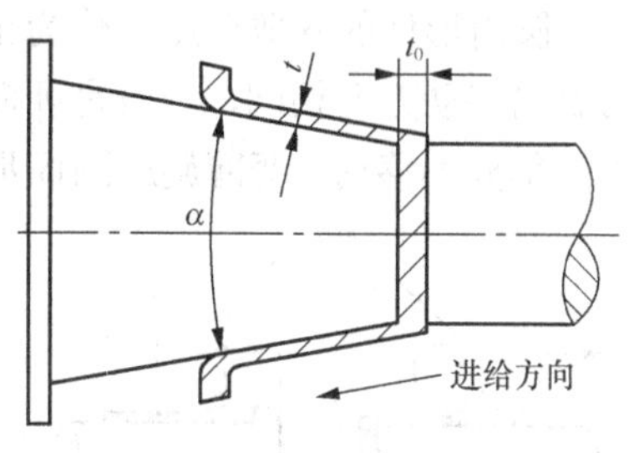

图 6.18　锥形件的变薄旋压

变薄旋压为逐点变形。瞬时变形对工件凸缘未变形区影响较小，凸缘直径始终保持不变。变形中旋轮加压于毛坯，逐渐滚轧，就像旋转挤压过程，使毛坯按预定要求变薄。这是变薄旋压与普通旋压的最根本的区别。变薄旋压过程中，没有凸缘起皱问题，可以一次旋压出相对深度较大的工件。

经变薄旋压后，材料晶粒紧密细化，其强度、硬度和疲劳强度均有所提高。对各种难加工的金属（如高温合金、钛合金）可以加热变薄旋压，材料的高温性能还能得到一定的改善。

变薄旋压一般需要专门的旋压机，要求功率大，有足够的刚度。一般在中小批量生产中采用变薄旋压是较为合适的。

对于锥形件的变薄旋压，芯模锥角$\alpha$是一常数，工件厚度的变化始终遵循正弦规律，这由图 6.18 可以看出。对于非锥形件，工件上任意一点厚度可由该点切线与轴线所成夹角计算出来。正弦规律表达式为

$$t = t_0 \sin\frac{\alpha}{2} \tag{6.24}$$

式中，$t$ 为工件厚度；$t_0$ 为毛坯厚度；$\alpha$ 为芯模锥角。

变薄旋压的变形程度用变薄率$\varepsilon$表示：

$$\varepsilon = \frac{t_0 - t}{t_0} = 1 - \frac{t}{t_0} = 1 - \sin\frac{\alpha}{2} \tag{6.25}$$

芯模锥角$\alpha$表示了变形程度的大小。$\alpha$越小，变形程度越大。各种材料每次变薄旋压变形的最大极限值，可用最小锥角$\alpha_{\min}$来表示。表 6.8 是几种材料不同厚度时$\alpha_{\min}$的实验数值。

**表 6.8　变薄旋压的最小锥角**

| 材料厚度/mm | 允许的最小锥角$\alpha_{\min}$ | | | | |
|---|---|---|---|---|---|
| | LF21M | LY12M | 1Cr18Ni9Ti | 钢 20 | 钢 08F |
| 1 | 30° | 35° | 40° | 35° | 30° |
| 2 | 25° | 30° | 30° | 30° | 25° |
| 3 | 20° | 30° | 30° | 30° | 25° |

当零件的锥角小于允许的最小锥角时，则需要进行二次或多次变薄旋压，这时应进行工序间的退火处理。对于锥形毛坯，也可以预先用其他加工方法制得，再进行变薄旋压。

对于圆筒形件的变薄旋压，不可能用平板毛坯加工出来。因为圆筒形件的锥角$\alpha$=0，根据正弦规律，毛坯厚度$t_0 = t/\sin\frac{\alpha}{2} = \infty$，这自然是不可能的。因此加工变薄旋压圆筒形件时，只能采用壁部较厚、长度较短而内径与工件相同的圆筒形毛坯。

圆筒形件的变薄旋压可分为正旋压和反旋压两种，如图6.19所示。正旋时，材料流动方向与旋轮移动方向相同，一般是朝向机头架。反旋时，材料流动方向与旋轮移动方向相反，未旋压的部分不移动。变薄旋压圆筒形件时，一般塑性好的材料一次的变薄率可达50%以上（如铝可达60%～70%），多次旋压总的变薄率可达90%以上。

旋轮

芯模　芯模

（a）正旋　（b）反旋

图6.19　圆筒形件变薄旋压

对于抛物线形和半球形件的变薄旋压，因工件的母线是曲线，母线上各点的锥角是一个有规律的变量，若用平板毛坯，则旋压后工件的壁部是不等厚的。若要得到壁部等厚的工件，则毛坯就应是不等厚的，其关系式仍然可由式（6.24）的正弦规律求得。

图6.20表示了抛物线形和半球形件变薄旋压时工件壁厚与毛坯厚度的关系。其中图6.20（a）所示为利用等厚平毛坯加工不等厚制件，图6.20（b）所示为采用不等厚的平毛坯加工等厚的制件，图6.20（c）所示为由等厚预成形毛坯加工等厚制件。不等厚毛坯可用车削，也可用预成形的方法获得。

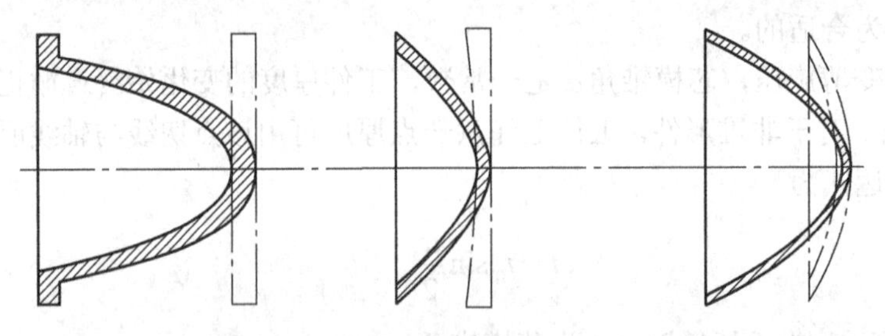

（a）等厚毛坯，不等厚工件（b）不等厚平毛坯，等厚工件　（c）等厚预成形毛坯，等厚工件

图6.20　工件壁厚与毛坯厚度的关系

## 6.4　胀形

利用模具强迫板料厚度减薄和表面积增大，得到所需几何形状和尺寸的制件，这样的冲压加工方法称为胀形。胀形与其他冲压成形工序的主要不同之处是，胀形时变形区在板面方向呈双向拉应力状态，在板厚方向上是减薄，即厚度减薄表面积增加。胀形主要用于加强筋、花纹图案、标记等平板毛坯的局部成形（起伏成形），波纹管、高压气瓶、球形容器等空心毛坯的胀形，飞机和汽车蒙皮等薄板的拉强成形。汽车覆盖件等曲面复杂形状零件成形时也常常包含胀形成分（见图6.21）。

图6.21　各类胀形制件

常用的胀形方法有刚模胀形和以液体、气体、橡胶等为施力介质的软模胀形。软模胀形由于模具结构简单，工件变形均匀，能成形复杂形状的工件，其研究和应用越来越受到人们的重视，如液压胀形、橡胶胀形、爆炸胀形、电磁胀形等。

### 6.4.1 胀形变形特点及成形极限

图6.22是平板毛坯胀形的原理图。当用球形凸模胀形平板毛坯时，毛坯被带有拉深筋的压边圈压死，变形区限制在凹模口以内。在凸模的作用下，变形区大部分材料受到双向拉应力作用（忽略板厚方向的应力），沿切向和径向产生伸长变形，使材料厚度变薄、表面积增大，形成一个凸起。

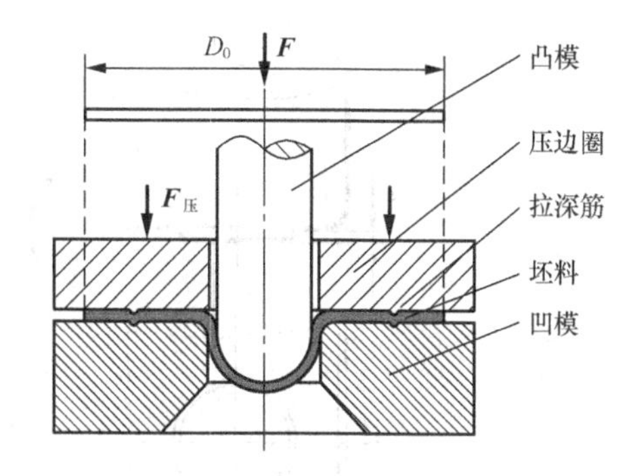


图6.22 平板毛坯胀形原理图

胀形工艺与拉深工艺不同，毛坯的塑性变形区局限于变形区范围，材料不向变形区外转移，也不从外部进入变形区内，胀形是靠毛坯的局部变薄来实现的。

在一般情况下，胀形变形区内金属不会产生失稳起皱，表面光滑。由于拉应力在毛坯的内外表面分布较均匀，因此弹复较小，工件形状容易冻结，尺寸精度容易保证。

胀形的成形极限是指制件在胀形时不产生破裂所能达到的最大变形。由于胀形方法、变形在毛坯变形区内的分布、模具结构、工件形状、润滑条件及材料性能的不同，各种胀形的成形极限表示方法也不相同。纯膨胀时常用胀形深度表示；管状毛坯胀形时常用胀形系数表示；其他胀形方法成形时分别用断面变形程度（压筋）、许用凸包高度和极限胀形系数等表示成形极限。

影响胀形成形极限的因素如下。

（1）材料的伸长率，材料伸长率大，则材料的塑性大，所允许的变形程度大，其成形极限大，对胀形有利。

（2）材料的硬化指数，材料的硬化指数大，则变形后材料硬化能力强，扩展了变形区，使胀形应力分布趋于均匀，使材料局部应变能力提高，因此成形极限大，有利于胀形变形。

（3）工件的形状和尺寸，影响胀形时的应变分布，当用球头凸模胀形时，其应变分布均匀，各点应变量较大，能获得较大的胀形高度，其成形极限较大。

（4）良好的润滑可使凸模与毛坯间摩擦力减小，从而分散变形，应变分布均匀，增加胀形高度。

（5）材料厚度增加，胀形成形极限有所增加。

### 6.4.2 平板毛坯的起伏成形

平板毛坯在模具的作用下发生局部胀形而形成各种形状的凸起或凹下的冲压方法称为局部胀形或起伏成形，如图6.23所示。起伏成形主要用于加工加强筋、局部凹槽、文字、花纹等。起伏成形常采用金属冲模。

由宽凸缘圆筒形零件的拉深可知，当毛坯的外径超过凹模孔直径的3～4倍时，拉深就变成了胀形。平板毛坯起伏成形时的局部凹坑或凸台（以下统称凹坑）主要是由凸模接触区内的材料在双向拉应力作用下的变薄来实现的。起伏成形的极限变形程度，多用胀形深度表示，也可以近似地按单向拉伸变形处理，即

$$\varepsilon_p = \frac{l - l_0}{l_0} \times 100\% \leqslant K\delta \tag{6.26}$$

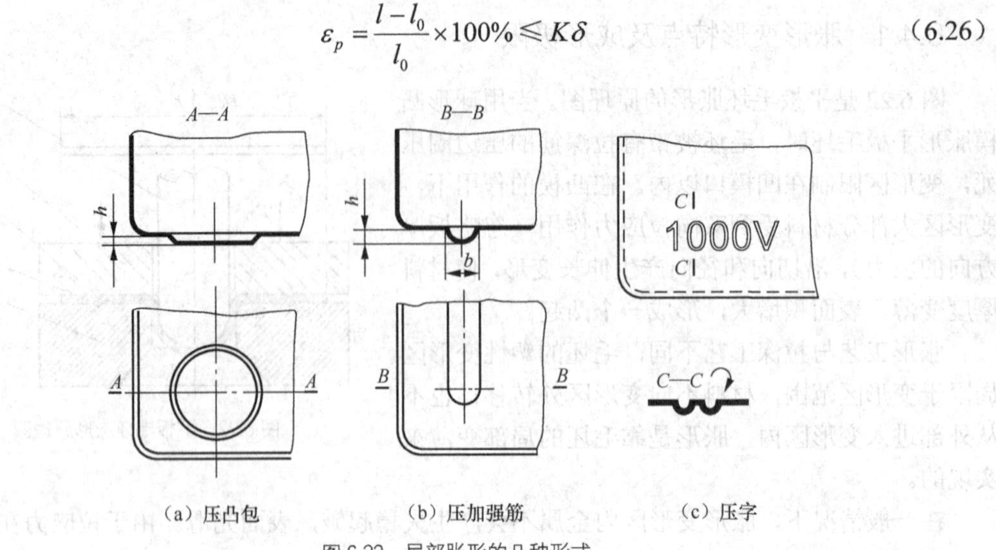

（a）压凸包　　（b）压加强筋　　（c）压字

图6.23　局部胀形的几种形式

式中，$\varepsilon_p$为起伏成形的极限变形程度；$\delta$为材料单向拉深的延伸率；$l_0$、$l$为胀形变形区变形前、后截面的长度（见图6.24）；$K$为形状系数，加强筋$K$=0.7～0.75（半圆筋取大值，梯形筋取小值）。

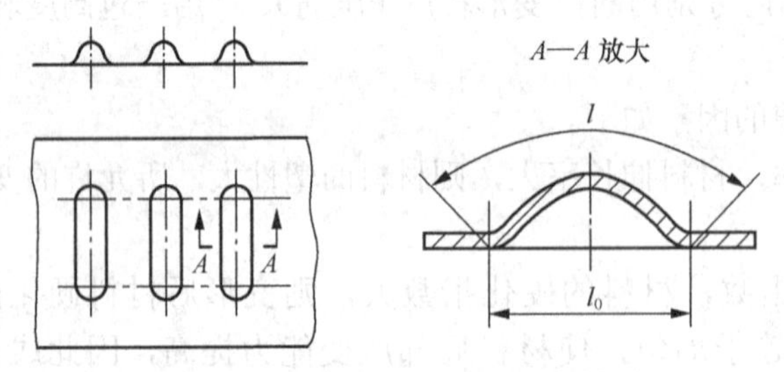

图6.24　胀形变形区变形前后截面的长度

欲提高胀形极限变形程度，可以采用图6.25所示的两次胀形法：第一次用大直径的球凸模使变形区达到在较大范围内聚料和均化变形的目的，得到最终所需的表面积材料如图6.25（a）所示；第二次成形到所要求的尺寸如图6.25（b）所示。如果制件圆角半径超过了极限范围，还可以采用先加大胀形凸模圆角半径和凹模圆角半径，胀形后再整形的方法成形。另外，降低凸模表面粗糙度值、改善模具表面的润滑条件也能取得一定的效果。

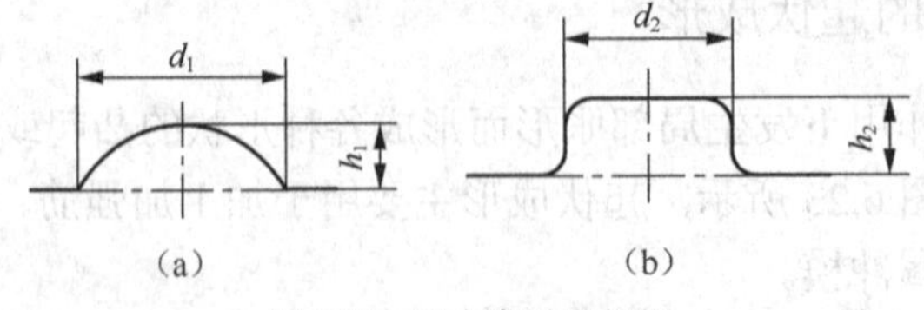

（a）　　（b）

图6.25　两次胀形示意图

### 1. 压加强筋

常见的加强筋形式和尺寸见表6.9。加强筋结构比较复杂，所以成形极限多用总体尺寸表示。当加强筋与边框距离小于（3～3.5）$t$ 时，由于在成形过程中，边缘材料要向内收缩，成形后需要增加切边工序，因此应预留切边余量。多凹坑胀形时，还要考虑到凹坑之间的影响。用刚性凸模压制加强筋的变形力 $F$ 可按式（6.27）计算：

$$F = KLt\sigma_b \tag{6.27}$$

式中，$K$ 为系数，$K$=0.7～1，加强筋形状窄而深时取大值，宽而浅时取小值；$L$ 为加强筋的周长；$t$ 为料厚；$\sigma_b$ 为材料的抗拉强度。

**表 6.9　加强筋形式和尺寸**

| 名称 | 简　图 | $R$ | $h$ | $r$ | $B$ | $\alpha$ |
|---|---|---|---|---|---|---|
| 半圆形筋 | R, r, t, h, B | （3～4）$t$ | （2～3）$t$ | （1～2）$t$ | （7～10）$t$ | - |
| 梯形筋 | α, B, r, r, t, h | — | （1.5～2）$t$ | （0.5～1.5）$t$ | ≥3$h$ | 15°～30° |

对在曲柄压力机上用薄料（$t$<1.5 mm）对小工件（面积<2 000mm²）压筋或压筋兼有校形工序时的变形力按式（6.28）计算：

$$F = KAt^2 \tag{6.28}$$

式中，$A$ 为成形面积；$K$ 为系数，钢取 200～300，铜、铝取 150～200；$t$ 为厚度。

软模胀形的单位压力可按式（6.29）近似计算（不考虑材料厚度变薄）：

$$p = K\frac{t}{R}\sigma_b \tag{6.29}$$

式中，$K$ 为形状系数，球面形状 $K$=2，长条形筋 $K$=1；$R$ 为球半径或筋的圆弧半径。

### 2．压凹坑

压凹坑加工时，如果毛坯直径 $D$ 和凸模直径 $d_p$ 的比值小于 4，成形时毛坯凸缘将会收缩，属于拉深成形；若大于 4，则毛坯凸缘不容易收缩，属于胀形性质的起伏成形。

压凹坑时，成形极限常用极限胀形深度表示，如果是纯胀形，凹坑深度因受材料塑性限制不能太大。极限胀形深度还与凸模形状及润滑有关，用球头凸模对低碳钢、软铝等胀形时，可使的极限胀形深度 $h$ 约等于球头直径 $d$ 的 1/3。而换用平底凸模时，高度就会减小，平头凸模胀形可能达到的极限胀形深度取决于凸模的圆角半径 $r_p$，原因是平底凸模的底部圆角半径 $r_p$ 对凸模下面的材料变形有约束作用。一般情况下，润滑条件较好时，有利于增大极限胀形深度。

表 6.10 给出了压凹坑时凹坑与凹坑间、凹坑与边缘间的极限尺寸以及许用成形高度。如果工件凹坑高度超出表 6.10 中所列数值，则需要采用多道工序的方法冲压凹坑。

**表 6.10　平板毛坯局部压凹坑时的许用成形高度和尺寸**

| 材料 | 软钢 | 铝 | 黄铜 |
|---|---|---|---|
| 许用凹坑成形高度 $h_p$/mm | ≤（0.15～0.2）$d$ | ≤（0.1～0.15）$d$ | ≤（0.15～0.22）$d$ |

| | | | | | | | | | | | | |
|---|---|---|---|---|---|---|---|---|---|---|---|---|
| $D$ | 6.5 | 8.5 | 10.5 | 13 | 15 | 18 | 24 | 31 | 36 | 43 | 48 | 55 |
| $L$ | 10 | 13 | 15 | 18 | 22 | 26 | 34 | 44 | 51 | 60 | 68 | 78 |
| $l$ | 6 | 7.5 | 9 | 11 | 13 | 16 | 20 | 26 | 30 | 35 | 40 | 45 |

若工件底部允许有孔，可以预先冲出小孔，使其底部中心部分材料在胀形过程中易于向外流动，以达到提高成形极限的目的，利于达到胀形要求。

### 6.4.3　空心毛坯的胀形

空心毛坯胀形是将空心件或管状坯料胀出所需曲面的一种加工方法。用这种方法可以成形高压气瓶、球形容器、波纹管、自行车三通接头以及火箭发动机上的一些异形空心件。根据所用模具的不同可将圆柱形空心毛坯胀形分成两类：一类是刚模胀形；另一类是软模胀形。

图 6.26 所示刚模胀形中，分瓣凸模 2 在向下移动时因锥形芯轴 3 的作用向外胀开，使毛坯 5 胀形成所需形状尺寸的工件。胀形结束后，分瓣凸模在顶杆 6 的作用下复位，便可取出工件。刚性凸模分瓣越多，所得到的工件精度越高，但模具结构复杂，成本较高。因此，用分瓣凸模刚模胀形不宜加工形状复杂的零件。

图 6.27 所示软模胀形中，凸模 1 将力传递给液体、气体、橡胶等软体介质 4，软体介质再将力作用于毛坯 3 使之胀形并贴合于可打开的凹模 2，得到所需形状尺寸的工件。

圆柱形空心毛坯胀形的应力状态如图 6.28 所示，其变形仍然是厚度减薄，表面积增加。

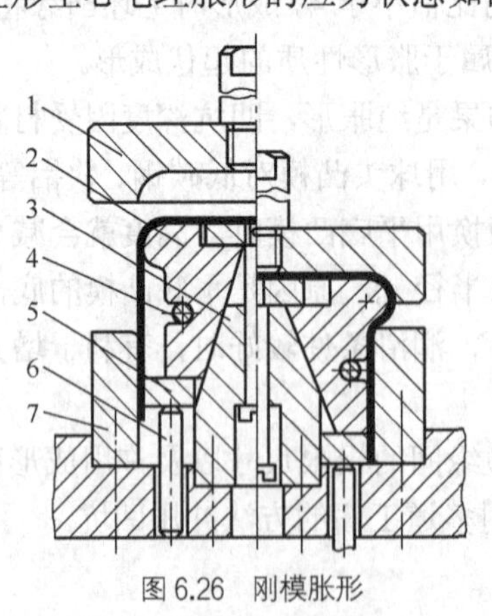

图 6.26　刚模胀形

1—凹模；2—分瓣凸模；3—锥形芯轴；4—拉簧；5—毛坯；6—顶杆；7—下凹模

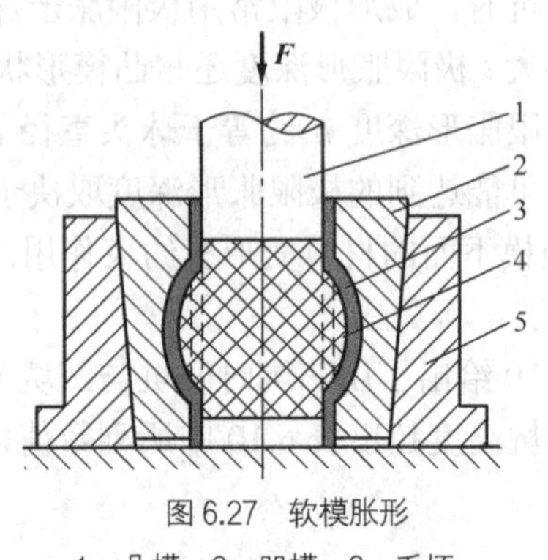

图 6.27　软模胀形

1—凸模；2—凹模；3—毛坯；4—软体介质；5—外套

### 1. 胀形系数

空心毛坯胀形的变形程度用胀形系数 $K$ 表示，即

$$K=\frac{d_{max}}{d_0} \tag{6.30}$$

式中，$d_0$ 为毛坯原始直径；$d_{max}$ 为胀形后工件的最大直径。

由于材料塑性限制，胀形后的直径 $d_{max}$ 不可能任意大，所以这类毛坯胀形时的成形极限用极限胀形系数 $K_p$ 表示。

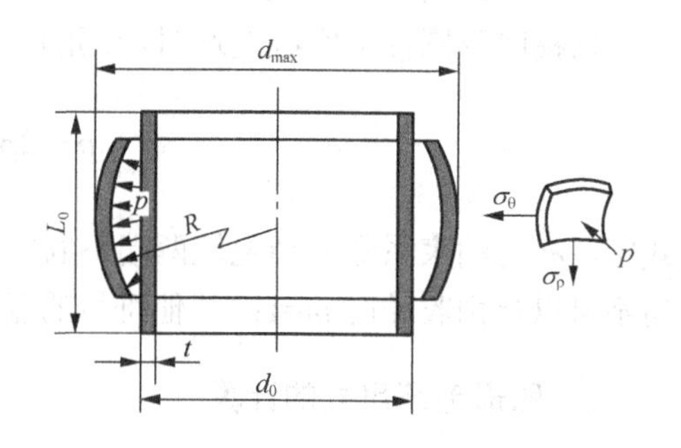


图 6.28 空心毛坯胀形时的应力

$$K_p=\frac{d'_{max}}{d_0} \tag{6.31}$$

式中，$d'_{max}$ 为零件胀破前允许的最大胀形直径。

极限胀形系数 $K_p$ 与工件切向延伸率 $\delta_{\theta p}$ 有关，即

$$\delta_{\theta p}=\frac{\pi d'_{max}-\pi d_0}{\pi d_0}=K_p-1 \tag{6.32}$$

表 6.11 所示为一些材料的极限胀形系数和切向许用延伸率 $\delta_{\theta p}$ 的试验值。如采取轴向加压或对变形区局部加热等辅助措施，还可以提高极限变形程度。

**表 6.11　　极限胀形系数和切向许用延伸率**

| 材　料 | | 厚度/mm | 极限胀形系数 $K_p$ | 切向许用延伸率 $\delta_{\theta p}\times100$ |
|---|---|---|---|---|
| 铝合金 | LF21-M | 0.5 | 1.25 | 25 |
| 纯铝 | L1，L2 | 1.0 | 1.28 | 25 |
| | L3，L4 | 1.5 | 1.32 | 32 |
| | L5，L6 | 2.0 | 1.32 | 32 |
| 黄铜 | H62 | 0.5～1.0 | 1.35 | 35 |
| | H68 | 1.5～2.0 | 1.40 | 40 |
| 低碳钢 | 08F | 0.5 | 1.20 | 20 |
| | 10，20 | 1.0 | 1.24 | 24 |
| 不锈钢 | 1Cr18Ni9Ti | 0.5 | 1.26 | 26 |
| | | 1.0 | 1.28 | 28 |

### 2. 胀形力

刚模胀形所需压力的计算公式可以根据力的平衡方程式推导得到，其表达式为

$$F=2\pi Ht\sigma_b\frac{\mu+\tan\beta}{1-\mu^2-2\mu\tan\beta} \tag{6.33}$$

式中，$F$ 为胀形力；$H$ 为胀形后高度；$t$ 为材料厚度；$\mu$ 为摩擦因数，一般 0.15～0.20；$\beta$ 为芯轴锥角；$\sigma_b$ 为材料的抗拉强度。

软模胀形圆柱形空心毛坯时，胀形压力 $F=Ap$，$A$ 为成形面积，单位压力 $p$ 可按下式计算：

$$p=2\sigma_b\left(\frac{t}{d_{max}}+m\frac{t}{2R}\right) \tag{6.34}$$

式中，$m$ 为约束系数，当毛坯两端不固定且轴向可以自由收缩时 $m$=0，当毛坯两端固定且轴向不可以自由收缩时 $m$=1；其他符号的意义如图 6.29 所示。

### 3．胀形毛坯尺寸的计算

圆柱形空心毛坯胀形时，为增加材料在周围方向的变形程度和减小材料的变薄，毛坯两端一般不固定，使其自由收缩。因此，毛坯长度 $L_0$（见图 6.28）应比工件长度增加一定的收缩量。毛坯长度可按下式近似计算：

$$L_0=L[1+(0.3\sim0.4)\delta_\theta]+\Delta h \tag{6.35}$$

式中，$L$ 为工件的母线长度；$\delta_\theta$为工件切向延伸率（见式 6.32）；$\Delta h$ 为修边余量，取 10～20 mm。

## 6.4.4 胀形模设计举例

工件名称：罩盖，简图如图 6.29 所示；生产批量：中批量；材料：10#钢；料厚：0.5 mm。

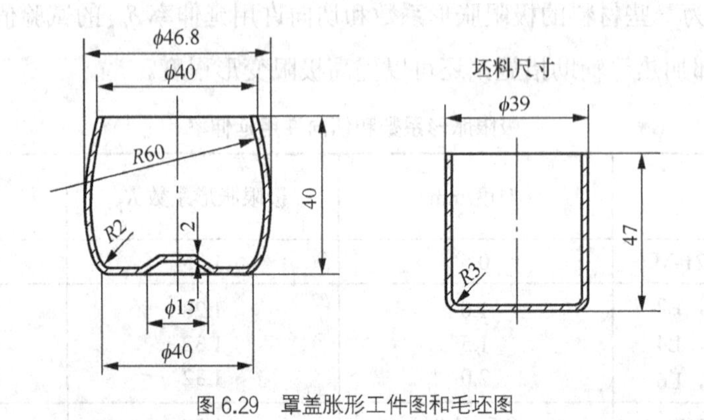


图 6.29 罩盖胀形工件图和毛坯图

### 1．工艺分析及计算

该工件侧壁属空心毛坯胀形，底部属起伏成形，具有胀形工艺的典型特点，筒形半成品毛坯由拉深获得。

（1）底部压凹坑计算

查表 6.10 得极限胀形深度 $h$=0.15$d$=2.25 mm，此值大于工件底部凹坑的实际高度，可以一次成形。

压凹坑所需成形力由式（6.28）计算：

$$F_{压凹}=KAt^2=250\times\frac{\pi}{4}\times15^2\times0.5^2=11\,044.69(\text{N})$$

（2）侧壁胀形计算

胀形系数$K$由式（6.31）计算：

$$K = \frac{d_{max}}{d_0} = \frac{46.8}{39} = 1.2$$

查表6.11得极限胀形系数为1.24。该工序的胀形系数小于极限胀形系数，侧壁可以一次胀形成形。

侧壁成形力近似按两端不固定形式计算，可查得$\sigma_b$=430 MPa，由式（6.34）得：

$$F_{胀形} = Ap = \pi d_{max} L \frac{2t}{d_{max}} \sigma_b = \pi \times 46.8 \times 40 \times \frac{2 \times 0.5}{46.8} \times 430 = 54\,105.89(N)$$

胀形前毛坯的原始长度$L_0$由式（6.35）计算，$\delta_{\theta p} = \frac{\pi d'_{max} - \pi d_0}{\pi d_0} = K_p - 1$=0.2，可以计算工件母线长$L$=40.8 mm，取修边余量$\Delta h$ =3 mm，则：

$$L_0 = L[1 + (0.3 \sim 0.4)\delta] + \Delta h = 40.8(1 + 0.35 \times 0.2) + 3 = 46.66\,(mm)$$

$L_0$取整为47 mm。胀形前毛坯取为外径39 mm、高47 mm的杯形件，如图5.30所示。

（3）总成形力的计算：

$$F=F_{压凹}+F_{侧胀}=11\,044.69+54105.89=65\,150.58(N)=65.15(kN)$$

### 2．模具结构设计

胀形模如图6.30所示。侧壁靠聚氨酯橡胶7的胀压成形，底部靠压包凸模3和压包凹模4成形，将模具型腔侧壁设计成胀形下模5和胀形上模6便于取件。

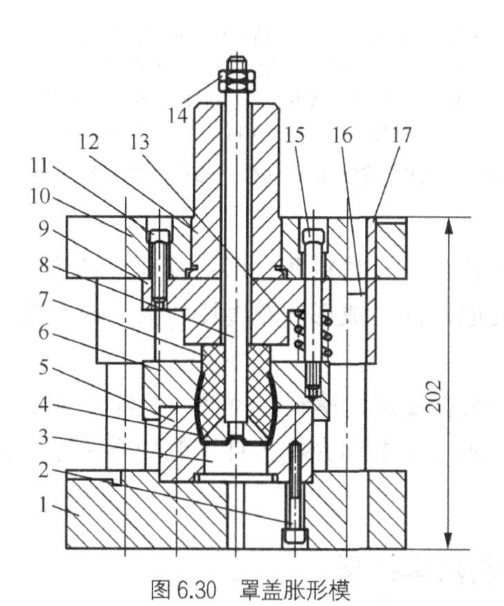


图6.30 罩盖胀形模

1—下模板；2—螺栓；3—压包凸模；4—压包凹模；5—胀形下模；6—胀形上模；7—聚氨酯橡胶；8—拉杆；9—上固定板；10—上模板；11—螺栓；12—模柄；13—弹簧；14—螺母；15—拉杆螺栓；16—导柱；17—导套

## 6.5 覆盖件成形工艺与模具

汽车覆盖件（简称覆盖件）是指覆盖发动机、底盘，构成驾驶室和车身的表面零件，它包括外覆盖件和内覆盖件。外覆盖件是指能直接看到的汽车车身外部的裸露件，如车门外板、顶盖、行李箱盖外板、发动机盖外板、侧围外板等；内覆盖件是指车身内部的覆盖件，它们被覆盖上内饰件或被车身的其他零件挡住而一般不能直接看到，如车门内板、行李箱盖内板、发动机盖内板、侧围内板等。图6.31所示是轿车车身的分解图。

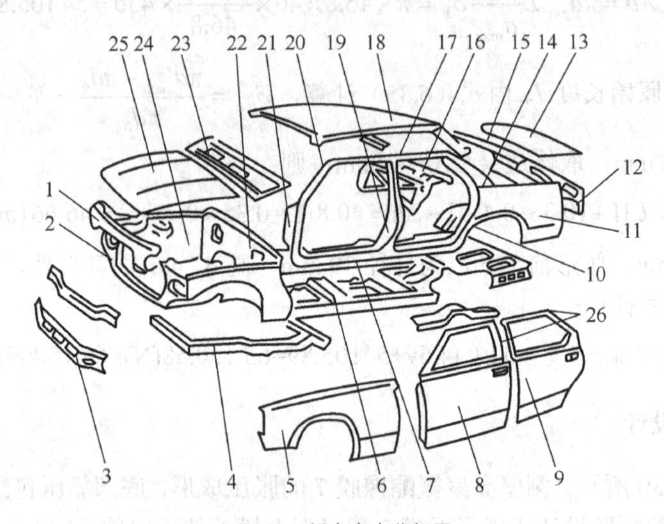


图6.31 轿车车身分解图

1—发动机罩前支撑板；2—水箱固定框架；3—前裙板；4—前框架；5—前翼子板；6—底板总成；7—门槛；8—前门；9—后门；10—车轮挡泥板；11—后翼子板；12—后围板；13—行李舱盖；14—后立柱（C柱）；15—后围上盖板；16—后窗台板；17—上边架；18—顶盖；19—中立柱（B柱）；20—前立柱（A柱）；21—前围侧板；22—前围板；23—前围上盖板；24—前挡泥板；25—发动机罩；26—门窗框

同一般冲压件相比，覆盖件具有材料薄、形状复杂、结构尺寸大和表面质量要求高等特点，多是复杂的三维空间曲面，冲压成形的难度比较大，成形规律难以掌握，需要借助现代先进的计算机技术。

覆盖件零件的制造，一般都要经过落料、拉伸（拉延）、修边、翻边、冲孔、整形、胀形等多道冲压工序才能完成。本节主要简介覆盖件工艺数学模型、拉延工艺与模具、修边工艺与模具和翻边工艺与模具。

### 6.5.1 覆盖件的工艺数学模型

覆盖件的工艺数学模型包括工艺数学模型（3D）、工序数学模型（3D，指每道工序的模型图）及工程图［又称工艺流程图或加工要领图，简称D/L（Die Layout Drawing）图或工法图，为2D图］，这是覆盖件工艺设计和模具设计过程中必不可少的几个图，图6.32所示为某车前门外板的拉延工序3D数学模型和拉延工序D/L简图。

（a）零件简图

（b）拉延工序 3D 数模简图

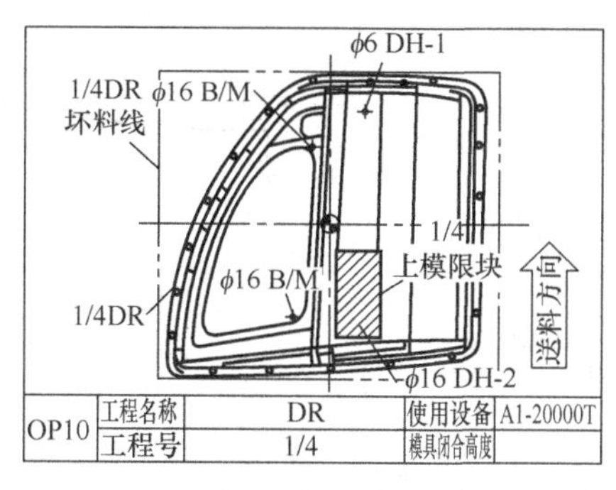


（c）拉延工序 DL 简图

图 6.32　某车前门外板 3D 拉延工序数学模型与 D/L 图中的 2D 工序简图

其中的 D/L 图是用于表示覆盖件冲压工艺内容，指导覆盖件模具设计与制造的工程计划图，它的合理与否直接影响到模具设计制造的成败。D/L 图包含以下主要内容。

（1）工序划分及加工内容。

（2）各工序的送料方向（投入侧、取出侧见图 6.32）。

（3）工艺流程图及冲压设备。

（4）各工序冲压方向及斜楔加工方向。

（5）基准点与冲压中心的关系。

（6）合模基准孔（C/H）、型面检查点（C/P）、成形到底记号（B/M）的相关位置。

（7）预想下料尺寸。

（8）废料刀位置及废屑流向表示。

（9）冲孔作业工程及尺寸表示。

（10）加工部位的断面形状表示。

（11）其他需要说明的情况。

图 6.33 所示是某汽车机盖内板的 D/L 图。

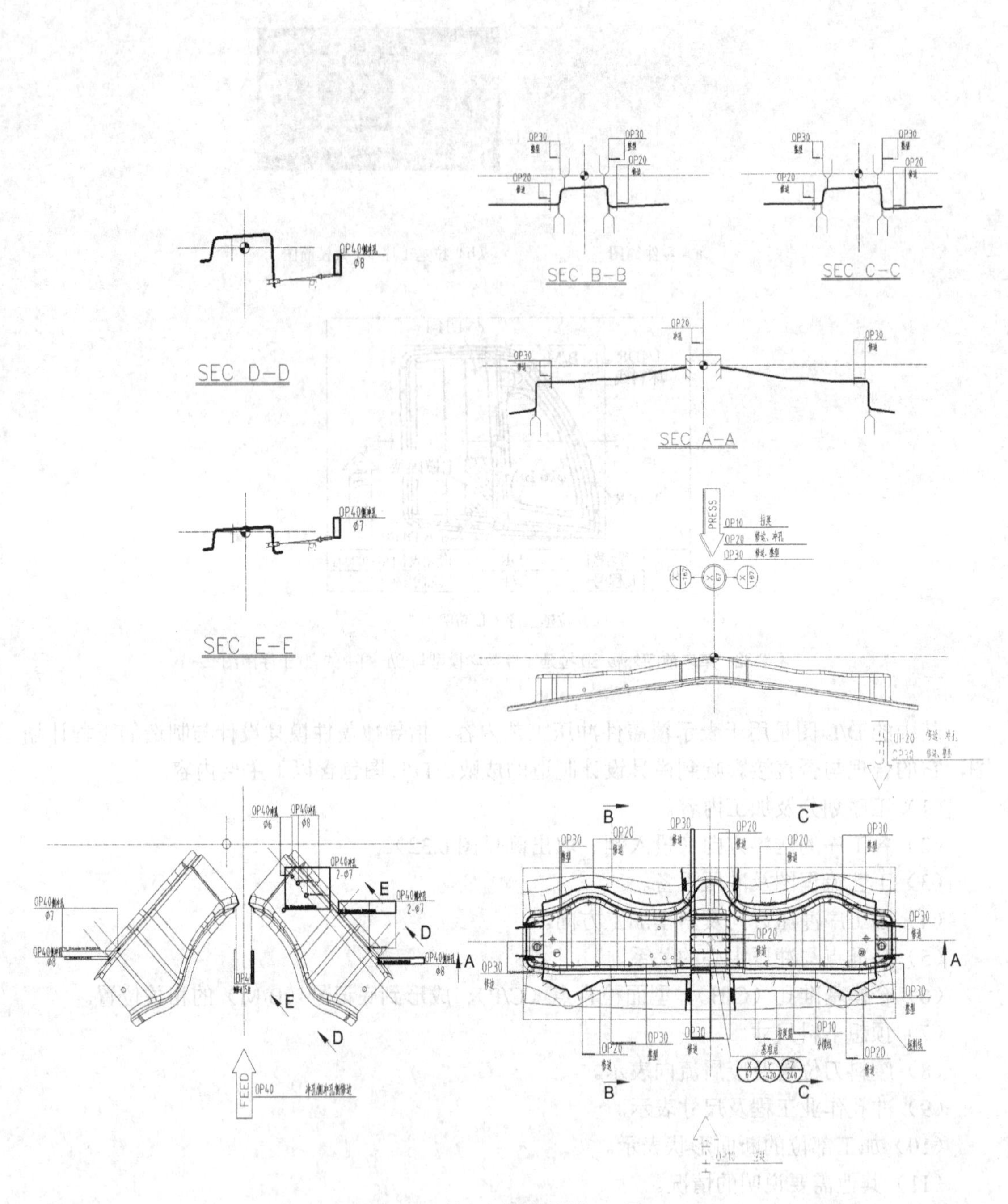


图6.33 某汽车机盖内板的D/L图

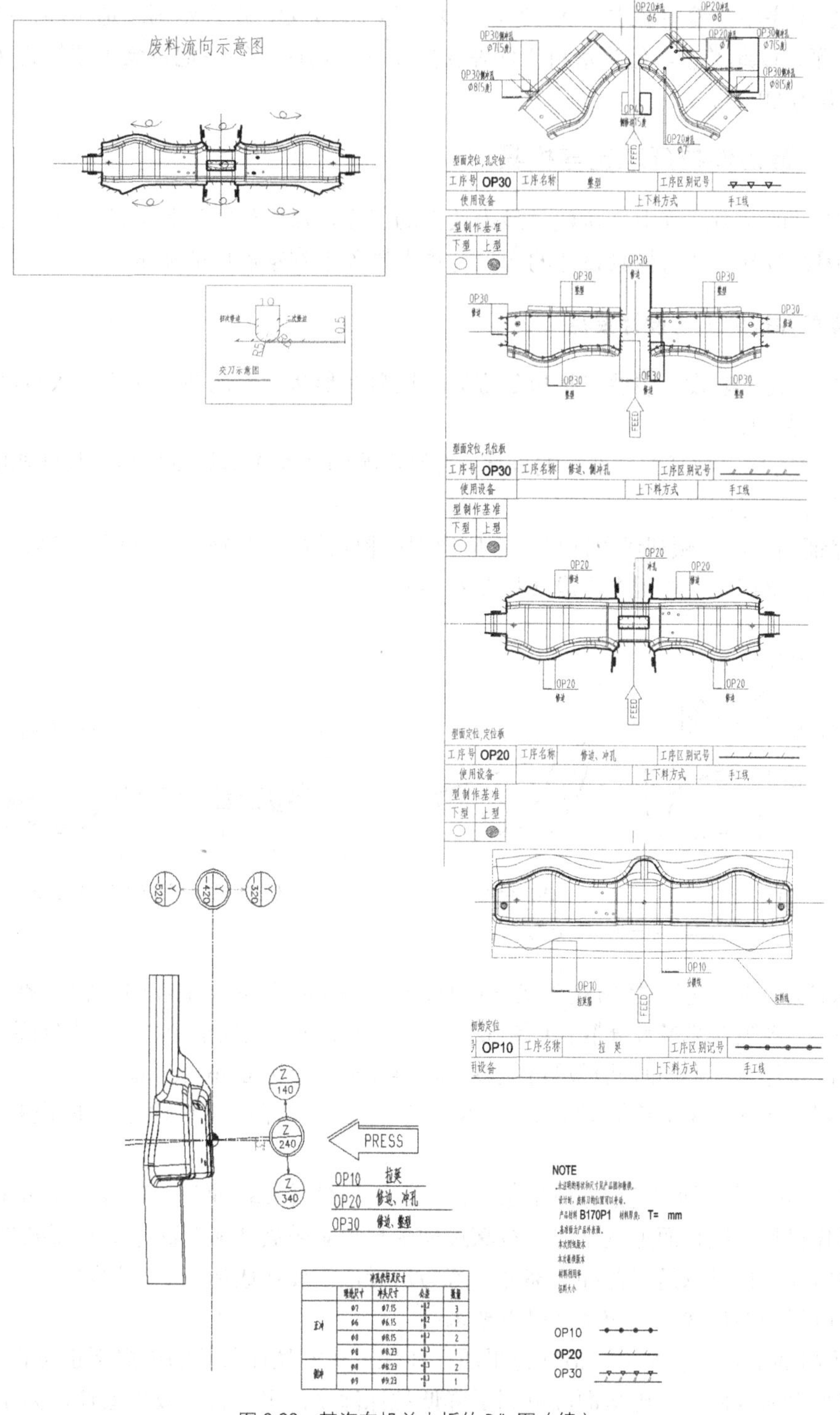


图 6.33 某汽车机盖内板的 D/L 图（续）

图 6.33 的有关说明如下。

（1）名词解释：BL——落料，DR——拉延，TR——修边，PI——冲孔，FL——翻边，BUR——翻孔，RST——整形，BND——弯曲，FO——成形，HEM——包边。

（2）各工序序号编写要求，OP10 表示第一道工序；OP20 表示第二道工序；OP30 表示第 3 道工序，以此类推，但当落料工序在拉延工序之前时，往往把拉延工序编为 OP10，把落料工序编为 OP05。

### 6.5.2 覆盖件拉延工艺与模具

在覆盖件的制造过程中，拉延是最为关键的工序，覆盖件的形状大部分是在拉伸工序中形成的。因此拉延工艺与模具设计的合理与否直接关系到覆盖件的质量。

#### 1. 覆盖件拉延工艺设计要点

覆盖件拉延工艺设计主要包括拉延方向、压料面形状、工艺补充部分形状与尺寸、拉延筋（槛）、工艺切口等。

（1）拉延方向　拉延方向选择的好坏，直接影响到零件成形的质量和模具结构的复杂性，选择时应符合下述原则：

1）保证凸模能够顺利进入凹模，不应出现凸模接触不到的死区（见图 6.34），工件上需要成形的部位要在一次冲压中完成（见图 6.35）。

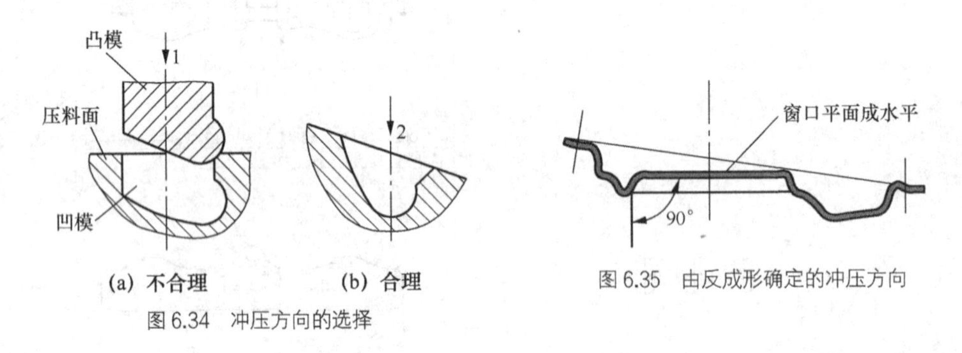


图 6.34　冲压方向的选择

图 6.35　由反成形确定的冲压方向

2）保证成形时凸模与坯料接触状态良好：凸模开始拉伸时与毛坯的接触面要大且平［见图 6.36（a）］，接触点要多且分散［见图 6.36（b）］，尽量使凸模位于中心部位［见图 6.36（c）］，在保证一次拉伸成形的同时凸模尽可能多与坯料接触［见图 6.36（d）］。

3）尽量减少拉深深度，成形深度尽可能相同，并保持压料面各部位进料阻力大小均匀。

（2）压料面　压料面是指位于凹模圆角半径 $R_d$ 以外并在拉伸开始时被压边圈和凹模压住的那一部分材料。压料面形状是保证拉深过程中材料不破裂和顺利成形的首要条件。它可以是零件的本体，也可以是工艺补充部分，若为后者，需要在成形完毕后切除。

确定压料面的形状时，应满足以下要求：

1）压料面形状尽量简单，最好为平面，在保证良好拉伸条件的前提下也可设计成锥面、单曲面或平滑的双曲面。压料面应有利于降低拉深深度，平压料面效果最佳，为了降低拉深深度，常使压料面形成一定的倾斜角，但倾斜角不宜大于 40°。

2）压料面应保证凸模对毛料有一定长度的拉深效应。压边圈和凸模的形状应保持一定的几何关系，使毛坯在拉深过程中始终处于紧张状态，并能平稳渐次地紧贴凸模，为此凸模展开长度应大于压料面展开长度（见图 6.37）。

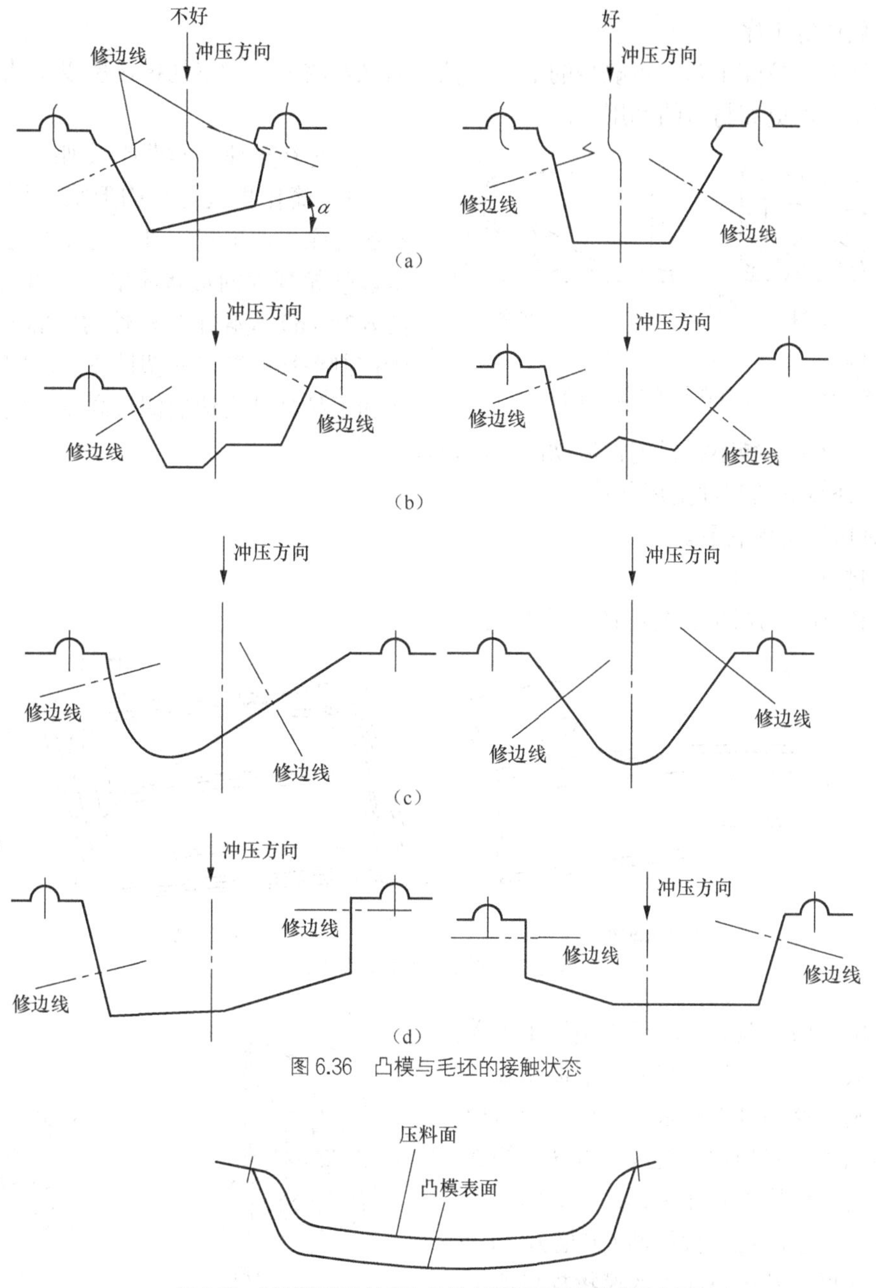


图 6.36 凸模与毛坯的接触状态

图 6.37 压料面展开长度比凸模表面展开长度短的示意图

3）确定压料面时，要考虑毛坯定位的稳定、可靠和送料与取料的方便。

4）压料面应平滑光顺有利于毛坯向凹模型腔内流动。压料面上不得有局部的鼓包、凹坑和下陷。如果压料面是覆盖件本身的凸缘面，而凸缘上有凸起和下陷时，应增加整形工序。

（3）工艺补充部分设计　为了给覆盖件创造一个良好的成形条件，必须将零件的边缘按形状特点和需要展开后再加上必须的于覆盖件本体以外的材料补充，称工艺补充。增加工艺补充部分的目的主要是：改善覆盖件成形条件，通过工艺延伸，能形成局部侧壁高度，使拉深件各处拉深深度较为均匀，促使材料各处的变形均匀一致，方便覆盖件成形中的定位及后续修边、翻边等工序。

工艺补充是拉深工艺不可缺少的部分，拉深后又需将要它们修切掉，所以工艺补充部分应尽量减少，以提高材料的利用率。

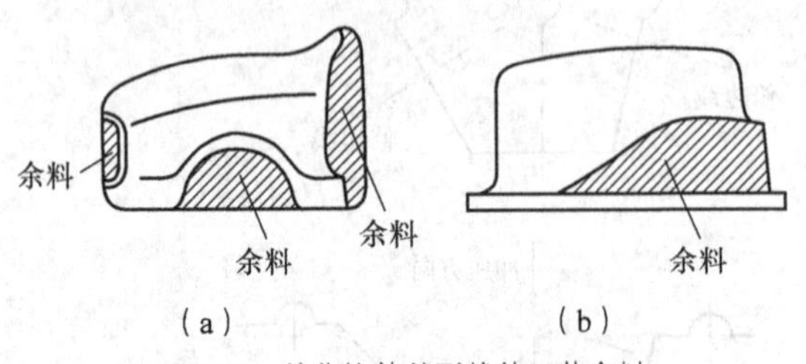


（a）　（b）

图6.38　简化拉伸件形状的工艺余料

工艺补充部分的设计原则：

1）简化拉延件结构形状。拉延件的形状越复杂，拉延越困难，设置工艺补充部分可以使拉延件的形状简单，如图6.38所示，图6.38（a）简化了拉延件的轮廓形状，有利于控制毛坯的变形和塑性流动。图6.38（b）增加了拉延件右边的侧边高度，使拉延高度变化较小，有利于减小材料塑性流动的不均匀性。

2）保证良好的塑性变形条件。

3）对后续工序有利。

4）用料尽可能小。

图6.39所示为成双拉延时的工艺补充。

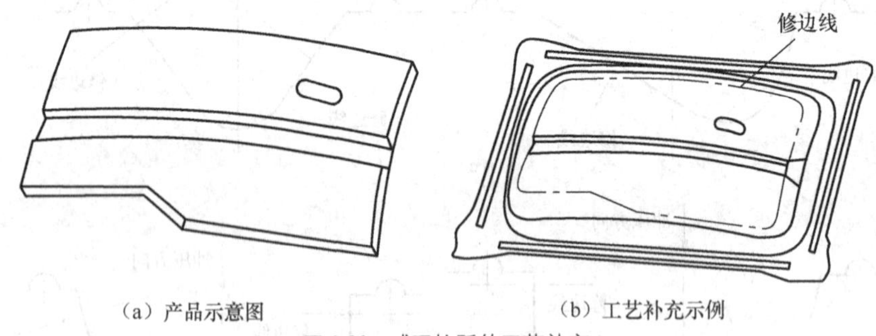


（a）产品示意图　（b）工艺补充示例

图6.39　成双拉延的工艺补充

（4）拉深筋（槛）　对于大型汽车覆盖件的冲压成形，为了保证尺寸、表面质量、形状精度及足够的刚性要求，一般采用对板料周边施加适当附加拉力的成形方法。施加附加拉力的主要措施是在凹模口周边的压料面上设置突起或凹进的拉伸筋（或槛），利用拉伸筋（或槛）及压料面上的摩擦提供所需的附加拉力，如图6.40所示。

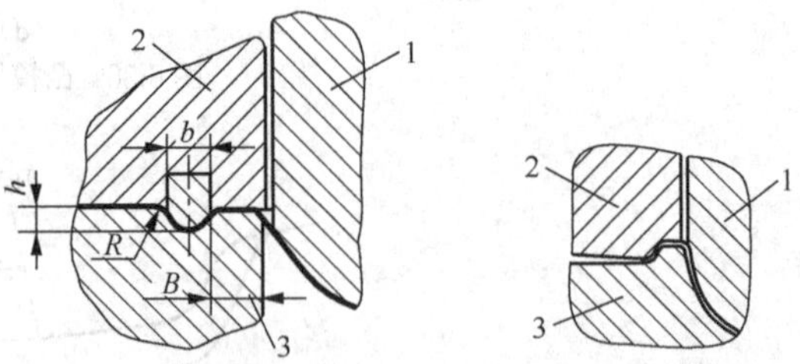

（a）拉深筋　（b）拉深槛

图6.40　拉深筋和拉深槛

1—凸模；2—压边圈；3—凹模

拉深筋剖面呈半圆形，拉深槛剖面呈梯形，安装在凹模孔口，它的阻力作用比拉深筋大，主要用于拉深深度浅、外形平坦的拉深件。拉深筋（槛）在毛坯周边的布置，与零件的几何形状、变形特点、拉深深度有关。

（5）工艺孔与工艺切口　当需要在零件的中间部位压出深度较大的局部突起或鼓包时，往往由于不能从毛坯的外部得到材料的补充或本身材料的延伸率不够而导致零件的局部破裂，此时可以考虑在局部变形区的适当部位冲出工艺孔或工艺切口，使容易破裂的区域从变形区内部得到材料的补充，如图6.41所示为汽车外门板的工艺切口。

**2. 覆盖件拉延模具**

根据所使用拉延设备的不同，汽车覆盖件拉延模有在单动压力机上拉延的拉延模（或称单动拉延模）和在双动压力机上拉延的拉延模（或称双动拉延模）及在多动拉延设备上进行的拉延模等几种。随着冲压设备性能的改善，单动拉延已成为覆盖件拉延成形的主流方式。

图6.42所示为某车左前侧门外板加强板单动拉延模结构示意图。拉深时的压边力由压力机工作台下部的压缩空气垫提供。主要由凹模1、凸模7、压边圈4三大件组成（因此常被称为三板式结构），凹模安装在压力机的滑块上，凸模7通过下模板5安装在压力机工作台面上（因此也叫倒装拉延模）。上下模的导向采用外导板2，采用内导板3实现压边圈4和凸模7间的导向。

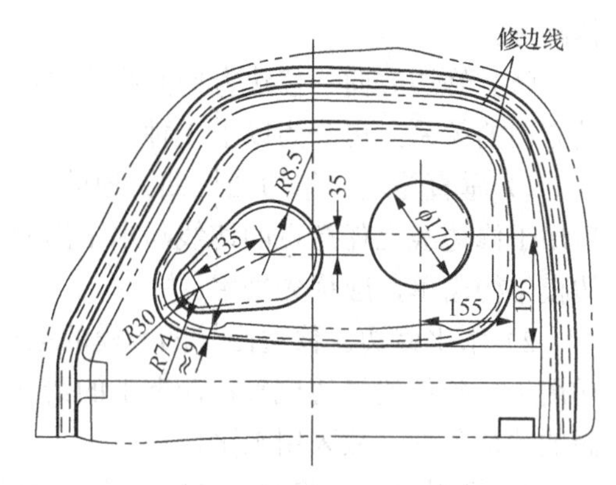


图6.41 汽车外门板的工艺切口

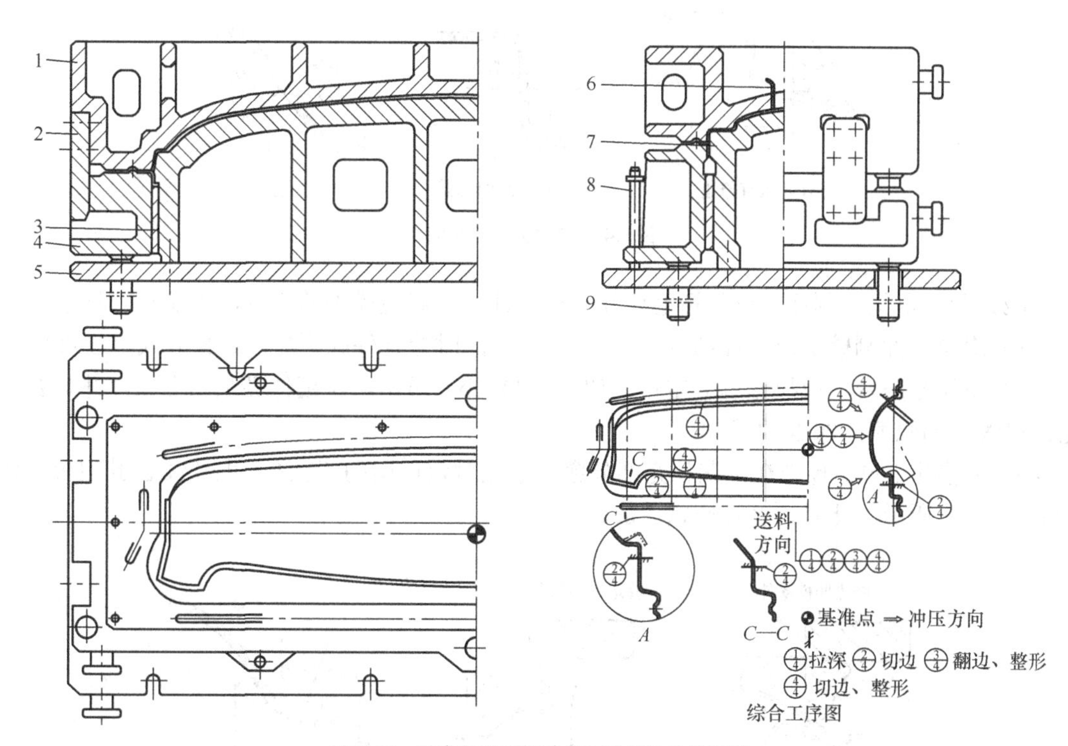


图6.42 某车左前侧门外板加强板单动拉延模

1—凹模；2—外导板；3—内导板；4—压边圈；5—下模板；6—排气管；7—凸模；8—限位柱；9—顶杆

## 6.5.3 覆盖件修边工艺与模具

修边就是将拉延件的工艺补充部分和压料凸缘的多余部分切掉，这是保证汽车覆盖件零件尺寸的一道重要工序，通常放在拉延之后，翻边之前。

**1．修边工艺设计**

在设计修边工艺时，需要解决的主要问题是修边方向，制件的定位方式，废料的分块及排除等。

（1）修边方向　修边方向是指修边凸（凹）模镶块的运动方向，根据它与压力机滑块运动方向的关系，可分为以下3种。

1）垂直修边。修边凸（凹）模的运动方向与滑块运动方向一致，如图6.43（a）所示。适用于修边线上任意点的切线与水平面的夹角 $\alpha$ 小于30°，最大不超过45°的情况。这种修边模结构简单，应优先采用。

2）水平修边。修边凸（凹）模的运动方向与滑块运动方向垂直，如图6.43（b）所示。适用于拉延件的修边位置在侧壁上的情况，此时由于侧壁与水平面的夹角较大，为了接近理想的冲裁条件，故采用水平修边。

3）倾斜修边。修边凸（凹）模的运动方向与滑块运动方向成一定角度，如图6.43（c）所示。适用于侧壁与水平面不垂直，但夹角大于30°的情况。

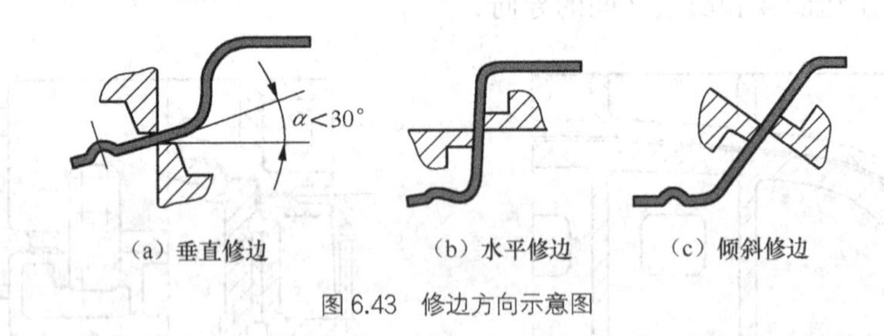


图6.43　修边方向示意图

（2）制件定位　制件定位是指毛坯件（拉延件）在修边模中的定位，主要有三种形式：

1）用拉延件侧壁定位。如图6.44（a）所示，此时拉延件朝下放，这种方式定位可靠。

2）用拉延凸台（或拉延槛）定位。如图6.44（b）所示，拉延件必须朝上放，并且要考虑凹模镶件的强度，即 $B$ 的尺寸。

3）工艺孔定位。预先在工艺补充部分穿出修边时定位用的工艺孔，利用工艺孔定位，如图6.44（c）所示，此时拉延件应趴着放。

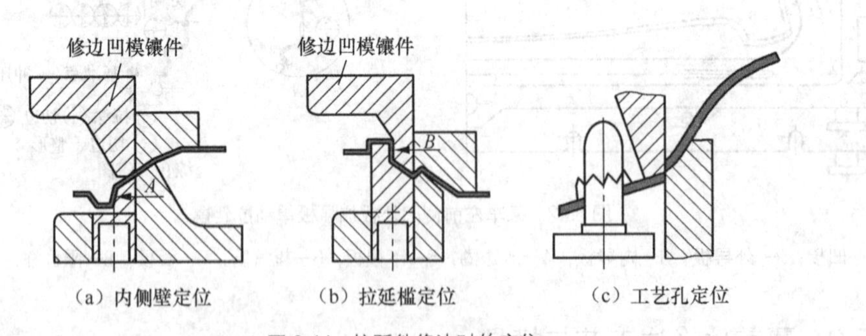


图6.44　拉延件修边时的定位

（3）废料分块及排除　覆盖件的废料外形尺寸大，修边线形状复杂，不可能采用一般卸料板卸料，需要利用废料切断刀将废料分成若干块方可方便卸料，也便于打包运输。废料的分块应根据废料的排除方法而定，手工排除废料的分块不宜太小，一般不超过4块，长度一般不超过800 mm；机械自动排除废料的分块要小一些，一块废料的长度一般不超过600 mm，便于废料打包机打包或满足废料传送装置的通过性。

### 2．修边模的结构

根据修边方向不同，修边模有垂直修边模、斜楔修边模和垂直斜楔修边模三种类型。

图6.45所示为一种垂直修边模的结构，此时修边镶块的运动方向同压力机滑块的运动方向一致，不需要进行冲压方向的转换，因此结构简单，被广泛采用。

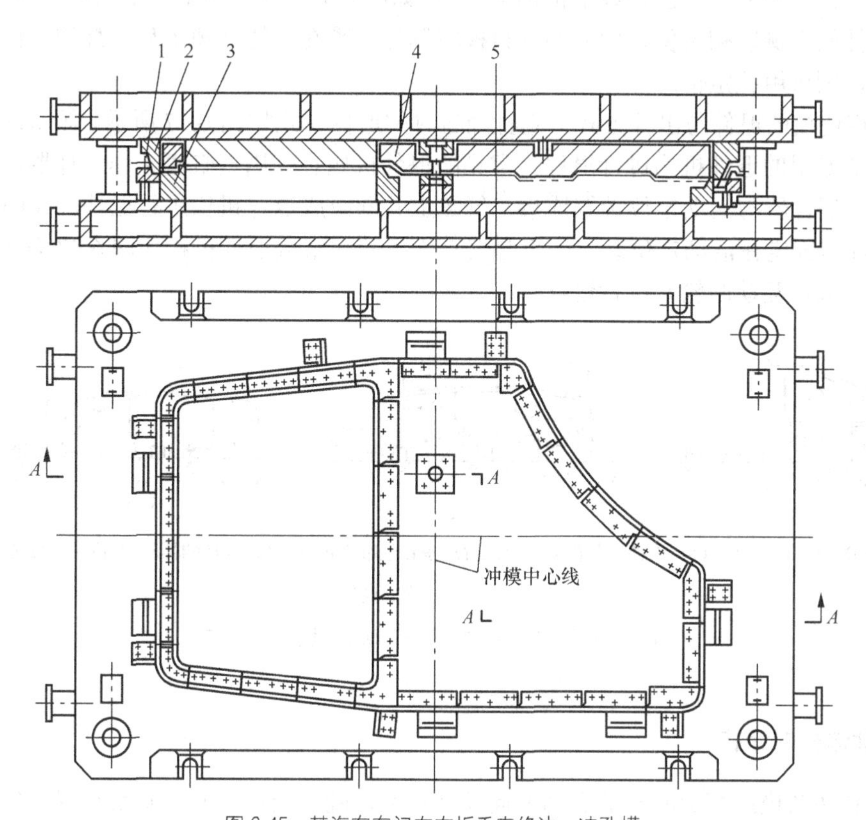


图6.45 某汽车车门左右板垂直修边、冲孔模

1—定位板；2—修边凹模镶件；3—凸凹模镶件；4—卸料板；5—废料切断刀

## 6.5.4 覆盖件翻边工艺与模具

翻边是在成形毛坯的平面部分或曲面部分上使板材沿一定的曲线（翻边线）翻成竖立边缘的冲压加工方法。

### 1．翻边工艺设计

翻边工艺设计的主要内容是翻边方向、工序件的定位和翻边件的取出。

（1）翻边方向的确定　根据翻边凸、凹运动方向不同，翻边有垂直方向翻边、水平方向翻边和倾斜翻边3种，图6.46所示是各种典型的覆盖件翻边示意图，箭头表示翻边方向。

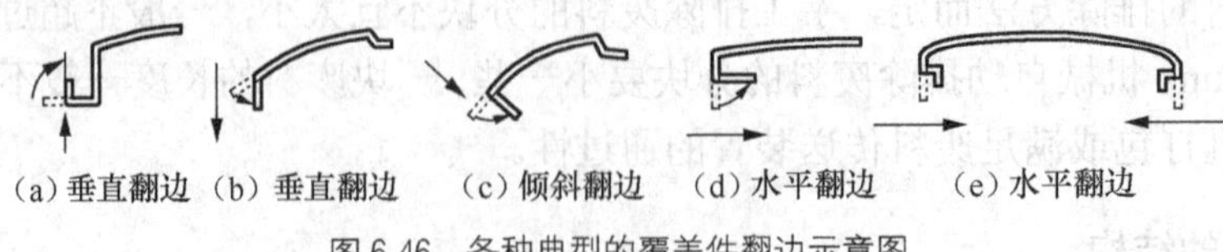


图6.46 各种典型的覆盖件翻边示意图

（2）翻边工序件的定位 翻边通常是覆盖件冲压的最后工序，因此它的定位准确性直接影响覆盖件的质量。对于垂直方向的翻边，用制件的侧壁、外形或本身的孔定位，此时可通过在模具上设置相应的定位块或定位销来实现，如图6.47所示；对于水平或倾斜方向的翻边，通常以制件的内侧壁初定位，然后靠压料板将制件压紧在翻边凸模上后再翻边；如果制件上本身有孔，则可用孔定位。

（3）翻边模的退件与出件方式 垂直翻边时的退件方式如图6.47所示。倾斜或水平翻边时需要设置专用的退件机构进行退件。常见的退件机构有：用气缸直接作退件器，如图6.47（a）所示；退件器与活动定位装置连接在气缸上共同组成退件机构进行退件，如图6.47（b）所示；退件器固定在活动定位装置上再与气缸连接共同组成退件机构如图6.47（c）所示；使用双斜楔（或称互动凸轮）进行退件。

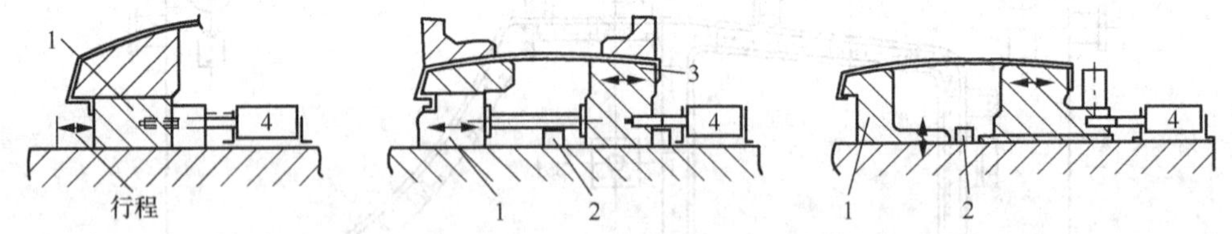


(a) 气缸退件器 (b) 退件器与活动定位装置连接在气缸上退件 (c) 退件器固定在活动定位装置上退件

图6.47 翻边模中的退件机构

1—退件器；2—限位键；3—活动定位块；4—气缸

## 2．翻边模的结构

根据翻边凸模或翻边凹模的运动方向及其特点，翻边模主要有垂直翻边模、斜楔翻边模和垂直斜楔翻边模3种类型。图6.48所示是垂直翻边模的结构示意。

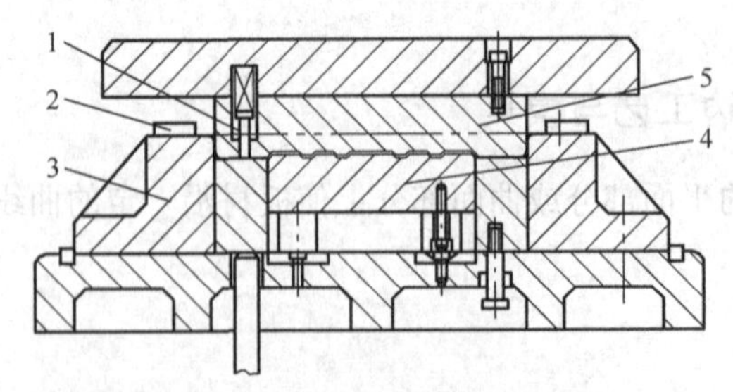


图6.48 垂直翻边模结构示意图

1—顶料销；2—定位板；3—凹模；4—顶料板；5—凸模

## 思考与练习题

1. 在翻边、胀形、缩口等成形工序中，由于变形过度而出现的材料损坏形式分别是什么？

2. 缩口与拉深工序在变形特点上有何相同与不同的地方？

3. 旋压成形有何特点？

4. 简述覆盖件成形特点和成形工艺设计原则。

5. 工艺补充面的作用是什么？它可分为几种类型？

6. 为减小翻边的变薄量，先压出凹窝再冲孔翻边。图 6.49 虚线所示的两种成形形状，那一种形状对减小翻边变薄更有效？

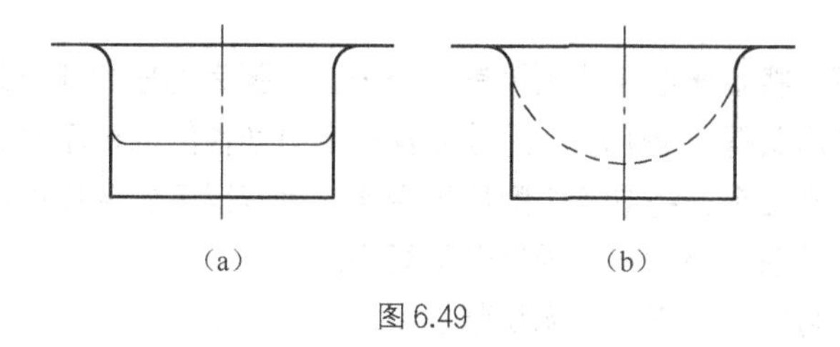


图 6.49

7. 试分析确定图 6.50 所示各零件的冲压工艺方案，并设计图 6.50（a）所示零件的$\phi$45 圆孔翻孔模结构。

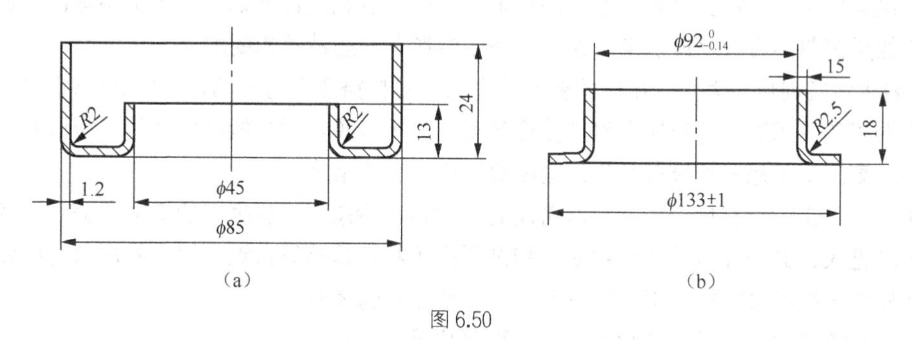


图 6.50

# 第7章 冷挤压工艺与模具设计

冷挤压是在冷态下，将金属毛坯放入模具模腔内，在强大的压力和一定的速度作用下，迫使金属从模腔中挤出，从而获得所需形状、尺寸以及一定力学性能的挤压件。

冷挤压与热锻、粉末冶金、铸造及切削加工相比，具有以下主要优点。

（1）工件质量好　挤压件精度高，强度性能更好。

（2）节省原材料　冷挤压属于少、无切削加工。

（3）生产效率高，冷挤压是利用模具来成形的，其生产效率很高。

（4）可以加工其他工艺难于加工的零件，如“山”形零件。

由于这些优点，冷挤压已越来越多地用来生产软质金属、低碳钢、低合金钢零件。但这些优点往往不能用简单的方法发挥出来，因为冷挤压成形有一些特殊的要求：

（1）要求设备吨位较大　冷挤压的变形抗力大，单位挤压力可能高达 2 500～3 000 MPa。

（2）对模具要求高　冷挤压力时常接近甚至超过现有模具材料的抗压强度，所以对模具材料要求很高。高压下要想延长模具寿命，也需要采取一定的措施。

（3）对所加工的原材料要求高　冷挤压时，材料在冷态下发生很大的变形。为了避免加工过程中的多次退火，必须注意选用组织致密和杂质少（特别是易导致钢冷脆性的磷含量要低）的材料。冷挤压件一般不进行精加工，所以必须选用精度好的坯料。

（4）所用毛坯往往要进行软化退火和表面磷化等润滑处理。

因此要组织好冷挤压生产需要全面考虑这些特点。

## 7.1 冷挤压工艺分类及冷挤压金属变形特点

### 7.1.1 冷挤压工艺分类

根据金属被挤出方向与加压方向的关系可将冷挤压分为下述几种，如图 7.1 所示。

正挤压　金属被挤出方向与加压方向相同。包括实心件正挤压和空心件正挤压，挤压件的断面形状既可以是圆形也可以是非圆形。

反挤压　金属被挤出方向与加压方向相反，反挤压法适用于制造断面是圆形、矩形、“山”形、多层圆形、多格盒形的空心件。

复合挤压　一部分金属的挤出方向与加压方向相同，另一部分金属的挤出方向与加压方向相反，是正挤压和反挤压的复合。复合挤压法适用于制造断面是圆形、方形、六角形、齿形等的双杯类、杯-杆类或杆-杆类挤压件，也可以是等断面的不对称挤压件。

径向挤压　挤压时金属的流动方向与凸模轴线方向相垂直，如图 7.2（a）所示。金属在凸模作用下沿径向流动，用于制造某些需要在径向有突起部分的工件。

减径挤压　这是一种变形程度较小的正挤压法，毛坯断面仅作轻度缩减，如图 7.2（b）所示。主要用于制造直径差不大的阶梯轴类挤压件以及作为深孔薄壁杯形件的修整工序。减径挤压挤压力低于坯料的屈服力，坯料不会产生镦粗，因此其模具可以是开式的，减径挤压也叫“开式挤压”或“无约束正挤压”。它适合于长轴类件的挤压，是加工带有多台阶轴的有效方法，并适合于加工沟槽浅的花键轴和三角形齿花键轴（见图 7.3）。

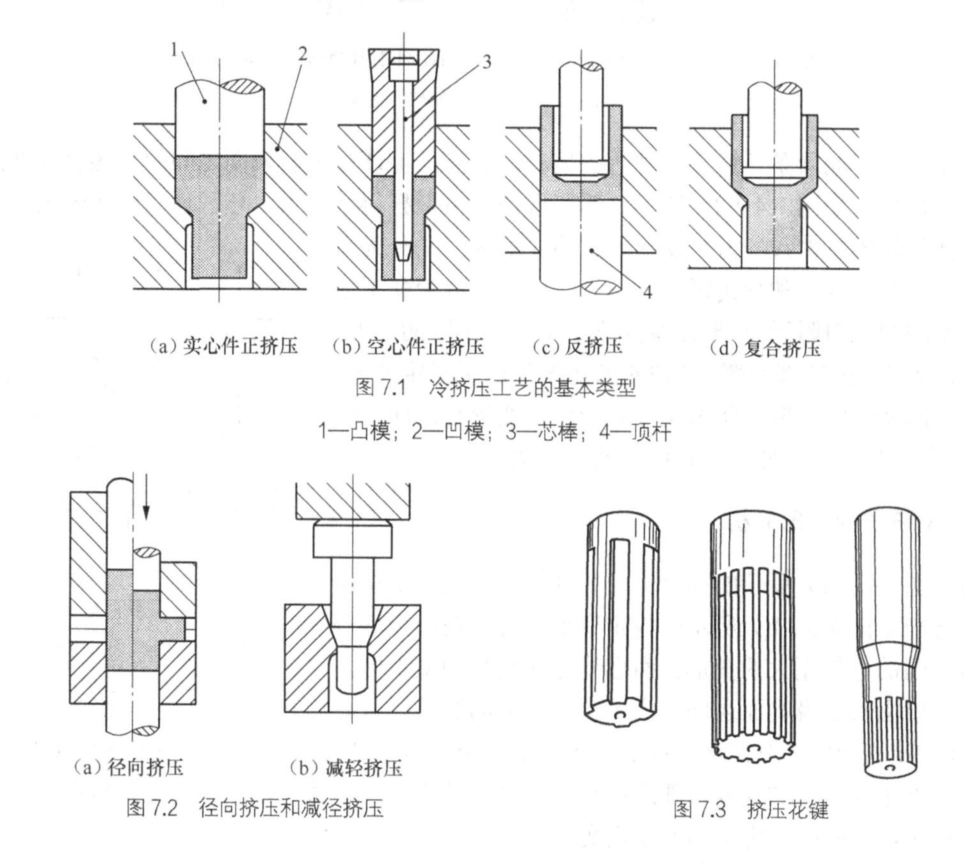


（a）实心件正挤压　（b）空心件正挤压　（c）反挤压　（d）复合挤压

图 7.1　冷挤压工艺的基本类型

1—凸模；2—凹模；3—芯棒；4—顶杆

（a）径向挤压　（b）减轻挤压

图 7.2　径向挤压和减径挤压

图 7.3　挤压花键

## 7.1.2　冷挤压的变形分析

### 1. 正挤压变形分析

图 7.4 为正挤压变形的网络示意图。理想润滑状态下挤出的材料变形情况如图 7.4（b）所示，是均匀的、无剪切变形的理想变形。但是，由于外部摩擦、工件形状、变形程度及各种因素的影响，实际上是不存在理想变形的。理想润滑（无摩擦）时的挤压金属变形如图 7.4（c）所示，坯料的中心部分首先开始变形，横格线向挤压方向弯曲，接近模具孔口部分的弯曲程度最大，而坯料的边缘接近凹模孔口时才发生变形，与模具型腔表面接触部分的横格线间隔基本不变。由于锥面的推挤作用，纵向方格线向中心靠拢，发生不同程度的扭曲，位于

模具孔口附近的扭曲变形最为显著，可见，变形主要集中在模具孔口附近。处于凹模下底面转角处的那一小部分金属很难变形或停留不动，被称之为“死区”。死区的大小与摩擦、凹模锥角、变形程度有关。

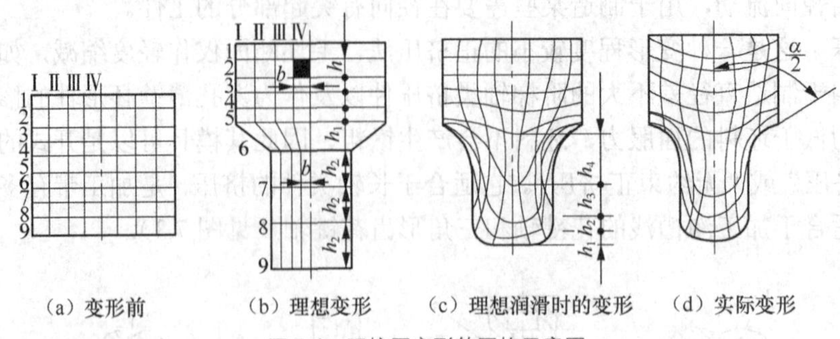


图 7.4　正挤压变形的网格示意图

在生产中，润滑条件达不到理想的情况，因而，毛坯与金属表面之间的摩擦会使变形不均匀程度加剧，如图 7.4（d）所示。其表现是网格歪扭得更严重，死区也相应比较大。

正挤压时坯料大致分为：变形区、不变形区（又分为待变形区、已变形区）和死角区，如图 7.5 所示。因为变形区始终处于凹模孔口附近，只要压余厚度不小于变形区的高度，变形区的大小、位置都不变，所以正挤压变形属于稳定变形。

挤压时变形区的应力状态是三向受压，变形是两向压缩（径向、周向）和一向伸长（轴向）的应变状态。

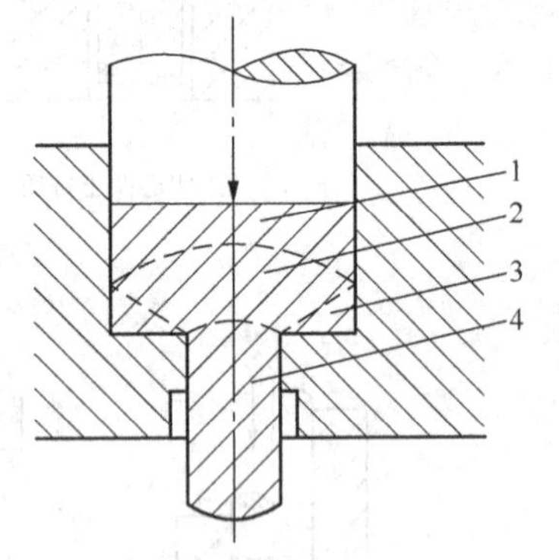


图 7.5　正挤压变形分区

1—待变形区；2—变形区；3—死区；4—已变形区

### 2．反挤压的变形分析

对于图 7.6（a）所示的高度大于直径的毛坯进行反挤压时，便会产生图 7.6（b）所示的稳定变形状态。在凹摸底部和虚线之间的金属无大的变形，两虚线之间是强烈变形区，而在虚线以上与凸模端面之间成为不参与变形的黏滞区（死区）。在稳定变形中，黏滞区和强烈变形区的大小保持不变，其位置随凸模的下行逐渐下移，而毛坯下部不变形区的高度也随之减小。当底厚减小到一定值时，底部的全部材料都向外侧流动，产生图 7.6（c）所示的非稳定变形状态。

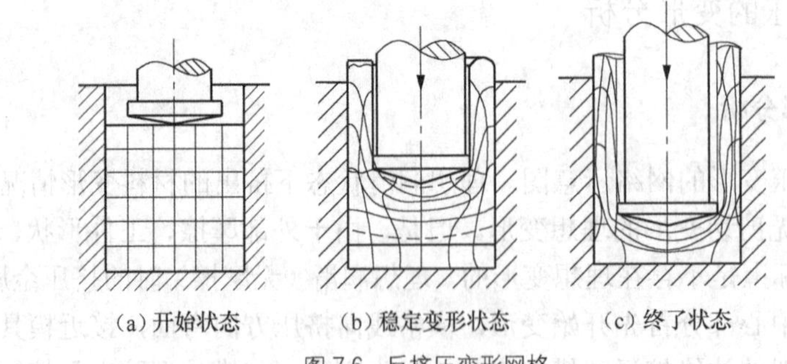


图 7.6　反挤压变形网格

由图 7.6 可以看出，反挤压时内壁的变形程度大于外壁。同时，强烈变形区的金属一旦到达筒壁后，就不再继续变形，仅在后续变形金属的推动和流动金属本身的惯性力作用下，以刚性平移的形式向上运动。

图 7.7 所示为反挤压变形区分区情况，坯料变形时可分为图示的 5 个区。除了挤压最后阶段（压余厚度小于 2、3 两区的总高度）反挤压变形也属于稳定变形。

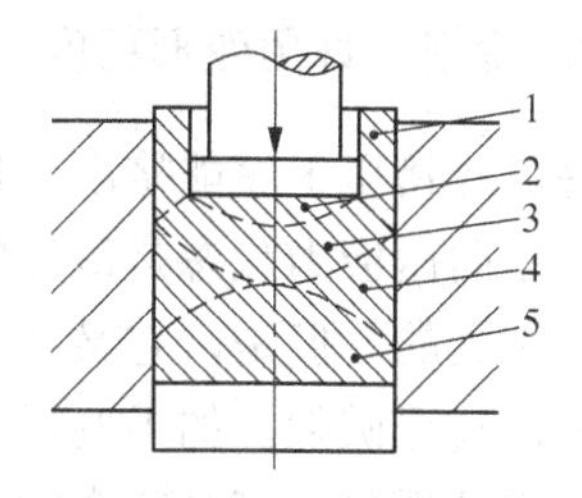

图 7.7 反挤压变形分区

1—已变形区；2—死区；3—变形区；4—过渡区；5—待变形区

### 3．复合挤压变形分析

复合挤压因为是正挤压、反挤压的组合，有很多种复合的情况（见图 7.8）。复合挤压存在向不同出口挤出的流动的分界面，即分流面，分流面的位置影响两端金属的相对挤出量。

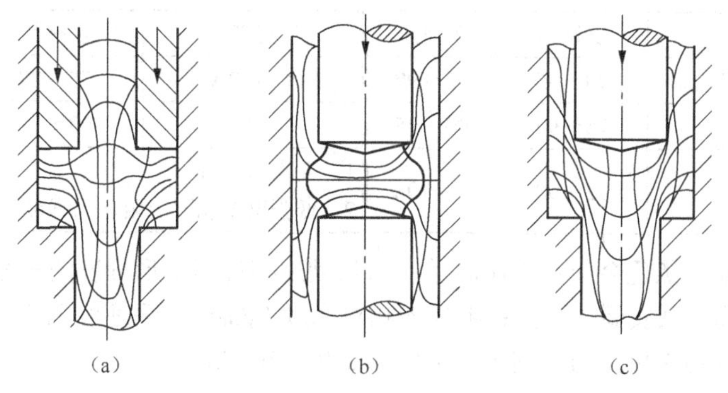

图 7.8 复合挤压变形的网格图

## 7.1.3 挤压变形程度

### 1．冷挤压变形程度

冷挤压变形程度表示方法有以下 3 种：

（1）断面缩减率

$$\varepsilon_A = \frac{A_0 - A_1}{A_0} \times 100\% \tag{7.1}$$

式中，$A_0$、$A_1$ 为挤压变形毛坯、工件的横截面积（mm²）。

（2）挤压比

$$G = \frac{A_0}{A_1} \tag{7.2}$$

（3）对数变形程度

$$\varepsilon_e = \ln\frac{A_0}{A_1} \tag{7.3}$$

### 2. 冷挤压许用变形程度

每道冷挤压工序能挤出合格产品的最大变形程度称许用变形程度。就塑性变形的可能性而言，三向压应力状态是最好的应力状态，能够实现更大的塑性变形，所以冷挤压的变形程度是比较大的。但是，它又要受到模具强度和寿命的限制。如果变形程度过大，模具寿命就会缩短，甚至破裂。如果变形程度过小，则要增加冷挤压工序，降低生产效率。因此，应当在保证产品质量、模具寿命的前提下，按照使冷挤压工序数减少到最低限度的原则，来选用冷挤压的变形程度。

影响许用变形程度的主要因素有材料的力学性能、模具强度、冷挤压变形形式、毛坯表面处理、润滑等。

（1）有色金属　有色金属冷挤压的单位压力较小，其许用变形程度较大，见表 7.1。

**表 7.1　有色金属的许用变形程度 $\varepsilon_A$**　（%）

| 材料 | 反挤压 | 正挤压 | 材料 | 反挤压 | 正挤压 |
|---|---|---|---|---|---|
| 铅、锡、锌、铝等软金属 | 90～95 | 95～99 | 铝合金 2A11 | 75～82 | 92～95 |
| 无氧铜、紫铜 | 75～90 | 90～95 | 黄铜 | 73～75 | 75～87 |
| 铝合金 5A03 | 92～98 | 95～98 | 1．要求润滑好<br>2．低强度金属取上限，高强度金属取下限 | | |

（2）黑色金属　黑色金属正挤压时毛坯材料硬度与许用变形程度的关系如图 7.9 所示。该曲线由实验测得，其实验条件是：毛坯的相对高度 $h_0/d_0$=1，毛坯经退火软化、表面磷化皂化处理，模具的许用单位压力分别为 2 000 MPa 和 2 500 MPa。

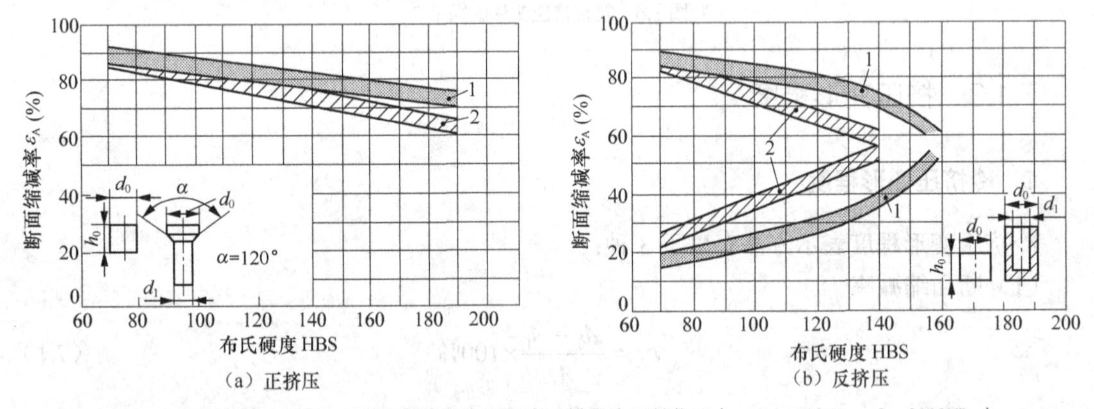


图 7.9　黑色金属正挤压和反挤压的许用变形程度（模具许用单位压力：1—2500MPa；2—2000MPa）

## 7.2 冷挤压原材料与毛坯的准备

### 7.2.1　冷挤压原材料

冷挤压时，由于摩擦的影响，会导致挤压件表层金属在附加拉应力的作用下开裂。所以，金属材料塑性越好，硬度越低，含碳量越低，含硫、磷等夹杂物越少，冷作硬化敏感性越弱，则对冷挤压越有利，其挤压工艺性越好。

目前可供冷挤压的金属材料有：铅、锡、银、铝及铝合金、铜及铜合金、镍、锌及锌镉合金、纯铁、中碳钢、低碳钢、低合金钢和不锈钢等。此外，对于钛和某些钛合金、钽、锆以及可伐合金等也可进行冷挤压，甚至对轴承钢 GCr9、GCr15 及高速钢 W6Mo5Cr4V2 也可进行一定变形量的冷挤压加工。

## 7.2.2 冷挤压毛坯的形状及尺寸

### 1. 冷挤压对毛坯的要求

（1）冷挤压用毛坯表面应保持光洁，不能有裂纹、折叠等缺陷。

（2）毛坯的几何形状应保持对称、规则，两端面保持平行。

在生产实际中，常采用的毛坯形状有图 7.10 所示的 4 种。实心毛坯和空心环状毛坯可用于正挤压、反挤压、复合挤压和径向挤压；图 7.10 中（c）、图 7.10（d）两种毛坯是经反挤压预成形制成的，主要用于空心件正挤压，特殊情况下可用于径向挤压和反挤压。

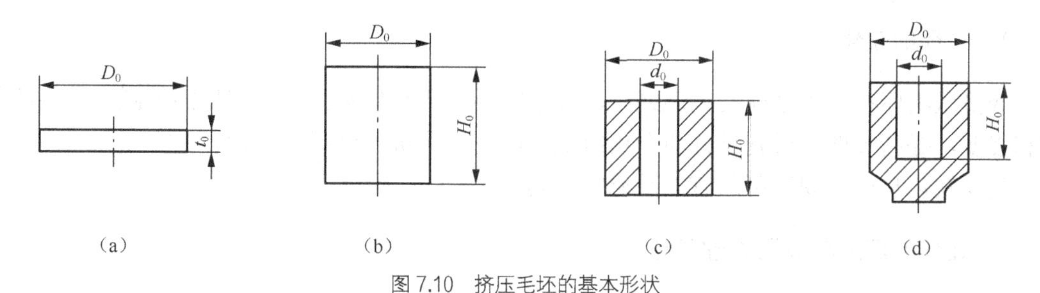


图 7.10 挤压毛坯的基本形状

### 2. 毛坯尺寸计算

毛坯尺寸是根据体积不变条件计算的。如果冷挤压后还要进行切削加工，则计算毛坯体积时还应加上修边量，即

$$V_{坯}=V_{工}+V_{修} \tag{7.4}$$

式中，$V_{坯}$为坯料体积；$V_{工}$为工件体积；$V_{修}$为修正余量体积（一般为冷挤压件体积的 3%～5%）。

毛坯体积确定后，其高度为

$$h_0=V_{坯}/A_0 \tag{7.5}$$

式中，$A_0$为毛坯的横断面积。

毛坯外径一般比凹模尺寸小 0.1～0.2 mm，以便毛坯放入凹模；同理，毛坯内径一般比零件内孔（或芯棒）大 0.1～0.2 mm，但当工件内孔精度要求很高时，毛坯内径一般比挤压件孔径小 0.01～0.05mm。

## 7.2.3 冷挤压毛坯的加工方法

毛坯的下料方法有很多种，应该根据坯料形状、精度要求，材料利用率及生产现场的实际条件等因素进行选择。板形坯料主要用冲压分离（冲裁或精冲）方法，棒料主要用剪切、切割方法来下料。

（1）切削　在批量不大时常用车削、铣削、锯切法加工挤压毛坯。其优点是得到毛坯形状规则、精度较高，但生产效率较低（除高速带锯锯切外）。

（2）剪切　剪切下料是在专用的棒料剪切机或冲剪机上进行的。也可以采用剪切模在普通压力机上进行。普通的棒料剪切法下料，是在冲床上进行的，生产效率高，材料利用率高，缺点是毛坯断面有塌角和断裂面，质量不太好。

（3）冲裁　对于板形坯料，宜用冲裁方法加工。因它是用模具和冲床来加工，故这种方法生产效率高，毛坯平直，但原材料的利用率较低，因为冲裁时有“搭边”浪费。普通冲裁落料有缺陷，要求落料后滚光毛刺和断面的缺陷，否则会影响到挤压件的表面质量。而用小间隙圆角凹模的冲裁可以得到精度较高的毛坯，常用于有色金属挤压毛坯的加工。

（4）拉深、反挤压　用于杯形毛坯加工。可在毛坯底部压出与正挤压凹模相应的形状。

### 7.2.4　冷挤压毛坯的软化和表面处理

#### 1．毛坯的软化

冷挤压毛坯在挤压之前及工序之间，大都需要进行软化热处理，其目的是减小毛坯的硬度和强度，提高塑性，得到良好的金相组织，以利于冷挤压变形的进行。

毛坯软化热处理规范可从有关手册中查到。

#### 2．坯料的润滑与表面处理工艺

润滑对冷挤压是非常重要的。挤压时摩擦不仅影响到金属的变形及挤压件的质量，而且也直接影响到单位挤压力的大小、模具的寿命，所以要采用良好且可靠的润滑方法。

润滑剂有液态的（如动物油、植物油、矿物油等），也有固态的（如硬脂酸锌、硬脂酸钠、二硫化钼、石墨等），它们可以单独使用，也可以混合使用。有色金属常用这些润滑剂。

对于钢的冷挤压，其单位挤压力很大（可高达2 000 MPa以上），使用一般的涂刷润滑剂极易被挤掉，无法进行生产。人们早就掌握了有色金属冷挤压工艺，但直至发现了钢的表面处理方法（磷化处理及润滑处理）后，才使钢的冷挤压用于实际生产。因此毛坯的表面处理是冷挤压工艺中的一个重要环节。

冷挤压的毛坯进行表面处理可获得下列效果：降低毛坯与模具间的外摩擦阻力；避免毛坯表面与模具直接摩擦而引起的粘结现象；提高挤压件的表面质量，提高模具的寿命；减低挤压时的变形力及变形功的消耗。

表面处理主要包括：去除表面缺陷，清洁、去脂、洗涤，去除表面氧化层，在毛坯表面形成特殊的支承层，润滑处理。其中前三项是为改善毛坯表面质量，并为后二项处理作好准备。

不同材料需要用不同的处理方法，使表面形成特殊的支承层。碳钢和低合金钢用磷化处理。

磷化处理是将毛坯浸在磷酸盐溶液中，使其表面生成一层不溶性磷酸盐薄膜。磷酸盐薄膜由细小片状结晶组织构成，呈多孔状态，对润滑剂有吸附、储存作用；磷化膜与钢毛坯表面结合牢固，并有一定的塑性，能随毛坯基体一起变形，而且它耐磨、耐热。

碳钢毛坯经磷化处理后需再进行润滑处理，方法较多，皂化就是一种最常用的方法。皂化处理在硬脂酸钠溶液中浸泡一段时间，使毛坯表面牢固地附上一皂化层作润滑剂。此外，采用机油添加适量的二硫化铝作润滑剂，其润滑效果也很好。

奥氏体不锈钢（1Cr18Ni9Ti）与磷酸盐溶液不发生作用，应采用草酸盐进行表面处理；硬铝用氧化、磷化或氟硅化处理；铜及铜合金毛坯用纯化处理。这些表面处理方法与磷化处理一样能使润滑更好、更可靠。

虽然磷皂化方法是有效的，但是工序多，周期长，很费事。专门研制的高分子涂剂及专用配方的润滑液可以满足冷挤压工艺的要求。

## 7.3 冷挤压力

### 7.3.1 冷挤压力-行程曲线

在冷挤压过程中，挤压力随压力机的行程而变化，且显示出明显的阶段性（见图 7.11）。冷挤压力与行程的关系一般可以分为三个阶段。

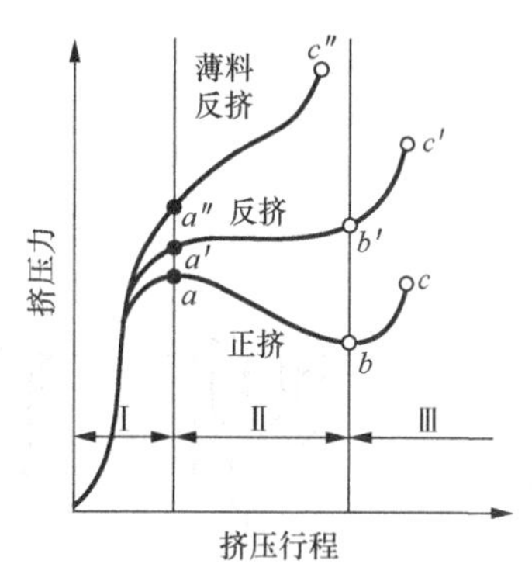

图 7.11 冷挤压力与行程的关系

第一阶段（镦粗与充满阶段）：开始挤压时，冲头底面压到毛坯，材料首先被镦粗，产生径向流动而逐渐充满凹模型腔。此阶段压力始终是增加的。

第二阶段（稳定挤压阶段）：冲头继续下压，材料不断地从稳定变形区往模孔中挤出。此时，毛坯只改变高度，变形区稳定不变。对于正挤压由于毛坯与模壁间摩擦面积的减小及变形热效应等的影响，挤压力从 $a$ 至 $b$ 有所下降。而反挤压力从 $a'$ 至 $b'$ 基本稳定不变。

第三阶段（非稳定变形阶段）：由于变形材料的厚度变得很小了，变形遍及与冲头端面相连的整个毛坯，金属变形异常困难，这时挤压力急剧增大。

图 7.11 中薄料反挤压的挤压力随行程的变化曲线，因毛坯厚度较薄，挤压一开始，变形就遍及整个毛坯体积，没有稳定变形区，只有第一、第三阶段。

由上述分析得出，挤压最好在第二阶段结束之前进行。如果第二阶段结束后，仍继续挤压，挤压力就急剧增加，模具或压力机就容易损坏。计算冷挤压力一般以第二阶段为依据。

### 7.3.2 影响挤压力的主要因素

影响单位挤压力的因素很多，主要有：材料力学性能、变形程度、变形速度、毛坯的几何形状、模具的几何形状、摩擦与润滑、变形方式等。

（1）挤压金属的力学性能　强度指标和硬化指数越大，材料变形抗力也越大。钢的含碳量越高，其变形抗力越大。金属材料纯度越高，其变形抗力越小。

（2）变形程度　图 7.12 所示是正挤压和反挤压 15 号钢的单位压力与变形程度的关系图。

由图可知，正挤压单位压力随变形程度的增加而增加。反挤压单位压力存在有最低点，即$\varepsilon_A$等于 40%～50%时单位压力最低，当$\varepsilon_A$>50%时，单位压力将随变形程度的增加而增加。

（3）变形方式　某些零件可以采用两种不同的方式，如杆形件，既可以采用正挤压成形，也可采用反挤压成形（见图 7.13）。从减小挤压力（而非单位挤压力）角度出发，杆形件以采用反挤压为宜（摩擦阻力更小），但实际多采用正挤压，因为其生产操作方便。杯形件也是如此，如图 7.14 所示，采用正挤压时，单位挤压力较大，采用反挤压时，单位压力较小，故杯形件生产中多采用反挤压或变薄拉深。

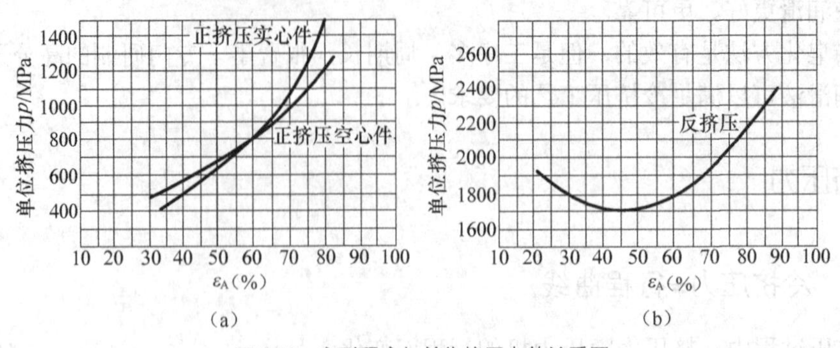


图 7.12　变形程度与单位挤压力的关系图

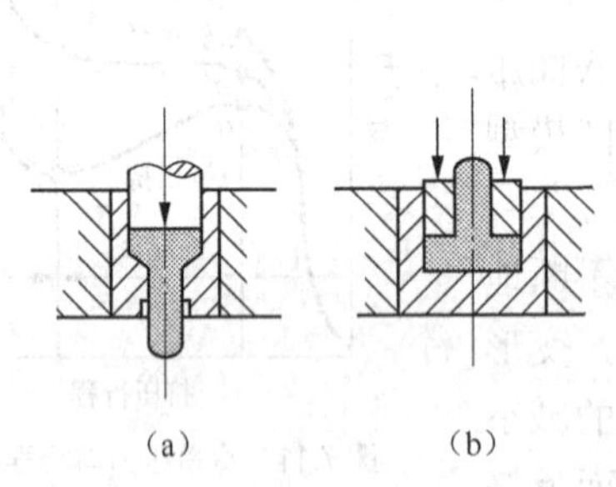


图 7.13　同样零件不同冷挤方式

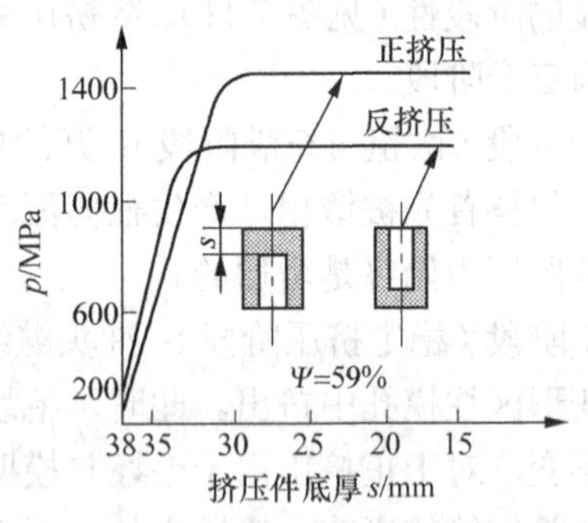


图 7.14　挤压方式对单位挤压力的影响

复合挤压金属变形的模具约束减弱，挤压力将减小。复合挤压的单位挤压力要比单独正、反挤的挤压力都小。因此，设计计算时可取用其中较小者。

（4）模具几何形状　模具的几何形状对单位挤压力影响颇大，尤其是正挤压时的凹模锥角和反挤压时冲头的形状，对单位挤压力的影响更大。挤压力小的正挤压凹模合理锥角$\alpha$=40°～66°。在生产实际中较多使用$\alpha$=90°～120°。锥角过大，会导致挤压变形的死区加大。图 7.15 所示为反挤压冲头形状对单位挤压力的影响。

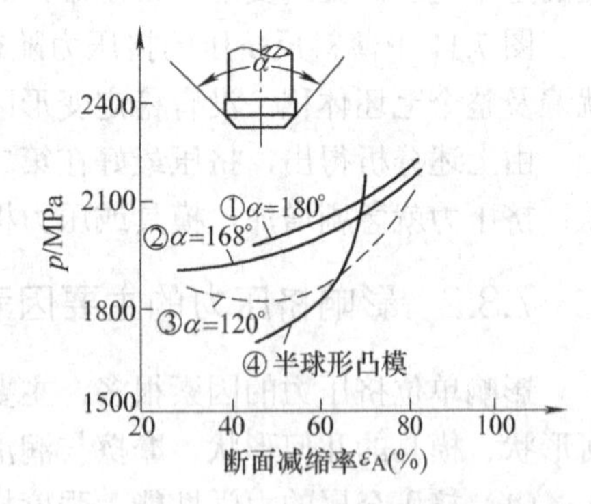


图 7.15　冲头形状对反挤单位压力的影响

（5）坯料的相对高度 $h_0/d_0$　它影响工件与模具之间的摩擦阻力。一般正挤压时，随着坯料相对高度的增加而单位挤压力也增大；反挤压时，若 $h_0/d_0<1$，则单位挤压力随相对高度的增大而增加，若 $h_0/d_0>1$，则单位挤压力不再随相对高度的增加而增大，而是基本保持不变。

（6）润滑　摩擦越大，单位挤压力越大，因此，生产实际中大都采用较好的润滑方法。

### 7.3.3 冷挤压力的确定

确定冷挤压力的方法很多，其中图算法简便，应用较普遍。

#### 1. 黑色金属冷挤压力图算法

图算法需要考虑到挤压件的形状、材料性能、变形程度、模具工作部分的几何形状、毛坯的相对高度等主要因素的影响。毛坯经过软化退火、表面磷化和润滑处理。图 7.16 所示考虑了纯铁、15#钢、15#Cr、16#Mn 和 35#钢等。对于其他材料，可根据其含碳量查与图中接近的材料的单位压力，然后再乘以它们退火后的强度极限的比值并加以折算，即得被查材料的单位挤压力。

（1）正挤压实心件的图算法（见图 7.16）

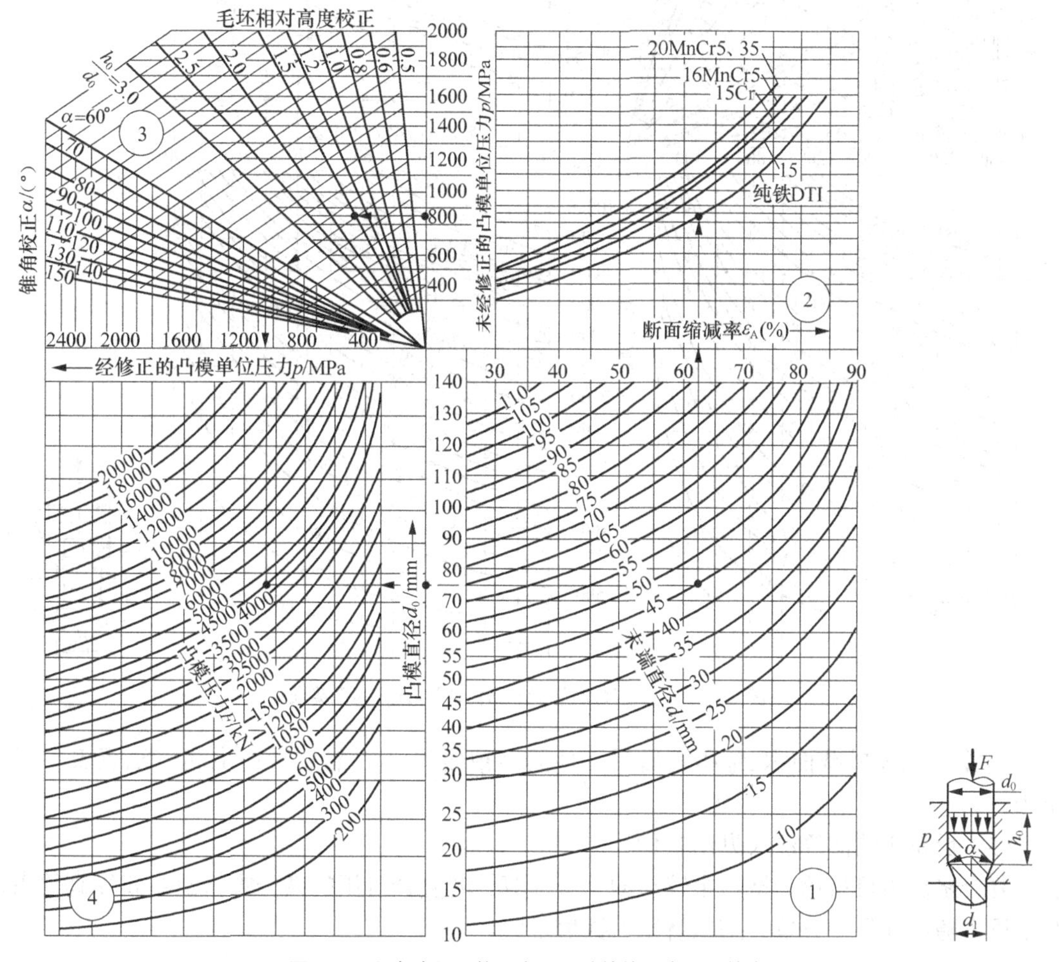


图 7.16 黑色金属正挤压实心件计算挤压力用图算表

例如：已知毛坯直径（或凸模直径）$d_0$=75 mm；挤压后直径 $d_1$=45 mm；毛坯长度 $h_0$=110 mm；凹模锥角$\alpha$=90°；毛坯材料为纯铁。求解步骤如下。

1）根据相应的 $d_0$ 及 $d_1$，查图①得断面减缩率：$\varepsilon_A$ =64%。

2）根据$\varepsilon_A$=64%及毛坯材料查图②，求得未经修正的单位挤压力：$P'$=850 MPa（它是毛坯长径比 $h_0/d_0$=1.0，凹模锥角$\alpha$=90°时的单位挤压力）。

3）考虑到 $h_0/d_0$=1.5，$\alpha$=90°，上述单位挤压力需要修正，因此可根据图③中相应的曲线，查得修正的单位挤压力：$P$=1 050 MPa。

4）根据毛坯直径 $d_0$ 和修正的单位压力 $P$ 从图④中查得总挤压力：$P$=4 500 kN。

（2）正挤压空心件的图算法（见图 7.17）

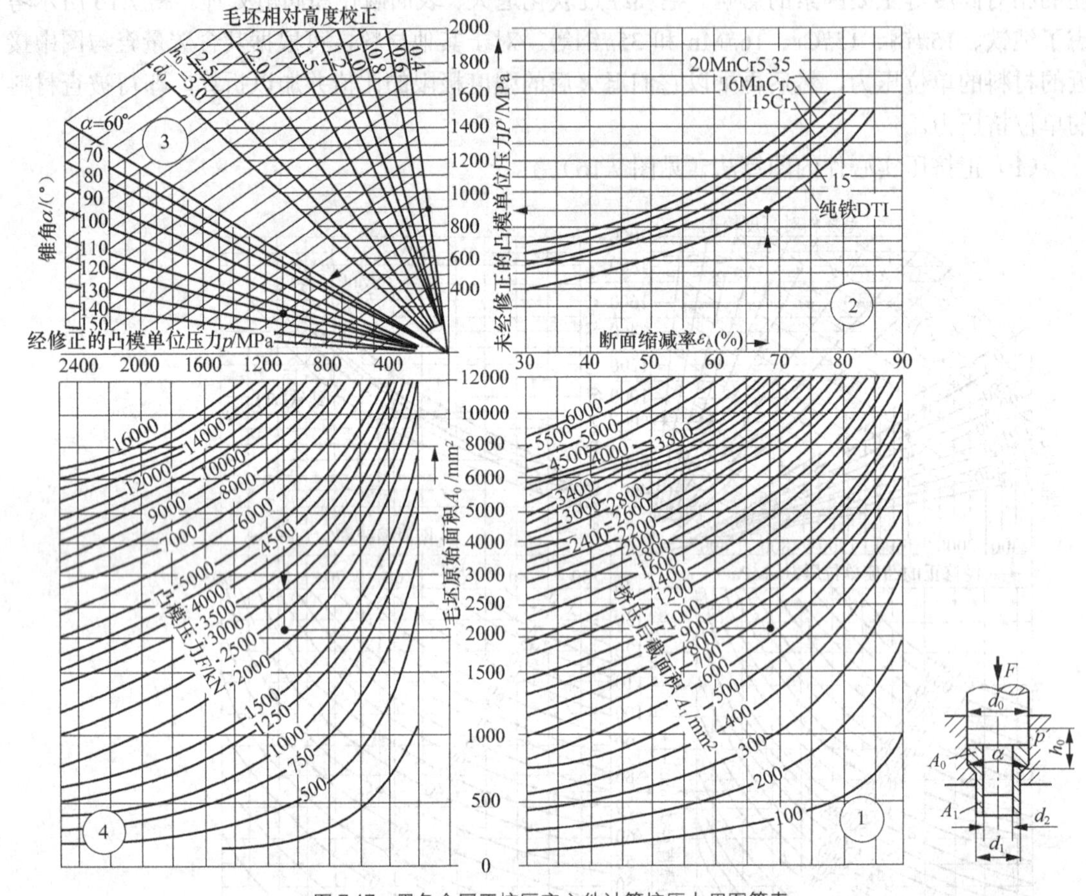


图 7.17 黑色金属正挤压空心件计算挤压力用图算表

先算出毛坯横截面积 $A_0$ 和变形后工件的横截面积 $A_1$，然后再用上述方法查表求得挤压力。

（3）反挤压的图算法（见图 7.18）

复合挤压力可按单一挤压中较小的一方计算。若复合挤压的某一方挤出金属受到约束，则挤压力随即向另一方单一挤压挤压力数值过渡。

## 2．有色金属挤压力的图算法

图 7.19、图 7.20 所示分别为有色金属反挤压、正挤压单位挤压力 $p$ 的计算图表。求解步骤是根据已知材料、$\varepsilon_A$ 和 $h_0/t$（毛坯高度与工件壁厚之比）按箭头所示方向查得单位挤压力，然后再将单位挤压力乘以凸模的投影面积，即可得到挤压力。

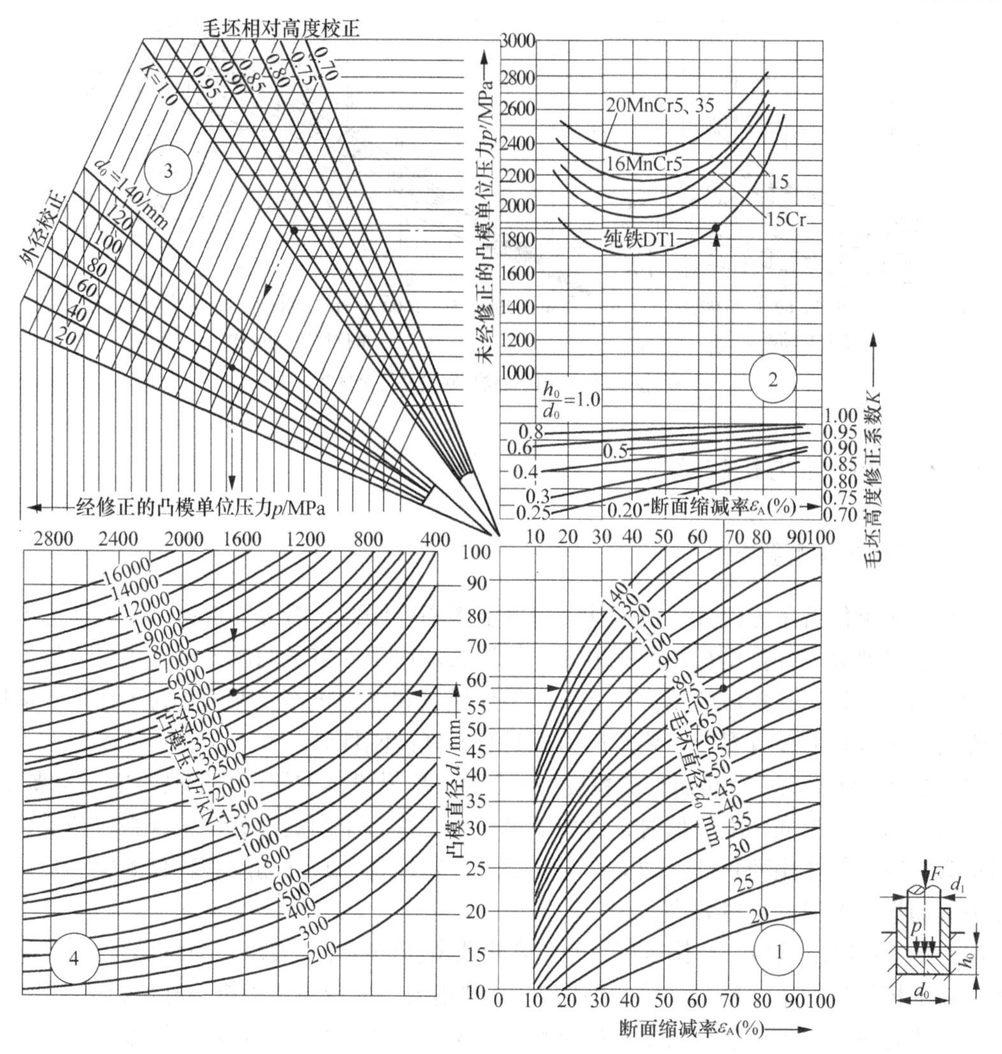


图 7.18　黑色金属反挤压计算挤压力用图算表

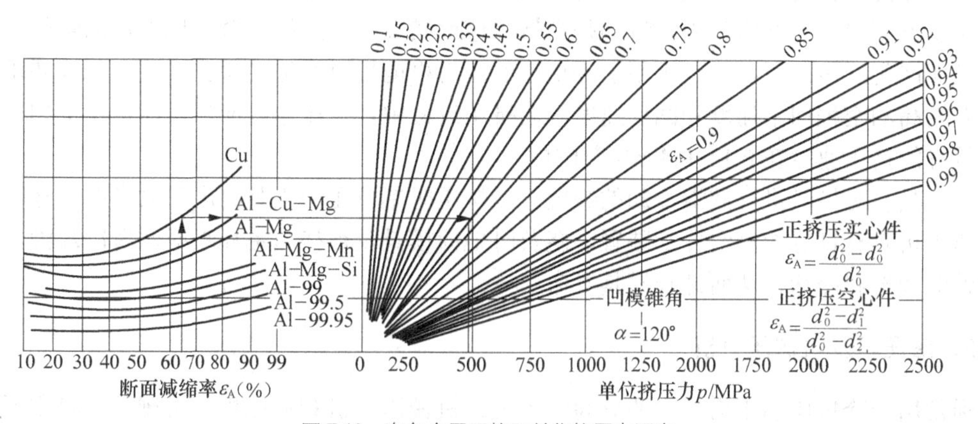


图 7.19　有色金属正挤压单位挤压力图表

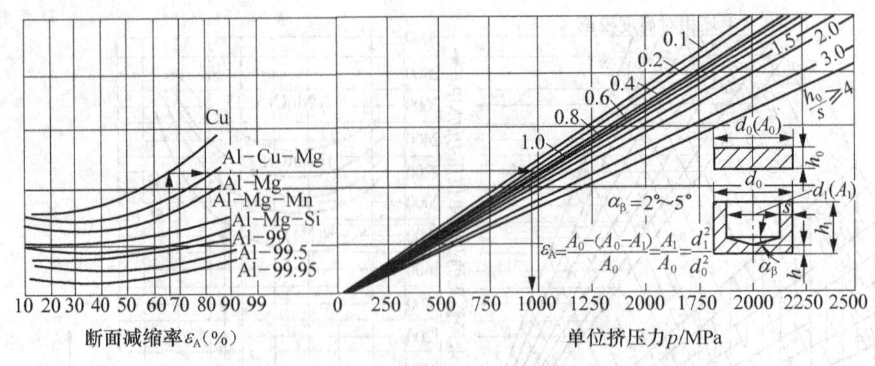


图 7.20 有色金属反挤压单位挤压力图表

### 7.3.4 冷挤压力机的选用

#### 1. 对设备的基本要求

冷挤压时单位挤压力很大，挤压件的精度要求高，因此，对压力机提出一些特殊要求。

（1）能量要大　冷挤压加工的压力大，行程长，用于冷挤压的压力机需要很大的能量。

（2）刚性要好　冷挤压的单位压力大，易使模具和压力机产生变形。为了保证较高的冷挤压件精度和较长的模具寿命，要求压力机具有较好的刚性。

（3）导向精度要高　冷挤压件的精度要求较高，单靠模具的导向装置是不能满足要求的。另外，当压力机的导向精度较低时，滑块下平面与工作台平面之间会产生倾斜，凸模会因受到附加弯曲应力的作用而折断。因此，为了保证冷挤压件的尺寸精度和较长的模具寿命，要求压力机和滑块的导向精度要高。

（4）要具备顶出机构　冷挤压后，工件可能残留在凹模中。要求压力机具有结构简单的，在不拆卸下模的情况下能精确调节的顶出机构。顶出力一般应为压力机标称压力的10%左右。

（5）要有过载保护装置　为了保护模具及设备，压力机必须具备可靠的过载保护装置。

（6）能提供合适的挤压速度　冷挤压加工是将大断面的毛坯压缩成小断面的挤压件。因此在挤压过程中会有冲击作用，特别是当挤压速度较高时，上模接触金属毛坯的瞬间速度迅速降低而产生冲击。所以，要求用于冷挤压的压力机能提供合适的挤压速度。一般要求压力机具有较高的空程向下速度和回程速度，在挤压过程中，挤压速度应尽可能保持均匀。一般认为较好的挤压速度在0.1～0.4 m/s范围内。

（7）具有对模具进行润滑冷却的装置　冷挤压时单位压力大且会产生大量的热量。因此要求压力机具有良好的润滑冷却装置，能及时地向模具及被挤压毛坯喷射润滑冷却液，进行强制性的润滑和冷却，从而延长模具寿命。

#### 2. 液压机及机械压力机

通常用于冷挤压的压力机主要分为两大类：机械压力机和液压机。机械压力机主要用于冷挤压批量较大的中、小型零件，而对于批量较小的大型零件采用液压机较为合理。下面将两类压力机的特性进行比较分析。

（1）行程次数　机械压力机的行程次数比液压机高，生产率也高。但液压机在一定范围内可任意调节行程次数，而机械压力机却不能调节。

（2）行程长度　液压机比机械压力机的行程长度要长，且可任意调节。因此，液压机可以挤压毛坯长度较长、能量要求较大的零件。

（3）压力大小　液压机能在整个行程中得到相同的压力和保持最高压力，而机械压力机根据行程位置不同所发出的压力是变化的，在下死点附近时可以发出标称压力，离开下死点越远，发出的压力越小，在行程中点附近时，发出的压力仅为标称压力的35%～50%。

（4）下死点位置　机械压力机的下死点位置是一定的，而液压机是用限位开关来限定的，下死点的位置精度比机械压力机差得多。因此，对于保证良好的挤压件的底厚精度来说，液压机不如机械压力机。

（5）电动机功率　机械压力机由于有飞轮积蓄能量，因此电动机功率可以是冷挤压加工所需能量的几分之一，下次工作以前，仅需补充失去的那部分能量。液压机没有飞轮，在用液压泵直接传动的液压机上，液压泵的电动机功率往往需要大于冷挤压所需的变形功率。因此，液压机比相同吨位的机械压力机的电动机功率高得多。

（6）黏滞性　一般地说，液体是不可压缩的。但当液体中溶入较多的空气，且承受21 MPa左右的高压时，高压缸内的液体就有压缩性。这就会引起高压缸内高压液体的体积变化，无负荷时高压缸容积的变化约为 1%，是液压机机身弹性变形的数倍。因此，在液压机上进行冷挤压加工，当凸模刚与被挤压毛坯接触时，会产生瞬间停滞。这就会造成挤压负荷上升，缩短模具的寿命。但这种停滞现象能使液压机在行程终点时保持压力，减少回弹，提高冷挤压件精度。机械压力机无这种停滞现象。

（7）侧压　机械压力机由于结构上的原因，会产生水平分力，促使导轨磨损，间隙加大，导向精度下降。当挤压凸模较长时，此水平推力是折断凸模的原因。液压机滑块不会产生水平方向的分力。

（8）过载保护装置　液压机有安全阀作为过载保护装置，比较安全可靠。机械压力机过载保护装置是机械式的，可靠性不如安全阀。

（9）维修与保养　液压机易漏损需常更换密封装置，维修费比机械压力机高。

（10）自动送料装置　机械压力机的自动送料装置易于利用压力机驱动轴传动。因此机械压力机上装设自动送料装置比液压机简单。

## 7.4 冷挤压的工艺设计

### 7.4.1 冷挤压件的结构工艺性分析

冷挤压件的形状应尽量有使金属变形均匀，在挤出方向上流速一致。

#### 1. 对称性

冷挤压件的形状最好是轴对称旋转体，其次是对称的非旋转体，如方形、矩形、正多边形、齿形等。进行非对称形件冷挤压时，模具受侧向力，易损坏（见图 7.21）。

### 2．断面积差

零件断面积差越小，其挤压工艺性越好。断面积差较大的冷挤压件，可以通过增加过渡变形工序的方法加工（见图7.22）。

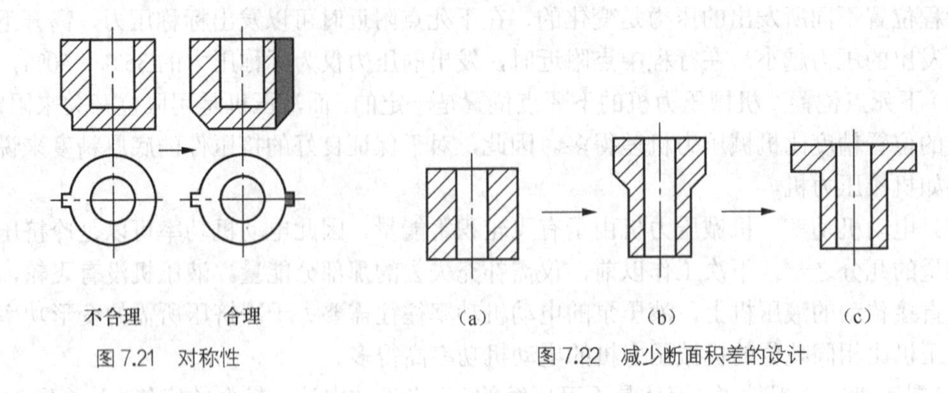

图7.21　对称性　　图7.22　减少断面积差的设计

### 3．断面过渡及圆角过渡

冷挤压件断面有差别时，通常应设计从一个断面缓慢地过渡到另一个断面，避免急剧变化，可用锥形面或中间台阶来逐步过渡（见图7.22），且过渡处要有足够大的圆角。

### 4．断面形状

（1）锥形问题　锥形件冷挤压会产生一个有害的水平分力，故冷挤时应先冷挤加工成圆筒形，然后单独镦出外部锥体或切削加工出内锥体（见图7.23）。

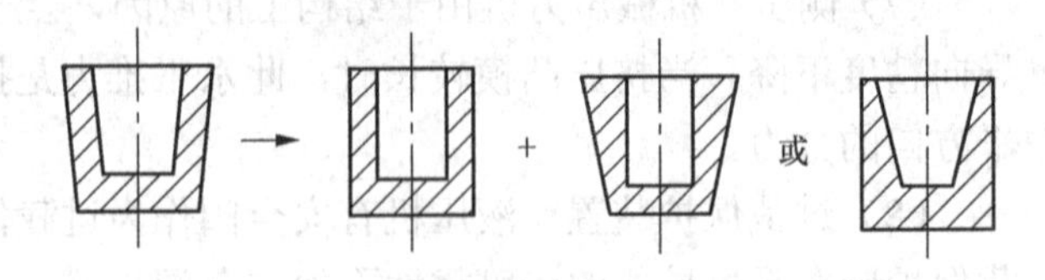

图7.23　锥形件的冷挤压

（2）阶梯形　差异很小的阶梯冷挤压不经济，如图7.24、图7.25所示。其阶梯可以合并，然后通过切削加工完成小阶梯。

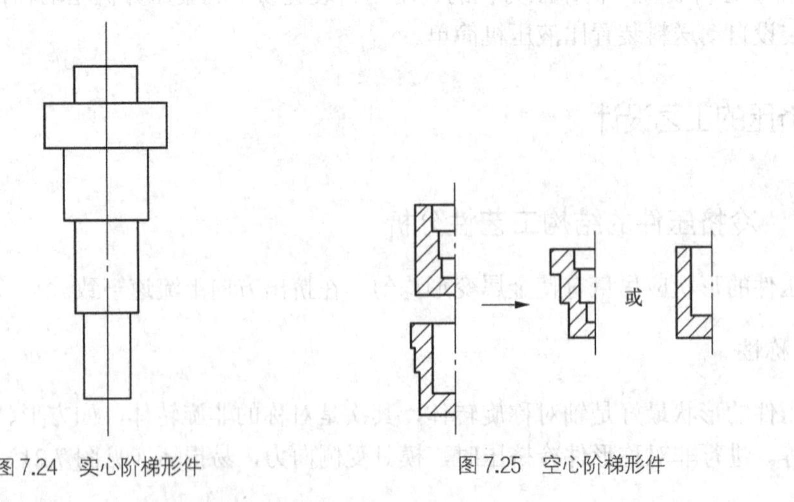

图7.24　实心阶梯形件　　图7.25　空心阶梯形件

（3）避免细小深孔　冷挤压直径过小的孔或槽是很困难的，也是不经济的，应尽量避免。

#### 5. 挤压压余厚度

挤压的压余厚度不宜过小，否则会使单位挤压力急剧增大，并且会产生缺陷（如缩孔，见图 7.26）。

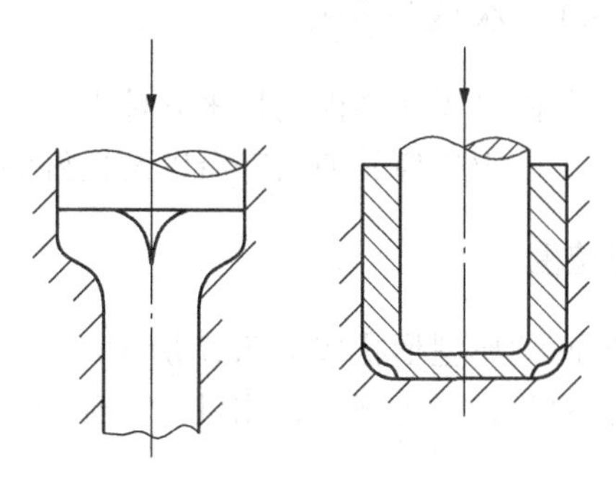

图 7.26 挤压缩孔

### 7.4.2 冷挤压工艺方案的制订

对于任何一种冷挤压件，从不同的角度和设计观点出发，会有多个工艺方案。在制订工艺方案时，既要考虑到技术上的可能性和先进性，又要注重经济效益。应核拟定两个或更多个工艺方案，然后进行经济技术分析，以便得出合理的工艺方案。

#### 1. 冷挤压件图的制订

冷挤压件图根据零件图制订，以 1∶1 比例绘制。其内容包括：

（1）确定冷挤压和进一步加工的工艺基准；

（2）对于不经机械加工的部位，不加余量，应按零件图的技术要求直接给出公差，而对于需进行机械加工的部位，应按冷挤压可以达到的尺寸精度给出公差；

（3）确定挤压完成后多余材料的排除方式；

（4）按照零件的技术要求及冷挤压可能达到的精度，确定表面粗糙度等级和形位公差值。

#### 2. 制订冷挤压工艺方案的技术经济指标

为确保冷挤压工艺方案在技术经济上的合理性和可行性，通常采用下述几个指标来衡量：

（1）挤压件的尺寸　尺寸越大，所需设备吨位随之增大，采用冷挤压加工的困难性逐渐增加。

（2）挤压件的形状　形状越复杂、变形程度越大，所需的冷挤压工序数目就越多。

（3）挤压件精度和表面粗糙度　增加修整工序可提高挤压件精度。

（4）挤压件的材料　材料影响挤压难度、许用变形程度。

（5）挤压件费用　费用一般包含材料费、备料费、工具及模具制造费、冷挤压加工费及后续工序加工费等。这是一项综合指标，往往是决定工艺方案是否合理、可行的关键因素。

（6）挤压件的批量　批量大时可以使总的成本降低。

对于上述几个指标进行全面分析、平衡之后，就可以选择一个最佳的工艺方案。最佳工艺方案的标志是采用尽可能少的挤压工序和中间退火次数，以最低的材料消耗、最高的模具寿命和生产效率，挤压出符合技术要求的挤压件。加工全过程应包含下料、预成形工序、辅助工序、冷挤压工序以及后续加工工序等。其中冷挤压工序的设计是制订冷挤压工艺方案的核心工作。

### 7.4.3 不同冷锻工序的一次成形范围

不同冷锻工序的一次成形范围是指在当前的技术条件下，一次成形所允许的加工界限。它是根据不超出许用变形程度、一定的模具使用寿命以及良好的工件质量等原则来确定的。

#### 1．正挤压件的一次成形范围

正挤压实心件和空心件的两种典型形状如图7.27所示。

（1）毛坯高径比 $h_0/D$　正挤压时，毛坯高径比过大，会加大摩擦阻力，增大挤压力。一般应限制 $h_0/D<5$。

（2）正挤压实心件杆部直径 $d$　$d$ 过小，变形程度会超出许用变形程度。对于黑色金属实心件正挤压，一次成形的杆部直径 $d$ 应在下述范围内：

$$0.85D \geqslant d \geqslant 0.5D$$

（3）余料厚度 $h$　$h$ 值过小，单位挤压力会急剧增加，对于实心件挤压还会出现缩孔缺陷。挤压实心件 $h$ 不宜小于挤出部分直径的1/2；挤压空心件时 $h$ 则不宜小于挤出部分的壁厚。

（4）凹模锥角 $\alpha$　$\alpha$ 是影响挤压件质量与单位挤压力的主要因素之一。$\alpha$ 大小往往取决于产品对制件的要求，若遇到入模角 $\alpha$=180°时，为了降低单位挤压力和改善质量，就要对制件结构适当修改或增加一道镦粗工序。

生产中，入模角根据冷挤压件的材料和变形量选择。黑色金属一般取 $\alpha$=90°～120°，变形程度小时取大值；有色金属取 $\alpha$=160°～180°。若在变形程度大时取 $\alpha$=180°，就会出现死角区、缩孔和表面裂纹缺陷，严重时会出现死区剥落现象。

#### 2．反挤压件的一次成形范围

反挤压杯形件的典型形状如图7.28所示。

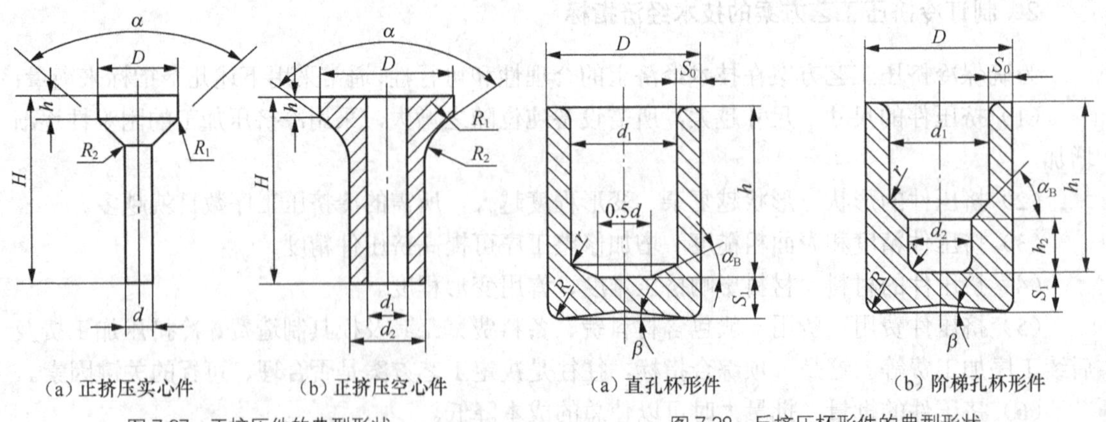


（a）正挤压实心件　（b）正挤压空心件

图7.27 正挤压件的典型形状

（a）直孔杯形件　（b）阶梯孔杯形件

图7.28 反挤压杯形件的典型形状

（1）孔的深度 $h$　为了保证反挤压凸模在挤压过程中不失去稳定性，孔深 $h$ 应受凸模长径比的限制。不同材料杯形件允许的相对孔深 $h/d_1$ 分别为有色金属及其合金杯形件为 3～6；黑色金属杯形件为 2～3。

（2）壁厚 $s_0$　杯壁越薄反挤压变形程度越大，所以 $s_0$ 受材料的许用变形程度的限制。

（3）底厚 $s_1$　底厚 $s_1$ 过小，除了引起挤压力急剧上升以外，还可能在底部转角处引起缩孔缺陷。因此，一般情况下应使 $s_1 \geqslant s_0$（$s_0$ 为壁厚），特殊情况才允许 $s_1 < s_0$，最低限度必须保证 $s_1 \geqslant 0.8s_0$。

（4）内孔径 $d_1$　为了保证反挤压时不超出模具的许用单位压力，根据反挤压单位压力与变形程度的关系，内孔径的一次成形范围应受最小和最大许用变形程度的限制。例如，黑色金属反挤压时，合适的变形程度应在下述范围内：

$$25\% \leqslant \varepsilon_A \leqslant 75\%$$

经换算后，内孔径 $d_1$ 一次成形范围应为：

$$0.5D \leqslant d_1 \leqslant 0.86D$$

（5）阶梯孔杯形件的小孔长径比 $h_2/d_2$　带阶梯内孔杯形件反挤压时［见图 7.28（b）］，凸模工作带会加长，成形压力随之加大，凸模寿命就会大大缩短。因此，一般情况下，应使 $h_2/d_2 \leqslant 1$ 只在特殊情况下，才允许 $h_2/d_2 > 1$，但必须使 $h_2/d_2 \leqslant 1.2$。

（6）凸模锥顶角 $\alpha_B$　采用平底凸模时，挤压力较大，一般在挤压黑色金属时，凸模顶角 $\alpha_B$ 取 7°～27°；挤压铝、铜等有色金属时，$\alpha_B$ 取 3°～25°。采用锥形凸模，凸模顶角 $\alpha_B$ 仍取上述数值。反挤压的孔底，除了上述形状外，也可采用半球形底。但后者只适用于变形程度较小时。变形程度超过 60%时，则所需的单位挤压力反而会急剧上升。

### 3．复合挤压件的一次成形范围

（1）复合挤压件的一次成形范围　复合挤压件的两种典型形状如图 7.29 所示。因复合挤压力总不会超过单纯正挤压或单纯反挤压的挤压力，其一次成形范围理应比单纯正挤压或单纯反挤压大些。但在生产实际中，从安全角度考虑，它们的一次成形范围可参照单纯正挤压和单纯反挤压的一次成形范围来确定。如双杯类挤压件按单个反挤压杯形件的一次成形范围来确定其一次成形范围。而对于杯杆类挤压件，其正挤压成形的杆径 $d_2$ 的一次成形范围可以扩大一些，因为这时的实际挤压变形程度要比名义变形程度小。对于黑色金属，一般可以取 $d_2/0.4D$，其他尺寸仍按与单个正挤压件相同的成形范围来确定。

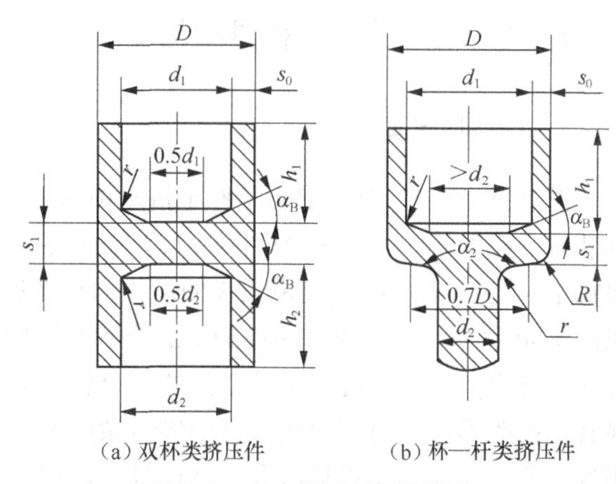

（a）双杯类挤压件　（b）杯—杆类挤压件

图 7.29　复合挤压件的典型形状

（2）复合挤压流动控制问题　复合挤压件存在着各段长度的控制问题。在两个挤压方向变形程度相等条件下，金属容易朝反挤压方向变形。因此欲使两挤压方向尺寸接近或一致，一般把反挤压部分的变形程度设计得比正挤压部分大 5%左右。当然，也还可以通过采取调整凸、凹模的顶角与入模角，适当改变断面缩减率，增加台阶等措施来增加一方的流出速度，或减慢另一方的流出速度，以实现两方基本上匀速等值。另外如果仅采用限制一方继续流动的方法，那么，在这个方向停止流动时，另一方向的挤压力会增加10%～20%，这是不利的，应注意排除这种消极因素。因此，变形程度相差悬殊的零件，不宜采用复合挤压，而宜分开正、反挤压两道工序进行加工。

#### 4．减径挤压的一次成形范围

减径挤压是在开式模具内变形且变形程度较小的变态正挤压。毛坯在进入变形区以前不能有塑性变形，因此，减径挤压件的一次成形范围应综合考虑毛坯材料的变形抗力、挤压件的变形程度、模具的许用单位压力以及不产生内部裂纹等因素，由此来确定其主要尺寸参数。对于碳钢减径挤压的一次成形范围是当锥角$\alpha$=258°～308°时，毛坯经退火处理，$d_1/0.85d_0$；采用经冷拉拔加工过的毛坯，$d_1/0.82d_0$。

## 7.5 冷挤压模具设计

冷挤压模具与一般冷冲压模相比，工作时所受的压力大得多，因而在强度、刚度和耐磨性等方面的要求都较高。冷挤压模且不同于冷冲模的地方主要有：

（1）凹模一般为组合式（凸模也常常用组合式）结构；

（2）上、下模板更厚，材料选择得更好，满足模具的强度要求；

（3）导柱直径尺寸较大，满足模具的刚度要求；

（4）工作零件尾部位置均加有淬硬的垫板；

（5）模具易损件的更换、拆卸更方便。

### 7.5.1 典型冷挤压模具结构

#### 1．正挤压模具

图7.30所示为金属空心零件正挤压模具。模具的工作部分为凸模和凹模。凸模16的心部装有凸模芯轴15，芯轴15的心部设有通气孔与模具外部相通。凸模16的上顶面与淬硬的垫板13接触，以便扩大上模板3的承压面积。凹模2经垫块8与垫板9固定于下模板11上。由图7.30可看出，凸模与凹模的中心位置是不能调整的，凸、凹模之间的对中精度完全靠导柱7与导套6及各个固定零件之间的配合精度来保证，因此这种模具结构常称为不可调整式模具。很明显，不可调整式模具的制造精度要求很高；但安装方便，而且模架具有较强的通用性，若将工作部分更换，则这副模具可以用作反挤压或复合挤压。凸模回程时，挤压件将留在凹模内，因此需在模具下模板上设置顶出杆10。

#### 2．反挤压模具

图7.31所示为在小型（无顶出装置）冲床上使用的黑色金属反挤压模具。为便于将反挤压件从凹模中取出，设计了间接顶出装置，反挤压力在下模完全由顶出杆17承受，顶件力由反拉杆式联动顶出装置（由件3、20、21、22、23、24组成）提供，该顶出装置在模座下方带有活动板22，当挤压件顶出一段距离后，通过带斜面的斜块24将22撑开，使顶出杆23

的底面悬空，使之靠自重复位，为下一次放置毛坯做好准备。而活动板 22 靠其外圈的拉簧 21 合并。上模也设计了卸件装置，由于杯形挤压件较深，为了加强凸模的强度，除工作段外，凸模的直径加粗并开出三道卸料槽，供带有三个内爪形的卸料圈 12 卸料。

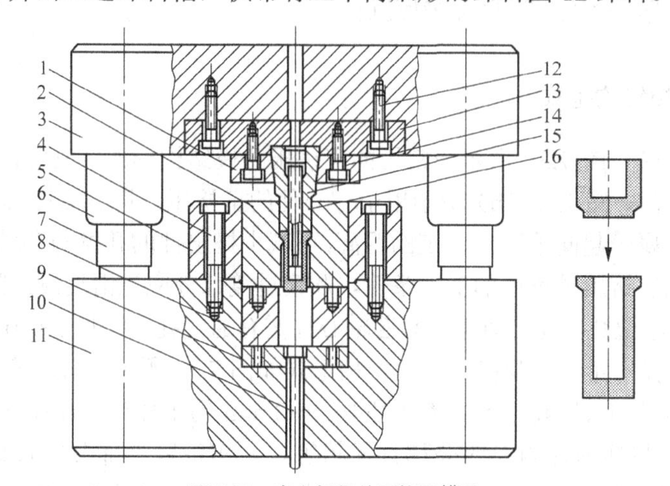


图 7.30 空心钢零件正挤压模具

1—凸模固定圈；2—凹模；3—上模板；4、12、14—螺钉；5—凹模固定圈；6—导套；7—导柱；8—垫块；9—垫板；10—顶出杆；11—下模板；13—垫板；15—凸模芯轴；16—凸模

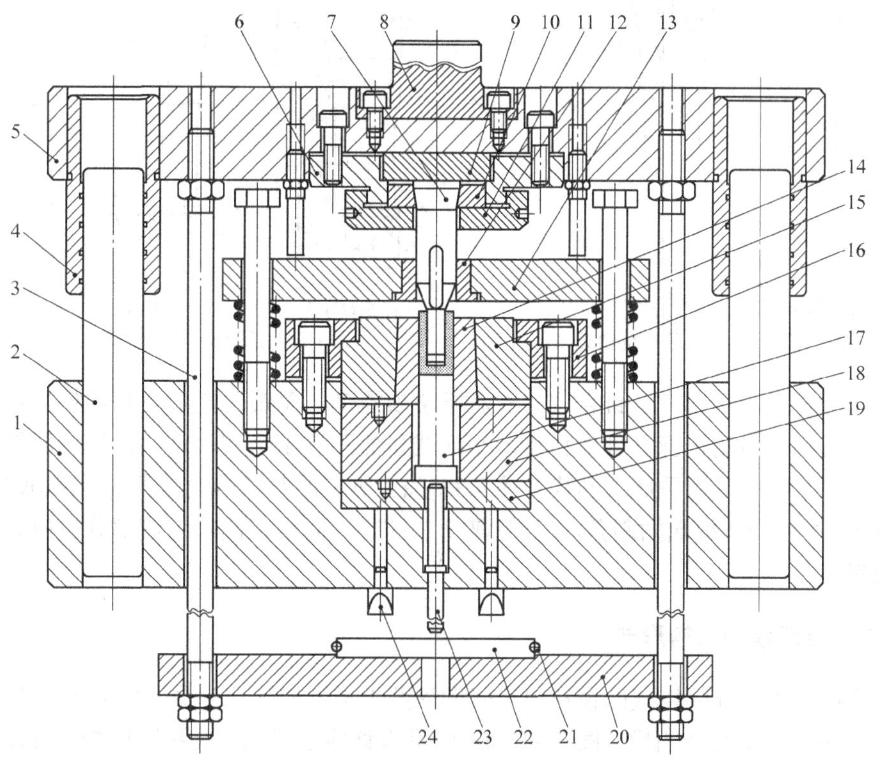


图 7.31 黑色金属杯形件反挤压模具

1—下模座；2—导柱；3—拉杆；4—导套；5—上模座；6—定位圈；7—凸模；8—模柄；9、19—压力垫板；10—压环；11—大螺母；12—卸料圈；13—卸料板；14—凹模；15—加强圈；16—紧固圈；17—顶出杆；18—垫块；20—顶板；21—拉簧；22—活动块；23—顶杆；24—斜块；

只要将凸模、凹模、顶杆、垫块加以更换，这副模具就可以挤压不同形状和尺寸的工件。也可以适用于正挤压和复合挤压。

## 7.5.2 冷挤压凸模、凹模结构设计

### 1. 冷挤压凸模结构型式

（1）正挤压凸模　图7.32所示为常用的正挤压凸模结构形式。其中，图7.32（a）所示用于实心件的正挤压，图7.32（b）所示用于空心件的正挤压。其芯轴与凸模间为动配合，在工作时芯轴可随金属一起向下移动一定的距离，可减少挤出件的孔壁与芯轴表面间的摩擦力，从而也改善了芯轴在挤压过程中的受力条件。凸模过渡部分应光滑过渡，防止应力集中。

另外，当挤压不通孔的空心件时，其芯轴心部需有通气孔，以利于挤压件的成形和退件。

（2）反挤压凸模　常用的反挤压凸模结构形式如图7.33所示。与正挤压凸模相比较，各种形式的反挤压凸模的共同特点是具有一段长2～3 mm的工作带（见图7.33中的尺寸$h$）。工作带的公称直径与杯形件内孔的公称直径相等。工作带以上部分的直径比工作带直径小0.1～0.2 mm，其目的是为了减少挤压过程中凸模与挤出件孔壁间的摩擦。

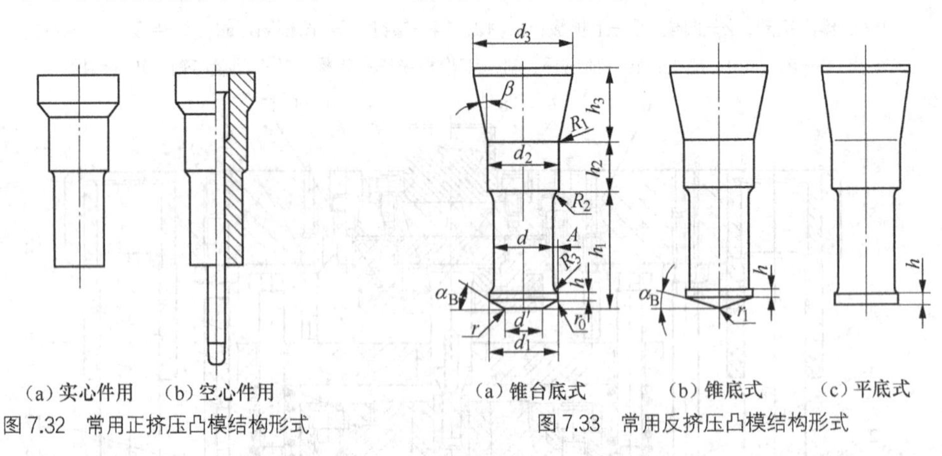


（a）实心件用　（b）空心件用
图7.32　常用正挤压凸模结构形式

（a）锥台底式　（b）锥底式　（c）平底式
图7.33　常用反挤压凸模结构形式

反挤压凸模有三种形式，锥台底式有利于金属流动，是最常用的一种结构形式；锥底式有利于金属流动，多用于深孔件的挤压；平底式虽然不利于金属流动，但当挤压件要求孔底必须为平底时，则应采用平底式凸模。图7.33（a）所示的凸模端面斜角$\alpha_B$一般取3°～25°；图7.33（b）所示的凸模端面斜角$\alpha_B$一般取7°～13°。同样，凸模过渡部分也应光滑过渡，防止应力集中。

### 2. 冷挤压凹模的结构形式

（1）凹模形式　分整体式凹模和组合式凹模两大类，如图7.34所示。组合凹模又分预应力组合凹模和分割型组合凹模。图7.34（a）所示为整体式凹模，此种凹模加工方便，但强度低。在凹模内孔转角处有严重的应力集中现象，容易开裂。

图7.34（b）所示为预应力组合凹模，冷挤压时，凹模内壁承受着极大的压力，挤压黑色金属时，凹模内壁的单位压力高达1 500～2 500 MPa。在这样高的内壁压力下，单靠增加凹模的厚度已不能防止凹摸沿纵向开裂。而在凹模的外壁上套装具有一定过盈量的预应力套，

可以提高凹模的整体强度，详见 7.5.3 节。

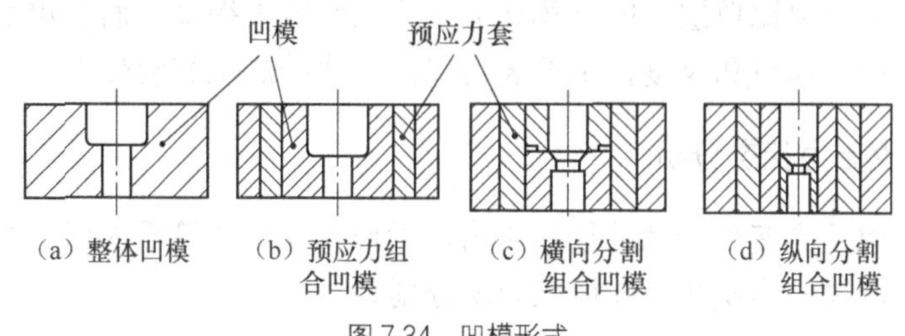


图 7.34 凹模形式

为了消除整体式凹模转角处的应力集中，可将整体式凹模于内孔转角处剖分为两部分，即为分割式组合凹模。图 7.34（c）和图 7.34（d）分别为横向分割式和纵向分割式。

（2）正挤压凹模 其结构尺寸如图 7.35 所示。凹模入口角$\alpha$=90°～120°；凹模工作带长度 $h_3$=2～4 mm；凹模的过渡部分均用圆角连接；$D_2=d_1+(0.5\sim1.0)$mm；$h_2=(1.1\sim1.2)D$。

（3）反挤压凹模 反挤压凹模结构尺寸如图 7.36 所示。模腔深度 $h_2$ 主要决定于毛坯高度；凹模底部高度 $h_1=(1/2\sim1/3)D$；凹模入口处圆角半径 $r_1$=2～3 mm；模腔内壁可做成 10′～30′的斜度。反挤压凹模形式如图 7.37 所示。图 7.37（a）～图 7.37（c）所示为用于不需要顶件装置的挤压件，如用于反挤压有色金属薄壁件。图 7.37（a）所示凹模结构简单，但底部 $R$ 处易开裂下沉，适用于批量不很大的条件。图 7.37（b）所示凹模的寿命比图 7.37（a）所示长得多。图 7.37（c）所示凹模的寿命更长，但模具的制造精度要求高，否则难于保证同心度，图 7.37（d）所示凹模有顶出装置，常用于黑色金属挤压。

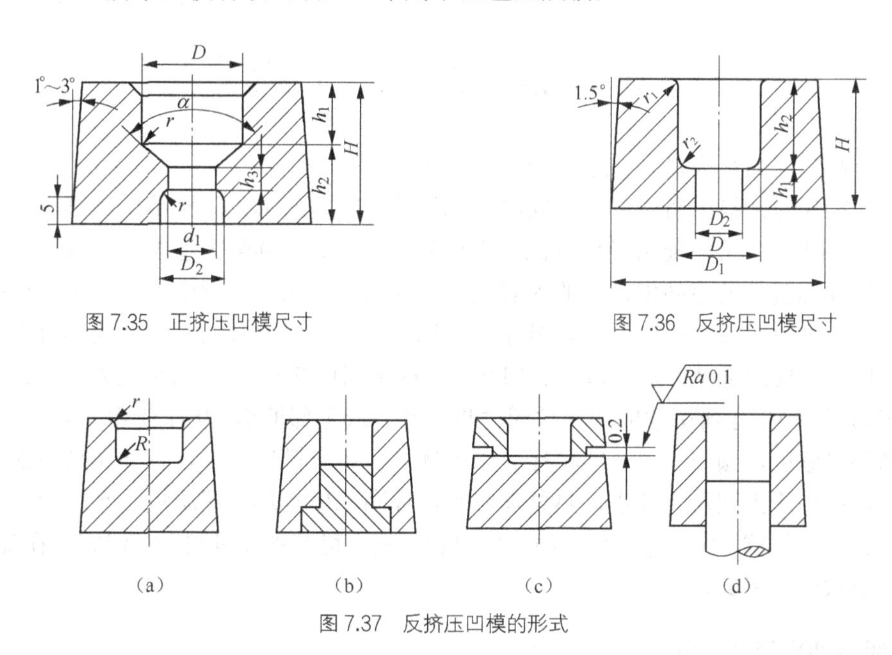


图 7.35 正挤压凹模尺寸

图 7.36 反挤压凹模尺寸

图 7.37 反挤压凹模的形式

## 7.5.3 预应力组合凹模的设计

将凹模分层，使外层（压套）与内层（凹模）过盈装配并对内层产生很大预加压力的组合式凹模结构形式叫预应力组合凹模（简称组合凹模），它广泛应用于钢铁材料的冷挤压。

组合凹模的优点是同样外形尺寸（包括外套在内的整个组合凹模外形尺寸）和相同内腔尺寸的条件下，其强度要比单层（即整体式）凹模的强度大得多。而且也节省了模具钢。但它增加了凹模加工的工作量和难度，主要表现在压合面的加工和装配上。

**1．冷挤压凹模受力状态分析**

冷挤压凹模内腔受到变形金属的径向压力，近似于厚壁圆筒受内压。根据厚壁圆筒的理论，凹模所受的切向拉应力$\sigma_\theta$和径向压应力$\sigma_r$分别为

$$\sigma_\theta=\frac{p_1}{a^2-1}\left(1+\frac{r_2^2}{r^2}\right) \tag{7.6}$$

$$\sigma_r=\frac{p_1}{a^2-1}\left(1-\frac{r_2^2}{r^2}\right) \tag{7.7}$$

式中，$p_1$为凹模内壁径向工作压力（MPa）；$a$为凹模直径之比，$a=r_2/r_1$；$r_1$、$r_2$、$r$分别为凹模内孔、外周、任意处半径（mm）。

凹模的切向拉应力$\sigma_\theta$和径向压应力$\sigma_r$分布情况如图7.38所示。

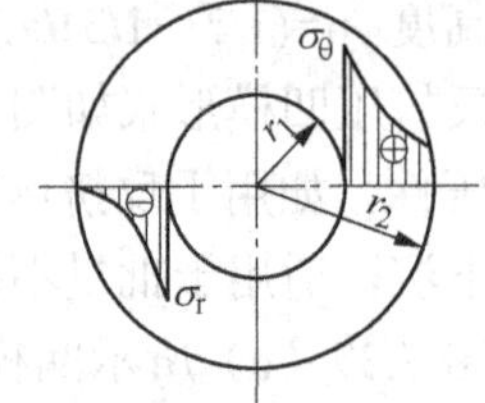

图7.38　凹模内应力

冷挤压凹模强度按能量强度理论引入“相当应力”给予验算。为了满足模具强度要求，它不应大于凹模材料的许用应力。当模具轴向应力为零时，相当应力为

$$\sigma_v=\sqrt{\sigma_\theta^2+\sigma_r^2-\sigma_\theta\sigma_r}=\frac{p_1}{a^2-1}\sqrt{1+3\left(\frac{r_2}{r}\right)^4} \tag{7.8}$$

显然，相当应力最大在$r=r_1$处。由以上分析可知：

（1）冷挤压时凹模内所引起的切向应力$\sigma_\theta$与径向应力$\sigma_r$都正比作用于模具内腔的径向内压力$p_1$。且凹模内的应力随直径比$a$的增大而减小。$\sigma_\theta$、$\sigma_r$其最大值位于凹模的内表面。

（2）凹模强度的危险部位在它的内表面处。加大$a$值在一定程度上可增加凹模强度。但在$a=4$以后，再加大$a$，$\sigma_v$几乎不再减小。所以在单位挤压力较大时，凹模不宜采用单层凹模。为了提高凹模的强度，防止模具纵向开裂，应采用图7.39所示的预应力组合凹模。凹模施加预应力后，冷挤压所引起的切向拉应力将被部分或全部抵销，从而使相当应力$\sigma_v$值降低。除了提高凹模强度，预应力组合凹模还有以下优点：当凹模损坏后，只须调换内圈，不须报废整个凹模；由于内圈尺寸较小，热处理容易，提高了模具热处理质量；预应力组合凹模仅内圈采用合金工具钢，中、外围可采用一般材料，从而可节省模具材料。但它存在加工面多，压合工艺要求较高等缺点。

**2．组合凹模简洁计算法**

组合凹模的形式　根据理论分析可知：对于同一尺寸的凹模，两层预应力组合凹模的强度是整体式凹模强度的1.3倍；三层预应力组合凹模的强度是整体式凹模的强度的1.8倍。层数越多，凹模补强越大，但是，其加工及装配也越复杂。故二层、三层预应力组合凹模

应用较多。图 7.39 绘出了冷挤压凹模的形式。由于凹模总直径比 $a$ 越大，凹模强度越大，但在 $a$ 增加到 4～6 以后，再继续加大 $a$ 便没有多大意义。因此，在生产中常采用的总直径比 $a$=4～6。当 $a$=4～6 时，各种凹模的许用单位压力的大致范围为：$p$≤1 100 MPa 时用整体式凹模；当 1 100＜ $p$≤1 400 MPa 时采用两层式凹模；当 1 400＜ $p$ ≤2 500 MPa 时采用三层式凹模。

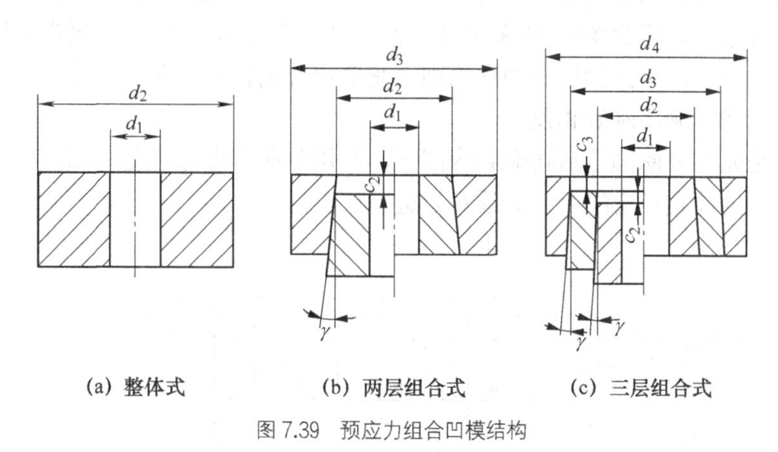


图 7.39　预应力组合凹模结构

### 3. 组合凹模尺寸设计

（1）组合凹模各圈直径的确定　如上所述，凹模总直径比一般取 $a$=4～6。对两层组合凹模［见图 7.39（b）］，可取：$d_2=\sqrt{d_1 \cdot d_3}$；对三层组合凹模［见图 7.39（c）］，可取：$d_2=1.6d_1$，$d_3=1.6d_2=2.56d_1$，$d_4=1.6d_3=4.1d_1$。

（2）预应力组合凹模径向过盈量 $u$ 和轴向压合量 $c$ 的确定　两层组合凹模的径向过盈量 $u_2$ 和轴向压合量 $c_2$ 可用下式求出：

$$u_2=\beta_2 \cdot d_2\ ;\quad c_2=\delta_2 \cdot d_2$$

式中，$\beta_2$、$\delta_2$ 分别为 $d_2$ 处的径向过盈系数和轴向压合系数，其值由图 7.40 查出。

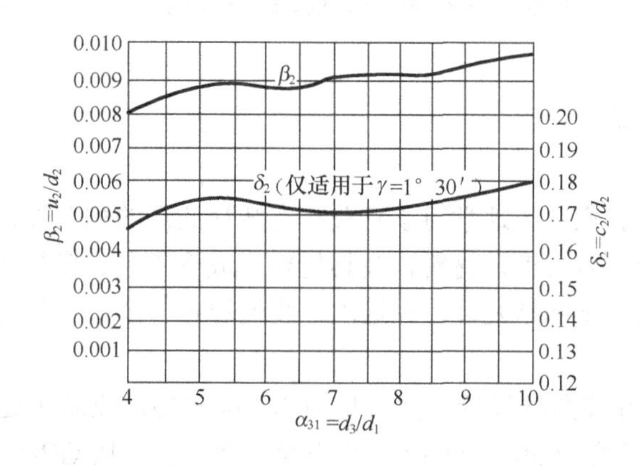


图 7.40　两层组合凹模径向过盈系数和轴向压合系数与总直径比的关系

三层组合凹模径向过盈量 $u_2$、$u_3$ 与轴向压合量 $c_2$、$c_3$ 可按下式求出：

$$u_2=\beta_2.d_2;\quad u_3=\beta_3.d_3$$

$$c_2=\delta_2.d_2\quad c_3=\delta_3.d_3$$

以上系数均按图7.41查取。

（3）预应力组合凹模的压合工艺

压合方法　一般采用加热压合（俗称红套）和在室温下用压力机冷压合两种方法。

对于冷压合来说，压合角$\gamma$一般采用$1°30'$，最大不宜超过$3°$。否则在使用过程中各圈会自动松脱。压合时，各圈的压合顺序原则上是应由外向内压，即先将中圈压入外圈后，再将内圈压入。拆卸时顺序刚好相反。

加热压合是先将外圈加热后再套到内圈上，利用热胀冷缩原理是外圈在冷却后将内圈压紧。压合后凹模内腔直径会缩小，必须对之进行修正。

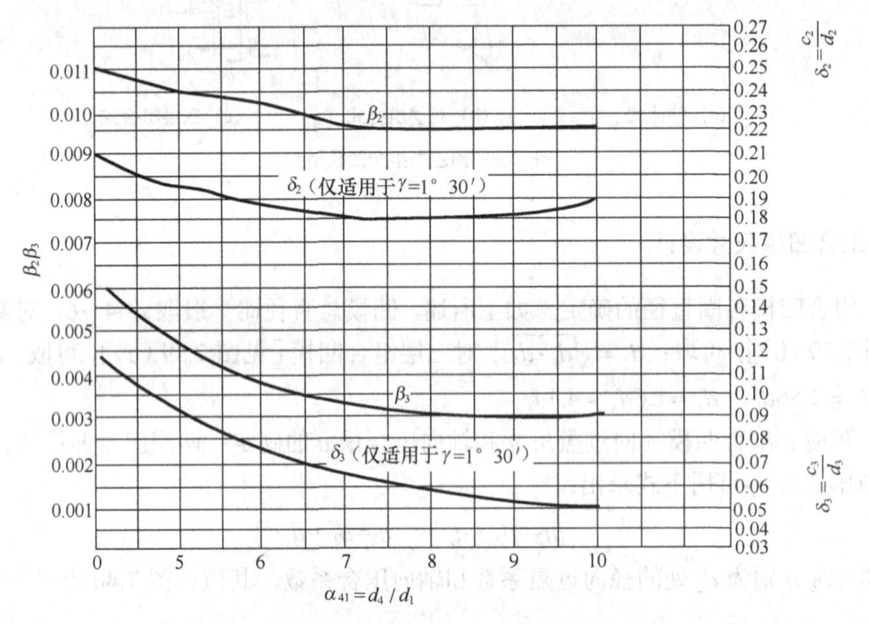


图7.41　三层组合凹模径向过盈系数和轴向压合系数与总直径比的关系

## 7.6 冷挤压设计实例

在前面的章节里，我们系统地学习了有关冷态塑性成形的相关理论和计算方法，以及模具的设计基础。实际上，有关锻造材料、模具材料、成形工艺、模具结构、加工设备等领域的研究与开发工作一直在不断地发展。在这里，我们通过一个产品的设计实例来阐述冷锻技术应用的一般步骤。

图7.42所示的渐开线圆柱齿轮零件，材质为20CrMo，成品热处理为渗碳淬火，淬火深度为0.9～1.2 mm，硬度为50～55HRC。齿形精度为8级（按GB/T 10095—2008及GB/T 10096—1988），尺寸公差为±0.1，齿形参数见表7.2。

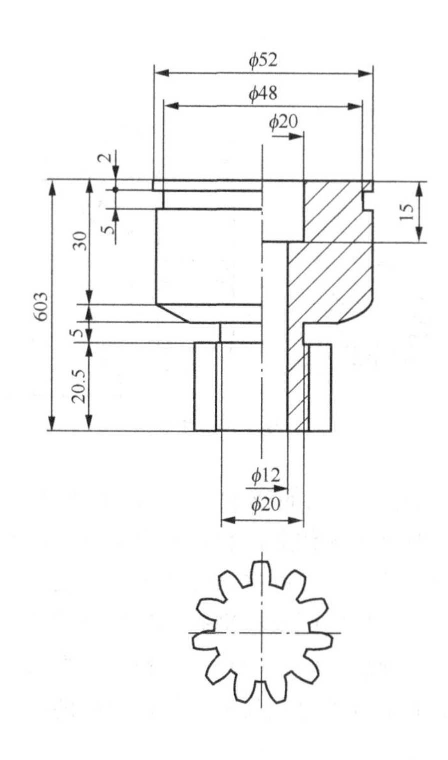


图 7.42　渐开线圆柱齿轮零件

**表 7.2　　齿形参数**

| 参 数 名 称 | 参 数 数 值 |
|---|---|
| 模数 | 2.5 |
| 齿数 | 11 |
| 压力角 | 20° |
| 齿顶直径 | 31.5 mm |
| 齿轮底径 | 22.25 mm |
| 变位系数 | 0.386 |

### 1．锻件图的设计

精密冷锻是一种高效率、高精度的先进工艺，但不能够因此而认为零件的成形可以利用锻造一次到位，“锻造万能论”是十分有害的。将锻造工艺和机械加工的其他工艺合理组合，是高效高质经济生产的有效途径。所以在工艺设计过程中，需要根据零件图，在综合考虑成形工艺、机械加工工艺、材料采购、模具寿命和能源消耗的情况下，按照下述原则进行：

（1）尽可能地使锻件形状接近最终零件形状；

（2）在不能完成全部成形的情况下，要优先完成机械加工困难或加工成本较高的部分；

（3）要充分考虑后道机械加工工序的加工基准面。

该实例产品成形的重点在齿形和内孔，环形沟槽须由车削加工完成。齿形可通过正挤压成形；内孔可通过机械加工或锻造成形。

如果考虑内孔成形后再进行齿形锻造，则断面缩减率为

$$\varepsilon_{\mathrm{f}} = 73\%$$

若采用齿形锻造前进行内孔锻造的工艺，反挤压断面减缩减率为

$$\varepsilon_{\mathrm{b}} = 5\%$$

该值远低于材料反挤压的许用变形范围，说明在齿形成形前锻造内孔的方案是不可取的；而在齿形锻造前机械加工内孔和锻造后机械加工内孔，在成本上差别不大，考虑到锻造模具的结构复杂性等因素，设计的锻件图如图 7.43 所示。其体积为 92 500 mm$^3$，质量为 726.1g。

### 2．工步流程图的设计

大部分产品的成形需经过多道工序，设计者应按照材料成形的规律，对零件的变形过程进行分解，使之完成复杂变形，减小模具破坏的几率。

在本例当中，工件可以一次锻造成形，所以所谓工步流程图就是锻件图和锻件毛坯图。该零件毛坯应为圆棒料，依据体积不变原理计算，毛坯尺寸为

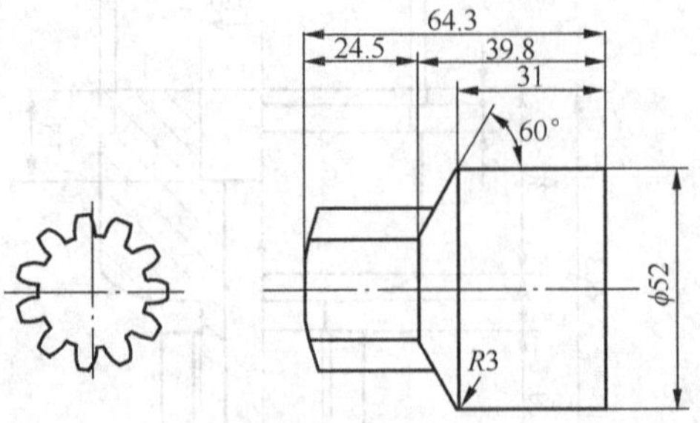

$$\phi 51.9_{-0.05}^{\ 0} \times 43.7 \pm 0.1$$

图 7.43　锻件图

毛坯外径的加工方式可以是车削，也可以为冷拉外圆。车削的成本较低，但工作效率低，材料利用率低，外圆光洁度差；冷拉外圆成本较高，但可连续作业，材料利用率亦高，除棒材的一端冷拉夹持部分有变形无法使用以外，其余均可使用，外圆光洁度也很好。需要指出的是，可以冷拉$\phi$50 范围棒材的设备吨位要求较大；另外虽然国家标准有$\phi$53 规格的棒材，而市场购买较为困难，以$\phi$55 规格的棒材居多，所以切削加工时，材料的浪费比较严重。实际上，在中小批量生产时以切削加工为好；而大批量加工时以冷拉为好。如此直径的材料常用高速带锯床锯断下料。

### 3．成形分析和设备选择

断面缩减率为

$$\varepsilon_{\mathrm{f}} = \frac{A_0 - A}{A_0} = \frac{\pi \cdot 26^2 - 660}{\pi \cdot 26^2} = 69\%$$

式中，$A_0$是材料变形前的断面面积（$mm^2$）；$A$ 是变形后的齿形断面面积（$mm^2$）。

该产品变形程度已接近 20CrMo 材质的变形极限，根据前面学习过的变形力计算方法进行计算，可以得到凸模的平均单位压力为 1 750 MPa，成形力约为 3 720 kN。

将凸模与毛坯开始接触的位置设定为行程的零点，成形过程可分为两个阶段（见图 7.44）：

（1）圆锥部分成形阶段（行程位置 0～5 mm）。此时，变形程度逐步增大，凸模受到的单位压力也逐步增大，凸模平均成形力由 0 kN 增加到 3 720 kN。

（2）齿形部分成形阶段（行程位置 5～12.7 mm）。这阶段包括齿形开始成形到成形结束。此时，断面缩减率保持不变，为稳定变形过程，凸模所受平均成形力也基本保持不变（随着材料内部变形的增加，以及摩擦力的加大，平均成形力也会有小幅上升）。

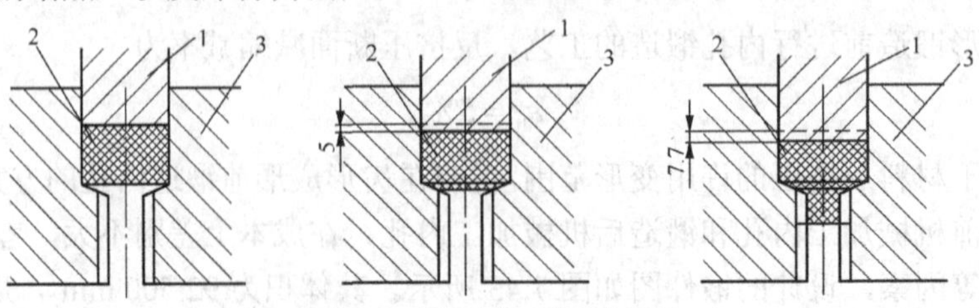


图 7.44　成形过程可分两个阶段

1—凸模；2—工件；3—凹模

由此可以选择公称设备能力为 4 000 kN 的液压精锻机或行程-压力曲线可以覆盖成形力变化曲线的曲柄连杆压力机（见图 7.45）。

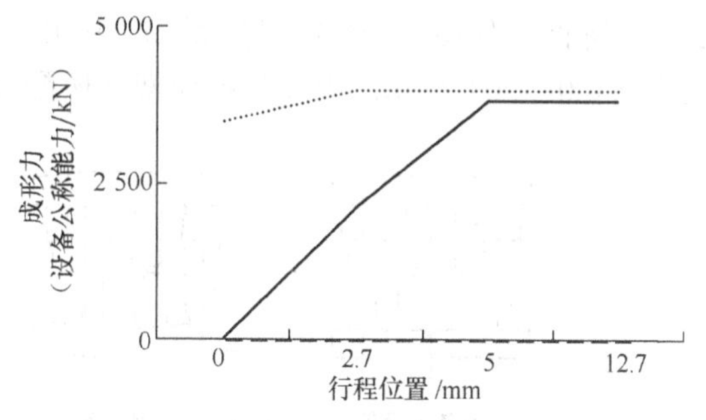

图 7.45 成形力曲线与设备压力曲线关系

#### 4. 模具总装图的设计

一般将冷锻模具分为模架和专用模具两个部分。模架指上下模板、导柱导套、上下定位圈和上下模具压板等零件，可完成导向和模具与设备之间安装的功能。该部分体积较大且精度较高，制造成本也比较大，一般要求具有较高的通用性；专用模具部分指专门为某个产品的生产而设计制造的模具零件，包括核心凹模、凹模定位圈、凸模、凸模定位圈、顶出机构、承压垫块等，其中核心凹模和凸模是成形力的主要承载零件，也是产品精度保证的条件，它的要求高，是模具零件设计的重点。图 7.46 是该实例产品的模具总装结构图。

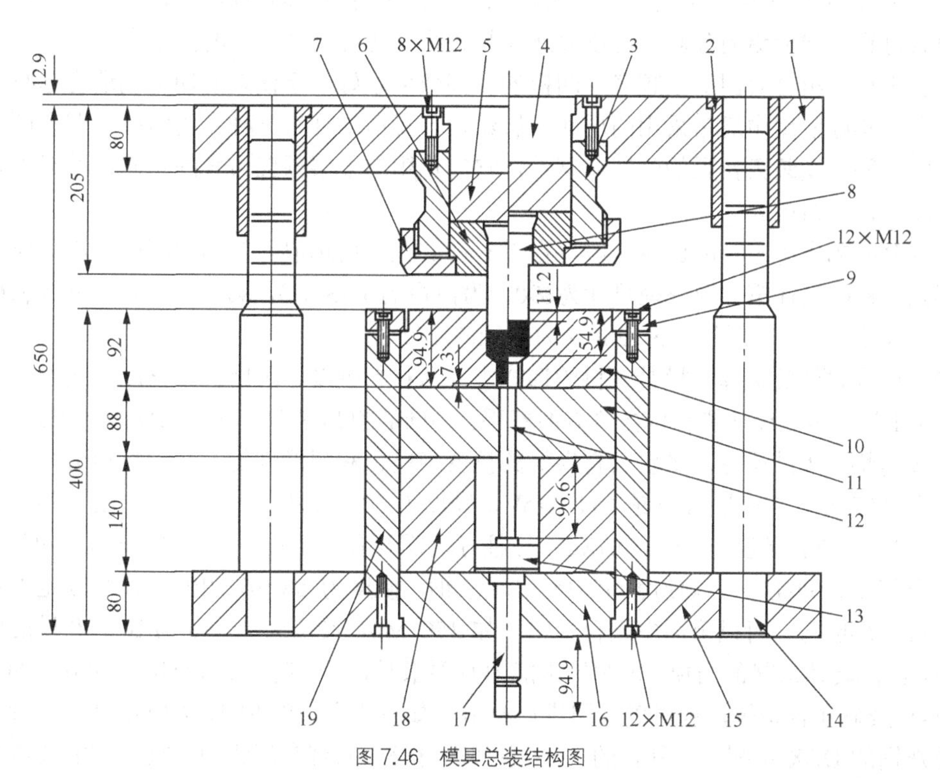

图 7.46 模具总装结构图

1—上模板；2—导套；3—上固定圈；4—上垫块；5—凸模承载垫块；6—凸模固定圈；7—上凸模固定大螺母；8—上凸模；9—凹模固定圈；10—凹模；11—凹模承载垫块；12—顶出杆；13—顶出过渡垫块；14—导柱；15—下模板；16—下垫块 A；17—下顶杆；18—下垫块 B；19—下固定圈

随着精密加工设备朝着大型化的方向发展，模架的制造已经可以摆脱配作的束缚，设计模架结构时应避免模架直接承载，以免造成导柱导套和上下模板的弯曲变形，缩短模架的使用寿命，如图 7.47 所示。模架不直接承载成形力可以让上下模板的厚度减小，材质要求也可以适当降低。使用大型坐标磨床或加工中心，单件加工的零件装配而成的模架，其配合精度能达到0.01～0.02mm，因此传统模架上所配置的调芯机构在现代模架上也已基本看不到了。

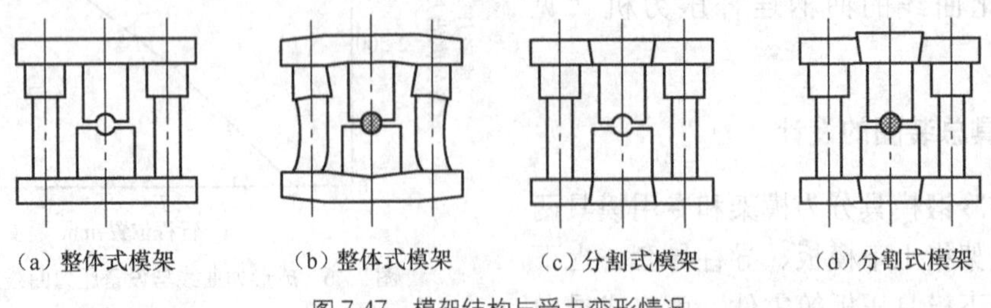


图7.47 模架结构与受力变形情况

### 5. 模具零件图的设计

模具零件设计最关键的是凹模和凸模，以下就凹模设计为例，介绍模具设计一般步骤。

（1）凹模结构的确定 由于冷锻模具的承载较大，不能单纯依靠模具材料自身的力学特性来保证模具寿命。采用预应力组合凹模可以化解模具内型腔面在成形时形成的周向拉应力；而对模具进行横向或纵向分割，可以分解模具直径变化处角部产生的拉应力。

一般来说，组合套圈层数越多，凹模的补强效果越好，但模具的加工制造也越复杂，成本也越高，实际应用中通常采用两层或三层结构。目前国外有一种专利结构，即在两层硬质合金套圈中间，安装盘拉紧的弹性薄钢带，它的作用与多层预应力套圈相同，效果很好，但制造难度大，价格高。

组合套圈的内外直径的比例一般可在1.5～2.2范围内选取。该例中凹模采用三层预应力组合形式。初始设计第一层外径尺寸为$\phi$90（为内径的1.73倍），第二层外径尺寸为$\phi$160（为内径的1.78倍），第三层外径为$\phi$280（为内径的1.75倍）。

（2）模具材料的选择 模具材料的选择主要从材料硬度、耐磨性、强度、韧性、抗疲劳能力、加工性、热处理性能和价格等方面着手。不同的模具零件对材料的性能要求是不同的。作为一般的垫块等结构件，多要求有很好的抗变形能力和耐磨性能，而对抗疲劳性和韧性方面的要求则较低，多采用Cr12或Cr12MoV，硬度为60～62HRC；模座由于受力不大，可以采用45#或55#钢，硬度为45～50HRC；导柱导套需要有良好的耐磨性能，表面硬度要求高，而材料内部要有韧性，可以使用GCr15等轴承钢，硬度为58～62HRC；模具固定件要兼顾韧性和抗变形能力，可以采用中碳合金钢，如35CrMo，硬度为45～50HRC；凸模的情况比较复杂，如回转体形状的凸模，仅对抗压能力有要求时，可以选用Cr12MoV、W6Mo5Cr4V2、W18Cr4V及硬质合金等，也可以选用进口材料，如日立金属的SKH系列和HAP系列钢材、大同特殊钢的DEX系列、一胜百的ASP系列钢材等；而带有形状的凸模，在需要考虑韧性的情况下，常使用W6Mo5Cr4V2、7Cr7Mo2V2Si（LD）、6Cr4W3Mo2VNb（65Nb）、6W6Mo5Cr4V（6W6）等材料，进口材料有日立金属的YXR系列钢材等。

凹模的模芯材料可以采用上述凸模使用的材质，需要指出的是，模具使用的硬质合金与普通作为刀具加工材料所使用的硬质合金是不同的，它的烧制工艺要求保证合金内部呈现球状组织，从而提高韧性，提高材料抗剥落的能力。目前，在锻造模具专用硬质合金的研究方面已经取得了长足的进步，种类繁多，性能优越，质量稳定，可以供模具制造厂商根据自己细化的要求进行选择，国内在这方面的研究则相对落后，目前比较适用的有 YG20C 的类似材料，有关单位正在进行开发研究。

凹模的预应力套圈材料应该根据装配工艺的不同来选择，本例选择 4Cr5MoSiV1（H13 或 SKD61），它具有热处理性能稳定，抗拉强度好，不开裂，加工性能好等优点，使用硬度为 45～48HRC。可供选择的材料还有 35CrMo、45#钢等。在选择最后压入模芯的装配方式时，中间套圈也可选用 Cr12MoV 或硬质合金，以提高套圈的抗磨性能，达到套圈重复利用的目的。

初始设计时，模芯选择日本的 G7 硬质合金，中间套圈选择 H13，外套圈选择 45 钢。

（3）模具加工工艺分析　模具零件设计需要认真考虑加工设备和加工工艺，以保证模具的加工精度和使用精度。工艺不正确，即使加工精度达到了要求，使用过程中也会出现问题。

本例的凹模需要考虑的是装配工艺和模具的时效变形问题。预应力组合凹模的装配一般可采用冷压合装配、加热装配、加热压合装配等方式。使用压合装配时，一般使用圆锥面配合，要求有一个压合角，压合角度常选择 1°、1.5°、3°、5°等，通常不大于 7°，以避免过盈力的垂直分量导致模芯的松脱。单纯的加热装配建议使用圆柱面，可以降低加工难度，提高配合精度，同时可以设计一个台阶，防止模具使用中，由于“呼吸”的缘故，导致模芯分割面产生缝隙。

热装配时，预应力套的加热温度一般不超过 480℃，以避免预应力套材料发生组织变化，影响其预应力性能，因此根据钢的热膨胀系数，考虑装配时的工艺性能，加热装配的最大过盈量，建议选择为配合面直径的 0.45%，大于这个比例的过盈配合，就需要考虑加热压合装配工艺或模芯冷缩、模套加热的装配工艺。冷压合装配的过盈量根据设备能力的大小，适用范围较宽，一般为配合面直径的 0.6%以下，需要注意的是，冷压合在加工过程中存在危险因素，并且随着过盈量的增大，在配合面存在的与压入方向相反的残余应力也会相应增加，有时候对模具的使用会产生负面影响，建议在小过盈量配合时使用该种工艺。

解决齿形模具时效问题的最有效方式是，在模芯材料热处理淬火之前就对模芯进行预割，并且在模具装配之后，将之放置若干天，待应力释放后再进行后续加工。

初始设计时，凹模配合面的过盈量为：$\phi$90 直径取 0.40 mm，$\phi$160 直径取 0.64 mm。

（4）模具强度的校核　凹模强度校核主要是根据薄壁圆筒理论，计算凹模内腔和各个配合面的周向拉应力，是否在模具材料的强度许可范围以内，并且根据计算结果对模具的材料、配合面直径和相应的过盈量进行更改，使模具达到强度设计要求。具体计算方法可以参考力学的相关资料。

本例工作时模具的应力状态近似计算的结果如下：

取 G7 的弹性模量 $E$ 为 500 GPa，泊松比 $\upsilon$ 为 0.22；H13 的弹性模量 $E$ 为 215 GPa，泊松比 $\upsilon$ 为 0.3；45#钢的弹性模量 $E$ 为 210GPa，泊松比 $\upsilon$ 为 0.28。

得到模芯上段内腔的周向拉应力 $\sigma_1$ 为 666 MPa，相应部分内套圈内壁周向拉应力 $\sigma_2$ 为 710 MPa，相应的外套圈内壁周向拉应力 $\sigma_3$ 为 707 MPa。

模芯齿形段内腔的周向拉应力 $\sigma'_1$ 为 404MPa，相应部分内套圈内壁周向拉应力 $\sigma_2'$ 为 570MPa，相应的外套圈内壁周向拉应力 $\sigma'_3$ 为 623MPa。

硬质合金的抗压强度和耐磨性都非常好，但抗拉强度很低，一般在 200 MPa 以下，因此在内腔周向拉应力为 666 MPa 的情况下，可以预见模具的寿命会很差。所以调整如下：

模芯外径尺寸设计为$\phi$80（为内径的 1.54 倍），第二层外径尺寸设计为$\phi$160（为内径的 2 倍），第三层外径是$\phi$280（为内径的 1.75 倍）。过盈量分别为：$\phi$80 直径取 0.52 mm，$\phi$160 直径取 0.8 mm。

改进后的校核计算结果如下：

$\sigma_1 = -68\,\text{MPa}$，$\sigma_2 = -68\,\text{MPa}$，$\sigma_3 = 842\,\text{MPa}$，$\sigma_1' = -266\,\text{MPa}$，$\sigma_2' = 794\,\text{MPa}$，$\sigma_3' = 761\,\text{MPa}$。

在这样的应力状态下，由于模芯始终工作在三向压应力状态，可以大幅度改善其使用条件，提高模具寿命；而外预紧圈的内腔周向拉应力为 842 MPa，已经接近 45#钢材料本身的抗拉强度，所以外预紧圈的材质应该更改为 H13。

在有条件的情况下，还可以根据设计的结果，采用有限元方法，利用计算机仿真软件进行成形过程模拟，可以得到更为精确的校核结果。

（5）模具尺寸的确定　内腔尺寸的确定要充分考虑模具材料在成形过程中因为受力而发生的尺寸变化，这种变化根据模具材质和过盈配合以及内腔形状的不同，数值上也有很大差异，一般情况下的计算结果与实际情况的出入比较大，所以设计时不能根据计算数值或仿真结果来进行补正。在尽可能将成形尺寸落在公差范围内的情况下，尺寸设计要使模具保留修正的可能，因此内腔直径要设计在下偏差。比如产品尺寸为$\phi$(52±0.05)mm，模芯材料为硬质合金，凸模压强为 1 750 MPa 时，估算锻造时模具会有 0.03 mm 左右的扩大，所以静态模具尺寸可以设定为$\phi 51.92^{+0.02}_{0}$ mm；而当产品尺寸为$\phi$(52±0.1)mm 时，静态模具尺寸就可以设定为$\phi 51.90^{+0.02}_{0}$。

外形尺寸主要考虑装配关系，确定好定位面，从而决定精度和公差范围。这里就不再赘述了。依据以上所述的步骤，设计的凹模形状如图 7.48 所示。

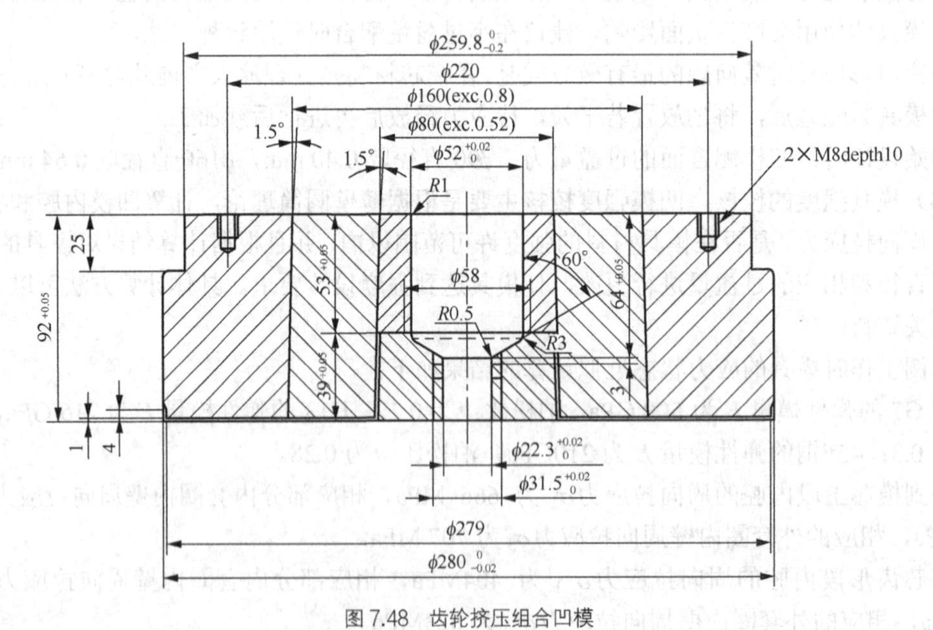


图 7.48　齿轮挤压组合凹模

## 思考与练习题

1．冷挤压加工有哪些特点？

2．影响单位冷挤压力的主要因素有哪些？它们是如何影响的？

3．冷挤压工艺对压力机的特殊要求有哪些？选择冷挤压设备的原则是什么？

4. 分析挤压凹模的受力情况，组合凹模是如何提高挤压凹模的整体强度的？若凹模承受的单位压力是 1 700 MPa，通常采用几层凹模？

5．用 08 钢生产图 7.49 所示缝纫机螺钉，请计算单位挤压力和总挤压力。

6．图 7.50 所示的零件，材料为 20 钢，通过反挤压生产，请计算单位挤压力和总挤压力。

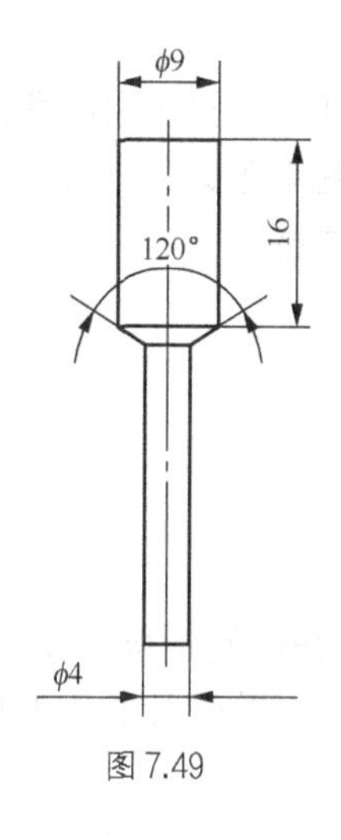

图 7.49

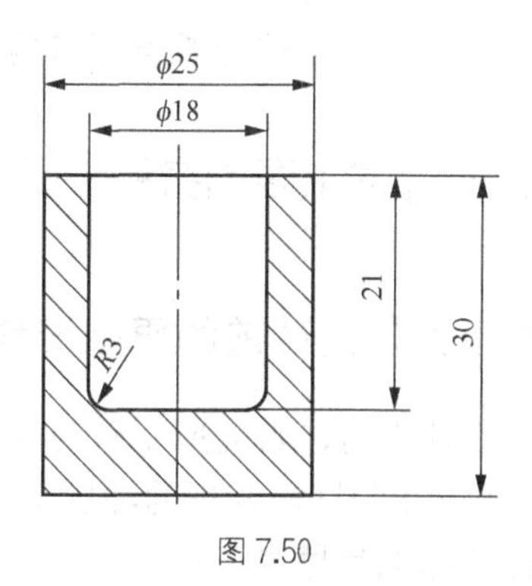

图 7.50

# 第8章 冲压工艺和模具设计方法与设计实例

冲压工艺与模具设计是冲压生产前重要的技术准备工作，工艺人员应同产品设计人员、模具制造人员和冲压生产人员密切配合，从现有的生产条件出发，综合考虑各方面的因素尽量设计出技术上先进、经济上合理、操作上安全可靠的工艺方案和模具结构。

## 8.1 冲压工艺设计的主要内容和步骤

### 8.1.1 冲压工艺设计前的原始资料

在冲压工艺设计之前，首先应了解与设计任务有关的一些原始资料，在此基础上，经过分析、研究、对比才能制订出合理的冲压工艺方案。完成冲压工艺设计必需的原始资料包括：

（1）冲压件的图纸和技术要求。

（2）原材料的尺寸规格、力学性能、工艺性能和供应情况。

（3）生产批量。

（4）冲压设备的型号、规格、主要技术参数及使用说明书等。

（5）模具制造条件及技术水平。

（6）有关技术标准、设计手册等技术资料。

### 8.1.2 冲压工艺设计的一般步骤及内容

#### 1. 分析冲压件的工艺性

各类冲压件的工艺性已在有关章节中说明。分析冲压件工艺性的目的是检查该零件的尺寸、形状、精度和材料等是否符合冲压工艺要求。如果发现冲压件的工艺性很差，则应会同产品设计人员在保证产品使用要求的前提下，对冲压件的形状、尺寸、精度乃至原材料的选用进行必要的修改。

#### 2. 拟定冲压工艺方案

工艺方案的确定是在工艺分析的基础上进行的，需要解决的主要问题如下。

（1）产品所需的基本冲压工序　产品所需的基本冲压工序主要取决于产品的形状、尺寸和精度。

冲裁件所需的基本冲压工序可从零件图直观地反映出来，主要是冲孔、落料（或切断）、冲槽等，当精度要求较高时，可能需要整修；弯曲件所需的基本冲压工序是冲裁和弯曲，当弯曲半径小于材料允许的最小弯曲半径或弯曲件精度要求较高时，需要增加整形工序；拉深件所需的基本冲压工序是冲裁和拉深，当拉深圆角半径太小或精度要求较高时，也需要增加整形工序。

工序性质的确定有时需要进行工艺计算，例如翻边件必须计算其翻边系数，以便确定该翻边件的高度能否一次翻出，如不能则要改用拉深后冲底孔再翻边。表 8.1 所示为几种典型冲压件所需的基本工序举例。

**表 8.1　几种典型冲压件所需基本冲压工序举例**

| 冲压件类型 | 结构示意图 | 所需基本冲压工序 |
| --- | --- | --- |
| 冲裁件 | 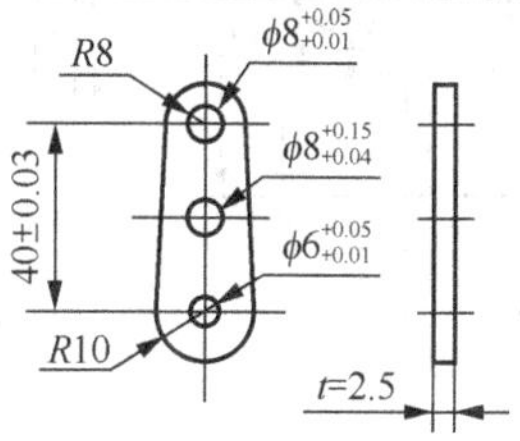 | 冲孔<br>落料 |
| 弯曲件 | 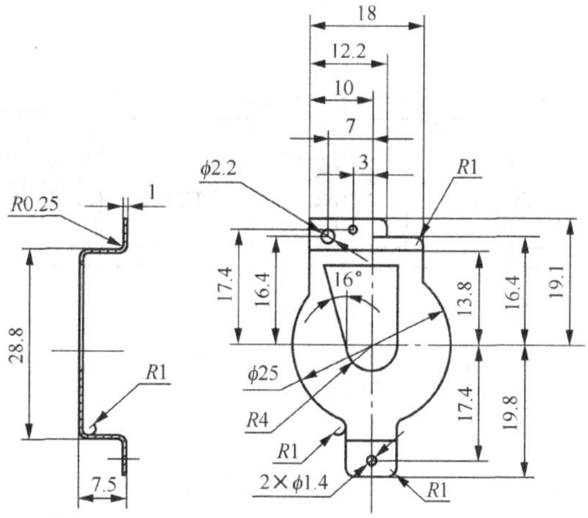 | 冲孔<br>弯曲<br>整形（圆角） |
| 拉深件 | 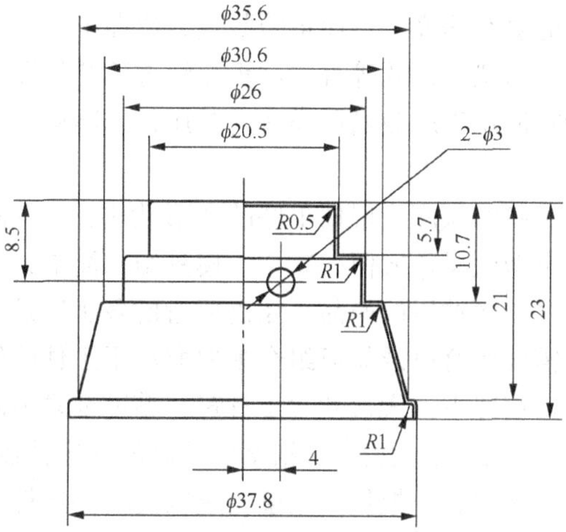 | 落料<br>拉深<br>冲孔<br>整形（圆角） |

（2）冲压工序的数量　工序数量是指同一性质工序重复的次数，主要取决于产品的几何形状、尺寸与精度要求、材料的性能、模具强度等。

冲裁件的工序数量与冲裁件内外形的复杂程度、孔间距、孔边距等有关。图 8.1（a）所示的引线片零件，由于是在直径为 9.7 mm 的圆周上分布了 9 个直径为 1.2 mm 的小孔（尤其是 60° 角度范围内的 4 个小孔），并且有两个比较窄长的悬臂，则由于小孔孔距太小，悬臂过长，如果一次冲出，不能保证模具强度，因此这里的冲孔应该分成几步，悬臂部位的冲压也应该分步冲出，如图 8.1（b）所示。

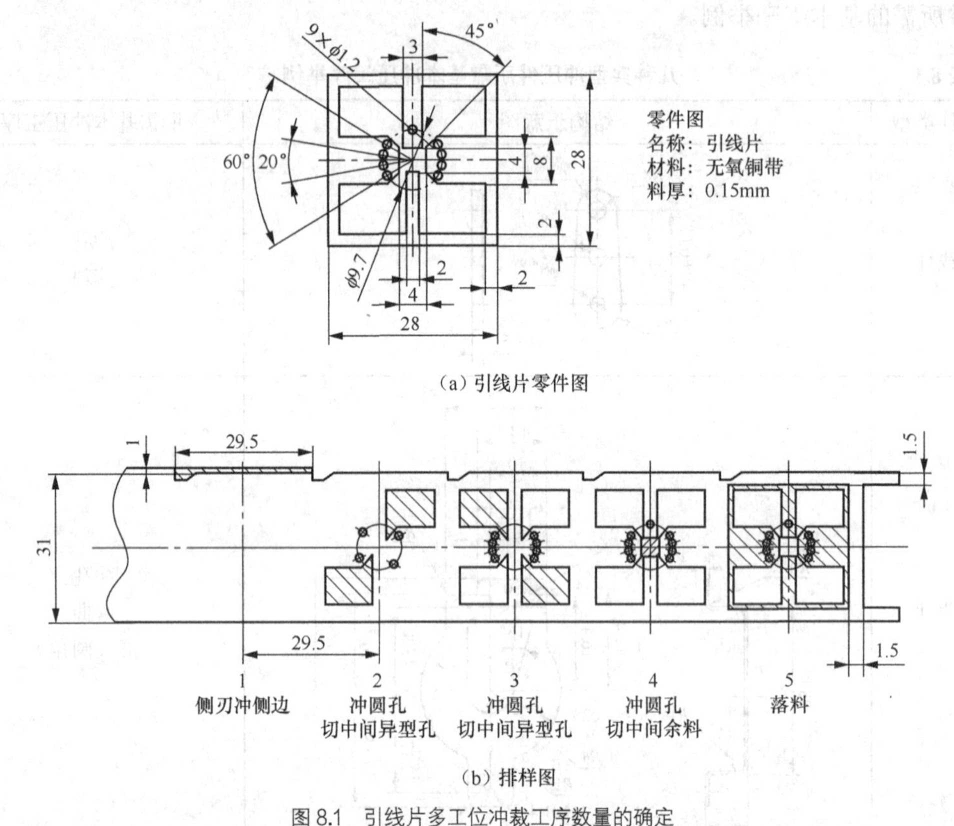


（a）引线片零件图

（b）排样图

图 8.1　引线片多工位冲裁工序数量的确定

弯曲件的工序数量与弯曲件的复杂程度、弯曲角的数量、弯曲半径、弯曲方向等有关。

拉深件的拉深次数与拉深件的形状、尺寸等有关，需要经过工艺计算确定。

除上述考虑的因素之外，确定冲压工序数量还需考虑冲压件的精度、生产批量、工厂现有的制模条件及冲压设备情况等。

（3）冲压工序的顺序　冲压工序的顺序应根据工序的变形性质、零件的质量要求等来确定。在保证零件质量的前提下尽量做到操作方便、安全，模具结构简单。

（4）工序的组合　对于需要多工序冲压的产品，还需要考虑各工序是否需要组合、如何组合、组合的程度等。工序是否需要组合以及如何组合主要取决于工件的生产批量、尺寸大小、精度要求、模具强度等。通常情况下，大尺寸、小批量、精度要求不高的冲压件工序不宜组合，适合采用单工序模生产；小尺寸、大批量、精度要求高的冲压件需要进行工序组合，宜采用复合模或级进模；但对于小尺寸、小批量、精度要求很高的冲压件也应考虑工序组合以满足冲压件的精度要求，即使是精度要求不高，但由于尺寸过小或过大，为操作安全方便也需要考虑工序的组合。

上述各问题解决完之后工艺方案也就可以确定了。一个冲压件往往可有多种冲压工艺方案，确定工艺方案的具体做法是：首先根据上面的分析列出几种可能的方案，再根据产品质量、生产效率、设备占用情况、模具制造的难易程度和寿命高低、操作方便与安全程度等方面逐一对已列出的各方案进行分析比较，从中选出一种经济上合理、技术上可行的最佳方案。

### 3．主要的工艺计算

（1）排样设计

排样设计需要解决的主要问题有：

1）毛坯形状与尺寸的确定

冲裁件不需要确定毛坯形状和尺寸，但对于弯曲、拉深等成形件首先需要确定毛坯的展开形状并求出其展开尺寸。

2）选定排样的类型和方式。

3）确定搭边值，进而确定料宽和进距。

4）选定原材料的规格和裁板方案，计算材料利用率。

5）按要求绘制排样图并标注必要的尺寸。

排样设计的详细内容参见本书2.3.1节。

（2）冲压工艺力的计算（参见各章节）

冲裁工序的主要工艺力包括冲裁力、卸料力、推件力或顶件力；弯曲工序的工艺力有弯曲力，压料力或顶件力；拉深工序的工艺力有拉深力和压边力。

（3）压力中心的计算（参见本书2.3.2节）

简单对称形状冲压件的压力中心不需要计算，压力中心就是几何中心。复杂冲压件或需要多凸模冲压的冲压件需要计算其压力中心。

（4）模具刃口尺寸的计算（参见各章节）

（5）冲压工序件尺寸的确定（参见各章节）

冲压工序件尺寸主要依据冲压变形的极限变形系数确定。

### 4．设备的选择

根据计算出来的冲压工艺力和工厂现有设备情况以及要完成的冲压工序性质，冲压成形所需的变形力、变形功等主要因素，合理选择设备类型和大小。

### 5．编写冲压工艺文件

根据各种生产方式，需要编写不同程度的工艺文件，这些文件是模具设计的重要依据。

在大量和大批生产中，一般需要制订冲压件的工艺过程卡片（即工艺规程卡，表达整个零件冲压工艺过程的相关内容）、每一工序的工序卡片（表达具体工序的有关内容）和材料的排样卡片；成批生产中，需要制订工件的工艺过程卡片；小批生产中，只制订工艺路线明细表。冲压工艺过程卡片无统一格式，表8.2所示仅供参考。

表 8.2　　冲压工艺过程卡片

| （单位名称） | 冲压工艺卡 | 产品型号 | | 零件图号 | | 共　页 |
|---|---|---|---|---|---|---|
| | | 产品名称 | | 零件名称 | | 第　页 |
| 材料 | 材料技术要求 | 毛坯尺寸 | 每毛坯可制件数 | 毛坯重量 | 辅料 | |
| | | | | | | |

| 序号 | 工序名称 | 工序内容 | 加工简图 | 设备 | 模具 | 工时 |
|---|---|---|---|---|---|---|
| | | | | | | |
| | | | | | | |
| | | | | | | |

## 8.2　冲压模具设计方法与步骤

模具设计是在工艺设计之后进行的，主要需要解决模具类型及结构形式、模具各零件的形状、尺寸及安装固定方式，模具零件材料的选用及热处理要求等问题。

### 8.2.1　模具类型及结构形式的确定

模具类型是指采用单工序模、复合模还是级进模，这主要取决于零件的生产批量，一般说来，大批量生产时应尽可能地把工序集中起来，即采用复合模或连续模，这样可以提高生产率，减少劳动量，降低成本；而小批量生产时则宜采用结构简单、制造方便的单工序模。但有时从操作方便、安全、送料、节约场地等角度考虑，即使批量不大，也采用复合模或连续模，如不便取拿的小件，从送料方便和安全角度考虑可采用带料或条料在连续模上冲压；大型冲压件如采用单工序模则有可能使模具费用增加，加之大型工件在工序间传送不便，又占场地，故也常采用复合模。表 8.3 所示为生产批量与模具类型的关系，可供设计时参考。

表 8.3　　生产批量与模具类型的关系

| 项　目 | 生　产　批　量 | | | | |
|---|---|---|---|---|---|
| | 单件 | 小批 | 中批 | 大批 | 大量 |
| 大型件 | | 1～2 | >2～20 | >20～300 | >300 |
| 中型件 | <1 | 1～5 | >5～50 | >50～1 000 | >1 000 |
| 小型件 | | 1～10 | >10～100 | >100～5 000 | >5 000 |
| 模具类型 | 单工序模<br>简易模<br>组合模 | 单工序模<br>简易模<br>组合模 | 单工序模<br>连续模　复合模<br>半自动模 | 单工序模<br>连续模　复合模<br>自动模 | 硬质合金<br>连续模　复合模<br>自动模 |

注：表内数字为每年班产量，单位为千件。

模具结构形式主要是指模具采用正装还是倒装的结构。凹模在下的结构称为正装结构，反之凹模在上、凸模在下的称为倒装结构。

单工序落料模一般都采用正装结构，工件从凹模内落下，操作方便，结构简单，如要求工件平整时可采用弹顶器将落料件从凹模内顶出。复合冲裁模则刚好相反，大多采用倒装结构，废料可直接从凸凹模孔内落下，不需要清理，工件用打料杆从凹模内打下。首次无压边拉深模一般都采用正装结构，这样出料方便。带压边的拉深模，则一般都采用倒装结构。

模具设计与工艺方案拟定应相互照应，工艺方案给模具设计提供依据，而模具设计中如发现模具不能保证工艺的实现时也必须修改工艺方案。

### 8.2.2 模具零件的设计及标准的选用

在工艺方案拟订时已确定了每道冲压工序的工件形状和尺寸，模具工作零件就是根据其进行设计。其他的模具零件如导向零件、定位零件、固定零件、压料卸料零件、紧固件等应尽可能按《冷冲模标准》选用，只有在无标准可选时，才进行设计。对某些零件还应进行强度校核，然后绘制模具总图。

凹模是模具中的关键零件，模具零件设计可以首先从凹模开始。下面以冲裁模为例说明模具设计的基本思路。

（1）根据产品图按照刃口尺寸的计算方法计算出凹模刃口尺寸。

（2）按照凹模外形设计方法设计其外形的形状，并计算凹模厚度，进而求出凹模壁厚。

（3）凹模的刃口尺寸加上凹模壁厚得到凹模外形的计算尺寸，根据此计算尺寸查冷冲模国家标准，得到凹模板的标准尺寸。

凹模的外形尺寸一旦确定，卸料板、固定板和垫板的外形尺寸也就确定了，一般情况下，这几块板的平面尺寸应保持一致。

（4）根据凹模板的标准尺寸查得标准模架（为便于画图，可不查模架，而是直接查出上、下模座），至此模具的整体尺寸也就大致确定了。

需要说明的是冲裁凹模的高度可以直接通过公式计算出来，但弯曲、拉深等成形工序的凹模高度则需要通过模具的具体结构及工件的尺寸来定。

### 8.2.3 模具总装配图的内容及绘制要求

#### 1. 模具总装配图的内容要求及布置

模具总装配图是拆绘模具零件图的依据，应清楚表达各零件之间的装配关系以及固定连接方式。总装配图尽量用 1∶1 比例，这样直观性好。总装配图应严格按照制图标准绘制，模具总装配图的主要内容及一般布置情况如图 8.2 所示。

模具总装图一般包括：

（1）主视图　主视图是模具总装图的主体部分，必不可少，应画成上、下模闭合状态的全剖视图。剖视图的画法一般应按 GB/T 4458.6—2002 的规定执行，在冲模图中为了减少局部剖视图，在不影响剖视图表达效果的情况下，可将剖面以外的部分旋转或平移到剖视图上，像螺钉、圆柱销、推杆等常用此法表示。同一规格和尺寸的内六角螺钉和圆柱销，在剖视图中各画一个，各引一个件号。当剖视图位置较小时螺钉和圆柱销可以各画一半，各引一个件号。主视图中应标注模具闭合高度尺寸，并用涂黑的方式绘出工件和毛坯的断面。

（2）俯视图　下模俯视图是在假设去掉上模部分后画出的投影图，同样必不可少。下模俯视图可以明确表达模具各个零件的平面布置、毛坯在模具中的定位方式以及凸模和凹模孔的分布位置。在俯视图上应以双点画线（假想线）的形式绘出排样图。上模俯视图是假设将下模去掉以后画出的投影图，主要表达上模座上各螺钉孔、销钉孔的位置，便于模具装配时的螺钉、销钉孔的加工，通常在简单的模具中可以省略不画。

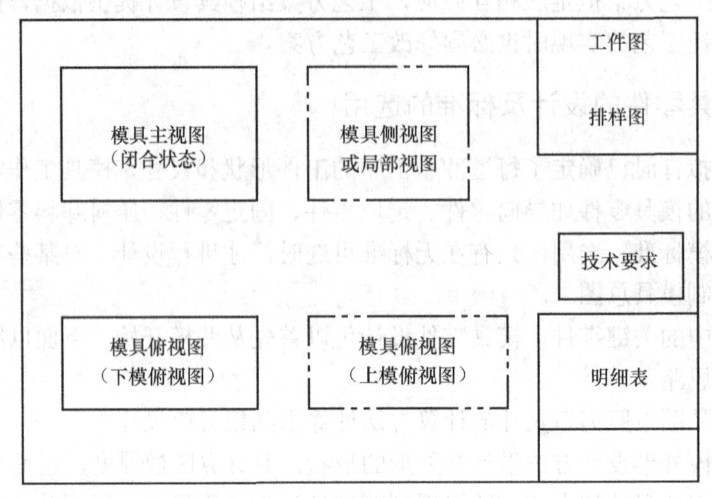


图 8.2　模具总装图内容及布置

（3）侧视图或局部视图　一般情况下，主视图和俯视图就能表达清楚模具的结构，但对于有复杂结构的模具或局部结构复杂而又难以表达的模具，就需要用到侧视图或局部视图。

（4）工件图和排样图　工件图是经本副模具冲压后所得到的冲压件图形，一般画在总图的右上角。若图面位置不够，或工件较大时，可另立一页。工件图应按比例画出，一般与模具图的比例一致，特殊情况下可以缩小或放大。工件图的方向应与冲压方向一致（即与工件在模具图中的位置一样），有时也允许不一致，但必须用箭头注明冲压方向。有落料工序的模具，还应画出排样图，一般也布置在总图的右上角，置于工件图的下方，排样图的方向一般应与其在模具中的方向一致，特殊情况下允许旋转，并注明料宽、进距、搭边和侧搭边。

（5）标题栏和明细表　标题栏和明细表一般放在总图的右下角。若图面位置不够时，可另立一页。总装图中的所有零件（含标准件）都要详细填写在明细表中。标题栏和明细表的格式各工厂也不尽相同，图 8.3 所示仅供校内学生参考。

（6）技术要求　技术要求中一般只简要注明对本模具在使用、装配等过程中的要求和应注意的事项，例如应保证凸模、凹模周边间隙均匀，模具标记及相关工具等。模架的技术要求，可按 GB 2854—2008《冷冲模模架技术条件》中的规定进行。当模具有特殊要求时，应详细注明有关内容。

应当指出，模具总装图中的内容并非是一成不变的，在实际设计中可根据具体情况做出相应的增减。

### 2．模具总装图的绘制步骤

绘制模具总装图时，一般是先按比例勾画出总装草图，经仔细检查认为无误后．再对草图进行加深，成为正规总装图。绘图的一般步骤如下：

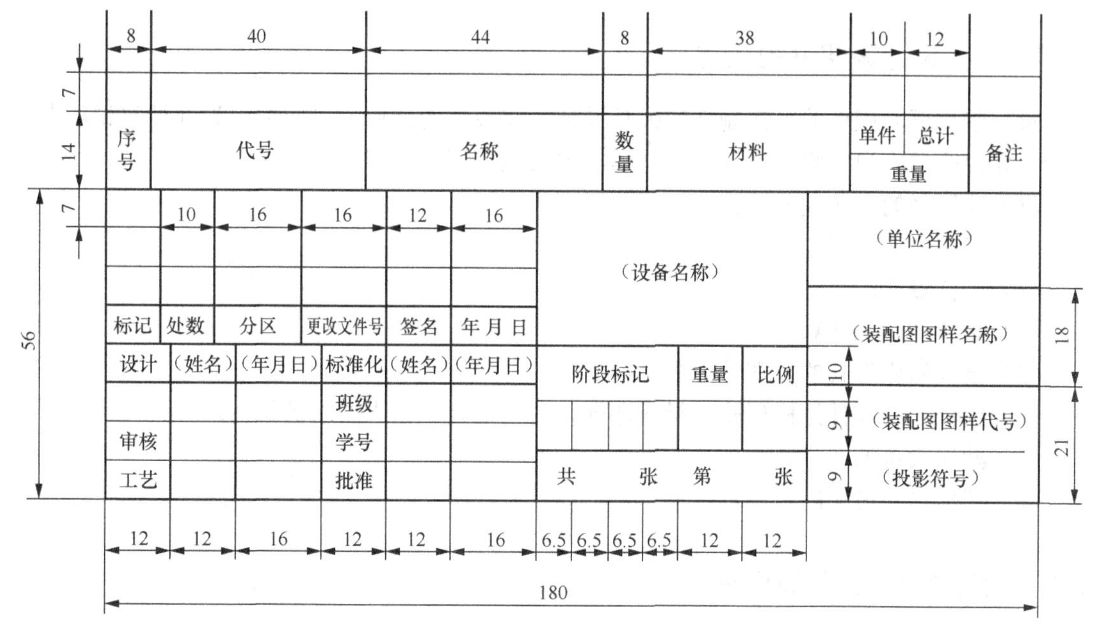


图8.3 装配图明细表和标题栏

（1）在图纸的适当位置绘制出工件的主、俯视图。

（2）绘制工作零件。

（3）绘制定位零件。

（4）绘制卸料、推件、顶件零件。

（5）绘制固定板、垫板、上下模座等其他零件。

（6）绘制侧视图、局部视图等。

（7）在图纸的右上角绘制工件图、排样图；在图纸的右下角绘制标题栏和明细表；在明细表的上方或左边写出技术要求。

（8）标注必要的尺寸。

模具总装图中通常只需要注出模具的闭合高度，模具的总长及总宽。主、俯视图的绘制最好同时对应进行，这样有利于零件尺寸的协调。

## 8.2.4 模具零件图绘制

按已绘制的模具总图拆绘零件图，通常明细表中代号一栏内凡是未写标准代号的零件一般都需要绘制其零件图。零件图一般的绘图程序也是先绘工作零件图，再依次画其他各部分的零件图。有些标准零件需要补充加工（例如上、下模座上的螺孔、销孔等）时，也需绘出零件图，但在此情况下，通常可只画出加工部位，而非加工部位的形状和尺寸则可省去不画，只需要在图中注明标准件代号与规格即可。

零件图应注出详细的尺寸及公差、形位公差、表面粗糙度、材料及热处理要求、技术要求等。零件图应尽量按该零件在总图中的装配方位画出，不要随意旋转和颠倒，以防加工及装配过程出错。

### 8.2.5 设计说明书的编写

对一些重要冲压件的工艺制订和模具设计，在设计的最后阶段应编写设计计算说明书。设计计算说明书应记录整个设计计算过程，主要包括下列内容。

（1）冲压件的工艺性分析。

（2）工艺方案的拟定。

（3）排样设计。

（4）必要的工艺计算。

（5）模具结构形式的合理性分析。

（6）模具主要零件结构形式、材料选择、公差配合、技术要求的说明。

（7）冲压设备的选择。

（8）其他需要说明的内容。

## 8.3 冲压模具材料及热处理

冲压模具要求其材料具有高的强度，良好的塑性和韧性，高的硬度及耐磨性。常用的冲压模具材料有钢材、钢结硬质合金、硬质合金、低熔点合金、锌基合金、铝青铜及高分子材料等。目前冲压模具材料绝大部分以钢材为主。

模具材料的选用原则是：

（1）满足使用性能要求，冲压模具在工作过程中承受着冲击载荷，为了减小模具在使用过程中的折断、崩刃、变形等形式的损坏，要求模具材料应具有良好的韧性、较高的强度和硬度；除承受冲击载荷外，模具在工作过程中还承受着相当大的摩擦力，因此要求模具材料应具有良好的耐磨性。

（2）满足工艺性能要求，钢质模具的制造一般都要经过锻造、切削加工、特种加工、热处理等工序，为保证模具的制造质量，模具材料应具有良好的可锻性、退火工艺性、切削加工性、淬透性、淬硬性以及较低的氧化脱碳敏感性和淬火变形开裂倾向。

（3）满足经济性要求，模具材料的通用性也是选择模具材料必须考虑的因素，除特殊要求外，应尽量采用大量生产的通用型模具材料。

表8.4所示为模具工作零件推荐材料和硬度要求。表8.5所示为模具一般零件推荐材料和硬度要求。

**表8.4　模具工作零件推荐材料和硬度要求（GB/T 14662—2006）**

| 模具类型 | 冲件与冲压工艺情况 | | 材料 | 硬度 | |
|---|---|---|---|---|---|
| | | | | 凸模 | 凹模 |
| 冲裁模 | I | 形状简单，精度较低，材料厚度≤3 mm，中小批量 | T10A、9Mn2V | 56～60HRC | 58～62HRC |
| | II | 材料厚度≤3 mm，形状复杂；材料厚度≥3 mm | 9CrSi、CrWMn、Cr12、Cr12MoV、W6Mo5Cr4V2 | 58～62HRC | 60～64HRC |

续表

| 模具类型 | 冲件与冲压工艺情况 | | 材料 | 硬度 | |
|---|---|---|---|---|---|
| | | | | 凸模 | 凹模 |
| 冲裁模 | Ⅲ | 大批量 | Cr12MoV、Cr4W2MoV | 58～62HRC | 60～64HRC |
| | | | YG15、YG20 | ≥86HRA | ≥84HRA |
| | | | 超细硬质合金 | | |
| 弯曲模 | Ⅰ | 形状简单，中小批量 | T10A | 56～62HRC | |
| | Ⅱ | 形状复杂 | CrWMn、Cr12、Cr12MoV | 60～64HRC | |
| | Ⅲ | 大批量 | YG15、YG20 | ≥86HRA | ≥84HRA |
| | Ⅳ | 加热弯曲 | 5CrNiMo、5CrNiTi、5CrMnMo | 52～56HRC | |
| | | | 4Cr5MoSiV1 | 40～45HRC 表面渗氮≥900HV | |
| 拉深模 | Ⅰ | 一般拉深 | T10A | 56～60HRC | 58～62HRC |
| | Ⅱ | 形状复杂 | Cr12、Cr12MoV | 58～62HRC | 60～64HRC |
| | Ⅲ | 大批量 | Cr12MoV、Cr4Wu2MoV | 58～62HRC | 60～64HRC |
| | | | YG15、YG20 | ≥86HRA | ≥84HRA |
| | | | 超细硬质合金 | | |
| | Ⅳ | 变薄拉深 | Cr12MoV | 58～62HRC | |
| | | | Wu18Cr4V、W6Mo5Cr4V2、Cr12MoV | | 60～64HRC |
| | | | YG15、YG10 | ≥86HRA | ≥84HRA |
| | Ⅴ | 加热拉深 | 5CrNiTi、5CrNiMo | 52～56HRC | |
| | | | 4Cr5MoSiV1 | 40～45HRC 表面渗氮≥900HV | |
| 大型拉深模 | Ⅰ | 中小批量 | HT250、HT300 | 170～260HB | |
| | | | QT600-20 | 197～269HB | |
| | Ⅱ | 大批量 | 镍铬铸铁 | 火焰淬火 40～45HRC | |
| | | | 钼铬铸铁、钼钒铸铁 | 火焰淬火 50～55HRC | |

**表 8.5　　模具一般零件推荐材料和硬度要求（GB/T 14662—2006）**

| 零件名称 | 材料 | 硬度 |
|---|---|---|
| 上、下模座 | HT200<br>45 | 170～220HB<br>24～28HRC |
| 导柱 | 20Cr<br>GCr15 | 60～64HRC（渗碳）<br>60～64HRC |
| 导套 | 20Cr<br>GCr15 | 58～62HRC（渗碳）<br>58～62HRC |
| 凸模固定板、凹模固定板、螺母、垫圈、螺塞 | 45 | 28～32HRC |
| 模柄、承料板 | Q235A | — |
| 卸料板、导料板 | 45<br>Q235A | 28～32HRC<br>— |

续表

| 零件名称 | 材料 | 硬度 |
|---|---|---|
| 导正销 | T10A<br>9Mn2V | 50～54HRC<br>56～60HRC |
| 垫板 | 45<br>T10A | 43～48HRC<br>50～54HRC |
| 螺钉 | 45 | 头部 43～48HRC |
| 销钉 | T10A、GCr15 | 56～60HRC |
| 挡料销、抬料销、推杆、顶杆 | 65Mn、GCr15 | 52～56HRC |
| 推板 | 45 | 43～48HRC |
| 压边圈 | T10A<br>45 | 54～58HRC<br>43～48HRC |
| 定距侧刃、废料切断刀 | T10A | 58～62HRC |
| 侧刃挡块 | T10A | 56～60HRC |
| 斜楔与滑块 | T10A | 54～58HRC |
| 弹簧 | 50CrVA、55CrSi、65Mn | 44～48HRC |

## 8.4 冲压工艺与模具设计举例

图 8.4 所示零件，材料为 08#钢，料厚 0.8 mm，抗拉强度 $\sigma_b$=400 MPa，抗剪强度 $\tau$=300 MPa，生产批量 120 万件/年。冲压工艺与模具设计内容及步骤如下。

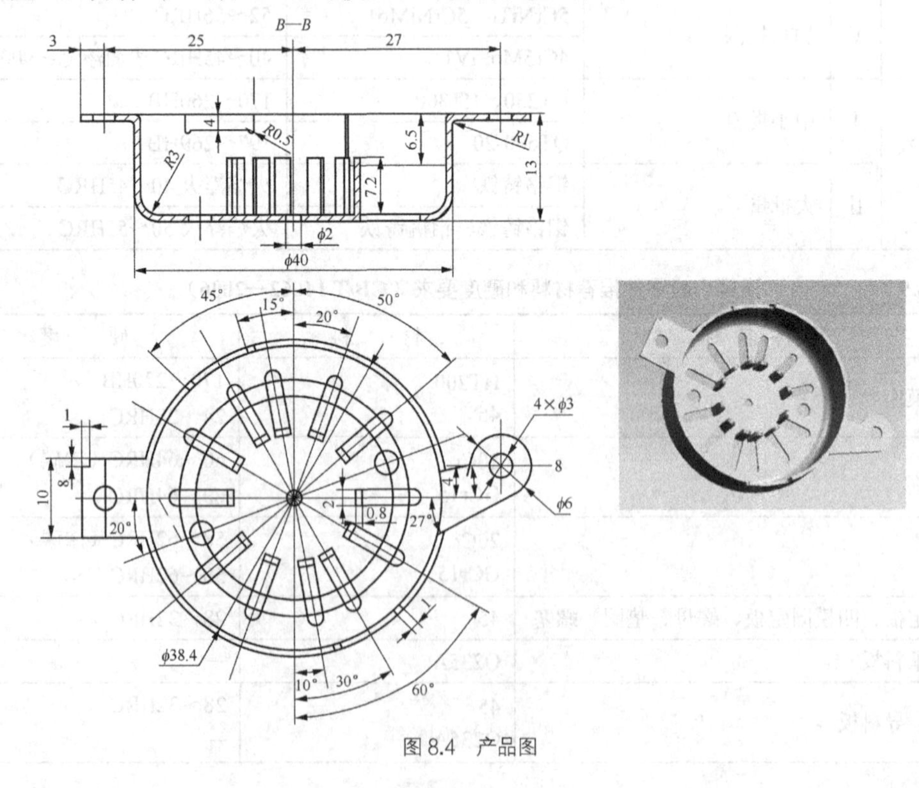


图 8.4 产品图

### 1. 工艺性分析

该零件为一宽凸缘拉深件，凸缘部分形状不对称，并有两个直径为$\phi$3 mm 的孔；零件底部有三个孔，其中两个直径为$\phi$3 mm，中间的孔径为$\phi$2 mm，并有 12 个分布不均且竖起的爪子；侧面冲有两个侧槽。

材料为 08#钢，具有良好的冲压工艺性能，厚度为 0.8 mm，所冲最小孔径$\phi$2 mm、最小孔边距 1.5 mm，均满足冲裁工艺要求。

零件的圆筒形部分底部圆角半径大于 $2t$，不需要整形。零件高 13.5 mm，直径为$\phi$40 mm，经计算可一次拉深成形。

拉深件的侧面冲有一对对称的缺口，形状不太复杂，尺寸精度要求一般，可以冲出。

切舌弯曲部分的弯曲半径为 0.5 mm，直边高度大于 $2t$，弯曲离孔较远，不会影响到孔，因此可先冲孔再进行弯曲。

所有尺寸均为未注公差，普通冲压即可满足精度要求。

综合以上几方面的分析可以认为：虽然零件形状比较复杂，但冲压工艺性良好，适合冲压。

### 2. 工艺方案的拟订

冲制该零件需要的基本工序是：落料、拉深、切边、冲孔、冲侧槽、切舌、弯曲。

（1）求出毛坯展开尺寸

因板料厚度小于 1 mm，故以下的计算均以图中标注尺寸直接代入公式。

从产品图中得知，修边后凸缘部分直径的最大值为 2×(27+3)=60 mm，则 $d_f/d$ =60/40=1.5，查表 4.6 得修边余量$\Delta d_f$=3.0 mm，即拉深后凸缘部分的直径为 60+3+3=66 mm。

由公式 4.12 计算得毛坯展开尺寸：

$$D=\sqrt{d_f{}^2-1.72d(r_p+r_d)-0.56(r_p^2-r_d^2)+4dh}$$
$$=\sqrt{66^2-1.72\times40\times(3+1)-0.56\times(3^2-1^2)+4\times40\times13}=78\text{ mm}$$

（2）计算拉深次数

判断能否一次拉成。计算 $t/D=0.8/78\times100=1.03$，$h/d=13/40=0.325$，$m_{总}=40/78=0.513$。

假设 $d_f/d_1$=1.4，由表 4.7 查得$[m_1]$=0.49，表 4.8 查得 $[h_1/d_1]$=0.50～0.63 可知，该零件只需一次即可拉成。

（3）工艺方案的拟订

根据上面的工艺分析可拟订如下几种方案。

方案一：采用单工序模，落料—拉深—切边—冲孔—冲侧槽—冲侧槽—切舌—弯曲，需要 8 道工序才能完成。

方案二：采用复合模与单工序模组合，落料拉深复合—冲孔切边复合—单工序冲侧槽（2 次）—最后切舌弯曲复合，需要 5 道工序完成。

方案三：采用级进模，在一副模具上可实现所有工作，完成产品的成形。

方案一生产效率低，不能满足生产批量的要求，同时由于零件在冲压过程中多次定位容易产生误差，使零件精度降低。方案三模具结构复杂，尤其是冲侧槽工位，需要采用斜楔机构才能实现，致使模具设计制造困难。因此这里选用方案二，采用复合模与单工序模组合，不仅能满足生产批量对效率的要求，同时也能简化模具的结构。

### 3. 模具结构形式的确定

（1）首次落料拉深复合模。本副模具采用正装结构；导料板导料，固定挡料销挡料；刚性卸料板卸料；刚性推件装置推件；由压边装置兼作顶件装置在拉深结束后进行顶件；中间滑动导柱导套导向。

（2）冲孔修边复合模。为便于冲孔废料的排除，采用倒装结构。将拉深后的半成品口部朝下，利用其内形扣在凸凹模上进行定位；采用废料切断刀卸料；刚性推件装置推件；中间滑动导柱导套导向。

（3）冲侧槽模具，两个侧槽分两次采用单工序模冲出，采用悬臂式凹模，将半成品水平放置，利用底部一直径为 3 mm 的圆孔和半成品内形定位。

（4）切舌折弯模，这副模具可将切舌和折弯复合完成，将拉深、切边、冲孔后的半成品口朝下，利用底部一直径为 3 mm 的圆孔和其内形扣在切舌折弯凹模上进行定位，利用弹性卸料装置卸料，顶件装置顶件，中间滑动导柱导套导向。

### 4. 主要的工艺计算

（1）排样设计

由于展开的毛坯是直径为 78 mm 的圆板，这里选用有废料的单排排样，查表 2.2 得搭边值 $a$=1.5 mm，侧搭边值 $a_1$=1.5 mm，则进距为：78+1.5=79.5 mm，所需要的料宽为：78+1.5+1.5=81 mm。设计的排样图如图 8.5 所示。

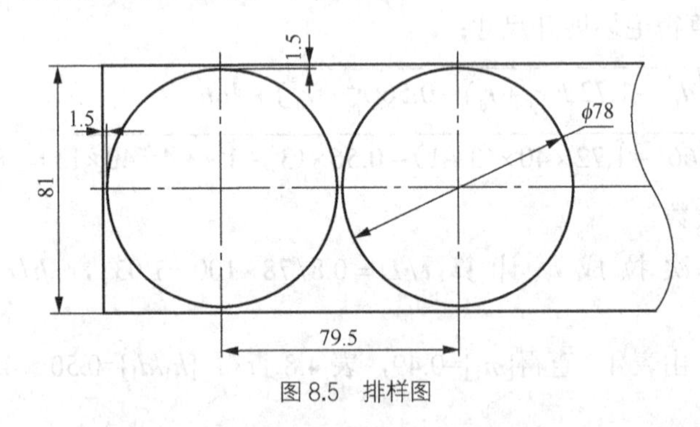


图 8.5 排样图

料宽、进距确定好后，即可选择板料规格。选用板料规格的原则是板料的长度或宽度尽量能被条料宽度或长度整除，或整除后留的剩料最少，按此原则选用的板料规格为（具体计算过程略）：1 600 mm×2 450 mm，为操作方便，采用横裁的裁板方案，则一块板材总共能裁出宽度为 81 mm 的条料数是(2 450÷81)=30.25 条，即 30 条余 20 mm 宽的废料；每条条料能冲出的工件数是(1 600−1.5)÷79.5=20.11 个，即 20 个余 10 mm 料尾，从而计算出总的材料利用率为$\eta_{总}=\dfrac{整张料可冲裁零件数\times零件面积}{整张皮料面积}\times100\%=\dfrac{20\times30\times3.14\times39^2}{1\,600\times2\,450}=73.1\%$。

（2）工艺力的计算（以首次拉深为例）

落料拉深需要的冲压力包括：落料力，拉深力，压边力（需要压边圈压边时），下面分别计算。

首先判断拉深时是否需要压边圈。

由于 $t/D\times100\%=0.8/78=1.03<1.5$，故由表 4.1 查出需要采用压边圈。

落料力：$F_{落}=kLt\tau=1.3\times3.14\times78\times0.8\times300=76.42(\text{kN})$

拉深力：$F_{拉}=K_pL_st\sigma_b=0.8\times3.14\times39.2\times0.8\times400=31.51(\text{kN})$

压边力：$Q=0.25F_{拉}=0.25\times31.51=7.88(\text{kN})$

（3）设备的选择　因是落料拉深复合冲压，则总的冲压力为

$$\sum F=F_{落}+F_{拉}+Q=76.42+31.51+7.88=115.81(\text{kN})$$

由公式（4.33）得出压力机的公称压力范围：

$F_{设}\geqslant\sum F/(0.7\sim0.8)=115.81/(0.7\sim0.8)=165.4\sim144.76(\text{kN})$，初选为 JB23-16，得到压力机的部分参数如下：

公称压力：160 kN

最大装模高度：180 mm，装模高度调节量：45 mm；

工作台板尺寸：500 mm×335 mm；

工作台孔尺寸：直径 180 mm；

模柄孔尺寸：直径 40 mm

（4）工序件尺寸的计算　由于只需要一次拉深，第一道工序件尺寸如图 8.6 所示。

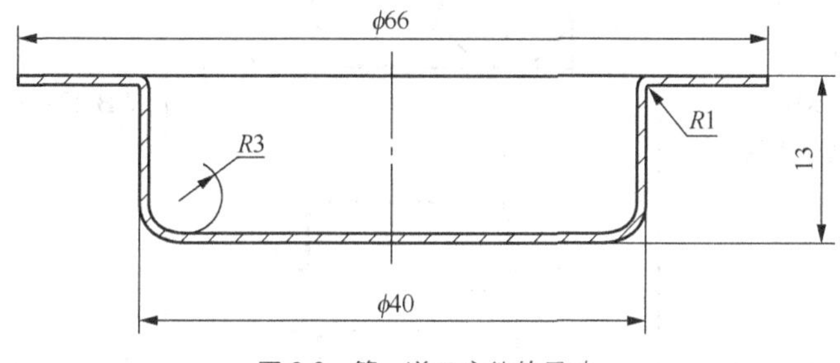


图 8.6　第一道工序件的尺寸

（5）模具刃口尺寸的计算　当采用复合冲压的方法进行冲压时，需要分别计算落料凹模、拉深凸模以及凸凹模刃口尺寸，这里采用分别制造法加工模具。

1）落料凸、凹模刃口尺寸　落料的外形尺寸查冲压件未注尺寸公差值表 GB/T 15055—2007 为±0.3，将落料尺寸转化为 $78.3_{-0.6}^{0}$ mm。

查表 2.16 得冲裁间隙 $c=(7\sim10)\%t$，即

$c_{min}=0.056$ mm，$c_{max}=0.08$ mm，

取磨损系数 $x=0.5$

则落料模刃口尺寸：

$$D_d=(D-x\Delta)_{0}^{+\delta_d}=(78.3-0.5\times0.6)_{0}^{+0.03}=78.0_{0}^{+0.03}\ \text{mm}$$

$$D_p=(D_d-2c_{min})_{-\delta_p}^{0}=(78.0-2\times0.056)_{-0.02}^{0}=77.89_{-0.02}^{0}\ \text{mm}$$

2）拉深模刃口尺寸　这里取拉深模具单边间隙为 $c=1.1t=1.1\times0.8=0.88$mm。

拉深外形尺寸 40mm 的公差值查冲压件未注尺寸公差值表 GB/T 15055—2007 为±0.5，将拉深件外形直径转化为 $40.5_{-1.0}^{0}$ mm。

则拉深模的刃口尺寸：

$$D_{\mathrm{d}} = (D_{\max} - 0.75\Delta)^{+\delta_{\mathrm{d}}}_{0} = (40.5 - 0.75 \times 1.0)^{+0.025}_{0} = 39.75^{+0.025}_{0}\ \mathrm{mm}$$

$$D_{\mathrm{p}} = (D_{\mathrm{d}} - 2C)^{0}_{-\delta_{\mathrm{p}}} = (39.75 - 2 \times 0.88)^{0}_{-0.016} = 37.99^{0}_{-0.016}\ \mathrm{mm}$$

上述$\delta_{\mathrm{p}}$、$\delta_{\mathrm{d}}$分别按 IT6、IT7 级精度选取。按照同样的程序分别完成后面各道工序的工艺设计，此处略。

### 5．编写工艺规程卡

工艺设计完成之后，即可编制该零件的冲压工艺规程卡，见表 8.6 所示。

**表 8.6** 冲压工艺规程卡

<table>
<tr><td rowspan="2">（单位名称）</td><td rowspan="2">冲压工艺卡</td><td>产品型号</td><td colspan="2"></td><td>零件图号</td><td></td><td>共 页</td></tr>
<tr><td>产品名称</td><td colspan="2"></td><td>零件名称</td><td></td><td>第 页</td></tr>
<tr><td>材料</td><td>材料技术要求</td><td colspan="2">毛坯尺寸</td><td colspan="2">每毛坯可制件数</td><td>毛坯重</td><td>辅料</td></tr>
<tr><td>08</td><td></td><td colspan="2">80×1000</td><td colspan="2"></td><td></td><td></td></tr>
</table>

| 序号 | 工序名称 | 工序内容 | 加 工 简 图 | 设备 | 模具 | 工时 |
|---|---|---|---|---|---|---|
| 1 | 落料<br>拉深 | 落料：<br>料宽 81mm<br>并拉深成形 | | J B 23-16 | 落料拉深<br>复合模 | |
| 2 | 切边<br>冲孔 | 切边<br>冲 4 个$\phi$3 mm<br>及$\phi$2 mm 孔 | | J B 23-40 | 切边冲孔复合模 | |
| 3 | 冲侧孔 I | 冲侧孔 | | J B 23-63 | 冲侧孔模 | |
| 4 | 冲侧孔 II | 冲侧孔 | | J B 23-63 | 冲侧孔模 | |
| 5 | 切舌<br>折弯 | 切舌<br>折弯 | | J B 23-40 | 切舌折弯模 | |

### 6．模具设计

（1）总装图设计　模具总装图如图 8.7 所示。

（2）模具零件设计及标准的选用

1）落料凹模　由于毛坯的形状为圆形，因此将凹模的外形也设计为圆形。这里凹模的高度不能用公式直接计算，而必须根据模具的结构来进行设计，由图 8.7 可知，落料凹模的高度$H$应包含拉深件的高度$h$、压边圈的高度$H_1$和附加高度$H_2$，其中$H_2$包括拉深结束时压边圈与凸模固定板之间的安全距离及一定的修模量。

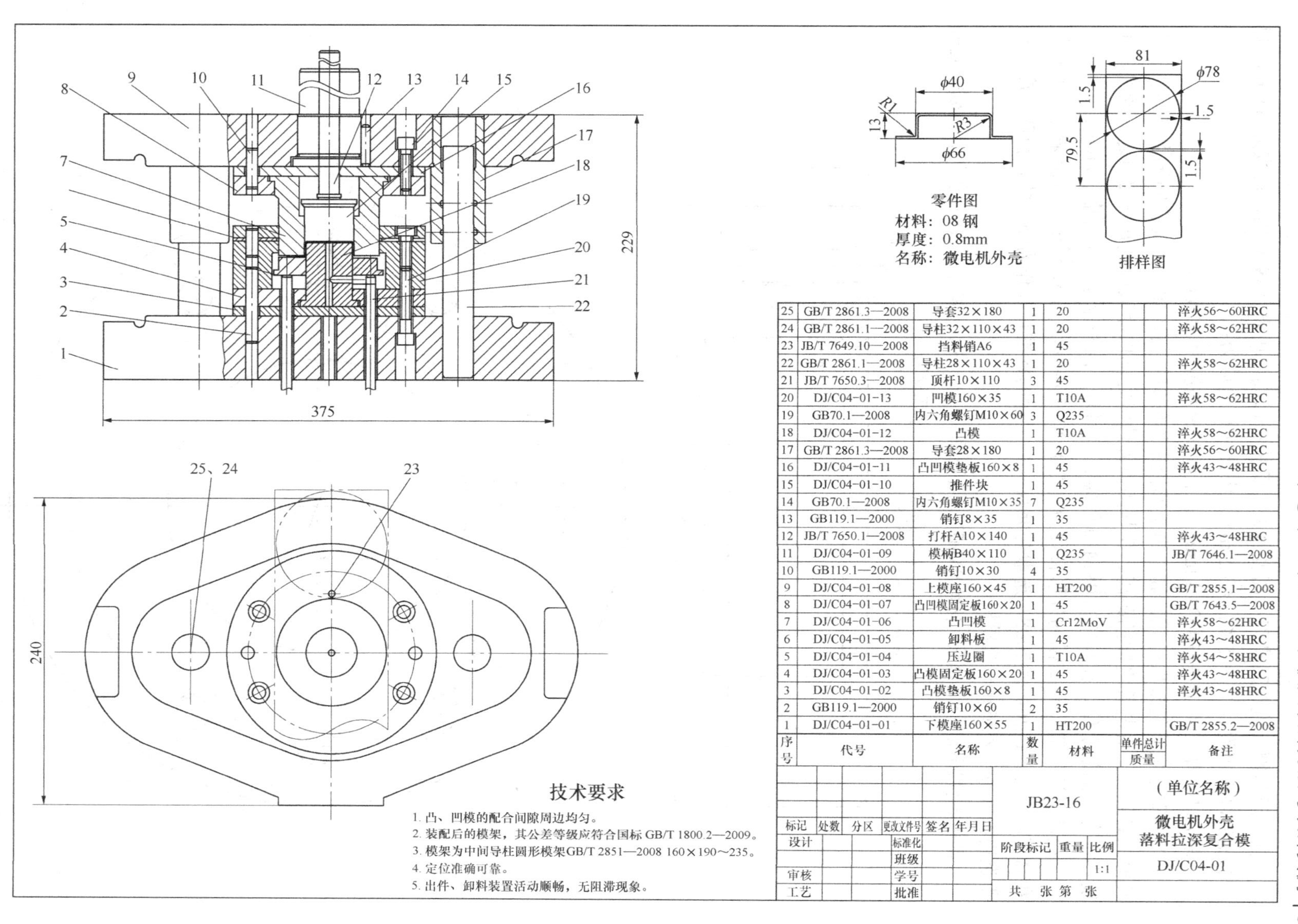


| 序号 | 代号 | 名称 | 数量 | 材料 | 单件 | 总计 | 备注 |
|---|---|---|---|---|---|---|---|
| 25 | GB/T 2861.3—2008 | 导套32×180 | 1 | 20 | | | 淬火56～60HRC |
| 24 | GB/T 2861.1—2008 | 导柱32×110×43 | 1 | 20 | | | 淬火58～62HRC |
| 23 | JB/T 7649.10—2008 | 挡料销A6 | 1 | 45 | | | |
| 22 | GB/T 2861.1—2008 | 导柱28×110×43 | 1 | 20 | | | 淬火58～62HRC |
| 21 | JB/T 7650.3—2008 | 顶杆10×110 | 3 | 45 | | | |
| 20 | DJ/C04-01-13 | 凹模160×35 | 1 | T10A | | | 淬火58～62HRC |
| 19 | GB70.1—2008 | 内六角螺钉M10×60 | 3 | Q235 | | | |
| 18 | DJ/C04-01-12 | 凸模 | 1 | T10A | | | 淬火58～62HRC |
| 17 | GB/T 2861.3—2008 | 导套28×180 | 1 | 20 | | | 淬火56～60HRC |
| 16 | DJ/C04-01-11 | 凸凹模垫板160×8 | 1 | 45 | | | 淬火43～48HRC |
| 15 | DJ/C04-01-10 | 推件块 | 1 | 45 | | | |
| 14 | GB70.1—2008 | 内六角螺钉M10×35 | 7 | Q235 | | | |
| 13 | GB119.1—2000 | 销钉8×35 | 1 | 35 | | | |
| 12 | JB/T 7650.1—2008 | 打杆A10×140 | 1 | 45 | | | 淬火43～48HRC |
| 11 | DJ/C04-01-09 | 模柄B40×110 | 1 | Q235 | | | JB/T 7646.1—2008 |
| 10 | GB119.1—2000 | 销钉10×30 | 4 | 35 | | | |
| 9 | DJ/C04-01-08 | 上模座160×45 | 1 | HT200 | | | GB/T 2855.1—2008 |
| 8 | DJ/C04-01-07 | 凸凹模固定板160×20 | 1 | 45 | | | GB/T 7643.5—2008 |
| 7 | DJ/C04-01-06 | 凸凹模 | 1 | Cr12MoV | | | 淬火58～62HRC |
| 6 | DJ/C04-01-05 | 卸料板 | 1 | 45 | | | 淬火43～48HRC |
| 5 | DJ/C04-01-04 | 压边圈 | 1 | T10A | | | 淬火54～58HRC |
| 4 | DJ/C04-01-03 | 凸模固定板160×20 | 1 | 45 | | | 淬火43～48HRC |
| 3 | DJ/C04-01-02 | 凸模垫板160×8 | 1 | 45 | | | 淬火43～48HRC |
| 2 | GB119.1—2000 | 销钉10×60 | 2 | 35 | | | |
| 1 | DJ/C04-01-01 | 下模座160×55 | 1 | HT200 | | | GB/T 2855.2—2008 |

图 8.7 落料拉深复合模

其中压边圈高度与凹模刃口高度有关，凹模刃口高度由表 2.19 查出，可取为 6 mm，则压边圈的高度可设计为 6+5+0.5=11.5 mm。因此凹模高度为：

$H=h+H_1+H_2=13+11.5+10=34.5$ mm，这里取凹模高度为 35 mm。

凹模壁厚也不能根据公式计算，由于凹模采用螺钉销钉固定，因此在凹模上打螺孔、销孔时，必须保证孔与孔之间的距离、孔与凹模外边缘之间的距离以及孔与刃口之间的距离不能小于允许的最小值，模具中采用 M10 的螺钉紧固时，凹模壁厚最小可取 30 mm。

经过上述计算得到凹模的外形直径为：78.0+30+30=138.0 mm，根据计算出来的凹模直径和高度，查 JB/T 7643.4-2008，选取与此尺寸最接近的标准尺寸作为凹模的直径和高度，这里选用$\phi$160 mm×36 mm 凹模板。

凹模零件图如图 8.8 所示，材料 9Mn2V，热处理 58～62 HRC，图中未注表面粗糙度 $Ra$6.3 μm。

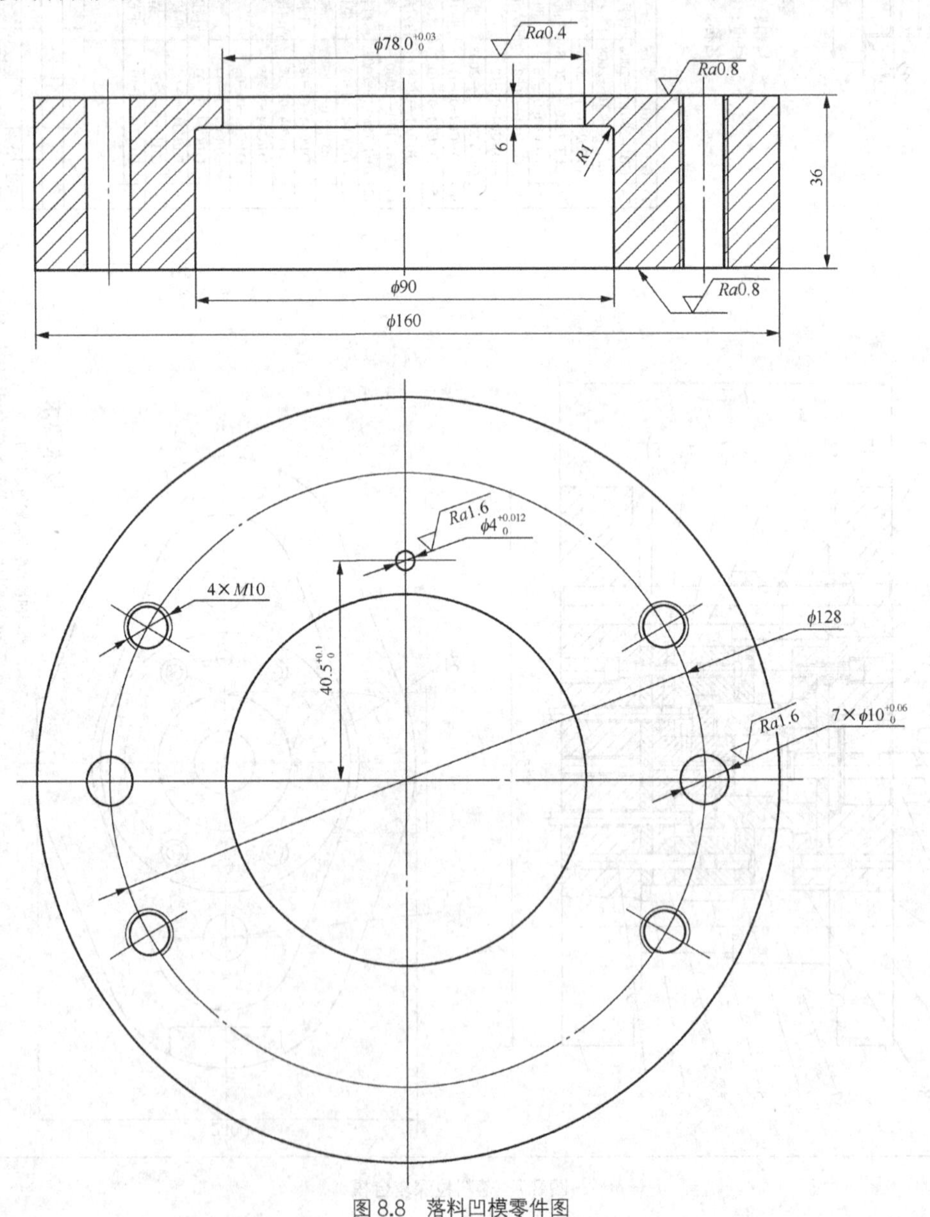


图 8.8 落料凹模零件图

2）拉深凸模　拉深凸模的形状及尺寸如图 8.9 所示，材料选用 Cr12，热处理硬度 56～60 HRC，未注表面粗糙度 *Ra*6.3。

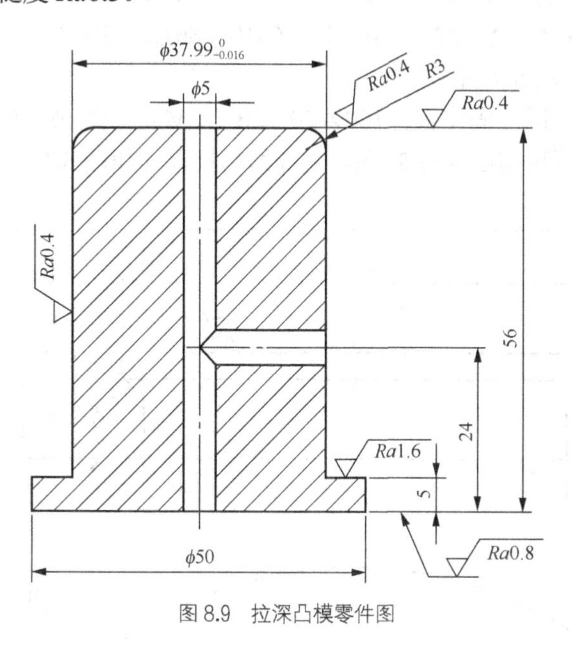


图 8.9　拉深凸模零件图

3）凸凹模　零件图如图 8.10 所示。材料选用 Cr12，热处理硬度 58～62 HRC，未注表面粗糙度 *Ra*6.3 μm。

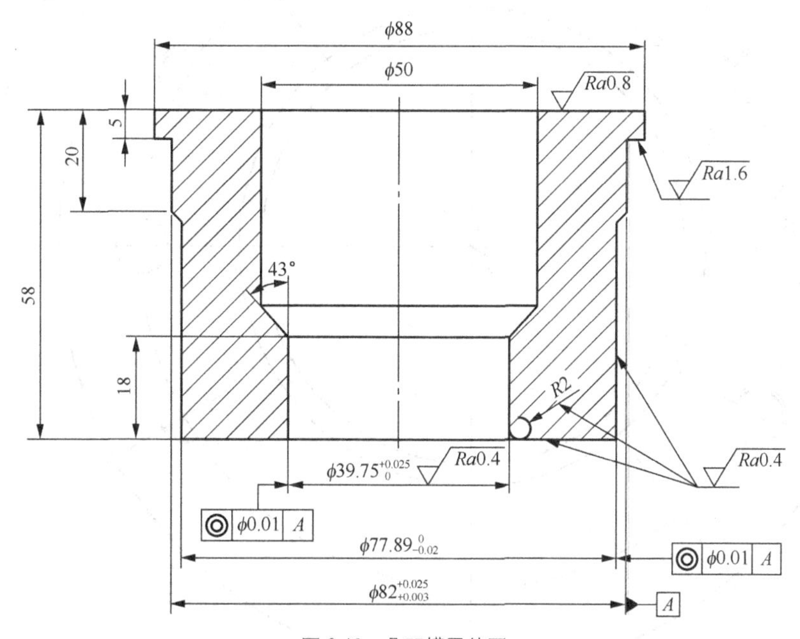


图 8.10　凸凹模零件图

4）其他零件设计与标准的选用　凹模设计完成后，即可选择模架、固定板等零件。

① 模架：滑动导向模架　中间导柱圆形 160×190～235　II　GB/T 2851—2008。

导柱：滑动导向导柱　A　28×180　GB/T 2861.1—2008。

滑动导向导柱　A　32×180　GB/T 2861.1—2008。

导套：滑动导向导套　A　28×110×43　GB/T 2861.1—2008。

滑动导向导套　A　32×110×43　GB/T 2861.1—2008。

模架结构如图 8.7 所示。

② 凸凹模固定板：圆形固定板　160×20　JB/T 7643.5—2008。材料选用 45 钢，热处理 28～32 HRC，未注表面粗糙度 *Ra*6.3 μm，具体结构及尺寸如图 8.11 所示。

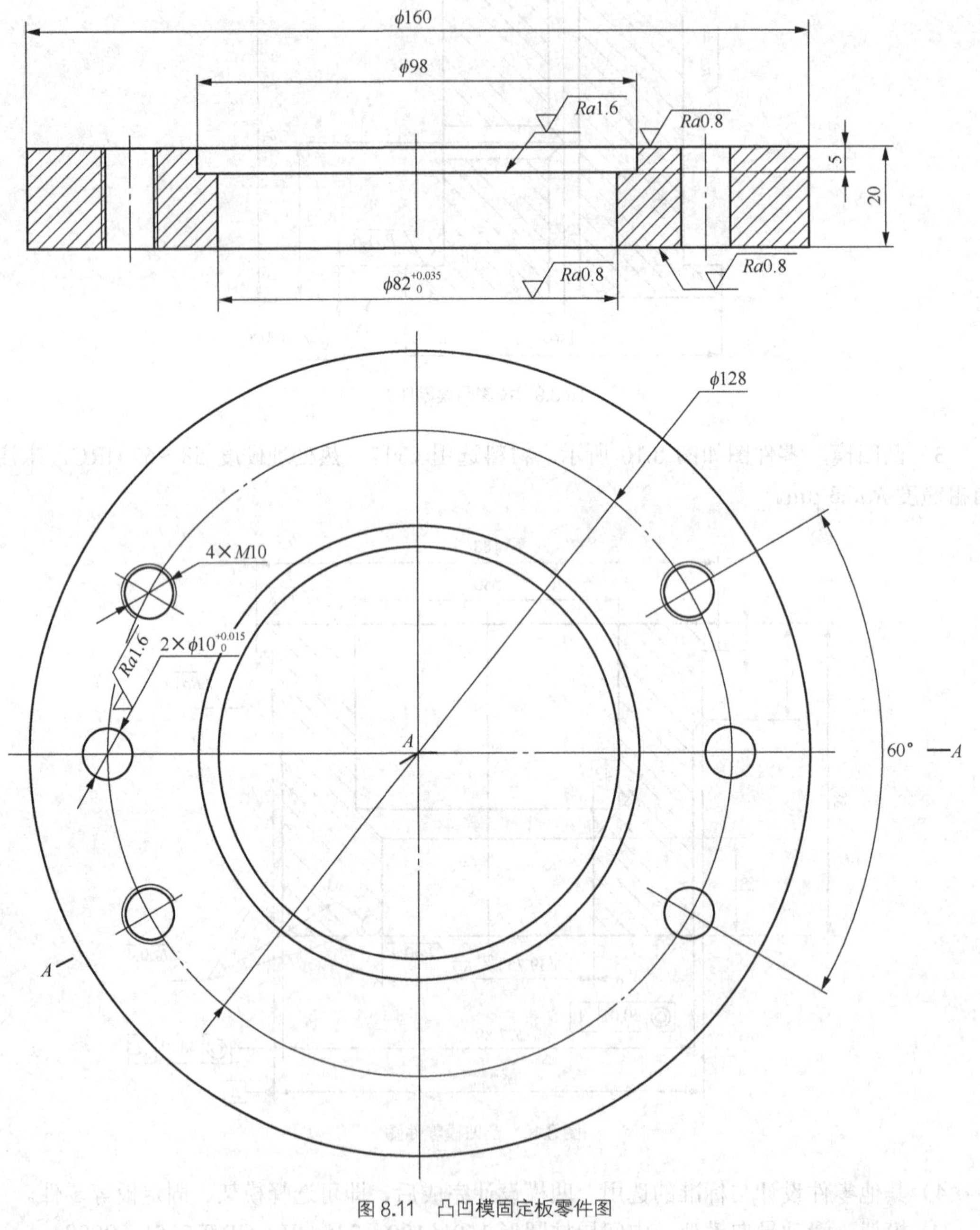


图 8.11　凸凹模固定板零件图

③ 拉深凸模固定板：圆形固定板　160×20　JB/T 7643.5—2008。材料选用 45 钢，未注

表面粗糙度 *Ra*6.3 μm，具体结构与尺寸如图 8.12 所示。

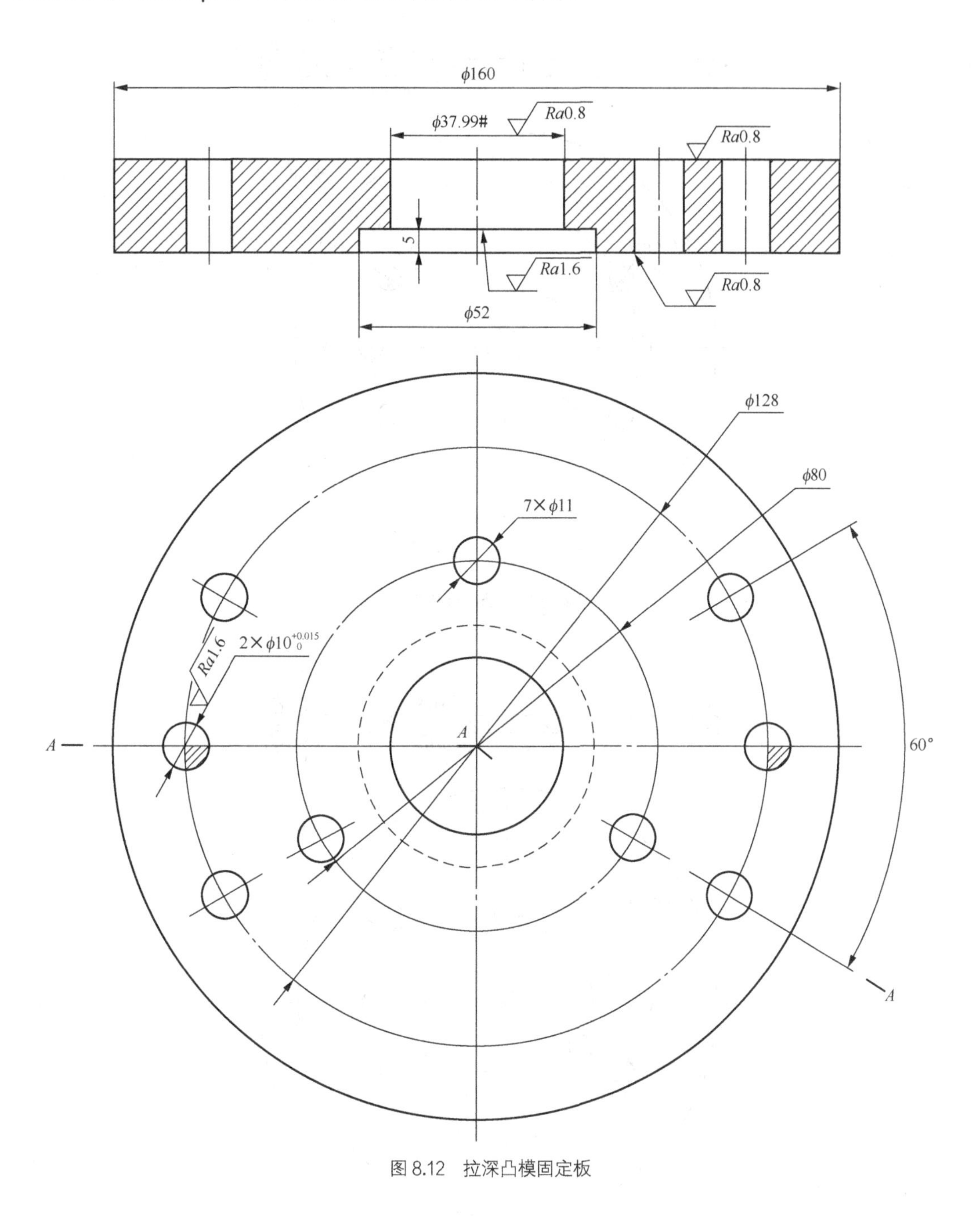


图 8.12 拉深凸模固定板

④ 凸凹模垫板、拉深凸模垫板：圆形垫板 160×8 JB/T 7643.6—2008。材料选用 45 钢，热处理硬度 43～48 HRC，未注表面粗糙度 *Ra*6.3 μm，具体结构及尺寸如图 8.13 所示、图 8.14 所示。

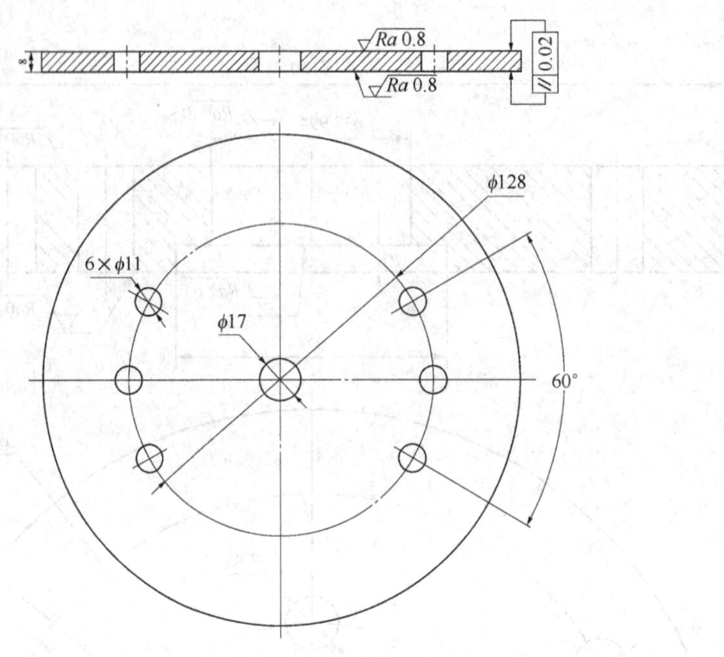


图 8.13　凸凹模垫板

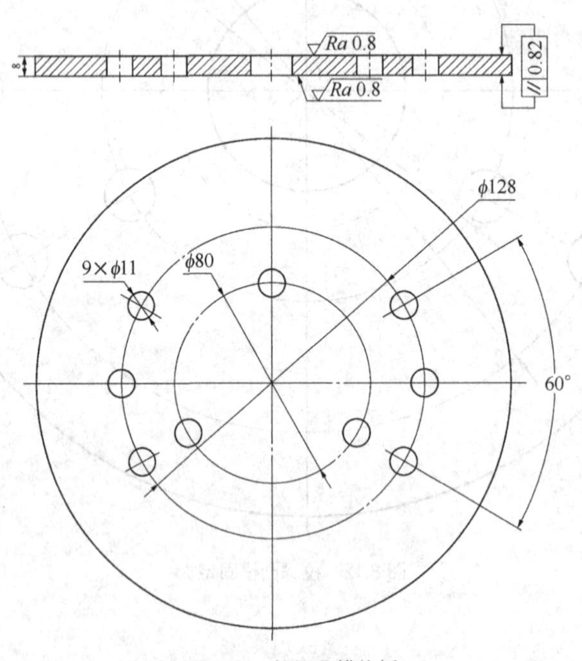


图 8.14　拉深凸模垫板

⑤ 卸料板：材料 45 钢，热处理 28～32 HRC，未注表面粗糙度 *Ra*6.3 μm，其结构及尺寸如图 8.15 所示。

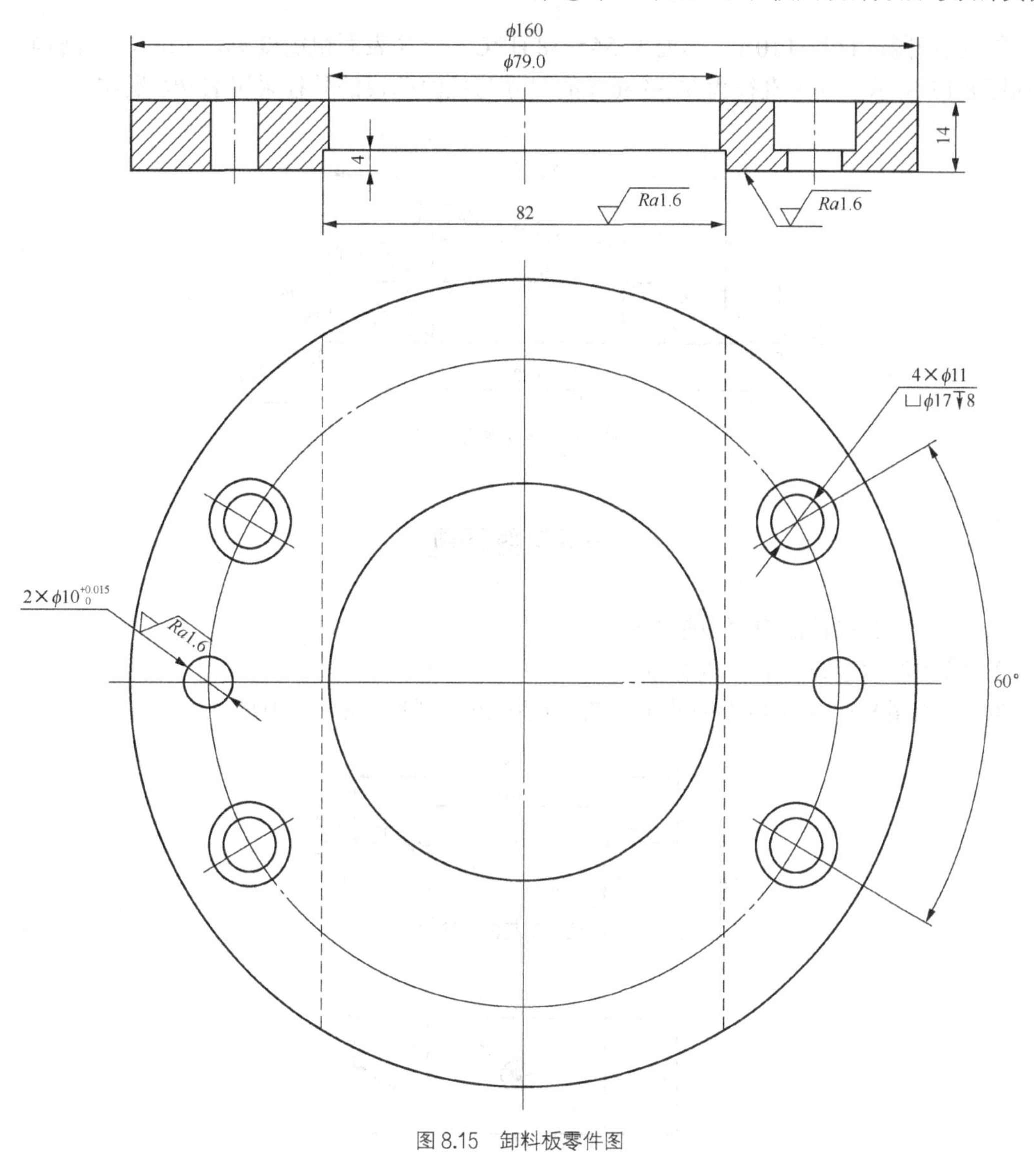


图 8.15　卸料板零件图

⑥ 推件块：材料 T10A，热处理 54～58 HRC，未注表面粗糙度 *Ra*6.3 μm，其结构及尺寸如图 8.16 所示。其中尺寸为$\phi$39.75 的尺寸与拉深凸模的刃口尺寸采用 H7/f6 配作。

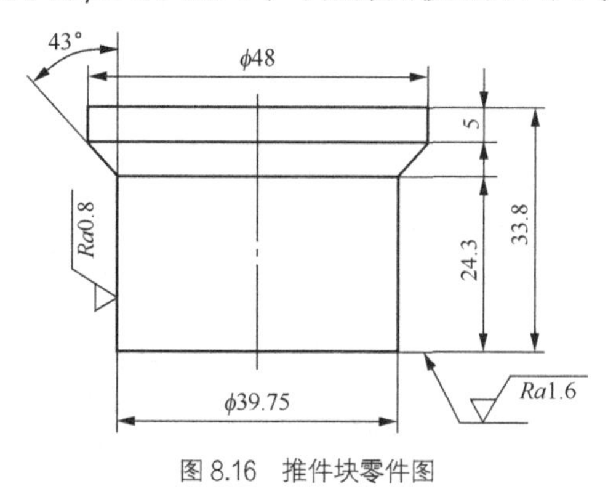


图 8.16　推件块零件图

⑦ 压边圈：材料 T10A，热处理 54～58 HRC，未注表面粗糙度 *Ra*6.3 μm，其结构及尺寸如图 8.17 所示，其中直径为 37.99 mm 的尺寸与拉深凸模的外径采用 H7/f6 配作。

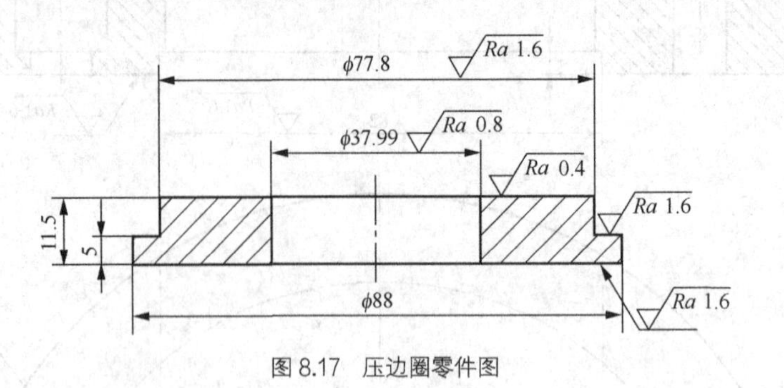


图 8.17　压边圈零件图

## 思考与练习题

1．冲压工艺设计的内容包括哪些？

2．简述冲裁模设计的一般思路。

3．设计图 8.18 所示零件的冲压工艺。材料 08，料厚 4 mm，中批量生产。

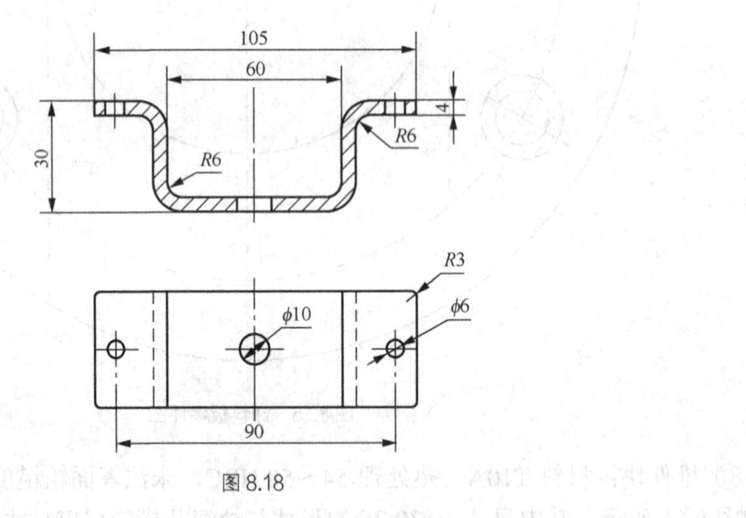


图 8.18

# 参考文献


[1] 高锦张. 塑性成形工艺与模具设计[M]. 第 3 版. 北京：机械工业出版社，2015.

[2] 王孝培. 冲压手册[M]. 第 3 版. 北京：机械工业出版社，2012.

[3] 汪大年. 金属塑性成形原理[M]. 北京：机械工业出版社，1986.

[4] 中国机械工程学会锻压学会编. 锻压手册 第 2 卷，冲压[M]. 北京：机械工业出版社，2008.

[5] 冲模设计手册编写组. 冲模设计手册[M]. 北京：机械工业出版社，2004.

[6] 机械工业第九设计研究院、第一汽车集团公司. 冷冲压安全规程[M]. 中国标准出版社，2009.

[7] 李硕本. 冲压工艺学[M]. 北京：机械工业出版社，1982.

[8] 贾俐俐. 挤压工艺及模具[M]. 北京：机械工业出版社，2004.

[9] 柯旭贵，张荣清. 冲压工艺与模具设计[M]. 北京：机械工业出版社，2012.

[10] 中国模具工业协会. 模具行业“十二五”发展规划［J］. 模具工业，2011，37（1）：1-9.

[11] 翁其金. 冲压工艺与冲模设计[M]. 第 2 版. 北京：机械工业出版社，2012.

[12] 成虹. 冲压工艺与模具设计[M]. 第 3 版. 北京：高等教育出版社，2014.

[13] 中国机械工程学会. 中国模具设计大典（第 3 卷）[M]. 南昌：江西科学技术出版社，2003.

[14] 姜奎华. 冲压工艺与模具设计[M]. 北京：机械工业出版社，2012.

[15] 张荣清. 模具设计与制造[M]. 第 2 版. 北京：高等教育出版社，2010.

[16] 李志刚. 国内外汽车模具技术的发展趋势［J］. 金属加工（冷加工），2011（16）：50-55.

[17] 模具实用丛书编委会. 冲模设计应用实例[M]. 北京：机械工业出版社，2000.

[18] 周开华. 简明精冲手册[M]. 第 2 版. 北京：国防工业出版社，2006.

[19] 杨占尧. 最新冲压模具标准及应用手册[M]. 北京：化学工业出版社，2010.

[20] 陈炎嗣. 多工位级进模设计与制造[M]. 北京：机械工业出版社，2006.

[21] 上海交通大学《冷挤压技术》编写组. 冷挤压技术[M]. 上海：上海人民出版社.1976.

[22] 洪深泽. 挤压工艺及模具设计[M]. 北京：机械工业出版社，1995.

[23] 杨长顺. 冷挤压模具设计[M]. 北京：国防工业出版社，1994.

[24] 贾俐俐，高锦张. 矩形花键冷挤压成形的上限分析[J]. 塑性工程学报，1996(3)：23～29.

[25] 朱传祥，朱建民. 接插件端子多工位级进模设计[J]. 模具工业，1998（2）：13～16.

[26]《现代模具技术》编委会. 汽车覆盖件模具设计与制造[M]. 北京：国防工业出版社，1998.

[27] 廖伟. 汽车覆盖件模具设计技巧经验及实例[M]. 北京：化学工业出版社，2013.

[28] 王新华. 汽车冲模技术[M]. 北京：国防工业出版社，2005.

[29] 向小汉. 汽车覆盖件模具设计[M]. 北京：机械工业出版社，2013.

[30] 李路. 典型汽车覆盖件冲压工艺及模具设计技术研究[D]. 山东大学，2014.

[31] 张如华，等. 冲压工艺与模具设计[M]. 北京：清华大学出版社，2006.

[32] 吴兆祥. 模具材料及表面处理[M]. 北京：机械工业出版社，2000.
[33] 张鲁阳. 模具失效与防护[M]. 北京：机械工业出版社，1998.
[34] 卢险峰. 冷锻工艺模具学[M]. 北京：化学工业出版社. 2008.
[35] 薛启翔 . 冲压模具设计结构图册[M]. 北京：化学工业出版社，2010.